수학의
확실성

MATHEMATICS: The Loss Of Certainty
by Morris Kline

Copyright © 1980 by Morris Kline
All rights reserved.

Korean Translation Copyright © 2007 by ScienceBooks Co., Ltd.
Korean translation edition is published by arrangement with Oxford University Press, Inc., U.S.A..
이 책의 한국어판 저작권은 Oxford University Press, Inc.와 독점 계약한 (주)사이언스북스에 있습니다.
저작권법에 의해 한국 내에서 보호를 받는 저작물이므로 무단 전재와 무단 복제를 금합니다.

사이언스 클래식 7

수학의 확실성

{ 불확실성 시대의 수학 }

모리스 클라인
심재관 옮김

Mathematics
:The Loss of Certainty

사이언스
SCIENCE
BOOKS 북스

아내 헬렌 만 클라인에게

신들은 처음부터 모든 것을 계시해 주지 않았다.
그러나 인간은 탐구를 해 나가고, 그래서 조만간 더 많은 것을 알게 된다.

여기 이것들이 마치 진리인 듯 생각하자.

그러나 신에 대한 진리와 내가 말하고 있는 내용을
아무도 알지 못하고 또 앞으로도 아는 자가 없으리라.
만일 어떤 자가 스스로 완전한 진리를 말하는 경우가 있다고 해도
그 자신은 그 사실을 알지 못하며
모든 것에는 겉모습이 덧씌워져 있어 본모습을 가리고 있기 때문이다.

크세노파네스

책을 시작하며

수학의 본질과 그 역할을 바라보는 우리의 시각은 근본적인 변화를 겪었다. 이 책은 그 변화 과정을 다룬 책이다. 오늘날 누구나 다 알다시피, 과거에 수학은 존경과 찬사를 한 몸에 받았으나 이제는 존경과 찬사를 받게 해 주던 특성들을 더 이상 갖고 있지 않다. 수학은 엄밀한 추론의 최고봉이고 그 자체가 진리인 동시에 자연의 짜임새에 관한 진리라고 여겨졌다. 그러한 가치 부여가 잘못되었다는 사실을 어떻게 해서 깨닫게 되었는지, 그리고 수학을 바라보는 현재의 시각은 어떠한지가 이 책의 주제이다. 이 주제를 간추린 내용이 서론에 실려 있다. 전문가들을 위한 상세한 수학사 책을 써서 그 주제를 다룰 수도 있지만, 수학사에서 지금까지 일어난 극적 변화에 대해 주된 관심을 기울이는 사람에게는 직접적이면서 비전문가적인 접근 방식이 이해하기 더욱 쉬울 것이다.

많은 수학자들은 수학의 현 상황을 일반 대중에게 알리는 것을 그다지 달가워하지 않을 것이다. 이런 상황을 대중에게 널리 알리는 일은 마치 부부 사이의 갈등을 여기저기 떠벌리는 것과 다름없는 고약한 취미로 비칠 수 있다. 하지만 지식을 추구하는 사람이라면 자신이 사용하고 있는 도구의 성능을 충분히 파악하고 있어야 한다. 이성의 능력뿐만 아니라 그 한계를 인식하는 것이 맹목적 신뢰보다 훨씬 더

유익하다. 맹목적 신뢰는 잘못된 사상을 낳기도 하고 심지어는 파멸을 가져오기도 하기 때문이다.

이 자리를 빌려 편집에 세심한 노력을 기울인 옥스퍼드 대학교 출판부 직원들에게 감사를 드린다. 일반 대중에게 이 주제를 널리 알려야 할 필요성에 공감해 준 윌리엄 C. 핼핀과 셸던 마이어에게 특별히 감사드린다. 또 소중한 제안과 비판을 아끼지 않은 레오나 케이플리스와 커티스 처치에게도 감사드린다. 또 원고 교정을 봐 준 내 아내 헬렌에게도 감사의 뜻을 전한다.

그리고 11장에 《미국수학월보》의 글을 인용할 수 있도록 허락해 준 미국 수학 협회에도 감사를 표한다.

1980년 1월
뉴욕 주 브루클린
M. K.

차례

책을 시작하며 9
서론: 테제 13

1장 \ 수학의 창세기 23
2장 \ 수학적 진리의 개화 59
3장 \ 자연은 수학으로 씌어진 책이다 93
4장 \ 첫 번째 위기: 수학적 진리의 퇴색 125
5장 \ 논리적 주제의 비논리적 발전 179
6장 \ 비논리적 발전: 해석학이라는 수렁 225
7장 \ 비논리적 발전: 1800년경의 상황 269
8장 \ 비논리적 발전: 낙원의 문턱에 서다 301
9장 \ 실낙원: 이성의 새로운 위기 345
10장 \ 논리주의 대 직관주의 377
11장 \ 형식주의와 집합론 427
12장 \ 대재앙 450
13장 \ 수학의 고립 483
14장 \ 수학은 어디로 가는가 531
15장 \ 자연의 권위 567

참고 문헌 612
옮긴이 후기 620
찾아보기 628

서론: 테제

**수학의 앞날을 내다보는 참된 방법은
그 역사와 현재의 상태를 살펴보는 것이다.**

앙리 푸앵카레

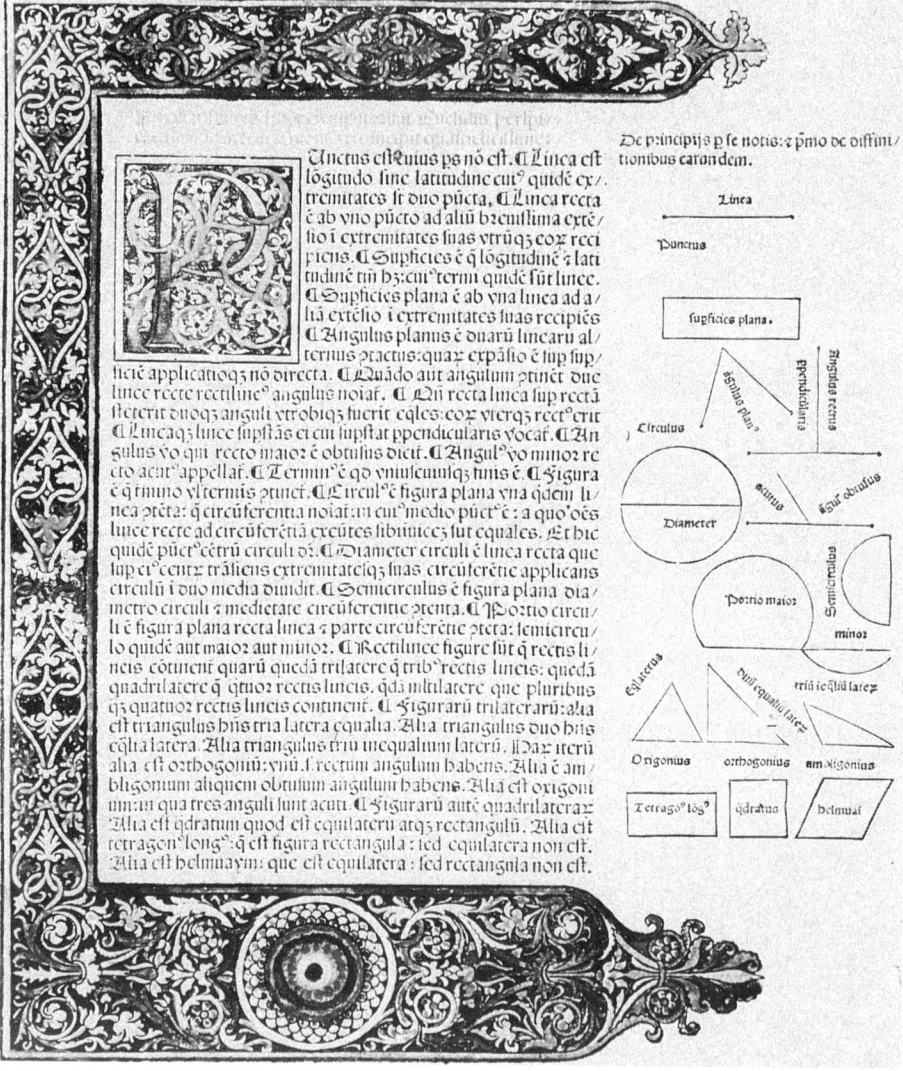

1482년 베네치아에서 최초로 인쇄된 유클리드의 『원론』.

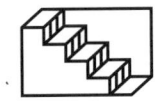

전쟁과 기아와 역병 때문에 생겨나는 비극이 있다. 하지만 인간 정신의 한계 때문에 생겨나는 비극도 있다. 이 책이 다룰 내용은 대재앙에 관한 것이다. 그것은 인류의 가장 효율적인 업적이자 그 어떤 것도 필적할 수 없는 위대한 성취이며, 동시에 인간 이성을 최고도의 심오한 차원으로 끌어올려 이를 활용한 분야, 즉 수학에 닥쳐온 대재앙이었다.

이 책은 비전문가의 눈높이에 맞추어 수학의 흥망성쇠를 다룬다. 그런데 수학의 쇠퇴를 이야기하는 것이 과연 합당하다고 할 수 있을까? 광범위한 분야에 걸쳐 수학은 더욱 널리 활용되고 있고, 1년에도 수천 편의 연구 논문이 발표되고 있으며, 컴퓨터에 대한 관심도 크게 증대되고 있다. 또한 여러 학문, 특히 사회과학 및 생명과학에서 계량적 방법을 찾으려는 노력이 더욱 높아지고 있는 상황이다. 대체 비극이니 대재앙이니 하는 것들은 어디에 있다는 말인가? 이 질문에 답하려면 먼저 어떤 특성 때문에 수학이 높은 위상과 영예를 얻게 되었는지 살펴보아야 한다.

고대 그리스 인들 덕택에 독립된 지식 체계로 태어난 이후로 2,000년 동안 수학은 줄곧 진리를 추구했다. 수학이 이루어 놓은 업적은 눈부셨다. 수와 도형에 관한 수많은 정리들은 확실성의 영원한 보고인 듯 보였다.

　수학 분야를 넘어서 수학적 개념 및 그 파생물들은 주목할 만한 과학 이론의 정수를 제공해 주었다. 수학과 과학의 협력을 통해 얻은 지식에는 물리학 원리가 사용되었지만, 이 지식 역시 수학 원리만큼이나 확실하다고 여겨졌다. 왜냐하면 천문학, 역학, 광학, 유체역학 등의 수리 이론에서 나온 예측이 관측 및 실험 결과와 정확하게 일치했기 때문이었다. 이렇게 해서 수학은 자연의 움직임을 소상하게 파악하고 이해할 수 있게 해 주었고, 그 결과 신비주의를 몰아내고 그 자리에 법칙과 질서를 세워 놓았다. 인간은 오만하게 주위 세계를 둘러보며 우주의 비밀들을 상당수 알아냈다고 한껏 뽐냈다. 그리고 우주의 비밀이란 본질적으로 수학적 법칙이라고 생각했다. 수학자들이 확고한 진리를 찾아내고 있다는 확신은, 우주가 하나만 있고 아이작 뉴턴(Isaac Newton, 1642~1727년)이 그 유일한 우주의 법칙을 밝혀내는 데 성공했으므로 뉴턴이야말로 가장 큰 행운아라고 한 피에르 시몽 마르키스 드 라플라스(Pierre Simon Marquis de Laplace, 1749~1827년)의 말에 잘 드러나 있다.

　수학은 공리라는 이름의 자명한 원리에서 출발해 특수한 방법, 즉 연역적 증명을 이용해 경이롭고도 강력한 결과를 얻어 냈다. 연역적 증명은 여전히 고등학교 기하학 교과서에 실려 있다. 연역적 추론은 그 본질상 공리가 참일 때 그것으로부터 연역되어 나온 것도 역시 참임을 보증해 준다. 겉보기에 명확하고 확실하고 흠이 없는 이러한 논리를 적용하여 수학자들은 논란의 여지가 없다고 여겨지는 결과를 도출해 냈다. 오늘날에도 이것을 수학의 고유한 특징으로 언급하곤 한다. 확실성과 엄밀성의 예로 수학을 거론하는 경우가 적지 않은 것이다.

수학이 고유의 방법론으로 거둔 성취는 위대한 지성인들을 매료했다. 수학은 인간 이성의 능력과 역량과 힘을 보여 주었다. 왜 이 방법론을 권위와 관습과 풍습이 지배하는 철학, 신학, 윤리학, 미학, 사회과학 등의 분야에 적용하여 확실한 진리를 얻지 않는 것일까? 인간 이성이 수학 및 수리물리학에서 눈부신 활약을 보였다면 여타의 분야에서도 핵심적 역할을 할 것이며, 또 진리의 아름다움과 아름다움의 진리를 가져다줄 것으로 기대할 만하다. 그래서 계몽 시대 또는 이성의 시대라고 불린 시기에 수학적 방법론뿐만 아니라 일부 수학 개념 및 정리가 인문·사회과학 분야에 응용되었다.

통찰력을 얻는 가장 좋은 방법은 지난 과오를 반추해 보는 것이다. 19세기 초에 희한한 형태의 기하학과 대수학이 생겨나면서 수학자들은 수학 및 수학적 과학 법칙이 진리가 아니라는 사실을 깨닫지 않을 수 없었다. 예컨대 수학자들은 서로 상이한 여러 개의 기하학이 모두 동일하게 공간 경험과 잘 합치된다는 사실을 알게 되었다. 이 모든 기하학이 진리일 수는 없었다. 수학적 설계가 자연 속에 심겨 있지는 않으며, 설사 심겨 있다고 해도 인간의 수학이 반드시 그 설계를 드러낸다는 보장은 없다는 것이 분명해졌다. 실재를 파악하는 열쇠를 잃고 만 것이다. 이러한 깨달음이 바로 수학에게 떨어질 여러 재앙 가운데 첫 번째 재앙이었다.

새로운 기하학과 대수학이 출현하면서 수학자들은 다른 종류의 충격을 경험해야 했다. 스스로 진리를 얻어 내고 있다는 확신이 너무도 확고했기 때문에 그들은 타당한 추론의 덕목을 희생하면서까지 진리로 보이는 대상을 붙잡으려 성급하게 달려갔다. 하지만 수학이 진리의 집합체가 아니라는 깨달음은 수학에 대한 믿음에 금이 가게 했고, 그래서 그들은 수학을 면밀하게 다시금 살펴보기 시작했다. 그런데 수학의 논리가 극히 엉성하다는 사실을 발견하고 그들은 크게 당혹해했다.

사실, 수학은 비논리적 방식으로 발전되어 왔다. 비논리적 발전 과정에는 잘못된 증명, 추론의 오류, 부주의로 인한 실수 등, 주의를 좀 더 기울이면 피할 수 있는 것만 포함되어 있지는 않았다. 비논리적 발전 과정에는 개념에 대한 부적절한 이해, 필요한 논리학 원칙이 무엇인지 인식하지 못한 잘못, 그리고 엄밀성이 불충분한 증명 등이 포함되어 있었다. 즉 직관, 물리적 논증, 기하학적 도형의 사용 등이 논리적 증명의 자리를 차지하고 있었다.

하지만 수학은 여전히 자연을 기술하는 효과적인 도구였다. 그리고 수학 자체는 매력적인 지식 체계였으며, 또 많은 사람들, 그중에서도 특히 플라톤주의자들은 수학을 소중히 다루어야 할 실체로 여겼다. 따라서 수학자들은 결여되어 있는 논리 구조를 세우고 결함이 있는 부분은 다시 건설하는 일에 착수하기로 했다. 19세기 후반 내내 수학의 엄밀화란 이름의 운동이 활발하게 진행되었다.

1900년이 되자 수학자들은 목표를 달성했다고 믿었다. 수학이 자연을 근사적으로 기술하는 것에 만족해야 했고 또 다수의 사람들은 자연이 수학적으로 짜여 있다는 믿음을 포기했지만, 그래도 수학을 논리적으로 재구성한 점에 대해서는 매우 만족스러워했다. 하지만 성공의 축배를 들기도 전에 새로 구성한 수학에서 모순이 발견되었다. 수학자들은 이 모순들을 보통 역설이라고 불렀는데, 모순은 수학의 논리를 훼손하기 때문에 이를 가리기 위해 모순 대신에 역설이라는 완곡한 표현을 사용한 것이다.

곧바로 모순을 해결하는 일에 당시 학계를 이끌던 수학자들과 철학자들이 뛰어들었다. 그러면서 서로 상이한 네 가지 접근 방식이 생겨났다. 이 접근 방식들이 체계화되고 발전되면서 각 방식을 따르는 추종자들이 나타났다. 이 기초론 학파들은 그때까지 알려진 모순들을 모두 해결하려 했을 뿐만 아니라 앞으로 새로운 모순이 나오지 않게 하려고 노력했다. 다시 말해서 수학의 무모순성을 확립하려 했다. 기초를 공고히 하려는 과정에서 다른 쟁점들도 생겨났다. 일부 공리와 논리학 원리의 수용을 두고 학파 사이에 격심한 대립을 보였다.

1930년까지도 수학자는 여러 수학 기초론 가운데 하나를 받아들인 다음, 자신의 증명이 그 학파의 기본 주장에 부합된다고 선언하면 문제가 없었다. 그러나 대재앙이 닥쳤다. 바로 쿠르트 괴델(Kurt Gödel, 1906~1978년)의 유명한 논문이 발표된 것이다. 그 논문에서 괴델은 여러 기초론 학파에서 받아들이고 있는 논리학 원리로는 수학의 무모순성이 증명되지 않음을 증명했다. 괴델은 지금까지 이루어 놓은 성과들은 의문시할 만큼 상당히 의심스러운 논리학 원리들을 도입하지 않고는 수학의 무모순성이 증명되지 않는다는 사실을 밝혀냈다. 괴델의 정리는 엄청난 폭풍을 몰고 왔다. 이후의 전개 상황은 문제를 더욱 복잡하게 만들었다. 예컨대 과거에는 확실한 지식을 얻는 방법이라며 높이 평가되던 공리적 연역 방식도 결함이 있음이 밝혀졌다. 이렇게 여러 상황들이 전개되면서 다양한 수학 방법론이 제시되었고, 그에 따라 수학자들은 이전보다 훨씬 더 많은 학파로 나뉘었다.

오늘날 수학이 처한 난국은 하나가 아닌 여러 개의 수학이 존재한다는 사실, 그리고 여러 이유로 자기 학파의 이론으로는 대립되는 학파의 추종자들을 만족시키지 못한다는 사실 때문이다. 보편적으로 받아들여지는 절대 무류(無謬)의 이성이라는 개념은——1800년대에는 수학이 바로 그러한 이성의 구현이라고 생각했다.——거대한 환상에 불과하다는 점이 명백해졌다. 과거의 확실성과 자기 만족이 미래의 불확실성과 회의로 대체되었다. '가장 확실한' 과학의 기초를 두고 의견이 갈리고 있다는 점은 놀랍고도 당혹스럽다. 수학이 현재 처한 상황 자체가 수학은 가장 확실한 진리이며 논리적으로도 완벽하다는 뿌리 깊은 믿음에 대한 조롱의 화살이 되고 있다.

타당한 수학을 두고 이견을 보이고 있지만 언젠가는 합의에 이르게 될 것이라고 믿는 수학자들이 있다. 그러한 사람들 가운데 니콜라 부르바키(Nicholas Burbaki)라는 필명으로 활약하고 있는 저명한 프랑스 수학자들이 있다.

> 예로부터 불확실성의 시대가 오면 거의 예외 없이 수학 전체나 특정 이론에 대한 비판적 검토가 뒤를 이었다. 모순이 생겨났지만 비판적 검토를 통해 그 모순이 해결되고는 했다. …… 이렇게 2,500년 동안 수학자들은 스스로의 오류를 고쳐 나갔고, 그 결과로 수학은 빈약해지기는커녕 더욱 풍성한 학문 분야로 발전해 왔다. 따라서 수학자들로서는 미래를 낙관할 충분한 권리가 있다.

하지만 훨씬 더 많은 수학자들은 수학의 미래를 비관적으로 보고 있다. 20세기 최고의 수학자 헤르만 바일(Hermann Weyl, 1885~1955년)은 1944년에 다음과 같이 말했다.

> 수학의 궁극적 기초와 궁극적 의미라는 문제는 여전히 해결되지 않았다. 어느 방향으로 가야 최종적 해답을 얻을지, 또 객관적인 최종적 해답이 존재하기는 하는지 알지 못한다. '수학화'는 언어나 음악처럼 인간의 독창성을 드러내는 창조적인 활동이라고 할 수 있다. 수학이 전개되어

온 과정을 역사적으로 고찰해 보면 완벽한 객관적 합리화는 불가능하다는 것을 알 수 있다.

괴테의 표현을 빌리면 "한 과학 분야의 역사는 바로 그 과학 자체"인 것이다.

타당한 수학에 대한 의견의 불일치와 상이한 기초론의 출현은 수학뿐만 아니라 물리 과학에도 심대한 영향을 끼쳤다. 앞으로 보겠지만 가장 잘 다듬어진 물리 이론은 전적으로 수학 이론이다(그러한 이론들에서 도출되는 결과들은 구체적인 물체로 구현된다. 예를 들어 우리는 라디오 전파의 물리학적 의미는 전혀 모르지만 그에 관한 이론을 가지고 라디오를 만들어 냈다.). 따라서 기초론 문제와 직접 씨름하지 않는 과학자도 타당하지 못한 수학 때문에 긴 시간을 낭비하지 않으려면 어떤 수학이 신뢰할 만한 수학인지를 따지는 문제에 관심을 기울여야 한다.

진리가 실종되고 수학과 과학이 끊임없이 복잡해져만 가고 또 어떤 접근 방식이 옳은지 불확실해지면서 대다수 수학자들은 자연과학을 포기하기에 이르렀다. 그들은 수학, 그중에서도 증명을 안전하게 전개할 수 있는 세분화된 자신의 분야로 후퇴해 들어갔다. 자연과학에서 생겨나는 문제보다 인위적으로 만든 문제에 더 매료되고 있는 실정이다.

또 타당한 수학이 무엇인지를 두고 위기와 갈등이 벌어지고 있는 상황 때문에 수학적 방법론을 철학, 정치학, 윤리학, 미학 같은 여타의 분야로 확장하려는 시도는 좌절을 겪고 있다. 객관적이고 완전한 법칙과 기준을 찾으려는 희망은 사라져 버렸다. 이성의 시대는 막을 내렸다.

여러 방법론이 서로 대립하고 있고 공리 채택을 두고도 의견이 갈리고 있으며, 또 모순이 발견되어 상당 부분의 수학 연구가 무효화될 가능성도 상존하는 등, 수학의 현재 상태는 만족스럽지 못하다. 그런데도 일부 수학자들은 여전히 물리 현상에 수학을 응용하고 있으며 응용 영역을 경제학, 생물학, 사회학 등으로 확대하고 있다. 수학이 여전히 효율성을 발휘하고 있다는 사실은 두 가지 논의 주제를 우리에게 던져 준다.

첫 번째는 수학의 효용성을 타당성의 준거로 삼을 만하지 않을까 하는 것이다. 물론 그러한 준거는 잠정적일 수밖에 없다. 오늘날 타당하다고 여겨지던 것이 다음번 응용에서 잘못된 것으로 판명 날 가능성이 있기 때문이다.

두 번째 주제는 풀리지 않는 수수께끼에 관한 것이다. 우리는 아직 타당한 수학이 어떤 것인지 의견 일치를 보지 못하고 있다. 그런데 왜 수학이 효용성을 지니는 것일까? 우리는 불완전한 도구로 기적을 만들어 내고 있는 것일까? 만일 인간이 기만당해 왔다면 자연도 마찬가지로 수학이라는 인간의 도구에 기만당할 수 있는 것일까? 분명코 그렇지는 않다. 그러나 수학에 크게 의존하는 과학 기술 덕분에 인간은 달나라 여행을 하고 화성과 목성을 탐험할 수 있게 되었다. 바로 이 사실이 우주에 관한 수학적 이론의 타당성을 보증해 주는 것이 아닐까? 그렇다면 수학을 두고 작위적이라느니 하나가 아닌 여러 수학이 가능하다느니 하는 이야기는 틀린 게 아닐까? 정신과 영혼이 갈 길을 찾지 못하고 헤매도 몸은 죽지 않고 살아갈 수 있을까? 물론, 사람은 그렇게 살 수 있고, 수학 역시 마찬가지로 죽지 않고 생명을 유지할 수 있다. 따라서 그 기초가 불확실하고 수학자들이 서로 상반되는 이론을 내고 있는데도, 수학이 믿을 수 없을 정도로 효용성을 발휘하는 이유를 캐내야 하는 의무가 우리에게 있는 것이다.

1장
수학의 창세기

이와 같은 진리에 다다른 이여!
그래서 반짝이는 하늘에서 장막을 걷어 낸 이여!
이들의 영혼에 은총이 가득하기를!
그들은 저 멀리 있는 별들도 명료하게 볼 수 있게 했다.
그리고 사고의 힘으로 사슬을 만들어 천상의 세계를 옭아맸다.
산 위에 또 산을 쌓는 오만한 옛날 방식을 쓰지 않고서도
이렇게 해서 천상에 닿게 되었다.

오비디우스

프랑스 샤르트르 대성당에 있는 피타고라스의 부조상.

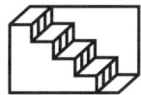

문명이라는 이름을 붙일 만한 자격을 갖춘 문명은 예외 없이 진리를 추구했다. 생각을 지닌 사람이라면 필연적으로 다양한 자연 현상을 이해하고자 노력하며 어떻게 인류가 이 땅에 살게 되었는지 그 신비를 풀려고 애를 쓴다. 그리고 어떤 목적을 위해 살아야 하는지, 또 삶의 종착지는 어디인지 알기를 원한다. 이런 질문에 대한 답변은 고대 문명에서는 한 가지 사례를 제외하면 모두 종교적 엘리트들이 내놓았고 사람들은 별다른 이의 없이 이를 받아들였다. 하지만 고대 그리스 문명은 예외였다. 그리스 인들이 발견한 것은 바로 이성의 힘이었다. 이는 인류 역사상 가장 위대한 발견이었다. 사람에게는 지적 능력이 있고 때때로 관찰과 실험의 도움을 받아 그 능력을 활용하면 진리를 발견할 수 있다는 점을 인식한 사람들은 그리스 문명의 절정기였던 기원전 600~300년에 활동한 고대 그리스 인들이었다.

　그리스 인들이 어떤 이유에서 이런 발견을 하게 되었는지는 간단히 대답하기 힘들다. 최초로 인간사의 문제에 이성을 활용하고자 한 사람들은 이오니아 인들이었다. 이오니아는 소아시아에 위치한 지역으로, 그리스 인들이 정착해 살고 있었다. 많은 역사학자들이 정치·사회적 상황을 근거로 하여 이오니아에서 벌어졌던 여러 일들을 설명하고자 했다. 예컨대 이오니아 인들은 유럽 지역의 그리스 문화를 지배하고 있던 종교적 신념에 구애받지 않고 자유로운 사고를 하고 있었다는 점을 이유로 들기도 한다. 하지만 기원전 600년 이전의 그리스 역사에 대한 지식은 매우 단편적이기 때문에 현재로서는 확실하게 설명하기가 불가능하다.

차츰 그리스 인들은 정치 체계, 윤리, 사법 제도, 교육 등을 비롯한 다양한 인간 관심사에 이성을 적용해 나갔다. 하지만 그들의 주요 업적은 이성을 활용해 자연의 법칙을 파악해 내려는 노력 그 자체였다. 이 업적은 이후의 모든 문화에 결정적 영향을 끼쳤다. 그리스 인들이 이런 업적을 이루기 이전, 다른 모든 고대 문명에서는 자연을 무질서하고 변덕스러우며, 심지어 인간에게 위해를 가하는 무서운 대상으로 여겼다. 자연 현상에 대해서는 아무런 설명도 하지 않거나 이를 신의 뜻으로 여겼고, 오직 기도, 제물 그리고 종교 의식으로만 신의 비위를 맞출 수 있다고 생각했다. 바빌로니아 인들과 이집트 인들은 기원전 3000년경에 이미 탁월한 문명을 건설했다. 이들은 해와 달의 운행에서 주기성을 발견했고 이 주기성을 바탕으로 역법을 만들어 냈다. 하지만 이러한 주기성이 갖고 있는 좀 더 깊은 의미를 파악해 내지는 못했다. 그들은 보기 드문 매우 뛰어난 관찰력을 과시했지만, 자연을 바라보는 이들의 태도에는 아무런 변화가 없었다.

그리스 인들은 대담하게도 자연을 있는 그대로 바라보았다. 절대다수를 차지하지는 못했지만 그리스의 지적 선구자들은 전통적 교의나 초자연적인 힘, 미신, 도그마 등 사고를 구속하는 여러 족쇄들을 배격했다. 그들은 신비롭고도 복잡다단한 여러 자연 현상을 면밀히 관찰하고 그 현상 배후의 원인을 파악하고자 노력했던 최초의 사람들이었다. 그들은 얼핏 보기에는 우연히 일어나는 듯 여겨지는 삼라만상의 운행을 이성의 빛으로 환하게 밝혀내려고 했다.

끝없는 호기심과 대담성을 소유한 그리스 인들은 많은 사람들이 의문을 갖기는 하지만 그 해결에 매달리는 사람은 극히 적은 문제, 그리고 그에 대한 해답을 얻기 위해서는 높은 지적 능력이 필요한 문제들을 제기하고 또 답을 내놓았다. 우주의 운행은 어떤 계획에 따른 것인가? 식물, 동물, 사람, 행성, 빛, 소리는 단순한 물리적 사태에 불과한 것인가, 아니면 거대한 설계의 일부분인가? 그들은 현실에 안주하지 않고 새로운 것을 찾는 사람들이었기 때문에 혁신적인 관점에서 사물을 바라보았다. 그 결과, 지금까지 서구 사상을 줄곧 지배해 온 우주관을 만들어 내게 되었다.

자연을 대하는 그리스 지식인들의 태도는 혁신적인 것이었다. 자연을 바라볼 때 이들은 종교의 굴레에서 벗어나 이성적이고 분석적인 태도를 취했다. 신이 인간의 행위와 물질 세계를 주관한다는 믿음과 신화는 배격되었다. 마침내 이들은 자연에는 궁극적 법칙이 있으며 그 법칙에 따라 삼라만상이 움직여 간다는 사상을 만들어 내게 되었다. 행성의 운동에서 나뭇잎의 흔들림에 이르기까지 감각으로 인지되는 모든 현상들은 명확하고 수미일관된, 그리고 이해 가능한 패턴을 따르고 있다고 여겼다. 다시 말해서 자연은 합리적으로 설계되어 있으며 그러한 설계가 인간 행위의 영향을 받지는 않지만 이성을 사용하면 그에 대한 이해는 가능하다는 생각이었다.

그리스 인들은 대담하게도 최초로 삼라만상에는 법칙과 질서가 있다는 생각을 했을 뿐만 아니라 천재성을 발휘하여 자연에 내재되어 있는 패턴들을 최초로 찾아냈다. 그들은 장엄한 대자연의 현상들, 예컨대 태양의 운동, 여러 가지 색조를 띠면서 차고 이지러짐을 반복하는 달, 행성의 밝기, 빛을 발하며 장관을 이루는 하늘의 별들, 기적과도 같은 일식과 월식 등의 현상에 의문을 제기하고 그에 대한 답을 찾아냈다.

자연과 우주에 대해 최초로 합리적 설명을 시도했던 사람들은 기원전 6세기의 이오니아 철학자들이었다. 이 시기의 유명한 철학자들, 즉 탈레스(Thales, 기원전 640?~546년경), 아낙시만드로스(Anaximandros, 기원전 610?~546년경), 아낙시메네스(Anaximenes, 기원전 585?~528년경), 헤라클레이토스(Heracleitos, 기원전 540?~480년경), 아낙사고라스(Anaxagoras, 기원전 500?~428년경) 등은 우주를 구성하는 근본 물질이 존재한다고 주장했다. 예컨대 탈레스의 경우, 만물은 기체, 액체 또는 고체 형태의 물로 이루어져 있다는 주장을 폈다. 그는 여러 현상들을 물로 설명하려 했다. 그의 이러한 시도가 완전히 불합리하다고 할 수는 없는데, 구름, 안개, 이슬, 비, 우박 등은 모두 물이다. 또 물은 생명에 필수 불가결한 요소로 곡식을 생장시키고 동물의 생명을 유지시킨다. 사람의 몸은 잘 알다시피 90퍼센트가 물로 이루어져 있다.

이오니아 인들의 자연철학은 포괄적이고 면밀한 과학 연구의 산물이라기보다는 대담한 발상, 예리한 추정, 뛰어난 직관으로 구성되어 있다. 이오니아 인들은 전체를 총체적으로 조감하려는 열의가 다소 지나친 나머지 성급하게 결론을 이끌어 냈다. 하지만 그들은 우주의 짜임새와 그 움직임에 대한 종래의 신화적 설명을 피하고 그 대신에 물질적이고 객관적인 설명을 가했다. 비현실적이고 무비판적인 설명 대신에 이성적 접근 방식을 제시했으며 자신들의 주장을 옹호하는 데에도 이성을 이용했다. 그들은 대담하게도 자신들의 이성을 도구로 삼아 우주의 신비를 캐내려 했고, 자연 현상과 운행을 주관한다는 신이나 영혼, 악마, 천사 같은 신화적 존재에 의지하지 않았다.

이렇게 이성으로 자연을 설명하려는 정신은 아낙사고라스의 "이성이 세상을 다스린다."라는 말로 요약된다.(아낙사고라스는 지성, 정신, 이성으로 번역될 수 있는 *nous*와 씨앗이라는 뜻을 가진 근본 입자인 *spermata*로 이루어진다고 보았다.—옮긴이)

자연이란 혼돈이 지배하는 곳이며, 인간의 지력이 결코 꿰뚫을 수 없는 신비의 대상이라는 생각을 배격하고 이해 가능한 패턴을 지닌 대상이라는 생각을 품게 되는 데에는 수학이 결정적 역할을 했다. 그리스 인들은 여기에서도 이성의 발견 못지않게 풍부하고 독창적인 통찰력을 과시했다. 우주는 수학적으로 설계되어 있으며, 수학을 통해 우리는 우주의 짜임새를 파악할 수 있다는 생각을 한 것이다. 자연의 수학적 짜임새를 제시한 최초의 집단들은 피타고라스 학파 사람들이었다. 피타고라스 학파는 피타고라스(Pythagoras, 기원전 585?~500년경)가 이끌던 학파로 이탈리아 남부에 근거지를 두고 있었다. 피타고라스 학파는 타락한 육체의 족쇄로부터 영혼을 정화하고 해방하는 문제에 몰두하고 있던 당시의 그리스 고대 종교에서 영감과 가르침을 이끌어 냈지만 그들의 자연철학만은 상당히 합리적이었다. 이들은 질적인 관점에서는 상이하게 보이던 여러 현상들이 동일한 수리적 특성을 지닌다는 점을 발견했다. 따라서 이러한 수리적 특성이야말로 모든 현상의 본질일 수밖에 없다고 생각했다. 좀 더 자세히 말하면, 피타고라스 학파는 수와 수량적 관계에서 이러한 본질을 발견한 것이다. 수(數)는 우주를 설명하는 첫 번째 원리였다. 기본 입자 또는 '존재 단위'들이 다양한 기하학적 모습을 취함으로써 물체를 구성한다. 기본 입자의 수는 물체의 본질적 속성을 나타낸다. 수는 우주의 질료이자 형상이다. 따라서 '만물은 수'라는 피타고라스 학파의 기본 원칙이 성립하게 된다. 수가 모든 물체의 '본질'이기 때문에 자연 현상에 대한 설명은 수를 통해서만 가능하다.

이러한 피타고라스 학파의 주장은 현대인의 입장에서는 이해하기 어렵다. 왜냐하면 수는 추상적인 개념이지만 사물은 물리적 대상물이기 때문이다. 하지만 수의 추상화는 후대의 산물로 피타고라스 학파가 활약하던 시기에는 수를 추상적 대상으로 보지 않았다. 그들은 수를 점이나 입자로 파악했다. 삼각수나 사각수 또는 오각수를 언급할 때, 그들은 점이나 조약돌 또는 그와 유사한 물체가 그에 상응하는 형태로 모여 있는 것을 염두에 두고 있었다(그림 1.1~1.4 참조).

정확한 연대기적 사료가 충분하지는 않지만 의심할 여지 없이 피타고라스 학파 사람들은 자신들의 이론을 만들어 내고 다듬어 가는 과정에서 차츰 수를 추상적 개념으로 이해하기 시작했고, 그 반면에 물체는 단지 수의 구체적 구현이라는 점을 깨닫게 되었을 것이다. 그들이 이러한 구별을 했다는 점을 고려할 때 피타고라스 학파의 일원으로 5세기에 활약했던 유명한 필롤라오스(Philolaos)의 다음과 같은 글을 제대로 이해할 수 있다. "수와 수가 지니는 속성이 없었다면, 어떠한 존재도 명료함을 지니지 못했을 것이다. 우리는 수가 지니는 힘을 어렵지 않게 관찰할 수 있다. 인간의 행위와 사고, 인간이 만든 모든 물건 그리고 음악에서 이러한 수의 힘을 찾아볼 수 있다."

예컨대 그들은 다음 두 가지 사실을 발견함으로써 음악을 수량 사이의 단순한 관계로 환원할 수 있었다. 첫째, 현을 뜯어서 내는 소리는 현의 길이에 따라 결정된다는 점, 둘째, 화음은 두 현의 길이가 정수 비를 지닐 때 생긴다는 점이었다. 예를 들어 두 현이 같은 정도로 팽팽하게 당겨져 있고 한 현의 길이가 다른 현의 길이의 두 배가 될 때 화음이 생겨난다. 지금의 표현을 쓰자면 이때 두 음의 차이는 한 옥타브가 된다. 또 길이의 비율이 3대 2일 때에도 화음이 생기는

그림 1.1
삼각수(Triangular numbers)

그림 1.2
사각수(Square numbers)

그림 1.3
오각수(Pentagonal numbers)

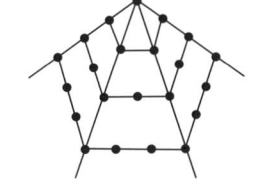

그림 1.4
육각수(Hexagonal numbers)

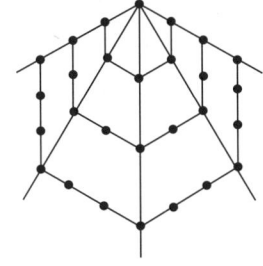

데 이 경우에는 짧은 쪽이 내는 소리가 이른바 5도 음정으로 긴 쪽이 내는 소리보다 높다. 사실, 모든 화음은 정수 비를 지닌 현 때문에 생겨난다. 또한 피타고라스 학파는 유명한 음계를 만들어 내기도 했다. 여기에서 그리스 시대의 음악을 다루지는 않겠지만, 유클리드(Euclid, 기원전 330~275년. 유클리드는 영어식 이름이고, 에우클레이데스(Eucleides)가 더 정확한 표기이지만, 유클리드가 관용적으로 더 많이 쓰여 영어식으로 표기한다. ─ 옮긴이)와 클라우디우스 프톨레마이오스(Claudius Ptolemaeos, ?~168년)를 포함한 상당수의 그리스 수학자들이 이 분야, 특히 화음과 음계의 구성에 대해 글을 썼다는 점을 언급해 둔다.

피타고라스 학파는 행성의 운동을 수량 관계로 환원했다. 그들은 우주 공간 속을 움직이는 행성이 소리를 발생시킨다고 믿었다. 아마도 줄에 물건을 매달아 놓고 돌리면 공기를 가르는 소리가 난다는 사실 때문에 그런 생각을 하게 된 것으로 보인다. 또 빠르게 움직이는 행성은 느린 운동을 하는 행성에 비해 높은 소리를 낸다고 믿었다. 고대 그리스 천문학에 따르면 지구에서 멀리 떨어진 행성일수록 더 빨리 움직인다. 따라서 행성이 만들어 내는 소리는 지구에서 얼마만큼 떨어져 있느냐에 따라 달라지며, 이 소리들은 화음을 이룬다. 하지만 모든 화음과 마찬가지로 '행성 음악'은 바로 수량 관계로 환원되고, 따라서 행성의 운동 역시 그러하다. 사람들이 이 음악을 듣지 못하는 이유는 태어날 때부터 익숙하게 들어 왔기 때문이라는 것이다.

자연이 지니는 다른 여러 특성도 수로 '환원'했다. 숫자 1과 2, 3, 그리고 4를 테트락티스(tetractys)라 하여 높은 가치를 부여했다. 피타고라스 학파 성원들의 맹세는 다음과 같았다고 한다. "나는 우리 영혼 속에 간직되어 있는 테트락티스의 이름을 걸고 맹세한다. 생명으로 용솟음치는 자연의 원천과 뿌리는 테트락티스에 있다."

자연은 점, 선, 면, 입체의 네 가지 기하학적 요소들로 이루어져 있다. 또 후일 플라톤(Platon, 기원전 427~347년경)은 자연을 구성하는 요소로 흙, 공기, 불, 물 네 가지를 들었다.

테트락티스 네 수를 모두 합하면 10이 되므로 10은 우주를 표상하는 이상적 수로 여겼다. 10이 이상적인 수이므로 하늘에는 10개의 천체가 있어야 했다. 10개의 수를 맞추기 위해 피타고라스 학파는 중심에 불덩어리가 있고 지구와 태양, 달을 비롯해 나머지 다섯 행성이 그 주위를 돌며 불덩어리 반대편에 반지구(counter-earth)가 존재한다는 모델을 세웠다. 사람들은 중심에 위치한 불덩어리와 반지구를 볼 수 없는데, 그 이유는 사람들이 살고 있는 지구 위의 지역은 반대편 쪽을 바라보고 있기 때문이다. 이러한 이야기들을 상세히 다룰 필요는 없다. 다만 중요한 것은 피타고라스 학파가 수량 관계라는 기초 위에 천문학 이론을 정립하려 했다는 점이다.

피타고라스 학파는 천문학과 음악을 수치로 '환원'했기 때문에 음악과 천문학은 산술 및 기하학과 관련을 맺게 되었고 따라서 이 네 가지 분야들은 모두 수리 이론으로 여겨졌다. 이 네 분야는 학교 교과 과목으로 채택되었고, 중세 시기까지 4학(quadrivium)이란 이름으로 불리며 중요하게 취급되었다.

아리스토텔레스(Aristoteles, 기원전 384~322년)는 『형이상학』에서 실제 세계를 수로 파악하는 피타고라스 학파에 대해 다음과 같이 요약하고 있다.

> 그들은 존재물 및 존재물로 화(化)하는 것에 대해 불이나 흙, 또는 물이 아니라 수에서 그 유사성을 찾았던 듯하다(수가 변형되어 정의로움이 되기도 하고 영혼이나 이성이 되기도 하고 가능성을 지닌 존재가 되기도 했다. 그

리고 거의 모든 대상들이 수로 표현되었다.). 수로부터 변형된 대상들과 음계의 비가 수로 표현될 수 있고, 또 다른 모든 대상물도 그 총체적 성질이 수로 표시되며 수야말로 자연 전체에서 첫째가는 요소로 보였다. 따라서 그들은 수를 만물의 요소로 생각했고 천상의 세계도 하나의 음계와 수라고 여겼다.

피타고라스 학파의 자연철학은 매우 비현실적이었다. 미학적 요구에 수량 관계를 찾으려는 강박 관념이 더해져 그들은 관측을 통해 얻은 증거를 초월하는 주장을 펴게 되었다. 또한 피타고라스 학파는 과학 이론을 심도 있게 발전시키지도 못했다. 그들의 이론을 피상적이라고 불러도 좋을 것이다. 하지만 운에 따른 것이든 천재적 직관에 따른 것이든 간에, 피타고라스 학파는 후일 더할 나위 없이 중요한 것으로 밝혀진 두 가지 학설을 내놓았다. 첫 번째 학설은 자연이 수학적 원리에 따라 구성되었다는 것이고, 두 번째 학설은 수량 관계가 자연의 질서를 통일적으로 드러내 보인다는 것이었다. 현대 과학은 피타고라스 학파와 비교해 훨씬 더 정교한 형태이기는 하지만, 수를 강조하는 피타고라스 학파의 학설을 따르고 있다.

피타고라스 학파의 뒤를 이어 출현한 철학자들 역시 현실 세계의 본질과 그 안에 내재된 수학적 짜임새에 깊은 관심을 지니고 있었다. 레우시푸스(Leuccipus, 기원전 440년경)와 데모크리토스(Democritos, 기원전 460?~370년경)가 주목할 만한데, 그 이유는 가장 명확하게 원자론을 천명했기 때문이다. 세계는 무한한 수의 단순하고 영원한 원자로 구성되어 있다는 것이 그들의 공통된 철학이었다. 이 원자들은 모양과 크기, 단단함의 정도, 위치 등에서 차이를 보인다. 모든 물체들은 이 원자들의 결합으로 이루어진다. 선분과 같은 기하학적 크기는 무한히 계속해서 나눌 수 있지만 원자는 나눌 수 없는 궁극적 입자이다. 형태와 크기, 그리고 위에서 언급한 특성들은 원자가 지니고 있는 특성이다. 맛, 온도, 색과 같은 여타의 특성들은 원자 자체에 있는 것이 아니라 인지하는 사람에 끼치는 원자의 영향일 뿐이다. 이렇게 감각으로 얻는 지식은 신뢰할 수가 없는데 그것은 인지하는 사람마다 그 내용이 달라질 수 있기 때문이다. 피타고라스 학파와 마찬가지로 원자론자들도 끊임없이 변해 가는 물리적 세계 이면의 실체를 수학적으로 표현할 수 있다고 주장했다. 더욱이 이 세계 안에서 벌어지는 사건들은 수학 법칙에 따라 완벽하게 결정된다고 여겨졌다.

피타고라스 학파 이후로 자연이 수학적으로 짜여 있다는 학설을 심화시키고 이를 널리 퍼뜨리는 데 가장 큰 영향력을 발휘한 집단이 플라톤 학파였다. 피타고라스 학파의 일부 이론을 수용하기는 했지만 플라톤은 기원전 4세기 그리스 사상을 지배한 철학의 거장이었다. 그는 아테네에 아카데미를 설립했다. 아카데미는 당시 최고의 사상가들이 집결하던 곳으로, 이후 900년 동안이나 존속했다.

우주의 합리성에 대한 플라톤의 믿음은 대화편 『필레보스』에 잘 나타나 있다.

프로타르쿠스: 무슨 질문 말씀입니까?

소크라테스: 사람들이 우주라고 부르는 것이 비이성이나 우연에 내맡겨져 있는지 아니면 그와 반대로 우리 선조들이 선언했듯이 놀라운 지성과 지혜로 다스려지고 있느냐는 질문입니다.

프로타르쿠스: 소크라테스님, 두 가지는 너무도 상반되는 주장입니다. 먼저의 주장은 신성모독으로 들리지만, 두 번째 주장, 그러니까 정신이 모든 것에 질서를 부여한다는 주장은 모든 세상, 해와 달, 하늘의 떠

있는 별들과도 같은 가치를 갖습니다. 저로서는 그렇게 말하고 또 그렇게 생각하는 것 외에는 다른 대안은 있을 수 없다고 봅니다.

후기 피타고라스 학파와 플라톤 학파는 사물의 세계와 이데아의 세계를 명확하게 구분했다. 물질 세계에 속하는 사물과 그 사물들 사이의 관계는 불완전한 것으로 변화와 소멸을 피할 수 없지만 이상적 세계에는 절대적이며 변하지 않는 진리가 존재한다고 보았다. 그리고 이러한 진리야말로 철학자들이 관심을 기울일 만한 대상이라고 여겼다. 물질 세계에 대한 주장은 기껏해야 의견에 불과할 뿐이었고, 보고 느끼는 세계는 이상적인 세계의 희미하고도 불완전한 모상이었다. "사물은 체험이라는 장막 위에 드리워진 그림자일 따름이다." 따라서 실체는 감각적이고 물리적인 사물의 이데아에서 찾아야 했다. 플라톤은 말 한 필이나 집 한 채, 아름다운 한 여인에게는 아무런 실체가 없다고 주장했다. 실체는 말, 집, 여인 등의 보편적 형태, 즉 이데아(Idea)에 있다. 순수한 이데아의 형태에 대해서만 완전한 지식이 가능하다. 이러한 이데아야말로 항구적이며 불변이고 이에 대한 지식은 확고하며 완전하다.

플라톤은 물질 세계의 실체와 그에 대한 이해는 이데아 세계에 속하는 수학을 통해서만 가능하다고 주장했다. 이 세계가 수학적으로 짜여 있다는 점은 의심할 여지가 없었다. 플루타르코스(Ploutarchos, 46?~120년경)는 플라톤이 "신은 끊임없이 일하는 기하학자"라는 유명한 말을 남겼다고 전하고 있다.『국가』에서 플라톤은 "기하학이 겨냥하는 지식은 소멸하는 일시적 지식이 아니라 영원불멸한 지식이다."라고 말한다. 수학 법칙은 실체의 본질일 뿐만 아니라 영원불멸이며 변하지 않는다. 수량 관계도 실체의 일부분이며, 사물의 모임은 수의 단순한 모방일 따름이다. 초기 피타고라스 학파에서는 수가 사물 속에 내재한다고 보았지만 플라톤에 와서는 사물을 초월하는 존재가 되었다.

플라톤은 한 걸음 더 나아가 수학으로 자연을 이해하려는 데 그치지 않고 자연 자체를 수학으로 대체하고자 했다. 그는 물질 세계를 면밀하게 관찰하는 것으로도 기본적 진리를 어렴풋이나마 파악할 수 있게 되고 그 다음부터는 어떤 도움도 없이 이성만으로 진리를 향해 나아갈 수 있다고 확신했다. 그때부터는 오직 수학만이 있을 따름이다. 이제 수학이 물리적 연구를 대체하게 된다.

플루타르코스는 『마르셀루스의 생애』에서 플라톤과 동시대인이었던 저명한 에우독소스(Eudoxos, 기원전 400?~350년경)와 아르키타스(Archytas)가 물리적 논증으로 수학적 연구 결과를 '증명'했다고 쓰고 있다. 하지만 플라톤은 그러한 증명이 기하학을 욕되게 한다고 주장하면서 격렬하게 비난했다. 순수한 추론 대신에 감각적인 사실을 사용했기 때문이었다.

천문학을 대하는 플라톤의 태도는 그가 어떤 지식을 추구하는지 보여 준다. 천문학은 눈에 보이는 천체의 운동에 관심을 기울이지는 않는다고 그는 말한다. 별의 배열과 그 움직임은 놀랍고도 아름답지만, 이러한 운동을 단순히 관찰하고 기술하는 것은 참된 천문학과는 거리가 멀다. 참된 천문학에 이르려면 우선 "천상의 모습에 연연하지 말아야" 한다. 왜냐하면 참된 천문학은 수학적 천상에 놓여 있는 참된 별들의 운행 법칙을 다루고 있지만, 눈에 보이는 천상은 단지 참된 천상의 불완전한 표현이기 때문이다. 그는 시각이 아니라 정신을 즐겁게 하는 이론적 천문학에 몰두해야 한다고 했다. 이러한 이론적 천문학에서는 대상물이 시각이 아니라 정신을 통해 파악된다. 눈앞에 펼쳐지는 다양한 천상의 시각적 모습은 더욱 높은 차원의 진리를 찾는 데 도움을 주는 정도로만 활용되어야 한다. 기하학과 마찬가지로 천문학도 시각적 대상물 자체가 아니라 이들이 시사하는 추상적 문제들을 다루어야 하는 것이었다. 항해나 역법, 시간 측정 등에 천문학을 활용하는 문제에 대해서 플라톤은 아무런 관심이 없었다.

아리스토텔레스는 플라톤의 제자로 그의 사상 가운데 상당 부분을 스승에게서 얻어 냈지만 현실 세계, 수학과 실체 사이의 관계 등에 대해서는 매우 상이한 입장을 취했다. 그는 피안(彼岸, 관념적으로 존재하는 현실 밖의 세계—옮긴이)의 세계를 주장하고 과학을 수학으로 환원하는 플라톤을 비판했다. 아리스토텔레스는 문자 그대로 물리학자였다. 그에게는 물질이야말로 실체의 본질이자 근원이었다. 물리학을 비롯한 과학 일반은 물질 세계를 연구하고 이로부터 진리를 얻어 내야 했다. 진정한 지식은 감각을 통해서 얻을 수 있으며, 이때 직관과 추상화를 활용한다고 생각했다. 또한 이렇게 얻어 낸 추상 개념은 인간 정신을 벗어나 독자적으로 존재할 수 없다고 여겼다.

그렇지만 아리스토텔레스 역시 개별자들로부터 얻어 낸 보편 개념을 강조했다. 이러한 보편 개념을 얻어 내기 위해서 "파악이 가능하고 관측이 가능한 대상부터 시작해 더욱 분명하고 더욱 깊이 파악할 수 있는 대상으로 옮겨 가야 한다."라고 아리스토텔레스는 말했다. 그는 사물의 분명한 감각적 특성을 취해 이를 실체화하여 독립적이고 정신적인 개념으로 끌어올렸다.

그렇다면 사물에 관한 아리스토텔레스 철학에서 수학은 어떤 위치를 차지했는가? 그는 물리적 과학을 다른 것에 우선하는 근본적인 학문으로 보았다. 수학은 형태와 양 같은 형상적 속성을 기술함으로써 자연에 대한 연구에 도움을 줄 따름이었다. 또 수학은 물질적 현상계에서 관측된 사실들에 대해 그 근거 이유를 설명해 주는 역할을 했다. 따라서 기하학은 광학과 천문학에서 얻은 사실을 설명해 주며 산술은 조화의 근거를 제공해 주었다. 하지만 수학적 개념은 현실 세계로부터 추상화를 통해 얻어 낸 것들이었다. 이 개념들은 현실 세계로부터 추상화를 거쳐 얻은 것이기 때문에 현실 세계에 응용이 가능했다. 감각으로부터 물리적 대상물의 이상적인 속성에 다다를 수 있는 능력이 사람들 마음속에 있으며, 이러한 추상적 개념들은 반드시 참일 수밖에 없었다.

지금까지 그리스의 지적 풍토를 만들어 낸 철학자들을 간략하게 살피면서 이들 모두가 현상계 너머의 실체를 파악하고 이해하기 위해 자연을 연구해야 한다고 주장했음을 보았다. 더욱이 피타고라스학파 이래로 모든 철학자들은 자연이 수학적으로 짜여 있다고 주장했음을 보았다. 고전기가 막을 내릴 무렵에는 자연이 수학적으로 짜여 있다는 학설이 이미 확고하게 자리를 잡았고, 자연에 내재된 수학적 법칙을 찾는 방법이 마련되었다. 이 믿음이 이후의 모든 수학 연구에 동기로 작용한 것은 아니지만, 일단 이러한 믿음을 받아들이고 나자 위대한 수학자들 대다수는 이 믿음에 따라 행동했으며, 그러한 사상적 경향과 직접적으로 대면하지 않았던 이들도 역시 마찬가지로 행동했다. 그리스 인들의 위대한 사변적 사상 가운데 가장 혁신적인 것은 바로 우주가 수학 법칙에 따라 운행되고 있고 그러한 수학 법칙은 인간 지성을 통해 발견될 수 있다는 생각이었다.

이제 그리스 인들은 진리 추구, 특히 우주의 수학적 짜임새에 대한 진리를 찾고자 했다. 과연 진리를 추구하는 방식은 무엇이며 참된 진리로 확증할 수 있는 방법은 무엇인가? 그리스 인들은 이에 대해서도 구체적인 방식을 마련했다. 이 방식은 기원전 600년부터 기원전 300년까지 서서히 발전되어 온 것으로서, 언제 그리고 누가 최초로 이 방식을 생각해 냈는지는 알 수 없지만, 어쨌든 기원전 300년에는 이미 완벽한 형태로 발전해 있었다.

수학의 의미를 수와 도형을 활용하는 분야로 넓게 잡으면, 수학의 기원은 고대 그리스보다 수천 년을 더 거슬러 올라간다. 수학을 이렇게 넓게 해석하면 오래전에 사라진 여러 문명들의 많은 업적들이 수학에 포함되는데, 그 가운데에서도 이집트와 바빌로니아의 업적이 두드러진다. 하지만 그리스를 제외하면 수학은 분명하게 확립된 학문이라고 할 수 없었다. 방법론도 마련되어 있지 않았고 직접적인 실용 목적 이외로는 전혀 연구되지 않았다. 수학은 단지 도구일 따름이었고, 역법이나 농업 또는 상업 같은 일상적 문제를 해결할 때에만 사용되는 단편적이고 단순한 법칙에 지나지 않았다. 이 법칙들은 시행착오와 경험 그리고 단순 관찰을 통해 얻은 것으로서 근삿값 정도만을 가져다줄 뿐이었다. 이 문명들의 수학을 아무리 높게 평가한다고 해도 사고의 엄밀성이나 탁월함보다는 그 열정과 인내만을 귀감으로 삼을 수 있을 것이다. 이러한 수학은 한마디로 경험 과학이라고 규정할 수 있다. 하지만 바빌로니아와 이집트의 경험적 수학은 그리스 수학이 만개할 수 있도록 길을 열어 주었다.

그리스 문화가 외부 영향에서 완전히 자유로웠던 것은 아니었고—그리스 사상가들은 이집트와 바빌로니아의 지식을 배웠다.—또 현대적 의미로서의 수학이 그리스의 뛰어난 지적 환경 아래에서도 한동안의 잉태기를 거쳐 힘겹게 탄생하기는 했지만, 그리스 사람들이 외부에서 받아들인 것을 기초로 하여 수학을 탄생시킨 것은 마치 쇠붙이에서 값비싼 황금을 만들어 낸 것에 견줄 수 있다.

수학적 진리를 찾으려 한 그리스 인들은 선대의 이집트 인과 바빌로니아 인들이 쌓아 올린 조악하고 경험적이며 단편적인 결과, 그것도 많은 경우 근삿값만을 내놓는 결과 위에 수학을 건설할 수는 없었다. 수와 도형에 대한 기본적 사실을 내용으로 하는 수학은 확실한 진리만을 담고 있어야 했다. 또 물리 현상이나 천체의 운동 등에 관한 진리를 얻기 위해 사용되는 수학적 논증은 의심할 여지가 없는 완벽한 결론을 내놓아야 했다. 그렇다면 이러한 목표는 어떻게 달성될 수 있었을까?

첫째 원칙은, 수학은 추상적 대상을 다루어야 한다는 것이었다. 그리스 수학을 만들어 낸 철학자들에게 진리라는 말 자체는 영원불변의 실체와의 관계를 의미했다. 다행히도 지능을 지닌 인간은 철학적 성찰을 통해 감각적 대상물이 주는 인상으로부터 더욱 높은 차원의 개념을 구성해 낼 수 있다. 그리스 철학자들은 이러한 개념들이 이데아이며 영원한 실체이자 사고의 참된 대상이라고 생각했다. 추상화를 선호하는 이유가 또 있다. 수학이 강력한 힘을 발휘하려면, 추상적 개념 안에는 그 개념이 가리키는 물리적 대상물의 본질적 속성이 모두 담겨 있어야 한다. 따라서 수학적 직선은 잡아당긴 줄, 자의 날, 들판의 경계선, 빛의 경로 등을 포괄해야 한다. 그러므로 수학적 직선은 두께나 색깔, 분자 구조, 장력 등을 지니지 않아야 한다. 그리스 인들은 자신들의 수학이 추상 개념에 대해 다룬다고 분명하게 밝혔다. 『국가』에서 플라톤은 기하학에 대해 다음과 같이 말하고 있다.

눈에 보이는 형상을 사용하고 그 형상들에 대해 추론하기는 하지만 실상은 그 형상 자체가 아니라 그 형상이 표상하는 관념, 즉 이데아를 염두에 두고 있다는 사실을 그대는 알고 있습니까? 즉 손으로 그려 사용하는 도형이 아니라 완전무결한 사각형과 완전무결한 지름을 생각하고 있다는 사실을 알고 있습니까? 마음의 눈으로만 볼 수 있는 사물 그 자체를 파악해 내려 한다는 점을 알고 있습니까?

따라서 수학은 무엇보다도 점, 선, 정수 등과 같은 추상 개념을 다루어야 한다. 삼각형, 사각형, 원 등과 같은 여타의 개념은 기본 개념들을 이용해 정의할 수 있는데, 아리스토텔레스가 지적했듯이 그런 기본 개념들은 정의하지 않고 사용해야 한다. 그것은 출발점은 정의할 수 없기 때문이다. 그리고 정의된 개념에 대해서는 그에 대응하는 실체가 존재함을 예증이나 작도를 통해 보여 주어야 한다고 요구한 사실에서 그리스 인들의 예리함을 분명하게 볼 수 있다. 그리스 인들은 각의 삼등분을 작도할 수 없었기 때문에 각의 삼등분은 정의할 수도 없고 그에 대한 정리를 증명할 수도 없었다. 그리고 실제로 그리스 인들은 이 개념을 도입하지 않았던 것이다.

수학이라는 학문을 구성하면서 그리스 인들은 공리, 즉 어느 누구도 의심할 수 없는 자명한 진리에서 출발했다. 분명히 그러한 진리는 얻을 수 있었다. 플라톤은 이른바 상기론(想起論)이란 학설로 이러한 공리를 받아들이는 일이 정당하다고 주장했다. 앞에서 보았지만 플라톤은 객관적인 진리의 세계가 존재한다고 생각했다. 인간의 영혼은 지상으로 오기 전에 피안의 세계에서 진리를 체험했다. 따라서 기하학의 공리가 참임을 알기 위해서는 단지 과거의 경험을 '상기' 하도록 자극하기만 하면 된다. 지상에서의 경험은 필요하지 않다. 아리스토텔레스는 다른 주장을 폈다. 공리는 의심할 여지 없이 받아들여지는 이해 가능한 원리이다. 아리스토텔레스는 『분석론 후서』에서 공리란 우리 인간이 지니고 있는 절대 무류의 직관을 통해 참으로 받아들여지는 것이라고 말했다. 더욱이 우리는 이러한 공리에 근거해 합리적 논증을 사용해야만 한다. 만일 논증 과정에서 진리로 판명되지 않은 사실을 사용하려 한다면 그 사실을 확증하기 위해 별도의 논증이 필요하게 되는데, 그렇게 되면 이런 논증 과정은 끝없이 반복해야 하는 처지가 된다. 즉 무한히 많은 소급적 추론을 해야 한다는 이야기이다. 공리 가운데서 그는 보편 개념과 공준을 구별했다. 보편 개념은 사고의 모든 영역에서 참인 성질을 갖는다. 예를 들면 "같은 양에 같은 양을 더하면 같은 양을 얻는다."와 같은 명제가 여기에 속한다. 공준은 기하학 같은 특정 분야에서 사용된다. 즉 "두 점은 유일한 직선을 결정한다."라는 명제가 이에 속한다. 아리스토텔레스는 공준은 자명할 필요는 없지만 그 공준에서 유도되어 나오는 결과를 통해 그 타당성이 뒷받침되는 것이어야 한다고 생각했다. 그러나 수학자들은 자명함을 요구했다.

결과는 공리에서 논증을 거쳐 끄집어 내야 했다. 논증에는 여러 형태, 예를 들어 귀납, 유추, 연역이 있다. 이들 가운데 오직 하나만이 결론의 올바름을 보증해 준다. 빨간 사과 1,000개를 보고서 모든 사과는 빨갛다고 결론을 내리는 경우가 귀납법으로, 이는 절대적으로 신뢰할 수 없다. 같은 능력을 유전으로 받은 존의 형이 대학을 졸업할 수 있었기 때문에 존 역시 대학을 졸업할 수 있다고 결론을 내리는 경우가 유추인데, 이것 역시 신뢰할 수 없는 논증이다. 그 반면에 연역은 여러 형태가 있기는 하지만 모두 결론을 확실하게 보증해 준다. 만일 모든 사람은 죽는다는 사실과 소크라테스는 사람이라는 사실을 받아들인다면, 소크라테스는 죽는다는 결론을 받아들일 수밖에 없다. 지금 여기서 사용한 논증 방법은 아리스토텔레스가 삼단논법이라고 이름 붙인 것이다. 아리스토텔레스가 채택한 여러 연역 법칙 가운데 유명한 것이 모순율(명제가 참이면서 동시에 거짓일 수 없다는 법칙)과 배중률(명제는 반드시 참과 거짓 가운데 하나라는 법칙)이다.

아리스토텔레스를 포함해 대다수의 사람들은 이러한 연역 법칙을 전제에 적용하면 전제와 마찬가지로 신뢰할 만한 결론이 도출된다는 점을 의심하지 않고 받아들였다. 따라서 만일 전제가 올바르다면 결론 역시 올바르다. 특히 뒤에 논의할 내용에 비추어 볼 때 당시 수학자들이 이미 활용하고 있던 논증 방식에서 연역 법칙을 추출해 냈다는 점은 주목할 만하다. 연역적 논리는 수학이 낳은 산물인 것이다.

거의 모든 그리스 철학자들이 진리를 얻는 데 유일하게 신뢰할 수 있는 논증 방법으로서 연역을 옹호했지만, 플라톤의 견해는 다소 달랐다. 그는 연역적 증명에 반대하지는 않았으나 불필요하다고 생각했는데, 그것은 수학의 공리 및 정리는 인간과는 독립되어 있는 객관적 세계에 존재하고, 자신의 상기론에 따른다면 사람은 의심할 여지 없는 진리를 기억해 내기만 하면 된다고 생각했기 때문이다. 『테아이테토스』에서 플라톤이 사용한 비유를 쓰자면, 정리는 새장 속의 새와 같다. 그것은 분명 존재하며, 잡고 싶으면 손을 뻗기만 하면 된다. 학습이란 상기해 내는 과정일 따름이다. 플라톤의 대화편 『메논』에서 소크라테스는 솜씨 좋게 질문을 던져, 젊은 노예로 하여금 직각 이등변 삼각형의 빗변을 한 변으로 하는 정사각형의 면적은 다른 변을 한 변으로 하는 정사각형의 면적의 두 배가 된다는 수학적 진리를 인식하게 한다. 소크라테스는 그런 다음 기하학을 배운 적이 없는 노예가 적절한 힌트를 받아 진리를 상기(*anamnesis*)해 낸 것이라고 의기양양하게 결론 내린다.

연역적 증명만을 합당한 증명으로 채택한 일이 얼마나 혁신적이었는가를 깨닫는 것이 중요하다. 예를 들어 어느 과학자가 여러 곳에 있는 다양한 크기와 모양의 삼각형 수백 개에 대해 내각의 합을 측정했고 실험 오차 한계 내에서 그 합이 모두 180도임을 알았다고 하자. 그러면 그는 어떤 삼각형이든 간에 그 내각의 합은 180도라는 결론을 내리게 된다. 하지만 이 증명은 귀납적 증명이지 연역적 증명이 아니며, 따라서 수학적 명제로 받아들여지지 않는다. 마찬가지로 아무리 많은 수의 짝수를 잡더라도 각 짝수는 두 소수의 합으로 표시된다는 사실을 알게 될 터이지만 이러한 검사 역시 연역적 증명이 아니기 때문에 수학 정리가 되지 못한다. 따라서 연역적 증명은 매우 엄격한 요구 조건이라고 할 수 있다. 하지만 철학자들이었던 그리스 수학자들은 연역적 증명이 참되고 영원한 진리를 가져다준다는 이유에서 연역적 증명의 사용을 고집했다.

철학자들이 연역적 논증을 선호하는 데에는 또 다른 이유가 있다. 철학자들은 인간과 물질 세계에 대한 광범위한 지식에 관심을 기울인다. 인간은 기본적으로 선하다든지 세계는 짜임새 있게 설계되었다든지, 또 인생에는 목적이 있다든지 하는 보편타당한 진리를 확립하기에는 누구나 받아들이는 기본 원리로부터 결론을 도출해 내는 연역적 논증이 귀납이나 유추보다 훨씬 더 우수한 방식이다.

고대 그리스 인들이 연역을 선호했던 또 다른 이유를 그들의 사회 체제에서 찾아볼 수 있다. 철학 활동과 수학 연구 그리고 예술 활동은 부유한 계급의 전유물이었다. 이 계급에 속하는 사람들은 단순 육체 노동을 하지 않았다. 노예, 비시민권자, 자유 시민인 기능공 등이 고용되어 이 유한 계급들의 사업이나 가사에 동원되었으며 가장 중요한 전문 직종을 담당하기까지 했다. 교육을 받은 자유민들은 육체 노동을 하지 않았고 상업에 종사하는 경우도 거의 없었다. 플라톤은 상업에 종사하는 것은 자유민으로서의 위신을 크게 떨어뜨리는 일이라고 주장했으며 마땅히 범죄로 처벌해야 한다는 의견까지 내놓았다. 아리스토텔레스는 완벽한 국가에서는 기능직에 종사하려는 시민은 없을 것이라고 말했다. 그리스 부족 가운데 하나인 보이오티아 인들은 상업에 종사하여 스스로를 욕되게 한 사람에 대해서 10년 동안 공직에 취임할 수 없도록 했다. 그러한 사회에 속해 있는 사상가들에게는 실험과 관찰은 낯선 것일 수밖에 없었다. 따라서 실험이나 관찰에서 과학적 결과나 수학적 결과가 나올 수 없었다.

그리스 인들이 연역적 증명에 집착한 데에는 여러 이유가 있지만 어떤 철학자나 철학자 집단이 그러한 요구 조건을 최초로 내걸었는지는 지금도 의문으로 남아 있다. 이에 대해서는 여러 가지 다양한 설이 있지만, 불행하게도 소크라테스 이전 철학자들의 가르침과 저작이 단편적으로만 남아 있기 때문에 널리 인정받고 있는 학설은 없다. 아리스토텔레스가 무정의 술어와 논증 규칙의 필요성을 논증의 엄밀함을 기하기 위한 기준으로 분명하게 제시하고 있기 때문에 그의 시대에는 이미 이러한 요구 조건이 확립된 상태였음을 알 수 있다.

우주에 대한 수학적 법칙을 얻으려는 그리스 인들의 시도는 얼마나 성공적이었을까? 유클리드, 아폴로니오스(Apollonios, 기원전 262?~190년경), 아르키메데스(Archimedes, 기원전 287~212년), 프톨레마이오스 등과 같은 사람들이 만들어 낸 수학의 정수는 다행히도 지금까지 전해지고 있다. 연대로 보았을 때 이들은 그리스 문화의 두 번째 융성기, 즉 헬레니즘 시대나 알렉산드리아 시대(기원전 300~기원후 600년)에 속한다. 기원전 4세기에 마케도니아의 필리포스 2세는 페르시아 원정에 나섰다. 당시 페르시아는 서유럽에 가까운 동양의 서쪽 지역을 지배하고 있었고, 유럽의 그리스와는 오랫동안 불구대천의 원수였다. 하지만 필리포스 2세는 암살을 당하고 그 뒤를 이어 그의 아들

알렉산드로스가 왕위를 계승했다. 알렉산드로스는 페르시아를 정복했고 확대된 그리스 제국의 문화 중심지를 그의 이름을 딴 새로운 도시로 옮겨 놓았다. 알렉산드로스는 기원전 323년에 사망했지만 새로운 문화 중심지를 건설하려는 그의 계획은 그의 계승자인 프톨레마이오스 왕조에 의해 계속되었다.

유클리드는 플라톤의 아카데미에서 수학했으리라고 추정되지만, 기원전 300년경에 알렉산드리아에서 살았고 그곳에서 학생들을 가르쳤던 점만은 분명하다. 이것이 유클리드의 개인적 삶과 관련해 알려져 있는 내용의 전부이다. 유클리드는 수많은 고대 그리스 인들의 개별적 연구 결과를 체계적이고 연역적인 전개 방식으로 집대성했다. 그의 주요 저작인 『기하학 원론』에는 공간과 그 공간 안의 도형에 관한 법칙이 담겨져 있다.

기하학에서 『기하학 원론』이 유클리드의 유일한 업적은 아니다. 전해져 오지는 않지만 그는 원뿔 곡선에 관한 책을 썼으며, 그의 뒤를 이어 알렉산드리아에서 수학을 공부한 소아시아 페르가몬 출신의 아폴로니오스가 포물선과 타원 그리고 쌍곡선에 관한 연구를 계속해 『원뿔 곡선』이라는 고전을 남겼다.

아르키메데스도 순수 기하학에 업적을 남겼다. 그는 알렉산드리아에서 교육을 받았지만 시칠리아에서 살았다. 그의 저작으로는 『구와 원기둥에 대하여』, 『원뿔 곡면과 회전 곡면에 대하여』, 『포물선의 구적법』이 있는데, 이 저작들에는 에우독소스가 도입한 방법을 적용하여 복잡한 도형의 넓이와 부피를 계산하는 내용이 담겨 있다. 후일 이 방법은 착출법(搾出法)이란 이름으로 불렸다. 오늘날 이러한 문제들은 미적분학으로 해결된다.

그리스 인들은 기하학 분야에서 중요한 연구 업적을 한 가지 더 남겼으니, 그것이 바로 삼각법이다. 이 연구를 창시한 히파르코스 (Hipparchos)는 로도스와 알렉산드리아에서 활약했고 기원전 125년에 사망했다. 삼각법 연구는 알렉산드리아의 메넬라오스(Menelaos, 70?~140년경)에 의해 심화되었고, 알렉산드리아에서 활약했던 이집트 인 프톨레마이오스에 의해 완성되었다. 프톨레마이오스의 주요 저작 은 『수학적 구성』인데, 이 제목보다는 아랍어 제목인 『알마게스트』 로 더 널리 알려져 있다. 삼각법은 삼각형의 변의 길이와 각도 사이 의 수량적 관계를 다루고 있다. 그리스 인들은 주로 구면 위에 놓여 있는 삼각형을 다루었는데, 이 경우 삼각형의 변은 대원(大圓)의 호 를 이룬다. 그리스 인들이 구면 위의 삼각형을 주로 다룬 이유는, 그 리스 천문학자들이 행성 및 별 들이 대원을 따라 움직인다고 보고 이 이론을 천체의 운동에 응용하려 했기 때문이었다. 하지만 그리스의 삼각법을 적절히 해석하면 평면 위의 삼각형에 대해서도 쉽사리 적 용할 수 있다. 현재 학교에서 가르치고 있는 삼각법이 바로 그리스의 삼각법을 평면 위의 삼각형에 적용한 것이다. 삼각법의 도입으로 인 해 수학을 사용하는 사람들은 좀 더 고급의 산술과 대수를 필요로 하 게 되었다. 산술과 대수 분야에서 그리스 인들이 어떤 활약을 했는지 는 뒤에서 다루기로 한다(5장 참조).

이러한 이론들의 탄생과 더불어 수학은 애매모호하고 경험적이 며, 또한 단편적인 것에서 눈이 부실 만큼 찬란하고, 거대하고, 조직 적이며, 심오한 지적 창조물로 변모했다. 하지만 유클리드와 아폴로 니오스, 아르키메데스 등의 고전 저작들(프톨레마이오스의 『알마게스트』는 예외로 한다.)은 협소한 범위를 다루는 데다가 그 내용의 의의를 충분 히 설명해 주지 못한다. 이 저작들은 자연의 작동 원리에 대한 진리 와는 무관한 듯 보인다. 사실, 이 고전 저작들은 형식적이고 잘 짜인 연역적 수학만을 구성해 내고 있을 따름이다. 이런 점에서 그리스의 수학 저작들은 현대의 수학 저작이나 논문과 크게 다르지 않다. 이런 책들은 이미 알려져 있는 수학적 결과를 체계화하여 정리해 놓고자 할 뿐, 그 내용을 공부해야 할 이유나 정리에 대한 실마리, 그 쓰임새 등에 대해서는 아무런 정보도 주지 않는다. 따라서 그리스 수학을 다루는 저술가들 가운데 상당수는 그 시대의 수학자들이 수학 자체를 위한 수학에만 관심을 기울였다고 주장하면서 그 근거로 당시의 연구 업적을 집대성한 유클리드의 『기하학 원론』과 아폴로니오스의 『원뿔 곡선』을 내세운다. 하지만 그런 주장은 협소한 시야에서 비롯된 것이다. 『기하학 원론』과 『원뿔 곡선』만을 주목하는 것은 마치 뉴턴의 연구 성과 중에서 이항 정리에 대한 논문만을 보고 뉴턴이 순수 수학자였다고 결론 내리는 것과 다름없다.

당시 사람들의 진정한 목표는 자연을 탐구하는 것이었다. 물질 세계의 탐구라는 전제에서 기하학의 진리는 의미를 지녔다. 그리스 인들은 기하학적 원리가 우주 구조 전체에 내재되어 있다고 보았다. 그리고 우주의 구조 가운데 공간이 주요한 구성 요소가 된다. 따라서 공간과 공간 안의 도형에 대한 연구는 물질 세계에 대한 탐구에 핵심적인 도움을 준다. 기하학은 사실은 우주론이라는 더욱 광범위한 연구의 일부분을 차지한다. 예컨대 구면 기하학은 플라톤 시대에 천문학이 수학적 체계를 갖추면서 시작되었다. 실은, 구에 해당하는 그리스 어는 피타고라스 학파에서는 천문학을 의미했다. 유클리드의 『현상론』은 구면 기하에 대한 책으로서, 순전히 천문학에 사용될 목적으로 쓰어졌다. 이러한 증거 그리고 수학계의 발전 동향을 충분히 참작해 보면, 과학적 탐구로부터 수학 문제가 제기되었으며 수학이 자연의 탐구에 일부분을 이룬다는 점을 알 수 있을 것이다. 그러나 그러한 점을 깨닫기 위해서 숙고할 필요까지는 없다. 단지 그리스 인들이 자연의 탐구에서 무엇을 성취했으며 그런 성취에 관여한 사람들이 누구인지를 살피는 것으로 충분하다.

과학 분야의 가장 위대한 성과는 천문학 분야에서 이루어졌다. 플라톤은 바빌로니아 인들과 이집트 인들이 관측한 천문학적 사실들을 잘 알고 있었지만, 그들의 천문학에는 통일된 이론도 없고 불규칙하게 보이는 행성의 운동에 대한 설명도 전혀 없다는 점을 강조해 지적했다. 에우독소스는 '외양 보존하기'란 문제를 해결하고자 했다. 그는 아카데미의 학생이었으며, 그의 순수 기하학 연구 성과는 유클리드의 『기하학 원론』 제5권과 제7권에 정리되어 있다. 그의 해답은 역사상 최초의 완벽한 천문학 이론이다.

여기에서 에우독소스의 이론에 대해서는 상세히 설명하지 않겠다. 단지 그의 연구 결과가 완벽한 수학적 틀을 갖춘 이론으로 상호 작용하는 구들의 운동을 다루고 있다는 사실만을 언급하도록 한다. 그가 다룬 구는 실재하는 물체가 아니라 수학적으로 구성한 것이었다. 그는 또한 구의 회전을 기술하면서 구를 회전하도록 만드는 힘에 대해서는 설명하지 않았다. 오늘날 과학의 목표는 물리적 설명이 아니라 수학적 기술이다. 이런 관점에서 보자면 에우독소스의 이론은 매우 현대적이다. 에우독소스의 이론은 그의 뒤를 이은 세 사람의 위대한 천문학 이론가의 이론으로 대체되었다. 세 사람이란 아폴로니오스, 히파르코스, 프톨레마이오스이다. 에우독소스의 이론은 프톨레마이오스의 『알마게스트』에 정리되어 있다.

아폴로니오스의 천문학 저작은 남아 있지 않다. 하지만 그의 연구 성과는 프톨레마이오스의 『알마게스트』(전13권)를 비롯해 여러 그리스 저술가의 저작에 언급되어 있다. 그는 천문학자로서 너무도 유명

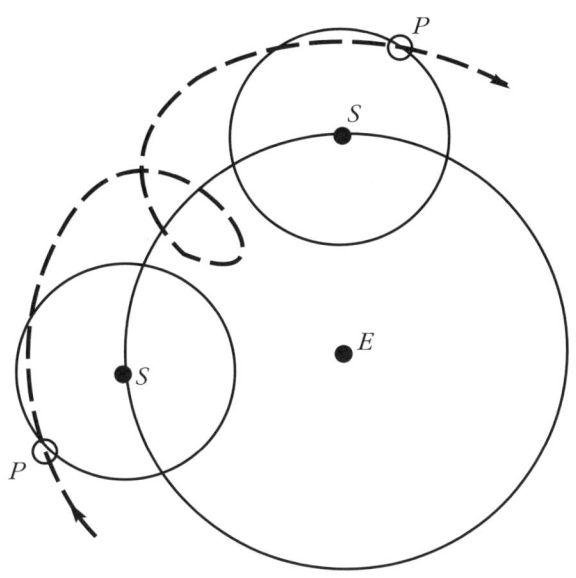

그림 1.5

했기 때문에 ε(엡실론)이란 별명이 붙을 정도였다. ε은 달을 상징하며, 그가 달에 관해 상당히 많은 연구를 했던 것이다. 히파르코스는 그다지 중요하지 않은 성과만을 남기고 있는데, 그것도 『알마게스트』에 인용되어 있을 뿐이다.

현재 프톨레마이오스 천문학이라고 명명된 이론의 기본 골격은 에우독소스와 아폴로니오스가 각기 활약하던 시기 중간쯤에 그리스 천문학에 도입되었다(그림 1.5 참조). 프톨레마이오스 이론에서는 우선 P라는 행성이 일정한 속력으로 S를 중심으로 원을 그리며 운동하며 S는 S대로 지구 E를 중심으로 일정한 속력으로 원을 그리며 운동한다. S가 그리는 원은 주원(周圓)이라고 하고, P가 그리는 원은 주전원(周轉圓)이라고 한다. 일부 행성의 경우에 점 S는 태양이 되지만, 다른 경우에는 수학적 점이 될 뿐이다. P의 운동 방향은 S의 운동 방향과 일치할 수도 있고 정반대일 수도 있다. 태양과 달의 경우는 후자가 된다. 프톨레마이오스는 이 이론을 약간 변화시켜 일부 행성의 운동을 기술했다. 주전원과 주원의 반지름과 주전원 위를 움직이는 물체의 속력, 그리고 주원 위에 있는 주전원 중심의 속력을 적절하게 채택함으로써 히파르코스와 프톨레마이오스는 당시 관측 결과와 정확하게 합치되도록 천체 운동을 기술할 수 있었다. 히파르코스 이래로 일식 예측은 다소 부정확했지만, 월식은 한두 시간 정도의 오차로 정확하게 예측할 수 있었다. 이러한 예측이 가능할 수 있었던 것은 프톨레마이오스가 삼각법을 사용했기 때문이었다. 그는 천문학에 사용하기 위해 삼각법을 고안해 냈다고 말하기까지 했다.

진리 탐구라는 측면과 관련해 특기할 만한 점이 하나 있으니, 그것은 에우독소스와 마찬가지로 프톨레마이오스도 그의 이론이 관측 내용과 합치되는 편리한 수학적 기술일 뿐, 자연의 실제 모습과는 반드시 일치하지는 않는다는 사실을 충분히 인식하고 있었다는 점이다. 일부 행성에 대해서는 다른 이론의 틀을 적용할 수 있었고 수학적으로도 더욱 단순한 형태를 채택했다. 프톨레마이오스는 『알마게스트』 제13권에서 천문학자는 최대한 단순한 수학적 모델을 찾아내야 한다고 말했다. 그러나 그리스도교가 지배하는 시대가 되면서 프톨레마이오스의 수학 모델은 누구도 변경할 수 없는 절대 진리로 여겨졌다.

프톨레마이오스의 이론은 자연의 통일성과 불변성을 합리적이고 완벽하게 밝혀 준 최초의 지적 산물이었으며, 플라톤이 제기한 문제, 즉 천체의 운동을 설명하는 문제에 대한 그리스 문명의 최종적 답변이었다. 고대 그리스 시대를 통틀어 『알마게스트』만큼 우주의 개념에 심대한 영향을 준 지적 성과물은 없다. 그리고 유클리드의 『기하학 원론』을 제외하면 이 책만큼 그토록 오랫동안 절대적 권위를 유지한 저작도 없다.

지금까지 그리스 천문학을 간결하게 살펴보았다. 하지만 많은 연구 성과를 빼놓을 수밖에 없고, 언급한 사람들의 연구가 지니는 깊이와 폭을 제대로 지면에 담기는 힘들다. 광범위한 이론이었던 그리스 천문학에는 상당한 수준의 수학이 사용되었다. 더욱이 그리스 수학자 대부분이 천문학 연구에 혼신의 노력을 기울였다. 여기에는 유클리드와 아르키메데스 같은 대가도 포함된다.

물리적 세계에 대한 진리 추구는 공간과 천체에 관한 수학으로 막을 내리지는 않았다. 그리스 인들은 역학도 만들어 냈다. 역학은 입자의 운동과 물체의 운동 그리고 이 운동을 낳는 힘 등을 다룬다. 『물리학』에서 아리스토텔레스는 운동 이론을 만들어 냈다. 이 이론의 등장으로 그리스 역학은 정점에 이른다. 아리스토텔레스의 다른 모든 과학과 마찬가지로 역학 역시 합당하고 자명해 보이는 원리에서 출발하고 있으며 관찰 결과와도 합치된다. 이 이론은 2,000년 가까이 절대적 권위를 행사했지만, 그에 대해서는 상술하지 않기로 한다. 왜냐하면 뉴턴의 역학으로 대체되었기 때문이다. 아리스토텔레스의 역학 이외에 주목할 만한 이론이 아르키메데스의 무게 중심 이론과 지렛대 이론이다. 이러한 이론에 주목해야 하는 이유는, 이 이론에서 수학이 중요한 역할을 수행했고, 이로 인해 자연의 구조를 파악하는 데 수학이 중요한 기능을 한다는 확신이 더욱 강화되었기 때문이다.

천문학과 역학 다음으로 광학이 줄기찬 연구의 대상이 되었다. 수리과학인 광학의 주춧돌 역시 그리스 인들이 놓았다. 피타고라스 학파를 시작으로 그리스 철학자 대부분이 빛과 시각 그리고 색채의 속

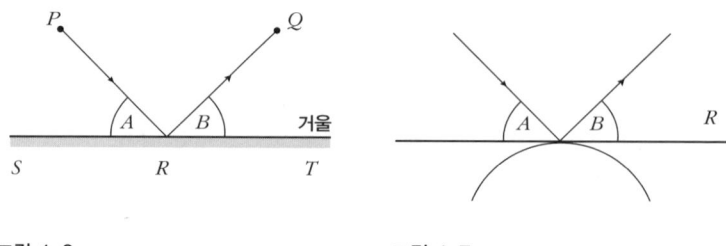

그림 1.6   그림 1.7

성에 대해 깊이 사색했다. 그러나 우리가 여기서 관심을 가지는 것은 이 광학 분야에서 이룩한 수학적 성취 부분이다. 첫째, 아그리젠툼 (지금의 아그리젠토이며 시칠리아에 있다.)의 엠페도클레스(Empedocles, 기원전 490?~430년)는 빛은 유한한 속도를 지닌다는 주장을 폈다. 빛을 체계적으로 다룬 최초의 저작은 유클리드의 『광학』과 『반사 이론』*이다. 『광학』은 시각의 문제와 시각을 사용해 물체의 크기를 결정하는 문제를 다루고 있다. 『반사 이론』은 빛이 평면거울, 오목거울, 볼록거울에 어떻게 반사되는지 설명해 주고 있으며, 이때 사람의 눈에는 어떻게 보이는지 밝혀 준다. 『광학』과 마찬가지로 이 책은 어떤 것이 공준인지 명확히 하는 일부터 시작하고 있다. 정리 1(지금의 교재에서는 공리)은 기하학적 광학에서 기본이 되는 내용으로, 반사의 법칙이라는 이름을 갖고 있다. 점 P에서 나온 빛과 거울이 이루는 각 A는 반사된 빛이 거울과 이루는 각 B와 동일하다는 내용을 담고 있다(그림 1.6). 유클리드는 또한 빛이 볼록거울이나 오목거울에 부딪힐 경우의 법칙도 증명하고 있다(그림 1.7). 빛이 닿는 점에 거울 대신으로 접선

---

* 현재까지 전해 내려오고 있는 책은 아마도 유클리드를 포함해 여러 명의 연구 업적을 모아 편찬한 듯 보인다.

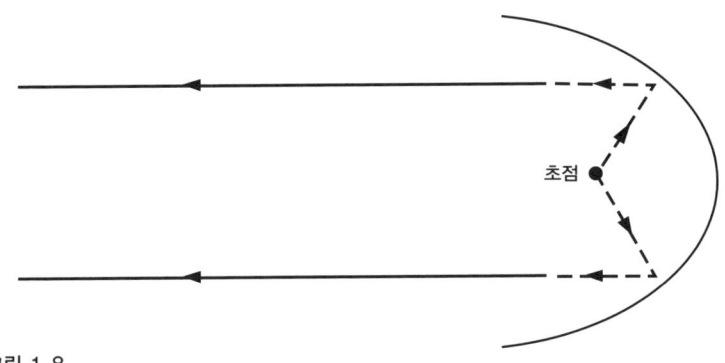

그림 1.8

을 택한다. 두 책 모두 내용뿐만 아니라 그 구성에서도 철저히 수학적이다. 유클리드의 『기하학 원론』과 마찬가지로 정의와 공리와 증명이 책을 채우고 있다.

수학자이자 기술자인 헤론(Heron, 기원후 1세기)은 반사의 법칙으로부터 중요한 결과를 이끌어 냈다. 그림 1.6에서 점 P와 Q가 직선 ST의 한 편에 놓여 있다고 하면 P에서 출발해 직선을 거쳐 Q까지 가는 경로 가운데 가장 짧은 경로는 점 R를 거치되 선분 PR와 선분 QR가 직선과 동일한 각을 이루는 것이다. 그리고 이 경로는 정확하게 빛이 지나는 경로이기도 하다. 따라서 빛은 점 P에서 출발해 거울에 부딪혀 반사되었다가 점 Q로 갈 때 가장 짧은 경로를 택한다. 분명코 자연은 기하학을 잘 알고 있으며 그 내용을 충분히 활용하고 있는 것이다. 이 내용은 헤론의 『반사 이론』에 등장하는데, 이 책에서는 평면거울 외에도 오목거울, 볼록거울 같은 여러 거울들도 다루고 있다.

다양한 모양의 거울에 빛이 반사되는 현상에 대해 많은 저술이 나왔다. 이 저술들 가운데 유실되어 전해 내려오지 않는 것으로는 아르키메데스의 『거울 이론』과 아폴로니오스의 『불태우는 거울』(기원전

190년경)이 있으며 현존하는 것으로는 디오클레스(Diocles)의 『태우는 거울』(기원전 190년경)이 있다. 불태우는 거울이란 구면, 회전 포물면(paraboloid, 포물선을 축을 중심으로 회전하여 얻은 면), 그리고 회전 타원면의 모습으로 된 오목거울이었다. 포물면 거울은 초점에서 나오는 빛을 반사하여 거울의 축과 평행한 광선이 되게 한다는 사실을 아폴로니오스는 알고 있었으며 그 증명이 디오클레스의 책에 담겨 있다(그림 1.8). 반대로 거울의 축과 평행하게 빛이 들어오면 거울에 반사된 후 빛은 초점으로 모인다. 따라서 한 점으로 모인 햇볕은 뜨거운 열을 발생시키는데, 그 때문에 불태우는 거울이란 이름이 붙었다. 바로 포물면의 이러한 특성을 이용하여 아르키메데스가 햇볕을 한곳으로 모아 시라쿠사를 포위하고 있던 로마 함대를 불태웠던 것으로 전해지고 있다. 아폴로니오스는 여타의 원뿔 곡선들이 지니고 있는 여러 반사 특성, 예컨대 타원면 거울의 한 초점에서 나온 빛은 반사되어 다른 초점으로 모인다는 사실 등을 알고 있었다. 그는 자신의 저서 『원뿔 곡선』 제3권에서 이와 관련된 타원 및 쌍곡선의 기하학적 성질에 대해 논했다.

그리스 인들은 그 외에도 여러 과학 분야들을 만들어 냈는데, 그 중 가장 특기할 만한 것으로는 지리학과 유체정역학(hydrostatics)이 있다. 고전 시대를 통틀어 가장 박식한 사람으로 알렉산드리아 도서관 관장을 지낸 키레네의 에라토스테네스(Eratosthenes, 기원전 284?~192년경)는 당시 세계 전역의 여러 주요 지역 사이의 거리를 계산해 냈다. 또 지구의 둘레를 매우 정확하게 계산한 일로도 유명하다. 그가 저술한 『지리학』은 수학적 방법을 기술하는 것에 그치지 않고 지구 표면에서 발생하는 변화의 원인에 대해서도 설명하고 있다.

지리학에 관한 가장 광범위한 연구 성과는 모두 8권으로 된 프톨레마이오스의 『지리학 안내』이다. 프톨레마이오스는 에라토스테네스의 성과를 더욱 확장했을 뿐만 아니라 8,000개에 이르는 지점의 위치를 현재 사용되고 있는 동일한 형태의 경도와 위도로 표시했다. 프톨레마이오스는 지도 제작 방식에 대해서도 논했는데, 그 가운데 일부, 특히 입체 사영법(stereographic projection)은 지금도 사용되고 있다. 지리학의 성과와 함께 구면 위의 도형에 관한 기하학은 기원전 4세기 이후부터 기본적인 내용으로 취급되며 널리 사용되었다.

유체정역학은 물 속에 놓여 있는 물체에 가해지는 압력을 다루는 분야로, 아르키메데스의 책 『부유하는 물체에 관하여』는 이 분야의 주춧돌을 놓은 저작이다. 지금까지 살펴본 여러 연구 성과와 마찬가지로 이 책 역시 그 연구 방법이나 결과 도출에서 철저하게 수학적이었다. 특히 이 책에 현재 아르키메데스의 원리라는 이름으로 알려진 원리, 즉 물 속에 잠긴 물체에는 그 물체가 밀어낸 물의 무게에 해당하는 힘이 부력으로 작용한다는 원리가 담겨 있다. 이 아르키메데스의 원리 덕분에 모든 것을 아래로 끌어당기는 힘이 있는데도 사람이 물에 가라앉지 않고 뜨는 현상을 설명할 수 있다.

수학의 연역적 방식과 자연 법칙을 수학으로 표현하려는 생각이 알렉산드리아 시대를 여전히 지배하기는 했지만 고대 그리스 인들과 달리 알렉산드리아 인들은 실험과 관찰로부터 진리를 발견하려는 노력도 기울였다. 알렉산드리아 인들은 바빌로니아 인들이 2,000년에 걸쳐 이룩한 매우 정확한 천문 관측 결과를 물려받았다. 히파르코스(Hipparchos, ?~기원전 125년경)는 당시 관측 가능한 별들을 목록으로 만들었다. 이 시대 발명품(특히 아르키메데스와 그리고 수학자이자 기술자인 헤론의 발명품이 눈에 띈다.)으로는 해시계, 아스트롤라베, 증기와 물의 힘을 이용하는 기계 등을 들 수 있다.

알렉산드로스의 뒤를 이어 이집트를 통치한 프톨레마이오스 1세 소테르가 문을 연 알렉산드리아 박물관은 특히 유명했다. 이 박물관은 수많은 학자들의 연구 근거지가 되었으며, 40만 권의 장서를 보유한 유명한 도서관이 딸려 있었다. 책을 모두 보관할 수가 없어서 또 다른 30만 권은 세라피스 신전에 보관했다. 또한 이곳에서 학자들이 학생들을 가르치기도 했다.

수학적 연구 성과 및 수많은 과학 탐구 결과와 더불어 그리스 인들은 우주가 수학적으로 짜여 있다는 믿을 만한 증거를 남겨 주었다. 수학은 자연 곳곳에 내재되어 있다. 수학은 자연의 구조에 관한 진리이며 플라톤이 생각했듯이 물질 세계의 본질을 드러내는 실체이다. 우주에는 법칙과 질서가 있으며 수학은 바로 그러한 질서를 밝혀내는 열쇠이다. 더욱이 인간 이성에는 이러한 우주의 계획을 꿰뚫어 그 수학적 구조를 밝혀낼 수 있는 능력이 있다.

자연을 파악하는 데 논리적이고 수학적인 방식을 채택하자는 생각이 생겨난 것은 주로 유클리드의 『기하학 원론』에 그 공을 돌려야 할 것이다. 이 책은 물리적 공간을 연구하는 것이 목적이었지만 그 구성과 정치함 그리고 명료함은 수론과 같은 수리 이론뿐만 아니라 다른 모든 과학 분야에서도 공리적 연역 방식을 채택하려는 노력을 불러왔다. 이 저작으로 인해 수학을 바탕으로 모든 물리적 지식을 논리적으로 조직하려는 생각이 지식계에 생겨났다.

따라서 수학과 자연 탐구 양자를 하나로 묶는 일은 그리스 인들에 의해 시작되었다. 19세기 후반까지도 자연의 수학적 구조를 밝히는 것이 곧 진리 탐구였다. 수학 법칙이 자연에 관한 진리라는 믿음은 가장 심오하고 가장 위대한 사상가들을 수학 연구로 이끌었다.

2장

수학적 진리의 개화

외부 세계를 탐구하는 주된 목적은
하느님이 세워 놓고 수학의 언어로
우리에게 계시한 합리적 질서와 조화를
발견해 내는 것이다.

요하네스 케플러

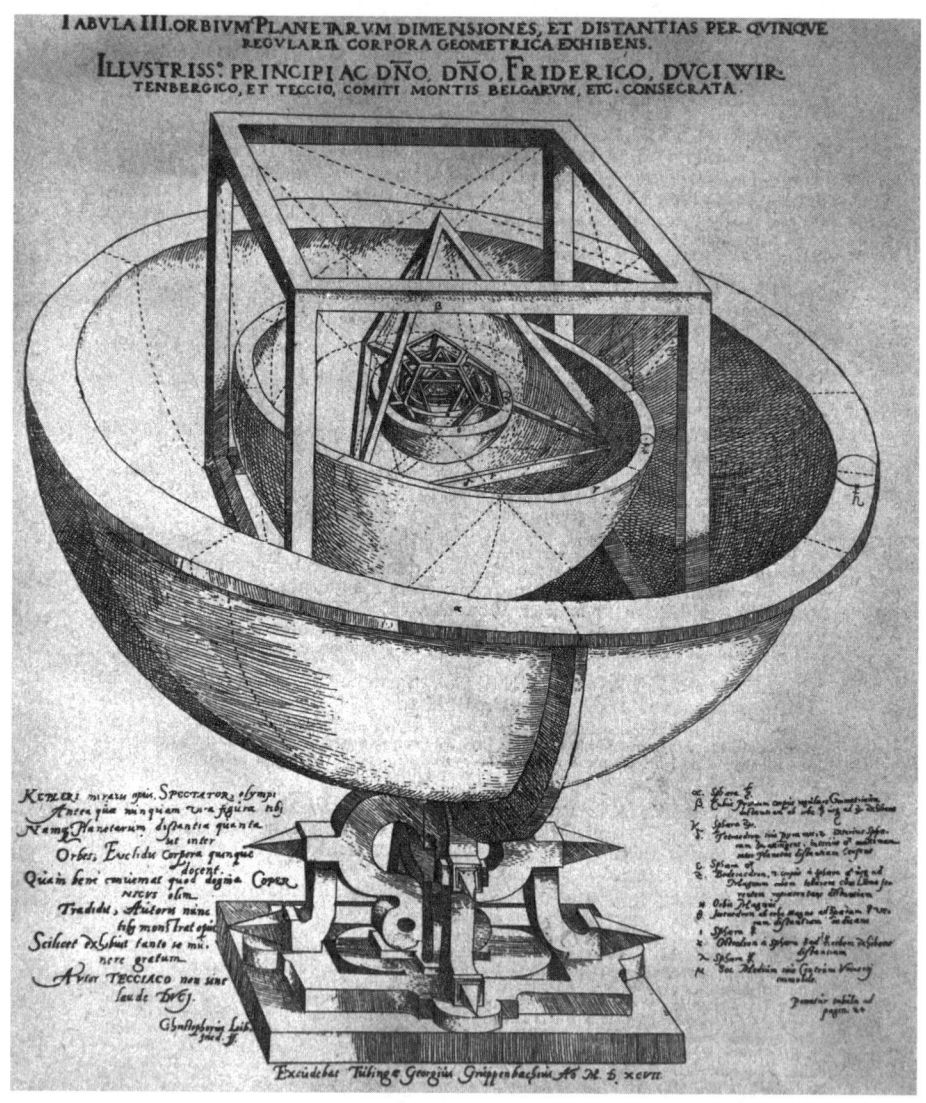

플라톤의 입체로 만들어 낸 케플러의 천체 모형. 케플러는 이 그림으로 우주의 조화를 설명할 수 있다고 믿었다.

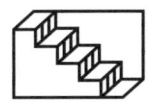

위대한 그리스 문명은 몇 가지 힘 때문에 파괴되었다. 첫 번째 힘은 로마가 그리스, 이집트, 서남 아시아를 점진적으로 정복한 것이었다. 정치적 힘을 확대한 로마의 목적은 자신의 물질 문명을 널리 퍼뜨리는 것이 아니었다. 로마에 점령당한 지역은 식민지가 되어 엄청난 부(富)를 징발과 징세로 빼앗겼다.

그리스도교의 발흥은 그리스의 이교 문명에 또 다른 충격을 주었다. 그리스도교의 지도자들은 그리스와 동방의 신화 및 관습을 상당히 많이 수용했지만 이교도의 학문을 배격했으며 수학과 천문학, 물리학 등을 조롱하기까지 했다. 로마의 혹독한 박해에도 그리스도교는 곳곳으로 퍼져 나가 상당한 영향력을 발휘했고, 마침내 로마 황제 콘스탄티누스 대제가 313년에 밀라노 칙령을 발표하여 그리스도교를 국교로 삼기에 이르렀다. 후일, 테오도시우스 황제(재위 379~396년)는 391년 이교도의 종교를 금했고 392년에는 이교 사원을 파괴하라는 칙령을 내렸다.

로마 인과 그리스도교도들은 수천 권의 그리스 저작을 불태웠다. 기원전 47년에 로마 인들은 알렉산드리아 항구에 있던 이집트 배에 불을 질렀다. 불은 다른 곳으로 번져 고대 시대에 가장 큰 규모를 자랑하던 도서관을 집어삼키고 말았다. 테오도시우스 황제가 그리스도교 이외의 모든 종교를 이교로 몰아 금지한 391년, 그리스도교도들은 알렉산드리아의 세라피스 신전을 파괴했다. 당시 세라피스 신전은 상당량의 그리스 저작이 보관되어 있던 유일한 장소였다. 양피지에 씌어 있던 다른 많은 글도 그 위에 자신의 글을 쓰려는 그리스도교도에 의해 깨끗이 지워지고 말았다.

로마 제국의 후기 역사를 살펴보아야 하는 데에는 까닭이 있다. 테오도시우스 황제는 거대한 제국을 분할해 두 아들 호노리우스와 아르카디우스에게 나누어 주어 호노리우스는 서부 유럽을, 아르카디우스는 그리스와 이집트 그리고 서남 아시아 지역을 다스리게 했다. 서쪽 지역은 5세기에 고트 족에게 정복되며, 이후의 역사는 유럽 중세사에 속한다. 동쪽 지역은 계속 독립을 유지했다. 동로마 제국 또는 비잔틴 제국이라고 부르는 이 제국에는 그리스 본토와 이집트가 포함되어 있었기 때문에 그리스 문화와 그리스 저작들이 어느만큼 보존될 수 있었다.

그리스 문명에 마지막 타격을 가한 것은 욱일승천하던 이슬람교도가 640년에 이집트를 점령한 사건이었다. 아랍 정복자 오마르는 "『코란』에 있는 내용을 담은 책이라면 전혀 필요 없는 책이고, 『코란』의 가르침과 배치되는 책이면 읽어서는 안 된다."라며 남아 있던 책마저 없애 버리고 말았다. 6개월 동안이나 알렉산드리아에서는 목욕물을 데우는 데에 양피지 두루마리가 사용되었다.

이슬람교도가 이집트를 점령하고 나자 대다수 학자들은 동로마 제국의 수도인 콘스탄티노플로 몸을 옮겼다. 비잔틴 제국의 적대적인 그리스도교 환경 아래에서 그리스의 사상을 잇는 활동은 크게 융성하기 어려웠지만 학자들과 그들의 연구 결과가 비교적 안전한 곳으로 유입되면서 양질의 지적 성과가 크게 증대되었고 결국 800년 뒤에는 유럽까지 다다르게 되었다.

　인도와 아라비아가 수학 연구의 맥을 이어 나갔고 후일 큰 역할을 하게 될 몇몇 아이디어를 내놓았다.*

　200년과 1200년경 사이에 인도는 그리스 저작의 영향을 다소 받아 산술과 대수에서 독창적인 업적을 이루었다. 아라비아 제국은 최고 전성기에는 지중해 연안 전부와 서남 아시아 지역을 아우르고 있었으며, 수많은 민족을 이슬람교라는 울타리 안에 하나로 묶고 있었기 때문에 그리스와 인도의 지적 성과를 흡수하게 되었고 여기에 자기 스스로의 성과를 보탰다. 그들은 알렉산드리아 시대 그리스 인들의 정신을 본받아 연역적 논증과 실험을 결합했다. 아랍 인들은 대수학, 지리학, 천문학, 광학 등에 업적을 남겼다. 또한 그들은 지식의 전파를 위해 대학과 학교를 세웠다. 아라비아 인들은 자신들의 종교를 고수하기는 했지만 종교적 교리가 수학 연구 및 과학 연구를 방해하지 않았다는 점은 높이 살 만하다.

　인도인과 아라비아 인들은 그리스 인들이 세워 놓은 훌륭한 지적 초석에서 많은 것을 얻었고 또 그리스 수학과 과학을 더욱 심화시키기는 했지만 그리스 인들처럼 우주의 구조를 이해하려는 열망을 지니지는 않았다. 아랍 인들은 그리스 저작을 번역했고 여기에 상당한 분량의 주석을 덧붙여 놓았지만 이미 알려져 있던 것 이외에 별달리 중요한 내용을 첨가하지는 못했다. 1500년에 이르러 아라비아 제국은 서쪽에서는 그리스도교도의 침략, 그리고 동쪽에서는 내부 갈등으로 인해 와해되었다.

　아라비아 인들이 문명을 건설하여 이를 발전시키고 있는 동안에

---

* 인도와 아라비아의 업적에 대해서는 5장에서 좀 더 상세하게 다룬다.

서부 유럽에서는 또 다른 문명이 생겨나고 있었다. 중세 시기에 이 지역에서 높은 수준의 문명이 이룩되어 500년부터 1500년까지 지속되었다. 가톨릭 교회가 지배하는 이 문화는 그 가르침이 심오하고 높은 가치를 지녔을지는 모르지만 물질 세계에 대한 연구를 격려하지는 않았다. 그리스도교의 하느님은 우주를 주재하며 인간의 역할은 하느님을 섬기고 그분을 기쁘게 하는 것이라고 가르쳤다. 그렇게 함으로써 구원을 얻고 구원을 얻으면 영혼은 기쁨과 영광이 가득한 천국에서 살게 된다는 것이었다. 현세의 삶의 상황은 중요하지 않았다. 고난과 고통은 마땅히 견뎌야 할 뿐만 아니라 하느님에 대한 인간의 신심을 검증하기 위해서 반드시 필요한 것이기도 했다. 따라서 그리스 인들을 사로잡았던 수학과 과학에 대한 관심이 이 시대에는 극히 낮았다. 중세 유럽의 식자들은 진리를 찾는 데 혼신의 힘을 기울였지만, 신의 계시나 『성서』 연구에서 그 진리를 찾으려 했다. 따라서 중세 사상가들은 자연이 수학적으로 짜여 있다는 증거를 새로이 내놓지 않았다. 그러나 중세 후기 철학은 하느님의 의지에 지배를 받기는 하지만 자연이 규칙성과 일관성을 지니고 있다는 점을 인정하기에 이른다.

후기 중세 유럽은 몇 가지 혁신적인 영향으로 인해 크게 흔들리며 변화를 겪었다. 중세 문명을 근대 문명으로 바꾼 많은 요인 가운데 지금의 논의와 관련해 가장 중요한 것이 그리스 저작의 입수와 그에 대한 연구이다. 이 그리스 저작들은 아랍 어 번역본과 비잔틴 제국에 보관되어 있던 그리스 어 원본을 통해 유럽에 알려졌다. 튀르크 인들이 1453년에 비잔틴 제국을 정복하자, 수많은 그리스 학자들은 그리스 책을 싸들고 서쪽으로 피난을 갔다. 유럽의 지적 부흥을 일으킬 사람들은 바로 이 그리스 저작으로부터 자연이 조화롭고 아름답게 수학적으로 짜여 있으며 자연에 진리가 내재되어 있다는 점을 깨달았다. 자연은 합리적이고 정연할 뿐만 아니라 피할 수 없는 불변의 법칙에 따라 움직인다. 유럽의 과학자들은 고대 그리스의 정신에 따라 자연을 연구하기 시작했다.

그리스 사상의 부흥으로 일부 사람들이 자연에 대한 연구를 시작하게 되었을 것이라는 점은 의심할 여지가 없다. 그러나 수학과 과학의 부흥이 일어난 속도와 그 강도는 다른 여러 요인에 기인했다. 한 문화를 뒤엎고 새로운 문화를 가져오는 힘은 여러 가지가 있었으며 그 양상도 매우 복잡했다. 지금까지 많은 학자들이 과학의 부흥을 연구해 왔고, 그 요인에 대한 탐구의 역사는 방대하다. 하지만 여기에서는 그 요인들을 열거하는 것으로 그치기로 한다.

자유 숙련공 계급의 대두와 그에 따른 물질 및 기술에 대한 관심의 증가로 인해 여러 과학 문제들이 제기되었다. 원료와 황금을 찾으려는 의도에서 지리상의 탐험이 시작되면서 낯선 지역과 그곳의 풍습을 접하게 되었고 이렇게 습득한 지식은 중세 유럽 문명을 위협했다. 종교 개혁을 지지하는 사람들이 일부 가톨릭 교리를 배격하면서 논란이 촉발되었고, 심지어 두 교파를 모두 회의적 시각으로 보는 사람들도 생겨났다. 근면과 인류를 위한 지식의 활용을 강조한 청교도 정신, 포물선 운동과 같은 새로운 군사 문제를 야기한 화약의 도입, 육지가 보이지 않는 바다를 수천 킬로미터씩이나 항해할 때 해결해야 할 문제 등이 자연에 대한 탐구를 촉발시켰다. 인쇄술의 발명으로 교회는 지식의 확산을 더 이상 막을 수 없게 되었다. 이 요인들의 경중을 두고 전문가들 사이에 의견이 분분하지만, 지금 이 자리에서는 과학의 추구를 낳은 요인이 여럿이며 과학이 근대 유럽 문명의 두드러진 특징이 되었다는 점에 대해서 누구나 동의하고 있다는 사실을 확인하는 것으로 족하다.

하지만 유럽 인들은 새로운 요인과 영향에 즉각적으로 반응하지는 않았다. 인본주의 시대라고 명명되는 시기 동안 사람들은 그리스 문명이 본래 추구했던 목표보다는 그리스 저작에 대한 학습과 내용 습득에 주로 힘을 기울였다. 하지만 1500년경이 되자 그리스 인들의 목표, 즉 자연을 탐구하고 그 안에 내재되어 있는 수학적 짜임새를 파악하는 데 이성을 활용하려는 목표에 침윤된 사람들이 등장하기 시작했다. 하지만 이들은 심각한 문제에 직면했다. 그리스 인들이 추구한 목표는 당대의 지배 문화와 갈등을 빚었다. 그리스 인들은 자연이 수학적으로 짜여 있으며 항구적으로 어떤 이상적인 계획을 따른다고 믿었던 반면에, 중세 후기 사상가들은 모든 계획과 자연의 움직임의 궁극적 근원을 그리스도교의 하느님에게 돌렸다. 그리스도교의 하느님은 설계자이자 창조자이며, 자연의 모든 움직임은 하느님이 세워 놓은 계획을 따른다. 우주는 하느님이 만들어 놓은 작품이며 하느님의 의지에 따라 움직인다. 르네상스와 그 뒤를 잇는 몇 세기 동안에 활약했던 수학자들과 과학자들은 정통 그리스도교도로서 이 교리를 받아들였다. 그러나 가톨릭의 가르침에는 자연이 수학적으로 짜여 있다는 그리스의 교리가 포함되어 있지 않았다. 그렇다면 하느님이 창조한 우주를 이해하려는 것과 자연이 지닌 수학적 법칙을 탐구하는 것, 이 두 가지를 어떻게 조화시켜야 할까? 그 해답은 새로운 교리, 즉 '그리스도교의 하느님이 우주를 수학적으로 창조했다.'는 교리를 도입하는 것이었다. 이 교리는 하느님의 의지와 피조물을 이해하고자 노력하는 일을 다른 무엇보다 중요하게 강조하면서 동시에 그러한 탐구는 하느님이 지은 자연의 수학적 짜임새를 탐구하는 일이 되어야 한다고 말한다. 앞으로 자세히 설명하겠지만 16세기와 17세기, 그리고 18세기 수학자들의 업적은 종교적 진리를 얻으려는 방편이었다. 자연의 수학적 법칙을 탐구하는 일은 하느님이 지은 세계의 영광과 장엄함을 드러내는 경건한 행위였다. 수학 지식은 하느님이 만들어 놓은 우주의 구조에 관한 진리로서 『성서』 구절만큼이나 성스러운 것이었다. 사람은 성스러운 계획을 하느님 자신처럼 온전하게 이해할 수는 없지만 겸손한 태도와 소박한 마음으로 하느님의 마음에 다가가고자 노력하면 하느님이 지은 세계를 이해할 수 있다고 생각했다.

이 수학자들은 자연 현상 이면에 놓여 있는 수학적 법칙의 존재를 확신했으며 그러한 법칙을 찾는 데 끈질긴 노력을 기울였다. 그것은 하느님이 우주를 창조할 때 이러한 법칙을 심어 놓았기 때문이었다. 자연 법칙을 발견할 때마다 발견자의 공로를 치하하기보다는 하느님의 위대하심을 나타내는 증거로 찬양되었다. 수학자들과 과학자들의 이러한 신념과 태도는 르네상스 시기의 유럽을 뒤덮은 좀 더 거대한 문화적 현상의 한 예라고 할 수 있다. 새로이 발견된 그리스 저작은 경건한 그리스도교 세계에 도전장을 내밀었고, 후자의 세계에서 태어났으나 전자의 세계로 끌리던 지적 거인들은 두 세계의 이론을 하나로 융합했다.

자연이 수학적으로 짜여 있다는 그리스의 이론과 자연이 하느님에 의해 설계되었다는 르네상스의 믿음이 하나로 융합된 가장 인상적인 예는 아마도 니콜라우스 코페르니쿠스(Nicolause Copernicus, 1473~1543년)와 요하네스 케플러(Johannes Kepler, 1571~1630년)의 연구 성과일 것이다. 16세기까지 가장 합리적이고 유용한 천문학 이론은 지구를 우주의 중심에 둔 히파르코스와 프톨레마이오스의 이론이었다. 전문 천문학자들은 이 이론을 받아들였고 역법과 항해술에도 응용했다. 새로운 천문학 이론의 연구를 시작한 사람은 코페르니쿠스였다. 그는 1497년에 볼로냐 대학교에 입학해 천문학을 공부했다. 1512년에는 동프로이센 프라우엔베르크 대성당에서 사제로 봉직하기 시작했다. 이 일은 그에게 천체를 관측하고 이를 바탕으로 적절한 이론을 세워 나가기에 충분한 시간을 허락해 주었다. 여러 해 동안의 숙고와 관찰을 거쳐 코페르니쿠스는 행성 운동에 관한 새로운 이론을 완성해 냈고, 그 내용을 불멸의 명저 『천구의 공전에 관하여』에 담았다. 1507년에 이 책을 썼지만 교회와 반목하게 될 위험성 때문에 출간하지 못했다. 이 책은 그가 사망한 해인 1543년에 처음으로 세상의 빛을 보았다.

코페르니쿠스가 천문학 연구에 손을 대기 시작했을 때 프톨레마이오스의 이론은 더욱 복잡한 형태로 바뀌어 있었다. 주로 아랍 인들이 수집한 관측 자료들과 합치시키기 위해 더 많은 주전원이 추가되었던 것이다. 코페르니쿠스 시대에는 태양과 달, 그리고 그때까지 알려져 있던 다섯 행성의 운동을 기술하기 위해 총 77개의 원이 필요했다. 코페르니쿠스가 서문에서 밝혔듯이 프톨레마이오스의 이론은 당시 천문학자들도 혀를 내두를 정도로 복잡했다.

코페르니쿠스는 그리스의 저작과 연구 성과에 대해 공부했고 따라서 우주가 수학적으로 조화롭게 짜여 있다는 확신을 갖게 되었다. 조화로운 우주는 복잡한 프톨레마이오스 이론이 그리고 있는 우주와는 거리가 있다고 생각했다. 그리스 저작에서 코페르니쿠스는 여러 그리스 학자들, 특히 그 가운데에서도 태양은 고정되어 있고 지구가 태양 주위를 공전하면서 동시에 축을 중심으로 자전한다는 아리스타르코스(Aristarchos, 기원전 217?~145년)의 주장을 접했다. 코페르니쿠스는 그 가능성을 탐색해 보기로 작정했다.

코페르니쿠스의 논증의 핵심은 이렇다. 그는 프톨레마이오스의 주원과 주전원을 사용하여 천체의 운동을 기술했다. 하지만 중요한 차이는 태양을 모든 주원들의 중심에 두었다는 점이다. 지구 자체도 지축을 중심으로 자전하면서 주전원을 그리며 운동하는 행성이 되었다. 이렇게 하여 그는 이론을 단순화했다. 그는 원의 총수를 지구 중심설에서 사용하는 77개 대신에 34개로 대폭 줄였다.

더욱 주목할 만한 이론의 단순화가 케플러에 의해 이루어졌다. 케플러는 과학 역사에서 가장 흥미로운 인물이다. 종교적 사건과 정치적 사건 때문에 수많은 개인적 불운과 고난을 겪어야 했지만 1600년에 유명한 천문학자 튀코 브라헤(Tycho Brahe, 1546~1601년)의 연구 조수가 되는 행운을 얻었다. 당시 브라헤는 매우 광범위한 관측 자료를 수집하고 있었다. 그리스 시대 이후 처음으로 주목할 만한 관측 결과를 얻고 있었던 것이다. 브라헤가 수집한 관측 결과와 케플러 자신이 얻은 관측 결과는 그에게 더없이 소중한 자료가 되었다. 브라헤가 1601년에 사망하자 케플러는 그의 뒤를 이어 오스트리아의 황제 루돌프 2세의 황실 수학자가 되었다.

케플러의 과학적 논증은 사람들을 매료시키기에 충분하다. 코페르니쿠스처럼 그도 신비주의자였다. 코페르니쿠스와 마찬가지로 케플러도 세계가 몇 가지 단순하고 아름다운 수학적 원리에 따라 하느님에 의해 설계되었다는 믿음을 갖고 있었다. 그는 자신의 저서『코스모스의 신비』(1596년)에서 창조주의 마음속에 담겨 있는 수학적 조화야말로 "천체의 수와 크기 그리고 움직임이 지금과는 다를 수 있는 가능성이 모두 배제되고 바로 지금과 같은 수와 크기와 움직임을 취하고 있는 이유"라고 말했다. 이러한 믿음은 그의 사고를 철저하게 지배했다. 하지만 케플러는 과학자의 천품도 지니고 있었다. 그는 냉정하리만큼 이성적일 수 있었다. 그는 풍부한 상상력에 힘입어 새로운 이론적 체계를 생각해 냈지만 이론은 반드시 관측 사실과 합치되어야 한다는 점을 알고 있었고, 또 말년에는 경험적 자료에서 과학의 기본 원리에 대한 암시를 얻을 수 있다는 사실도 더욱 분명하게 깨닫게 되었다. 그래서 그는 가장 아끼던 여러 수학적 가설들도 관측 자료와 합치되지 않는다는 사실을 알았을 때 모두 폐기 처분했다. 당시의 과학자들과는 달리 그는 조금의 틈새도 끝까지 허용하지 않았고 바로 이러한 집요함 때문에 혁명적인 과학 이론을 내놓을 수 있었다. 그는 또한 위대한 사람으로 하여금 뛰어난 업적을 낳게 하는 겸손함과 인내 그리고 열정을 지니고 있었다.

자연의 수학적 법칙을 찾으려는 노력은 오히려 여러 해 동안 잘못된 길로 그를 이끌었다. 『코스모스의 신비』 서문에서 그는 이렇게 말하고 있다. "나는 하느님이 우주를 창조하고 우주의 질서를 세우면서, 피타고라스와 플라톤 시대 이후로 잘 알려져 있는 기하학의 다섯 가지 정다면체를 염두에 두고 그 숫자에 맞추어 천체의 수와 상대적 크기와 이들 사이의 운동 관계를 결정해 놓았다는 것을 증명해 내고자 한다." 하지만 다섯 가지 정다면체를 기초로 이론을 만들어 내려는 그의 시도는 관측 내용과 합치되지 않는 결과를 낳았고, 여기에 수정을 가해 문제를 해결하려고 엄청난 노력을 기울인 후에야 이 방법을 포기했다.

그러나 조화로운 수학적 관계를 찾으려는 이후의 노력은 큰 성공을 거두었다. 그가 내놓은 가장 유명하고 중요한 결과는 오늘날 행성 운동에 관한 케플러의 3법칙이라는 이름으로 알려져 있다. 이 가운데 두 법칙은 1609년에 기다란 제목을 가진 책에 수록되어 출간되었다. 이 책은 앞부분을 따서 『새로운 천문학』으로 불리기도 하고, 뒷

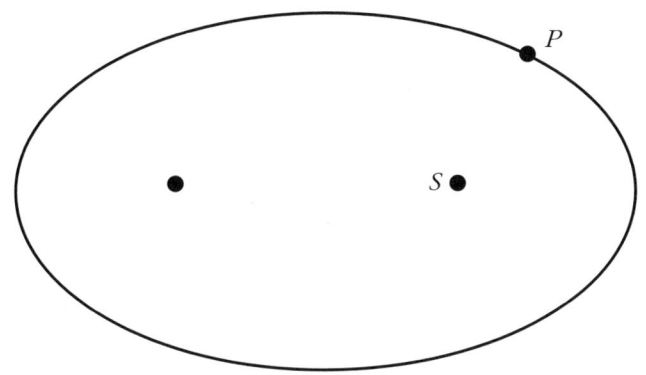

그림 2.1 각각의 행성은 태양 주위를 타원 궤도를 그리며 움직인다.

부분을 따서 『화성의 운동에 대한 해설』이라고 불리기도 한다. 이 법칙들 가운데 첫 번째 법칙은 특히 주목할 만한데 그 이유는 케플러가 2,000년 이상 이어 온 전통, 즉 천체 운동을 기술하려면 반드시 원이나 구가 사용되어야 한다는 전통에서 과감하게 벗어났기 때문이다. 케플러는 프톨레마이오스와 코페르니쿠스가 행성의 운동을 기술할 때 사용했던 주원과 주전원 대신에 오직 타원 하나면 충분하다는 점을 발견했다. 그의 제1법칙은 모든 행성이 태양을 하나의 초점(각 행성의 타원이 공유하는 초점)으로 하는 타원 궤도를 그리며 태양 주위를 공전한다는 것이다(그림 2.1). 각 타원의 다른 초점은 단순히 수학적인 점으로, 그 점 위에는 아무것도 존재하지 않는다. 이 법칙은 행성의 행로를 파악하는 데 매우 큰 쓸모를 가진다. 물론 코페르니쿠스와 마찬가지로 케플러도 지구가 타원을 따라 공전하면서 동시에 축을 중심으로 자전한다는 사실을 추가했다.

하지만 천문학이 유용성을 갖추기까지는 가야 할 길이 멀었다. 행

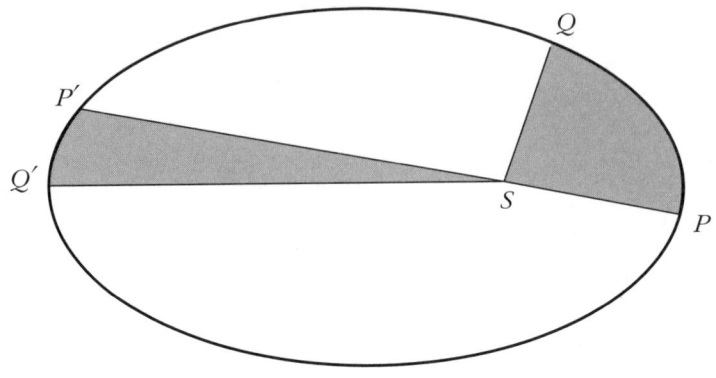

그림 2.2 케플러의 면적 속도 일정의 법칙

성의 위치를 예측하는 방법이 반드시 있어야 했다. 예를 들어 만일 행성이 그림 2.1의 P 점에 위치해 있음을 관측했다고 하자. 그렇다면 다른 위치, 예컨대 지점(至點, 하지점과 동지점을 통틀어 이르는 말.―옮긴이)이나 분점(分點, 천구상의 황도와 적도의 교차점. 춘분점과 추분점이 있다.―옮긴이)에 언제 위치하는지 알고 싶다면 어떻게 해야 하는가? 필요한 것은 오직 행성의 속도이다.

여기에서 케플러는 다시 한 번 획기적인 발상을 내놓는다. 코페르니쿠스와 그리스 인들은 모두 행성이 일정한 속도로 움직인다는 가정을 사용했다. 행성은 주전원을 따라 동일한 시간에 동일한 길이의 호만큼 움직이며, 각 주전원의 중심 역시 다른 주전원이나 주원 위를 일정한 속도로 움직인다고 여겼다. 그러나 케플러가 관측해 본 결과, 타원 위를 움직이는 행성의 속도는 일정하지 않다는 사실을 알게 되었다. 속도에 대한 올바른 법칙을 찾고자 오랫동안 산고를 거친 후 마침내 그의 노력은 성공을 거두었다. 그가 발견한 내용은 다음과 같다. 만일 행성이 예를 들어 한 달 사이에 P에서 Q로 움직이고 또 동일한 기간 동안에 P'에서 Q'까지 움직이면 PSQ의 면적과 $P'SQ'$의 면적이 같다는 것이다. 점 P'보다 점 P가 태양에 가까우므로 PSQ와 $P'SQ'$의 면적이 같으려면 호 PQ가 호 $P'Q'$보다 길어야 한다. 따라서 행성은 일정한 속도로 움직이지 않는다. 사실은 태양에 가까우면 가까울수록 빠르게 움직인다.

케플러는 제2법칙을 발견하고 뛸 듯이 기뻐했다. 속도를 일정하게 놓았을 때만큼 간결하지는 않았지만, 하느님이 우주를 설계할 때 수학적 원리를 사용했다는 그의 근본적 믿음을 확인하기에는 충분했다. 하느님이 다소 미묘한 방식을 취하기는 했지만 어쨌든 행성이 얼마만큼 빠르게 움직이는지는 수학적 법칙에 따라 결정되었던 것이다.

또 다른 중요한 문제가 더 남아 있었다. 태양과 행성 사이의 거리를 기술하는 법칙은 무엇인가 하는 문제였다. 이 문제는 태양과 행성 사이의 거리가 일정하지 않다는 사실 때문에 더욱 복잡해졌다. 따라서 케플러는 이 점까지 고려하는 새로운 원리를 찾고자 했다. 그는 자연이 수학적으로 설계되었을 뿐만 아니라 조화롭게 설계되었다고 믿었다. 그런데 조화, 즉 '하모니(harmony)'를 그는 글자 그대로 받아들였다. 그래서 천구들이 음악을 만들어 낸다고 믿었다. 이 음악은 하모니를 이루는데 실제로 소리가 나는 것이 아니라 행성 운동에 관한 여러 사실들을 각기 음표로 전환했을 때 비로소 알아들을 수 있다고 믿었다. 그는 여기에서 출발해 수학적 논증과 음악적 논증을 놀랄 만한 수준으로 결합하여 다음과 같은 법칙을 이끌어 냈다. 즉 T가 행성의 공전 주기이고 D가 태양과 행성 사이의 평균 거리일 때, $T^2 = kD^3$이 성립한다는 내용이다. 여기서 k는 모든 행성에 공통적으로 적용되는 상수이다. 바로 이것이 행성 운동에 관한 케플러의 제

3법칙이다. 케플러는 이 법칙을 『세계의 조화』(1619년)라는 책에 발표했다.

    제3법칙을 발표하고 나서 케플러는 이렇게 하느님을 찬미했다. "태양과 달과 행성들이 형언할 수 없는 당신의 언어로 하느님을 찬미하도다! 조화로운 천상 세계를 지으셨으니 그의 놀라우신 일을 알고 있는 사람들아, 그분을 찬미할지어다. 사람들아, 그리고 내 영혼아, 창조주를 찬미하여라. 그분으로 말미암아, 그리고 그분 안에서 모든 것이 존재하는도다. 우리가 알고 있는 모든 지식은 그분 안에 내재되어 있으니 우리의 헛된 과학도 역시 그러하니라."

    하느님이 세상을 조화롭게 그리고 단순하게 설계했다는 코페르니쿠스와 케플러의 신념이 얼마만큼 확고했는가는 그들이 맞서야 했던 반대 이론을 살펴보면 충분히 가늠할 수 있다. 프톨레마이오스의 이론에서 지구 이외의 행성이 운동을 하는 이유는 이들이 가벼운 특수 물질로 이루어져 있고, 따라서 쉽사리 움직인다는 그리스 학설로 설명되었다. 그런데 어떻게 무거운 지구가 움직일 수 있다는 말인가? 코페르니쿠스나 케플러 모두 이 질문에 답을 내놓지 못했다. 지구 자전을 반박하는 사람들은 만일 지구가 자전한다면 회전대 위의 물체가 날아가듯 지구 위의 물체도 우주 밖으로 날아갈 것이라고 주장했다. 두 사람 모두 이 주장도 반박하지 못했다. 지구가 자전하면 지구 자체가 산산이 깨어져 사방으로 흩어질 것이라는 주장에 대해 코페르니쿠스는 지구의 자전은 자연스러운 운동이고 따라서 지구는 깨어지지 않는다는 옹색한 답변을 내놓았다. 그리고 나서 그는 천동설을 따른다면 천체가 빠르게 움직인다는 결론을 얻을 수밖에 없는데, 그렇게 매일매일 빠르게 움직이면서도 천체가 깨지지 않는 이유는 무엇이냐며 반박했다. 그러나 또 다른 반대 논거가 있었다. 지구가 서쪽에서 동쪽으로 회전한다면 공중으로 던진 물체는 공중에 떠 있는 동안에 지구가 움직이므로 본래 위치에서 서쪽으로 벗어난 지점에 떨어질 것이다. 더욱이 만일 지구가 태양을 중심으로 공전한다면 물체의 속도는 그 무게에 비례하므로(그리스와 르네상스 시대의 물리학자들은 속도가 무게에 비례한다고 주장했다.) 지구 위에 있는 가벼운 물체들은 뒤로 처질 것이라고 주장했다. 따라서 지구의 공기도 뒤로 처지고 만다. 이 논박에 대해 코페르니쿠스는 공기는 지상에 속하는 것이므로 지구와 더불어 움직인다고 대답했다. 이러한 논박의 본질은 지구의 자전과 공전이 아리스토텔레스의 운동 이론, 그리고 코페르니쿠스와 케플러 시대에 널리 받아들여지던 운동 이론에 맞지 않는다는 것이었다.

태양 중심설을 배격하는 또 다른 부류의 과학적 논박이 천문학 자체에서 제기되었다. 그 가운데 가장 심각한 논박은 태양 중심설에서는 별을 고정된 것으로 여긴다는 지적이었다. 6개월이면 지구는 약 3억 킬로미터 정도로 그 위치가 바뀐다. 따라서 지구에서 어느 특정한 별을 향하는 방향과 6개월 후에 같은 별을 향하는 방향 사이에는 차이가 생겨야만 한다. 하지만 코페르니쿠스나 케플러 당시에는 그런 차이가 관측되지 않았다. 코페르니쿠스는 별이 너무 멀리 떨어져 있어 그 차이가 미세하기 때문에 관측할 수 없다고 반박했다. 하지만 코페르니쿠스의 설명은 반대론자들을 납득시키지 못했다. 그들은 만일 그 정도로 별이 멀리 떨어져 있다면 별 자체도 관측할 수 없다고 주장했다. 하지만 코페르니쿠스의 대답이 옳았다. 지구에서 가장 가까운 별의 경우, 6개월 시차에 따르는 방향각의 차이는 0.31초이다. 이 차이는 1838년에야 수학자 프리드리히 빌헬름 베셀(Friedrich Wilhelm Bessel, 1784~1846년)이 관측했다. 이때에 이르러 성능이 괜찮은 망원경을 사용할 수 있었기 때문이다.

전통을 고수하려는 자들은 또 이렇게 물었다. 지구가 태양 주위를 초속 29킬로미터로 돌고 또 자전 속도가 적도 근처에서 초속 0.5킬로미터에 이른다면 사람들은 왜 이런 움직임을 느끼지 못하는가? 매우 빠른 속력으로 움직일 때에도 속력을 감지하지 못한다는 설명은 케플러 당시의 사람들에게는 어불성설이었다. 지구의 자전 및 공전에 대한 과학적 반박은 나름대로 합리적 근거를 지니고 있었다. 따라서 이러한 비판들은 진실에 눈을 감고 있는 수구주의자들의 맹목적인 고집으로 폄하할 수는 없다.

코페르니쿠스와 케플러는 신앙심이 매우 깊었지만 두 사람 모두 그리스도교의 핵심 교리 한 가지를 부정했다. 그것은 바로 인간이야말로 우주의 중심이며 하느님이 가장 큰 관심을 기울이는 존재라는 교리이다. 반면에 태양 중심설은 우주의 중심에 태양을 놓음으로써 인간에게 위안을 주는 교회의 교리에 치명타를 안겨 주었다. 인간은 차가운 우주를 목적 없이 방랑하는 무리에 불과한 존재로 격하된 것이다. 이제, 인간은 축복 속에 태어나 영광된 삶을 살다가 죽어서 천국으로 들어가는 존재로 볼 수 없어졌다. 더더욱 하느님의 인도와 보살핌을 받는 존재라고 보기 어려웠다. 코페르니쿠스는 우주는 너무나 광대하기 때문에 중심을 이야기하는 것은 무의미하다고 주장하면서 지구가 우주의 중심이라는 교회의 주장을 공격했다. 하지만 그의 이러한 주장은 당시 사람들에게 별다른 설득력을 지니지 못했다.

태양 중심설에 대한 반대의 목소리에 대해 코페르니쿠스와 케플러는 오직 한 가지 강력한 반박의 근거를 지니고 있었다. 그것은 두 사람 모두 수학적으로 간결하면서 동시에 미적으로도 더욱 우수한 이론을 구성해 냈다는 점이다. 더욱 우수한 수학적 설명이 가능하다면 하느님이 세상을 설계하면서 우수한 이론을 활용했다는 믿음에 비추어 보았을 때 태양 중심설은 참일 수밖에 없었다.

코페르니쿠스의 『천구의 공전에 관하여』와 케플러의 여러 저작들 곳곳에는 올바른 이론을 발견했다는 그들의 확신이 드러나 있다. 예컨대 케플러는 행성의 타원 운동에 대해 이렇게 말하고 있다. "나는 내 혼신의 힘을 다해 이 이론이 옳다는 사실을 증언하는 바이다. 또 이 이론이 지니고 있는 아름다움은 도무지 믿어지지 않을 만큼 황홀한 기쁨을 안겨 준다." 케플러의 1619년 저작 『코스모스의 조화』는 그 제목 자체가 하느님의 수학적 설계가 지니는 장엄함에 대한 케플러 자신의 깊은 만족감과 확신을 드러내고 있다.

처음에는 수학자들만 이 새로운 이론을 지지했다. 이는 전혀 의외라고 할 수 없다. 우주가 수학적으로 간결하게 설계되었다고 확신하는 수학자만이 당시의 지배적인 철학적·종교적·과학적 주장을 배격하고 혁명적인 천문학을 받아들일 만큼 굳건한 정신을 지녔을 터이기 때문이다. 우주의 설계에서 수학이 지니는 중요성을 굳건하게 믿는 사람만이 수많은 사람들의 반론을 아랑곳하지 않고 새로운 이론을 과감하게 받아들인다.

새로운 이론에 대한 확실한 증거는 기대하지 않았던 곳에서 등장했다. 17세기 초에 망원경이 발명되었고, 그 소식을 들은 갈릴레오 갈릴레이(Galileo Galilei, 1564~1642년)는 직접 망원경을 제작했다. 그는 자신이 제작한 망원경으로 천체를 관찰했고 그 관찰 내용은 당시 사람들을 깜짝 놀라게 했다. 목성 주위를 도는 위성 4개(현재는 12개가 관측되고 있다.)를 발견한 것인데, 이로써 운동하는 행성도 위성을 가질 수 있다는 사실이 입증되었다. 또한 갈릴레오는 달의 불규칙한 표면과 산맥, 태양의 흑점, 토성 적도 근처의 불룩한 부분(현재는 이 부분을 토성의 띠라고 부른다.)을 발견했다. 이 발견은 행성 역시 지구와 유사하다는 사실, 그리고 그리스 철학자들과 중세 사상가들이 믿었던 바와는 달리 행성이 특별한 천상의 물질로 만들어진 완벽한 물체가 아니라는 사실을 입증해 주었다. 은하수는 예전에는 넓은 띠를 이루고 있는 빛으로 보였지만, 망원경을 사용하자 수많은 별들로 이루어져 있음을 알게 되었다. 따라서 수많은 태양들이 있고 또 각 태양 주위에 행성들이 딸려 있는 태양계가 있을 터였다. 코페르니쿠스는 맨눈으로 달의 차고 이지러짐을 볼 수 있듯이 만약에 사람들의 시력이 좋아진다면 금성과 수성의 차고 이지러짐을 보게 될 것이라고 예측했다. 갈릴레오는 자신이 만든 망원경으로 금성의 차고 이지러짐을 직접 보았다. 이 관찰로 그는 코페르니쿠스의 지동설이 옳다는 확신을 갖게 되었고, 고전이 된 그의 저작 『위대한 두 우주 체계에 관한 대화』(1632년)에서 그 학설을 강력하게 옹호했다. 천문학자, 지리학자, 항해사들의 계산을 매우 간결하게 만들었다는 이유에서도 사람들은 새로운 학설을 수용했다. 17세기 중엽이 되자 과학계는 태양 중심설을 기꺼이 받아들이기 시작했고, 수학적 법칙이 진리라는 주장은 크게 힘을 얻었다.

    17세기의 지적 분위기 아래에서 지구의 공전과 자전 이론을 일관되게 주장하기란 간단한 일이 아니었다. 널리 알려진 갈릴레오의 종교 재판이 그러한 당시의 사정을 보여 준다. 독실한 가톨릭 신자였던 블레즈 파스칼(Blaise Pascal, 1623~1662년)도 「시골 친구에게 보내는 편지」에서 "지구가 움직인다는 갈릴레오의 학설을 부인하는 교황청의 교령을 얻어 냈다고 해도 그것은 아무런 소용이 없다. 왜냐하면 지구가 고정되어 있다는 증거가 되지 못하기 때문이다."라며 예수회를 논박했고, 그 때문에 그의 저서들이 금서 목록에 올랐다.

니콜라우스 코페르니쿠스와 요하네스 케플러는 자연이 수학적으로 짜여 있다는 그리스 사상과 하느님이 우주를 창조하고 설계했다는 가톨릭의 가르침을 아무런 의심 없이 모두 받아들였다. 르네 데카르트(René Descartes, 1596~1650년)는 과학에 관한 새로운 철학을 체계적이며 명확하게 수립해 나갔다. 데카르트는 우선 철학자였다. 그리고 그 다음으로 우주론자였고, 세 번째로는 물리학자였고, 네 번째로는 생물학자였으며, 고작 다섯 번째로 수학자였다. 하지만 그는 수학사에 찬연히 빛나는 보물이라고 할 만하다. 그의 철학이 중요한 이유는 그의 철학이 17세기 사상 전반을 지배했고 뉴턴이나 라이프니츠 같은 위대한 인물들에게 큰 영향을 끼쳤기 때문이다. 『이성의 올바른 사용과 과학적 진리의 발견을 위한 방법 서설』(1637년, 이하 『방법 서설』 ─옮긴이)에서 그가 세운 주요 목표는 진리를 확증하는 방법을 찾는 일이었다.

데카르트의 철학은 의심할 여지가 없는 명징한 사실만을 받아들이는 데에서 출발하고 있다. 그렇다면 수용할 만한 증거와 수용할 수 없는 증거를 어떻게 구별해 낼 수 있을까? 『정신 지도 규칙』(1628년에 쓰어졌지만 사후에 출간되었다.)에서 그는 이렇게 말하고 있다. "우리가 연구하고자 하는 대상에 대해 다른 사람의 생각이나 이론, 또는 우리가 추정하는 것을 탐구해서는 안 된다. 다만 분명하게 직관으로 파악해 낼 수 있는 것이나 의심할 여지 없이 연역해 낼 수 있는 것을 탐구해야 한다. 왜냐하면 지식을 얻는 방법은 그 외에는 없기 때문이다." 분명하고 뚜렷한 기본 진리를 파악해 내는 마음의 능력──이를 직관이라고 부른다.──과 명징한 진리로부터의 연역이 데카르트 인식론의 핵심이다. 따라서 데카르트에 따르면, 오류의 위험 없이 진리에 도달케 하는 정신 활동은 바로 직관과 연역 오직 두 가지뿐이다.

하지만 『정신 지도 규칙』에서 데카르트는 직관에 더 높은 중요성을 부여하고 있다. "직관은 순수하고 청정한 마음의 작용으로 의심할 여지가 조금도 없다. 직관은 이성의 빛에서 솟아난 것으로서, 연역보다 더욱 확실하다."

『방법 서설』에서 데카르트는 정신의 존재성과 정신이 소유하고 있는 지식의 확실성을 옹호하고 있다. 데카르트는 직관에 의지해 신의 존재를 성급하게 증명하고 있다. 그리고 하느님이 우리를 기만할 리가 없기 때문에 우리의 직관과 연역 방법은 올바를 수밖에 없다는 결론을 내리고 있는데, 이는 명백히 순환 논법이다. 그는 이렇게 말한다. "하느님은 무한하고 영원불변의 실체이며 어느 것에도 종속되지 않은 전지전능한 존재로, 나 자신을 비롯한 만물이 그분에 의해 창조되었다."

수학적 진리에 대해서는 『성찰』(1641년)에서 이렇게 말하고 있다. "나는 도형 및 수, 그리고 산술과 기하학에서 다루고 있는 다른 여러 대상들, 또 순수 수학에 속하는 일반 대상들을 가장 확실한 진리라고 여겼다." 또 "가장 쉽고 단순한 것에서부터 출발하기 때문에 수학자만이 유일하게 확실성과 명료함에 다다를 수 있다."라고 말한다. 수학적 개념이나 수학적 진리는 감각으로부터 오지 않는다. 수학적 개념과 진리는 태어날 때부터 우리 마음속에 내재되어 있는데, 그것은 바로 하느님에 의해 우리 마음속에 심어진 것이다. 종이 위에 그려진 삼각형을 본다고 해서 결코 삼각형이라는 추상적 개념을 구성해 내지는 못한다. 삼각형 내각의 합이 180도라는 사실도 수학적 개념과 마찬가지로 확실하다.

그 다음으로 데카르트는 물질 세계로 눈을 돌린다. 마음이 명확하게 인식하는 직관과 직관이 확증한 사실에서 출발하는 연역을 물질 세계에 적용할 수 있다고 말한다. 그에게는 하느님이 세상을 수학적으로 설계했다는 사실이 명백해 보였다. 『방법 서설』에서 "하느님이 자연 속에 법칙을 세워 놓고 또 우리 영혼 속에 여러 개념들을 새겨 넣었다. 이러한 법칙과 개념에 대해 충분히 숙고하기만 하면 삼라만상의 본질을 분명하게 파악할 수 있을 것이다."라고 주장했다.

데카르트는 한 걸음 더 나아가 자연 법칙이 이미 정해 놓은 수학적 규칙의 일부이기 때문에 불변이라는 주장을 폈다. 『방법 서설』을 출간하기 전에 이미 그는 신학자이자 수학자인 자신의 친구 마랭 메르센(Marin Mersenne) 신부에게 보낸 1630년 4월 15일자 편지에서 다음과 같이 썼다.

> 하느님이 만들어 놓으신 이러한 자연 법칙을 주저하지 않고 만천하에 공표해야 합니다. …… 국왕의 참모습을 신하들에게 제대로 보여 주지 않아야 국왕의 위엄이 높아지는 것처럼, 하느님의 위대하심은 그 이해할 수 없음에 있다고 사람들은 생각합니다. 하느님이 진리를 손수 세워 놓으셨으므로 국왕이 법률을 바꾸듯이 진리도 단숨에 바꿀 수 있다고 주장할 사람들도 있을 것입니다. 하느님의 뜻이 변한다면 그런 일도 가능하겠지요. 하지만 제가 판단하는 하느님은 영원하신 분이고 변하지 않으시는 분이며 당신의 뜻을 바꾸시지 않는 분입니다. 따라서 그분이 세우신 법칙 역시 영원한 법칙이며 불변하는 법칙입니다.

여기서 데카르트는 하느님이 세계의 작동에 끊임없이 관여한다는 당시의 지배적인 생각을 부정하고 있다.

데카르트는 물질 세계를 연구하는 데 오직 수학만을 사용하고자 했다. 『방법 서설』에서 그는 이렇게 말한다. "과학에서 진리를 얻고

자 했던 사람들 가운데서 오로지 수학자만이 명백하고 확실한 결과를 얻을 수 있었다." 그리고 물질 세계를 연구하는 데 수학이면 충분하다고 확신했다. 그는 『철학의 원리』(1644년)에서 다음과 같이 말한다.

> 나는 형이하학에서 다루고 있는 것들과 관련해 기하학자들이 취급하는 수량 및 논증의 대상물 이외에는 아는 것이 없다고 고백하는 바이다. 나는 오직 분할과 형태, 그리고 운동만을 다룬다. 그리고 이러한 보편 개념(보편 개념이 참되다는 것은 의심할 여지가 없다.)에서 연역되어 나오는 것을 제외하면 어떤 것도 확실한 진리로 받아들이지 않는다. 그리고 이러한 방식으로 모든 자연 현상을 설명할 수 있기 때문에 별도의 물리적 원리를 받아들여서도 안 되거니와 그러한 원리를 찾아서도 안 된다.

데카르트는 『철학의 원리』에서 과학의 본질은 수학이라고 분명하게 말했다. "나는 기하학이나 순수 수학에서 확증된 원리 이외의 물리적 원리를 받아들이지도 않으며 또 그런 원리를 찾고 싶지도 않다. 왜냐하면 모든 자연 현상은 설명이 가능하며 또 연역이 가능하기 때문이다." 객관적 세계는 기하학에서 다루는 공간이 구체적으로 드러난 대상일 따름이다. 따라서 그 속성은 기하학의 기본 원리로부터 연역해 낼 수 있다(당시에는 기하학이 수학의 주류를 이루고 있었기 때문에 여기서 기하학은 수학을 의미한다.).

데카르트는 수학으로 세계를 파악할 수 있는 이유에 대해 상세하게 설명했다. 그는 물체의 기본적이고 의심할 여지 없는 속성은 형태, 연장성, 시간 및 공간 안에서의 운동이며, 이 속성들은 수학적으로 기술될 수 있다고 주장했다. 형태는 연장성으로 환원되므로 데카르트는 "연장성과 운동이 주어지면 나는 거기에서 우주를 구성해 낼 수 있다."라고 말했다. 또 데카르트는 모든 물리적 현상들은 분자들의 물리적 작용이 낳은 결과라고 덧붙였다. 하지만 분자를 운동하게 하는 힘 역시 불변하는 수학적 법칙을 따른다고 주장했다.

물질 세계가 단지 운동하는 물체로만 구성되어 있다면 맛, 냄새, 색깔, 소리의 음색 등은 어떻게 설명할 수 있을까? 여기에서 데카르트는 오래된 그리스의 학설을 채택했다. 그것은 근본 속성과 부차적 속성을 구별하는 데모크리토스의 학설이었다. 근본 속성은 물체 및 운동을 의미하며 이러한 근본 속성은 물질 세계 속에 존재한다. 반면에 부차적 속성은 맛, 냄새, 색깔, 온도, 음질 등으로 근본 속성이 인간의 감각 기관에 작용함으로써 일으키는 효과에 불과하다. 세계는 수학적으로 표현할 수 있는 운동의 총합이며 우주는 수학적으로 조화롭게 설계된 위대한 기계이다. 과학뿐만 아니라 질서와 수량을 다루는 모든 학문은 수학에 의지해야 한다. 데카르트는 『정신 지도 규칙』의 규칙 4에서 다음과 같이 말하고 있다.

과학은 질서와 수량을 다루고 있으며, 그에 따라 수학과는 불가분의 관계를 갖는다. 수이든 형태이든 또는 항성이든 소리이든 다루는 대상이 무엇인가 하는 문제는 그다지 중요하지 않다. 그렇기 때문에 구체적 대상과는 독립된, 질서와 수량에 대한 일반 과학이 존재해야 한다. 실제로 그러한 일반 과학이 존재하고 있으니, 그것이 바로 수학이라는 학문이다. 수학은 유용성과 중요성에서 다른 모든 과학을 능가하는데, 수학이 다른 모든 과학에서 다루어지는 대상들을 포괄한다는 점에서 그 사실을 분명하게 알 수 있다.

데카르트는 새로운 수학 정리를 찾아내지는 않았지만 해석기하학이라는 강력한 방법론을 만들어 냈다. 해석기하학은 수학 방법론을 혁명적으로 바꿔 놓았다.

데카르트의 과학적 업적은 그 양이나 중요도에서 코페르니쿠스나 케플러, 또는 뉴턴에 비할 수는 없지만 그렇다고 해서 사소한 것으로 폄하할 수만은 없다. 그의 소용돌이 이론은 17세기를 지배한 우주론이었다. 그는 기계론의 창시자였다. 기계론은 인간의 몸을 포함해 모든 자연 현상은 역학 법칙을 따르는 입자들의 운동으로 환원된다고 주장한다. 역학 분야에서 데카르트는 관성의 법칙을 만들어 냈다. 지금은 이 법칙이 뉴턴의 제1운동 법칙이란 이름으로 알려져 있다. 이 법칙에 따르면 아무런 힘이 가해지지 않으면 정지하고 있는 물체는 계속 정지해 있고 운동하는 물체는 일정한 속도로 직선 운동을 한다.

데카르트는 광학, 특히 렌즈의 디자인에도 관심을 기울였다. 실제로 『기하학』의 일부와 『굴절 광학』 전체에서 광학을 다루었다. 『기하학』과 『굴절 광학』은 『방법 서설』에 부록으로 덧붙여 놓은 그의 저작이다. 그는 빌레브로르트 반 로이옌 스넬(Willebrord van Roijen Snell, 1591~1626년)과 더불어 굴절 법칙을 발견해 냈다. 굴절 법칙은 빛이 예컨대 공기에서 유리나 물로 들어갈 때처럼 급격하게 매질이 바뀔 때 빛이 어떻게 굴절되는지를 기술한다. 그리스 인들이 광학의 수리 과학화를 시작하기는 했지만 데카르트에 와서야 비로소 광학은 수리 과학으로 확립되었다. 데카르트는 지질학, 기상학, 식물학, 해부학, 동물학, 심리학, 또 심지어 의학 분야에도 업적을 남겼다.

데카르트의 철학과 과학 이론이 아리스토텔레스 철학과 중세 스콜라 철학을 전복했지만, 그는 어떤 점에서는 스콜라주의자였다. 그는 자신의 정신으로부터 존재와 실체에 대한 명제를 이끌어 냈다. 그는 선험적 진리를 믿었으며 지성의 빛만으로 모든 사물에 관한 완벽한 지식에 도달할 수 있다고 확신했다. 그래서 그는 선험적 추론을 바탕으로 운동 법칙을 제시해 냈다(실은 생물학을 비롯해 일부 분야에서는 직접 실험을 했고 실험에서 중요한 결론을 이끌어 내기도 했다.). 하지만 자연 현상을 순수한 물리적 사태로 환원함으로써 과학에서 신비주의와 미신을 몰아냈다.

철학 분야에서 데카르트만큼 영향력을 발휘하지는 못했지만 17세기의 위대한 수학자 파스칼도 수학 및 과학의 수학적 법칙이 진리라는 믿음을 견지했다. 직관이 정신을 통해 분명하게 받아들여진다고 말한 데카르트와는 달리, 그는 직관은 감성을 통해 받아들여져야 한다는 주장을 폈다. 그에게 있어 진리는 감성에 분명하고도 명확하게 와닿아야 하거나 그러한 진리의 논리적 결과라야 한다. 『명상록』에서 그는 다음과 같이 말하고 있다.

공간, 시간, 운동, 수 등에 대한 지식 같은 제1원리에 대한 지식은 추론으로 얻는 진리만큼 확실하다. 실은 우리의 감성과 직관이 가져다주는 이러한 지식을 바탕으로 추론을 통해 결과를 이끌어 내야 한다. 이성이 제1원리를 받아들이기 전에 감성에게 증명을 요구하는 것은 감성이 이성에 의해 논증된 명제를 받아들이기 전에 이성에게 증명을 요구하는 것만큼이나 무의미하고 어처구니없는 일이다.

파스칼에게 과학은 하느님의 세계에 대한 탐구였다. 즐거움만을 위한 과학 탐구는 올바르지 않다. 즐거움을 과학의 주된 목표로 삼는다면 과학 연구는 잘못된 길로 빠질 수밖에 없다. 왜냐하면 "배움에 대한 탐욕, 방종한 지식욕"에 사로잡히게 될 터이기 때문이다. "그러한 과학 탐구는 자신을 자연 현상과 하느님의 실재, 그리고 그분의 영광 속에 감싸인 존재로 파악하는 대신에 만물의 중심에 놓으려는 태도에서 생겨난다."

근대 수학 및 과학을 만들어 낸 독창적 사상가들 가운데 갈릴레오는 데카르트에 필적할 만하다. 물론, 그 역시 자연이 하느님에 의해 수학적으로 설계되었다고 확신했다. 1610년에 저술한 『시금저울』에서 그는 다음과 같은 유명한 말을 남겼다.

철리(哲理. 자연)는 우리 눈앞에 놓여 있는 위대한 책, 즉 우주 속에 씌어 있다. 그러나 그 언어와 기록에 사용된 기호를 배우지 않고서는 그 철리를 이해할 수 없다. 그 책은 수학이라는 언어로 씌어 있으며 사용된 기호는 삼각형과 원을 비롯한 기하학적 도형들이다. 이러한 기호들의 도움 없이는 단 하나의 낱말도 이해할 수 없다. 또 어두운 미로를 정처 없이 헤매게 될 따름이다.

자연은 단순하면서도 또 질서정연하다. 그리고 그 움직임은 규칙적이며 필연적이다. 자연은 완벽하고 변하지 않는 수학적 법칙을 따른다. 자연이 지니는 합리성은 하느님의 신령한 이성으로부터 나온다. 하느님이 수학적 필연성을 이 세상 속에 심어 놓았다. 우리의 이성은 하느님의 이성과 관계를 맺고 있지만 그러한 수학적 필연성을 이해하려면 부단한 노력을 기울여야 한다. 그러므로 수학적 지식은 절대적인 진리일 뿐만 아니라 『성서』 구절만큼이나 지극히 신령하다. 또 자연에 대한 탐구는 『성서』를 공부하는 일만큼 경건한 행위이다. "하느님은 『성서』의 거룩한 구절을 통해 당신을 드러내실 뿐만 아니라 자연 현상을 통해서도 당신을 드러내신다."

갈릴레오는 『위대한 두 우주 체계에 관한 대화』(1632년)에서 인간은 가능한 지식 가운데서 최고의 정점에 이르는 지식을 수학에서 획득하며, 그 지식은 하느님의 지성이 소유하고 있는 지식에 견주어 결코 열등하지 않다고 주장했다. 물론 하느님은 인간이 알고 있는 것보다 훨씬 더 많은 수학적 진리를 알고 있다. 하지만 인간이 알고 있는 수학적 진리만 국한한다면 그 객관적 확실성은 하느님만큼 인간도 완벽하게 파악하고 있다.

갈릴레오는 수학 교수였고 궁정 수학자였지만 그의 주된 업적은 여러 과학적 방법들을 혁신적으로 바꾼 일이었다. 그 가운데 가장 두드러진 것은 물리학적 설명을 포기한 대신에 수학적 기술을 모색했다는 점이다. 아리스토텔레스는 물리학적 설명이 바로 과학의 진정한 목표라고 생각했다. 이 둘 사이의 차이는 쉽게 파악할 수 있다. 예컨대 공중에서 물체를 놓으면 땅으로 낙하하며, 그 속도는 점점 더 커진다. 아리스토텔레스와 그의 방법론을 따랐던 중세 과학자들은 낙하의 원인을 역학적으로 설명하고자 했다. 갈릴레오는 그 대신에 수학적으로 그 현상만을 기술했다. 현대적 기호를 사용하면 갈릴레오가 기술한 낙하 현상은 $d = 16 t^2$이 된다. 여기에서 d는 t초 동안 떨어진 거리를 피트로 나타낸 수이다. 이 식은 물체의 낙하 이유에 대해 아무런 언급을 하지 않고 있다. 따라서 낙하 현상을 이해하려는 사람에게 충분한 답이 아닌 듯 보일 것이다. 하지만 갈릴레오는 우리가 찾아야 할 지식은 현상의 기술에 머물러야 한다고 확신했다. 그는 『새로운 두 과학』에서 "낙하하는 물체에 가속도가 생기는 원인이 연구의 필수적 부분은 아니다."라고 밝혔다. 그는 단지 운동의 성질만을 기술하겠다고 분명하게 못을 박았다. 과학적 탐구는 궁극적 원인을 찾는 형이상학과 분리되어야 하며, 물리적 원인에 대한 사변은 포기해야 한다고 생각했다. 즉 과학자의 임무는 원인을 캐는 것이 아니라 현상을 수량화하는 것이라고 생각했다.

이러한 갈릴레오의 주장에 대한 일차적 반응은 당연히 부정적이었다. 사실, 현대를 살아가는 우리도 선뜻 받아들이기가 쉽지 않다. 현상을 수식으로 기술한다고 해서 별다른 진전이 이루어졌다고 보지 않고, 과학의 참된 기능을 아리스토텔레스주의자들처럼 파악하고 있기 때문이다. 아리스토텔레스주의자들은 현상의 원인을 설명하는 것이야말로 과학의 참된 기능이라고 생각했다. 심지어 데카르트도 현상의 기술에만 머물겠다는 갈릴레오의 결정을 공격했다. "낙하 물체에 대한 갈릴레오의 이론은 논리적 근거를 결여하고 있다. 우선 무게의 본질부터 결정해 놓아야 한다." 또한 갈릴레오를 향해 마땅히 궁극적 원인에 대해 숙고해야 한다고 주장했다. 하지만 그 후의 전개 과정을 보면 알 수 있지만 현상의 기술을 목표로 하는 갈릴레오의 방법론이야말로 지금까지의 모든 과학적 방법론을 통틀어 가장 심오하고 가장 유용하며 혁신적인 방법론이다. 갈릴레오 방법론의 의의는 바로 과학을 수학적 기초 위에 더욱 단단히 세워 놓았다는 점이다. 그 점은 후대에 와서 더욱 분명해진다.

그리고 그 다음으로 내세운 갈릴레오의 두 번째 원칙은 모든 과학은 마땅히 수학을 모델로 삼아야 한다는 것이었다. 여기에는 필수적인 두 단계가 있다. 수학은 공리로부터 출발한다. 공리란 명확하고 자명한 진리를 말한다. 공리로부터 연역적 추론을 통해 새로운 진리를 얻어 낸다. 따라서 각각의 개별 과학도 공리나 원리로부터 출발하여 연역적 추론으로 전개되어야 한다. 그리고 공리로부터 되도록 많은 수의 결과를 이끌어 내야 한다. 물론, 이러한 방식은 아리스토텔레스의 방식이기도 했다. 아리스토텔레스는 수학을 염두에 두고서 과학을 연역적 체계로 만들려고 했다.

  하지만 갈릴레오는 제1원리들을 얻어 내는 방법에서 고대 그리스 인이나 중세 사상가, 또 데카르트와는 확연한 차이를 보였다. 갈릴레오 이전 사람들과 데카르트는 정신이 기본 원리를 제공해 준다고 믿었다. 여러 현상들에 대해 숙고하기만 하면 인간 정신은 그 가운데에서 기본 진리를 곧바로 골라낼 수 있다고 보았다. 그리고 이러한 정신의 능력은 수학에서 분명하게 드러난다고 여겼다. 동일한 것을 더해도 동일해진다는 공리나 두 점이 직선을 결정한다는 공리는 수나 기하학적 도형을 생각할 때 의심할 여지 없이 곧바로 받아들일 수 있는 참된 명제들이다. 이런 방식으로 그리스 인들은 의심할 여지 없는 물리적 원리들을 발견해 냈다. 우주 안의 모든 물체는 본래의 타고난 위치를 갖는다는 것은 확실해 보였다. 정지해 있는 상태는 분명히 운동하는 상태보다 더 자연스럽게 여겨졌다. 물체가 운동하려면 외부에서 힘이 가해져야 한다는 생각은 확실해 보였다. 정신이 근본 원리를 제공한다는 믿음을 갖는다고 해서 그러한 원리를 파악해 내는 데 관찰이 도움이 된다는 점을 부정하지는 않는다. 하지만 관찰은 단지 원리의 올바름을 상기시켜 준다. 마치 낯익은 얼굴을 보면 그 사람과 관련된 사실이 상기되는 것과 비슷하다.

  이 전통적 학자들은 이미 상정해 놓은 원리와 세계가 어떤 식으로 합치되는지 살펴보면 된다고 여겼다. 갈릴레오는 물리학에서는 수학과는 달리 경험과 실험에서 제1원리를 이끌어 내야 한다고 믿었다. 올바른 기본 원리를 얻는 방법은 마음이 선호하는 바를 따르는 것이 아니라 자연이 이야기하는 소리에 귀를 기울이는 것이라고 여겼다. 그는 이미 상정해 놓은 생각에 합치되는 자연 법칙을 받아들이는 과학자와 철학자를 공개적으로 비판했다. 자연이 먼저 인간의 두뇌를 만들고 그 다음으로 인간의 지능을 통해 쉽게 파악할 수 있게끔 자연 스스로를 구성해 내지는 않았다고 갈릴레오는 말했다. 아리스토텔레스의 학문을 앵무새처럼 외우고 아리스토텔레스의 연구 결과를 두고 논쟁을 벌이는 중세 학자를 향해 갈릴레오는 지식은 관찰에서 나오는 것이지 책에서 나오는 것이 아니라고 일갈했다. 아리스토텔레스에 대해 논쟁을 벌이는 일은 소용없는 일이라고 했다. 그런 사람을 갈릴레오는 서책 과학자(paper scientist)라고 불렀다. 서책 과학자들은 『아이네이스』나 『오디세이아』를 공부하거나 원전을 대조하는 방식으로 과학을 연구할 수 있다고 여긴다. 갈릴레오는 "자연의 올바른 법칙을 찾아내면 권위는 물거품처럼 사라져 버린다."라고 단언했다.

물론, 일부 르네상스 사상가와 갈릴레오의 동시대인인 프랜시스 베이컨(Francis Bacon, 1561~1626년)도 실험이 필요하다는 결론을 내렸다. 이 점에서 갈릴레오가 다른 이들보다 앞선 생각을 했다고 할 수는 없다. 하지만 근대 철학의 창시자인 데카르트는 실험에 의지해야 한다는 갈릴레오의 생각을 인정하지 않았다. 데카르트는 감각에 의존하면 미망에 빠질 수 있다고 말했다. 반대로 이성은 그러한 미망을 깨뜨릴 수 있다고 여겼다. 마음이 제공하는 내적인 일반 원리에서 우리는 특정한 자연 현상을 도출해 낼 수 있으며 그 현상을 이해할 수 있다는 것이다. 앞에서 보았지만 데카르트는 많은 과학 연구에서 실험을 했고 이론이 실험 결과와 합치되는지 확인했다. 하지만 철학에서는 그는 여전히 정신에 경도되어 있었다.

일부 수리물리학자들은 이성만으로 올바른 물리적 원리를 확보할 수 없다는 데 갈릴레오와 의견을 같이했다. 실제로 크리스티안 하위헌스(Christiaan Huygens, 1629~1695년)는 데카르트를 비판했다. 영국의 물리학자들도 순수 이성주의를 공격했다. 로버트 훅(Robert Hooke,

1635~1703년)도 "인간 이성의 능력만을 신뢰했기 때문에 인류는 수많은 오류를 범했고 잘못된 생각에 빠졌다. 이런 사례를 무수히 보아 온 런던 왕립학회 회원들은 이제 감각을 이용해 모든 가설들을 바로잡기 시작했다."라고 말했다.

물론 갈릴레오는 실험에서 잘못된 원리를 이끌어 낼 수도 있으며 따라서 잘못된 결론이 도출될 가능성이 있다는 점을 알고 있었다. 그래서 그는 기본 원리를 얻기 위해서뿐만 아니라 추론을 통해 얻어 낸 결론도 실험을 통해 확인해 볼 것을 제안했다. 또 자신이 제안한 대로 직접 그런 실험을 실시했던 것으로 보인다. 하지만 어느 정도까지 실험을 실시했는지는 알 수 없다. 그가 실시한 실험 가운데 일부는 이른바 '사고 실험'이었다. 사고 실험에서 그는 만일 실험을 하면 어떤 일이 일어날 수밖에 없는지 머릿속으로 추정해 보았다. 여하튼 물리적 원리는 경험과 관찰에서 얻어 내야 한다는 그의 주장은 혁명적이었으며 또 동시에 중대한 의미를 지니고 있었다. 갈릴레오 자신은 하느님이 우주를 창조할 때 사용한 여러 원리 가운데 일부는 정신을 통해 파악해 낼 수 있다는 사실을 의심하지 않았다. 하지만 실험의 역할을 인정하자 회의가 스며들 여지가 생기게 되었다. 만일 과학의 기본 원리가 실험에서만 나와야 한다면, 왜 수학의 공리는 그렇지 않은가? 사람들은 1800년까지는 이 질문에 구애를 받지 않았다. 수학은 여전히 특권적 지위를 누리고 있었다.

과학 연구에서 갈릴레오는 물체와 운동에 집중했다. 그는 데카르트와는 독립적으로 뉴턴의 운동 제1법칙이라고 부르는 관성의 법칙을 발견해 냈다. 그는 또한 자유 낙하 운동과 경사면을 미끄러져 내려가는 물체의 운동, 발사체의 운동 등에 관한 법칙도 발견했다. 특히 발사체는 포물선을 그린다는 사실을 밝혀냈다. 즉 그는 지표 운동에 대한 법칙을 밝혀냈다. 모든 혁신에는 그 이전에 선구자가 있는 법이지만, 어느 누구도 과학 탐구를 인도하는 개념과 원리에 대해 갈릴레오만큼 명확한 생각을 지니지 못했다. 또 그렇게 단순하고 효과적인 방식으로 개념과 원리를 적용했던 사람도 찾아보기 어렵다.

당시에는 혁신적이었던 갈릴레오의 철학과 과학 방법론은 뉴턴의 성과를 이끌어 낸 선구적 업적이었다. 뉴턴은 바로 갈릴레오가 사망한 해에 태어났다.

3장

자연은 수학으로 씌어진 책이다

어떤 이론이든 간에 그 이론이

얼마나 엄밀한 과학인가 하는 문제는

전적으로 그 안에 담긴 수학의 양에 따라 결정된다.

이마누엘 칸트

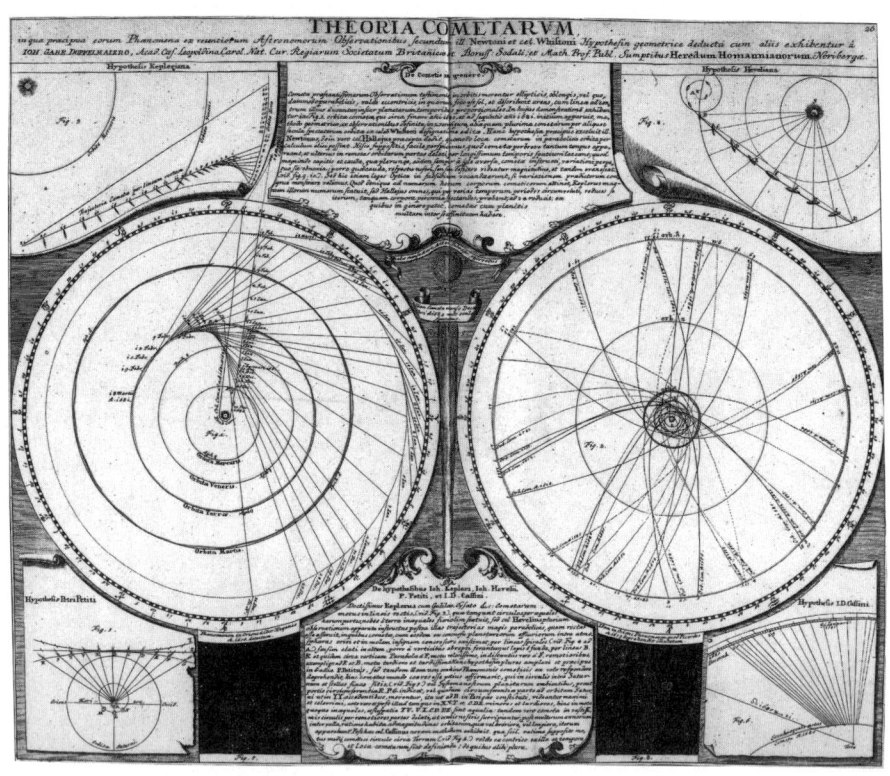

혜성의 궤도를 묘사한 18세기의 그림.

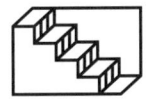

과학의 수학적 법칙은 하느님이 우주를 설계하면서 그 안에 심어 놓은 진리라는 생각을 요지부동의 신념으로 공고히 한 이를 꼽으라면 단연 아이작 뉴턴(Isaac Newton, 1642~1727년)이다. 뉴턴은 케임브리지 대학교의 수학 교수였고 또 가장 위대한 수학자로 평가되고 있지만, 그는 물리학자로서 더 높은 평가를 받고 있다. 그의 업적으로 수학의 역할이 커지고 심화되는 새로운 시대와 새로운 과학 방법론이 열렸다.

코페르니쿠스, 케플러, 데카르트, 갈릴레오, 파스칼 등의 연구 성과는 일부 자연 현상이 수학적 법칙을 따른다는 사실을 보여 주었으며, 이들은 모두 하느님이 우주를 그런 방식으로 설계했을 뿐만 아니라 인간의 수학적 사고가 하느님의 설계와 합치된다고 확신했다. 하지만 17세기를 지배한 과학철학 또는 과학 방법론을 주창한 사람은 데카르트였다. 실제로 데카르트는 모든 물리학 이론이 기하학으로 환원된다고 말했다. 당시에 기하학이란 말은 수학과 같은 의미로 사용되었다. 그러나 뉴턴 이전의 대다수 사람들, 특히 하위헌스가 채택한 데카르트의 방법론은 과학의 또 다른 기능을 제시하고 있었다. 또 다른 기능이란 자연 현상을 물리학적으로 설명하는 것이었다.

그리스 인들, 그 가운데에서 특히 아리스토텔레스는 자연 현상을 물리학적으로 설명하고자 했다. 아리스토텔레스의 이론에 따르면 모든 물질은 흙, 공기, 불, 물로 이루어져 있으며, 이 원소들은 무거움, 가벼움, 건조함, 축축함 등의 속성을 지니고 있다. 이러한 속성들은 자연 현상들을 설명해 준다. 불이 위로 올라가는 것은 가볍기 때문이며, 흙으로 구성된 물체는 무거움이라는 속성을 지니고 있기 때문에 아래로 떨어진다. 이러한 속성 이외에 중세 학자들은 여러 가지를 추가했는데, 예컨대 쇠붙이와 자석이 서로 끌리는 현상에 대해서는 공감이라는 속성으로 설명했고, 물체 사이의 척력에 대해서는 상극이라는 속성으로 설명했다.

한편, 데카르트는 이러한 속성들을 거부하고 모든 물리적 현상을 물체와 운동으로 설명할 수 있다고 주장했다. 물체의 본질적인 성질은 연장성이며, 이 연장성은 측정이 가능하고 따라서 수학으로 환원될 수 있다. 더욱이 물체가 없는 연장성이란 존재할 수 없다. 따라서 진공은 불가능하다. 또한 물체는 직접적 접촉을 통해서만 다른 물체에 작용을 가할 수 있다. 하지만 물체는 그 크기 및 형태, 그리고 특성이 다른 작은 입자들로 구성되어 있다. 이 입자들은 측정할 수 없을 만큼 작기 때문에 사람이 관찰할 수 있는 현상을 설명하기 위해서는 이 입자들이 어떻게 행동하는지에 대해 가설을 세워 놓을 필요가 있다. 그래서 나온 가설이 데카르트의 소용돌이 이론이다. 이 이론에 따르면 모든 공간은 입자들로 채워져 있으며, 이 입자들이 뭉쳐 행성을 이루고, 이 행성들은 작은 입자들에 밀려 태양 주위를 돈다는 것이다.

데카르트는 역학 이론의 창시자였으며, 그의 이론을 따른 사람들로는 프랑스 철학자이자 사제였던 피에르 가생디(Pierre Gassendi, 1592~1655년), 영국 철학자 토머스 홉스(Thomas Hobbes, 1588~1679년),

네덜란드의 수학자이자 물리학자인 하위헌스가 있다. 하위헌스는 그의 저서 『빛에 관한 연구』(1690년)에서 빛의 운동을 전달하는 에테르 입자로 공간이 가득 채워져 있다는 가정 아래 다양한 빛의 현상을 설명했다. 이 책의 부제는 사실 '반사와 산란의 원인에 대한 설명'이었다. 서문에서 하위헌스는 이렇게 밝혔다. "참된 철학에서는 모든 자연 현상을 역학적 운동으로 파악한다. 내 생각으로는 마땅히 그렇게 해야 한다고 본다. 그렇지 않다면 물리학 분야에서 무언가를 이해하겠다는 희망은 아예 접어야 한다." 한 가지 점에서 가생디는 의견이 달랐다. 그는 원자가 진공 속에서 운동을 한다고 생각했다.

미세한 입자들의 행동 방식에 관한 물리학적 가설은 최소한 대체적으로나마 자연의 작용을 설명해 주었다. 하지만 그런 입자들은 정신의 창조물이었다. 더욱이 데카르트와 그 추종자들이 내세운 물리학적 가설들은 양적인 것이 아니라 질적인 것이었다. 따라서 현상을 설명할 수는 있었지만 관찰이나 실험을 했을 때 어떤 결과가 나올지 정확하게 예측을 할 수는 없었다. 라이프니츠는 이러한 물리학적 가설들을 일러 "아름다운 허구"라고 했다.

기존의 과학 연구 태도를 공격하는 새로운 철학이 갈릴레오로부터 시작되었다. 이제 과학은 물리학적 설명보다는 수학적 기술을 추구해야 했다. 더욱이 기본 원리들은 실험과 귀납적 방법을 통해 얻어야 했다. 스승인 아이작 배로(Isaac Barrow, 1630~1677년)의 영향을 받은 뉴턴은 갈릴레오의 철학에 따라 물리적 가설 대신에 수학적 전제들을 채택함으로써 과학의 물줄기를 바꾸어 놓았다. 또 그 결과, 베이컨이 요구했던 수준의 확실성으로 정확하게 예측할 수 있게 되었다. 더욱이 그는 수학적 전제들을 실험과 관찰에서 얻어 냈다.

갈릴레오는 뉴턴에 앞서 이미 낙하 물체와 발사체의 운동을 다루었다. 뉴턴은 더욱 폭넓은 문제와 씨름했다. 그 문제는 1650년경 과학자들의 마음을 사로잡고 있던 중요한 화두였다. 지상의 운동에 관한 갈릴레오의 법칙과 천체의 운동에 관한 케플러의 법칙을 연결할 수 있는가 하는 문제였다. 여러 운동 현상들 모두가 일군의 원리들을 따른다는 생각은 다소 무리인 듯 보이기도 하지만 신앙심 깊은 17세기 수학자들에게는 매우 자연스럽게 여겨졌다. 하느님이 우주를 설계했고 따라서 모든 자연 현상은 하나의 종합적인 기본 계획을 따라야 한다. 우주를 설계한 조물주는 분명코 여러 관련 현상을 규율하는 기본 원리들을 채용했을 것이다. 하느님의 설계를 탐구하던 17세기 수학자들과 과학자들에게는 지상의 운동과 천체의 운동 속에 내재되어 있는 통일성을 찾는 일이 매우 합리적인 것으로 보였다.

보편 법칙을 찾는 과정에서 뉴턴은 대수학과 기하학 분야에 많은 업적을 남겼으며, 무엇보다도 미적분학(6장 참조)을 만들어 냈다. 하지만 이런 성과들은 자신의 과학적 목표를 성취하기 위한 도우미에 지나지 않았다. 사실, 뉴턴은 수학 자체는 무의미하고 쓸모없으며 단지 자연 법칙을 표현하는 도구에 불과하다고 여겼다. 그는 지상의 운동과 천체의 운동을 하나로 묶어 낼 수 있는 과학적 기본 원리를 찾는 일에 매진했다. 다행히도, 드니 디드로(Denis Diderot, 1713~1784년)의 표현을 빌리자면, 자연은 자신의 신비를 뉴턴에게 허락해 주었다.

물론, 뉴턴은 갈릴레오가 확립한 원리에 대해 잘 알고 있었다. 하지만 그것만으로는 충분하지 않았다. 뉴턴의 운동 제1법칙에 따라 행성에는 태양 쪽으로 잡아당기는 힘이 작용해야만 한다. 아무런 힘이 작용하지 않는다면 행성은 직선 운동을 할 터이기 때문이다. 뉴턴이 연구를 시작하기 전에 이미 코페르니쿠스, 케플러, 유명한 실험 물리학자인 로버트 훅, 물리학자이자 저명한 건축가인 크리스토퍼

렌(Christopher Wren, 1632~1723년), 에드먼드 핼리(Edmund Halley, 1656~1742년) 등 수많은 사람들은 태양 쪽으로 행성을 잡아당기는 힘이 끊임없이 작용한다는 생각을 갖고 있었다. 또 멀리 떨어진 행성에 작용하는 힘은 가까운 행성에 작용하는 힘보다 약하며, 그 힘은 태양과 행성 사이의 거리를 제곱한 것에 비례해 감소한다는 추정까지 하고 있었다. 그러나 뉴턴의 업적이 나오기 전까지는 중력에 대한 이러한 생각들은 추측 수준을 벗어나지 못했다.

뉴턴은 동시대 사람들이 이미 만들어 놓은 가설을 채택했다. 그 가설에 따르면 질량이 각각 m과 M인 두 물체가 r만큼 떨어져 있을 때 이들 사이에 작용하는 힘 F는 다음과 같다.

$$F = G\frac{mM}{r^2}$$

위의 식에서 G는 상수이다. 즉 다시 말해서 m이나 M 또 r의 값과는 무관하게 항상 일정한 값을 갖는다. 이 상수는 질량, 힘, 거리에 사용되는 측정 단위에 의존한다. 또한 뉴턴은 갈릴레오의 지상의 운동을 일반화했다. 이 일반화가 현재는 뉴턴의 운동 법칙이라는 이름으로 불린다. 운동 제1법칙은 이미 데카르트와 갈릴레오가 확증한 법칙이다. 즉 아무런 힘이 가해지지 않으면 정지한 물체는 그대로 정지해 있고, 운동하는 물체는 직선을 따라 일정한 속도로 움직인다는 법칙이다. 제2법칙은 질량이 m인 물체에 힘이 가해지면 가속도가 생긴다는 법칙이다. 이때 가해지는 힘은 질량에 가속도를 곱한 것과 같다. 기호로 표시하면 $F = ma$가 된다. 제3법칙은 물체 A가 물체 B에 힘 F를 가하면 B는 크기는 같으면서 방향은 반대인 힘을 A에 가

한다는 법칙이다. 이 세 가지 운동 법칙과 중력의 법칙으로부터 뉴턴은 지상 물체의 운동을 이끌어 냈다.

천체 운동에서 뉴턴이 이룬 최대의 업적은 케플러가 오랜 기간 관측과 시행착오를 거쳐 얻어 낸 케플러의 행성 운동 법칙이 중력 법칙과 세 가지 운동 법칙에서 수학적으로 연역되어 나온다는 사실을 입증한 것이다. 따라서 행성의 운동과 지상 물체의 운동은 뉴턴의 연구 성과가 나오기 전까지는 서로 아무런 관련이 없는 듯 보였지만 둘 모두 동일한 원리를 따른다는 사실이 밝혀졌다. 이 점에서 뉴턴은 행성 운동 법칙을 '설명'했다. 더욱이 케플러의 행성 운동 법칙은 관측 결과와 합치되고 있으므로 케플러 법칙이 중력 법칙으로부터 연역되어 나온다는 사실은 중력 법칙의 올바름을 입증하는 강력한 증거가 되었다.

운동 법칙과 중력 법칙에서 연역한 연구 성과는 뉴턴의 연구 능력을 보여 주는 몇 가지 사례에 불과하다. 그는 만유인력 법칙을 적용하여 그 전까지는 전혀 이해하지 못했던 현상, 즉 조수 현상을 설명했다. 조수 현상은 바닷물에 미치는 달의 인력 및 그보다는 훨씬 미약한 태양의 인력 때문에 생긴다. 달로 인한 만조의 관측 자료를 토대로 뉴턴은 달의 질량을 계산했다. 뉴턴과 하위헌스는 적도 둘레가 극지방에 비해 얼마만큼 불룩 튀어나와 있는지도 계산해 냈다. 뉴턴은 다른 학자들과 함께 혜성의 궤도가 중력의 법칙과 합치된다는 점을 입증했다. 따라서 혜성 역시 역학 법칙을 따르는 태양계의 일원으로 인식되면서 더 이상 돌발적인 사태나 하느님의 심판을 예언하는 불길한 전조로 보지 않게 되었다. 또 뉴턴은 지구 적도의 불룩한 부분에 작용하는 달과 태양의 인력으로 지구 자전축이 일정한 방향을 가리키고 있는 것이 아니라 2만 6000년의 주기로 원뿔을 그리며 움직인다는 사실을 밝혀냈다. 자전축의 이러한 주기적 변화로 인해 해마다 춘분과 추분이 미세하게 변화되는데(세차 운동), 1,800년 전에 이미 히파르코스가 이 사실을 관측한 바 있다. 뉴턴은 이 춘분 및 추분의 변화를 설명했다.

끝으로, 뉴턴은 근삿값을 이용하여 달의 운동과 관련된 다수의 문제를 해결했다. 예컨대, 달이 움직이는 평면은 지구가 움직이는 평면에 다소 기울어져 있는데, 이 현상은 태양과 달, 그리고 지구 사이의 인력으로 설명해 낼 수 있었다. 뉴턴과 그의 뒤를 잇는 과학자들은 행성, 혜성, 달, 바다의 운동과 같은 수많은 중요한 성과를 냈기 때문에 그들의 업적은 그 후 200년 동안 '세계 체계의 완전한 해명'으로 간주되었다.

이러한 모든 연구에서 뉴턴은 물리학적 설명보다는 수학적 기술을 추구해야 한다는 갈릴레오의 생각을 받아들였다. 뉴턴은 케플러, 갈릴레오, 하위헌스 등의 광범위한 실험 결과 및 이론적 결과를 종합했을 뿐만 아니라 수학적 기술과 수학적 연역을 과학적 설명과 예측의 핵심 활동으로 만들어 놓았다. 그의 주요 저서인 『자연철학의 수학적 원리』(1678년)의 서문에서 그는 다음과 같이 말하고 있다.

> 고대인들이 자연 현상의 탐구에서 역학이 지니는 중요성을 강조했고 또 현대인들이 본질적 형상과 신비주의적 속성을 거부하고 그 대신에 자연 현상을 수학적 법칙에 종속시키려 노력해 왔던 바, 본 저자는 이 책에서 자연철학과 관계를 맺고 있는 범위 내에서 수학을 가능한 범위까지 연구하고 발전시켰다. …… 따라서 저자는 자연철학의 수학적 원리를 탐구하는 작업으로 이 책을 내놓았다. 운동 현상에서 자연의 힘을 연구하고 다시 이 힘들로부터 다른 현상을 설명해 내는 것이 바로 자연철학의 임무

이다. 제1권과 제2권에 나와 있는 일반 명제들은 이러한 목적을 지향하고 있다. …… 그런 다음 이러한 힘들로부터 다른 수학적 명제를 이용하여 행성과 혜성, 달, 바다의 운동을 도출해 냈다.

분명히 수학은 결정적 역할을 할 운명이었다.

뉴턴에게는 물리학적 설명 대신에 수량적 수학 법칙을 강조할 충분한 이유가 있었다. 왜냐하면 그의 천체 역학에서 중심적 물리 개념이 중력이었고 중력 작용은 물리학적으로 설명이 불가능했기 때문이었다. 수백만 킬로미터나 떨어져 있는 빈 공간 안의 두 물체 사이가 서로 끌어당긴다는 개념은 아리스토텔레스주의자와 중세 학자들이 과학 현상을 설명하기 위해 채택한 여러 속성들만큼이나 신뢰할 수 없어 보였다. 역학적 설명을 고집하던 뉴턴 당대의 사람들은 힘을 두 물체가 서로 접촉하여 밀어 내는 것으로 파악했기 때문에 중력 개념을 쉽게 받아들이지 못했다. 수학적 기술을 채용하고 물리학적 설명을 포기하는 일은 위대한 과학자들에게도 충격으로 받아들여졌다. 하위헌스는 빈 공간을 뚫고 힘이 작용한다는 것은 어떤 역학에서도 가능하지 않기 때문에 만물이 서로 끌어당긴다는 생각은 어불성설이라고 여겼다. 그는 뉴턴이 오직 중력의 수학적 원리만을 사용하여 엄청난 계산 작업을 해낸 것에 대해 놀라움을 표시했다. 라이프니츠를 포함하여 다수의 사람들도 인력의 수학적 설명에 반대했다. 라이프니츠는 1690년에 『자연철학의 수학적 원리』를 읽고 비판을 시작한 이후로 사망할 때까지 반대의 목소리를 낮추지 않았다. 1727년 뉴턴의 장례식에 참석하고 돌아온 볼테르는 런던에 진공을 남겨 두고 프랑스에서 충만한 공간을 찾았다는 말을 남기기도 했다. 당시 프랑스에서는 데카르트의 철학이 지배하고 있었다. '떨어져 있는 물체 사이의 작용'을 설명하려는 시도는 1900년까지 계속되었다.

  하지만 뉴턴의 놀랄 만한 업적이 가능했던 것은 물리학적 설명이 불가능한 경우라도 수학적 기술을 채택했기 때문이었다. 물리학적 설명 대신에 뉴턴은 중력이 어떻게 작용하는지 수량적으로 기술했고, 이는 매우 중요하면서 또 유용한 업적이었다. 그래서 『자연철학의 수학적 원리』 서두에 "이러한 힘들의 수학적 개념만을 다룰 뿐 그 물리학적 원인과 의의는 다루지 않는다."라고 말했던 것이다. 그리고 책의 말미에서 그러한 생각을 다시 한 번 말하고 있다.

그러나 우리의 목적은 여러 현상으로부터 이러한 힘의 크기와 성질을 찾아내고 이렇게 찾아낸 것을 단순한 몇 가지 사례에 원리로서 적용해 보는 것이다. 그리고 이로부터 좀 더 복잡한 경우에서도 수학적 방식으로 그 효과를 분석하려고 한다. …… 우리는 이 힘의 본질이나 속성을 어떤 가설로도 이해할 수 없다고 보기 때문에 온전히 **수학적 방식**(뉴턴의 원전에 이탤릭체로 강조되어 있다.)으로 이 책을 전개할 따름이다.

리처드 벤틀리(Richard Bentley, 1662~1742년)에게 보낸 1692년 2월 25일 자 편지에서 뉴턴은 다음과 같이 썼다.

중력은 물체에 내재적이고 본래적이며 또 본질적인 것이라서, 한 물체가 아무런 매개체 없이 진공을 뚫고 다른 물체에 작용한다는 생각은 너무도 어불성설이라 여겨지기 때문에 철학적 사고 능력을 가진 사람이라면 절대로 받아들이지 않으리라 믿습니다. 인력은 어떤 법칙에 따라 끊임없이 작용하는 매개자로 인해 일어날 수밖에 없습니다. 하지만 이 매개자가 물질인지 아니면 비물질인지는 독자가 생각해야 할 몫으로 남겨 두었습니다.

뉴턴의 성공적 성과에도 불구하고 물리학적 설명이 없다는 점 때문에 과학자들은 불만을 느꼈다. 하지만 물리학적 설명을 더하려는 노력은 성공하지 못했다. 조지 버클리(George Berkely, 1685~1753년)는 그의 대화편 『알키프론』에서 이 점을 지적하고 있다.

유프라노: 알키프론, 제발 용어에 집착하지 마세요. 힘이란 단어만을 남겨 두고 다른 모든 것을 생각에서 덜어 내세요. 그리고 힘에 대해 갖고 있는 개념이 무엇인지 정확히 바라보세요.

알키프론: 힘이란 물체 속에 있는 것으로, 운동과 또 여러 감각을 이끌어 내는 것입니다.

유프라노: 그렇다면 힘은 그러한 효과와는 다른 어떤 것이란 말입니까?

알키프론: 그렇습니다.

유프라노: 이제 주체와 주체가 일으키는 효과에 대해서는 논의를 접고 힘이란 개념 자체에 집중해 보시죠.

알키프론: 고백하건대 그렇게 하기란 결코 쉬운 일이 아닙니다.

유프라노: 그쪽이나 저나 모두 개념을 제대로 구성해 내지 못하고 있고 또 사람들의 마음이나 능력이 거의 같다고 앞서 말씀하셨으니 다른 사람들도 우리와 다름없이 이에 대한 개념을 가지고 있지 못하겠군요.

뉴턴은 앞으로 인력의 본질이 연구되고 이해되기를 희망했다. 뉴턴의 희망이나 사람들의 기대와는 달리 지금까지 어느 누구도 인력이 어떻게 작용하는지 설명하지 못하고 있다. 인력의 물리적 실체는 지금까지 밝혀지지 않았다. 중력은 아직까지는 인간의 마음이 만들어 낸 과학적 허구에 머물러 있다. 하지만 이 법칙을 가지고 여러 사실들을 수학적으로 연역해 낼 수 있기 때문에 핵심적인 물리학 법칙으로 받아들이고 있다. 따라서 과학이 이루어 놓은 것은 물리학적 이해를 희생하는 대신에 수학적 서술과 수학적 예측을 획득한 것이다.

　17세기의 성과를 사람들은 종종 다음과 같이 요약하고는 한다. 즉 수리물리학자들이 확립한 기계론적 세계관의 구성이 17세기의 주요 성과라고. 이 세계관에 따르면 세계는 마치 기계처럼 작동한다. 기계론적이라는 말이 무거움과 가벼움 그리고 공감 등과 같은 힘으로 운동이 기술되는 것을 의미한다면 아리스토텔레스와 중세 과학자들이 세워 놓은 물리학도 기계론적이라고 말할 수 있을 것이다. 그러나 17세기 사람들, 그 가운데에서도 특히 데카르트주의자들은 이전 학자들이 운동을 설명하면서 가정했던 속성의 다중성을 부인하고 그 대신에 힘을 물질적이고 또 명확하게 관찰되는 것, 즉 무게 또는 물체를 던지는 데 들어가는 힘으로 국한해 놓았다. 뉴턴 이전 물리학 중에서 이 물리학만이 진정으로 물질을 연구하는 물리학으로 불릴 만하다고 본 것이다. 수학은 서술을 할 따름이지 근본 원리를 이야기하지는 않았다.

　뉴턴 역학과 그 이전 역학 사이의 근본적인 차이점은 물체의 운동을 기술하기 위해 수학을 도입했다는 점이 아니다. 수학은 편리하고 간결하고 더욱 분명하며 더욱 포괄적인 언어로서의 장점을 가지고 물리학에 도우미 역할을 했지만 단순히 그것으로 그치지는 않았다. 그보다 더욱 중요한 점은 수학이 근본적인 개념을 제공해 주었다는 사실이다. 인력이란 이름은 단지 수학적 기호를 대체하고 있을 뿐이다. 뉴턴의 운동 제2법칙($F = ma$, 즉 힘은 질량에 가속도를 곱한 것과 같다.)에서 볼 수 있듯이 힘은 질량에 가속도를 일으키는 모든 것을 가리킨다. 힘의 본질 자체는 물리적으로 이해하기 불가능할지도 모른다. 따라서 뉴턴은 구심력이나 원심력의 원리를 몰랐으면서도 그 개념을 사용했던 것이다.

질량이라는 개념도 뉴턴 역학에서 하나의 허구에 불과하다. 질량은 물체이고 물체의 존재성은 발로 차 보면 확인할 수 있다는 새뮤얼 존슨의 증명법을 따른다면 물체는 실재한다고 말할 수 있다. 그러나 뉴턴에게 질량의 주된 속성은 그 관성이었다. 관성의 의미는 뉴턴의 운동 제1법칙에 기술되어 있다. 즉 아무런 힘이 가해지지 않으면 본래 정지해 있던 질량은 그대로 정지해 있고 운동하는 질량은 직선을 따라 일정한 속도로 움직인다는 것이다. 그런데 왜 하필 직선일까? 원운동이 안 될 이유라도 있는 것일까? 사실, 갈릴레오는 관성 운동은 원운동이라고 믿었다. 그리고 왜 일정한 속도로 움직인다는 것일까? 힘이 가해지지 않으면 정지한다거나 일정한 가속도를 가진다고 할 수 없는 것일까? 관성이라는 개념은 가공의 개념이지 실험으로 얻어 낸 사실은 아니다. 어떤 힘도 가해지지 않는 물체는 이 세상에 없다. 뉴턴의 운동 법칙에 나오는 개념들 가운데 물리적 실체를 갖고 있는 것은 오로지 가속도뿐이다. 물체의 가속도는 관측과 측정이 가능하다.

어쩔 수 없이 물리학적 설명을 단념했지만 뉴턴은 수학적 개념과 수식을 채용하고 또 기존 공식에서 수학적으로 연역해 내는 방법을 사용함으로써 17세기 물리학의 면모를 크게 쇄신했다.* 뉴턴의 기념비적인 업적은 사람들에게 새로운 세계 질서를 제시해 주었다. 우주는 이제 수학적으로 표현되는 몇 가지 물리학적 원리에 따라 지배된다. 돌이 낙하하는 현상, 조수 간만, 행성과 위성의 운동, 혜성의 궤

---

* 뉴턴은 『광학』에서 물리학적 설명을 가하기는 했다. 하지만 빛의 현상을 모두 설명하기에는 충분하지 못했다.

도, 찬란하고 장엄한 별들의 운동, 이 모든 것을 포괄하는 위대한 이론이 탄생한 것이다. 뉴턴의 이론은 자연이 수학적으로 설계되었으며 자연의 참된 법칙은 수학적이라는 신념을 심어 놓는 결정적인 역할을 했다. 뉴턴의 『자연철학의 수학적 원리』는 물리학적 설명을 하려는 노력에 사망 선고를 내렸다. 언젠가 라플라스는 우주가 하나만 있고 뉴턴이 그 유일한 우주의 법칙을 밝혀내는 데 성공했으므로 뉴턴이야말로 가장 큰 행운아라고 말했다.

18세기 내내 수학자들은 뉴턴의 생각을 좇았다. 당시 수학자들은 또 당시의 주요한 과학자이기도 했다. 1788년에 출간된 조제프루이 라그랑주(Joseph-Louis Lagrange, 1736~1813년)의 『해석 역학』은 뉴턴의 수학적 방식을 충실하게 따른 대표적 사례라고 할 수 있다. 이 책에는 물리적 과정에 대해서는 거의 언급이 없다. 실은, 라그랑주는 물리적 과정이나 기하학적 도형을 사용할 필요성을 느끼지 않는다고 자랑했다. 유체역학, 탄성 물리학, 전기학, 전자학과 같은 새로운 물리학 분야를 연구할 때에도 역학과 천문학에서 사용되었던 뉴턴의 접근 방식이 채택되었다. 모든 것을 수량화하는 수학적 방식이 과학의 본질이 되었으며 이제 진리는 수학 안에 공고히 자리 잡게 되었다.

반항과 혼란의 시대인 17세기에 사람들은 수학적 서술을 연구 도우미로 삼아 수량적 세계를 발견해 냈다. 구체적인 물질 세계를 수학 공식으로 바꾼 수학적이고 수량적인 세계를 후대에 유산으로 남겨 주었다. 그때부터 시작된 자연의 수학화 작업은 지금까지도 활발하게 계속되고 있다. 제임스 진스(James Jeans)가 『신비한 우주』(1930년)에서 "우주의 위대한 건축가는 순수 수학자로서 자신의 모습을 드러낸다."라고 말했을 때 이미 그는 최소한 200년이나 지난 시점에서 진부한 이야기를 하고 있었던 셈이다.

앞서 보았듯이 뉴턴은 물리학적 설명 없이 수식에만 기대는 데 불편한 생각을 갖고 있었지만 자연철학의 수학적 원리를 옹호했을 뿐만 아니라 그것을 자연 현상의 참다운 설명이라고 믿었다. 과연 이러한 확신은 어디에서 연유했을까? 이것은 당시 모든 수학자 및 과학자와 마찬가지로 뉴턴 역시 하느님이 수학적 원리에 따라 세상을 설계했다고 믿었기 때문이다. 뉴턴은 『광학』(1704년)에서 우주를 설계한 하느님을 다음과 같은 웅혼한 필치로 찬양하고 있다.

자연철학의 주요 임무는 가설을 꾸며 내지 않고서 현상에서 논의를 이끌어 내고, 또 결과에서 원인을 연역해 내는 일이다. 원인의 최초의 단계까지 파악해 들어가는데, 이때 얻는 최초의 원인은 분명코 역학적인 것은 아니다. …… 물질이 없는 장소에 과연 무엇이 존재하고 있을까? 태양과 행성 사이에 조밀한 물질이 없는데도 어떻게 서로를 끌어당기는 것일까? 어떻게 자연은 쓸모없는 일을 하는 법이 없을까? 세상의 질서와 아름다움은 어디에서 오는 것일까? 혜성의 목적지는 어디이며, 어떻게 행성은 일정한 동심원을 그리며 움직일까? 어떻게 행성은 서로를 끌어당겨 충돌하는 일이 없을까? 동물의 몸은 어떻게 그리 정교하게 만들어졌으며 신체 부위는 어떤 목적으로 만들어졌을까? 어떻게 광학 기술 없이 눈이 만들어지고 소리에 대한 지식 없이 귀가 만들어졌을까? 어떻게 뜻대로 몸을 놀릴 수 있는 것일까? 또 동물의 본능은 어디에서 오는 것일까? …… 이 놀라운 현상을 보면 무한한 공간 안에 영적이며 살아 숨 쉬는 존재, 지성을 갖추고 온 세상에 편재하는 존재, 모든 사물을 손바닥 위에 놓고 보듯 완전하게 인식하는 존재, 거울로 비춰 보는 것이 아니라 얼굴과 얼굴을 맞대고 보듯 사물 자체를 꿰뚫는 존재, 바로 그런 존재가 있음을 깨닫게 되지 않을까?

『자연철학의 수학적 원리』 제3판에서 뉴턴은 스스로 던진 질문에 이렇게 답한다.

> 태양과 행성과 혜성으로 이루어진 너무도 아름다운 체계는 지성을 갖춘 강력한 존재자에게서만 나올 수 있다. 이 존재자는 세상의 영혼이 아니라 세상을 주관하는 주인으로서 이 모든 것을 다스린다.

또 뉴턴은 하느님이 솜씨 좋은 수학자이자 물리학자라고 확신했다. 벤틀리에게 보낸 1692년 12월 10일자 편지에서 그는 이렇게 말했다.

> 따라서 태양계를 만들기 위해서는 태양과 행성의 질량을 파악하고 그 질량에서 발생하는 인력을 서로 비교하는 설계자가 있어야 합니다. 또 이 설계자는 태양에서 각 행성에 이르는 거리와 토성, 목성, 지구와 각 위성 사이의 거리, 이 행성들의 공전 속도를 측정해야 합니다. 그리고 이렇듯 수많은 물체들을 서로 비교하고 조정해 내야 합니다. 따라서 설계자는 예지를 지녀야 하며 역학과 기하학에 매우 정통해야 합니다.

과학은 하느님의 영광스러운 설계를 드러내야 한다. 뉴턴은 이 편지의 서두에서 이런 말을 하고 있다. "태양계에 관한 책(『자연철학의 수학적 원리』)을 쓸 때 나는 사람들을 절대자에 대한 믿음으로 이끌 만한 그런 원리들에 주목했습니다. 그런 목적에 도움이 된다면 나는 더할 나위 없이 기쁠 것입니다." 이런 내용을 담고 있는 뉴턴의 편지는 매우 많다.

뉴턴의 종교적 관심이 그의 수학 연구과 과학 연구를 이끌어 낸 진정한 힘이었다. 무엇보다도 그는 그리스도교 교리가 하느님으로부터 나온 계시라고 굳게 믿었다. 하느님은 자연에 존재하는 모든 힘의 기원이며 존재하는 사물과 발생하는 모든 것의 근원이었다. 하느님의 뜻과 인도와 역사가 모든 현상 안에 현존한다. 젊은 시절부터 뉴턴은 종교 저작을 연구하고 해석했으며, 말년에는 신학 공부에 전적으로 매달렸다. 그의 저서 『다니엘의 예언 및 요한의 묵시록에 관한 소견』(1733년)과 『고대 왕국 수정 연대기』(미출간), 그리고 『성서』에 기록된 사건들의 연대 확정 문제를 다룬 수백 편의 논문이 지금까지 전해지고 있다. 신비적 힘이나 초자연적 힘을 배제하기는 했지만 당시 과학은 하느님을 향한 일종의 예배 행위였다. 뉴턴 자신도 전지전능한 하느님의 손길을 과학 연구로 드러내고 있다는 데 커다란 기쁨을 느꼈다. 그는 종교를 굳건히 확립하는 일이 과학 연구나 수학 연구보다 훨씬 더 중요하다고 생각했다. 과학 연구나 수학 연구는 단지 하느님의 자연 설계를 드러내는 일에 국한된다고 여겼다. 종종 그는 어렵고 지루한 연구도 마다하지 않았는데, 이 모든 일이 하느님이 세운 우주의 질서를 드러냄으로써 종교의 위상을 더욱 공고히 할 수 있다고 믿었기 때문이다. 따라서 과학 연구는 『성서』 연구만큼이나 경건한 작업이었다. 우주의 구조를 밝혀냄으로써 하느님의 지혜를 만천하에 드러낼 수 있다. 또한 하느님은 모든 사태의 근원이다. 따라서 기적이란 일상적인 우주의 작동에 간혹 개입하는 사태를 가리킨다. 시계 수리공이 시계를 고치듯, 하느님은 때때로 개입하여 잘못된 것을 바로잡는다. 이것이 뉴턴의 생각이었다.

하느님이 우주를 설계했으며 수학과 과학의 역할은 하느님의 설계를 드러내는 것이라는 믿음을 더욱 공고하게 강화한 사람이 있다면 그는 고트프리트 빌헬름 폰 라이프니츠(Gottfried Wilhelm von Leibniz, 1646~1716년)이다. 데카르트와 마찬가지로 라이프니츠의 주된 직업은 철학자였지만 그는 철학자라는 틀에 묶어 놓을 수 없을 정도로 다재다능했다. 그는 수학, 과학, 역사학, 논리학, 법학, 외교, 신학에 뛰어난 업적을 남겼다. 뉴턴과 마찬가지로 라이프니츠 역시 과학을 과학자가 마땅히 떠맡아야 할 종교적 사명으로 여겼다. 1699년과 1700년 사이에 쓴 한 편지에서는 그는 이렇게 말했다. "인류 모두의 진정한 목표는 하느님이 이루신 놀라운 일을 이해하고 이 이해를 바탕으로 그것을 더욱 발전시키는 것입니다. 하느님이 인류에게 세상을 지배할 권한을 허락해 주신 것도 바로 그 때문입니다."

자신의 저작 『변신론』(1710년)에서 하느님이 이 세상을 창조해 낸 지적 존재자라는 당시의 지배적 생각을 라이프니츠는 적극 주장하고 있다. 실제 세계와 수학적 세계가 서로 합치된다는 사실, 그리고 실제 세계에 수학을 적용할 수 있다는 사실은 바로 세계와 하느님의 조화로부터 연유한다고 여겼다. "쿰 데우스 칼쿨랏 핏 문두스(*Cum Deus calculat, fit mundus*, 하느님이 계산하시니 세상이 만들어졌다.)." 수학과 자연 사이에는 예정 조화가 있다. 우주는 상상 가능한 곳 가운데서 가장 완벽한 곳이며 가능한 세상 가운데서 최상의 세상이다. 그리고 이성은 그 법칙을 드러낸다.

참다운 지식은 우리 마음속에 내재되어 있다. 감각으로부터는 하느님의 존재성이나 모든 직각의 상등성과 같은 필연적 진리를 얻어내지 못한다. 따라서 수학의 공리는 내재적 진리이다. 그리고 역학 및 광학과 같은 연역 과학의 기본 원리도 역시 내재적 진리이다. "이러한 과학에서 확증을 얻기 위해서는 감각을 활용할 필요가 있다. 합당한 이론을 구성하려면 실험은 필수적이다. 실험으로 특정한 사실들을 확립해야 한다. 하지만 논증의 힘은 명료한 개념과 진리에 의존하며 이러한 개념과 진리만으로도 우리는 무엇이 필수적인지 판단할 수 있다."

라이프니츠의 수학 연구 및 과학 연구 성과는 매우 광범위하고 또 중요하며 앞으로 이에 대해 자주 언급하게 될 것이다. 하지만 데카르트와 마찬가지로 그의 연구 성과는 방법론과 관련되어 있다. 미적분학을 만들어 냈고 미분방정식 분야를 개척했으며 운동 에너지와 같은 개념의 중요성을 인식했던 점은 매우 큰 업적으로 꼽힌다. 하지만 라이프니츠는 새로운 자연 법칙을 찾아내지는 못했다. 사람들로 하여금 진리 탐구에 진력하도록 하는 데 가장 중요한 역할을 한 업적은 그의 과학철학이었다. 그리고 이 분야에서 수학의 역할은 절대적이었다.

18세기 사람들이 수학과 수리 과학을 크게 확장시키기는 했지만, 수학과 과학 분야의 수학 법칙이 진리임을 지식인들에게 확신시키는 일에 관한 한 그들의 연구는 이전 연구의 재탕이라고 할 수 있다. 베르누이 일가, 그 가운데에서도 자코브 베르누이(Jakob Bernouilli, 1665~1705년)와 장 베르누이(Jean Bernouilli, 1667~1748년) 형제, 그리고 장의 아들 다니엘 베르누이(Daniel Bernouilli, 1700~1782년), 레온하르트 오일러(Leonhard Euler, 1707~1783년), 장 르 롱 달랑베르(Jean Le Rond d'Alembert, 1717~1783년), 라그랑주, 라플라스 그리고 여러 많은 학자들이 자연에 대한 수학적 탐구를 계속해 나갔다. 수학 분야만을 국한해 보면 이들은 미분적분학의 여러 계산 기법을 계속해서 개발해 냈고, 새로운 분야, 특히 상미분방정식과 편미분방정식, 미분기하학, 변분법, 무한 급수, 복소함수론 등을 만들어 냈다. 이 이론들은 그 자체로 진리로 받아들여졌을 뿐만 아니라 자연을 탐구하는 강력한 도구의 역할도 수행했다. 1741년에 오일러는 다음과 같이 말했다. "수학의 유용성은 수학의 기본 속성으로 여겨지고 있는데, 이런 유용성은 고등 수학 연구 자체에만 머무르지 않는다. 과학이 발전하면 발전할수록 수학의 유용성은 더욱더 커져만 간다."

이러한 수학 연구가 겨냥한 목표는 더 많은 자연 법칙을 얻는 것, 자연의 설계에 대한 더욱 깊은 이해를 얻는 것이었다. 오일러가 가장 많은 노력을 기울인 분야가 천문학이었다. 천문학에서는 천체의 운동을 기술하고 예측하는 뉴턴의 연구 성과를 더욱 발전시키는 데 힘을 쏟았다. 뉴턴의 주요 이론적 성과는 행성이 타원 궤도를 그린다는 것이었는데, 뉴턴 자신도 잘 알고 있었지만 이것은 태양과 행성 하나만 존재한다고 가정할 때에만 옳은 결론이었다. 그러나 뉴턴의 시대와 18세기에는 여섯 개의 행성이 알려져 있었다. 이 행성들은 서로에게 인력을 미치고, 또 태양의 인력이 이 행성들에 작용한다. 더욱이 일부 행성, 즉 지구, 목성, 토성은 위성을 갖고 있다. 따라서 타원 궤도에 섭동(perturbation)이 일어난다. 그렇다면 과연 정확한 궤도는 무엇인가? 18세기의 위대한 수학자들은 모두 이 문제에 천착했다.

이 문제는 세 개의 물체 사이에 상호 인력이 작용하는 경우로 집중된다. 세 번째 물체의 섭동 효과를 결정하는 방법을 찾으면 다시 이 방법을 적용하여 네 번째 물체의 섭동 효과를 파악할 수 있다. 이런 식으로 계속해 나가면 여러 물체가 서로 인력을 미치고 있는 경우로 확대할 수 있다. 이것을 삼체 문제라고 하는데, 지금까지도 이 문제에 대한 정확한 해법을 찾아내지 못하고 있다. 그 대신에 근사법을 이용한 방식들이 고안되었다.

근사법을 따른 것이기는 했지만 18세기의 성과는 상당히 주목할 만하다. 수학적 정밀성을 보여 주는 가장 극적인 성과는 핼리 혜성의 출현을 예측한 알렉시 클로드 클레로(Alexis Claude Clairaut, 1713~1765년)의 성과였다. 이전에 여러 사람들이 핼리 혜성을 관측했고, 1682년에 핼리는 그 궤도를 찾아내려고 노력했다. 핼리는 혜성이 1758년에 다시 돌아온다고 예측했다. 1758년 11월 14일에 클레로는 파리 과학원 학술 회의에서 핼리 혜성이 1759년 4월 중순에 태양에 가장 가까이 근접하며, 오차 한계는 대략 한 달이라고 발표했다. 혜성은 예측 시기보다 한 달 먼저 나타났다. 한 달이라는 오차는 꽤 크다고 생각할지 모르지만 혜성이 관측되는 날이 잘해야 며칠 정도에 불과하고 또 77년 가까이 이 혜성이 출현하지 않았다는 사정을 고려할 필요가 있다(핼리 혜성의 공전 주기는 76.2년이다. — 옮긴이).

천문학 분야에서 나온 또 다른 위대한 성과는 라그랑주와 라플라스의 연구 결과였다. 당시에 달의 운동과 행성의 운동에서 몇 가지 불규칙한 현상이 발견되었다. 이러한 불규칙한 현상은 행성이 태양으로부터 점점 더 멀어지거나 아니면 점점 더 가까워진다는 것을 의미했다. 라그랑주와 라플라스는 목성과 토성의 속도에서 관측된 불규칙한 현상이 주기성을 띠고 있기 때문에 안정된 궤도가 유지된다는 사실을 증명했다. 바로 18세기를 대표할 만한 이 업적이 과학 분야의 걸작으로 평가받는 라플라스의 저작 『천체 역학』에 실려 있는데, 이 저작은 총 다섯 권으로 1799년부터 1825년까지 26년에 걸쳐 출간되었다.

사실, 라플라스는 천문학 연구에 전 인생을 바쳤고 그의 수학 연구는 순전히 천문학 응용을 위한 것이었다. 잘 알려진 사실이지만 라플라스는 자신의 책에서 어려운 수학 과정을 생략하고 그 자리에 "그 사실은 쉽게 알 수 있다."라는 말을 쓰는 일이 많았다. 이 사실은 그가 수학적 세부 내용에는 신경 쓰기를 꺼렸고 그 응용에만 관심을 갖고 있었음을 말해 준다. 수학 분야에서 이룩한 그의 업적은 자연철학 연구 성과의 부산물일 따름이었고, 그것도 다른 사람들을 통해 수학적 엄밀성을 갖추게 되었다.

해왕성의 발견 역시 극적이었다. 1846년에 해왕성의 발견이 가능했던 것은 18세기 수학 연구 성과 덕분이었다. 1781년에 윌리엄 허셜(William Herschel, 1738~1822년)은 강력한 신형 망원경을 사용하여 천왕성을 발견했다. 그러나 천왕성의 궤도는 예측과는 달랐다. 따라서 알렉시 부바르(Alexis Bouvard, 1767~1843년)는 천왕성의 운동을 간섭하는 미지의 행성이 있다는 가설을 내놓았다. 많은 사람들이 관찰, 또는 크기와 궤도를 계산하는 방식으로 미지의 행성을 찾고자 했다. 1845년, 26세의 케임브리지 대학교 학생인 존 카우치 애덤스(John Couch Adams, 1819~1892년)가 미지 행성의 질량과 위치, 궤도에 대해 정밀한 근삿값을 얻어 낼 수 있었다. 당시 그리니치 왕립 천문대 소장이었던 저명한 조지 에어리(George Airy, 1801~1892년)는 이 소식을 들었지만 별다른 관심을 기울이지 않았다. 하지만 젊은 프랑스 천문학자 위르뱅 장 조제프 르베리에(Urvain Jean Joseph Leverrier, 1811~1877년)가 독립적으로 애덤스와 같은 결과를 얻어 냈으며, 새 행성의 위치를 찾아내는 방법을 독일 천문학자 요한 갈레(Johann Galle, 1812~1910년)에게 보냈다. 갈레는 1846년 9월 23일에 이 정보를 접했고, 그날 저녁에 해왕성을 발견했다. 르베리에가 예측한 방향에서 각도가 단지 55분 차이만 났다. 1만분의 1퍼센트 정도의 오차로 놀랄 만한 예측을 가능케 하는 천문학 이론에 대해 어떻게 그 진위를 의심할 수 있겠는가?

천문학 이외에도 그리스 시대에도 어느 정도 수학적 방법이 적용되었던 분야가 광학이었다. 17세기 초엽, 현미경과 망원경의 발견으로 광학에 대한 관심이 크게 증대되었고, 그리스 시대처럼 17세기와 18세기 수학자들은 모두 광학 분야를 연구했다. 앞에서 이미 보았지만 스넬과 데카르트는 프톨레마이오스가 찾아내려 했지만 실패했던 법칙, 즉 빛의 굴절 법칙을 발견했다. 굴절 법칙은 빛이 공기에서 물로 들어가는 경우처럼 매질이 갑자기 바뀔 때 빛의 변화를 기술한다. 빛이 유한한 속도를 가진다는 사실은 올라우스 뢰메르(Olaus Roemer, 1644~1710년)가 밝혀냈으며, 또 백색광이 빨강에서 보라에 이르는 모든 색들의 혼합이라는 뉴턴의 발견은 광학에 대한 관심을 더욱더 높여 주었다. 뉴턴의『광학』(1704년)은 이 분야를 크게 발전시켰고 그에 따라 현미경과 망원경의 개량에 도움을 주었다. 여기서도 수학은 중요한 도구였다. 18세기에 광학 연구는 매우 깊이 있게 이루어졌는데『광학』이외에도 오일러의 세 권짜리 저작은 기념비가 될 만하다.

하지만 빛의 물리적 성질은 전혀 분명하게 밝혀지지 않았다. 뉴턴은 빛을 입자의 운동으로 생각했고, 또 하위헌스는 진동 운동——하지만 파동의 개념과는 다르다.——에 대해 이야기했지만, 최초로 빛의 진동을 수학적으로 다루어 빛에 관한 운동 방정식을 이끌어 낸 사람은 오일러였다. 뉴턴에 맞서 빛의 파동성을 옹호한 사람은 오직 오일러뿐이었으나, 19세기 초반에 와서 오귀스탱 장 프레넬(Augustin Jean Fresnel, 1788~1827년)과 토머스 영(Thomas Young, 1773~1829년)이 빛의 파동성을 지지했다. 하지만 빛의 성질은 그때까지도 명확히 밝혀지지 않았으며 오직 수학적 법칙만이 주된 성과로 남아 있었다. 현재 정설로 받아들여지고 있는 빛 이론, 즉 전자기학 이론이 나오기까지는 50년을 더 기다려야 했다.

18세기에 몇 가지 새로운 분야가 개척되었고 적어도 부분적인 성과가 이루어졌다. 그러한 성과 가운데 첫 번째가 음악 소리에 대한 수학적 기술 및 분석이었다. 그에 관해 쓰자면 다소 이야기가 길어진다. 이 분야는 진동하는 줄의 소리를 연구하면서 시작되었다. 다니엘 베르누이, 달랑베르, 오일러 그리고 라그랑주는 각기 이 분야에 업적을 남겼지만 소리의 수학적 분석에서는 날카롭게 대립했다. 논란은 19세기 초 조제프 푸리에(Joseph Fourier, 1768~1830년)의 연구가 있기까지 해결되지 않았지만 어쨌든 18세기에 이 분야에서 상당한 진보가 이루어졌다. 18세기 위대한 학자들은, 모든 음악 소리는 기본음이 있고 배음, 즉 주파수가 그 기본음의 정수배인 음으로 구성되어 있다는 현재의 이론을 확립했다. 이 사실은 전화기, 축음기, 라디오, 텔레비전과 같은 녹음 기기나 음성 송신 기기를 만드는 데 기초적 지식으로 사용되고 있다.

18세기에 시작된 수리물리학 분야가 한 가지 더 있는데, 바로 유체(액체 및 기체)의 흐름과 유체 속에서의 물체 운동을 연구하는 분야이다. 이미 뉴턴은 유체 안에서 움직이는 물체가 어떤 모습을 지녀야 가장 적은 저항을 받는지에 대한 문제를 다루었다. 이 분야의 기초를 다진 고전은 다니엘 베르누이의 『유체역학(*Hydrodynamica*)』(1738년)이었다. 이 책에서 그는 우연히 인체의 동맥과 정맥에서 혈액의 흐름을 기술하는 데 이 이론이 활용될 수 있음을 알게 되었다. 그 뒤를 이은 것이 오일러의 논문(1755년)이었으며, 그는 여기에서 압축 가능한 유체의 운동에 대한 방정식을 이끌어 냈다. 이 논문에서 오일러는 이렇게 말했다.

> 유체 운동을 완벽하게 파악하기가 어렵다면 이는 역학 탓도 아니고 운동 원리에 대한 지식이 불충분해서도 아니다. 다만 해석학의 부실 탓으로 돌려야 한다. 왜냐하면 유체 운동 이론 전부가 방정식의 해를 구하는 일로 환원되었기 때문이다.

사실은 오일러가 생각했던 것보다 유체역학에는 다루어야 할 내용이 훨씬 더 많다. 70년이 지난 뒤에 여러 이론이 추가되었던 것이다. 오일러는 점성을 고려하지 않았다(물은 자유롭게 흘러가고 아무런 점성이 없는 데 반해, 기름은 흐름이 느리고 어느 정도 점성을 지닌다.). 그렇지만 선박 및 비행기 운동에 활용되는 유체역학의 기초를 오일러가 놓았다는 데에는 별다른 이의가 없다.

만일 18세기 사람들에게 세상은 수학적으로 만들어져 있고 또 가장 효과적으로 설계되었으며 하느님이 자연의 설계자라는 증거가 추가로 필요하다면, 그들은 또 다른 수학적 발견에서 그런 증거를 구했다. 헤론은 빛이 점 P에서 점 Q로 반사를 통해 옮겨 갈 때 최단 거리를 택한다는 사실을 증명했다(1장 참조). 빛은 일정한 속도로 움직이기 때문에 이 최단 거리는 또 최단 시간을 의미한다.

17세기의 위대한 수학자인 피에르 드 페르마(Pierre de Fermat, 1601~1665년)는 증거가 제한적이기는 했지만 최소 시간의 원리를 천명했다. 최소 시간의 원리란, 빛이 한 점에서 다른 점으로 옮겨 갈 때 항상 최소 시간이 소요되는 경로를 따른다는 원리이다. 하느님은 빛이 수학적 법칙을 따르도록 했을 뿐만 아니라 가장 효율적으로 이동하게끔 만들어 놓은 것이다. 페르마는 스넬과 데카르트가 앞서 발견한 빛의 굴절 법칙에서 최소 시간의 원리를 연역해 내면서 이 원리의 올바름을 더욱 확신하게 되었다.

18세기 초엽, 자연의 중요한 수량 가운데는 그 수치가 최대화나 최소화되는 예가 있음을 수학자들은 알게 되었다. 하위헌스는 처음에는 페르마의 원리에 반대했지만 빛이 끊임없이 변하는 매질을 통과할 때에도 이 원리가 성립된다는 사실을 보여 주었다. 뉴턴의 운동 제1법칙도 최소화의 예라고 할 수 있다. 외부의 힘이 작용하지 않으면 운동하는 물체는 직선 운동을 하며, 직선은 가장 짧은 경로이다.

18세기 사람들은 완벽한 우주는 낭비를 용인하지 않기 때문에 자연은 최소한의 노력만을 기울여 원하는 목적을 달성한다고 굳게 믿었고 그에 따라 일반 원리를 찾고자 했다. 그러한 원리를 처음으로 내놓은 사람은 피에르 루이 모로 드 모페르튀(Pierre Louis Moreau de Maupertuis, 1698~1759년)였다. 수학자였던 그는 자오선을 따라 위도 1도에 해당하는 길이를 측정하기 위해 라플란드로 탐사 여행을 떠났다. 그의 측정 결과는 뉴턴과 하위헌스가 이론적으로 도출해 냈던 사실, 즉 지구의 극지방이 납작하다는 사실을 밝혀 주었다. 모페르튀의 발견은 장도미니크 카시니(Jean-Dominique Cassini, 1625~1719년)와 그의 아들 자크 카시니의 반대 이론을 단숨에 잠재웠다. 모페르튀는 "지구를 납작하게 만든 사람"이라는 별명을 얻었으며, 볼테르는 모페르튀가 지구와 카시니 부자를 납작하게 만들었다는 말을 남기기도 했다.

1744년에 빛 이론을 연구하면서 모페르튀는 「상이한 자연 법칙의 조화」라는 논문에서 그 유명한 '최소 작용의 원리'를 제시했다. 페르마의 원리에서 출발해 연구를 진행했지만 빛의 속도가 예컨대 공기보다 물에서 더 빠르다는 주장(데카르트와 뉴턴은 그렇게 믿었다.)과 더 느리다는 주장(페르마는 느리다고 믿었다.) 사이에 논란이 끝이지 않자 모페르튀는 최소 시간을 버리고 그 대신에 작용이라는 개념을 도입했다. 모페르튀는 작용이란 질량과 속도와 움직인 거리를 곱하고 이를 적분한 것이라고 말했다. 그리고 자연 현상은 이 작용이 최소가 되는 방향으로 작동한다고 주장했다. 모페르튀는 어느 시간 구간에서 곱을 취해야 하는지를 명확히 해 놓지 않았고, 광학 및 역학 문제에 적용할 때에는 작용이라는 말의 의미를 다르게 사용했다.

모페르튀는 자신의 원리를 뒷받침할 만한 물리학적 사례뿐만 아니라 이 원리에 대한 이론적 근거도 갖고 있었다. 물리 법칙은 하느님이 창조한 세계에 걸맞은 완벽성을 반드시 지녀야 하는데 최소 작용의 원리는 자연이 효율적이라는 사실을 보여 주고 있기 때문에 이러한 요건을 만족시킨다고 여겼던 것이다. 모페르튀는 자신의 원리가 보편적 자연 법칙이며 하느님의 존재와 지혜를 보여 주는 최초의 과학적 증거라고 주장했다.

18세기 최고의 수학자 오일러는 1740년부터 1744년까지 이 주제를 두고 모페르튀와 서신을 교환했는데, 오일러는 하느님이 최소 작용의 원리처럼 기본적인 원리에 따라 우주를 창조했으며 그러한 기본 원리의 존재는 하느님의 손길을 입증하는 것이라는 모페르튀의 주장에 동조했다. 그는 이러한 신념을 다음과 같이 표현했다. "우주의 구조는 완벽하고 또 가장 현명한 창조자의 작품이기 때문에 최대화나 최소화가 일어나지 않는 사례는 단 하나도 없다."

오일러는 거기에 그치지 않고 모든 자연 현상은 특정 함수가 최대화되거나 최소화되는 방향으로 작동하며 따라서 모든 물리학적 기본 원리에는 최대화되거나 최소화되는 함수가 있게 마련이라는 믿음을 갖게 되었다. 하느님은 16세기와 17세기 사람들이 생각했던 것보다 더욱 현명한 수학자가 된 것이다. 오일러의 종교적 신념은 인간에게 자신의 능력을 활용하여 하느님이 세워 놓은 법칙을 이해해야 할 임무가 주어졌다는 확신을 심어 주기에 이르렀다. 자연이라는 책은 우리 눈앞에 활짝 펼쳐져 있지만 그 책에 씌어진 언어는 곧바로 이해하지 못한다. 하지만 끈기와 사랑과 노력을 기울이면 그 언어를 배울 수 있다. 그 언어란 수학이다. 이 세상은 가능한 것 가운데 최선의 세상이기 때문에 자연 법칙은 아름다울 수밖에 없다.

최소 작용의 원리는 라그랑주에 의해 명확하게 정리되었고, 또 더욱 포괄적인 원리로 일반화되었다. 작용은 본질적으로 에너지를 의미하게 되었으며, 이 일반화된 원리에서 여러 역학 문제의 해답을 이끌어 낼 수 있었다(최소 작용의 원리는 변분법에서 핵심적 역할을 하고 있다. 변분법은 오일러의 선구적 연구 성과를 기초로 라그랑주가 만든 새로운 수학 분야이다.). 최소 작용의 원리는 영국의 '제2의 뉴턴'이라고 평가받는 윌리엄 로언 해밀턴(William Rowan Hamilton, 1805~1865년)에 의해 다시 한 번 일반화되었다. 오늘날 이 원리야말로 역학을 지배하는 가장 포괄적인 원리이며, 다른 물리학 분야에서 쓰이는 이와 비슷한 원리, 즉 변분(變分) 원리의 패러다임 역할을 해 왔다. 그러나 앞으로 보겠지만 해밀턴 시대의 사람들은 하느님이 우주를 설계하면서 이 원리들을 심어 놓았다는 모페르튀와 오일러의 주장을 더 이상 받아들이지 않았다. 이런 변화의 일단을 볼테르의 『아카키아 박사의 독설』에서 찾아볼 수 있다. 이 책에서 볼테르는 하느님의 존재 증명을 비웃고 있다. 하지만 18세기 사람들은 그러한 포괄적인 원리가 존재한다는 것은 세상이 하느님에 의해 설계되었다는 증거라고 여전히 굳게 믿고 있었다.

18세기 위대한 지성인들은 수학의 굳건한 위상을 확신에 찬 어조로 증언했다. 유명한 『백과전서』를 디드로와 공동 집필한 저명한 수학자 달랑베르는 이렇게 말했다. "세계의 참된 체계는 마침내 인식되었고 개발되었으며 또 완성되었다." 자연 법칙은 분명코 수학 법칙이었다.

라플라스가 말한 다음 구절은 더욱 유명하다.

우주의 현재 상태를 과거의 결과로, 그리고 미래의 원인으로 파악할 수 있다. 특정 시점에 자연 안에 있는 모든 힘과 존재물의 상호 위치를 모두 알고 있는 지적 존재자가 있다면, 그리고 이 지적 존재자가 모든 자료를 분석할 수 있을 만큼 충분한 능력을 갖추고 있다면 우주 안에 있는 거대한 별에서 미세한 원자에 이르는 모든 존재물의 운동을 단 하나의 수식으로 압축해 낼 수 있다. 그러한 지적 존재자에게 불확실한 것은 아무것도 없다. 또 그에게는 미래도 과거와 마찬가지로 눈앞에 생생하게 펼쳐져 있다.

윌리엄 제임스(William James)는 『프래그머티즘』에서 당시 수학자들의 태도를 다음과 같이 묘사했다.

수학적이고 논리적인 자연의 통일성을 드러내는 주요 법칙들이 발견되자 사람들은 그 명료함과 아름다움과 단순함에 매료되어 전능한 하느님의 영원한 생각을 확실하게 해독해 냈다고 믿기에 이르렀다. 또한 하느님의 마음은 삼단논법 안에서 분명하게 드러난다고 믿었다. 그뿐만 아니라 하느님은 원뿔 곡선, 사각형, 제곱과 제곱근과 비율로 사고를 하고 유클리드처럼 기하학을 한다고 여겼다. 하느님은 케플러의 법칙을 만들어 행성들로 하여금 그 법칙을 따르게 했고 낙하하는 물체의 속도가 시간에 비례하여 늘어나게 했으며 사인 법칙을 만들어 빛이 굴절할 때 그 법칙을 따르게 했다고 믿었다. …… 모든 사물의 원형을 설계하고 거기에 맞추어 개별자들을 만들어 냈으며 우리가 이런 놀라운 일들 가운데 어떤 것이라도 재발견해 내면 하느님의 마음을 환하게 꿰뚫을 수 있다고 생각했다.

자연은 수학적으로 설계되었고 또 그 설계자는 하느님이라는 믿음을 시인들도 예찬했는데, 예컨대 조지프 애디슨(Joseph Addison, 1672~1719년)은 그의 시 「찬미가」에서 이렇게 노래했다.

저 높은 곳에 광대한 궁창은
푸른 하늘을 품고 있다.
별들로 반짝이는 천상 세계는
자신을 창조하신 분을 세상 곳곳에 선포한다.
지칠 줄 모르는 태양은 매일매일 떠올라
창조주의 권능을 드러내며
빠짐없이 온 세상에
전능하신 하느님이 이루신 업적을 공표한다.

그리고 모든 행성도
하늘을 돌며 위대한 소식을 증언하고
진리를 온 세상에 전한다.

  18세기 말엽에 이르자 수학은 마치 현실 세계에 굳건히 뿌리를 내린 나무와 같았다. 2,000년의 세월을 견뎌 낸 뿌리를 바탕으로 무성하게 가지를 뻗은 이 나무는 다른 모든 지식들을 난쟁이로 만들 만큼 커다랗게 자라 있었다. 이 나무는 분명코 영원히 살아남으리라 여겨졌다.

4장
첫 번째 위기: 수학적 진리의 퇴색

시대마다 신화가 있게 마련인데

그 당시에는 그것을 드높은 진리라고 부른다.

무명씨

버찌를 먹고 있는 소년 가우스의 모습. 1785년에 그려진 그림이다.

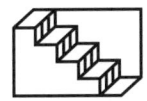

19세기의 문은 상서로운 기운 속에서 열렸다. 라그랑주는 여전히 정력적으로 연구를 하고 있었고, 라플라스는 최고의 전성기를 맞고 있었다. 푸리에가 1807년 힘을 쏟고 있던 논문은 나중에 그의 고전 저작 『열 이론』(1822년)으로 확대된다. 카를 프리드리히 가우스(Karl Friedrich Gauss, 1777~1855년)는 정수론 분야의 기념비적 저작인 『산술에 관한 논고』(1801년)를 출간했으며, 수학의 제왕이라는 칭호를 가져다주게 될 엄청난 분량의 연구 성과를 곧 쏟아 낼 참이었다. 그리고 가우스에 필적하는 프랑스 수학자 오귀스탱루이 코시(Augustin-Louis Caucy, 1789~1857년)는 1814년 논문에서 그의 비범한 능력을 과시하기 시작했다.

이들이 이룬 업적에 대해 몇 마디 정도만 언급해도 19세기 전반부에 자연의 설계를 파악하는 데 얼마나 엄청난 진보가 이루어졌는지 가늠할 수 있다. 가우스는 수학 분야에 상당한 업적을 이루었지만 —나중에 그의 업적 가운데 하나에 대해 논의할 것이다.— 대부분의 생애를 물리학 연구에 바쳤다. 사실, 그는 50년 가까이 수학과가 아닌 천문학과의 교수였으며, 괴팅겐 천문대 소장을 지냈다. 그는 1801년에 첫 번째로 중요한 성과를 놓았다. 그해 1월에 주세페 피아치(Giuseppe Piazzi, 1746~1826년)가 소행성 케레스를 발견했다. 당시 24세였던 가우스는 겨우 몇 주 동안만 이 소행성을 관측하고도 새로운 수학 이론을 적용하여 이 소행성의 궤도를 예측했다. 그해 말에 가우스가 예측한 곳과 매우 가까운 장소에서 소행성이 다시 관측되었다. 1802년에 빌헬름 올베르스(Wilhelm Olbers, 1758~1840년)가 또 다른 소행성 팔라스를 발견했는데, 가우스는 이번에도 그 궤도를 예측하는 데 성공했다. 그가 천문학 분야에서 이룩한 초기 업적들은 그의 주요 저서 가운데 하나인 『천체 운동 이론』(1809년)에 요약되어 있다.

후일, 하노버 공의 요청에 따라 가우스는 하노버 지역의 측량 사업을 이끌면서 측지학의 기틀을 다졌고 또 여기에서 미분기하학의 기초적 아이디어를 얻어 냈다. 1830년부터 1840년까지 가우스는 자기에 관한 이론 및 실험 성과로 큰 명성을 얻었다. 그는 지구 자기장 측정 방법을 만들어 냈다. 전자기학의 창시자인 제임스 클러크 맥스웰(James Clerk Maxwell, 1831~1879년)은 자신의 저서 『전자기론』에서 가우스의 자기학 연구가 사용 도구, 관측 방법, 결과 계산 등을 비롯한 과학 전체를 완전히 재구성했다고 말했다. 지구 자기에 관한 가우스의 논문은 지금도 물리학 연구의 모델이 되고 있다. 이 업적을 기리기 위해 자기의 단위를 가우스(G)로 부르고 있다.

가우스와 빌헬름 베버(Wilhelm Weber, 1804~1891년)는 전신(電信)을 최초로 착안해 내지는 않았지만(이전에 많은 사람들이 전신을 발명하려고 시도했다.), 1833년에 전선으로 흘려 보낸 전류의 방향에 따라 바늘이 왼쪽이나 오른쪽으로 돌아가는 실용적인 기계를 만들었다. 가우스의 발명은 그것뿐만 아니었다. 그는 오일러 이후로 별다른 연구가 이루어지지 않은 광학에도 손을 댔다. 1838년부터 1841년까지 이루어진 그의 연구 덕분에 광학 문제를 완전히 새로운 각도에서 다룰 수 있게 되었다.

19세기 가우스와 더불어 수학 연구를 이끈 사람이 코시였다. 코시는 다방면에 관심을 가지고 있었다. 그는 수학 분야에서 700편의 논문을 썼으며, 이는 오일러에 이어 두 번째로 많은 수이다. 그의 연구 성과를 정리한 책은 26권에 이르고 모든 수학 분야를 아우르고 있다. 그는 복소함수론의 창시자였다(7장과 8장 참조). 한편 코시는 물리학 연구에도 상당한 힘을 쏟았다. 그는 1815년에 파동 전파에 관한 연구 논문으로 프랑스 과학원으로부터 상을 받았다. 또 막대와 금속판 같은 탄성 막의 평형에 대한 연구와 탄성 매질의 파동에 대한 연구의 기초를 다지는 매우 중요한 논문을 내놓아 수리물리학에 속하는 이 분야에 초석을 놓았다. 그리고 프레넬이 시작한 빛의 파동 이론에 손을 대어 이 이론을 편광과 산란으로 확대했다. 코시는 뛰어난 수리물리학자였다.

푸리에는 가우스나 코시와 동급에 속하지는 못하지만 그의 연구는 특별히 주목할 만한데, 그 이유는 그가 또 하나의 자연 현상을 수학 연구 영역으로 가지고 왔기 때문이다. 그 자연 현상이란 열전도였다. 푸리에는 이 분야가 우주론의 여러 분야 중에서 가장 중요하다고 생각했다. 지구 속의 열전도를 연구하면 지구가 뜨거운 용광로 상태에서 차츰 식어 간 사정을 파악해 낼 수 있다고 생각했기 때문이었다. 그렇게 되면 지구 나이에 대한 추정이 가능해지는 것이다. 이 연구를 하면서 푸리에는 현재 푸리에 급수라고 부르는 삼각 급수 이론을 발전시켰고 이 이론은 응용 수학의 여러 분야에 활용되었다. 제한된 용어로 푸리에의 업적을 칭송하는 것은 온당하지 못하다.

가우스, 코시, 푸리에를 위시한 수많은 학자들의 업적은 자연의 참된 법칙들이 속속들이 발견되어 가고 있다는 움직일 수 없는 증거로 여겨졌다. 그리고 실제로 19세기 내내 위대한 수학자들은 선배 학자들이 제시한 길을 따라 연구에 매진하여 더욱 강력한 수학 이론을 만들어 냈고 이 이론들을 자연의 숨겨진 비밀을 캐내는 데 성공적으로 활용했다. 그들은 수학자들이야말로 하느님의 설계를 발견해 내는 축복받은 자들이라는 믿음에 최면이라도 걸린 듯 자연의 수학적 법칙을 찾는 일에 혼신의 노력을 기울였다.

만일 수학자들이 다른 영역 학자들의 목소리에 귀를 기울였다면 곧 다가올 재앙을 무방비 상태로 맞이하지는 않았을 것이다. 근대 초기에 베이컨은 『신기관(*Novum organum*)』(1620년)에서 다음과 같이 말한 바 있다.

> 부족의 우상이 인간 속성에 내재하고 있다. 바로 인간이라는 부족이 태생적으로 지니고 있는 우상 말이다. 그것은 인간의 감각을 모든 것의 잣대로 잘못 내세우고 있기 때문이다. 하지만 그와는 달리 감각에 의한 것이든 아니면 정신에 의한 것이든 간에, 인식은 우주가 아니라 인간과 관계를 맺고 있다. 그리고 인간 정신은 고르지 못한 거울과도 비슷해서 자신의 특성을 다른 대상물에 투사하며, 이때 그 모습이 왜곡되고 뒤틀린다.

같은 책에서 베이컨은 경험과 실험을 지식의 기초로 삼아야 한다면서 다음과 같이 이야기했다.

> 새로운 연구 분야를 개척하면서 탁상공론으로 공리를 확정할 수 있다는 생각은 옳지 않다. 왜냐하면 토론이나 논의가 아무리 심오해도 자연의 심오함을 도저히 따라갈 수 없기 때문이다.

의도한 바는 아니었지만 신앙심이 가장 깊은 사람들도 우주 설계에서 하느님의 역할을 배제하는 결과가 빚어질 연구 결과들을 내놓기 시작했다.

태양 중심설에 대한 코페르니쿠스와 케플러의 연구는 하느님의 수학적 지혜를 보여 주는 증거로 찬사를 받았지만 인간의 중요성과 관련해서는 『성서』의 주장과는 상반되었다. 갈릴레오, 로버트 보일(Robert Boyle, 1627~1691년), 뉴턴 등은 자신의 과학 연구가 하느님이 존재하고 또 우주가 하느님에 의해 설계되었다는 것을 입증하기 위함이라고 주장했지만 그들의 과학 연구 자체에는 하느님이 수반되어 있지 않았다. 실제로 갈릴레오는 한 편지에서 이렇게 말했다. "내 경우에는 『성서』에 관한 어떤 논의도 결코 수면 위로 올라오는 일이 없었습니다. 양식을 지닌 천문학자나 과학자가 그러한 논의에 연연한 경우는 없었습니다." 물론, 앞에서 보았지만 갈릴레오는 하느님이 수학적으로 세계를 창조했다고 굳게 믿었다. 이 글에서 그가 의도했던 것은 신화적 힘이나 초자연적 힘으로 자연 현상을 설명해서는 안 된다는 것이었다. 갈릴레오 당시에는 전능한 하느님이라면 자연 법칙도 능히 바꿀 수 있다는 믿음이 여전히 지배하고 있었다. 비록 독실한 믿음을 지녔지만 자연 법칙의 불변성을 주장하면서 은연중에 하느님의 능력에 제한을 가한 사람은 데카르트였다. 뉴턴도 변하지 않는 질서를 믿었지만 세계가 하느님 계획에 맞게 움직여 나가게 하려면 끊임없이 하느님 자신이 개입해야 한다는 주장을 폈다. 그는 시계를 계속해 고치는 시계 수리공에 비유를 했다. 뉴턴에게는 하느님의 개입을 주장할 나름의 이유가 있었다. 한 행성의 궤도는 다른 행성의 간섭으로 인해 완벽한 타원이 되지 못한다는 점을 잘 알고 있었지만 그러한 현상이 다른 행성의 인력 때문이라는 것을 수학적으로 입증하지 못했다. 따라서 하느님이 계속 유지되어 가도록 끊임없이 개입하지 않는다면 태양계의 안정성은 곧 깨어져 버릴 것이라고 여겼다.

라이프니츠는 이러한 생각에 반대했다. 1715년 11월 철학자이자 뉴턴의 옹호자인 새뮤얼 클러크에게 보낸 편지에서, 하느님은 때때로 시계를 수리하고 또 태엽도 감아야 한다는 뉴턴의 견해에 대해 라이프니츠는 다음과 같이 말했다. "뉴턴의 견해를 따르면 하느님은 앞날을 내다보는 능력이 부족해 운동을 영원히 지속하게 할 수도 없는 듯 보입니다. …… 제 소견으로는 세상에는 동일한 힘과 활력이 항상 같은 수준을 유지합니다. 단지 자연의 법칙에 따라 한 사물에서 다른 사물로 옮겨 갈 따름이라고 여겨집니다." 이렇게 라이프니츠는 하느님의 능력을 얕잡아보고 있다면서 뉴턴을 나무랐다. 사실, 라이프니츠는 영국에서의 종교 쇠퇴가 일정 부분 뉴턴 때문이라며 그를 비난했다.

라이프니츠의 지적이 전혀 근거 없다고 할 수만은 없다. 의도하지는 않았지만 뉴턴의 연구로 자연철학이 신학의 지배로부터 벗어나기 시작했다. 앞서 보았지만 갈릴레오는 물리 과학과 신학은 분리되어야 한다고 주장했다. 뉴턴은 『자연철학의 수학적 원리』에서 갈릴레오의 주장을 충실히 따랐고 그 결과로 자연 현상을 수학으로만 기술하는 데 큰 진전을 이루었다. 따라서 과학 이론의 수학적 기술에서 하느님은 더욱더 배제되어 갔다. 뉴턴이 설명하지 못했던 특이한 현상들도 이후의 과학자들에 의해 해명되기에 이른다.

천체 운동과 지상 운동을 아우르는 일반 법칙이 지적 세계를 사로잡기 시작했고 예측과 관찰 사이의 합치는 이러한 법칙의 완벽성을 증언해 주었다. 이러한 완벽성은 하느님이 세상을 설계한 증거라는 믿음이 뉴턴 이후에도 여전히 자리를 잡고 있었지만 하느님은 뒤편으로 물러나 앉고 그 대신에 수학 법칙이 중심의 자리에 서게 되었다. 라이프니츠는 뉴턴의 『자연철학의 수학적 원리』에 담긴 의미를 꿰뚫어 보았던 것이다. 거기에는 하느님의 존재 여부와는 무관하게 계획대로 움직이는 세계가 그려져 있었다. 라이프니츠는 반그리스도교적이라는 이유로 『자연철학의 수학적 원리』를 공격했다. 순수한 수학적 결과의 획득에 대한 관심이 차츰 하느님 창조에 대한 관심을 밀어내기 시작했다. 오일러 이후로 많은 수학자들이 여전히 하느님이 존재하고 세계는 하느님이 설계하고 창조했으며 또 수학의 주목적이 하느님의 설계를 해독해 내는 일이라고 믿었지만, 18세기에 수학이 더욱 발전하면 발전할수록, 또 그 성과가 많아지면 많아질수록 수학 연구에 대한 종교적 동기는 약화되었고 하느님의 모습은 더욱 희미해져만 갔다.

라그랑주와 라플라스는 가톨릭 집안에서 자라났지만 불가지론자였다. 라플라스는 하느님이 우주를 수학 원리에 입각해 설계했다는 신앙을 단호히 배격했다. 라플라스에 대한 다음 이야기는 잘 알려져 있다. 라플라스가 나폴레옹에게 『천체 역학』을 건네주자, 나폴레옹은 "라플라스 씨. 우주 체계에 대한 이런 방대한 책을 쓰면서 창조주에 대해서는 한 마디 언급도 없다고 사람들이 그러더군요."라고 말했다. 그러자 라플라스는 "제게는 그런 가설이 필요 없습니다."라고 답했다고 전해진다. 자연이 하느님 자리를 차지하게 된 것이다. 가우스는 "자연이여! 당신은 저의 여신입니다. 그대의 법칙에 저의 모든 정성을 바칩니다."라고 했다. 가우스는 영원히 존재하는 전지전능한 하느님을 믿었지만 하느님에 대한 믿음과 수학 연구 사이에는 아무런 관계가 없다고 생각했다.

최소 작용의 원리(3장 참조)에 대한 해밀턴의 언급 역시 지적 풍토의 변화를 여실히 보여 준다. 그는 1833년에 어느 논문에서 다음과 같이 밝혔다.

> 최소 작용의 원리는 물리학에서 가장 중요한 법칙이 되었지만, 우주의 효율성을 근거로 그 원리가 필연적으로 성립할 수밖에 없다는 주장은 배격받고 있다. 여러 이유에서 이 주장을 배격하고 있지만 특히 효율성을 지닌다고 생각했던 물리량이 실은 크게 낭비되는 경우가 많기 때문이다. …… 따라서 하느님이 우주를 설계하면서 이러한 물리량의 효율성을 염두에 두었다고 믿기는 어렵다.

되돌아보면, 하느님이 자연을 수학적으로 설계했다는 믿음은 바로 수학자들의 연구로 인해 붕괴되어 가고 있었다. 지식인들은 인간 이성이야말로 가장 강력한 도구이며 바로 그 증거는 수학자들의 성공에서 찾아볼 수 있다고 더욱더 확신하게 되었다. 그렇다면 종교 교리와 윤리에 이성을 적용해 볼 수 있지 않을까? 다행인지 아니면 불행인지, 종교적 신념의 근원에 이성을 적용하자 많은 전통 신조들은 그 뿌리부터 뒤흔들리게 되었다. 정통 교리에서 벗어나 이성적 초자연주의, 이신론(理神論), 불가지론, 또 노골적인 무신론 등으로 나아가는 사람들이 생겨났다. 이러한 운동은 폭넓은 교양을 지니고 있었던 18세기 수학자들에게도 영향을 끼쳤다. 합리주의자이자 반교회주의자로 당시 지식인 사회를 이끌던 디드로는 "만일 나로 하여금 신을 믿게 하고 싶거든 직접 그를 만져 볼 수 있게 해 달라."라고 말했다. 19세기 수학자들이 모두 하느님의 역할을 부인했던 것은 아니다. 독실한 가톨릭 신자였던 코시는 "계시된 진리와 배치되는 어떤 가설도 망설임 없이 단호히 배격해야 한다."라고 말했다. 그러나 하느님이 수학적으로 우주를 설계했다는 믿음은 차츰 퇴색해 가기 시작했다.

이러한 믿음이 약화되자 자연의 수학적 법칙이 왜 반드시 진리인가 하는 문제가 곧 제기되었다. 진리임을 부정하는 최초의 사람들 가운데 디드로가 있었다. 그는 『자연의 해석에 대한 고찰』에서 수학자들은 마치 노름꾼과 같다고 말했다. 노름꾼이나 수학자나 모두 스스로 만들어 놓은 현실과 유리된 규칙을 가지고 게임을 한다는 것이다. 수학자들이 연구하는 주제는 약속으로 정한 대상으로 현실 세계와는 아무런 관련이 없다고 말했다. 그에 못지않게 비판적이었던 사람이 베르나르 르 보비에 시외르 드 퐁트넬(Bernard Le Bovier Sieur de Fontenelle, 1657~1757년)이었다. 그는 자신의 저서 『여러 개의 세계』에서 장미가 기억할 수 있는 한도 내에서 정원사가 죽는 일은 전혀 없다는 비유를 들어 가며 천체 운동의 법칙이 항구불변이라는 믿음을 공격했다.

수학자들은 자신들이 철학자들에게 풍부한 자양분을 만들어 준다고 믿기 좋아한다. 하지만 18세기 철학자들은 물질 세계에 대한 진리를 부정하는 데 앞장섰다. 홉스, 존 로크(John Locke, 1632~1704년), 그리고 버클리의 철학 이론은 살펴보지 않기로 하는데, 그 이유는 이들의 철학을 쉽게 논박할 수 있기 때문이 아니라 급진적인 데이비드 흄(David Hume, 1711~1776년)의 철학만큼 큰 영향을 끼치지 못했기 때문이다. 흄은 버클리의 철학을 지지했을 뿐만 아니라 거기에서 한 걸음 더 나아갔다. 『인간 본성에 관한 연구』(1739~1740년)에서 그는 인간은 정신도 알지 못하고 물질도 알지 못한다고 주장했다. 이 둘 모두가 허상이라는 것이다. 사람은 감각을 지각한다. 이미지나 기억, 생각과 같은 단순한 관념은 감각이 낳는 희미한 효과에 지나지 않는다. 그리고 복잡한 관념은 단순한 관념들의 집합체일 따름이다. 마음이란 감각들과 관념들의 집합체와 동일하다. 직접 경험으로 검증할 수 있는 것 이외에는 다른 실체의 존재를 가정해서는 안 된다. 하지만 경험은 감각만을 낳을 뿐이다.

흄은 물질에 대해서도 마찬가지로 회의적인 눈길을 보냈다. 구체적 대상물로 가득 찬 세계가 영원히 존재한다고 어느 누가 장담할 수 있는가? 우리가 오로지 알 수 있는 것은 그러한 세계를 우리가 지각하고 있다는 사실뿐이다. 의자에 대한 감각이 계속 지속된다고 해서 그 의자가 실제로 존재한다는 증거가 될 수는 없다. 마찬가지로 인과 관계도 여러 관념들을 관습적으로 연관지어 놓은 것에 불과하다. 공간, 시간, 인과 관계 모두 객관적 현실이 아니다. 감각의 힘과 그 생생함에 속아 그러한 현실이 존재하는 양 생각하고 있는 것이다. 고정된 속성을 지닌 외부 세계가 존재한다는 생각에 대해서는 어떤 근거도 내세울 수 없다. 우리의 감각이 어디에서 연유되는지는 설명되지 못한다. 외부 물체에 의해 생기는 것인지, 아니면 마음 자체나 하느님에 의해 생기는 것인지는 알 수 없다.

인간 자신은 지각들, 즉 감각 및 관념으로 이루어진 고립된 집합체일 따름이다. 자아는 여러 상이한 지각들의 다발이다. 자기 자신을 인지하려는 시도는 하나의 지각만을 낳을 뿐이다. 다른 모든 사람들과 실재한다고 추정하는 외부 세계는 한 사람의 지각일 뿐으로, 실제로 그런 대상물이 존재하는지는 알 수 없다.

따라서 영원하고 객관적인 물질 세계에 관한 과학 법칙이란 존재할 수 없다. 그런 법칙은 단지 감각을 편의에 따라 정리해 둔 것에 지나지 않는다. 더욱이 인과 관계라는 관념은 과학적 증명에 기반을 둔 것이 아니라 흔하게 접하는 여러 '사태들'의 순서에서 생겨나는 마음의 습관에 그 기반을 두고 있기 때문에 과거에 인지된 사건 순서가 미래에도 그러리라는 보장이 없다. 이렇게 해서 흄은 자연 법칙의 불가피성과 영속성, 그리고 불가침성을 허물어 버렸다.

외부 세계가 수학 법칙을 따른다는 주장을 논파함으로써 흄은 현실을 표상하는 논리적 연역 구조의 가치를 파괴했다. 그러나 또한 수학은 수와 기하학에 관한 정리를 담고 있는데, 이런 정리는 수 및 도형에 관해 미리 설정해 놓은 진리로부터 의심할 여지 없이 연역되어 나온다. 흄은 공리를 배격하지는 않았지만 공리와 그로부터 연역되는 결과에 무게를 두지 않았다. 공리는 물질 세계에 관한 감각으로부터 나온다. 그런데 물질 세계의 존재성은 추정되고 있을 뿐이다. 또 정리는 공리의 필연적 결과이기는 하지만 공리를 좀 더 번지르르한 모습으로 반복하고 있는 것에 그친다. 정리는 연역된 것이기는 하지만 연역되는 명제는 이미 공리 안에 내포되어 있다. 다시 말해서 정리란 동어 반복이다. 따라서 공리나 정리에는 진리가 담겨 있지 않다.

그런 다음, 흄은 인간이 진리를 획득하는 방법에 대해 답한다. 인간은 결코 진리에 다다를 수 없다는 것이 그의 답이었다. 흄의 철학은 과학 및 수학의 연구와 그 결과를 평가 절하했을 뿐만 아니라 이성의 가치 자체에 의문을 제기했다. 인간의 드높은 능력을 부정하는 흄의 철학은 18세기 사상가 대다수에게 거부 반응을 일으켰다. 수학을 비롯한 인간 이성의 현현을 쓸모없다고 주장하기에는 이루어 놓은 성과가 너무도 많았다. 흄의 철학은 18세기 지식인 대다수에게는 혐오스러운 자가당착으로 비쳤고 수학과 과학의 눈부신 성공과는 합치되지 않는 어불성설이어서 반박할 가치조차 없다고 여겼다.

가장 큰 존경을 받고 있고 또 모든 시대를 통틀어 가장 심오한 철학자로 평가받고 있는 이마누엘 칸트(Immanuel Kant, 1724~1840년)는 흄이 제기한 문제에 천착했다. 그러나 칸트의 연구 결과도 면밀히 살펴보면 그다지 만족스러워 보이지 않는다.『미래의 형이상학에 대한 서설』(1783년)을 보면 칸트는 수학자와 과학자의 편에 서 있었다. "순수한 선험적 종합 인식, 즉 순수 수학과 순수 물리학은 현실적이며 우리에게 수여된 것이다. 왜냐하면 두 가지 모두 절대적으로 확실하다고 인정되는 명제를 담고 있기 때문이다. 그리고 경험과는 독립적이기 때문이다."

『순수 이성 비판』(1781년)에서 칸트는 더욱 확신에 찬 목소리로 책을 시작하고 있다. 그는 수학의 공리와 명제는 모두 진리라고 확언했다. 그러나 자신을 향해 왜 기꺼이 그것을 진리로 받아들이는지 물었다. 물론 경험으로 확증을 얻을 수는 없다. 이 질문은 수학이란 학문이 어떻게 가능한가 하는 좀 더 폭넓은 질문에 답을 해야 해결할 수 있다. 우리의 마음은 공간과 시간의 형식을 지니고 있다는 것이 칸트의 답이었다. 공간과 시간은 지각의 양태들이다. 칸트는 그것을 직관이라고 명명했는데, 이러한 직관으로 경험을 파악한다. 우리는 이러한 심적 형식에 따라 경험을 지각하고 조직하고 이해한다. 마치 반죽이 틀에 들어가 모습을 갖추듯, 경험은 이러한 형식 속으로 들어가 모습을 갖춘다. 마음은 들어온 감각적 인상에 형식을 부여하여 이미 짜 맞춰져 있는 패턴으로 분류해 놓는다. 공간에 대한 직관은 그 근원이 정신에 있기 때문에 정신은 공간의 속성을 자동적으로 받아들인다. 그는 두 점 사이의 최단 경로는 직선이라거나 세 점이 평면을 결정한다거나 하는 진리, 또 유클리드의 공리 등과 같은 원리를 칸트는 선험적 종합 진리라고 불렀는데, 이러한 원리는 우리 정신 속에 본래부터 마련되어 있다는 것이다. 기하학은 이러한 원리가 지니는 논리적 귀결을 탐구할 따름이다. 정신에 내재되어 있는 '공간 구조'로 경험을 파악한다는 사실은 곧 경험이 기본 원리 및 정리와 맞아떨어진다는 것을 의미한다. 외부 세계에서 우리가 지각하고 있다고 생각하는 질서와 합리성은 우리 정신과 사고의 형식에 의해 세계에 부여된 것이다.

칸트는 이렇게 인간의 뇌세포로부터 공간을 구성해 냈다. 따라서 그 공간을 유클리드 공간으로 만드는 일 역시 못할 이유가 없었다. 그는 다른 기하학을 생각해 내지 못했기 때문에 오직 유클리드 기하학만이 가능하다고 믿었다. 따라서 유클리드 기하학의 법칙들은 우주 안에 본래부터 내재되어 있었던 것도 아니며, 우주가 하느님에 의해 설계된 것도 아니다. 그러한 법칙들은 자신의 감각을 조직화하고 또 합리화하기 위한 인간의 기제(機制)이다. 또 칸트는 하느님의 본성은 인간의 이성적 지식을 초월하지만 인간은 하느님을 믿어야 한다고 했다. 칸트 철학의 대담함은 인상적이지만 기하학에 대한 그의 견해는 대담함을 넘어 경솔하기까지 하다. 동프로이센에 있는 자신의 고향 쾨니히스베르크에서 60킬로미터 이상 벗어난 적이 없었는데도 우주 전체의 기하 체계를 결정해 낼 수 있다고 믿었으니 말이다.

그렇다면 과학의 수학적 법칙은 어떠한가? 칸트에 따르면 모든 경험이 공간과 시간이라는 마음의 형식을 통해 받아들여지므로 수학은 모든 경험에 적용 가능해야만 한다. 『과학의 형이상학적 기초』에서 칸트는 뉴턴의 법칙과 그 법칙이 내포하는 결과를 자명한 것으로 받아들였다. 그는 뉴턴의 운동 법칙이 순수 이성으로부터 도출될 수 있음을 입증했고 또 이러한 법칙 아래에서만 자연을 이해할 수 있다고 주장했다. 또한 "뉴턴은 우주 구조에 대해 너무나도 명료한 통찰을 주었기에 이 법칙은 영원히 변하지 않을 것"이라고 말했다.

칸트는 과학 세계가 공간, 시간, 원인, 결과, 실체 등과 같은 내적 범주에 따라 배열되고 관리되는 감각 인상들의 세계라고 주장했다. 정신은 감각 인상이라는 손님들이 편하게 앉을 수 있는 가구를 마련해 놓고 있다. 감각 인상은 실제 세계로부터 연유되지만 불행히도 실제 세계는 파악이 불가능하다. 실재는 오직 지각하는 마음이 제공하는 주관적 범주로만 파악할 수 있다. 따라서 유클리드 기하학과 뉴턴 역학 외에는 경험을 조직할 수 있는 방법은 없다. 경험이 풍부해지고 새로운 과학이 형성되어 갈 때 정신은 이러한 새로운 경험을 일반화함으로써 새로운 원리를 구성해 내지는 않는다. 다만, 이러한 새로운 경험을 해석하는 데 이제까지 사용되지 않았던 정신의 한 부분이 사용되는 것이다. 정신이 지니는 통찰력은 경험에 의해 일깨워진다. 이런 이유 때문에 예컨대 역학 법칙처럼 어떤 진리의 경우는 그 파악이 비교적 늦어졌던 것이다.

여기서는 제대로 언급하지 않았지만 칸트의 철학은 인간 이성을 높이 찬양하고 있다. 하지만 칸트가 이성에 부여한 역할은 자연이 아니라 인간의 마음을 탐구하는 것이었다. 외부 세계에서 오는 감각은 정신이 조직해 내는 재료를 제공해 주기 때문에 경험은 지식의 필수 불가결한 요소라는 합당한 자격을 인정받았다. 그리고 수학은 정신의 필연적 법칙을 밝혀내는 역할을 그대로 유지하게 되었다.

수학은 선험적 진리의 모임이라는 주장에 대해 수학자들로서는 별다른 이의를 제기할 이유가 없었다. 하지만 대다수는 칸트가 그런 결론에 어떻게 이르렀는지에 대해서는 그다지 관심을 기울이지 않았다. 수학의 명제는 물질 세계에 내재되어 있는 것이 아니라 인간 정신에서 나온다는 칸트의 주장을 수학자들은 좀 더 면밀하게 살펴보았어야 했다. 감각을 조직할 때 항상 동일한 결과물을 만들어 내게끔 인간 정신은 구성되어 있는가? 그리고 공간 감각의 조직화는 필연적으로 유클리드 기하학이 되는가? 과연 우리는 그것을 어떻게 아는가? 칸트와는 달리 수학자들과 물리학자들은 외부 세계는 인간 정신과는 독립되어 있는 법칙을 따른다고 여전히 믿고 있었다. 세계는 이성적으로 설계되었으며 인간은 단지 그러한 설계를 파악해 내고 이렇게 파악된 내용을 가지고 외부 세계에서 일어날 일을 예측한다는 것이다.

칸트의 철학과 영향은 긍정적인 측면과 부정적인 측면을 모두 지니고 있었다. 그는 경험을 조직하는 정신의 능력을 강조함으로써 당시에 확고하게 자리 잡고 있던 체계와는 상반되는 새로운 체계의 도입을 가능하게 했다. 그러나 정신이 유클리드 기하학의 법칙에 따라서만 공간 감각을 조직한다고 고집함으로써 다른 견해의 수용을 방해했다. 만일 칸트가 당시의 수학 연구에 좀 더 관심을 기울였더라면 정신은 유클리드 기하 형식으로 공간 감각을 조직해야 한다고 그렇듯 고집스럽게 주장하지는 않았을 것이다.

우주 법칙을 하느님이 세웠다는 주장에 대한 무관심이나 심지어는 그에 대한 부인, 그리고 법칙은 인간 정신의 구조 안에 내재되어 있다는 칸트의 견해는 하느님의 분노를 사기에 충분했다. 하느님은 칸트와 특히 자기 중심적이고 교만하며 자신만만한 수학자들을 벌하기로 작심했다. 그래서 하느님은 비유클리드 기하학의 출현을 촉진했다. 비유클리드 기하학은 자기 충족적이고 전능한 인간 이성의 모든 업적을 한순간에 허물어 버릴 괴물이었다.

1800년경에는 하느님에 대한 믿음이 약화되었고 흄과 같은 일부 급진적 철학자들은 모든 진리를 부정했지만 당시의 수학자들은 수학이 진리이며 자연의 수학적 법칙도 진리라는 믿음을 여전히 견지하고 있었다. 수학 분야 가운데에서도 유클리드 기하학은 가장 높은 지위를 차지하고 있었다. 연역적 방식에 따라 세워진 최초의 진리 체계일 뿐만 아니라 그 정리들은 2,000년 동안 물리적 사실들과 완벽하게 부합되었기 때문이었다. 그런데 바로 유클리드 기하학을 하느님이 공격한 것이다.

유클리드 기하학의 공리 가운데에 수학자들이 다소 불편함을 느끼는 게 하나 있었다. 그것은 그 공리의 올바름에 대해 회의했기 때문이 아니다. 바로 공리의 표현 방식 때문이었다. 그 공리는 평행선 공리로, 종종 유클리드의 제5공준이라고도 부른다. 이 공리는 다음과 같다.

한 직선이 다른 두 직선을 지난다고 하자. 이때 같은 쪽에 있는 두 내각의 합이 두 개 직각보다 작다면, 두 직선을 연장할 경우 두 직선은 두 내각의 합이 두 개 직각보다 작은 쪽에서 서로 만난다.

즉 그림 4.1의 각 1과 각 2를 더한 것이 180도보다 작으면 직선 a와 직선 b를 충분히 늘였을 때 이 둘은 서로 만나게 된다.

유클리드가 위와 같은 방식으로 공리를 표현한 데에는 그럴 만한 이유가 있었다. 그는 "각 1과 각 2의 합이 180도이면 직선 a와 직선 b는 평행하다."라고 말할 수도 있었다. 하지만 유클리드는 만나지 않는 무한 직선이 있다고 가정하는 것을 주저했다. 공리란 모름지기 물질 세계에 관한 자명한 진리이어야 하는데, 경험으로는 무한 직선을 확실하게 파악할 수는 없었다. 하지만 유클리드는 평행선 공리와 그 외의 공리를 사용하여 평행선의 존재성을 증명했다.

사람들은 유클리드가 기술한 평행선 공리가 다소 복잡하다고 생각했다. 다른 공리가 지니고 있는 간결함을 결여하고 있었다. 분명히 유클리드 자신도 평행선 공리를 달가워하지 않아서, 되도록 이 공리를 쓰지 않고 정리를 증명하려 했다.

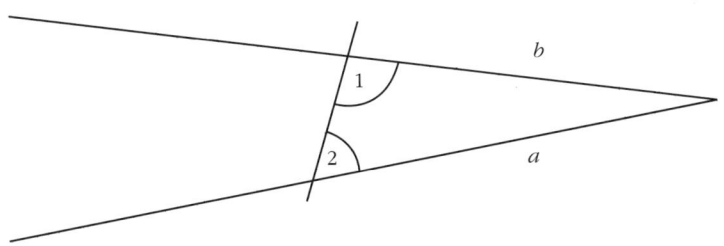

그림 4.1

평행선 공리와 관련된 문제로서 많은 사람을 성가시게 하지는 않았지만 결국에는 중요한 관심사로 떠오른 문제가 있다. 물리 공간에 실제로 무한 직선이 존재한다고 확신할 수 있는가 하는 문제였다. 조심스럽게 유클리드는 유한 선분을 필요한 만큼 늘일 수 있다는 가정만을 했다. 그렇지만 유클리드는 무한 직선의 존재를 가정하고 있었던 셈이다. 왜냐하면 유한에서 그치고 만다면 선분을 계속 늘이기란 불가능하기 때문이다.

이미 그리스 시대의 수학자들도 평행선 공리가 제기한 문제를 해결하려고 노력했다. 여기에는 두 가지 종류의 시도가 있었다. 첫 번째는 평행선 공리 대신에 좀 더 자명해 보이는 진술을 채택하는 것이었다. 두 번째는 유클리드의 나머지 아홉 가지 공리에서 평행선 공리를 연역해 내는 것이었다. 평행선 공리를 연역해 낸다면 공리는 정리가 될 것이고, 그러면 더 이상 의문의 여지가 없어진다. 2,000여 년 동안 그다지 유명하지 않은 수학자들을 제외하더라도 수십 명에 이르는 일급의 수학자들이 이 두 가지 해결 방식에 노력을 기울였다. 이에 대한 역사는 방대하며 전문적이다. 이를 다룬 책은 손쉽게 구해 읽을 수 있고,* 또 이 책의 주제와 특별한 관련이 없기 때문에 여기

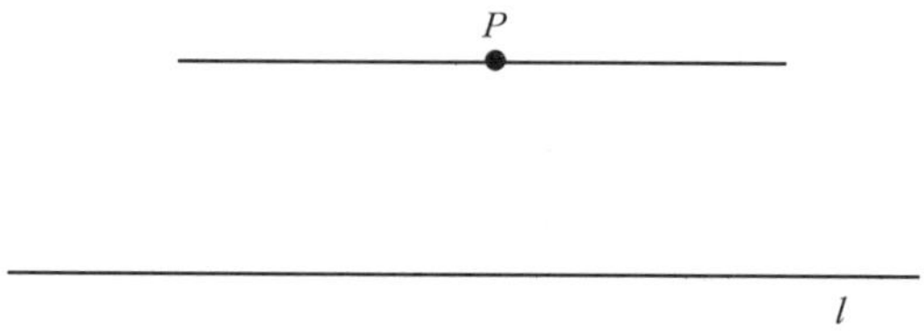

그림 4.2

서는 언급하지 않기로 한다.

그러나 평행선 공리를 대체하는 여러 공리 가운데서 한 가지는 언급을 하고 넘어갈 필요가 있다. 고등학교에서 보통 이 공리가 사용되고 있기 때문이다. 존 플레이페어(John Playfair, 1748~1819년)가 1795년에 제안한 이 공리의 내용은 다음과 같다. "점 P가 직선 l 위에 놓여 있지 않으면 P와 l이 결정하는 평면 위에서는 P를 지나면서 동시에 l과 만나지 않는 직선이 오직 하나만 존재한다."(그림 4.2) 대체 공리로 제시된 것들은 얼핏 유클리드 공리보다 간단해 보이지만 면밀히 살펴보면 그보다 더 나을 것이 없었다. 플레이페어의 공리를 포함해 대다수 대체 공리는 무한히 뻗어 나가는 경우에 대해 언급하고 있다. 다른 한편으로 '무한'을 직접적으로 언급하지 않는 공리들, 예컨대 합동이 아닌 닮은꼴 삼각형이 존재한다는 공리와 같은 것들은 다소 복잡해서 유클리드의 평행선 공리보다 나을 것이 없어 보였다.

평행선 공리를 나머지 아홉 가지 공리로부터 연역하려는 시도 가운데 가장 주목할 만한 연구는 예수회 신부이자 파비아 대학교의 교

---

* 추천한 만한 책으로는 로베르토 보놀라(Roberto Bonola)의 『비유클리드 기하학(Non-Euclidean Geometry)』이 있다. 1906년에 이탈리어 어로 초판이 간행되었고, 영역판은 1955년에 도버(Dover) 출판사에서 간행되었다.

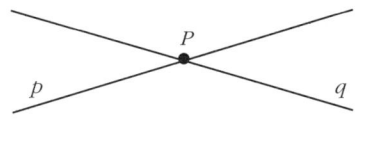

그림 4.3

수였던 제롤라모 사케리(Gerolamo Saccheri, 1667~1733년)의 연구이다. 유클리드 공리와 본질적으로 다른 공리를 채택하면 유클리드의 명제 가운데 하나와 모순이 되는 정리를 얻게 되리라는 것이 그의 생각이었다. 모순을 얻으면 유클리드의 평행선 공리를 부정하는 공리는 옳지 않다는 뜻이 되고, 따라서 유클리드 평행선 공리는 참이어야 한다. 다시 말해서 평행선 공리는 나머지 아홉 가지 공리의 논리적 귀결이 되는 것이다.

사케리는 먼저 점 P(그림 4.3)를 지나는 직선 중에서 l과 평행한 직선은 없다고 가정했다.* 이 공리와 다른 아홉 가지 공리에서 사케리는 모순을 이끌어 냈다. 그 다음으로 사케리는 남아 있는 유일한 가능성, 즉 P를 지나면서 l과는 만나지 않는 직선이 최소한 두 개 존재하는 경우에 대해 살펴보았다. 사케리는 이로부터 몇 가지 흥미로운 정리를 증명했는데, 그 가운데 하나가 너무도 이상스럽고 말도 안 된다고 여겨졌기 때문에 앞서 얻은 결과들과 배치된다고 생각했다. 따라서 사케리는 유클리드의 평행선 공리가 다른 아홉 가지 공리들의 논리적 귀결이라고 믿게 되었다. 그래서 사케리는 자신의 책에

---

* 지금부터 기술하는 내용은 사케리의 논의를 약간 수정한 것이다.

『잘못이 없음이 입증된 유클리드(Euclides ab omni naevo vindicatus)』(1733년)란 제목을 달아 놓았다. 하지만 이후의 수학자들은 두 번째 경우에서 사케리가 모순을 얻지 않았음을 깨달았고, 따라서 평행선 공리의 문제는 여전히 미제로 남게 되었다. 유클리드의 평행선 공리를 간결한 공리로 대체하려는 시도, 그리고 다른 아홉 가지 공리들로부터 연역하려는 시도는 부지기수로 많았다. 이 모든 노력이 아무런 성과를 거두지 못하자, 1759년에 달랑베르는 평행선 공리 문제를 두고 "기하학 원론의 스캔들"이라고 불렀다.

차츰 수학자들은 유클리드의 평행선 공리의 위상을 올바르게 파악하기 시작했다. 후일 헬름슈타트 대학교의 교수가 된 게오르크 클뤼겔(Georg Klügel, 1739~1812년)은 자신의 박사 학위 논문에서, "사람들은 평행선 공리를 확실한 진리로 받아들이고 있는데, 그 확실성의 근거를 경험에 두고 있다."라는 주목할 만한 주장을 폈다. 자명함보다는 경험에 의해 공리가 실증된다는 생각을 클뤼겔이 최초로 도입한 것이다.* 클뤼겔은 유클리드의 평행선 공리가 증명될 수 있다는 데 회의를 표시했다. 더욱이 그는 사케리가 모순을 얻어 낸 것이 아니라 단지 희한해 보이는 결과를 얻어 냈다는 점을 깨달았다.

클뤼겔의 논문에 자극을 받아 요한 하인리히 람베르트(Johann Heinrich Lambert, 1728~1777년)가 평행선 공리 문제에 천착했다. 자신의 책『평행선 이론』(1766년에 쓰어졌으나 1786년에 출간되었다.)에서 람베르트는 사케리와 비슷하게 두 가지 경우를 살펴보았다. 하지만 그는 사케리와는 달리 최소한 두 개의 평행선이 존재한다는 가정으로부터 모순이 나온다는 결론을 내리지 않았다. 더욱이 그는 모순이 도출되지

---

* 뉴턴 역시 이런 주장을 했지만 그다지 강조해서 말하지 않아 아무런 주목을 끌지 못했다.

않는 이상, 어떤 가정을 택하더라도 이로부터 새로운 기하학이 구성되어 나올 가능성이 있음을 깨달았다. 그러한 기하학은 물리적 현상과는 별다른 관계가 없더라도 논리적으로는 타당한 구조를 형성한다는 것이다.

람베르트와 더불어 가우스의 스승이었던 괴팅겐 대학교의 교수 아브라함 G. 케스트너(Abraham G. Kästner, 1719~1800년)의 연구 결과에 대해서는 그 중요성을 강조할 필요가 있다. 그들은 유클리드의 평행선 공리가 다른 아홉 가지 공리로부터 증명될 수 없다고 확신했다. 즉 평행선 공리는 유클리드의 다른 공리들과 독립되어 있다는 것이다. 더욱이 람베르트는 그 쓰임새에 대해서는 언급하지 않았지만 유클리드의 공리와는 배치되는 공리를 도입하여 논리적으로 모순되지 않는 기하학을 구성하는 것이 가능하다고 확신했다. 이렇게 해서 세 사람은 모두 비유클리드 기하학의 존재를 인식하게 되었다.

평행선 공리가 제기한 문제를 연구한 수학자 중에서 가장 뛰어난 사람은 가우스였다. 가우스는 유클리드의 평행선 공리를 연역하려는 시도가 허사라는 점을 잘 알고 있었다. 왜냐하면 괴팅겐에서는 그 사실이 사람들 사이에서 이미 널리 알려져 있었기 때문이다. 실제로 가우스의 스승인 케스트너는 이 분야에 정통했다. 몇 년 뒤인 1831년, 가우스는 친구인 슈마허에게 자신이 1792년(그때 가우스는 열다섯 살이었다.)에 이미 유클리드의 평행선 공리가 성립하지 않는 기하학이 논리적으로 가능하다는 생각을 했다고 말했다. 하지만 1799년까지도 여전히 가우스는 좀 더 설득력 있는 가정들을 가지고 유클리드 평행선 공준을 연역해 내려고 했으며, 논리적으로 모순이 없는 비유클리드 기하학을 상정할 수는 있지만 그래도 실제 물질 세계는 유클리드 기하학을 따른다고 믿었다. 그렇지만 친구이자 동료 수학자인 퍼르커시 보여이(Farkas Bolyai, 1775~1856년)에게 보낸 1799년 12월 17일자 편지에서 가우스는 다음과 같이 쓰고 있다.

> 연구에서 얼마간 진전을 이루었네. 하지만 내가 택한 방식으로는 우리가 염두에 두고 있는 목적(평행선 공리의 연역)을 얻을 수 없네. 그런데 자네는 그 목적을 이루었다고 하는군. 하지만 나로서는 기하학 자체가 과연 진리인지 의심하지 않을 수가 없네. 대다수 사람들의 눈에는 충분히 증명(평행선 공리의 연역)으로 여겨질 결과들을 얻었다네. 하지만 내가 보기에는 아무것도 증명하지 못한 것과 다름없네. 예를 들면, 주어진 값보다 더 큰 면적을 가진 삼각형이 항상 있다는 점을 보일 수 있다면 유클리드 기하학의 모든 정리를 엄밀하게 증명해 낼 수 있네.
>
> 대다수 사람들은 임의로 주어진 값보다 더 큰 면적을 지닌 삼각형이 존재한다는 것을 자명하다고 여길 테지. 하지만 나는 단호히 그런 생각을 배격하네! 삼각형의 꼭지점 세 점이 아무리 멀어져도 그 면적은 특정한 값보다 항상 작을 수도 있기 때문이라네.

1813년경 이후부터 가우스는 비유클리드 기하학을 발전시켜 나갔다. 처음에는 반유클리드(anti-Euclidean) 기하학이라고 불렀다가 환상 기하학(astral geometry)으로 바꿔 불렀고, 마침내 비유클리드 기하학이란 이름을 붙였다. 차츰 그는 이 새로운 기하학이 논리적으로 모순이 없을 뿐만 아니라 실제로 응용도 가능하다는 확신을 갖게 되었다.

친구 프란츠 아돌프 타우리누스(Franz Adolf Taurinus, 1794~1874년)에게 보낸 1824년 11월 8일자 편지에서 가우스는 이렇게 쓰고 있다.

> 삼각형 내각의 합이 180도보다 작다고 가정하면 현재의 기하학(유클리드

기하학)과는 완전히 다른 희한한 기하학을 얻게 된다네. 이 희한한 기하학을 나는 만족스러운 수준까지 전개시켜 놓았네. 여기에서 얻은 정리들은 역설적으로 보이고 또 모르는 사람들에게는 어불성설로 여겨지겠지만 조용히 숙고하면 불가능한 내용은 아니라는 점을 알게 된다네.

수학자이자 천문학자인 프리드리히 빌헬름 베셀(Friedrich Wilhelm Bessel, 1784~1846년)에게 보낸 1829년 1월 27일자 편지에서 가우스는 평행선 공리를 유클리드의 다른 공리로부터 연역해 내기란 불가능하다고 다시금 확인하고 있다.

여기서는 가우스가 만들어 낸 비유클리드 기하학에 대해서 논의하지 않기로 한다. 가우스는 명제들의 증명을 모두 마무리하지 않았을 뿐만 아니라 그가 증명한 명제들도 앞으로 살펴보게 될 니콜라이 이바노비치 로바체프스키(Nikolay Ivanovich Lovachevsky, 1792~1856년)와 보여이의 정리들과 대동소이하기 때문이다. 가우스는 베셀에게 보낸 편지에서 자신은 새로운 기하학에 대한 연구 결과를 발표하지 않겠다고 했다. 무지하고 어리석은 자들의 조롱이 우려된다는 이유에서였다. 일부 수학자들이 비유클리드 기하학의 완성을 향해 나아가고 있었지만 대다수 학자들은 유클리드 기하학만이 유일하게 가능하다는 확신에 사로잡혀 있었다. 비유클리드 기하학에서 가우스가 얻은 연구 성과를 엿볼 수 있는 자료는 친구들에게 보낸 편지와 1816년과 1822년에 『괴팅겐 학계 보고』에 실린 두 개의 짧은 글, 그리고 그가 사망하고 난 1831년에 논문 초고들 가운데에서 발견된 노트가 전부이다.

비유클리드 기하학의 탄생에서 더욱 큰 역할을 한 것으로 평가받는 두 사람이 로바체프스키와 보여이이다. 실제로 그들의 업적은 이

전에 이미 나왔던 혁신적 아이디어를 최종적으로 정리하고 완성한 것이었지만 연구 내용을 연역적 방식에 따라 체계적으로 정리하여 출간했기 때문에 비유클리드 기하학의 창시자로 일컬어진다. 러시아 인인 로바체프스키는 카잔 대학교에서 수학하고 그곳에서 1827년부터 1846년까지 교수 및 학장으로 재직했다. 1825년부터 여러 논문과 두 권의 책에서 그는 기하학 기초에 대한 자신의 생각과 견해를 발표했다. 퍼르커시 보여이의 아들 야노시 보여이(János Bolyai, 1802~1860년)는 헝가리 군대의 장교였다. 그는 '절대 공간의 과학'이라는 제목의 26쪽짜리 논문을 아버지인 퍼르커시 보여이의 두 권짜리 책 『학문에 힘쓰는 젊은이들을 위한 수학 원론』 제1권의 부록으로 덧붙여 발표했다. 비유클리드 기하학에 관한 이 논문에서 보여이 자신은 비유클리드 기하학 대신에 절대 기하학이라는 명칭을 사용했다. 이 책은 1832년과 1833년에 출간되어 시기적으로 로바체프스키보다 뒤졌지만 보여이는 1825년에 이미 비유클리드 기하학에 대한 생각을 구체적으로 정리했으며, 이렇게 해서 얻은 새로운 기하학이 논리적으로 모순되지는 않는다고 확신했다. 자신의 부친에게 보낸 1823년 11월 23일자 편지에서 그는 "저는 너무도 놀라운 발견 앞에 정신을 잃을 정도입니다."라고 썼다.

가우스, 로바체프스키 그리고 보여이는 유클리드의 평행선 공리가 아홉 가지 나머지 공리들로부터 증명될 수 없으며 유클리드 기하학을 구성하기 위해서는 어떤 형태로든 평행선에 관한 공리가 추가되어야 한다는 사실을 깨닫게 되었다. 유클리드의 평행선 공리는 독립적이기 때문에 이와 배치되는 공리를 채택하여 새로운 공리 체계를 바탕으로 결과를 얻어 내도 최소한 논리적으로는 문제가 없었다.

이 세 사람이 만들어 낸 실제 내용은 단순하다. 세 사람의 연구는

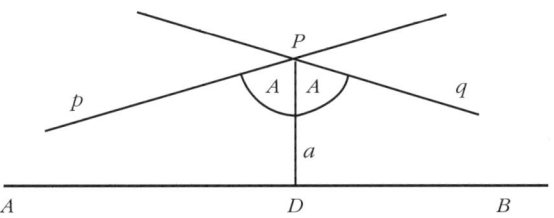

그림 4.4

본질적으로 동일하기 때문에 로바체프스키의 연구 결과를 살펴보기만 해도 충분하다. 로바체프스키는 과감하게도 유클리드의 평행선 공리를 배격하고 대신에 사케리가 채택했던 가정을 받아들였다. 직선 AB와 점 P가 주어져 있을 때(그림 4.4), P를 지나는 직선은 직선 AB와 관련해 두 종류로 나뉜다. 첫 번째는 AB와 만나는 직선들이고 두 번째는 AB와 만나지 않는 직선들이다. 두 번째 종류에 속하는 직선 가운데는 두 종류 직선들의 경계를 이루는 직선 p와 q가 존재한다. 좀 더 자세히 말하면 점 P가 직선 AB로부터 수직 거리로 a만큼 떨어져 있는 점이면 적당한 예각 A가 존재하여 점 P를 지나는 직선이 수선 PD와 이루는 각이 A보다 작으면 직선 AB와 만나고 A보다 크면 만나지 않는다. PD와 각 A를 이루는 두 직선 p, q는 평행선이라고 하고 점 A는 평행각이라고 부른다. 유클리드 기하학의 관점에서는 평행선이라고 불러야 하겠지만 점 P를 지나면서 AB와 만나지 않는 직선(평행선 p, q는 제외)을 평행선 대신에 비교차 직선이라고 부른다. 이로서 로바체프스키 기하학에서는 점 P를 지나는 무수히 많은 평행선의 존재가 허용되고 있는 것이다.

그런 다음, 로바체프스키는 몇 가지 핵심적인 정리를 증명했다.

만일 각 A가 $\frac{\pi}{2}$ 와 같다면 유클리드 평행선 공리가 성립한다. 만일 A가 예각이라면 수직 거리 a가 0으로 감소할 때 A는 증가하면서 $\frac{\pi}{2}$ 로 가까워진다. 또 a가 무한히 커질 때 A는 감소하면서 0으로 수렴한다. 삼각형의 내각의 합은 항상 180도보다 작고, 삼각형의 면적이 작아지면 그 내각의 합은 180도에 가까워진다. 더욱이 두 개의 닮은꼴 삼각형은 반드시 합동이 된다.

수학의 중요한 분야, 아니 중요한 결과를 혼자 이루어 낸 예는 없다. 기껏해야 결정적인 단계나 주장 정도만 한 사람의 공으로 돌릴 수 있다. 여러 사람들의 노력이 모여야 발전을 이룬다는 명제는 비유클리드 기하학에도 예외 없이 적용된다. 만일 비유클리드 기하학이 유클리드 평행선 공리를 대체하는 공리로부터 전개된 여러 결과물을 가리킨다면 대부분의 공은 마땅히 사케리에게 돌려져야 한다. 하지만 그런 그도 유클리드의 공리를 대체하려고 애를 썼던 다른 사람들의 연구 성과에서 큰 도움을 얻었다. 만일 비유클리드 기하학의 창안이 유클리드 기하학 이외에 다른 기하학이 가능하다는 깨달음을 의미한다면 그 창안자는 클뤼겔과 람베르트가 될 것이다. 그러나 비유클리드 기하학이 지니는 가장 중요한 의의는 **유클리드 기하학과 마찬가지로 물리 공간의 속성을 정확하게 기술하는 데 사용될 수 있다는 점**이다. 물리 공간을 기술하는 기하학이 반드시 유클리드 기하학이 되어야 할 이유는 없다. 유클리드 기하학이 실제 물리 공간과 일치한다는 보장은 어디에도 없다. 이러한 깨달음은 구체적인 수학 이론의 전개를 요구하지 않는데, 그 이유는 그러한 수학 이론이 이미 마련되어 있었기 때문이다. 그리고 그러한 깨달음을 최초로 얻은 이는 가우스였다.

전기 작가 가운데 한 사람에 따르면, 가우스는 이러한 확신을 직접 검증해 보려고 했다. 그는 유클리드 기하학에서는 삼각형의 내각의 합이 180도이고 비유클리드 기하학에서는 180도보다 작다는 사실을 알았다. 그는 여러 해에 걸쳐 하노버 왕국을 측량했고 여기에서 얻은 자료를 기록해 두었다. 이러한 자료를 이용하여 삼각형 내각의 합을 직접 측정했을 가능성이 있다. 1827년에 쓴 한 유명한 논문에서 가우스는 세 개의 산봉우리, 즉 브로켄, 호헨하겐, 인젤베르크에 의해 결정되는 삼각형의 내각을 합하면 180도보다 약 15도 더 크다는 사실을 언급했다. 하지만 실험의 오차 범위가 이것보다 훨씬 더 컸기 때문에 아무것도 증명하지 못했다. 정확한 내각의 합이 180도일 수도 있었고 아니면 그보다 작을 수도 있었다. 가우스는 결정적 증거가 되기에는 이 삼각형이 너무 작다는 것을 알고 있었음에 분명하다. 왜냐하면 그의 비유클리드 기하학에서는 180도와의 차이가 면적에 비례하기 때문이다. 천문학에서나 다룰 만큼 큰 삼각형에서나 유의미한 차이를 얻어 낼 수 있다. 그렇지만 가우스는 새로운 기하학도 유클리드 기하학처럼 응용이 가능하다고 확신했다.

로바체프스키 역시 자신의 기하학을 물리 공간에 적용할 수 있는지 살펴보았고 매우 큰 기하학 도형에 응용될 수 있음을 보여 주었다. 따라서 1830년대에는 일부 사람들이 비유클리드 기하학을 받아들였고 또 물리 공간에 응용이 가능하다는 생각까지 하게 되었다.

어떤 기하학이 실제의 물리 공간과 맞아떨어지는가 하는 문제는 가우스의 연구에 의해 제기되었는데, 이 문제는 또 다른 기하학의 탄생을 가져오는 기폭제가 되었다. 이 새로운 기하학으로 인해 더욱더 많은 사람들이 물리 공간을 올바르게 기술하는 기하학이 비유클리드 기하학일 수도 있다는 생각을 하게 되었다. 그 새로운 기하학을 만들어 낸 사람이 가우스의 제자로 후일 괴팅겐 대학교 수학과 교수가 된

게오르크 베른하르트 리만(Georg Bernhard Riemann, 1826~1866년)이다. 리만은 로바체프스키와 보여이의 연구 내용을 상세히 알지 못했지만 스승인 가우스의 연구에 정통했고, 따라서 유클리드 기하학이 필연적으로 적용되는 이론이 아닐 수 있다는 가우스의 생각을 리만은 분명히 잘 알고 있었을 것이다.

사강사가 되려면 자격 시험으로 강연을 해야 했는데, 가우스는 리만에게 기하학 기초에 관한 주제로 강연을 하게 했다. 리만은 1854년에 가우스가 참석한 가운데 괴팅겐 대학교 철학과 교수들 앞에서 강연을 했다. 강연 내용은 『기하학 기초에 놓여 있는 가정에 대하여』라는 제목으로 1868년에 출간되었다. 여기에서 리만은 공간 구조의 문제를 처음부터 완전히 새롭게 살폈다. 먼저 그는 물리 공간에 대해 확실하게 알 수 있는 것은 무엇인가 하는 문제를 다루었다. 경험으로부터 물리 공간의 성질을 결정하기 전에 우선 공간이라는 개념 자체에서 어떤 조건이나 사실을 미리 상정하고 있는가? 그는 그런 조건 또는 사실을 공리로 취급하여 그로부터 추가의 다른 속성을 이끌어 낼 계획이었다. 공리와 그로부터 연역되어 나오는 논리적 결과들은 선험적인 진리인 동시에 필연적 진리가 될 터였다. 그 외의 다른 공간의 속성들은 경험적으로 얻어 낸 것이 된다. 리만의 목표 가운데 하나는 유클리드의 공리가 자명한 진리라기보다는 경험적 진리라는 점을 보여 주는 것이었다. 그는 해석학적 방법(미적분학 및 미적분학을 확대한 이론)을 채택했다. 왜냐하면 기하학적 증명에서는 공간에 관한 우리의 기존 관념 때문에 부지불식간에 특정 사실을 가정하게 될 위험성이 있기 때문이었다.

공간 구조에 대한 리만의 접근법은 매우 일반적이다. 그런데 이 주제와 직접적 관계가 없기 때문에 자세히 다루지는 않겠다. 선험적 진리를 연구하는 과정에서 그는 두 가지를 구별했으며, 이 구별은 나중에 매우 큰 중요성을 갖게 된다. 그것은 경계가 없는 공간과 무한 공간을 구별하는 것이었다(예컨대 구는 경계가 없지만 무한 공간은 아니다.). 그는 무한 공간보다는 경계가 없는 공간에 더욱 큰 경험적 신뢰성을 부여할 수 있다고 말했다.

무한하지 않은 공간이면서 경계가 없을 수 있다는 리만의 생각은 또 다른 비유클리드 기하학의 성립을 가져왔는데, 이 기하학은 현재 이중타원기하학이라는 이름으로 불린다. 애초에 리만 자신과 에우제니오 벨트라미(Eugenio Beltrami, 1835~1900년)는 이 새로운 기하학을 특정한 곡면에만 적용할 수 있다고 생각했다. 예컨대 대원이 '직선'이 되는 구에 이 기하학을 적용할 수 있다는 것이다. 그러나 아서 케일리(Arthur Cayley, 1821~1895년)를 비롯한 이후의 여러 수학자들의 연구 성과에 힘입어 사람들은 이중타원기하학이 가우스, 로바체프스키, 그리고 보여이의 기하학과 마찬가지로 3차원 물리 공간, 즉 '직선'이 곧은 선이 되는 공간의 기술에도 사용될 수 있음을 받아들이게 된다.

이중타원기하학에서 직선은 무한정 뻗어 나가지만 길이가 무한하지는 않다. 더욱이 평행한 직선은 존재하지 않는다. 이 새로운 기하학에는 유클리드 기하학의 일부 공리들이 포함되어 있기 때문에 어떤 정리는 유클리드 기하학의 정리와 동일하다. 예컨대 한 삼각형의 두 변이 다른 삼각형의 두 변의 길이와 같고 또 끼인각도 서로 같다면 두 삼각형은 합동이라는 정리는 새로운 기하학에서도 성립한다. 하지만 이중타원기하학의 중요한 정리들은 유클리드 기하학과 가우스, 로바체프스키, 보여이의 기하학에 등장하는 정리들과 다르다. 한 정리를 보면 모든 직선은 동일한 길이를 가지며 두 점에서 만난다고 되어 있다. 또 다른 정리에는 한 직선에 수직인 직선들은 모두 같은 점에서 만난다고 되어 있다. 삼각형 내각의 합은 항상 180도보다 크지만 삼각형의 면적이 0에 가까워지면 180도로 감소해 간다. 두 개의 닮은꼴 삼각형은 반드시 합동이 된다. 이중타원기하의 적용 가능성과 관련해서는 이전에 만들어진 비유클리드 기하학(현재는 쌍곡기하학이라고 부른다.)에서 나왔던 모든 주장이 이중타원기하학에서도 동일하게 적용된다.*

얼핏 생각하면 이렇게 희한한 기하학이 유클리드 기하학만큼 중요하다거나 심지어 그것을 대체할 만하다는 주장은 어불성설인 듯 보인다. 하지만 가우스는 그러한 가능성이 충분히 있음을 인식했다. 1827년의 논문에 기록된 측정치를 사용해 비유클리드 기하학의 적용 가능성을 검증해 보았든 검증해 보지 않았든 간에 가우스는 비유클리드 기하학의 적용 가능성을 주장했을 뿐만 아니라 유클리드 기하학의 올바름에 대해 더 이상 확신하기 어렵다는 점을 어느 누구보다도 먼저 인식했다. 가우스가 흄의 저작에 직접적인 영향을 받았는지는 확인하기 불가능하다. 하지만 흄에 대한 칸트의 비판을 가우스는 몹시도 경멸했다. 어쨌든 그는 수학의 올바름에 회의의 시선을 보내던 시기에 살았으므로 사람이 자연스럽게 공기를 들이마시듯 당시의 지적 공기를 흡수했을 것이다. 비록 인식하지는 못해도 새로운 지적 기운이 자리를 잡고 있었던 것이다. 만일 사케리가 100년 뒤에 태어났다면 그 역시 가우스와 마찬가지로 같은 결론에 도달했을 것이다.

일견, 가우스는 수학에 전혀 진리가 없다는 결론을 내린 듯이 보인다. 베셀에게 보낸 1811년 11월 21일자 편지에서 그는 이렇게 말했

---

* 후일, 펠릭스 클라인은 두 직선이 항상 한 점에서 만나는 비유클리드 기하학이 존재한다는 것을 지적해 냈다. 그는 이 기하학을 단일타원기하학이라고 불렀다.

다. "복소함수도 모든 수학 구성물과 마찬가지로 사람이 만들어 낸 것에 지니지 않는다는 점을 잊지 말아야 한다네. 그리고 제시한 정의가 제대로 된 의미를 가지지 못한다면 그것이 무엇이냐고 묻는 대신에 그 정의가 합당한 의미를 갖기 위해서는 무엇을 가정해야 좋은지 물어야 하네." 그러나 어느 누구라 해도 신주단지처럼 여기는 보물을 순순히 포기하기는 어렵다. 가우스는 수학의 참됨에 관한 문제를 다시 살펴보았다. 그리고 수학의 올바름을 담보할 반석을 보았다. 1817년에 올베르스에게 보낸 편지에서 가우스는 이렇게 썼다. "유클리드 기하학의 물리적 필연성이 최소한 인간 이성으로 또 인간 이성을 위해서 증명되기는 불가능하다는 사실에 대한 저의 확신은 점점 더 강해져 가고 있습니다. 지금은 파악할 수 없는 공간의 본질도 다른 세상에서는 파악할 수 있을지 모르겠습니다. 그때까지는 기하학을 온전히 선험적인 산술과 동급으로 놓아서는 안 됩니다. 기하학은 당연히 역학(力學)과 같은 부류로 취급되어야 합니다." 칸트와는 달리, 가우스는 역학 법칙을 진리로 받아들이지 않았다. 가우스를 비롯한 대다수 사람들은 역학 법칙은 경험에 근거를 두고 있다는 갈릴레오의 믿음을 따랐다. 베셀에게 보낸 1830년 4월 9일자 편지에서 가우스는 다음과 같이 말했다.

공간에 관한 이론은 지식 체계에서 순수 수학(수를 기초로 세워진 수학)이 차지하고 있는 위치와는 전적으로 다른 위치를 차지하고 있다고 나는 굳게 믿고 있네. 순수 수학이 담보하고 있는 절대적 확실성을 기하학은 결여하고 있지. 만일 수가 순전히 인간 정신의 산물이라면 공간은 우리 정신 밖에 존재하는 실체이고 따라서 그 법칙을 완벽하게 기술하기란 불가능하다는 사실을 인정하지 않을 수 없을 것이네.

가우스는 산술의 참됨은 인간 정신에 자명하기 때문에 산술은 진리를 담고 있고 따라서 산술을 기초로 세워진 대수학과 해석학(미적분학과 그 확장)이 진리를 담고 있다고 주장하고 있는 것이다.

유클리드 기하학은 물리 공간의 기하학이며 공간에 관한 참다운 진리라는 생각은 사람들 마음속에 깊이 각인되어 있었기 때문에 가우스의 생각은 배격되었다. 수학자 게오르크 칸토어(Georg Cantor, 1845~1918년)는 무지(無知) 보존의 법칙을 언급했다. 잘못된 결론이 사람들 사이에 널리 받아들여지고 나면 사람들 생각에서 이를 제거해 내기 어려우며, 또 그것에 대한 이해가 불충분하면 불충분할수록 더욱 깊이 뿌리를 내리게 된다는 것이 무지 보존의 법칙이다. 로바체프스키와 보여이의 연구가 출간되고 30여 년이 지난 뒤에도 소수의 수학자를 제외한 대다수 사람들은 비유클리드 기하학을 무시했다. 일부 수학자들은 그 논리적 귀결을 부인하지는 않았다. 하지만 그 내용에 의구심을 나타냈다. 또 논리적 일관성도 부인하지 않았다. 그러나 다른 사람들은 비유클리드 기하학에는 반드시 모순이 담겨 있고 따라서 비유클리드 기하학은 아무짝에도 쓸모가 없다고 확신했다. 대다수 수학자들은 물리 공간의 기하학은 유클리드 기하학일 수밖에 없다는 생각을 견지했다.

불행히도 수학자들은 하느님을 이미 저버렸고, 그래서 하늘에 계신 신성한 기하학자도 여러 가지 기하학 가운데 어느 것을 사용해 우주를 설계했는지 계시해 주지 않았다. 수학자들로서는 자승자박의 결과였다. 하지만 1855년 어느 누구도 감히 필적할 수 없는 명성을 떨친 가우스가 사망하면서 그가 남겨 놓은 기록을 접할 수 있게 되었고, 또 리만의 1854년 논문이 1868년에 출간되면서 많은 수학자들은 비유클리드 기하학이 물리 공간의 기하학이 될 수도 있고 또 어떤 기하학이 참다운 진리인지 더 이상 확신할 수 없다는 생각을 갖게 되었다. 다른 기하학이 있을 수 있다는 생각 자체만으로도 충격이었다. 하지만 더욱 큰 충격은 어떤 기하학이 참된 진리인지 또는 참된 기하학이 대체 있는지 더 이상 확신할 수 없다는 사실이었다. 수학자들이 제한된 경험을 바탕으로 올바르다고 판단한 공리를 채택한 것에 불과하지만 이를 자명한 진리로 잘못 생각해 왔다는 사실이 확실해졌다. 이제 수학자들은 마크 트웨인의 다음과 같은 독설을 감내해야 할 처지가 되었다. "인간은 종교적 동물이다. 참다운 종교를 그것도 여러 개씩이나 갖고 있는 유일한 동물이다."

비유클리드 기하학과, 기하학의 참됨과 관련하여 비유클리드 기하학이 갖는 의미를 점차 수학자들이 받아들이게 되지만, 그 이유는 비유클리드 기하학의 적용 가능성에 대한 주장이 한층 강화되었기 때문은 아니었다. 그 이유는 양자역학의 창시자인 막스 플랑크(Max Planck, 1858~1947년)가 1900년대 초반에 말한 내용에서 찾을 수 있다. "새로운 과학적 진리가 힘을 얻게 되는 것은 반대자를 설득하여 진리의 빛을 보게끔 하기 때문이 아니다. 새로운 과학적 진리가 득세하는 이유는 반대자들이 결국에는 죽게 되고 이 새로운 진리에 익숙한 새 세대가 성장하기 때문이다."

수학의 참됨에 대해서 일부 수학자들은 가우스의 입장을 받아들였다. 진리는 수에 있으며, 수는 산술, 대수, 미적분학, 고등 해석학의 여러 분야의 기초가 되고 있다. 그래서 카를 구스타프 야코프 야코비(Karl Gustav Jakob Jacobi, 1804~1851년)는 "하느님은 항상 산술을 연구하신다."라고 했다. 플라톤이 지적했듯 하느님은 기하학을 연구하지 않는다는 것이다.

그렇다면 수학자들이 산술 위에 세워진 수학 분야를 확고한 진리

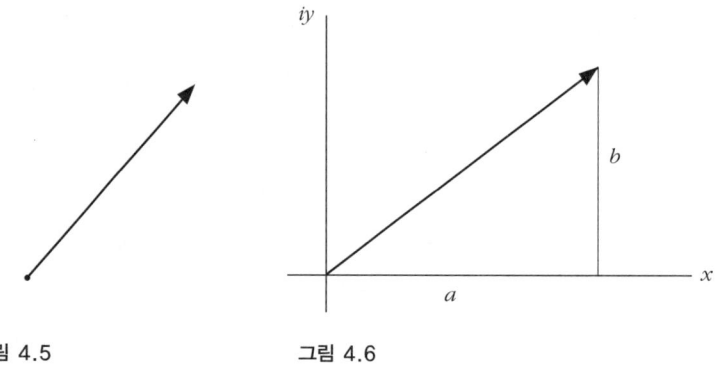

그림 4.5 그림 4.6

로 확보해 내는 데 성공한 듯 보일 것이다. 산술은 1850년대에 기하학 분야보다 훨씬 더 광범위한 성과를 냈고 과학에서 더욱 중요하게 사용되고 있었다. 그러나 불행히도 또 다른 놀라운 사건들이 뒤를 이어 일어났다. 이 사건들을 이해하려면 시간을 약간 거슬러 올라가야 한다.

16세기 이후로 수학자들은 벡터의 개념을 사용해 왔다. 벡터는 보통 방향이 주어진 선분으로 표시된다. 즉 벡터는 방향과 크기를 모두 지니고 있다(그림 4.5). 벡터는 힘, 속도 등과 같이 방향과 크기 모두가 중요한 의미를 지니는 물리량의 표시에 사용된다. 평면 위의 벡터들에 대해 기하학적 결합을 통해 더하기, 빼기, 곱하기, 나누기와 같이 흔히 사용되는 연산을 실시함으로써 또 다른 벡터를 만들어 낸다. 복소수도 역시 16세기에 도입되었다. 복소수는 $a + bi$의 형태로 된 수인데, 여기서 $i = \sqrt{-1}$이고, a와 b는 실수이다. 복소수는 당시 수학자들도 다소 신비스럽게 여겼다. 따라서 1800년경에 카스파르 베셀(Caspar Wessel, 1745~1818년), 장로베르 아르강(Jean-Robert Argand, 1786~1822년) 그리고 가우스 등과 같은 수학자가 복소수를 평면 위에 유한 선분으로 표시할 수 있다는 사실을 발견한 것은 큰 행운이었다.

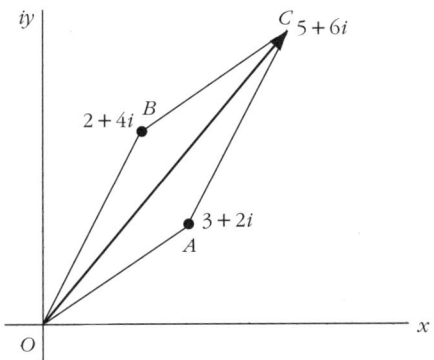

그림 4.7

그들은 복소수가 평면 위의 벡터를 표시하는 데 사용될 수 있을 뿐만 아니라 복소수를 사용해 벡터의 덧셈, 뺄셈, 곱셈, 나눗셈 등의 연산을 할 수 있다는 점도 알게 되었다. 즉 자연수 및 분수가 상업 거래를 기록하는 데 쓰이듯, 복소수는 벡터의 대수로 사용되는 것이다. 따라서 기하학적 방식을 쓰지 않고 그 대신에 대수적 방식으로 벡터의 연산을 할 수 있게 되었다. 두 벡터 OA와 OB(그림 4.7)를 더하면 덧셈에서의 평행사변형 법칙에 따라 벡터 OC를 얻는데, OA를 복소수 $3+2i$로, OB를 $2+4i$로 표시해 대수적으로 덧셈 연산을 실시할 수 있다. 이때 $5+6i$는 OC를 나타낸다.

복소수로 평면 위의 벡터와 벡터의 연산을 표현할 수 있다는 사실은 1830년경에는 널리 알려지게 되었다. 하지만 한 물체에 여러 개의 힘이 가해지는 경우, 힘을 나타내는 벡터는 일반적으로는 평면 위에 놓이지 않는다. 편의상 실수를 1차원 수, 복소수를 2차원 수라고 부른다면, 공간 안의 벡터와 그 연산을 대수적으로 표현하는 존재는 일종의 3차원 수가 된다. 이 3차원 수도 복소수의 경우와 마찬가지로 덧셈, 뺄셈, 곱셈, 나눗셈 등의 연산이 가능해야 하고 실수 및 복소수가 지니고 있는 특성을 지녀야 대수적 연산을 자유롭고 효과적으로 할 수 있다. 그래서 수학자들은 무엇을 3차원 수로 택해야 하며 또 그 대수는 어떠해야 할지 탐구하기 시작했다.

수많은 수학자들이 이 문제를 해결하고자 노력했다. 1843년 일종의 3차원 복소수라고 할 만한 수를 윌리엄 R. 해밀턴이 만들어 냈다. 15년 동안 해밀턴은 실패를 거듭했다. 당시 수학자들이 알고 있던 수는 모두 곱셈에서의 교환 법칙을 만족시켰다. 즉 $ab = ba$가 성립한다. 해밀턴으로서는 그가 찾고 있던 3차원 수, 또는 세 개의 성분으로 이루어진 수는 당연히 실수 및 복소수가 갖고 있는 성질들을 만족해야 한다고 생각했다. 해밀턴은 성공을 거두었지만 어쩔 수 없이 양보해야 할 것이 두 가지 있었다. 첫째로 그가 찾아낸 새로운 수는 네 개의 성분을 갖고 있었고, 둘째로는 곱셈에서의 교환 법칙을 희생해야 했다. 이 두 가지 특성은 대수학에서 혁명적인 것이었다. 그는 새로 얻은 수를 사원수(quaternion)라고 불렀다.

복소수는 $a + bi\,(i = \sqrt{-1}\,)$의 형태를 갖는 반면에 사원수는 다음과 같은 형태를 갖는다.

$$a + bi + cj + dk$$

여기서 i, j, k는 모두 $\sqrt{-1}$과 같은 성질을 갖는다. 즉 다음이 성립한다.

$$i^2 = j^2 = j^3 = -1$$

두 사원수가 같을 조건은 계수 a, b, c, d가 각각 같을 때이다.

두 사원수의 합은 각 계수를 더해 얻는다. 따라서 사원수의 합도 사원수이다. 사원수의 곱을 정의하기 위해 먼저 해밀턴은 i와 j, i와 k, 그리고 j와 k의 곱들이 무엇인지 결정해야 했다. 곱한 값도 사원수가 되어야 하고 또 실수 및 복소수에서 성립하는 성질들을 되도록 많이 만족해야 한다는 조건하에서 그는 다음과 같은 결과를 얻었다.

$$jk = i, \ kj = -j, \ ki = j, \ ik = -j, \ ij = k, \ ji = -k$$

이는 사원수의 곱셈이 교환 법칙을 만족하지 않는다는 뜻이다. 따라서 만일 p와 q가 사원수이면 pq는 qp와 다르다. 교환 법칙이 성립되지 않는다는 사실은 나눗셈에도 영향을 끼친다. 사원수 p를 사원수 q로 나눈다는 것은 $p = qr$를 만족하는 r나 $p = rq$를 만족하는 r를 찾는 일인데, 두 경우에 대해 r의 값이 일치할 필요는 없다. 해밀턴이 기대했던 것만큼 널리 유용하게 사용되지는 못했지만, 어쨌든 해밀턴은 다수의 물리 문제와 기하학 문제에 사원수를 응용할 수 있었다.

사원수의 도입은 수학자들에게 또 다른 충격으로 다가왔다. 실수와 복소수가 지니고 있는 기본 성질, 즉 $ab = ba$를 만족하지 않는 대수, 그러면서도 물리학에 유용하게 쓰이는 대수, 그런 대수가 존재한다는 것은 충격이 아닐 수 없었다.

해밀턴이 사원수를 만들고 나서 얼마 되지 않아 다른 분야를 연구하던 수학자들이 그보다 더 이상한 대수들을 도입했다. 유명한 대수 기하학자 케일리가 도입한 행렬이 그것이다. 행렬은 정사각형 모양이나 사각형 모양으로 수로 나열해 놓은 것이다. 행렬에도 역시 대수의 일반 연산들이 정의되지만 사원수의 경우와 마찬가지로 곱셈에서의 교환 법칙을 만족하지 못한다. 더욱이 두 행렬이 0이 아니면서도 그 곱이 0이 되는 때도 있다. 사원수와 행렬은 앞으로 나올 더욱 희한한 대수들의 선두주자일 뿐이었다. 헤르만 귄터 그라스만(Hermann Günther Grassmann, 1809~1877년)은 그런 희한한 대수들을 만들어 냈다. 이 대수들은 해밀턴의 사원수보다도 더 일반적이었다. 하지만 불행하게도 그라스만은 고등학교 교사였고, 따라서 그의 연구 결과가 주목을 받은 것은 여러 해가 지나고 나서였다. 어쨌든 그라스만의 연구 결과는 현재 초수(hypernumber)로 불리는 새로운 유형의 대수를 만들어 냈다.

특별한 목적으로 새로운 대수를 만들어 낸 것만으로는 흔히 쓰이던 산술의 참됨과 관련해 별다른 문제가 제기되지는 않았다. 결국, 흔히 사용되는 실수와 복소수는 완전히 다른 목적으로 사용되고 있었고 그런 목적 아래에서 실수와 복소수의 적절성은 의문의 여지가 없어 보였다. 하지만 새로운 대수의 등장은 사람들이 지금까지 익숙하게 사용하고 있던 산술과 대수의 참됨에 대해 회의의 눈길을 보내는 계기가 되었다. 이는 마치 외국의 생소한 문화 관습을 접하고 나면 자신의 문화 관습에 의문을 제기하기 시작하는 것과 비슷하다.

산술의 참됨에 대해 가장 신랄한 공격을 가한 사람은 뛰어난 의사이자 물리학자, 또 수학자이기도 한 헤르만 폰 헬름홀츠(Hermann von Helmholtz, 1821~1894년)였다. 자신의 저서 『계산과 측정』(1887년)에서 그는 물리 현상에 산술을 기계적으로 적용하는 것이 과연 합당한지 검토하는 것이 가장 중요한 문제라고 주장했다. 그는 산술 법칙 가운데 어떤 것이 적용 가능한지 경험을 통해서만 확인할 수 있다고 결론지었다. 특정 상황에서 산술 법칙이 적용 가능한지는 선험적으로 알 수 없다는 이야기였다.

헬름홀츠는 여러 가지 적절하고 타당한 사실들을 지적했다. 수의 개념은 경험에서 생겨난다. 경험의 종류에 따라 자연수, 분수, 무리수의 개념이 생겨나고 각각의 성질도 도출된다. 이러한 경험에 대해서는 익숙히 알고 있는 수를 적용한다. 우리는 실질적으로 동등한 대상물이 존재한다는 점을 인식하며, 따라서 예를 들어 두 마리의 암소란 말을 사용해도 된다는 사실을 안다. 하지만 이런 대상물들은 사라지거나 하나로 뭉쳐지거나 여러 개로 나뉘면 안 된다. 그런데 빗방울 하나에 다른 빗방울이 더해지면 두 개의 빗방울이 되지 않는다. 상등의 개념도 구체적 사태에 자동적으로 적용되지는 않는다. a라는 대상이 c와 같고 또 b도 c와 같으면 당연히 a와 b는 서로 같을 수밖에 없다고 생각한다. 하지만 두 소리의 높이가 세 번째 소리의 높이와 같게 들려도 처음 두 소리만을 들으면 높이의 차이를 구별할 수도 있다. 이 경우에 두 개가 어느 한 개와 각각 동일하지만 앞의 두 개는 서로 같지 않다. 마찬가지로 색깔 a와 b가 같은 색으로 보이고 또 b와 c가 같은 색으로 보여도 a와 c를 같이 놓고 보면 둘의 차이를 구별해 내는 경우도 생긴다.

산술의 단순 적용이 성립하지 않는 예는 많다. 예컨대 하나는 섭씨 40도이고 다른 하나는 섭씨 50도인 같은 양의 물을 섞으면 90도의 물이 되지 않는다. 초당 100회 진동하는 소리와 200회 진동하는 소리를 동시에 내면 초당 진동수가 300회인 소리가 나오지는 않는다. 저항이 각각 R_1, R_2인 저항 장치를 병렬로 연결하면 저항은 $R_1 R_2 / (R_1 + R_2)$이 된다. 또 앙리 르베그(Henri Lebesgue, 1875~1941년)가 익살스럽게 말했듯이, 한 우리에 사자 한 마리와 토끼 한 마리를 넣어 놓으면 나중에 우리 안에 두 마리 동물이 모두 남아 있기를 기대하기는 어렵다.

수소와 산소를 결합하면 물이 된다는 것은 모두들 화학에서 배워 잘 알고 있는 내용이다. 그런데 수소 두 단위와 산소 한 단위를 섞으면 세 단위의 물이 아니라 두 단위의 물이 생긴다. 마찬가지로 질소 한 단위와 수소 세 단위를 더하면 암모니아 두 단위가 생긴다. 산술과 맞지 않는 이러한 놀라운 결과가 왜 일어나는지 우리는 이미 잘 알고 있다. 아메데오 아보가드로(Amedeo Avogadro, 1776~1856년)의 가설에 따르면 온도와 압력이 동일한 조건에서 같은 부피의 공기에는 같은 수의 분자가 들어 있다. 따라서 만일 한 단위의 부피를 지닌 산소가 열 개의 분자를 갖고 있다면 같은 부피의 수소에도 역시 열 개의 분자가 들어 있다. 그리고 두 단위의 부피를 가진 스무 개의 분자가 들어 있다. 그런데 산소와 수소 분자는 두 개가 분자이다. 즉 분자 하나하나는 두 개의 원자로 구성되어 있다. 스무 개의 2가 수소 분자 각각이 산소 분자 열 개에서 나온 원자 한 개씩과 결합하여 물 분자 스무 개를 만들어 낸다. 즉 세 단위의 부피가 아니라 두 단위의 부피를 가진 물이 생기는 것이다. 따라서 산술은 기체의 결합을 제대로 기술해 내지 못한다.

보통 사용되는 산술은 액체를 섞을 때에도 적용되지 못하는 경우가 있다. 1쿼트의 진을 1쿼트의 베르무트와 섞으면 2쿼트가 되지 않고 그보다 약간 적은 양이 된다. 알코올 1쿼트와 물 1쿼트를 섞으면 약 1.8쿼트의 보드카가 된다. 알코올 음료를 혼합할 경우에 대부분 이런 일이 일어난다. 물 세 스푼과 소금 한 스푼을 섞으면 네 스푼의 소금물이 되지 않는다. 또 화학 물질을 서로 섞을 때 부피가 합이 되는 것이 아니라 폭발이 일어나는 때도 있다.

자연수의 성질이 자연 현상에 적용되지 못하는 경우가 있을 뿐만 아니라 분수의 셈도 다르게 적용해야 하는 경우도 있다. 야구의 경우를 살펴보자.

어느 선수가 한 경기에서 세 번 타석에 섰고 다른 경기에서는 네 번 타석에 섰다. 그렇다면 타석에 선 횟수는 모두 얼마인가? 당연히 일곱 차례가 답이 된다. 그런데 첫 번째 경기에서 두 번 안타를 쳤고 두 번째 경기에서 세 번 안타를 쳤다고 하자. 두 경기에서 모두 몇 번 안타를 쳤는가? 이번에도 답은 쉽게 구할 수 있다. 2 + 3, 즉 5가 답이다. 하지만 관중이나 선수나 모두 관심을 기울이는 것은 타율, 즉 안타 수를 타석에 선 수로 나눈 값이다. 첫 번째 경기의 타율은 $\frac{2}{3}$이다. 그리고 두 번째 경기의 타율은 $\frac{3}{4}$이다. 이제 이 두 수치를 이용해 두 경기 전체의 타율을 구하려고 한다. 두 분수를 더하면 된다고 생각하는 사람이 있을 것이다.

$$\frac{2}{3} + \frac{3}{4} = \frac{17}{12}$$

물론 이 답은 말이 되지 않는다. 열두 차례 타석에 들어서 열일곱 개의 안타를 칠 수는 없는 노릇이다. 분명히 보통 사용되는 분수의 합으로는 두 경기의 타율을 구할 수 없다.

각 경기의 타율에서 어떻게 해야 전체 타율을 구해 낼 수 있을까? 답은 분수를 합할 때 새로운 방식을 사용하는 것이다. 전체 타율은 $\frac{5}{7}$이고 각 경기의 타율은 각각 $\frac{2}{3}$와 $\frac{3}{4}$이다. 따라서 분모는 분모끼리 더하고 분자는 분자끼리 더하면 올바른 답을 얻는다.

$$\frac{2}{3} + \frac{3}{4} = \frac{5}{7}$$

여기서 +는 분모는 분모끼리, 분자는 분자끼리 더하라는 의미를 갖는다.

이런 방식으로 분수를 합하는 것은 다른 상황에서도 유용하게 사용된다. 자신이 얼마만큼 효율적으로 물품을 판매하는지 기록해 두려는 판매원이 있다고 하자. 어느 날 그는 다섯 명의 고객을 방문해 세 개의 물품을 판매했고 그 다음날은 일곱 명의 고객을 방문해 네 개의 물품을 판매했다. 판매 성공 비율을 얻으려면 야구 타율의 경우와 같은 방식으로 각각의 성공 비율을 더해야 한다. 이틀 동안 열 두 명의 고객을 방문해 일곱 개의 물품을 판매했으므로 판매 성공률은 $\frac{7}{12}$이고 이는 $\frac{3}{5} + \frac{4}{7}$와 같다. 물론 여기서 +는 분모는 분모대로, 분자는 분자대로 각각 더하는 것을 의미한다.

이보다 더 흔하게 접할 수 있는 응용 사례가 있다. 자동차가 두 시간 동안에 50킬로미터를 달렸고 다시 두 번째 주행에서 세 시간 동안에 100킬로미터를 달렸다고 하자. 그렇다면 두 차례에 걸친 평균 속력은 얼마일까? 다섯 시간 동안에 150킬로미터를 달렸으므로 당연히 시속 30킬로미터이다. 하지만 각각의 주행에 대한 평균 속력으로부터 두 차례 주행에 대한 평균 속력을 구하는 것이 유용할 때가 종종 있다. 첫 번째 주행에서의 평균 속력은 $\frac{50}{2}$이고 두 번째는 $\frac{100}{3}$이다. 이 두 분수의 분모와 분자를 각각 더해 새로운 분수를 얻어 내면 바로 그것이 전체 주행에서의 평균 속력이 된다.

보통의 경우는 $\frac{4}{6} = \frac{2}{3}$이다. 하지만 위와 같은 방식으로 분모를 더할 때, 예컨대 $\frac{2}{3} + \frac{3}{5}$에서 $\frac{2}{3}$를 $\frac{4}{6}$로 대체해서는 안 된다. 앞의 것은 $\frac{5}{8}$이고 뒤의 것은 $\frac{11}{7}$인데 두 수는 같지 않다. 더욱이 정상적인 산술에서 $\frac{5}{1}, \frac{7}{1}$은 정수 5, 7과 같다. 하지만 지금 소개한 새로운 산술에서는 그 합이 $\frac{12}{1}$가 아니라 $\frac{12}{2}$가 된다.

기존 방식과는 다른 연산을 도입할 수 있고 또 현실 문제에 적용할 수 있는 산술을 만들어 낼 수 있음을 이러한 예는 보여 주고 있다. 실은, 수학에서는 그 외에도 여러 종류의 산술이 있다. 하지만 수학자들이 기분 내키는 대로 이런 산술을 만들어 낸 것은 아니다. 각각의 산술은 물질 세계의 특정 현상을 나타내도록 고안되어 있다. 앞에서 두 경기의 타율에서 전체 타율을 계산할 때 새로운 합을 정의했듯이 특정 현상을 적합하게 기술하도록 연산을 정의함으로써 새로운 산술을 이용해 실제로 일어나는 사건을 편리하게 연구할 수 있게 된다. 주어진 상황에 보통의 산술을 적용할 수 있는지의 여부는 오직 경험에만 의존하여 판단할 수 있다. 그러므로 산술을 자연 현상에 필연적으로 적용되는 진리들의 집합체라고 말하기 어렵다. 그리고 대수학과 해석학은 산술의 확장이기 때문에 그런 분야들도 진리의 집합체로 볼 수 없다.

따라서 수학자들로서는 수학에는 진리가 없다는 결론을 내리지 않을 도리가 없다. 여기서 진리라고 함은 실제 세계의 법칙을 드러낸다는 의미이다. 산술과 기하학의 기본 구조를 구성하는 공리는 경험에 의거해 채택되므로 그 구조가 갖는 적용성은 제한적일 수밖에 없다. 어디에 적용 가능한가는 오직 경험에 의거해서만 결정된다. 자명한 진리로부터 출발한 연역적 증명만으로 수학의 참됨을 담보하려던 그리스 인들의 시도는 부질없는 것으로 밝혀졌다.

수학이 진리의 집합체가 아니라는 사실은 사려 깊은 수많은 수학자들에게는 받아들이기 힘든 것이었다. 마치 바벨탑을 쌓던 사람들에게 여러 개의 언어를 쓰게 하여 혼란을 일으켰던 것처럼, 하느님이 여러 개의 기하와 여러 개의 대수로 수학자들에게 혼란을 안겨 주려는 듯 보였다. 그래서 수학자들은 새로운 결과를 받아들이려 하지 않았다.

해밀턴은 뛰어난 수학자임에는 틀림없었지만 1837년에 비유클리드 기하학을 반대하는 태도를 보였다.

반듯한 정신에 지적 능력을 갖춘 사람이라면 2,000년 전 유클리드의 『기하학 원론』에 기록된 평행선의 주요 특성이 진리라는 사실을 절대 의심하지 못한다. 물론, 그 진리를 더욱 명확하고 더욱 나은 방식으로 전개하여 제시해 줄 것을 요구하는 정도는 있을 수 있지만 말이다. 독창성을 발휘하여 유클리드의 논증을 좀 더 개선할 수는 있을지언정, 불명확함이나 모호함이 전혀 없기 때문에 의심의 눈길을 보낼 여지는 없다.

1883년에 영국과학진보협회 회장에 취임하면서 한 연설에서 케일리는 이렇게 강조했다.

> 플레이페어가 표현한 형태로서의 유클리드의 열두 번째 공리(보통은 제5공준 또는 평행선 공리라고 불린다.)는 아무런 논증이 필요하지 않으며 다만 우리가 지니고 있는 공간 개념의 한 부분이자 우리가 경험하는 물리 공간 개념의 한 부분을 이룬다. 오랫동안의 경험으로 인해 이 공리를 당연하게 받아들이고 있지만, 실은 모든 외부 경험의 토대에 놓여 있는 근본 개념이다. 기하학의 명제들은 단지 근사적으로 참인 것이 아니라 유클리드 공간에 관한 한 절대적으로 참이며, 유클리드 공간은 오랜 세월 동안 우리가 실제로 경험하는 물리 공간으로 간주되고 있다.

최근의 수학자들 가운데 진정으로 위대한 수학자인 펠릭스 클라인(Felix Klein, 1849~1925년)도 같은 견해를 표명했다. 케일리와 클라인은 비유클리드 기하학을 직접 연구했지만 유클리드 기하학에 인위적인 새로운 거리 함수가 도입될 때 얻어지는 신기한 대상 정도로만 비유클리드 기하학을 바라보았다. 두 사람은 유클리드 기하학만큼 비유클리드 기하학도 기초적이며 응용이 가능하다는 사실을 받아들이려 하지 않았다. 당시에는 아직 상대성 이론이 나오지 않았으므로 그들의 입장은 요지부동이었다.

참됨이란 말을 다소 제한적인 의미로 사용하기는 했지만 버트런드 러셀 역시 수학의 참됨을 믿었다. 1890년대에 러셀은 공간의 어떤 속성이 필수적이고 또 경험 이전에 가정될 수 있는지를 연구했다. 즉 이 선험적 속성들 가운데 어느 것이라도 부정되면 경험은 무의미해진다. 『기하학 기초에 대한 시론』에서 그는 유클리드 기하학이 선험적 지식이 아니라는 데 동의한다. 그보다는 정성적(qualitative) 기하학인 사영(projective)기하학*이 선험적 지식으로 모든 기하학의 기초가 된다는 결론을 내렸다. 당시 사영기하학의 중요성에 비추어 보면 그런 결론을 내린 점은 충분히 이해할 만하다. 러셀은 유클리드 기하학과 비유클리드 기하학 모두에 공통적으로 들어가는 공리들을 사영기하학에 추가했다. 이 공리들은 공간의 균질성, 차원의 유한성, 거리 개념 등에 관한 것으로, 이 공리들을 통해 측도가 가능해진다. 러셀은 또한 질적 고려가 양적 고려에 앞서야 한다고 지적했고 이러한 주장으로 사영기하학의 선행적 성격은 더욱 강조되었다.

러셀은 특정한 거리 개념을 사영기하학에 도입하여 그로부터 거리 기하학, 즉 유클리드 기하학과 비유클리드 기하학을 도출해 낼 수 있다는 사실이 아무런 철학적 의의를 지니지 않는 기술적 성과라고 여겼다. 어쨌든 거리 기하학에 등장하는 정리들은 선험적 진리가 아니다. 몇몇 기본적 거리 기하학에 대해서 그는 케일리 및 클라인과

---

* 사영기하학은 도형을 한 평면에서 다른 평면으로 사영하여 얻은 여러 가지 도형들이 공통으로 갖는 성질에 대해 연구한다. 예컨대 원을 손전등 앞에 놓으면 그 그림자가 스크린이나 벽에 생긴다. 원을 빛이 나오는 방향 쪽으로 기울이면 그림자의 모양은 바뀐다. 하지만 이 다양한 모습들은 여러 기하학적 성질들을 공유한다.

의견을 달리하면서 이 기하학들 모두가 동일한 논리적 기반 위에 서 있다고 보았다. 여러 기하학 가운데 선험적 속성을 지닌 것은 오직 유클리드 기하학, 쌍곡기하학, 단일타원기하학 및 이중타원기하학뿐이기 때문에 그들만이 가능한 거리 기하학이며, 그 가운데에서도 유클리드 기하학만이 물질 세계에 적용할 수 있는 기하학이라고 러셀은 주장했다. 나머지 기하학은 상이한 기하학이 존재할 수 있음을 보여 준다는 점에서 철학적 중요성을 지닌다는 것이다. 현시점에서 되돌아보건대 러셀은 유클리드 기하학에 편향된 생각을 사영기하학에 편향된 생각으로 대체했을 뿐임을 알 수 있다. 러셀은 여러 해 뒤에 『기하학 기초에 대한 시론』이 젊은 시절에 씌어졌으며 이제는 더 이상 그 주장을 옹호하지 않는다고 말했다. 하지만 나중에 보겠지만 러셀을 비롯한 여러 사람들은 수학의 진리를 확립하기 위한 새로운 기반을 만들어 내게 된다(10장 참조).

수학자들이 고집스럽게 기본적 진리를 찾으려 했던 것은 충분히 이해할 만하다. 몇백 년 동안 자연 현상을 기술하고 예측하는 데 눈부신 성공을 거두어 온 수학이 천연 금강석이 아니라 인조 보석이라는 사실은 어느 누구라도 받아들이기 힘들었고 특히 스스로 이루어 놓은 업적에 대한 자만심으로 눈이 먼 사람들에게는 더욱더 그러했다. 하지만 차츰 수학자들은 수학의 공리와 정리가 물질 세계에 관한 필연적 진리가 아니라는 사실을 인정하게 되었다. 특정 영역의 경험은 특정한 공리들을 채택하게 한다. 그리고 그 공리들과 그 공리들의 논리적 귀결은 그 영역을 정확하게 기술하는 유용한 도구로 사용된다. 하지만 그 영역이 확대되면 적용 가능성은 소멸될 수도 있다. 물질 세계의 연구에서 수학은 이론이나 모델만을 제공할 뿐이다. 그리고 새로운 이론이 기존 이론보다 현상을 더 적합하게 기술한다는 사실이 경험이나 실험으로 입증되면 기존 이론은 새로운 이론으로 대체된다. 수학과 물질 세계의 관계를 아인슈타인은 1921년에 다음과 같이 훌륭하게 표현했다.

수학 명제들이 현실을 기술하는 한에서는 그 확실성을 담보받지 못한다. 명제들이 확실성을 담보받는 한에서는 그 명제들은 현실을 기술하지 않는다. …… 그러나 수학, 특히 그중에서도 기하학은 실제 대상물의 속성을 알려는 우리의 욕구에서 생겨났다는 점은 확실하다.

수학자들은 하느님을 저버렸고 그래서 이제 그들에게 남은 길은 인간을 받아들이는 길뿐이었다. 그리고 수학자들은 바로 그렇게 했다. 그들은 수학을 발전시켜 갔고 자연의 법칙을 계속해 찾아냈다. 그러면서 자신들이 만들어 낸 성과가 하느님의 것이 아니라 인간의 것임을 확실하게 알게 되었다. 과거의 성공에 힘입어 그들은 자신들이 하고 있는 일에 확신을 지닐 수 있었고 또 다행스럽게도 새로운 성공이 그들의 노력을 맞아 주었다. 수학의 생명을 유지해 주었던 것은 수학 자체가 조제해 낸 강력한 묘약——천체역학, 음향학, 유체역학, 광학, 전자기학, 공학 등에서 이룬 엄청난 성과——과 놀라울 만큼 정밀한 예측 능력이었다. 진리의 깃발 아래 힘들게 싸워 나가기는 했지만 내재하는 어떤 신비의 힘으로 승리를 쟁취한 분야이므로 거기에는 반드시 결정적인 힘, 아니 어쩌면 마술적인 힘이 있어야만 했다(15장 참조). 그래서 수학 연구와 과학에 대한 응용은 더욱더 빠른 속도로 이루어져 갔다.

수학이 진리의 본당(本堂)이 아니라는 깨달음은 엄청난 반향을 불러왔다. 우선 과학에 끼친 영향부터 살펴보자. 갈릴레오 시대 이후로 과학자들은 최소한 200년 동안은 자신들이 찾아낸 원리가 자연의 설계에 내재되어 있다는 믿음을 견지하기는 했지만 과학의 기본 원리는 수학과는 달리 경험에서 도출되어야 한다는 점을 인식하고 있었다. 수학도 경험에서 그 원리를 도출해 내며 또 더 이상 그 원리들이 진리라고 주장하지 못한다는 점을 인식하게 되자 과학자들은 수학의 공리와 정리를 사용하는 한 과학 이론은 그보다 더 취약할 수밖에 없다는 사실을 깨닫게 되었다. 자연 법칙은 인간이 만들어 낸 산물이다. 하느님이 아니라 인간 자신이 우주에 질서를 부여한 것이다. 자연 법칙은 인간이 내세우는 설명이지 하느님이 규정한 질서가 아니다.

이런 재앙이 가져온 반향은 서구 문화의 거의 모든 분야에까지 미쳤다. 수학 및 수리물리학 분야가 진리를 확보했다는 그간의 믿음은 다른 모든 지식 분야에서도 진리 확보가 가능하다는 기대를 낳았었다. 데카르트는 1637년에 나온 『방법 서설』에서 이러한 기대를 다음과 같이 표명했다.

기하학자들이 단순하면서도 쉬운 추론을 연이어 적용하여 심오하고 어려운 결론에 도달하는 것을 보면서 나는 모든 것들이 그와 같은 방식으로 서로 연결되어 있으며, 또 우리의 능력이 미치지 못하거나 발견하지 못할 만큼 깊이 숨겨져 있는 것은 아무것도 없다는 생각을 갖기에 이르렀다. 단지 허위를 진리로 착각하지 말아야 하고 한 진리에서 다른 진리로 연역되는 순서를 염두에 두기만 하면 된다.

데카르트는 수학 연구에서 주목할 만한 성과가 아직 나오지 않았던 시기에 이런 글을 썼다. 18세기 중반에는 이루어 놓은 성취가 너무도 많았고 그 깊이 또한 상당했기 때문에 학계를 이끌던 사람들은 이성과 수학을 적용한다면 모든 분야에서 진리를 담보할 수 있다고 확신했다. 달랑베르는 자신의 시대를 다음과 같이 찬양했다.

> 우주의 장관은 우리 안에 영감을 샘솟게 했다. 이렇게 영감은 인간 정신에 활기찬 발효 작용을 가져왔다. 이 인간 정신의 발효는 댐을 무너뜨리는 강물과도 같이 자연의 모든 방향으로 펼쳐 나가면서 앞을 가로막는 모든 장애물을 엄청난 힘으로 쓸어 버렸다. 세속 과학의 원리에서 종교적 계시의 기초에 이르기까지, 형이상학에서 기호의 문제에 이르기까지, 음악에서 도덕률에 이르기까지, 신학자들의 스콜라 철학 논쟁에서 상업 문제에 이르기까지, 군주들의 법률에서 인민의 법률에 이르기까지, 자연 법칙에서 인위적인 국가 법률에 이르기까지, 모든 것이 빠짐없이 논의되고 분석되고, 또는 언급되었다.

모든 분야에서 진리를 발견해 낼 수 있다는 확신은 수학에 진리가 없다는 깨달음으로 산산이 깨어졌다. 정치학, 윤리학, 종교학, 경제학 등에서 진리를 얻어 낼 수 있다는 희망 또는 신념이 지금도 사람들 마음속에 남아 있을 수 있겠지만 그 희망을 가장 든든하게 뒷받침해 주던 지지물은 사라지고 말았다. 수학은 인류가 진리를 획득할 수 있다는 것을 증명했지만 곧 그 증명을 파기하고 말았다. 이런 지적 재앙을 가져온 것은 다름 아닌 이성의 기념비적 승리라고 할 수 있는 비유클리드 기하학과 사원수였다.

윌리엄 제임스가 말했듯, "인간의 지적 생활이란 거의 전적으로 경험의 근원이 되는 지각 질서를 개념 질서로 바꿔 내는 과정"인 것이다. 그러나 개념적 질서가 지각 질서를 온전히 담아 내지는 못한다.

진리의 상실로 인류는 지식의 중심과 기준, 사상에서의 확립된 권위를 잃고 말았다. "인간 이성에 대한 자부심"은 추락했고 그 추락과 함께 진리의 전당도 파괴되었다. 역사가 남긴 교훈은, 의심할 여지가 없어 보이는 확고한 진리라고 해도 그것을 교조적으로 주장해서는 안 된다는 점이다. 확고한 진리로 여겨지는 것들이 실은 가장 의심스러운 것들이다. 그것들은 인류의 탁월함을 나타내는 것이 아니라 인류의 한계와 제약을 드러낼 따름이다.

수학의 참됨에 대한 신뢰의 역사는 워즈워스의 시 「불멸성의 암시」에 나오는 두 개의 구절로 요약할 수 있을 것이다. 1750년경의 수학자라면 자신들이 만들어 낸 피조물, 즉 수학을 두고 이렇게 이야기할 수 있었다.

> 그러나 우리는 영광의 구름을 끌고 다니시는 분
> 바로 하느님께로부터 왔으니 그분이 우리의 본향이요.

그러나 1850년이 되자 수학자들은 다음과 같이 탄식하지 않을 수 없었다.

> 하지만 나는 잘 알고 있으니 내가 어디로 가든
> 지상에서 사라져 버린 영광은 더 이상 찾을 수 없다는 것을.

그러나 역사를 보고 너무 암담한 생각을 가져지면 곤란하다. 에바리스트 갈루아(Évariste Gallois, 1811~1832년)는 수학을 두고 이렇게 이야기했다. "수학은 인간 정신의 산물이다. 그리고 인간 정신은 진리를 그저 발견하는 것이 아니라 진리를 향해 끊임없이 탐구하게끔 운명

지어져 있다." 쉽사리 사람 손에 붙잡히지 않으려는 의지가 아마도 진리의 한 가지 속성인 듯하다. 로마의 철학자 세네카의 말대로 "자연은 그 모든 신비를 한 번에 모두 드러내지 않는다."

5장

논리적 주제의 비논리적 발전

우리는 슬퍼하지 않으리라.

우리에게 남겨진 것에서 힘을 얻으리니.

워즈워스

16세기 페르시아의 수학자 겸 천문학자들의 모습을 그린 그림.

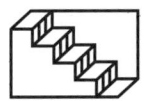

지난 2,000년 동안 수학자들은 자연의 수학적 짜임새를 매우 성공적으로 밝혀내고 있다고 믿었다. 그러나 이제는 수학 법칙이 진리가 아니라는 사실을 인식해야 하는 상황이 되었다. 그리고 2,000년 동안 수학자들은 수학 공리에 연역적 추론을 가하여 공리만큼 신뢰할 수 있는 결론을 이끌어 내는 그리스 방식을 충실히 따르고 있다고 믿었다. 자연과학의 수학 법칙들은 놀라울 만큼 정확했기 때문에 수학적 논증에 대한 일부 이견이 있었지만 철저히 무시되었다. 가장 예리한 눈을 가진 수학자들조차도 어떠한 추론상의 결함도 쉽게 제거할 수 있다고 생각했다. 하지만 19세기가 되자 논증에 대한 신뢰는 깨지기 시작했다.

무슨 일이 일어났기에 수학자들의 눈이 뜨인 것일까? 자신들이 사용하고 있는 추론에 본질적인 결함이 있다는 사실을 어떻게 해서 알게 된 것일까? 19세기 초엽에 미적분학의 엄밀성에 대한 비판이 일었다. 이 비판을 제대로 반박하지 못하면서 일부 사람들은 이미 동요하기 시작했다. 하지만 진리에 대한 주장을 포기하게 한 것은 수학자 스스로 만들어 낸 창조물, 바로 비유클리드 기하학과 사원수였다. 이 창조물로 인해 대다수 수학자들은 심각한 논리상의 난점에 직면하게 된다.

비유클리드 기하학 연구로 인해 놀랍게도 유클리드 기하학이 매우 심각한 논리적 결함을 가지고 있음이 밝혀졌다. 비유클리드 기하학에서 얻은 정리 및 증명을 유클리드 기하학에 등장하는 유사한 정리 및 증명과 비교하는 과정에서 2,000년 동안이나 학자들이 엄밀한 증명의 전범으로 높이 평가하던 유클리드 기하학에 심각한 결함이 있음이 발견된 것이다. 사원수와 더불어 시작된 새로운 대수의 발견(4장 참조)으로 큰 동요를 느낀 수학자들은 실수 및 복소수의 논리적 토대를 다시금 살펴보기에 이르렀다. 그런데 이 분야에서 발견한 결과 역시 놀라웠다. 매우 논리적인 분야라고 생각했으나 그간 완전히 비논리적으로 전개되어 왔다는 사실을 발견한 것이다.

통찰력을 얻는 가장 좋은 방법은 지난 과오를 반추해 보는 것이다. 새로운 창조물 덕분에 과오를 깨닫게 된 수학자들은 선대의 수학자들이 어떤 것을 제대로 파악해 내지 못했는지, 또 파악하기는 했지만 진리를 얻으려는 지나친 의욕 때문에 어떤 세밀한 내용을 놓치고 말았는지 확연히 볼 수 있게 되었다. 수학자들은 분명코 수학을 절대 포기하려 하지 않았다. 수학은 과학에서 놀랄 만한 유용성을 여전히 과시하고 있었을 뿐만 아니라 수학자들은 플라톤과 마찬가지로 수학을 감각을 초월하는 실체로 간주했다. 따라서 수학자들은 수학의 논리적 구조를 재점검한다면 결함이 있는 부분을 충분히 보완할 수 있다고 확신했다.

연역적 수학은 그리스 인들에 의해 시작되었으며, 최초로 연역 체계를 선보인 것은 유클리드의 『기하학 원론』이다. 유클리드는 정의와 공리에서 출발하여 연역적 방법으로 정리를 이끌어 냈다. 유클리드의 일부 정의를 살펴보자.

정의 1. 점이란 어떤 부분도 갖지 않는 것이다.

정의 2. 선(지금 사용하는 용어로는 곡선)은 폭은 없고 길이만 있는 것이다.

정의 4. 직선이란 그 위의 점이 균등하게 놓여 있는 선이다.

아리스토텔레스는 어떤 개념을 정의할 때 이미 알려져 있는 개념들로 기술해야 한다고 지적했다. 그리고 출발점에서는 정의되지 않은 개념을 가지고 시작해야 한다고 주장했다. 기원전 300년경에 알렉산드리아에서 활약했던 유클리드는 그리스 고전 저작과 특히 아리스토텔레스의 저작을 잘 알고 있었던 것으로 보인다. 그런데도 그는 『기하학 원론』에서 개념들을 남김없이 정의했다.

이 결함에 대해서는 지금까지 두 가지 설명이 있다. 무정의 술어가 있어야 한다는 주장에 유클리드가 동의하지 않았거나, 아니면 유클리드를 옹호하는 사람들이 주장하듯이 무정의 술어가 있어야 한다는 점을 인식했지만 술어의 직관적 의미를 기술하여 독자에게 뒤를 이어 나오는 공리가 올바른 명제임을 알려 주려했다는 것이다. 후자의 경우라면 본문 안에 정의를 포함시키지 말아야 했다. 유클리드의 의도가 어떠하든 간에 2,000년 동안 그를 추종했던 수학자들은 모두 무정의 술어의 필요성을 깨닫지 못했다. 파스칼은 『기하학적 정신에 대한 고찰』에서 이러한 필요성에 주의를 환기시켰지만 그의 주장에 어느 누구도 관심을 기울이지 않았다.

그렇다면 유클리드의 공리는 어떠한가? 그는 아리스토텔레스를 따라 모든 추론에 적용되는 다섯 가지 일반 개념(common notions)과 기하학에만 적용되는 다섯 가지 공준을 명시했다. 그 일반 개념 가운데 하나는 "주어진 대상물과 동일한 대상물들이 있을 때 이 대상물들은 서로 동일하다."이다. 유클리드는 '대상물' 이라는 말을 길이, 넓이,

부피, 그리고 정수에 적용했다. 분명 '대상물'이라는 말은 너무 모호하다. 하지만 그보다 더욱 잘못된 일반 개념은 "서로 일치하는 것은 서로 동일하다."라는 개념이다. 유클리드는 이 공리를 이용해 한 삼각형을 다른 삼각형 위에 겹쳐 놓는 방식으로 두 삼각형의 합동을 보여 주었다. 하지만 한 삼각형을 다른 삼각형 위로 겹쳐 놓기 위해서는 삼각형을 이동시켜야 하는데 유클리드는 이동을 하더라도 옮겨지는 삼각형의 특성은 바뀌지 않는다고 가정했다. 이 공리가 진정으로 의미하는 바는 공간이 균질하다는 것이다. 다시 말해서 도형을 어디에 위치시켜도 그 도형의 특성은 그대로 유지된다는 것이다. 합당한 가정으로 여겨지기는 하지만 어쨌든 '가정'임에는 틀림없다. 또한 '이동'이라는 개념 역시 정의되지 않았다.

더욱이 유클리드는 명확하게 표명하지 않은 다수의 공리들을 사용했다. 가우스가 지적했지만 유클리드는 두 점 사이에 있는 점이라든가 두 직선 사이에 있는 직선을 언급했지만 '사이에 있다.'라는 개념을 정의하지 않았고 또 그 개념이 갖는 속성들도 다루지 않았다. 분명히 유클리드는 기하학적 도형들을 머릿속에 가지고 있었고 실제 도형이 지니는 성질들, 하지만 공리로는 채택하지 않은 성질들을 추론 과정에서 사용했다. 도형은 생각을 하고 기억을 하는 데 도움을 주지만 추론의 근거로 사용해서는 안 된다. 명확한 언급 없이 사용한 또 다른 공리—이것은 라이프니츠가 발견했다.—는 연속성과 관련되어 있다. 그림 5.1에서 직선 *l*의 한쪽 편에 있는 점 *A*와 다른 편에 있는 점 *B*를 직선으로 연결하면 *l*과의 교점이 생긴다는 사실을 유클리드는 공리로 사용했다. 그림을 보면 이 사실은 너무도 명확하다. 하지만 직선에 관한 어떤 공리에서도 교점이 존재한다는 사실이 연역되지 않는다. 그리고 직선 *l*에 대해 두 편만 있다고 말할 수 있

```
                    • A
    _____    l
                    • B
```

그림 5.1

을까? 이것 역시 공리를 필요로 한다.

   정의와 공리에서의 잘못 외에도 『기하학 원론』에는 적합하지 않은 증명들이 다수 들어 있다. 어떤 정리들은 완전히 잘못 증명되었다. 또 어떤 정리에서는 특별한 경우나 특별한 그림에 대해서만 증명하고 있다. 그러나 이러한 결함들은 비교적 사소한 것이라서 어렵지 않게 수정할 수 있다. 유클리드는 정확하지 못한 그림에서 정확한 증명을 내놓으려고 했다. 하지만 유클리드의 성과를 전체적으로 평가해 보건대 정확한 그림에서 정확하지 못한 증명을 내놓았다고 해야 할 것 같다. 간단히 말해서 유클리드 기하학은 심각한 결함을 지니고 있다.

   『기하학 원론』에 이러한 결함이 있는데에도 1800년경 이전에는 일급의 수학자, 과학자, 철학자들이 이 저작을 엄밀한 증명의 전범으로 여겼다. 파스칼은 『명상록』에서 "기하학적 정신은 완벽한 분석을 행할 수 있는 모든 분야에서 발군의 능력을 발휘한다. 공리에서 시작해서 보편적 논리 규칙으로 진리를 이끌어 낸다."라고 말했다. 뉴턴의 스승이자 케임브리지 대학교 교수였던 배로는 기하학의 확실성에 대한 아홉 가지 근거를 들었다. 개념의 명확성, 명료한 정의, 일반 개념의 보편적 참됨에 대한 직관적 확신, 공준의 명확한 가능성 및 연상의 용이성, 적은 숫자의 공리, 크기를 생성해 내는 명확한 방식, 이해하기 용이한 증명 순서, 알려지지 않은 대상의 배제 등이 그 근거들이다. 이렇게 『기하학 원론』을 높이 평가한 사례는 수없이 많다.

1873년에 와서도 저명한 정수론 학자 헨리 존 스티븐 스미스(Henry John Stephen Smith)는 다음과 같은 말을 했다. "기하학은 엄밀하지 않다면 아무것도 아니다. 대다수 사람들이 동의하는 바이지만 유클리드의 방식은 엄밀함에 관한 한 이론의 여지가 없다."

하지만 비유클리드 기하학 연구로 유클리드 기하학의 수많은 결함이 드러나면서, 유클리드 기하학의 논리적 완벽함에 대해 더 이상 경탄하기는 어렵게 되었다. 비유클리드 기하학은 유클리드 기하학의 논리를 침몰시킨 암초였다. 굳은 땅이라고 여겼던 땅이 늪으로 판명된 것이다.

물론, 유클리드 기하학은 수학의 일부일 뿐이다. 1700년 이후로 훨씬 더 광범위한 부분을 차지한 분야는 수론이었다. 이제 수의 논리적 전개가 어떻게 진행되었는지 살펴보도록 하자. 이집트 인들과 바빌로니아 인들은 정수, 분수뿐만 아리라 $\sqrt{2}$ 나 $\sqrt{3}$ 과 같은 무리수도 다루었다. 그들은 실용 문제에 응용할 때에는 무리수의 근삿값을 이용했다. 하지만 그 당시의 수학과 4세기 이전의 그리스 수학은 직관 및 경험에 기반을 두고 있었고, 따라서 논리 구조를 이렇다 저렇다 평가할 여지는 전혀 없었다.

자연수를 논리적으로 다룬 최초의 사례는 유클리드의 『기하학 원론』의 제7권, 제8권, 제9권에서 찾아볼 수 있다. 여기서 유클리드는 예컨대 단위(unit)와 수(number)를 정의하고 있는데, '단위'란 그로 말미암아 대상물 하나하나가 존재하는 것이라고 정의했고, '수'는 단위가 모여 무리를 이룬 것이라고 정의했다. 이번에도 무정의 술어의 필요성을 인식하지 못하고 있다는 점을 언급하지 않는다고 하더라도 분명코 이 정의는 적절하지 못하다. 자연수의 성질을 연역하면서 유클리드는 앞서 언급한 일반 개념을 사용했다. 하지만 불행히도 일부 증명에 오류가 있었다. 그런데 그리스 인들과 그 뒤를 이은 사람들은 자연수에 관한 유클리드 이론이 만족할 만한 논리적 토대를 마련해 놓았다고 믿었다. 또한 그들은 개념을 정의하지도 않고 두 자연수의 비(比), 즉 후대에 분수라고 부르는 수를 언급했다.

그리스 인들은 수의 논리적 전개에서 심대한 어려움에 직면하게 된다. 잘 알고 있듯이 기원전 5세기 무렵의 피타고라스 학파 사람들은 최초로 자연 탐구에서 자연수와 자연수의 비가 갖는 중요성을 강조했다. 또 그들은 자연수야말로 만물의 '척도'라는 주장을 폈다. 그들은 일부 비, 예컨대 직각이등변삼각형의 빗변과 다른 변의 비가 자연수로 표시될 수 없다는 사실을 발견하고 크게 놀랐다. 그들은 두 개의 자연수로 표시되는 비를 통약 가능 비로, 그렇지 못한 비를 통약 불가능 비로 불렀다. 따라서 현재 $\sqrt{2}$ 로 표현되는 비는 통약 불가능 비가 된다. 통약 불가능 비는 메타폰툼의 히파소스(Hippasos, 기원전 5세기)가 발견했다고 한다. 전승에 따르면 피타고라스 학파 사람들은 그때 바다에 나가 있었는데, 우주의 모두 현상은 자연수나 자연수의 비로 환원된다는 피타고라스 학파의 주장을 부인하는 어떤 존재물을 내놓았다는 이유로 히파소스를 바다에 던졌다고 한다.

$\sqrt{2}$ 가 1에 대해 통약 불가능하다는 사실, 즉 무리수란 사실은 피타고라스 학파에 의해 증명되었는데, 아리스토텔레스에 따르면 그 증명 방식은 귀류법, 즉 간접 증명이었다. 만일 직각이등변삼각형의 빗변이 다른 변에 대해 통약 가능하다면 동일한 수가 짝수인 동시에 홀수가 된다는 결론을 얻는데 이는 있을 수 없는 일이다. 증명은 다음과 같다. 빗변과 다른 한 변의 비가 $\frac{a}{b}$ 로 표현된다고 하자. 여기서 a와 b는 자연수이다. 그리고 a와 b가 공약수를 갖고 있다면 공통 인자를 없앨 수 있다. 만약 $\frac{a}{b} = \sqrt{2}$ 이면 $a^2 = 2b^2$ 이 된다. 홀수의

제곱은 홀수이기 때문에 a^2이 짝수이므로 a도 짝수일 수밖에 없다.* $\dfrac{a}{b}$는 더 이상 약분할 수 없고, 또 a가 짝수이므로 b는 홀수가 된다. a는 짝수이므로 $a = 2c$로 쓸 수 있다. 그러면 $a^2 = 4c^2$이다. $a^2 = 2b^2$이므로, $2c^2 = b^2$이 되고, 따라서 b^2은 짝수라는 결과를 얻는다. 홀수의 제곱은 홀수이므로 b는 짝수일 수밖에 없다. 그러나 b는 홀수이므로 모순이다.

피타고라스 학파와 고대 그리스 인들은 무리수를 받아들이지 않았는데, 그것은 무리수의 개념을 이해할 수 없었기 때문이었다. 피타고라스 학파의 증명은 $\sqrt{2}$가 자연수의 비가 아니라는 점을 알려 주지만 무리수가 무엇인지는 알려 주지 않는다. 앞에서 언급했지만 바빌로니아 인들은 무리수를 사용했다. 그러나 분명히 그들은 그 수를 소수로 표현하면 결코 정확한 값이 얻어지지 않는다는 사실을 알지 못했다. 그들의 지적 활기는 높이 평가할 만하지만 그들은 결코 수학자가 아니었다. 고대 그리스 인들은 바빌로니아 인들과는 완전히 다른 지적 풍토를 지니고 있었으며 근삿값으로는 절대 만족하지 못했다.

무리수가 발견되면서 그리스 수학에서 핵심이 되는 문제가 제기되었다. 플라톤은 『법률』에서 통약 불가능 비에 대한 지식이 필요하다고 주장했다. 한때 플라톤의 제자였던 에우독소스는 이 문제의 해결책을 제시했는데 그것은 모든 양을 기하학적으로 생각하는 방법이었다. 따라서 이후 그리스 인들은 길이, 각도, 넓이, 부피를 기하학적으로 다루었다. 예컨대 유클리드는 직각삼각형의 빗변을 한 변으로 하는 정사각형은 직각삼각형의 다른 두 변을 각각의 한 변으로 삼는 두 정사각형을 더한 것과 같다는 식으로 피타고라스 정리를 표현

---

* 홀수는 $2n+1$로 표현된다. $(2n+1)^2 = 4n^2 + 4n + 1$은 홀수이다.

했다. 여기서 정사각형의 합은 두 정사각형의 넓이의 합을 의미하는 것으로, 결국 두 정사각형의 넓이의 합은 빗변을 한 변으로 하는 정사각형의 넓이와 같다는 뜻이 된다. 기하로 문제를 해결하려는 시도는 충분히 이해할 만하다. 1과 $\sqrt{2}$를 선분의 길이로서 다루면 1과 $\sqrt{2}$의 구별은 사라지게 된다.

무리수로 인해 제기된 문제는 길이, 넓이, 부피를 수치로 표현하는 문제에 그치지 않는다. 2차 방정식의 해, 예컨대 $x^2 + 2 = 0$과 같은 방정식의 해는 무리수이기 때문에 고대 그리스 인들은 이러한 방정식을 기하학적으로 풀었고, 그래서 해는 선분으로 표현되었으며, 이렇게 해서 무리수를 사용해야 할 필요성을 다시 한 번 피했다. 이런 연구 방식은 기하학적 대수학이란 이름으로 불린다. 따라서 유클리드의 『기하학 원론』은 기하학에 관한 책일 뿐만 아니라 대수학에 관한 책이기도 하다.

자연수 이론을 제외한 모든 수학 이론을 기하학으로 바꾸면서 몇 가지 중요한 결과가 생겨났다. 우선, 수론과 기하학 사이에 확연한 구분선이 생겨났다. 왜냐하면 통약 불가능 비를 다룰 수 있는 분야는 오직 기하학뿐이기 때문이었다. 유클리드 시대 이후로 두 수학 분야 사이에는 확실한 경계선이 그어졌다. 그리고 기하학은 수학의 상당 부분을 포괄하고 있었기 때문에 최소한 1600년대까지는 거의 모든 '엄밀한' 수학의 기초가 되었다. 영어에서 x^2과 x^3을 'x의 제곱', 'x의 세제곱'으로 읽지 않고 'x 사각형(square)', 'x 정육면체(cube)'라고 읽는데, 이는 예전에 x^2과 x^3이 기하학적 의미만을 지녔기 때문이다.

물론, 수와 수의 연산을 기하학적으로 표현하는 것은 실용적이지 않다. $\sqrt{2} \cdot \sqrt{3}$을 사각형의 넓이로 생각해도 논리적으로는 별 문제가 되지는 않지만 이 두 수의 곱을 구체적 수치로 알고자 할 때에는 기하학적 방식은 도움이 되지 않는다. 과학과 공학에서 기하학 도형은 원하는 만큼 소수점 자리까지 표현하는 수치만큼 중요하게 사용되지 못한다. 응용과학과 공학에서는 구체적 수치가 필요하다. 바다를 항해하는 배의 항해사는 자신의 위치를 알고자 할 때 위도와 경도라는 구체적 수치를 알아내야 한다. 건물, 다리, 선박, 댐 등을 효율적으로 건설하려면 길이, 넓이, 부피 등을 수로 측량해 내야 각 부분들을 서로 들어맞게 할 수 있다. 실은, 건설을 시작하기에 앞서 이런 수치를 미리 계산해 내야 한다. 그러나 엄밀한 추론을 숭상하고 상업이나 항해, 건축, 역법 등 응용 분야는 천시했던 고대 그리스 인들은 무리수가 제기하는 문제에 대해 기하학적 해결책을 마련한 것으로 충분히 만족해했다.

고대 그리스 문명은 기원전 300년경에 알렉산드리아 문명으로 이어졌다(1장 참조). 알렉산드리아 문명은 고대 그리스 문명과 이집트 및 바빌로니아 문명이 융합되어 생겨난 문명이었다. 논리적 전개라는 관점에서 보자면 연역적 수학과 경험적 수학이 뒤섞인 기묘한 수학이 생겨났다. 아르키메데스와 아폴로니오스 같은 주요 수학자들은 유클리드의 『기하학 원론』에 나오는 공리적 방식의 연역적 기하학을 주로 연구했다. 아르키메데스는 역학 연구에서도 공리에서 출발해 정리를 증명했다. 하지만 알렉산드리아 인들은 그리스 인들보다 실용적인 태도를 지닌 이집트 인들 및 바빌로니아 인들의 영향을 받아 수학을 실용적 목적에 사용했다. 따라서 알렉산드리아 수학에서는 길이, 넓이, 부피 등의 계산에 쓰이는 공식들이 나타나게 된다. 예컨대 알렉산드리아 시대에 활약했던 이집트 공학자 헤론(1세기)은 자신의 저서 『계측』에 다음과 같은 삼각형 면적 공식을 기록해 놓고 있다.

$$\sqrt{s(s-a)(s-b)(s-c)}$$

여기서 a, b, c는 각각 세 변의 길이이고, s는 둘레의 길이를 2로 나눈 값이다. 이러한 공식을 이용해 얻어 낸 값은 무리수일 경우가 많다. 위에 적어 놓은 공식은 주목할 만하다. 고대 그리스 인들은 네 개 이상의 수를 곱한 것에는 기하학적 의미가 없기 때문에 무의미하다고 생각했다. 하지만 헤론은 그렇게 생각하지 않았다. 알렉산드리아 문명이 개발해 낸 다수의 순수 과학과 응용 과학, 예컨대 역법, 시간 측정, 항해 수학, 광학, 지리학, 기체역학, 유체정역학 등에서 무리수를 자유로이 사용했다.

알렉산드리아 문명의 가장 뛰어난 업적은 히파르코스와 프톨레마이오스가 만들어 낸 계량천문학이다. 천동설을 뼈대로 한 이 이론 덕분에 사람들은 행성과 태양, 그리고 달의 운행을 정확하게 예측할 수 있게 되었다. 계량천문학을 개발하기 위해 히파르코스와 프톨레마이오스는 삼각법을 만들어 냈다. 삼각법은 한 삼각형에서 특정 부분에 대한 정보를 알 때 이것을 가지고 다른 부분에 대한 정보를 계산해 내는 수학의 한 분야이다. 프톨레마이오스는 현대의 방식과는 다르게 삼각법을 전개했기 때문에 현의 길이를 계산해야 했다. 그는 여러 현의 길이들 사이에 성립하는 관계를 도출해 낼 때 연역 기하학을 사용했지만 본래 원했던 길이의 계산에는 산술과 얼마간의 대수학을 사용했다. 그래서 얻은 길이들은 대부분 무리수였다. 프톨레마이오스는 유리수 근삿값에 만족하기는 했지만 연구 과정에서 전혀 주저하지 않고 무리수를 사용했다.

그러나 알렉산드리아의 그리스 인들이 이집트와 바빌론으로부터 건네 받아 자유롭게 사용했던 산술 및 대수학은 논리적 기초를 결여하고 있었다. 프톨레마이오스를 비롯한 알렉산드리아의 여러 그리스 인들은 이집트 인 및 바빌로니아 인들의 태도를 따랐다. π, $\sqrt{2}$, $\sqrt{3}$ 과 같은 무리수를 무비판적으로 사용했으며, 필요할 경우에는 언제라도 근삿값을 썼다. 예컨대 가장 유명한 무리수 사용의 사례는 아르키메데스가 π를 $3\frac{1}{10}$과 $3\frac{10}{71}$ 사이의 값으로 계산해 사용한 일이다. π가 무리수임을 알았든지 몰랐든지 간에 그는 근삿값을 얻기 위해 여러 차례 제곱근을 계산했으며 그도 제곱근이 무리수임은 잘 알고 있었다.

지금 논의와 관련해 무리수의 자유로운 사용만큼이나 주목해야 할 점은 기하학과 독립적으로 이집트 및 바빌로니아의 대수학을 복원하여 사용했다는 점이다. 대수학의 부흥에 특히 눈에 띄는 역할을 한 사람이 헤론과 또 다른 알렉산드리아 그리스 인인 디오판토스 (Diophantos, 3세기)였다. 산술 및 대수 문제를 다루었던 두 사람은 문제 제기나 논리 전개에서 기하학에 전혀 의존하지 않았다. 헤론은 순전히 산술적인 방식으로 대수 문제를 구성하고 해결했다. 예를 들면 한 정사각형의 넓이와 그 둘레를 합한 값이 896일 때 그 정사각형의 변을 구하는 문제를 다루었다. 이 문제는 2차 방정식의 풀이로 귀결되는데, 헤론은 이 방정식을 풀기 위해 식 양쪽에 4를 더해 완전 제곱식을 만든 다음, 제곱근을 취했다. 그는 증명을 하지 않고 그 대신에 어떤 과정을 따라야 하는지를 기술했다. 헤론의 연구에는 이와 같은 문제들을 많이 찾아볼 수 있다.

자신의 저서 『기하학』에서 헤론은 넓이, 둘레, 지름 등의 합을 언급하고 있다. 물론, 그가 의미하는 바는 수치의 합이었다. 마찬가지로 정사각형에 다른 정사각형을 곱한다는 것은 두 수치를 곱한다는 뜻이었다. 헤론은 그리스의 기하학적 대수학을 재해석하여 이를 산술 및 대수적 과정으로 옮겨 놓았다. 헤론과 그의 후계자들이 내놓은 문제는 기원전 2000년 바빌론과 이집트 시대에 기록되어 있는 문제들이다. 그리스 시대 대수학 책은 일상 용어로 씌어 있다. 기호는 전혀 사용되지 않았다. 또 과정에 대한 증명도 없었다. 헤론 이후로 방정식으로 귀결되는 문제들은 수수께끼 형태로 씌어 있었다.

디오판토스와 더불어 알렉산드리아 대수학은 최고 정점에 올라선다. 그의 출신이나 생애에 대해서는 거의 알려진 바가 없다. 그의 연구 업적은 동시대인들의 업적을 압도하지만 불행히도 그 시대에 큰 영향력을 미치기에는 너무 늦은 시기에 나왔다. 왜냐하면 밀물처럼 밀려드는 파괴의 힘이 이미 알렉산드리아 문명을 집어삼키고 있었기 때문이다(2장 참조). 디오판토스는 책을 여러 권 썼지만 대다수가 유실되어 총 13권이었다는 그의 가장 위대한 저작 『산술』 가운데 여섯 권만이 남아 있다. 이집트의 린드 파피루스(이집트의 수학책―옮긴이)와 마찬가지로 『산술』은 서로 관련이 없는 개별적인 문제들을 모은 책이다. 헌사에 그는 이 책이 자신의 학생 가운데 한 사람의 산술 학습에 도움을 주고자 엮어 놓은 문제집이라고 썼다.

디오판토스의 주요 업적 가운데 하나는 대수학에 기호를 도입한 일이다. 그가 직접 쓴 원본은 남아 있지 않고 다만 그보다 훨씬 뒤인 13세기 이후의 필사본만 남아 있기 때문에 정확히 어떤 형태로 썼는지는 알 수 없지만, 어쨌든 그는 현재의 x, x의 거듭제곱(x^6까지), $\frac{1}{x}$ 등에 대응하는 기호를 사용했다. 이러한 기호 사용은 주목할 만하지만 특히 네제곱 이상의 거듭제곱은 특히 뛰어난 업적이다. 왜냐하면 앞에서 언급했듯이 고대 그리스 인들은 네 개 이상의 곱에는 기하학적 의미가 없다고 생각했기 때문이다. 하지만 순수 산술의 기준에서는 그런 곱이 의미를 갖는데, 디오판토스가 바로 그런 기준을 채택한 것이다.

　디오판토스는 현재 우리가 산문을 쓰듯이 계속 이어지는 구절로 해답을 써내려 갔다. 그 과정은 완전히 산술적이었다. 즉 자신의 주장을 설명하거나 예증할 때 기하학을 전혀 사용하지 않았다. 따라서 $(x-1)(x-2)$와 같은 식은 현재 우리가 하듯이 대수적으로 계산했다. 또 $a^2-b^2=(a-b)(a+b)$와 같은 등식과 그보다 더 복잡한 등식도 사용했다. 정확하게 말하자면 논의 과정에서 그런 등식을 사용하기는 했지만 등식 자체를 써 놓지는 않았다.

　디오판토스의 대수학이 갖고 있는 또 다른 이례적인 성과는 부정 방정식, 예컨대 두 개의 미지수가 들어 있는 부정 방정식의 해법이다. 그런 부정 방정식은 이전에도 다루어졌다. $x^2+y^2=z^2$의 정수해를 다룬 피타고라스 학파의 연구도 있었고 그 밖의 다른 여러 저작들에서도 부정 방정식의 연구 흔적을 찾아볼 수 있다. 하지만 디오판토스는 부정 방정식을 광범위하게 연구했고, 그 결과로 오늘날 디오판토스 방정식이라는 대수학 분야의 창시자가 되었다.

　디오판토스의 대수학은 주목할 만하다. 하지만 그는 방정식을 풀 때 양의 유리수만을 근으로 받아들이고 그 외의 근은 무시했다. 2차 방정식의 두 근이 유리수일 경우에도 둘 중에 큰 수만을 근으로 택했다. 방정식의 근이 모두 음수이거나 무리수, 또는 복소수일 경우는 그 방정식은 풀이가 불가능하다고 선언했다. 무리수 근이 나오는 경우에 대해서는 자신의 풀이 과정을 다시 되짚은 다음, 어떻게 하면 방정식을 수정하여 유리수 근을 갖는 새로운 방정식을 얻어 내는지 보여 주었다. 이 점에서 디오판토스는 헤론이나 아르키메데스와는 달랐다. 헤론은 공학자였고 그래서 구하고자 하는 수가 무리수인 경우가 많았다. 따라서 그는 무리수를 받아들였다. 유용한 수치를 얻기 위해 근삿값을 사용하기는 했지만 말이다. 아르키메데스는 정확한 답을 찾아내려 했으며 그 답이 무리수일 때에는 그 수가 만족하는 부등식을 찾아냈다.

우리로서는 디오판토스가 어떻게 해서 자신의 이론을 얻어 냈는지 알 수 없다. 기하학을 사용하지 않았으므로 유클리드의 2차 방정식 해법을 해석하여 얻어 냈다고 보기도 어렵다. 더욱이 부정 방정식은 유클리드 저작에는 전혀 나오지 않는 새로운 주제이다. 후기 알렉산드리아 시대의 사상적 흐름에 대한 충분한 정보가 없기 때문에 디오판토스가 이룬 연구 성과의 기원을 그보다 앞선 그리스 시대의 연구에서 찾기란 불가능하다. 실은, 그의 방법은 바빌로니아의 방법에 더 가까우며, 확실치는 않지만 바빌로니아의 영향을 받았다는 여러 정황들을 볼 수 있다. 하지만 바빌로니아 인들과는 달리 디오판토스는 기호를 사용했고 부정 방정식의 해법을 찾으려 했다. 전체적으로 그의 연구는 대수학 분야에 한 획을 긋는 기념비적 성과라고 하겠다.

산술과 대수학에 관한 한 헤론과 디오판토스의 연구, 그리고 아르키메데스와 프톨레마이오스의 연구는 이집트 및 바빌로니아의 저작과 마찬가지로 풀이 과정을 기술하는 형식으로 씌어 있다. 유클리드, 아폴로니오스의 기하학에 나와 있는 연역적이고 조직적인 증명은 더 이상 보이지 않았다. 문제를 다룰 때에도 일반적인 해법보다는 구체적 해답을 찾는 경험적 방식이 채택되었다. 그리고 그 방식이 일반적인 경우로 얼마만큼 확대되는지 명시하지 않았다. 자연수, 분수, 무리수 등 여러 종류의 수도 정의해 놓지 않았다. 또한 연역적 구조를 세워 놓을 만한 공리적 기초도 전혀 마련되어 있지 않았다(불완전하기는 하지만 유클리드의 자연수 연구는 제외한다.).

이렇게 그리스 인들은 서로 상이한 두 가지 수학 분야를 후세에 남겨 놓았다. 한쪽에는 다소 결함이 있기는 하지만 연역적이고 조직적인 기하학이 있고, 다른 한쪽에는 경험적인 산술과 그것을 확장하여 얻은 대수학이 있었다. 고대 그리스 인들이 수학적 결과는 명백한 공리에서 연역적 방법으로 얻어 내야 한다고 여겼던 사정을 생각해 볼 때, 논리적 구조를 지니지 않은 독립된 산술과 대수학의 출현은 수학 역사상 가장 큰 이변 가운데 하나일 것이다.

알렉산드리아 문명이 아라비아 인들에 의해 파괴되고 나자, 수학 연구의 주도권은 인도와 아라비아로 옮겨 갔고, 이들은 고대 그리스 인들이 수학에 대해 가지고 있던 개념과 완전히 배치되는 태도를 취했다. 물론 그들은 자연수와 분수를 사용했지만 무리수도 주저 없이 사용했다. 그들은 무리수의 덧셈, 뺄셈, 곱셈, 나눗셈에 관한 새롭고도 타당한 규칙을 도입했다. 이 규칙들은 논리적 기초를 갖고 있지 않았는데, 그렇다면 어떻게 이 규칙을 고안해 냈고 또 왜 올바르다고 할 수 있을까? 인도인과 아라비아 인들은 유추의 방식을 썼다는 것이 그 답이다. 예를 들어 그들은 $\sqrt{36} = \sqrt{4}\sqrt{9}$가 성립하기 때문에 모든 a, b에 대해 $\sqrt{ab} = \sqrt{a}\sqrt{b}$가 성립한다는 논리를 사용했다. 인도인들은 제곱근 역시 정수와 똑같이 취급할 수 있다고 말했다.

무리수의 개념과 관련하여 논리적 난점이 있다는 사실을 보지 못했다는 점에서 인도인들은 그리스 인들에 비해 훨씬 더 단순했다. 인도인들은 주로 계산에 관심을 기울였기 때문에 그리스 사상에서 볼 수 있는 논리적 특성을 결여하고 있다. 하지만 유리수와 다름없이 무리수를 자유롭게 사용하는 과정에서 그들은 수학의 진보에 공헌했다. 더욱이 그들의 산술은 기하학과는 완전히 독립되어 있었다.

인도인들은 음수를 도입함으로써 논리를 따지는 수학자들의 시름을 더욱 깊게 했다. 인도인들은 빚을 표시할 때는 음수를, 자산을 표시할 때는 양수를 사용했다. 최초로 음수를 사용한 인도인은 628년경의 브라마굽타(Brahmagupta, 598~665년경)로, 그는 단순히 음수에 대한 사칙연산만을 기술해 놓았다. 정의나 공리나 정리는 보이지 않는다. 12세기 인도 수학을 이끌던 바스카라(Bhāskara, 1114~1185년경)는 양수의 제곱근에는 양수와 음수, 두 개가 있다는 점을 지적했다. 그는 음수의 제곱근에 대한 문제도 다루었지만 제곱이 음수가 될 수는 없기 때문에 제곱근은 없다고 말했다.

모든 인도인들이 음수를 받아들인 것은 아니다. 바스카라도 어떤 문제의 해를 50과 −50으로 구해 놓고도 "두 번째 수치는 적절하지 못하기 때문에 해로 택할 수 없다. 사람들이 음수 해를 인정하지 않고 있다."라고 썼다. 하지만 음수가 도입되고 나자 그 사용 빈도는 점차 늘어났다.

또한 인도인들은 대수학 분야의 발전에도 기여했다. 그들은 약자를 사용하고 연산과 미지수를 나타내는 기호를 도입했다. 그들이 사용한 기호는 그다지 광범위하지는 않았지만 기호 사용에 관한 한, 인도 대수학이 디오판토스의 대수학보다 우수하다고 판단하기에 충분하다. 해법에 대해서는 오직 그 과정만을 기술해 놓았다. 근거나 이유는 주어져 있지 않았다. 일반적으로 2차 방정식의 해로 음수와 무리수를 인정했다.

인도인들은 지금까지 이 책에서 언급한 것보다 훨씬 더 자유롭게 대수학을 사용했다. 예를 들어 우리는 삼각법에서 각 A에 대해서 $\sin^2 A + \cos^2 A = 1$이 성립한다는 것을 배운다. 삼각법을 창시하고 이를 조직적으로 연구했던 프톨레마이오스는 이 식을 한 원의 현 사이에 성립하는 기하학적 관계로 표현했다. 앞서 보았듯 프톨레마이오스는 산술을 자유로이 이용하여 미지의 길이를 기존의 알려진 길이로 표현했지만, 그가 기본으로 삼은 수학은 기하학이었고 그 논증 방식도 기하학적이었다. 하지만 인도인들은 삼각법에서의 여러 관계를 위와 같은 식으로 표현했다. 더욱이 sin A에서 cos A를 구해 낼 때 위의 식과 간단한 대수를 이용했다. 즉 인도인들은 사인과 코사인 사이의 관계를 표현하고 찾아내는 데 기하학보다는 대수학에 훨씬 더 많이 의존했다.

인도인들은 연역적 방식보다는 산술과 계산에 더 많은 관심을 기울였고, 그 결과로 이 분야에서 더 많은 업적을 이루었다. 인도 말로 수학을 가니타(ganita)라고 하는데, 이 말은 계산 과학이라는 뜻을 갖고 있다. 훌륭한 계산 방법이나 풀이 기법을 개발해 낸 인도인들이 증명에 관심을 기울였다는 증거는 보이지 않는다. 그들에게는 법칙이 있었지만 논리적 섬세함은 볼 수 없다. 더욱이 수학 전 분야를 통틀어도 일반적 방법이나 새로운 관점을 얻어 낸 경우는 전혀 없다.

분명코 인도인들은 스스로 이룬 성과가 지닌 중요성을 제대로 인식하지 못했던 것으로 보인다. 1부터 9까지의 수 각각에 기호를 도입하고 자리 표기법을 사용하면서 육십진법에서 십진법으로 전환했으며, 음수를 도입하고 또 0을 수로 인정하는 등 훌륭한 아이디어를 내놓았지만, 이것이 매우 큰 가치를 지닌 혁신적 아이디어라는 점을 깨닫지 못했다. 그들은 수학적 가치에 대해서는 민감하지 못했다. 그들은 스스로 내놓은 훌륭한 아이디어를 이집트 및 바빌로니아 인들의 조악한 아이디어와 뒤섞어 놓았다. 아라비아의 역사학자 알 비루니 (Al Bīrūnī, 973~1048년)는 인도를 두고 다음과 같이 말했다. "인도 인들이 남겨 놓은 수학과 천문학 분야의 성과를 비유하자면 이렇다. 즉 진주조개와 시큼한 대추야자의 혼합, 또는 진주와 더러운 배설물의 혼합, 또는 값비싼 수정과 흔해빠진 조약돌의 혼합이다. 그들의 눈에는 이 두 가지가 똑같아 보인다. 왜냐하면 그들은 엄밀한 과학적 연역의 방식을 사용할 수 없었기 때문이다."

　인도인들은 기하학보다는 산술에 재능을 보였다. 이들은 산술과 대수 분야에 업적을 남겼고, 따라서 이들은 경험과 직관을 기반으로 하는 수학 분야의 확대라는 영향을 남겼다.

　인도가 실질적으로 연역 기하학을 무시한 반면에 아라비아는 그리스의 기하학 관련 저작들을 면밀하게 연구했고 기하학 분야를 확립하는 데에서 연역적 증명이 지니는 역할을 충분히 인식했다. 하지만 아라비아 수학에서 기하학보다 더 큰 자리를 차지한 산술 및 대수학 분야를 보면 아라비아 인들 역시 인도인들과 별반 차이가 없었음을 알 수 있다. 선대의 인도인들과 마찬가지로 경험적이고 구체적이며 직관적인 기반 위에서 이 분야들을 다루는 데 만족했다. 일부 아라비아 인들은 2차 방정식의 해법을 뒷받침하기 위해 기하학적 논증을 사용하기는 했지만 주된 방법론은 고대 그리스 인들과는 달리 대수적 방식이었다. $x^3 + 3x^2 + 7x + 5 = 0$ 와 같은 3차 방정식의 해법을 구하는 경우에는 기하학적 작도 방식만을 제시하고 있는데, 당시에는 아직 대수적 방법이 발견되지 않았기 때문이었다. 하지만 이러한 작도는 자와 컴퍼스 없이는 불가능하며 그 논증도 엄밀한 연역이 아니었다. 아라비아 인들은 활발하게 수학 연구를 해 온 여러 세기 동안 엄밀한 논증의 유혹을 단호하게 거부했다.

　인도 및 아라비아 수학에서 가장 흥미로운 특성은 수학에 대해 갖고 있는 그들의 개념이었다. 이집트 인들과 바빌로니아 인들이 경험을 근거로 하여 산술 및 기하학 규칙을 기꺼이 받아들였다는 점은 전혀 놀랄 만한 일이 아니다. 경험이야말로 거의 모든 인간 지식의 자연스러운 근거이기 때문이다. 그러나 인도인과 아라비아 인은 그리스 인이 제시한 수학적 증명이라는 새로운 개념을 알고 있었다. 그렇지만 산술과 대수에서 그들은 연역적 증명에 전혀 주의를 기울이지 않았다. 인도인들의 태도는 어느 정도 합리화가 가능하다. 그들은 그리스 저작을 얼마간 알고는 있었지만 거의 관심을 기울이지 않았고 알렉산드리아의 산술과 대수학 연구 방식을 주로 따랐다. 그러나 아라비아 인들은 그리스 기하학을 잘 알고 있었을 뿐만 아니라 앞에서 언급했듯이 기하학을 면밀히 연구했다. 더욱이, 인도 문명과 아라비아 문명에는 여러 세기 동안 순수 과학을 연구하기에 좋은 여건이 갖춰져 있었기 때문에 실용적인 결과를 내놓아야 한다는 압박감이 없었고, 따라서 즉각적인 효용을 위해 증명을 희생할 하등의 이유가 없었다. 어떻게 두 민족 모두 고대 그리스 사람들이나 다수의 알렉산드리아 사람들과는 그토록 다르게 수학의 두 분야를 다루었을까?

그에 대해서는 여러 설명이 가능하다. 아라비아 인들이 연역적 기하학에 대해 주석을 달기는 했지만, 전반적으로 두 문명 모두 무비판적인 문명이었다. 따라서 그들은 수학을 전해 받은 그대로 받아들였다. 즉 기하학은 연역적이라야 하지만 산술이나 대수는 경험적이고 귀납적이어도 무방하다는 태도를 그대로 받아들인 것이다. 두 번째로 가능한 설명은 두 민족 모두, 그 가운데서도 특히 아라비아 인들은 산술 및 대수학과는 달리 기하학을 매우 높이 평가하기는 했지만 산술의 논리적 기초를 어떻게 마련해야 할지 알지 못했다는 설명이다. 이 설명의 타당성을 뒷받침하는 한 가지 사실이 있는데, 그것은 아라비아 인들이 2차 방정식과 3차 방정식의 해의 올바름을 뒷받침하기 위해 기하학적 근거를 사용했다는 점이다.

그와는 다른 설명도 가능하다. 인도인들과 아라비아 인들은 산술과 대수, 그리고 삼각법의 대수적 관계식을 선호했다. 이러한 경향은 상이한 의식 구조에서 연유된 것일 수도 있고 아니면 문명의 요구에 대한 응답으로 표출된 것일 수도 있다. 두 문명 모두 실용적인 경향을 지니고 있었고 알렉산드리아 시대의 그리스 인들과 관련해 앞서 몇 차례 언급했지만 실용적 필요성은 계량적 결과를 요구하는데, 바로 산술과 대수학이 이러한 계량적 결과를 제공해 준다. 상이한 정신적 특성 때문이라는 설명을 뒷받침해 주는 증거는 인도인과 아라비아 인의 수학 유산에 대해 유럽 인들이 보인 반응에서 찾아볼 수 있다. 앞으로 보겠지만 유럽 인들은 산술과 기하학 사이의 본질적 차이에 대해 훨씬 더 깊이 있게 고민했다. 어쨌든 인도인과 아라비아 인의 모험 정신으로 산술과 대수학은 다시금 전면에 등장했으며 유용성에 관한 한 기하학에 필적하는 성과를 거두었다.

중세 후기 및 르네상스 시대에 유럽 인들은, 일부는 아라비아 인들을 통해서, 또 일부는 직접 그리스 원전에서 당시에 존재했던 수학 지식을 습득했다. 그들은 두 종류의 수학으로 인해 생겨난 딜레마를 직시하고자 했다. 그리고 분명코 참된 수학은 그리스 인들의 연역 기하학이라고 여겼다. 그러나 다른 한편으로 유럽 인들은 고대부터 발전해 왔지만 논리적 기초는 결여되어 있는 산술과 대수학의 유용성과 효율성을 부정할 수는 없었다.

유럽 인들이 최초로 맞닥뜨린 문제는 무리수를 어떻게 처리할 것인가 하는 문제였다. 이탈리아 수학자 루카 파치올리(Luca Pacioli, 1445?~1514년경), 수사(修士)이자 예나 대학의 뛰어난 수학 교수였던 독일인 미카엘 슈티펠(Michael Stifel, 1486?~1567년), 의사이고 학자이자 천하의 악당이었던 제롤라모 카르다노(Gerolamo Cardano, 1501~1576년), 공병 기사였던 시몬 스테빈(Simon Stevin, 1548~1620년) 등은 인도와 아라비아의 전통을 따라 무리수를 사용했으며 또 거기에 그치지 않고 매우 다양한 유형의 무리수를 도입했다. 슈티펠은 $\sqrt[m]{a}+\sqrt[n]{b}$의 형태로 된 무리수를 연구했다. 카르다노는 세제곱근이 포함되어 있는 무리수를 다루었다. 무리수가 어느 정도까지 사용되었는지 프랑수아 비에트(François Viète, 1540~1603년)가 π를 표현한 예에서 어느 정도 가늠해 볼 수 있다. 단위원(반지름이 1인 원—옮긴이)에 내접한 정4각형, 정8각형, 정16각형 등을 살펴봄으로써 다음과 같은 식을 얻었다.

$$\frac{2}{\pi} = \sqrt{\frac{1}{2}} \cdot \sqrt{\frac{1}{2}+\frac{1}{2}\sqrt{\frac{1}{2}}} \cdot \sqrt{\frac{1}{2}+\frac{1}{2}\sqrt{\frac{1}{2}+\frac{1}{2}\sqrt{\frac{1}{2}}}} \cdots$$

무리수는 르네상스 시대에 새로 생겨난 이론에서 자유로이 사용되었다. 그 이론이 바로 로그였다. 양수에 대한 로그는 16세기 말에 존 네이피어(John Napier, 1550~1617년)가 처음 만들었다. 로그를 만든 목적은 계산을 더욱 간편하게 하기 위해서였다. 대다수 양수의 로그값은 무리수였지만——그리고 로그값을 계산하는 네이피어의 방식에는 무리수가 거리낌 없이 사용되고 있지만——계산 시간을 대폭 줄일 수 있었기 때문에 수학자들은 모두 로그를 크게 환영했다.

계산에서 무리수를 자유롭게 사용하기는 했지만 무리수도 진짜 수인가 하는 문제는 무리수를 다루는 수학자들을 괴롭혔다. 슈티펠은 산술과 대수를 다룬 그의 주요 저서『정수 산술』에서 크기와 수를 다르게 파악하는 유클리드의 견해(에우독소스의 기하학 이론)를 반복하고 있지만 이내 새로운 발전 경향에 발맞추어 무리수를 소수로 표현하는 문제에 대해 고찰했다. 그가 어려움을 느꼈던 점은 무리수를 소수로 표현하려면 소수점 아래 자리가 무한히 많아져야 한다는 사실이었다. 그는 다음과 같이 주장했다.

도형에 관한 명제의 증명 과정에서 유리수로 충분하지 않을 때 무리수가 그 자리를 차지하여 유리수로는 증명하기 어려웠던 내용을 정확하게 증명해 내므로 무리수 역시 수라는 생각을 하기가 쉽다. 생생하고 확실하고 항구적인 결과를 내놓기 때문에 무리수가 수라는 생각을 떨쳐 버리기 어렵게 만드는 것이다. 그러나 한편으로 숙고해 보면 무리수는 수가 아니라는 사실을 확인하게 된다. 무리수를 숫자로 표시(소수로 표현)하고자 할 때 이 무리수들은 무한을 향해 달아나 버린다. 명확성이 결여되어 있는 무리수는 참된 수라고 할 수 없다. 따라서 무한이 수가 아니듯, 무리수는 진정한 수가 아니라 무한이라는 구름 속에 숨어 있는 존재일 따름이다.

그런 다음, 슈티펠은 실수는 자연수이거나 분수인데 분명히 무리수는 둘 모두 아니므로 무리수는 실수가 아니라는 말을 덧붙였다. 한 세기 뒤에 파스칼과 배로는, 무리수는 연속적인 기하학적 크기와 독립적으로 존재할 수 없는 기호일 따름이고 따라서 무리수의 연산은 유클리드의 크기 이론에 그 논리적 근거를 둘 수밖에 없었으며, 유클리드의 이 이론은 연산에는 부적당하다고 말했다.

그러나 한편으로는 무리수도 정당한 존재물이라는 긍정의 주장도 있었다. 스테빈은 무리수를 수로 인정하면서 무리수를 유리수로 원하는 만큼 근사시킬 수 있다고 주장했으며, 존 월리스(John Wallis, 1616~1703년)도 자신의 저서 『대수학』(1685년)에서 무리수를 합당한 수로 받아들였다. 하지만 스테빈과 월리스, 어느 누구도 무리수의 논리적 기초를 마련하지는 않았다.

더욱이 데카르트가 『기하학』(1637년)에서, 그리고 페르마가 1629년에 해석기하학을 만들어 냈을 때, 두 사람은 무리수에 대한 명확한 개념을 갖고 있지 못했다. 그러나 두 사람 모두 양의 실수와 직선 위의 점 사이에 일대일 대응이 있음을 상정했다. 즉 직선 위의 점이 있을 때 원점에서 그 점까지의 길이는 수로 표시될 수 있다고 생각했다. 이러한 수 가운데 다수가 무리수이므로, 두 사람 모두 논리적 기초는 마련하지 않았지만 무리수를 암묵적으로 받아들인 것이다.

유럽 인들은 음수의 문제와도 대면해야 했다. 음수는 아라비아 저작을 통해 유럽에 알려졌지만, 16세기와 17세기 수학자 대부분은 음수를 수로 인정하지 않았거나 인정하더라도 방정식의 근으로 받아들이지 않았다. 15세기의 니콜라 쉬케(Nicolas Chupuet, 1445?~1500년경)와 16세기의 슈티펠은 음수를 부조리한 수라고 불렀다. 카르다노는 방정식의 근으로서 음수를 들고 나왔지만 이를 불가능한 근이며 기호에 불과한 대상이라고 여겼다. 그는 음수 근을 허근이라고 불렀고 양수 근을 실근이라고 했다. 비에트는 음수를 전적으로 배격했다. 데카르트는 일정 한도 내에서 음수를 받아들였다. 그는 방정식의 음수 근을 가짜 근이라고 불렀으며, 그 근거로 음수가 무(無)보다도 더 작은 수를 나타내기 때문이라는 이유를 들었다. 하지만 어떤 방정식이 주어지더라고 그 근보다 원하는 만큼의 더 큰 값을 근으로 갖는 방정식을 얻을 수 있다는 점을 보여 주었다. 따라서 음수를 근으로 갖는 방정식을 양수만을 근으로 갖는 방정식으로 변환할 수 있다. 그러므로 가짜 근을 진짜 근으로 바꿀 수 있다고 말하면서 데카르트는 음수를 받아들였다. 하지만 그는 결코 음수에 대해 꺼림칙함을 버리지 못했다. 파스칼은 0에서 4를 뺀다는 것은 터무니없다고 생각했다. 그는 『명상록』에서 이렇게 말했다. "0에서 4를 빼면 결국 0이 남는다는 사실을 이해하지 못하는 사람들이 있다."

음수를 반대하는 흥미로운 논거 가운데 신학자이자 수학자로 파스칼의 절친한 친구였던 앙투안 아르노(Antoine Arnauld, 1612~1694년)의 주장이 있다. 아르노는 $-1:1=1:-1$에 의문을 제기했다. -1은 1보다 작다. 그런데 어떻게 큰 것에 대한 작은 것의 비가 작은 것에 대한 큰 것의 비와 같으냐고 말했다. 라이프니츠는 음수에 문제가 있다고 동의했지만 그러면서도 허수를 계산할 수 있듯이(곧 보겠지만 당시에 막 허수가 도입되었다.) 그 형태가 올바르기 때문에 그런 비례식을 계산할 수 있다고 주장했다. 하지만 라이프니츠는 로그값이 존재하지 않는 수를 허수(존재하지 않는 수)로 불러야 한다는 엉뚱한 주장을 했다. 이 기준에 따르면 -1은 존재하지 않는다. 양의 로그값은 1보다 큰 수에서 나오고 음의 로그값은 0과 1 사이의 수에서 나온다. 따라서 음수에 대한 로그값은 존재하지 않는다. 실은, 만약에 $\log(-1)$이란 값이 있다면 로그 법칙에 따라 $\log\sqrt{-1}$은 $\log(-1)$의 절반이 될 것이다. 하지만 분명, $\sqrt{-1}$은 로그값을 가지지 않는다.

방정식 한편에 음수를 홀로 써놓은 최초의 대수학자는 토머스 해리엇(Thomas Harriot, 1560~1621년)이었다. 그러나 그는 음수 근을 인정하지 않았으며, 사후에 출간된 『응용 해석 기법』(1631년)에서 그러한 근이 불가능하다는 점을 '증명'하기까지 했다. 라파엘 봄벨리(Raphael Bombelli, 16세기)는 당시로서는 양수에 대한 논리적 기초조차 마련되어 있지 않기 때문에 연산 법칙의 정당함을 입증하지는 못했지만,* 그래도 음수를 비교적 명확하게 정의했다. 스테빈은 방정식에서 양수와 음수를 모두 사용했고 음수 근도 근으로 받아들였다. 알베르 지라르(Albert Girard, 1595~1632년)는 자신의 저서 『대수학 분야의 새로운 발

---

* W. H. 오든은 이렇게 노래했다. "마이너스에 마이너스를 곱하면 플러스인데 그 이유는 따질 필요가 없다."

명』(1629년)에서 음수에도 양수와 같은 자격을 부여했으며 2차 방정식의 근이 모두 음수일 때에도 합당한 근이라고 했다. 빼기는 연산인 반면에 음수는 독립적인 개념이므로 각기 다른 기호를 사용해야 하지만 지라르와 해리엇 모두 마이너스 기호를 사용했다.

전반적으로 16세기와 17세기에 음수에 대해 불편함을 느끼지 않거나 음수를 수로 인정한 수학자들은 그다지 많지 않았다. 그리고 물론 그들은 방정식의 근으로 인정하지 않았다. 또한 그들은 이상한 신념을 지니고 있었다. 당시로서는 선진적인 생각을 갖고 있던 월리스는 음수를 받아들였지만 음수가 0보다 작은 동시에 ∞ 보다 더 크다고 생각했다.『무한소의 산술』(1655년)에서 그는 a가 양수일 때 $\frac{a}{0}$는 무한대이므로 분모를 음수로 바꿔 $\frac{a}{b}$로 하면 분모가 더 작아졌기 때문에 $\frac{a}{b}$는 $\frac{a}{0}$보다 더 클 수밖에 없다고 주장했다. 따라서 그 분수는 ∞ 보다 크다는 것이다.

봄벨리와 스테빈과 같은 선구적인 사상가들은 무리수 표현 방식을 제안했는데, 이들의 표현 방식은 실수 체계를 받아들이게 하는 데 결과적으로 도움을 주었다. 봄벨리는 실수와 직선(단위 길이가 주어져 있는 직선) 위의 길이 사이에 일대일 대응이 있다고 가정했고 길이에 대해 네 가지 기본 연산을 정의했다. 그는 실수와 그 연산을 각각 그에 대응하는 길이와 기하학적 연산으로 간주했다. 이렇게 해서 실수 체계는 기하학적 기반 위에서 정당성을 확보했다. 스테빈도 실수를 길이로 파악했고, 이런 해석을 통해 무리수가 제기하는 난점이 해결된다고 믿었다. 물론, 이러한 관점에서는 실수가 여전히 기하학에 의존하고 있었다.

무리수와 음수의 문제를 해결하지 못한 상황에서 오늘날 복소수라고 부르는 새로운 수가 출현함으로써 유럽 인들의 지적 부담감은 더욱 커져 갔다. 제곱근 개념을 확대함으로써 그들은 새로운 수를 얻게 되었다. 카르다노는 자신의 책 『위대한 기법』(1545년)의 제37장에서 10을 둘로 쪼개되 이 둘을 곱한 것이 40이 되게 하라는 문제를 내놓았고 또 이 문제를 직접 풀었다. 부조리한 문제로 보이지만 "대수학은 관대하다. 요구하는 것보다 더 많이 주는 경우가 적지 않다."라고 달랑베르가 말했듯이 이 문제는 해를 갖고 있다. 10을 둘로 쪼갰을 때 그중 하나를 x라고 하면 x에 대한 식 $x(10-x)=40$을 얻는다. 카르다노는 두 개의 근 $5+\sqrt{-15}$와 $5-\sqrt{-15}$를 얻었으나, 이 근을 두고 "독창적이기는 하지만 쓸모없고 궤변적인 양"이라고 했다. 하지만 "일단 정신적 부담감을 내려놓고" $5-\sqrt{-15}$와 $5-\sqrt{-15}$를 곱하면 그 값은 $25-(-15)$, 즉 40이 된다. 그런 다음, 그는 "이렇게 정교하게 산술 법칙을 적용하면 쓸모는 없어도 매우 세련된 결과를 얻는다."라고 선언했다.

카르다노는 3차 방정식의 대수적 해법을 연구하면서 복소수 문제에 더욱 깊이 관여하게 되었고 거기서 얻은 결과를 자신의 책에 실었다. 그는 실수 근만을 찾으려 했지만 그가 찾아낸 공식은 복소수 근이 있을 경우에는 그 값까지 근으로 내놓는다. 이상하게도 근이 모두 실수일 때에도 그의 공식은 복소수를 내놓으며, 이 복소수로부터 실수 근을 도출해 낼 수 있다. 따라서 마땅히 카르다노는 복소수에 대해 중요성을 부여해야 했지만 그는 복소수의 세제곱근을 찾는 방법을 알지 못했고 따라서 그로부터 실수 근을 도출해 낼 수 없었기 때문에 이 문제를 해결하지 않은 채 그냥 남겨 두고 말았다. 그는 다른 방식으로 실근을 구해 냈다.

봄벨리 역시 3차 방정식의 해로서 복소수를 다루었고 복소수의 사칙연산을 현대적인 형태로 정식화했지만, 여전히 복소수를 쓸모없고

'궤변적'이라고 여겼다. 지라르는 복소수를 최소한 방정식의 형식적인 근으로 인정했다. 자신의 책 『대수학 분야의 새로운 발명』에서 그는 이렇게 썼다. "이 말도 안 되는 근(복소수)은 도대체 무엇이냐고 사람들은 물을 것이다. 이에 대해 나는 세 가지 이유를 들어 복소수 근을 옹호한다. 첫째로 명료한 일반 규칙에 의거해 생성되었다는 점, 그 이외에 다른 해가 없다는 점, 그리고 그 근들이 유용하다는 점 등이다." 하지만 지라르의 선진적인 생각은 별다른 영향을 끼치지 못했다.

데카르트도 복소수 근을 배격하면서 허수라는 말을 만들어 냈다. 그는 『기하학』에서 "진짜 근이나 가짜(음수) 근이나 항상 실수인 것은 아니다. 때때로 허수일 경우가 있다."라고 말했다. 그는 방정식을 변환하여 음수 근을 최소한 실수로 만들 수 있지만 복소수 근의 경우는 불가능하다고 주장했다. 따라서 이 근들은 실수가 아니라 허수이다. 즉 수가 아니라는 것이다.

뉴턴마저도 복소수를 중요하게 생각하지 않았다. 하지만 그도 그럴 것이 당시로서는 물리적 의미를 갖고 있지 않았기 때문이다. 실제로 그는 자신의 저서 『보편 산술』(제2판, 1728년)에서 이렇게 말했다. "그러나 방정식의 근이 종종 불가능한 근이어야만 할 때가 있는데, 이는 불가능한 문제를 마치 가능한 것인 양 보이게 하는 일이 없도록 하기 위해서이다." 즉 물리적으로, 또는 기하학적으로 의미 있는 해답을 지니지 못한 문제는 반드시 복소수 근을 갖는다는 것이다.

복소수에 대한 이해가 얼마만큼 명확하지 못했는지는 자주 인용되는 라이프니츠의 말에서 엿볼 수 있다. "신령한 혼이 경이로운 해석학에서 숭고한 출구를 발견했으니, 이상적인 세상을 전해 주는 경이로운 대상, 존재와 비존재 사이를 오가는 양서류, 바로 우리가 -1

의 허근이라고 부르는 것이다."

라이프니츠는 복소수를 사용했지만 그 본질을 이해하지는 못했다. 라이프니츠와 베르누이는 미적분학에서 복소수를 사용했는데, 라이프니츠는 고작 복소수를 사용한다고 해서 해가 될 게 없다는 말로 그 사용을 합리화하려 했다.

16세기와 17세기 내내 복소수를 명확히 이해하지는 못했지만 그래도 실수 및 복소수의 연산 과정은 개선되고 확대되었다. 『대수학』에서 월리스는 실수 계수 2차 방정식의 복소수 근을 기하학적으로 표현하는 방법을 보여 주었다. 월리스는 복소수가 음수보다 더 불합리한 것은 아니라고 말했다. 음수가 직선 위에 유한 선분으로 표시될 수 있지만 복소수는 평면 위에 표시될 수 있기 때문이다. 그는 불완전하기는 했지만 평면 위에 복소수를 표시하는 방법을 설명했고, 근이 실수이거나 복소수이거나 상관없이 $ax^2 + bx + c = 0$의 근을 작도로 얻어 내는 방법도 제시했다. 월리스의 연구는 옳았지만 수학자들이 복소수의 사용을 인정하지 않았기 때문에 그의 연구는 무시되었다.

17세기에는 그 밖에도 다른 논리적 문제들이 제기되었으나 그에 대해서는 다음 장에서 다루기로 한다. 그 대신에 여기서는 수학자들이 무리수, 음수, 복소수를 다루고, 또 대수학을 연구하면서 마주치게 된 여러 난점에 대해 살펴보기로 하자. 무리수(양의 무리수)의 경우는 정의를 내리거나 그 특성을 확립하는 데에 아무런 성과가 나오지 않았지만 무리수의 성질들은 자연수 및 분수의 그것과 동일했으므로 직관적으로 쉽게 받아들일 수 있었다. 그래서 수학자들은 무리수를 자유로이 사용했고 그 의미나 특성과 관련하여 새로운 문제를 제기하지 않았다. 일부 수학자들(유클리드도 이들 가운데 포함된다.)은 에우독소스의 양의 이론으로부터 논리적 기초를 어렵지 않게 확보할 수 있다고 믿었으며 바로 유클리드의 『기하학 원론』 제5권에서 논리적 기초에 대한 내용이 상술되어 있다. 에우독소스는 크기에 대한 비례 이론을 전개했다. 그런데 이 이론은 기하학과 불가분의 관계를 맺고 있는 것으로서 무리수 이론은 전혀 아니다. 하지만 이 18세기 수학자들은 탄탄한 논리적 기반이 없었으면서도 무리수를 사용하는 것에 대해 전혀 꺼림칙하게 생각하지 않았다.

수학자들은 무리수보다 음수에 더 큰 어려움을 느꼈는데, 아마도 음수에서 기하학적 의미를 찾기가 쉽지 않고 또 그 연산 법칙도 이상했기 때문일 것이다. 1650년대 이후로 음수가 자유로이 사용되었지만 그 개념이나 논리적 기초가 확실하지 않았기 때문에 수학자들은 정당성의 문제를 회피하거나 그 사용에 이의를 제기했다. 계몽 시대의 가장 위대한 지성인이었던 달랑베르는 유명한 저서 『백과전서』의 '음수' 항목에서 다음과 같이 말하고 있다. "음수 해를 내놓는 문제가 있다면 이는 그 문제의 가정 가운데 거짓인 부분이 있지만 이를 참이라고 가정했다는 뜻이다." 음수에 관한 논문에서 그는 또 이렇게 덧붙이고 있다. "음수 해를 얻는다면 곧 그 수치의 정반대 값(부호를 바꿔 얻는 양수)이 원하는 해가 된다는 뜻이다."

18세기의 가장 위대한 수학자 오일러는 모든 시대를 통틀어 가장 훌륭한 대수학 교재를 집필했다. 『대수학 완전 입문』(1770년)이란 책으로, 이 책에서 그는 $-b$를 뺀다는 것은 b를 더한다는 뜻이라며 음수 뺄셈을 옹호했다. 그는 "빚을 면제해 주는 것은 선물을 선사하는 것과 같다."라고 말했다. 그는 또한 $(-1)(-1) = +1$이라고 주장했는데, 그 이유로 답이 $+1$이거나 -1인데 앞에서 이미 $1(-1) = -1$임을 보였으므로 $+1$일 수밖에 없다고 주장했다. 18세기의 가장 훌

릉한 교재에서도 마이너스 기호가 뺄셈뿐만 아니라 −2와 같이 음수를 표시하는 기호로도 마구 뒤섞여 사용되었다.

18세기 내내 음수에 반대하는 목소리는 끊이지 않았다. 케임브리지 대학교 클레어 칼리지의 특별 연구원이자 영국왕립학회 회원인 영국 수학자 프랜시스 마세레스 남작(Francis Masères, 1731~1824년)은 훌륭한 수학 논문을 여러 편 썼고 생명 보험 이론에 관한 방대한 논문도 집필했다. 1759년에 그는 『대수에서 음수 부호 사용에 대한 논문』을 출간했다. 여기에서 그는 음수 사용을 피할 수 있는 방법을 보여 주었다(단, 실제로 셈을 하지는 않으면서 작은 것에서 큰 것을 빼는 표시로 사용하는 경우는 예외로 하고 있다.). 특히 2차 방정식의 유형을 세심하게 분류하여 2차 방정식의 근을 배제하는 방법을 논하고 있다. 음수 근을 갖는 방정식을 별도로 다루고 당연히 음수 근을 근으로 인정하지 않았다. 그는 3차 방정식도 똑같이 다루었다. 그런 다음, 그는 음수 근에 대해 이렇게 말했다.

내 모든 능력을 동원해 판단하건대 음수 근은 방정식 이론에 혼란만을 가져올 따름이며 공연히 복잡하고 이상스러우며 모호하고 불분명한 무언가를 우리에게 던져 줄 뿐이다. 따라서 음수 근을 대수학에서 받아들이지 않았다면 더할 나위 없이 좋았으리라. 아니면 지금 당장이라도 대수학에서 몰아낸다면 좋으리라. 그렇게 된다면 수많은 학자들과 솜씨 좋은 사람들로부터 공격받고 있는 불분명한 개념이 제거될 것이다. 대수학, 즉 보편적 산술은 그 본질상 기하학만큼이나 단순 명료하며 또 엄밀한 추론이 가능한 분야이다.

복소수의 의미와 그 사용에 대한 논쟁은 그보다 더욱 격렬했다.

일부 수학자들이 음수에 대해 그 로그값(또 복소수의 로그값)으로 복소수를 택하면서 상황은 더욱 복잡한 양상을 띠게 되었다.

1712년부터 라이프니츠, 오일러, 그리고 장 베르누이는 서신과 논문을 통해 복소수의 의미와 특히 음수 및 복소수의 로그를 두고 격렬한 논쟁을 벌였다. 라이프니츠와 베르누이는 복소수에 대해 데카르트가 채택했던 '허수'란 용어를 사용했다. 그들은 미적분학에서 매우 쓸모 있게 사용했으면서도 그러한 수(음수도 포함)가 존재하지 않는다는 의미에서 허수란 말을 사용했다.

앞에서 언급했지만 라이프니츠는 여러 논거를 들어 가며 음수의 로그값은 존재하지 않는다고 주장했다. 베르누이는 $\log a = \log(-a)$이라는 입장을 취했고 이를 뒷받침하는 여러 근거를 들었다. 그 가운데 하나는 양수의 로그에 관한 정리를 이용한 다음 등식이다.

$$\log(-a) = \frac{1}{2}\log(-a)^2 = \frac{1}{2}\log a^2 = \log a$$

또 다른 방식은 미적분학을 이용한 것이다. 여러 해 동안 수많은 편지가 라이프니츠와 베르누이 사이에 오갔다. 하지만 말도 되지 않는 내용이 대부분이었다.

오일러는 이에 대한 해답을 얻어 냈다. 그는 자신의 결과를 1751년에 『방정식의 허수 근에 관한 고찰』이라는 논문에 담아 발표했다. 그의 최종 결과는 올바른 것이지만 그 과정은 잘못된 것이었다. 이 결과는 실수를 포함한 모든 복소수에 적용된다. 즉 오일러가 정의한 $x + iy$의 로그값은 y가 0일 때 실수가 된다. 그가 택한 값은 다음과 같았다.

$$\log(x+iy) = \log(\rho e^{i\emptyset}) = \log\rho + i(\emptyset \pm 2n\pi)^*$$

그러나 당시 사람들은 오일러의 논문을 이해하지 못했다.

오일러는 자신의 결과를 1747년 4월 15일자 편지에 적어 달랑베르에게 알려주었다. 그는 양수의 로그값은 무한히 많지만 그 가운데 단 하나만이 실수라는 사실까지 언급했다. 이 값이 우리가 흔히 실수의 로그값을 계산할 때 택하는 값이다. 달랑베르는 오일러의 편지나 논문에 수긍하지 않았으며, 자신의 시론 『음수의 로그값에 대하여』에서 형이상학, 해석학, 기하학의 논거를 들어 가며 그러한 로그의 존재를 부정했다. 그는 이 주제를 더욱 애매모호한 상태로 만드는 데 성공했다. 그는 또 용어상의 문제라며 대가 오일러와의 차이를 가리려고 했다.

이 논란에 관여했던 사람들 모두 사고에 일관성이 없었다. 18세기 전반기 동안 복소수에 관한 일부 연산, 예를 들면 복소수의 복소수제곱은 새로운 종류의 수가 되어야 한다고 믿었다. 하지만 복소수 위의 모든 연산은 다시 복소수를 내놓는다고 증명한 사람은 바로 달랑베르였다. 그는 자신의 책 『바람의 일반 원인에 관한 성찰』에 그 내용을 실었다. 달랑베르의 증명은 오일러와 라그랑주의 수정을 거쳐야 했다. 그러나 이 문제와 관련해 달랑베르는 중요한 공헌을 한 셈이다. 아마도 달랑베르는 복소수에 대한 자신의 생각이 명확하지 못함을 스스로 알고 있었던 듯 보인다. 왜냐하면 『백과전서』를 집필할 때 수학 관련 항목을 썼지만 복소수에 대해서는 아무런 언급도 하지 않

---

* 여기서 오일러는 소위 복소수의 극형식을 사용하고 있다. 즉 $\rho = \sqrt{x^2+y^2}$ 이고 $\emptyset$ 는 원점에서 $x+iy$ 를 잇는 선분과 x 축이 이루는 각이다. y 가 0이면 $\emptyset$ 가 0이 된다.

았기 때문이다.

오일러도 역시 복소수에 대해 명확한 생각을 갖고 있지 못했다. 18세기 최고의 대수학 교재인『대수학 완전 입문』에서 그는 이렇게 말했다.

음수의 제곱근은 0이 아니고 0보다 작지도 않으며 또 0보다 크지도 않다. 그렇다면 음수의 제곱근은 가능한 수(실수)에 포함될 수 없음은 명백하다. 결국, 그런 수는 불가능한 수라고 말하지 않을 수 없다. 그러므로 본질상 불가능한 그러한 수들은 보통 허수 또는 상상의 수라고 불리는데 이는 오직 상상 속에서만 존재하기 때문이다.

그는 또 복소수 계산에서도 실수를 했다.『대수학 완전 입문』에서 $\sqrt{a}\sqrt{b} = \sqrt{ab}$ 이기 때문에 $\sqrt{-1} \cdot \sqrt{-4} = \sqrt{4} = 2$ 라고 했다.

불가능한 수라고 부르기는 했지만 오일러는 복소수가 유용하다고 말했다. 그 유용성은 바로 어떤 문제에는 해답이 있고 또 어떤 문제에는 해답이 없는지를 알려주는 것이라고 생각했다. 예를 들면 12를 둘로 쪼개되 그 둘의 곱이 40이 되게 하는 문제를 풀면 $6+\sqrt{-4}$ 와 $6-\sqrt{-4}$ 를 얻는데, 이는 문제를 풀 수 없다는 뜻이 된다는 것이다.

복소수에 대한 반대에도 불구하고 실수에 적용되는 규칙들을 복소수에 적용함으로써 18세기 내내 복소수는 효과적으로 사용되었고, 그에 따라 수학자들은 복소수에 대해 확신을 얻게 되었다. 수학적 논증의 중간 단계에서 사용했을 때 그 최종 결과는 올바른 것으로 판명되었고 이 사실은 상당한 효과를 가져왔다. 그러나 논증의 타당성에 대한 의구심과 때로는 그 결과에 대한 의구심에서 수학자들은 여전히 벗어나지 못했다.

무리수, 음수, 복소수 등 성가신 수들을 받아들이는 데 대한 일반적 태도는 『백과전서』에서 음수를 설명한 달랑베르를 보면 확연하게 드러난다. 이 항목은 상당히 모호하다. 달랑베르는 다음과 같은 결론을 내리고 있다. "음수에 대해 우리가 어떤 생각을 갖고 있든 간에 그 대수적 연산 규칙은 널리 받아들여지고 있으며 또 정확한 것으로 인정받고 있다."

여러 세기에 걸쳐 유럽 인들이 여러 유형의 수를 이해하고자 애쓰는 동안에 또 다른 주요 논리 문제가 전면으로 부상했으니, 이것이 바로 대수학의 논리를 구축하는 과제였다. 새로운 결과들을 체계화한 최초의 성과는 카르다노의 『위대한 기법』이었다. 여기서 그는 $x^3 + 3x^2 + 6x = 10$과 같은 3차 방정식과 $x^4 + 3x^3 + 6x^2 + 7x + 5 = 0$과 같은 4차 방정식의 풀이 방법을 보여 주고 있다. 그로부터 100년이 채 안 되는 기간 동안에 수학적 귀납법, 이항정리, 저차 방정식 및 고차 방정식의 근사값 해법 등 다수의 성과가 대수학 분야에서 나왔는데 이러한 업적을 남긴 주요 인물로는 비에트, 해리엇, 지라르, 페르마, 데카르트, 뉴턴을 들 수 있다. 하지만 이런 결과에 대한 증명은 없었다. 카르다노와 이후의 대수학자 봄벨리 및 비에트가 3차 방정식 및 4차 방정식 해법을 입증하기 위해 기하학적 논거를 사용한 것은 사실이지만, 음수 근과 복소수 근을 무시했기 때문에 이런 논거가 증명이 될 수는 없었다. 더욱이 4차나 5차 같은 고차 방정식의 경우에는 3차원까지만 다루는 기하학이 증명의 논거로 사용될 수 없었다. 다른 학자들이 내놓은 결과들은 단지 구체적 예에서 성급하게 일반화하여 얻어 낸 주장들이었다.

적절한 방향으로 진일보를 이룬 사람은 비에트였다. 이집트 및 바빌로니아 시대부터 비에트의 연구까지 수학자들은 구체적 수치가 계

수로 주어져 있는 1차, 2차, 3차, 그리고 4차 방정식만을 풀었다. 따라서 $3x^2+5x+6=0$ 과 $4x^2+7x+8=0$ 은 동일한 해법을 적용할 수 있는데도 서로 상이한 방정식이라고 여겼다. 더욱이 음수 사용을 피하기 위해 오랫동안 $x^2-7x+8=0$ 과 같은 방정식은 $x^2+8=7x$ 로 대치했다. 따라서 같은 차수에서도 여러 가지 유형의 방정식이 있었고 각 유형을 따로따로 다루었다. 비에트의 업적은 문자 계수를 도입한 것이었다.

비에트는 법률가 교육을 받았다. 그는 취미로 수학 연구를 했고 연구 결과를 자비로 출간했다. 전에도 몇몇 사람들이 간혹 별 뜻 없이 문자를 사용하기는 했지만 명확한 목적을 갖고 조직적으로 문자를 사용한 최초의 인물이 바로 비에트였다. 그는 미지수나 미지수의 거듭제곱에 문자를 사용한 것이 아니라 일반적 계수로서 문자를 주로 사용했다. 2차 방정식을 (현재의 기호를 사용하면) $ax^2+bx+c=0$ 로 표현하여 한몫에 다룰 수 있게 되었다. 여기서 문자 계수 a, b, c 는 임의의 숫자를 나타내고 x 는 미지수, 즉 그 값을 찾고자 하는 양이다.

비에트는 자신의 새로운 대수학을 수치 계산(logistica numerosa)에 대비하여 유형 계산(logistica speciosa)이라고 불렀다. 일반적인 2차 방정식 $ax^2+bx+c=0$ 을 연구하는 것은 곧 모든 2차 방정식을 다루는 것이다. 일반적인 경우에 대한 연구는 무한히 많은 수의 특수한 경우를 포괄하기 때문이다. 그는 『분석 기법 입문』(1591년)에서 수치 계산과 유형 계산을 구별하면서 산술과 대수학 사이에 구분선을 그어 놓았다. 대수학은 대상물의 종류나 유형을 조작하는 방식이며, 그것이 바로 유형 계산이다. 산술과 계수가 수치로 주어진 방정식을 다루는 것이 바로 수치 계산이다. 따라서 비에트가 내디딘 한 걸음으로 대수학은 방정식의 일반적인 유형에 관한 연구가 되었다.

문자로 한 무리의 수를 나타내는 비에트의 방식은 $ax^2+bx+c=0$의 해법을 증명하고 나면 $3x^2+7x+5=0$과 같은 무수히 많은 구체적 방정식의 해법을 확보할 수 있다는 장점을 가지고 있다. 또한 비에트의 업적을 대수학에서 일반 증명을 가능하게 한 것이라고 평가할 수도 있다. 하지만 a, b, c에 관한 연산을 실시할 때, 그리고 a, b, c가 임의의 실수나 임의의 복소수를 나타낼 때 실시하는 연산이 모든 실수와 모든 복소수에 대해 성립한다는 사실을 확인해야 한다. 하지만 비에트는 이 연산들의 정당성을 논리적으로 입증하지 않았고 또 수의 유형에 대한 정의도 하지 않았다. 비에트 자신은 음수와 복소수를 배격했기 때문에 유형 계산에서 그가 염두에 두고 있던 일반성은 제한적인 것이었다.

비에트의 생각이 불합리하다고 할 수는 없을지라도 이해하기 어렵다는 점만은 분명하다. 그는 한편으로는 문자 계수의 사용이라는 매우 중요한 업적을 이루었으며, 또 이 방식으로 일반 증명이 가능해진다는 점을 충분히 인식하고 있었다. 하지만 음수를 수로 인식하지 못했고 따라서 문자는 양수만을 표시한다는 제한을 두었다는 점에서 치명적 한계를 지니고 있었다. 음수에 대한 여러 연산 법칙이 800년가량 사용되었고 이 연산 법칙들로부터 올바른 결과가 나왔다. 비에트는 이러한 법칙에 이의를 제기하지는 못했다. 그러나 음수에는 양수가 갖고 있는 직관적 의미와 물리적 의미가 결여되어 있었다. 수학자들이 무엇을 받아들이는지 결정하는 요소는 논리가 아니라 직관인 듯하다. 1657년에 와서야 존 허드(John Hudde, 1633~1704년)가 음수와 양수 모두를 표시하는 문자를 사용했다. 그 이후부터 수학자들은 자유로이 그런 방식을 따랐다.

비에트가 활약하던 당시, 즉 16세기 후반에는 대수학은 기하학의 시녀에 불과했다. 한 미지수에 관한 단일 방정식이나 두 미지수에 관한 한 쌍의 방정식은 기하학이나 상업에서 실용적인 문제로 제기되었고 그에 대한 해법도 마련되어 있었다. 하지만 사람들은 대수학이 지닌 힘을 17세기까지 깨닫지 못했다. 대수학 분야에 획기적인 진전을 이룬 사람은 데카르트와 페르마였다. 바로 이들이 해석기하학(대수적 기하학이라고 불러야 마땅하다.)을 창안해 냈다. 해석기하학의 기본 아이디어는 곡선을 방정식으로 표시할 수 있다는 것이었다. 예를 들면 $x^2+y^2=25$는 반지름이 5인 원을 나타낸다. 대수적 표현을 사용하여 고대 그리스 인들의 기하학적 방법이나 종합적 방법보다 훨씬 더 용이하게 곡선의 성질을 증명할 수 있게 되었다.

그렇지만 데카르트가 『기하학』을 출간했던 1637년에 데카르트 자신이나 1629년에 연구 성과(사후 출간)를 냈던 페르마나 모두 음수를 받아들일 준비가 되어 있지 않았다. 따라서 아이디어는 있었지만 기하학에 대한 대수적 접근법이 얼마나 강력한 힘을 지니는지 충분히 인식하지 못했다. 그러나 데카르트와 페르마의 뒤를 이은 사람들이 해석기하학에 음수를 도입하면서 해석기하학은 해석학과 기하학 발전에 필수적인 역할을 하게 되었다.

대수학을 전면에 내세웠던 두 번째 혁신은 함수 표현에서 대수적 식의 사용이었다. 주지하다시피 갈릴레오는 물체 운동을 식으로 기술할 수 있다는 착상을 내놓았다. 예를 들면 초속 100피트 속도로 위를 향해 쏘아 올린 물체의 높이는 $h = 100t - 16t^2$으로 주어진다. 이 식으로부터 대수적 방법으로 물체의 운동에 관한 여러 가지 사실들을 도출해 낼 수 있다. 예컨대 얼마만큼 높이 올라가는지, 최대 높이까지 올라가는 데 시간이 얼마나 걸리는지, 또 땅으로 떨어질 때까지 얼마나 걸리는지를 알아낼 수 있다. 대수학에 상당한 효력이 있음을 인식하고 나자 수학자들은 대수학을 광범위하게 사용했고 이제 대수학은 기하학을 압도하는 지위로까지 올라가게 되었다.

대수학의 자유로운 사용은 이에 반대하는 목소리를 불러왔다. 철학자인 홉스는 수학 분야에서는 그다지 중요하지 않은 존재지만 어쨌든 수많은 수학자들의 목소리를 대변해 "대수학을 기하학에 응용하는 무리"에게 반대의 뜻을 표명했다. 홉스는 대수학자들이 기호를 기하학으로 혼동하고 있다고 했고 원뿔을 대수적으로 다룬 월리스의 책을 야비하고도 "온갖 기호가 딱지처럼 덕지덕지 얹혀 있는 책"이라고 혹평했다. 파스칼과 배로를 비롯한 많은 수학자들이 대수학에 논리적 기초가 결여되어 있다는 이유를 들어 대수학 사용을 반대했다. 그들은 기하학적 방법과 기하학적 증명을 고집했다. 일부는 기하학에 의지해 대수학의 논리적 기초를 마련할 수 있다고 믿었지만, 앞서 보았듯 이 믿음은 망상이었다.

그래도 대다수 수학자들은 실용 목적으로 대수학을 자유로이 사용했다. 대수학은 모든 종류의 실용 문제를 다룬다는 점과 기하학적 문제를 다룰 때에도 대수학이 더 효율적이라는 점이 명백해지면서 수학자들은 대수학의 세계에 몸을 담그게 되었다.

대수학을 기하학의 시녀로 여겼던 데카르트와는 달리 월리스와 뉴턴은 대수학이 지닌 진정한 힘을 인식했다. 하지만 기하학적 방식을 포기한다는 것은 수학자로서는 몹시 어려운 일이었다. 뉴턴의 『자연철학의 수학적 원리』 제3판을 편집한 헨리 펨버턴에 따르면, 뉴턴은 그리스 기하학자들에게 상당한 존경을 표했을 뿐만 아니라 그들을 충분히 따르지 못한다면서 자책했다고 한다. 제임스 그레고리(James Gregory, 1638~1675년)의 조카인 데이비드 그레고리(David Gregory, 1661~1708년)에게 보낸 편지에서 뉴턴은 "대수학은 수학에 서

투른 사람이 행하는 분석"이라고 썼다. 그러나 1707년에 간행된 뉴턴의 책 『보편 산술』은 어떤 저작보다도 대수학의 우수성을 확립하는 데 큰 역할을 했다. 이 책에서 뉴턴은 산술과 대수학을 수리과학의 기초로 만들어 놓았으며, 기하학은 증명이 필요할 경우에만 사용했다. 하지만 전반적으로 이 책은 규칙을 모아 놓은 책에 불과하다. 수와 대수적 과정에 관한 주장에 대해 증명도 거의 하지 않았으며 직관적 논거조차도 찾아보기 힘들다. 대수적 표현에서 문자는 수를 대신하며 어느 누구도 산술의 확실성을 의심할 수 없다는 것이 뉴턴의 기본 입장이었다.

라이프니츠도 대수학의 위상이 높아져 가는 것을 목격하고 있었으며 또한 대수학이 지닌 효율성을 충분히 인식하고 있었다. 그러나 증명이 제대로 갖추어지지 않았기 때문에 그는 "종종 기하학자들은 미적분학으로는 매우 긴 지면이 소요되는 것을 단 몇 마디로 증명해 낸다. 대수학의 사용은 괜찮지만 기하학보다 낫지는 않다."라고 말했다. 그는 당시의 대수학 연구를 "우연과 행운이 뒤섞인 잡동사니"로 규정했다. 하지만 오일러는 자신의 저서 『무한소 해석학 입문』(1748년)에서 그리스의 기하학적 방법보다 훨씬 더 우수하다면서 대수학을 공공연하게 칭송했다. 1750년대가 되자 대수학 사용을 꺼림칙하게 여기던 태도가 극복되었다. 이제 대수학은 다 자란 나무가 되어 수많은 가지를 뻗고 있었다. 하지만 뿌리가 없었다.

수 체계와 대수학의 발전은 기하학의 발전과 극명하게 대조된다. 기하학은 기원전 300년에 이미 연역적으로 체계화되었다. 일부 결함이 있었으나 이런 결함은 곧 보완되었다. 하지만 산술과 대수학에는 논리적 기초가 전혀 없었다. 논리적 기초가 없다는 점 때문에 수학자들은 불편함을 느꼈다. 어떻게 그리스의 연역 기하학에 익숙한 유럽 인들이 논리적으로 불안정한 여러 유형의 수와 대수를 거리낌 없이 이용하고 적용할 수 있었을까?

거기에는 몇 가지 이유가 있다. 자연수와 분수의 성질을 받아들이는 근거는 분명코 경험이었다. 새로운 유형의 수가 수 체계에 보태어지자 경험을 근거로 양의 정수와 분수에서 이미 인정받고 있던 연산 법칙이 새로운 원소에도 적용되었다. 이때 기하학적 사고가 편리한 안내자 역할을 했다. 문자가 도입되자 문자는 단지 수를 표시하는 것이므로 역시 수와 다름없이 취급되었다. 더욱 복잡한 대수적 기법은 카르다노가 사용한 것과 같은 기하학적 논거나 특수한 경우로부터의 귀납법으로 그 정당성이 확보된 듯 보였다. 물론 이런 방식은 논리적으로 만족스럽지 못했다. 기하학이 사용되었어도 음수, 무리수, 복소수에 대한 논리적 기초를 제공해 주지 못했다. 분명히, 4차 방정식의 해법 같은 경우는 기하학적으로 증명해 내기 불가능했다.

두 번째로 대수학 성립 초기, 특히 16세기와 17세기에 대수학은 그 나름의 논리적 기초가 요구되는 독립된 수학 분야로 인정받지 못했다. 대수학은 기하학적인 문제를 분석하는 한 방법으로 여겨졌다. 대수학을 연구한 많은 사람들, 특히 데카르트 같은 사람은 대수학을 일종의 분석 방법이라고 생각했다. 카르다노의 『위대한 기법』이나 비에트의 『분석 기법 입문』과 같은 책들의 제목은 그들이 기법이란 말을 오늘날과 마찬가지로 과학에 대립되는 의미로 사용했음을 보여 준다. 해석기하학이란 말에서——데카르트의 대수적 기하학을 지금은 해석기하학이라고 한다.——대수학에 대한 이런 태도를 확인하게 된다. 1704년까지도 핼리는 《왕립학회 철학 회보》에 실은 논문에서 대수학을 분석 기법이라고 불렀다. 그러나 데카르트의 해석기하학은 수학자들에게 대수학의 강력한 힘을 각인시킨 결정적 도구가 되었다.

끝으로, 음수 및 무리수의 사용과 대수학의 사용으로 얻은 과학 연구 결과는 관찰 및 실험 내용과 완벽하게 일치했다. 예컨대 수학자들이 음수를 도입하면서 가지게 된 의구심은 수학적 결과가 물리적으로 타당하다고 입증되자 눈 녹듯 사라져 버렸다. 과학에의 응용이 주요 관심사였기 때문에 그 방면에서 효용성을 보이는 수단이나 도구는 거리낌 없이 채택되었다. 과학의 실용적 요구가 완벽함을 추구하는 논리적 요구를 압도했다. 마치 탐욕스러운 자본가가 윤리적 원칙을 헌신짝처럼 내버리듯 대수학의 논리적 타당성에 대한 의심은 구석으로 밀려났고 수학자들은 새로운 대수학을 무분별하게, 그리고 맹목적으로 수용하기 시작했다. 그 이후로 수학자들은 점차 대수학을 수와 기하학에 관한 결과를 포괄하고 '확립하는' 독립적 과학으로 변모시켰다. 월리스는 대수학의 전개 방식이 기하학의 그것에 비해 논리적 정당성이 결코 부족하지는 않다고 단언했다.

17세기 말에는 수와 대수학은 기하학과는 독립된 분야로 인식되었다. 그렇다면 왜 수학자들은 대수학을 논리적으로 발전시키지 않은 것일까? 유클리드의 『기하학 원론』에 기하학의 연역적 체계화가 전범으로 주어져 있는데도 왜 수학자들은 수와 대수학의 연역적 체계화를 시도하지 않았을까? 그 답은 기하학적 개념, 공리, 정리는 산술이나 대수학의 그것에 비해 직관적인 접근이 훨씬 더 용이하다는 데 있다. 그림은 구조를 파악하는 데 도움을 준다. 그러나 무리수, 음수, 복소수 등의 개념은 그보다 포착하기가 훨씬 어려우며, 그림의 도움을 받을 수 있을 때에도 수나 문자 표현식의 논리적 구조는 잘 드러나지 않는다. 수 체계 및 대수학의 논리적 기초를 세우는 문제는 몹시 어려워서, 17세기 수학자들로서는 감당할 수 없었다. 이 주제는 나중에 자세히 살펴보게 될 것이다(8장 참조). 오히려 수학자들이 논리적으로 까다롭게 따지기보다는 쉽게 믿고 또 소박하기까지 했던 점은 수학사의 행운으로 작용했다. 형식화와 논리적 기초 건설에 앞서서 먼저 자유로운 창조 행위가 있어야만 하기 때문이다. 그리고 수학적 창조의 위대한 시기는 이미 시작되고 있었다.

6장

비논리적 발전: 해석학이라는 수렁

누구나 어떤 방향으로든 우선 연구를 시작해야 한다.

그리고 시작은 항상 불완전하며 또 실패로 마무리되는 일이 많다.

꼭꼭 숨겨져 있어 모든 길을 다 가 본 후에야

최선의 길을 찾아낼 수 있는 그런 진리들이 있다.

사람들에게 올바른 길을 보여 주기 위해서는

누군가가 반드시 잘못된 길로 들어설 위험을 감수해야 한다.

우리는 진리에 도달하기 위해서는

반드시 먼저 오류를 경험해야 하는 운명을 타고난 존재들이다.

드니 디드로

현대 물리학과 미적분학의 아버지 아이작 뉴턴.

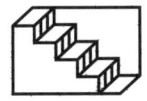

논리적 기초가 결여된 산술 및 대수학, 그리고 다소 불안정한 기초를 지닌 유클리드 기하학. 수학자들은 이 두 가지 위에 해석학을 건설했다. 해석학의 핵심 내용은 미적분학이며, 미적분학은 가장 정교한 수학 이론이다. 우리는 앞에서 비교적 단순한 분야인 대수학에서 여러 결함을 목격했다. 이와 비교해 볼 때, 미적분학의 개념을 밝히고 논리적 구조를 세우는 일은 수학자들에게 만만치 않은 지적 부담감을 안겨 주었을 것이다. 그리고 이런 추정은 전적으로 옳았다.

미적분학은 함수 개념을 활용한다. 함수는 간단히 말해서 변수 사이의 관계라고 할 수 있다. 예를 들어 지붕 위에서 공을 떨어뜨리면 낙하 거리와 낙하 시간이 늘어난다. 낙하 거리와 낙하 시간은 변수이며, 공기 저항을 무시한다면 이 거리와 시간 사이의 관계를 나타내는 함수는 $d = 16t^2$으로 표현된다. 여기서 t는 낙하 시간을 초 단위로 표시한 것이고, d는 t초 동안에 떨어진 거리를 피트 단위로 표시한 것이다.

모든 중요한 아이디어의 기원은 그로부터 수십 년, 어떤 때는 수백 년 전까지 거슬러 올라가는데, 함수 개념 역시 마찬가지이다. 하지만 함수 개념을 명확히 인식한 것은 17세기의 일이었다. 상세한 역사는 그다지 중요하지 않다. 그보다 더 중요한 점은, 함수라는 개념은 간단하지만 가장 단순한 형태의 함수라 해도 모든 유형의 실수와 관계한다는 사실이다. 위의 예에서 $t=\sqrt{2}$일 때 d의 값을 물을 수 있다. 또는 예를 들면 d가 50일 때 t의 값이 얼마인지 물을 수도 있는데, 이때 d는 $\sqrt{50/16}$이며 이 수치는 무리수이다. 17세기에는 무리수에 대한 이해가 충분하지 못했다. 따라서 수 연구에서의 논리적 엄밀성 결여가 함수 연구에도 그대로 이어졌다. 하지만 1650년에 이르면서 무리수가 자유로이 사용되자 이런 문제도 두루뭉술하게 넘어갔다.

미적분학은 함수만이 아니라 훨씬 더 복잡하고 새로운 개념 두 가지를 도입한다. 바로 도함수와 정적분으로, 이는 수에 필요한 논리적 기초와는 다른 논리적 기초를 필요로 한다.

위대한 수학자들이 이 두 가지 개념의 연구에 힘을 기울였다. 그 가운데 유명한 사람들을 들자면 케플러, 데카르트, 프란체스코 보나벤투라 카발리에리(Francesco Bonaventura Cavalieri, 1598~1647년), 페르마, 파스칼, 제임스 그레고리, 질 페르손 드 로베르발(Gilles Personne de Roberval, 1602~1675년), 하위헌스, 배로, 월리스, 그리고 빼놓을 수 없는 뉴턴과 라이프니츠가 있다. 이들은 나름의 방식으로 도함수 및 정적분의 정의와 계산 방법을 연구했다. 어떤 이는 순전히 기하학적인 방식을 사용했고, 또 어떤 이는 순전히 대수적인 방식을 사용했고, 두 가지 방식을 모두 사용한 이들도 있었다. 여기서 우리가 관심 있게 살펴보려는 내용은 그들의 수학적 추론이 얼마만큼 훌륭했는지, 또는 얼마나 불완전했는지 하는 것이다. 그런 목적이라면 몇 가지 대표적인 예를 보는 것으로 충분하다. 실제로 그들이 제시한 방법 가운데 다수는 매우 제한적이었고, 따라서 그런 방법들에 관심을 기울일 필요가 없다.

도함수의 속성은 뉴턴처럼 속도의 개념을 이용하면 가장 잘 이해할 수 있다. 만일 어떤 물체가 4초 동안에 200피트를 움직이면 평균 속도는 초속 50피트가 되며, 또 그 물체가 일정한 속도로 움직이면 평균 속도는 매 순간의 속도와 일치한다. 하지만 대부분의 운동에서 속도는 일정하지 않다. 땅으로 떨어지는 물체, 총에서 발사된 발사체, 태양 주위를 도는 행성 등의 속도는 끊임없이 변한다. 여러모로 특정 순간의 속도를 아는 것이 중요할 때가 있다. 예를 들어 발사체가 사람을 맞히는 순간의 속도는 매우 중요하다. 만일 속도가 초속 0피트라면 발사체는 땅으로 떨어진다. 만일 속도가 초속 1,000피트라면 사람이 땅으로 거꾸러진다. 여기서 순간이라는 것은 지속 시간이 0이라는 뜻이다. 그리고 지속 시간이 0이라면 물체의 운동 거리도 0이다. 따라서 평균 속도를 계산하듯이 거리를 시간으로 나누어 순간 속도를 계산하려 한다면 $\frac{0}{0}$이라는 무의미한 결과를 얻는다.

17세기 수학자들도 이를 해결하는 방법을 어렴풋이 알고는 있었지만 확실하게는 파악해 내지 못했다. 이 방법을 설명하자면 다음과 같다. 어떤 물체가 땅으로 떨어지기 시작한 지 정확히 4초 후에 그 속도를 재려 한다고 하자. 만일 순간 대신에 일정 시간을 흘려보낸 뒤 그 사이 떨어진 거리를 흘려보낸 시간으로 나누면 그 시간 동안의 평균 속도를 얻는다. 이제 낙하 후 4초가 되는 시점부터 $\frac{1}{2}$초가 경과되었을 때의 평균 속도를 계산하고, 또 $\frac{1}{4}$초가 경과되었을 때의 평균 속도를 계산하며, 다시 $\frac{1}{8}$초가 경과되었을 때의 평균 속도를 계산한다. 이런 식으로 계속할 때 경과 시간을 짧게 잡으면 짧게 잡을수록 평균 속도는 정확히 낙하 후 4초가 되는 바로 그 순간의 속도에 더욱 근접하게 된다. 이렇게 여러 개의 경과 시간을 택하여 평균 속도가 어떤 값에 가까워지는지 살펴보기만 하면 된다. 그리고 바로 그 값이 정확히 4초가 되는 순간의 속도가 될 것이다. 이 방법은 충분히 합당하게 보인다. 하지만 곧 보겠지만 여기에는 몇 가지 난점이 있다. 어쨌든 4초 후의 속도는 그 계산이 가능할 경우, $t=4$에서 $d=16t^2$의 도함수라고 부른다.

위에서 말로 설명한 내용을 기호로 바꾸면 어떤 난점이 있는지 더욱 분명하게 알 수 있다. 도함수의 수학적 체계화는 페르마를 통해 이루어졌으며, 결국에는 페르마의 체계화가 널리 받아들여지게 되었다. 낙하하는 공이 다음과 같이 기술되어 있을 때, 낙하를 시작하고 4초가 경과한 시점에서의 속도를 구해 보자.

(1) $$d = 16t^2$$

$t=4$일 때, $d = 16 \cdot 4^2$ 또는 $d=256$이다. 이제 h는 시간의 증분, 즉 4초 이후부터 경과된 시간을 나타낸다. 시간이 $4+h$일 때, 공은 256피트를 지나 k피트만큼 더 떨어졌다고 하자. 그러면 다음 식이 성립한다.

$$256 + k = 16(4+h)^2 = 16(16 + 8h + h^2)$$

즉 정리하면 다음과 같다.

$$256 + k = 256 + 128h + h^2$$

양변에서 256을 빼내면 $k = 128h + h^2$이 되고, 따라서 h초가 경과하는 동안의 평균 속도는 다음과 같다.

(2) $$\frac{k}{b} = \frac{128b + b^2}{b}$$

페르마는 운 좋게도 이런 단순한 함수의 경우뿐만 아니라 다른 함수에서 분자와 분모에서 b를 약분할 수 있었다. 이렇게 해서 그는 다음 식을 얻었다.

(3) $$\frac{k}{b} = 128 + b$$

그런 다음 페르마는 b를 0으로 놓아 낙하 후 4초가 되는 시점에서의 속도를 다음과 같이 구했다($\dot{d}$는 뉴턴이 사용한 기호이다.).

(4) $$\dot{d} = 128$$

그러므로 $\dot{d}$는 $t=4$에서 $d=16t^2$의 도함수이다.

하지만 위의 과정에 이의를 제기할 수 있다. 즉 시작할 때에는 0이 아닌 수를 b로 택해 분자와 분모에서 b를 소거하는 등의 연산을 실시했다. 그런 연산은 분명 0이 아닐 때만 가능하다. 따라서 (3)의 식은 b가 0이 아닐 때에만 성립한다. 그러므로 b를 0으로 놓아 결론을 이끌어 낸 것은 올바르지 않다. 더욱이 $d=16t^2$은 간단한 함수이기 때문에 (2)의 식을 (3)의 식으로 만들 수 있다. 하지만 그보다 복잡한 함수에서는 간단하게 만들기가 불가능하기 때문에 (2)의 식과 같은 형태를 다루어야 하는데, 이때 $b=0$이면, $\frac{k}{n}$는 $\frac{0}{0}$이 되어 무의미해진다.

페르마는 계산의 근거를 제시하지 않았다. 마땅히 페르마는 미적분학의 선구자로 평가받아야 하지만 연구를 상당한 수준까지 진척시키지는 않았다. 그는 아이디어를 갖고 있어도 완전하게 증명해 내지 못할 때에는 그 내용을 일반 정리로 주장하지 않을 만큼 조심스러웠다. 그는 기하학적 해석을 가할 수 있었기 때문에 자신의 계산 과정이 옳다고 생각하는 선에서 만족했으며, 단지 언젠가는 적절한 기하학적 증명이 나오리라고 믿었다.

미적분학의 창시자들을 당혹케 한 두 번째 개념, 즉 정적분을 살펴보자. 정적분은 전부나 일부가 곡선으로 둘러싸인 영역의 넓이, 곡면으로 둘러싸인 도형의 부피, 다양한 형태의 입방체의 무게중심 등을 계산할 때 쓰인다. 여기에서 어떤 어려움이 생기는지 알아보기 위해 일부가 곡선으로 둘러싸인 영역의 넓이를 계산하는 문제를 살펴보자.

영역 $DEFG$(그림 6.1 참조)는 곡선 $y = x^2$과 선분 DF, 그리고 수직선분 DG 및 EF로 둘러싸여 있다. 이번에도 원하는 값에 근접하는

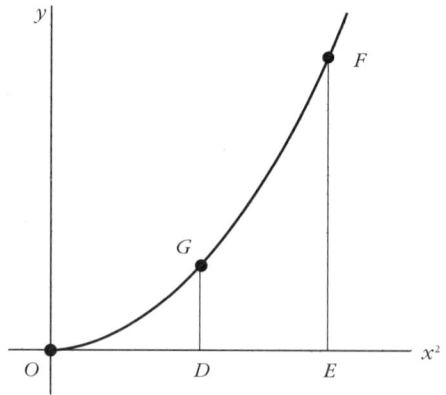

그림 6.1

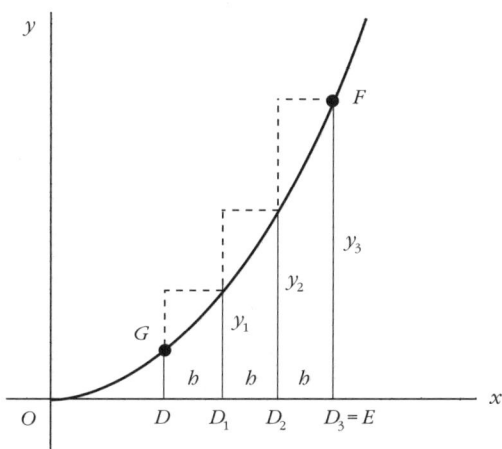

그림 6.2

근삿값들을 구해 보기로 하는데, 이는 17세기 수학자들이 수행한 방법이다. 구간 DE를 셋으로 균등 분할하고 분할하여 얻은 각 구간의 길이를 b로 표시하자. 그리고 분할점을 각각 D_1, D_2, D_3라고 하자. 여기서 D_3는 E와 일치한다(그림 6.2 참조). 그리고 y_1, y_2, y_3는 D_1, D_2, D_3의 함수값이라고 하자. 그러면 y_1b, y_2b, y_3b는 그림에 나와 있는 세 사각형의 넓이이다. 따라서 합

(5) $$y_1b + y_2b + y_3b$$

는 세 사각 영역의 넓이를 더한 값이며, 따라서 영역 $DEFG$의 근삿값이 된다.

넓이가 적은 사각형을 더 많이 사용하여 더욱 나은 근삿값을 얻어 낼 수 있다. 구간 DE를 여섯 등분해 보자. 그림 6.3은 특히 가운데에 있는 사각형이 어떻게 되는지 보여 주고 있다. 이 사각형은 두 개의

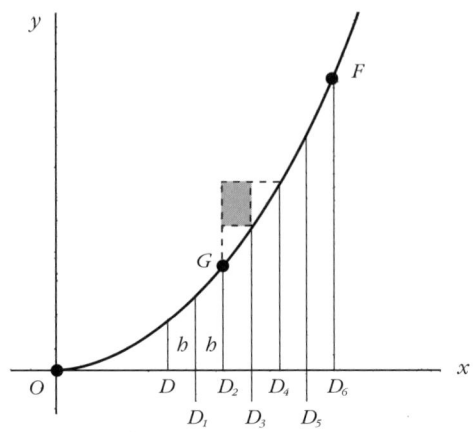

그림 6.3

사각형으로 대체된다. 그리고 분할점의 y값을 사각형의 높이로 택하므로 그림 6.3에서 빗금 친 부분은 $DEFG$의 새로운 근삿값인 여섯 개 사각형 넓이의 합에 들어가지 않는다. 따라서

(6) $\qquad y_1b + y_2b + y_3b + y_4b + y_5b + y_6b$

는 (5)의 값보다 더 나은 근삿값이 된다.

이 근사 과정을 일반화할 수 있다. 구간 DE를 n등분하자. 그러면 n개의 사각형이 생기는데, 각 사각형의 폭을 b로 놓는다. 분할점에서의 y값을 $y_1, y_2, \cdots, y_n$이라고 하자. 여기서 줄임표 $\cdots$는 사이에 끼어 있는 모든 분할점의 y값이 망라되어 있다는 뜻이다. 그러면 n개의 사각형 넓이를 모두 더하면

(7) $\qquad y_1b + y_2b + \cdots + y_nb$

이며, 이번에도 줄임표는 그 사이에 있는 끼어 있는 사각형이 모두 포함되어 있다는 뜻이다. DE를 더욱 잘게 분할했을 때 어떤 결과가 생기는지 앞에서 언급한 내용에 비추어, 합 (7)은 n이 증가할수록 영역 $DEFG$의 더 좋은 근삿값이 된다. 물론, n이 커지면 $b = \dfrac{DE}{n}$이 므로 b는 작아진다. 지금까지 선분으로 둘러싸인 도형——지금의 경우는 사각형들——을 이용해 곡선으로 둘러싸인 영역에 대해 더욱더 좋아지는 근삿값을 얻는 방법을 살펴보았다.

사각형의 개수가 많아지면 많아질수록 사각형 넓이의 합은 곡선으로 이루어진 영역의 넓이에 더욱 가까워지리라는 점은 직관적으로 분명하다. 하지만 50개나 100개에서 멈춘다면 그 합은 구하려는 넓이와는 다르다. 이런 방식을 고안해 낸 17세기 수학자들의 생각은 n을 무한히 크게 하는 것이었다. 하지만 무한이 무엇을 의미하는지 명확하지 않았다. 무한은 과연 수일까? 수라면 이 수를 어떻게 계산하는가? 페르마는 (7)의 식과 같이 n개의 사각형 합을 얻었고, 여기에 반드시 $\dfrac{1}{n}$과 $\dfrac{1}{n^2}$ 같은 항이 포함되어 있음을 발견했다. 그러나 n이 무한대이면 이것은 무시할 수 있는 양이 된다고 하여 이 항들을 모두 없앴다. 도함수의 경우처럼 페르마는 여기서도 정확한 증명이 가능하다고 믿었다. 아마도 에우독소스가 도입한 착출법(method of exhaustion, 매우 제한적이고 다소 복잡한 기하학적 방법으로서, 아르키메데스가 솜씨 좋게 사용했다.)을 염두에 두고 있었을 것이다.

정적분으로 넓이와 부피를 알아내는 초기의 연구 가운데 카발리에리의 성과가 주목할 만한데, 그 이유는 그의 연구가 수많은 동시대인들과 이후의 사람들에게 영향을 미쳤기 때문이며, 또 당시의 애매모호한 사고의 전형을 보여 주기 때문이다. 카발리에리는 그림 6.1에 나와 있는 것과 같은 영역을 더 이상 나눌 수 없는 단위 영역들의 무한 합으로 보았다. 그리고 더 이상 나눌 수 없는 단위 영역을 그는 분할 불가능 영역이라고 불렀으며, 아마도 그것은 선이 될 것이라고 생각했다. 자신의 책 『여섯 가지 기하학 문제』(1647년)에서 그는 목걸이가 구슬로 만들어져 있고 옷감이 실로 짜여 있듯이, 또 책이 수백 쪽으로 이루어져 있듯이, 영역은 분할 불가능 영역으로 이루어져 있다고 '설명'했다. 이러한 개념을 이용해 그는 두 개의 넓이나 두 개의 부피를 비교할 수 있었고, 또 이 둘 사이의 올바른 관계도 얻어낼 수 있었다.

카발리에리의 비판자들은 이 같은 설명에 만족하지 않았다. 동시대인인 폴 굴딘(Paul Guldin, 1557~1643년)은 그리스 기하학에 대한 이해를 넓히는 대신에 오히려 혼란만을 야기했다고 공격했다. 그리고 최근의 역사학자는 만일 애매모호함에 상을 주는 대회가 있다면 경쟁자 없이 카발리에리가 수상할 것이라면서 그의 연구 성과를 혹평했다. 카발리에리는 무한히 많은 원소, 즉 분할 불가능 영역이 모여 어떻게 유한한 대상을 만들어 내는지 설명할 수 없었기 때문에 분할 불가능 영역에 대한 명확한 해석을 배격함으로써 답변을 회피했다. 때때로 그는 선분들의 무한 합이라는 말을 쓰면서도 무한이 무엇인지 설명하지 않았다. 또 다른 때에는 자신의 방법이 그리스의 복잡한 실진법을 피하기 위해 고안된 실용적 도구라고 주장하기도 했다. 더욱이 『포도주 통의 부피 계산』(1616년)을 쓴 케플러의 예를 들어 동시대의 기하학자들은 자신보다 더 자유로이 이 개념을 이용하고 있다고 주장했다. 그리고 그는 자신을 공격하는 기하학자들이 아르키메데스의 방법을 모방해 넓이를 계산하는 데 만족하고 있지만 그 위대한 그리스 인(아르키메데스)처럼 완벽한 증명은 내놓지 못하고 있다고도 했다. 그렇지만 쓸모 있는 결과를 얻어 냈기 때문에 그들은 자신들의 계산에 만족스러워하고 있을 따름이라고 논박했다. 카발리에리는 자신의 계산 방식이 새로운 창안을 이끌어 낼 수 있으며 또 자신의 방식을 사용할 때 무한히 많은 수의 원소로 구성된 기하학적 구조에 대해 숙고해야 할 필요는 없다고 말했다. 이 방식을 사용하는 목적은 여러 넓이나 부피 사이의 옳은 비를 찾아내려는 것뿐이라고 했다. 그리고 이러한 비는 도형의 구조에 대한 각자의 생각이 어떠하든 그 의미와 가치를 그대로 간직한다고 주장했다. 그리고 마지막으로 개념 문제는 철학에서 다루어야 할 문제이며, 따라서 중요하지 않다고 주장했다. 그는 "엄밀함은 철학의 관심사이지 기하학의 관심사가 아니다."라고 말했다.

파스칼은 카발리에리를 옹호했다. 『데통빌의 편지』(1658년)에서 분할 불가능 영역의 기하학과 그리스 고전 기하학은 서로 합치된다고 확언했다. "분할 불가능 영역의 참된 법칙으로 증명해 낼 수 있는 것은 고대 그리스 인들의 엄밀한 방식으로도 증명해 낼 수 있다." 둘은 그 용어가 다를 뿐이며, 더욱이 분할 불가능 영역을 이용한 방법은 기하학자들 가운데 스스로 뛰어나다고 생각하는 수학자라면 반드시 받아들여야 한다고 주장했다. 사실, 파스칼은 엄밀함에 대해 상반되는 감정을 지니고 있었다. 때때로 그는 은총이 이성보다 우위에 있듯이 기하학적 논리보다 적절한 '기교'가 더욱 필요하다고 주장했다. 미적분학에 등장하는 기하학의 역설은 얼핏 보기에 불합리하게 보이는 그리스도교의 진리와 비슷하며 기하학의 분할 불가능 영역은 하느님의 정의와 비교했을 때 인간의 정의가 지니는 만큼의 값어치를 갖고 있다고 여겼다.

더욱이 개념의 타당성은 종종 감성에 의해 결정된다고 생각했다(2장 참조). 그는 『명상록』에서 이렇게 말했다. "우리는 이성으로 진리를 알 뿐만 아니라 감성으로도 진리를 안다. 바로 이 감성으로부터 제1원리를 파악해 내며, 따라서 제1원리의 파악에 아무런 역할을 하지 못하는 이성이 이에 맞서려고 한다면 부질없는 짓이다. 이성은 필연적으로 감성 및 직관의 지식에 의존하며, 이 두 가지를 바탕으로 모든 담론을 생성해 낸다." 물론, 파스칼은 카발리에리의 방법을 명료화하는 데 아무런 기여를 하지 않았다.

미적분학의 탄생에 가장 큰 공헌을 한 사람은 라이프니츠와 뉴턴이었다. 뉴턴은 적분의 개념에 대해서는 별다른 성과를 내지는 않았지만 도함수는 매우 심도 있게 사용했다. 도함수를 얻는 방법은 페르마와 본질적으로 동일했고 기본 개념의 논리적 정당화 면에서도 페르마보다 나을 것이 없었다. 그는 미적분학에 대한 세 편의 논문을 썼고 최대의 역작 『자연철학의 수학적 원리』(제1판, 1687년)를 제3판까지 냈다. 첫 번째 논문(1669년)에서 도함수를 찾는 방법에 대해 기술하고 있는데, "이 방법은 정확하게 기술되었다기보다는 간략하게 설명되어 있다."라고 썼다. 이 논문에서 그는 h와 k가 분할 불가능한 양이라는 사실을 사용했다. 두 번째 논문(1671년)에서 그는 변수에 대한 관점을 바꿈으로써 전편의 논문보다 내용이 개선되었다고 선언했다. 변수를 띄엄띄엄 변하는 양으로 보는 대신에 ─ 이 경우에 h는 분할 불가능한 단위가 된다. ─ 연속적으로 변하는 양으로 파악한 것이다. 그는 첫 번째 논문에서 채택한 분할 불가능 양의 거친 논리를 제거했다고 주장했다. 하지만 유율(fluxion)을 계산하는 과정과 논리는 첫 번째 논문과 본질적으로 다르지 않았다.

미적분학에 관한 세 번째 논문 『곡선의 구적법』(1676년)에서 뉴턴은 무한소(분할 불가능한 궁극적 양)를 포기했다고 반복해서 말했다. 그런 다음 그는 위의 (3)의 식에서 h로 표기된 양이 들어 있는 항을 없앤 것에 대해 비판했다. 그는 "수학에서는 아무리 작은 양이라도 무시해서는 안 된다."라고 말했다. 그 다음 그는 유율이 무엇을 의미하는지 새로운 설명을 제시했다. "유율이란 원하는 만큼 짧은 시간을 흘려보냈을 때 변량이 만들어 내는 증가분이다. 정확하게 말하자면 극미한 증가분의 비율이다." 물론, 이런 애매모호한 설명은 별다른 도움이 되지 않았다. 유율을 계산하는 방법에 관한 한, 뉴턴의 세 번째 논문도 첫 번째 논문과 마찬가지로 논리적으로 세련되지 않았다. 그는 (2)의 식에서 h^2처럼 h의 거듭제곱이 포함된 항을 모두 소거하여 도함수를 구했다.

그의 위대한 저작 『자연철학의 수학적 원리』에서 뉴턴은 유율에 관해 몇 차례에 걸쳐 언급하고 있다. 그는 분할 불가능한 궁극적 양을 배격하고 그 대신에 "사라져 가는 분할 가능한 양", 즉 끝없이 작아질 수 있는 양을 채택했다. 『자연철학의 수학적 원리』 제1판과 제3판에서 뉴턴은 다음과 같이 말했다.

사라져 가는 양들의 궁극적 비는 엄밀하게 말해서 궁극적 양의 비가 아니라 한없이 작아지는 이 양들의 비가 근접해 가는 극한값이다. 어떤 수치가 주어지더라도 그 수치 이내로 가까워지지만 그렇다고 해서 이 양들이 무한정 작아지기 전에 극한값을 지나거나 도달할 수는 없다.

명료하지는 않지만 유율의 의미에 대한 뉴턴의 설명 가운데서는 가장 명료한 진술이다. 뉴턴은 '극한'이라는 핵심 용어를 입에 올렸지만 그 개념을 더 자세히 다루지는 않았다.

분명히 뉴턴은 유율에 대한 자신의 설명이 만족스럽지 못하다는 점을 깨달았던 듯하다. 유율의 물리적 의미를 들먹이고 있기 때문이다. 『자연철학의 수학적 원리』에서 뉴턴은 이렇게 말했다.

> 양이 없어지기 전까지는 그 비가 궁극적이라 할 수 없기 때문에 사라져 가는 양의 궁극적 비란 존재하지 않는다고 반대할 사람이 있을 것이다. 또 그 양들이 사라지고 나면 아무것도 존재하지 않는다고 주장할 것이다. 하지만 그런 논리를 그대로 적용한다면 특정 지점에 도착하여 운동이 끝나는 물체의 궁극적 속도는 존재하지 않는다는 결론이 나온다. 왜냐하면 그 궁극적 지점에 도착하기 전의 속도는 궁극적 속도가 아니기 때문이다. 그리고 그 지점에 도착하면 속도는 존재하지 않는다. 하지만 이에 대한 답은 쉽다. 궁극적 속도라고 하는 것은 물체가 움직인다는 것을 상정하는데, 마지막 지점에 당도하기 전도 아니고 운동이 정지한 때도 아닌, 바로 그 지점에 당도한 순간의 움직임을 가리킨다. 즉 물체가 마지막 지점에 당도하여 운동이 멎는 순간의 속도를 의미한다. 이와 마찬가지로 사라져 가는 양의 궁극적 비는 소멸하기 전도 아니고, 그 후도 아니고 다만 소멸하는 순간의 비를 의미한다.

그의 수학 연구 성과는 물리학적으로 옳았기 때문에 뉴턴은 미적분학의 논리적 기초를 세우는 일에 시간을 거의 할애하지 않았다. 그는 『자연철학의 수학적 원리』에서 기하학적 방법을 사용했으며, 극한에 관한 정리는 기하학적 형태로 표현했다. 훨씬 나중에야 『자연철학의 수학적 원리』의 정리를 찾아내는 데 해석학을 사용했고, 고대 그리스 인들만큼의 엄밀성을 담보하기 위해 기하학적인 증명을 했다는 점을 인정했다. 물론 뉴턴이 내놓은 기하학적 증명은 전혀 엄밀하지 않았다. 뉴턴은 유클리드 기하학을 신뢰했지만 유클리드 기하학이 미적분학을 뒷받침해 줄 수 있다는 실질적 증거를 갖고 있지 못했다.

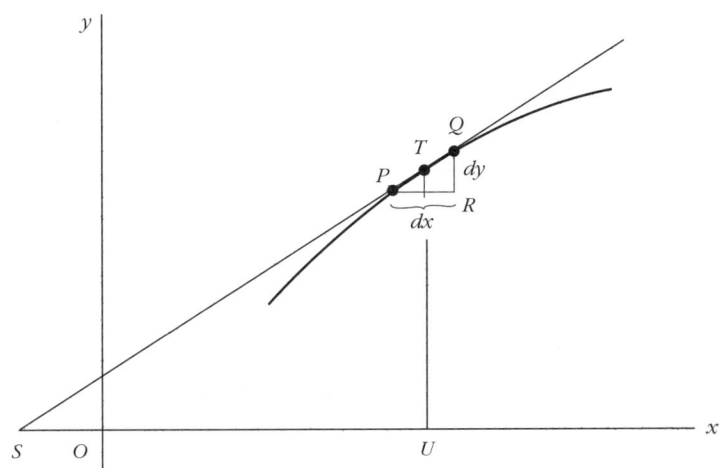

그림 6.4

라이프니츠의 미적분학 전개 방식은 다소 달랐다. 그는 h와 k가 감소하다가 결국에는 "극미하게 작은 값" 또는 "무한히 작은 값"에 도달한다고 주장했다. 이 단계에서 h와 k는 0이 아니지만 어떤 수보다도 작다는 것이다. 따라서 h^2이나 h^3과 같은 h의 거듭제곱은 무시해도 무방하고 h와 k의 비 $\frac{k}{h}$는 우리가 찾고자 했던 양, 즉 도함수가 된다. 라이프니츠는 이것을 $\frac{dy}{dx}$로 표시했다.

라이프니츠는 h와 k를 다음과 같이 기하학적으로 기술했다. P와 Q가 곡선 위의 점으로 서로 '무한히 가까울' 때 dx는 두 점의 x좌표의 차이고 dy는 y좌표의 차이이다(그림 6.4). 이때 T점에서의 접선은 호 PQ와 일치한다. 따라서 dy를 dx로 나눈 값은 접선의 기울기가 된다. 삼각형 PQR는 특성 삼각형이라고 부르는데, 라이프니츠가 최초로 이를 생각해 낸 것은 아니다. 일찍이 파스칼과 배로가 사용했고 그 연구 성과를 라이프니츠가 공부한 적이 있었다. 라이프니츠는 또한 삼각형 *PQR*가 삼각형 *STU*와 닮은꼴이라고 주장했고 이를 이용해 $\frac{dy}{dx}$에 대한 몇 가지 결과를 증명해 냈다.

라이프니츠는 또 적분의 개념에 대해서도 깊이 연구했으며 위 (7)의 식처럼 사각형의 넓이를 합하는 착상을 독자적으로 해냈다. 하지만 유한 합에서 무한 합으로 넘어가는 과정이 명확하지 않았다. 그는 b가 "무한히 작아지면" 무한 합을 얻는다고 주장했다. 그는 그 값을 $\int y dx$라고 표시했다. 라이프니츠는 그러한 적분값을 계산해 낼 수 있었고, 또 현재 **미적분학의 기본 정리**(fundamental theorem of calculus)라고 부르는 정리를 독자적으로 발견했다. 미적분학의 기본 정리는 도함수를 찾는 과정의 역과정(역미분)으로 무한 합을 구할 수 있다는 것이다. 12년간을 연구에 바친 후에야 그는 미적분학에 관한 첫 번째 논문을 1684년 학술 잡지 《학술 기요(*Acta eruditorum*)》에 실었다. 이 논문에 대한 평 가운데 가장 적절한 평은 자코브 베르누이와 장 베르누이 형제의 평일 것이다. 두 형제는 이 논문을 "설명이라기보다는 알 수 없는 수수께끼"라고 했다.

뉴턴과 라이프니츠의 아이디어는 명확하지 않았으며, 그래서 두 사람 모두 비판을 받았다. 뉴턴은 비판의 목소리에 반응하지 않았지만 라이프니츠는 달랐다. 특히 무한소의 개념을 설명하고자 했던 경우가 상당히 많았기 때문에 그것들을 다 다루려면 상당히 많은 지면이 필요하다. 1689년 《학술 기요》에 실린 논문에서 그는 무한소는 실재하지 않는 가공의 수라고 말했다. 하지만 이 가공의 수는 일반적인 수에서 성립하는 법칙을 그대로 만족한다고 주장했다.

한편, 이 논문에서 그는 기하학을 동원하여 $(dx)^2$과 같은 고차의 미분(무한소)과 저차의 미분 dx 사이의 관계는 점과 직선의 관계와 같으며 dx와 x의 관계는 지구 또는 지구의 반지름과 천상의 반지름

사이의 관계와 같다고 주장했다. 두 무한소의 비는 지정할 수 없는 양의 비율 또는 무한히 작은 양의 비율로 보았지만, 유한한 양의 비로 표시할 수 있다고 생각했다. 예컨대 dx에 대한 dy의 비는 기하학적으로 표현하면 SU에 대한 TU의 비와 같다(그림 6.4).

라이프니츠의 이러한 연구 결과는 베른하르트 뉘벤티트(Bernhard Nieuwentijdt, 1654~1718년)의 비판을 받았고, 라이프니츠는 이에 대한 반론을 1695년 《학술 기요》에 실었다. 여기에서 라이프니츠는 "지나치게 꼼꼼한" 비판자들을 공격했다. 그는 지나친 면밀함 때문에 창의성의 결실을 거부해서는 곤란하다고 말했다. 그는 자신의 방법이 아르키메데스와 표현 방식만 다를 뿐이고, 이 표현 방식은 새로운 것을 발견해 내는 데 더욱 적합하다고 말했다. '무한'이나 '무한소'와 같은 말은 어떤 오차 범위가 주어지더라도 그 범위 안에 들어가도록 얼마든지 원하는 만큼 크게 하거나 작게 할 수 있는 양을 의미했다. 다시 말해서 실제로는 오차가 없어졌다. 대수학자들이 허근을 유용하게 사용하는 것과 마찬가지로 그러한 궁극적인 존재, 즉 "실질적으로 무한인" 양과 "무한히 작은" 양을 일종의 도구로서 활용할 수 있다고 주장했다(라이프니츠 시대에 복소수가 차지하던 위치를 생각해 볼 필요가 있다.).

1699년에 월리스에게 보낸 편지에서 라이프니츠는 다소 다른 설명을 제시했다.

무한히 작은 양의 비를 찾고자 할 때 이 양들을 0으로 간주하면 안 되지만, 비교적 그보다 큰 양이 있을 때에는 무시하는 것이 도움이 됩니다. 따라서 $x + dx$가 있을 때 dx는 무시됩니다. 하지만 $x + dx$와 x의 차를 구하고자 한다면 사정은 달라집니다. 마찬가지로 $x\,dx$와 $dx \cdot dx$를 같은 방식으로 취급할 수는 없습니다. 따라서 xy를 미분하려면 $(x+dx)(y+dy) - xy = x\,dy + y\,dx + dx\,dy$라고 씁니다. 그러나 여기에서 $dx\,dy$는 $x\,dy + y\,dx$와 비교해 무시할 수 있을 정도로 작습니다. 따라서 어떤 경우이든 그 오차는 어떤 유한 양보다 작습니다.

이렇게 라이프니츠는 자신이 구성한 미적분학에 오직 올바른 수학적 개념만을 사용했다고 주장했다. 그러나 비판자들을 만족시킬 수 없었기 때문에 연속 법칙이라는 이름으로 알려진 철학적 원리를 내세웠다. 이 원리는 전에 케플러가 제시한 것과 실질적으로 동일하다. 미적분학 연구 초기에 라이프니츠는 헤르만 콘링(Hermann Conring, 1606~1681년)에게 보낸 1678년 3월 19일자 편지에서 이 원리를 이렇게 설명했다. "어떤 변수가 항상 특정한 성질을 갖는다면 그 극한 역시 그 성질을 갖습니다."

1687년에 피에르 벨(Pierre Bayle, 1647~1706년)에게 보낸 편지에서 라이프니츠는 이 원리를 더욱 자세하게 설명했다. "변화의 과정을 살펴볼 때 그 변화가 끝나는 지점이 있다면 그 지점까지 포함되어 있는 전체 과정에 대해 일반 추론을 적용할 수 있습니다." 라이프니츠는 이 원리를 포물선 $y = x^2$의 $\frac{dy}{dx}$를 계산하는 데 적용했다. $\frac{dy}{dx} = 2x + dx$를 얻은 후에 그는 이렇게 말했다. "이제 이 원리에 의거해 종좌표 $x_2\,y_2$가 고정된 종좌표 $x_1\,y_1$에 점점 더 가까워져 마침내 서로 같아지는 경우(그림 6.5)에 대해 일반 추론을 적용합니다. 이 경우 명백하게 dx는 0과 같아지고 따라서 무시할 수 있습니다." 라이프니츠는 dx가 0일 때 등식 왼쪽에 등장하는 dx와 dy에 어떤 의미를 부여해야 하는지 아무런 언급을 하지 않았다.

그는 서로 간에 절대적으로 동일한 것들이 있으면 당연히 이들 사

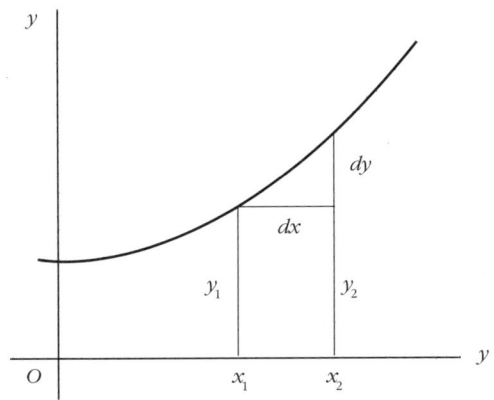

그림 6.5

이의 차는 절대적인 무(無)가 된다고 말했다

> 변화하는 상태 또는 소멸하는 상태인데, 아직 상등(相等)이나 휴지(休止)가 일어나지는 않았으나 그러한 상태로 이행 중이며, 또 그 차이가 어떤 주어진 양보다 적은 경우를 생각해 볼 수 있습니다. 그리고 그와 더불어 얼마간의 차이, 속도, 각도가 남아 있지만 그 값은 무한히 작은 그런 상태를 생각해 볼 수 있습니다.
>
> 현재로서는 그러한 순간적 변화 상태가 엄밀한 의미나 형이상학적 의미를 지니는지, 또는 무한정 계속 늘어나거나 무한적 계속 커진다는 것이 합당한 생각인지는 저로서도 확답을 내리지 못합니다.
>
> 무한히 큰 양(좀 더 엄밀하게 말하자면 한정되지 않은 양)이나 무한히 작은 양(즉 우리 지식 범위 안에서 가장 작은 양)은 무한정 크거나 무한정 작다는 뜻입니다. 즉 얼마든지 원하는 만큼 크게 하거나 작게 할 수 있어 주어진 어떤 값보다도 오차가 적어지게 할 수 있다는 의미입니다.
>
> 이러한 가정 아래에서 1684년 10월 《학술 기요》에서 열거한 연산 법

칙은 어렵지 않게 증명할 수 있습니다.

라이프니츠는 그 법칙들에 대해 논의를 했지만 명료화하는 일에는 아무런 보탬을 주지 않았다.

라이프니츠의 연속 원리는 수학 공리가 아니었고, 지금도 역시 그 점은 마찬가지이다. 하지만 그는 이 원리를 강조했고 이 원리를 바탕으로 많은 주장을 폈다. 예컨대 1698년 월리스에게 보낸 편지에서 라이프니츠는 특성 삼각형(그림 6.4)의 사용을 스스로 옹호하면서 이 삼각형은 크기는 없지만 형태를 지니고 있는 도형이라고 주장했다. 크기가 0으로 줄어들어도 여전히 형태는 남아 있다는 것이다. 그러면서 그는 "크기 없는 형태를 어느 누가 받아들이지 않는가?"라고 도발적으로 물었다. 또, 1713년 구이도 그란디(Guido Grandi, 1671~1742년)에게 보낸 편지에서 그는 무한히 작은 양이란 단순하고 절대적인 0이 아니라 상대적인 0, 즉 사라져 가지만 그 특성은 유지하는 양이라고 말했다. 하지만 다른 곳에서는 진정으로 무한히 큰 양과 진정으로 무한히 작은 양의 존재는 믿지 않는다고 말했다.

1716년에 사망할 때까지 라이프니츠는 무한히 작은 양(무한소, 미분)과 무한히 큰 양에 대한 설명을 멈추지 않았다. 하지만 그의 여러 설명들도 바로 위에서 보았던 설명보다 나을 것이 없었다. 그는 자신이 창시한 미적분학에 대해 명료한 개념도 갖고 있지 않았으며 또 논리적 정당성도 확보하지 못했다.

뉴턴과 라이프니츠의 추론이 세련되지 못하다는 점은 다소 의아스럽다. 이들이 미적분학에 손을 대기 전에 여러 위대한 수학자들이 이미 상당한 진전을 이루어 놓았고, 이 두 사람은 많은 선구자들의 연구 성과를 접했다. 실제로 뉴턴의 스승인 배로는 기하학의 옷을 입혀 놓기는 했지만 미적분학의 수많은 기본 결과들을 이미 얻어 냈다. 뉴턴이 "내가 다른 사람보다 멀리 내다볼 수 있었던 이유는 내가 거인들의 어깨 위에 올라서 있었기 때문이다."라고 말한 것은 뉴턴의 겸양의 발로가 아니라 실제 사실이 그랬던 것이다. 라이프니츠는 위대한 지성인 가운데 한 사람이었다. 여러 분야에 걸친 그의 업적은 앞에서 이미 인용했다(3장 참조). 그는 지적인 능력이나 그 넓이에서 아리스토텔레스에 필적한다. 그러나 미적분학에는 새롭고도 매우 미묘한 아이디어가 들어 있었고, 또 창조적 정신을 지닌 뛰어난 인물들도 자신이 이루어 놓은 성과라고 해서 그것을 반드시 완벽하게 이해하는 것은 아니었다.

개념을 명확하게 정립할 수 없었고 계산 방식의 논리적 정당성을 확보할 수 없었기 때문에 뉴턴과 라이프니츠는 자신들의 방법이 지니는 이론적 풍성함과 그 결과들의 일관성에 주로 기댔고, 엄밀성보다는 열정으로 연구를 진행해 나갔다. 뉴턴에 비해 엄밀성에는 관심이 적은 대신에 비판의 소리에는 민감했던 라이프니츠는 이론의 궁극적 정당성은 그 효율성에서 찾을 수 있다고 보았다. 그는 과정 또는 연산 규칙으로서의 가치를 강조했다. 만약에 연산 규칙을 분명하게 정해 놓는다면, 그리고 이 규칙들을 적절히 적용한다면 그 개념이 다소 모호하다고 해도 합리적이고 올바른 결과를 얻게 된다고 확신했다. 그는 데카르트와 마찬가지로 넓은 시야로 사고하는 사상가였다. 새로운 개념이 지니는 의의를 멀리까지 내다보았으며, 새로운 과학이 그 모습을 드러내게 될 것이라고 주저 없이 선언했다.

미적분학의 논리적 기초는 여전히 모호한 상태로 남아 있었다. 뉴턴의 연구를 지지하는 사람들은 계속해서 궁극적 비를 언급했고 그 반면에 라이프니츠의 추종자들은 무한소와 무한히 작지만 0은 아닌 양을 사용했다. 이렇게 접근 방식이 서로 상이했기 때문에 적절한 논리적 기초를 세우는 일은 그만큼 더 어려워졌다. 더욱이 많은 영국 수학자들은, 아마도 여전히 그리스 기하학에 얽매어 있었기 때문이었겠지만, 엄밀성에 집착했고 그에 따라 두 가지 미적분 방식을 모두 불신했다. 그리고 다른 영국 수학자들은 수학 대신에 뉴턴을 연구하는 길을 택해 엄밀성 확보에는 아무런 도움도 주지 못했다. 그 결과 17세기는 산술과 대수뿐만 아니라 미적분학도 정돈되지 않은 상태에서 막을 내렸다.

혼란과 불안과 적의에도 불구하고 18세기의 위대한 수학자들은 미적분학을 크게 확장했을 뿐만 아니라 이로부터 완전히 새로운 분야를 탄생시켰다. 무한 급수, 상미분방정식과 편미분방정식, 변분법, 복소함수론 등, 오늘날 수학의 핵심을 이루는 분야가 탄생했는데 이 모든 것을 통틀어 해석학(anaiysis)이라는 이름이 붙었다. 회의론자와 비판자들도 더 이상 논리적 기초는 문제가 되지 않는다는 듯 다양한 유형의 수와 대수학, 미적분학 등을 자유로이 사용했다.

미적분학을 새로운 분야로 확대하면서 새 개념과 방법론이 출현했고 그에 따라 엄밀화의 문제는 더욱 복잡해졌다. 무한 급수를 살펴보면 얼마만큼 문제가 더 복잡해졌는지 가늠해 볼 수 있다. 우선 무한 급수로 인해 수학자들에게 어떤 문제가 제기되었는지 살펴보기로 하자.

함수 $\dfrac{1}{1+x}$ 은 $(1+x)^{-1}$으로 나타낼 수 있고 여기에 이항정리를 적용하면 다음 식을 얻는다.

(8) $$\dfrac{1}{1+x} = (1+x)^{-1} = 1 - x + x^2 - x^3 + x^4 \cdots$$

여기서 줄임표는, 항들이 무한정 계속 나오고 또 앞의 항들이 보여주는 패턴을 따른다는 의미이다. 무한 급수를 미적분학에 도입한 본래 목적은 함수 대신에 무한 급수를 사용해 미분과 적분 같은 연산을 용이하게 하려는 것이었다. 단순한 항으로 이루어진 무한 급수가 미적분을 하기에 더 쉽기 때문이다. 또 $\sin x$와 같은 함수의 값을 무한 급수로 계산할 수 있음을 알게 되었다. 그런데 이렇게 유용하게 사용되려면 무한 급수와 함수가 서로 동등하다는 사실을 아는 것이 중요하다. 그런데 함수는 x 값이 주어지면 새로운 값을 내놓는다. 무한 급수와 관련해 제기된 첫 번째 문제는 x값이 주어져 있을 때 무한 급수가 어떤 값을 갖느냐 하는 것이다. 다시 말해서 무한 급수의 합은 무슨 뜻이며, 또 그 값은 어떻게 구해 내는가 하는 문제이다. 두 번째 문제는 급수가 모든 x에 대해 주어진 함수를 나타내는가, 또는 적어도 함수가 의미를 지니는 모든 x에 대해 급수가 그 함수를 나타내는가 하는 것이다.

미적분학에 관한 첫 번째 논문(1669년)에서 뉴턴은 미적분학 계산을 신속하게 하기 위해 무한 급수를 도입했다. 예를 들어 $y = \dfrac{1}{1+x^2}$ 의 적분 문제는 이항정리를 적용해

$$y = 1 - x^2 + x^4 - x^6 + x^8 - \cdots$$

을 얻은 다음, 항별로 적분해서 답을 계산해 냈다. 그리고 같은 함수를 $y = \dfrac{1}{x^2+1}$ 로 쓰고 여기에 이항정리를 적용하면

$$y = \dfrac{1}{x^2} - \dfrac{1}{x^4} + \dfrac{1}{x^6} - \dfrac{1}{x^8} + \cdots$$

가 된다는 점을 언급했다. 그런 다음 x가 충분히 작을 때에는 첫 번째 급수를 사용해야 하지만 x가 클 때에는 두 번째 급수를 사용해야 한다고 말했다. 따라서 현재 수렴이라고 부르는 개념의 중요성을 뉴턴은 어느 정도 인식하고 있었다. 하지만 정확한 개념을 갖고 있지는 못했다.

무한 급수 사용의 정당성에 대해 뉴턴이 내세운 근거를 보면 당시의 논리를 엿볼 수 있다. 그는 1669년 논문에서 다음과 같이 말했다.

> 보편적 해석학(대수학)에서 유한개 항의 방정식을 사용하여 행하는 모든 것은 그것이 어떠한 것이든 항상 무한개 항의 방정식(급수)에도 그대로 행할 수 있다. 따라서 나는 조금도 주저하지 않고 이 분야에도 해석학이란 이름을 붙인다. 전자에서 사용된 추론의 확실성은 후자에서도 조금의 손상도 입지 않고 그대로 보존된다. 방정식도 마찬가지로 정확하다. 유한한 우리 인간들이 이 방정식들의 모든 항을 표현할 수도 없고 모두 인식할 수도 없지만, 이로부터 우리가 원하는 것을 얼마든지 알아낼 수 있다.

이처럼 뉴턴에게는 무한 급수도 대수학의 일부였다. 단지 유한 항 대신에 무한 항을 다루는 좀 더 높은 수준의 대수일 따름이었다.

뉴턴, 라이프니츠, 베르누이 일가, 오일러, 달랑베르, 라그랑주, 그리고 그 밖의 18세기 학자들이 무한 급수라는 이상스러운 문제와 씨름하고 또 해석학에 수용하면서 온갖 종류의 터무니없는 실수를 저질렀고 잘못된 증명과 옳지 않은 결론을 내놓았다. 현재 우리 입장에서 보면 매우 우스운 주장을 펴기도 했다. 그 가운데 몇 가지만 살펴보아도 우리는 당시에 무한 급수를 다루던 학자들이 얼마나 큰 당혹감과 혼란을 겪었을지 충분히 가늠할 수 있다.

$x=1$일 때 $\dfrac{1}{1+x}$ 을 나타내는 무한 급수

(8) $$\dfrac{1}{1+x} = 1-x+x^2-x^3+x^4\cdots$$

는 다음과 같이 바뀐다.

$$1-1+1-1+1\cdots$$

이 급수의 합에 대한 문제를 두고 끝없는 논란이 이어졌다. 급수를

$$(1-1)+(1-1)+(1-1)+\cdots$$

로 쓰면 합은 분명히 0이 되어야 한다. 하지만 급수를

$$1-(1-1)-(1-1)-\cdots$$

로 쓰면 이번에는 1이 되어야 한다. 하지만 S를 급수의 합이라 하면

$$S=1-(1-1+1-1+\cdots)$$

즉

$$S=1-S$$

이다. 따라서 $S=\dfrac{1}{2}$ 을 얻는다. 마지막 결과는 또 다른 논거에 따라

뒷받침되었다. 이 급수는 공비가 −1인 기하 급수이며 초항이 a이고 공비가 r인 기하 급수의 합은 $\frac{a}{1-r}$ 이다. 따라서 지금의 경우는 그 합이 $\frac{1}{1-(-1)}$, 즉 $\frac{1}{2}$ 이다.

그란디는 얇은 책 『원과 쌍곡선의 구적법』(1703년)에서 다른 방법으로 $\frac{1}{2}$ 이란 답을 얻어 냈다. 그리고 (8)의 식에 $x=1$을 넣어

$$\frac{1}{2} = 1-1+1-1+\cdots$$

을 얻어 냈다. 따라서 그란디는 $\frac{1}{2}$ 이 급수의 합이라고 주장했다. 그는 또 이와는 다르게 그 합이 0이라는 결론도 이끌어 냈다. 이로써 그는 세상이 무에서 창조될 수 있음을 증명해 낸 것이다.

라이프니츠는 크리스티안 볼프(Christian Wolff, 1679~1754년)에게 보낸 편지(이 편지는 1713년 《학술 기요》에 발표되었다.)에서 같은 급수를 다루었다. 그는 그란디의 결과에 동의했지만 본래 주어진 함수를 쓰지 않고서도 그 값을 얻어 낼 수 있어야 한다고 생각했다. 라이프니츠는 만약에 첫째 항을 택하고, 그 다음에 두 번째 항까지의 합을 택하고, 다시 세 번째 항까지의 합을 택하고, 이런 식으로 계속하면 1, 0, 1, 0, 1, …을 얻는다고 생각했다. 이 생각에 따르면 1과 0이 답이 된다. 그 가능성의 정도가 똑같다. 따라서 라이프니츠는 두 값의 산술 평균, 즉 $\frac{1}{2}$ 을 급수의 합으로 택해야 한다고 주장했다. 이 주장을 베르누이 가문의 자코브, 장, 다니엘과 라그랑주가 받아들였다. 라이프니츠는 자기의 주장이 수학적이기보다는 형이상학적이라는 점을 인정했지만 일반적으로 생각하는 것보다 수학에는 형이상학적 진리가 더 많다는 말을 덧붙였다.

1745년에 쓴 편지와 1754/55년에 쓴 논문에서 오일러는 급수 합의

문제를 다루었다. 급수의 항들을 계속 더해 그 값이 어느 특정한 값에 점점 더 가까워질 때 그 급수는 수렴한다고 말하고 그 특정한 값을 급수의 합이라고 한다고 규정했다. 오일러에 따르면 항의 값이 감소할 때 그런 일이 발생한다. 항이 감소하지 않거나 아예 증가하는 경우라면 급수는 발산한다고 규정했다. 이 개념을 이용하면 함수값을 급수의 합으로 택할 수 있다고 여겼다.

오일러의 이론은 또 다른 문제들을 야기했다. 예를 들어 그는 다음과 같은 급수 전개를 다루었다.

$$\frac{1}{(1+x)^2} = (1+x)^{-2} = 1 - 2x + 3x^2 - 4x^3 + \cdots$$

$x = -1$일 때, 오일러는

$$\infty = 1 + 2 + 3 + 4 + \cdots$$

을 얻었다. 이 합은 온당한 듯 보였다. 하지만 다시 오일러는 $\frac{1}{(1-x)}$에 대한 급수, 즉

$$\frac{1}{(1-x)} = 1 + x + x^2 + x^3 + \cdots$$

을 택하고 $x = 2$를 대입하여 다음을 얻었다.

$$-1 = 1 + 2 + 4 + 8 + \cdots$$

우변의 합은 바로 전의 급수 합보다 크므로 오일러는 −1이 무한대

보다 크다는 결론을 내렸다. 당시 사람들 가운데 일부는 무한대보다 큰 음수와 0보다 작은 음수는 서로 다르다고 주장했다. 오일러는 이들의 주장에 이의를 제기하면서 0이 양수와 음수의 경계가 되듯이, ∞ 역시 양수와 음수의 경계가 된다고 주장했다.

수렴과 발산에 대한 오일러의 견해는 적절하지 못하다. 당시에도, 항의 값은 계속 감소하지만 그 합(오일러가 말한 의미에서)이 존재하지 않는 급수들이 알려져 있었다. 또한 오일러 자신도 명확한 함수에서 나오지 않은 급수를 다루었다. 따라서 그의 '이론'은 불완전했다. 더욱이 니콜라 베르누이(Nicholas Bernoulli, 1687~1759년)는 오일러에게 보낸 1743년 편지(현재는 유실되었다.)에서 동일한 급수를 상이하게 표현할 수 있기 때문에 오일러의 정의를 따른다면 그 급수의 합으로 여러 개의 값이 나오게 된다는 점을 지적했다. 그러나 오일러는 (1745년 골드바흐에게 보낸 편지에서) 이런 지적에 대해 베르누이가 아무런 실례를 들지 않았음을 언급하면서 자신은 동일한 급수가 두 개의 서로 다른 대수적 표현식에서 나올 수 없음을 확신한다고 답했다. 하지만 장 샤를 칼레(Jean Charles Callet, 1744~1799년)는 서로 다른 두 함수에서 동일한 급수가 나오는 예를 만들어 냈다. 라그랑주는 이 예가 잘못된 것임을 입증해 내려고 했지만 나중에 라그랑주의 논리에 오류가 있음이 밝혀졌다.

급수를 다룬 오일러의 방식이 적절하지 못한 데에는 다른 이유가 있다. 급수가 미분되고 또 적분되는데 급수의 미분과 적분에서 함수의 도함수와 역도함수가 나온다는 사실이 입증되어야 한다. 그렇지만 오일러는 다음과 같이 주장했다. "닫힌 표현식(함수의 식)에서 급수를 얻으면 급수가 발산하는 값에 대해서도 본래의 표현식과 다름없이 그 급수에 여러 연산을 실행할 수 있다." 즉 오일러는 발산하는 급수도 그 효용성을 그대로 유지한다고 말하면서 여러 반대의 목소리에 맞서 그 사용을 옹호했다.

다른 18세기 수학자들 역시, 현재 사용되는 용어를 빌리자면, 수렴하는 급수와 발산하는 급수 사이에 구별이 필요하다는 점을 인식하고 있었다. 하지만 어떤 구별이 필요한지는 정확하게 알지 못했다. 이러한 어려움의 요인은 그들이 새로운 개념을 다룬다는 데 있었다. 따라서 모든 개척자들이 그렇듯이 황무지에서 새로운 땅을 일구어내야만 했다. 분명코 뉴턴이 애초에 했던 생각, 그리고 이후에 라이프니츠, 오일러, 라그랑주 등이 채택한 생각, 즉 급수란 길이가 긴 다항식에 지나지 않으며 따라서 대수학 분야에 속한다는 생각은 급수 연구의 엄밀화에 아무런 보탬이 되지 못했다.

이러한 형식주의적 견해가 무한 급수에 관한 18세기 연구를 지배했다. 수학자들은 예컨대 수렴성의 문제를 생각해 보아야 한다는 요구와 같이 무한 급수 사용에 제약을 가하는 행위에 대해 적의까지 드러냈다. 그들의 연구는 유용한 결과를 내놓았고 그래서 그들은 이러한 실용적 성과에 만족했다. 그들은 정당화의 근거를 제시할 수 있는 영역 밖으로까지 나갔지만 그래도 전반적으로는 발산 급수의 사용에 신중함을 보였다.

수 체계 및 대수학의 논리적 기초가 미적분학의 논리적 기초보다 더 나을 것이 없었지만, 수학자들은 공격의 화살을 미적분학에 집중했고 이 분야에서 드러난 문제점들을 고치려 했다. 그 이유는 다양한 종류의 수가 1700년대 와서는 이미 자연스럽게 여겨졌던 반면에 미적분학의 개념들은 아직까지 낯설고 모호해서 받아들이기 어려웠던 것이다. 게다가 수의 사용에서 모순이 나오지는 않았지만 미적분학 및 무한 급수를 비롯한 여러 해석학 분야에서는 모순이 생겨났다.

라이프니츠의 방법론이 더욱 유연하고 응용에 편리하기는 했지만 뉴턴의 방식이 엄밀화하기에 좀 더 용이하게 보였다. 여전히 영국 학자들은 유클리드 기하학과 결부시키는 방법으로 두 방식 모두 엄밀화를 기할 수 있다고 생각했다. 그러나 그들은 뉴턴의 찰나(분할 불가능 증분을 의미한다.)와 연속 변수의 사용을 정확히 이해하지 못하고 있었다. 대륙 학계에서는 라이프니츠의 방식을 따랐으며 미분(무한소)의 개념을 엄밀하게 정립하고자 했다. 뉴턴과 라이프니츠의 방식을 설명하고 옹호하는 책들은 부지기수로 많고 또 그 안에 수많은 오류가 담겨 있기 때문에 자세히 살펴볼 여력이 없다.*

미적분학을 엄밀하게 만들려는 이런 노력들이 행해지고 있었지만 한편에서는 일부 사상가들이 미적분학의 부적절함을 지적하며 이를 공격했다. 그중 가장 신랄한 공격은 철학자 버클리의 비판이었다. 그는 수학의 영향을 받아 형성된 기계론 및 결정론이 종교를 점차 위협하고 있는 것에 대해 우려하고 있었다. 그는 1734년에 『해석학자 또는 무신론적 수학자에 대한 논의』를 출간했다(무신론적 수학자는 핼리를 지칭한다.). 이 책에서 그는 해석학의 대상, 원리, 추론 결과 등이 종교적 신비와 신앙적 관점보다 명료함을 갖추고 있는지, 또는 그 연역 과정에 확실성이 담보되어 있는지를 먼저 살펴보았느냐고 묻고 있다. "먼저 그대의 눈에서 들보를 빼내어라. 그래야 눈이 잘 보여 형제의 눈 속에 있는 티를 꺼낼 수 있다." 버클리는 수학자들이 애매모

---

* 이 책을 다룬 저서로는 Florian Cajori, *A history of the Conceptions of Limits and Fluxions in Great Britain from Newton to Woolhouse*, The Open Court Publishing Co., Chicago, 1915가 있다. 또 그 외에도 다음과 같은 책이 있다. Carl Boyer: *The Concepts of the Calculus*, reprint by Dover Publications, 1949; original edition, Columbia University Press, 1939.

호함을 그대로 둔 채 잘 알지도 못한 상태에서 논의를 진행한다고 비판했다. 그리고 이런 버클리의 비판은 온당했다. 수학자들은 이론 전개 과정의 논리나 근거를 제시하지 않았다. 버클리는 뉴턴의 여러 주장을 비판했는데, 특히 '곡선의 구적법(여기에서 우리가 사용한 b 대신에 x로 증분을 나타내고 있다.)'에서 뉴턴이 대수적 연산을 실시하고 난 후에 b가 0이 되었다는 이유로 b가 포함된 항을 소거한 점을 지적했다 (앞 (4)의 식과 비교할 것). 버클리는 이것은 모순율을 위배하는 일이라고 말했다. 이러한 논리는 신학에서는 절대 용인되지 않는다는 것이다. 그는 1차 유율(1차 도함수)은 유한 영역을 넘어서기 때문에 인간 이해 범위를 벗어난 것으로 보인다고 말했다.

그리고 1차 유율이 이해 불가능한 것이라면 어떻게 2차, 3차 유율을 언급할 수 있겠는가? 창조의 맨 처음과 종말의 맨 끝을 모두 알고 있는 존재만이 그러한 것들을 파악해 낼 수 있다. 하지만 대부분의 사람들은 그러한 이해가 불가능함을 깨닫게 될 것이다. 2차나 3차 유율을 이해할 수 있는 사람이 만일 존재한다면 그는 하느님의 거룩함을 두고 이러쿵저러쿵 딴죽을 걸지는 않을 것이다.

소멸해 가는 b와 k에 대해서 버클리는 다음과 같이 말했다. "증분이 소멸해 간다고 가정한다면 반드시 둘 사이의 비, 둘로부터 얻어지는 표현식, 또 그 존재의 가정으로부터 도출되는 모든 것들은 그와 더불어 소멸한다고 가정할 수밖에 없다." 뉴턴이 사라져 가는 양 b와 k 사이의 비율로 도함수를 정의한 것에 대해 버클리는 "그것은 유한 양도 아니고 무한히 작은 양도 아니며 또 무(無)도 아니다. 단지 사라진 양의 허상이라고 부를 수 있을 따름이다."라고 말했다.

버클리는 라이프니츠의 방식에도 마찬가지로 비판적이었다. 초기 저작인 『인간 지식의 원리에 대한 연구』(1710년, 개정판 1734년)에서 라이프니츠의 개념을 공격했다.

유한 직선을 무한개의 부분으로 자를 수 있다는 주장에 만족하지 않고 이 무한소를 다시 무한개의 부분, 즉 2차 무한소($(dx)^2$)로 나누고 다시 이런 작업을 무한히 계속해 나가는 매우 주목할 만한 인사들이 있다. 그들은 무한소의 무한소, 다시 그 무한소의 무한소가 끝도 없이 이어진다는 주장을 편다! …… 그런데 다른 사람들은 1차 이후의 무한소는 무의미하다는 주장을 편다.

그는 『해석학자 또는 무신론적 수학자에 대한 논의』에서 라이프니츠에 대한 공격을 계속했다.

라이프니츠와 그 추종자들은 미적분학을 전개하면서 애초에 무한히 작은 양을 가정했다가 이내 아무런 거리낌 없이 이 양을 배격한다. 이 주장들에 현혹되어 편향된 시각을 가지지 않은 사람, 즉 제대로 된 사고력을 지닌 사람이라면 그들의 불명확한 이해와 타당하지 못한 추론을 쉽게 식별해 낼 수 있을 것이다.

미분의 비는 접선이 아니라 할선의 기울기를 기하학적으로 결정한다고 버클리는 주장했다. 고차 미분을 무시해야 이런 오류를 시정할 수 있다. 따라서 두 개의 오류가 서로를 상쇄하므로 "이중 실수로 과학은 아니지만 진리에는 도달한다."라고 말했다. 그는 또한 2차 미분, 즉 라이프니츠의 $d(dx)$에 대해서도 지적했는데, 이 양은 최소

식별 가능 양인 *dx*에서 다시 차를 구해 낸 것이라고 말했다.

두 가지 접근 방식에 대해 버클리는 "현시대의 수학자들은 과학자들처럼 원리를 이해하기보다는 그 응용에 더 많은 노력을 기울이고 있는 것은 아닌지" 의문을 제기한다. 그는 "여타의 모든 과학에서 사람들은 원리를 근거로 자신들의 결과를 증명하지 결과를 근거로 원리를 증명하지 않는다."라고 말했다.

버클리는 몇 가지 질문을 던지는 것으로『해석학자 또는 무신론적 수학자에 대한 논의』를 맺고 있는데, 그 가운데 하나는 다음과 같다.

> 종교 문제에 대해서는 그토록 까다로운 수학자들이 과연 자신들의 학문에서도 그런 엄밀함을 유지하는가? 그들 역시 권위에 굴복해 따져 보지도 않고 받아들이거나 믿을 수 없는 것을 덮어 놓고 믿고 있지는 않은가? 그들에게는 과연 미몽이 없으며 자가당착과 모순은 없는가?

많은 수학자들이 버클리의 비판에 답하여 미적분학의 엄밀화를 시도했으나 성공을 거두지는 못했다. 이런 노력들 가운데 오일러의 연구가 가장 중요하다. 오일러는 미적분학의 기초에서 기하학을 배격하고 그 대신 온전히 함수로만 문제를 해결하려 했다. 즉 함수의 대수적(해석적) 표현으로부터 논증해 나가려고 했다. 그는 라이프니츠의 무한소 개념, 즉 어떤 값보다도 작지만 0이 아닌 양을 인정하지 않았다. 18세기 미적분학 분야의 고전『미분학의 원리』(1755년)에서 오일러는 이렇게 주장했다.

> 어떤 양이든 완전히 소멸될 정도로 줄어들 수 있다는 사실은 의심할 여지가 없다. 그러나 무한히 작은 양이란 소멸해 가는 양에 지나지 않으며

따라서 그 자체는 0과 같다. 이는 무한히 작은 것의 정의, 즉 어떤 주어진 양보다 작은 양이라는 정의와 조화를 이룬다. 그리고 이것은 분명히 무가 아닌 유의 양이 될 수는 없다. 0이 아니라면 그와 동일한 양을 취하면 어떤 양보다 작다는 가정에 위배되기 때문이다.

dx(라이프니츠가 사용한 기호)와 같은 무한소가 0이므로 $(dx)^2$, $(dx)^3$ 등도 모두 0이 되지만, 오일러는 일종의 관례이므로 이들을 dx보다 차수가 높은 무한소라 불러도 무방하다고 말했다. 그래서 라이프니츠가 무한소의 비를 의미하는 것으로 사용한 $\frac{dy}{dx}$는 오일러가 보기에는 $\frac{0}{0}$이었다. 하지만 $\frac{0}{0}$은 어떤 값도 될 수 있다고 오일러는 말했다. $n \cdot 0 = 0$이므로 양변을 0으로 나누어 $n = \frac{0}{0}$을 얻는다는 것이 오일러의 논리였다. 도함수를 찾는 과정은 주어진 함수에 대해 $\frac{0}{0}$의 값을 정하는 일이다. 오일러는 $y = x^2$을 실례로 들어 그 과정을 설명했다. x의 증분으로 b(그는 ω를 기호로 사용했다)를 택했다. 이 단계에서 b는 0이 아니다(앞에 기록한 (1)에서 (4)까지의 식과 비교해 보라.). 그 결과,

$$\frac{k}{b} = 2x + b$$

를 얻었다. 라이프니츠는 위 식에서 b를 무한히 작지만 0은 아닌 양으로 두었던 반면에, 오일러는 b는 0이며 따라서 이 경우에 $\frac{0}{0}$인 $\frac{k}{b}$는 $2x$와 같다고 말했다.

오일러는 이 미분들, 즉 b와 k의 궁극적 값은 절대 영이며, 이들로부터 유한 양으로 계산되는 상호 비 이외에는 어떤 것도 도출해 낼 수 없다고 말했다. 이런 유의 논리가 『미분학의 원리』 3장에 좀 더 자세하게 펼쳐지고 있다. 이 책에서 오일러는 많은 사람들이 미적분

학에 의심의 눈초리를 보내고 있지만 흔히 생각하듯 대단한 신비가 숨어 있지는 않다고 말했다. 물론 도함수를 찾는 과정에 대한 오일러의 정당화는 뉴턴이나 라이프니츠보다 나을 것이 없었다.

오일러가 형식적이고 올바르지 못한 접근 방식을 통해 미적분학에 공헌한 바는 기하학의 족쇄를 끊고 미적분학을 산술과 대수학의 기초 위에 세우려 했다는 사실이다. 이로서 오일러는 수에 기초를 둔 미적분학의 궁극적 정당화의 단초를 마련했다.

미적분학의 기초를 건설하려는 18세기 시도 가운데 가장 야심 찬 시도가 라그랑주에 의해 이루어졌다. 버클리를 비롯한 여러 사람들과 마찬가지로 라그랑주는 미적분학으로 올바른 결과를 얻게 되는 것은 오류가 서로 상쇄되어 소멸되는 데 기인한다고 믿었다. 그는 『해석함수 이론』(1797년, 제2판 1813년)에서 미적분학을 새롭게 다시 세우려고 시도했다. 이 책의 부제를 보면 그 내용을 가늠해 볼 수 있다. "무한히 작은 양, 소멸하는 양, 극한, 유율 등을 사용하지 않고 유한 양의 대수적 해석으로 얻어 낸 미분학의 정리들"이 바로 이 책의 부제였다.

라그랑주는 뉴턴이 현에 대한 호의 극한 비율을 생각할 때 그 값들이 소멸되기 전이나 소멸된 후에는 현과 호가 서로 같지 않지만 소멸된 때에는 같다고 두었던 점을 지적하며 뉴턴을 비판했다. 라그랑주는 다음과 같은 올바른 지적을 하고 있다.

뉴턴의 방법에는 양들이 소멸하여 멈춘 상태에서도 양으로 간주해야 하는 상당한 불편이 있다. 두 양이 유한한 상태라면 그 비를 항상 생각할 수 있지만, 분모와 분자가 동시에 0이 되는 상황이라면 이때 비라는 개념은 전혀 명확하지도 않고 정확하지도 않다.

그는 라이프니츠의 무한소 방식과 오일러의 절대 영에 대해서도 마찬가지로 불만스러워했다. 이 둘을 두고 "실제 문제에서는 올바를지 모르지만 확실성을 확보해야 하는 과학의 기초로서 활용되기에는 충분히 명확하지 못하다."라고 평했다.

라그랑주는 미적분학도 고대 그리스 인들이 보여 주었던 엄밀한 증명이 가능하도록 만들고 싶어했다. 그리고 이 일은 미적분학을 대수학으로 환언함으로써 가능하다고 제안했다. 좀 더 구체적으로 말하면, 라그랑주는 무한 급수를 사용하여 미적분학의 논리적 기초를 마련할 수 있다고 주장했다(무한 급수는 대수학의 일부로 여겨지고 있었지만 그 논리는 미적분학보다도 더 혼란스러웠다.). 라그랑주는 왜 자신의 방법을 뉴턴이 진작 생각해 내지 못했는지 의아스럽다고 말했다.

미적분학의 기초에 관한 라그랑주의 연구를 상세하게 다룰 필요는 없다. 합당하지 못한 무한 급수 사용 외에도 그는 엄청나게 많은 대수적 과정을 거치고 있어 도함수의 정의를 제대로 파악하기가 훨씬 더 어렵다. 실제로 그의 방식은 이전의 사람들과 마찬가지로 세련되지 못했다. 라그랑주는 스스로가 극한 개념을 사용하지 않고 미적분학을 대수학이라는 반석 위에 세워 놓았다고 믿었다. 그의 오류에도 불구하고 라그랑주가 건설한 기초는 그의 뛰어난 계승자들에게 받아들여졌다.

미적분학은 대수학의 확장에 불과하다는 믿음은 실베스트르프랑수아 라크루아(Sylvestre-François Lacroix, 1765~1843년)로 이어졌다. 그는 영향을 끼친 세 권짜리 책(1797~1800년)을 저술했으며, 이 책에서 그는 라그랑주의 방식을 좇았다. 그보다 간략한 한 권짜리 책 『미적분학 기초 연구』(1802년)에서 라크루아는 극한 이론을 (당시의 이해 범위 내에서) 사용했지만 오직 지면을 줄이기 위해서 그렇게 했다고 말했다.

19세기 초 일부 영국 수학자들은 유럽의 우수한 미적분학 연구 성과를 수용하기로 했다. 찰스 배비지(Charles Babbage, 1792~1871년), 존 허셜(John Herschel, 1792~1871년), 그리고 조지 피콕(George Peacock, 1791~1858년)은 케임브리지 대학교 학생 신분으로 해석학 학회를 창립하여 라크루아의 『미적분학 기초 연구』를 영어로 번역했다. 하지만 번역자 서문에서 그들은 다음과 같이 썼다.

> 여기 번역 소개된 라크루아의 저작은 그의 위대한 책 『미적분학 연구』의 축약판이라고 할 수 있다. 하지만 『미적분학 연구』에서는 올바르고 자연스러운 라그랑주 방식을 채택했으나, 이 축약판에서 그는 달랑베르의 극한 방법을 사용하고 있다.

피콕은 미분학의 원리를 대수학에서 분리시키고 있기 때문에 극한 이론을 수용할 수 없다고 말했다. 허셜과 배비지의 생각도 같았다.

18세기 후반 수학계는 적절한 미적분학의 기초가 시급하게 필요하다는 점을 분명하게 인식하고 있었다. 1784년에 라그랑주의 제안에 따라 베를린 과학학술원 수학 분과(라그랑주는 1766년부터 1787년까지 수학 분과의 책임자였다.)는 수학의 무한 문제에 대해 가장 뛰어난 해결책을 내놓은 사람에게 상을 수여하겠다고 발표했다. 상은 1786년에 수여할 예정이었다. 발표문은 다음과 같았다.

> 수학의 유용성, 명성, '엄밀한 과학'이라는 드높은 이름은 모두 그 안에 담겨 있는 원리들의 명료함, 증명의 엄밀함, 그리고 정리의 정확함에 기인하고 있다.
> 인류 지식에서 가장 우아한 분야가 지니고 있는 이러한 소중한 가치

를 영원히 보존하기 위해서는 수학에서 무한이라는 이름으로 불리는 것에 대해 명확하고도 엄밀한 이론을 세워야 한다.

고급 기하학(수학)에서 '무한히 크다.' 라는 말과 '무한히 작다.' 라는 말이 자주 사용되고 있음은 주지의 사실이다. 하지만 고대 기하학자뿐만 아니라 고대 해석학자들도 무한에 접근하는 양을 되도록이면 다루지 않으려 애를 썼고, 또 현대의 몇몇 뛰어난 해석학자들은 '무한한 양'이라는 말 자체가 모순이라고 인정하고 있다.

따라서 우리 학술원은 모순된 가정에서 어떻게 올바른 정리가 그토록 많이 유도되어 나올 수 있었는지 설명할 수 있는 사람을 찾고자 하며, 아울러 무한을 대체할 수 있는 참된 수학적 원리도 명확히 확립해 주기를 요망한다. 단, 지나치게 난해한 방식을 사용하거나 내용이 장황해서는 안 된다. 그리고 최대한의 일반성과 엄밀성, 명료성, 단순성을 갖추어야 한다.

베를린 과학학술원 회원을 제외하고 누구나 응모가 가능했다. 모두 스물세 편의 논문이 제출되었고, 그 결과에 대한 공식 발표는 다음과 같았다.

우리 학술원으로 다수의 논문이 접수되었다. 저자들은 무한 양과 같은 모순된 가정에서 어떻게 올바른 정리가 연역되었는지를 설명하는 일에 충분한 노력을 기울이지 않았다. 정도의 차이는 다소 있지만 그들 모두 명확성, 간결성, 그리고 무엇보다도 엄밀성의 가치를 경시하고 있다. 또 상당수는 무한소에만 한정된 원리가 아니라 대수학과 기하학까지 포괄하는 원리를 찾아야 한다는 점을 인식조차 하지 못하고 있다.

따라서 우리 학술원은 만족할 만한 응답을 얻어 내지 못했다고 생각한다.

하지만 "무한은 인간 정신을 삼켜 버린 심연이다."라는 부제를 단 프랑스 어 논문의 저자가 우리 학술원의 의도에 가장 근접해 있다. 따라서 우리 학술원은 그에게 상을 수여하기로 결정했다.

수상자로 선정된 사람은 스위스 수학자 시몽 륄리에(Simon L' Huillier)였다. 베를린 과학학술원은 그의 논문『고등 미적분학의 초등 해설』을 같은 해인 1786년에 출판했다. 베를린 과학학술원 수학 분과가 내린 판단이 본질적으로 옳았음은 의심할 여지가 없다. 다른 논문들(카르노의 논문은 제외(7장 참조))은 무한소 해석학이 어떻게 잘못된 가정에서 올바른 정리를 얻어 냈는지 해명하려는 시도조차 하지 않았다. 륄리에의 기본 아이디어는 전혀 독창적이지는 않았지만 논문의 질에서 단연 군계일학이었다. 륄리에는 자신의 논문이 "달랑베르가『백과전서』 '미분' 항목과『잡록』에서 개략적으로 서술한 아이디어를 발전시킨 것"이라고 설명했다. 논문의 서론에서 륄리에는 극한 이론 자체를 얼마만큼 발전시켰다. 그는 지면에서는 최초로 극한 기호 lim 를 사용했다. 또 도함수 $\frac{dP}{dx}$ (앞에서 사용한 기호로는 $\frac{k}{b}$)를 $\lim \frac{\Delta P}{\Delta x}$로 나타냈다. 하지만 극한 이론에 대한 륄리에의 공헌은 미미한 수준이다.

거의 모든 18세기 수학자들이 미적분학의 기초를 확립하고자 노력했거나 최소한 그에 대한 의견을 표명했고, 또 한두 사람은 올바른 방향을 설정하기는 했지만 그들의 노력은 가시적 성과를 가져오지 못했다. 까다로운 문제들은 무시되거나 간과되었다. 매우 큰 수와 무한한 수 사이의 구별은 이루어지지 않았다. 임의의 유한한 수 n에 대해 성립하는 정리는 무한한 수에 대해서도 당연히 성립한다고 생각했다. 마찬가지로 증분의 비 $\frac{k}{b}$ ((3)의 식을 볼 것)는 도함수로 대체되었고 (7)의 식에 나오는 것과 같은 유한 항의 합과 적분을 전혀 구분하지 않았다. 그들은 전자에서 후자로, 또 후자에서 전자로 마음껏 옮겨 갔다. 그들의 연구는 볼테르의 다음과 같은 말로 요약될 수 있을 것이다. 볼테르는 미적분학을 두고 "존재하는지 확인할 수도 없으면서도 그것을 셈하고 측정하는 기법"이라고 했다.

수학자들은 논리보다는 기호를 훨씬 더 신뢰했다. 무한 급수는 모든 x값에 대해 동일한 기호로 표현되어 있기 때문에 급수가 수렴하는 x와 발산하는 x 사이의 구분에 대해서는 주의를 기울일 필요가 없는 듯 보였다. $1+2+3+\cdots$과 같은 급수는 그 합이 무한이라는 점을 알고 있으면서도 그 합의 적합성에 의문을 제기하기보다는 오히려 의미를 부여하고자 했다. 물론 그들은 증명이 필요하다는 사실을 충분히 알고 있었다. 앞에서 보았지만 오일러는 발산 급수의 사용을 정당화하려고 애를 썼고, 또 여러 사람 중에서도 특히 오일러와 라그랑주 두 사람은 미적분학의 기초를 마련하려고 했다. 그러나 이렇게 엄밀성을 확보하려는 몇몇 노력이 있었지만——시대에 따라 엄밀성의 기준이 바뀐다는 사실을 보여 주었다는 의의를 갖는다.——18세기 연구 성과에 정당성을 부여해 주지는 못했다. 사람들은 치유될 수 없으면 참고 견디는 도리밖에 없다고 생각하게 되었다.

18세기 사상가들의 논증에서 찾아볼 수 있는 유별난 점 가운데 하나는 형이상학이라는 말을 들먹인다는 사실이다. 수학 영역 밖에 존재하는 진리들이 있고 이 진리들을 언제든지 끄집어 내어 자신들의 연구에 정당성을 부여할 수 있다는 뜻으로 형이상학이라는 말을 사용했다. 하지만 그런 진리가 어떤 것들인지는 명확하지 않았다. 형이상학에 의지했던 것은 이성으로는 입증할 수 없는 주장에 신빙성을 더하기 위해서였다. 예컨대 라이프니츠는 수학에서 형이상학이 사람들이 생각하는 것보다 더 많은 쓸모를 지닌다고 주장했다. 급수 $1-1+1-1\cdots$의 합이 $\frac{1}{2}$이라는 주장과 그가 채택한 연속 원리는 아무런 근거를 지니지 못한 언명에 지나지 않지만 스스로는 형이상학적으로 '입증' 되었다고 말했다. 하지만 '입증'이라는 말을 쓰면서 어떤 이의 제기도 불용하는 태도를 취했다. 오일러 역시 형이상학에 의지했다. 그는 해석학 연구에서 반드시 형이상학을 순순히 따라야 한다고 주장했다. 17~18세기 수학자들은 논거를 제시할 수 없을 때 형이상학을 들먹였다.

  이렇게 해서 미적분학 및 해석학의 논리가 엉망인 채로 18세기가 막을 내렸다. 사실, 수학의 기초는 1700년보다 1800년에 더 부실한 상태였다. 위대한 학자들, 특히 오일러와 라그랑주는 잘못된 논리적 기초를 제시했다. 하지만 그들은 상당한 권위자들이었기 때문에 주변 사람들은 그들이 제안한 내용을 무비판적으로 받아들였으며 또 그 기초 위에 해석학 분야를 추가로 건설하기까지 했다. 대가들이 제시한 내용에 만족하지 못했던 이들도 있었지만 약간의 손질만 가하면 전적으로 명료한 기초를 확립할 수 있다고 확신했다. 물론 그들은 잘못된 길로 이끌려 가고 있었다.

7장

비논리적 발전: 1800년경의 상황

오, 신이시여,

왜 둘에 둘을 더하면 넷이 되어야 합니까?

알렉산더 포프

18세기 최고의 수학자라고 불렸던 오일러.

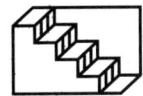

18 00년이 되면서 수학은 매우 역설적인 상황을 맞게 되었다. 물리 현상의 설명과 예측에서는 기대 이상의 성과를 거두었다. 하지만 다른 한편으로 다수의 18세기 사람들이 지적했듯이 이 거대한 구조물은 논리적 기초를 갖추지 못하고 있었다. 따라서 수학이 올바르다고 확신할 수 없었다. 이러한 역설적 상황은 19세기 전반까지 계속되었다. 수많은 수학자들이 새로운 과학 영역에 손을 대어 더욱 위대한 성공을 거두었지만 논리적 기초에 대해서는 노력을 기울이지 않았다. 오히려 음수와 복소수, 대수학, 미적분학과 해석학에 대한 비판이 계속되었다.

19세기 초의 어려웠던 상황을 살펴보기로 하자. 무리수 사용을 둘러싼 반대의 목소리에 대해서는 별다른 언급 없이 곧바로 넘어가도 무방할 것이다. 앞에서 언급했듯이 그런 수들은 직선 위의 점들로 생각할 수 있다. 또 직관적으로 무리수가 자연수나 분수보다 받아들이기가 훨씬 더 어렵다고 할 수 없었으며 자연수나 정수가 따르는 법칙을 무리수도 그대로 따랐다. 무리수의 유용성에 대해서는 의심할 여지가 없었다. 따라서 무리수에 대한 논리적 기초가 없었음에도 이 수들은 무리 없이 받아들여졌다. 다루기 성가시고 또 직관적으로 받아들이기 힘든 수는 음수와 복소수였다. 이전에도 그러했지만 19세기에도 이 수들은 격렬하게 공격을 받았고 철저하게 배척되었다.

윌리엄 프렌드(William Frend, 1757~1841년)는 그의 저서 『대수학 원리』(1796년)에서 다음과 같이 노골적으로 선언했다.

> 어떤 수를 그보다 큰 수에서 빼는 일은 아무런 문제가 없지만 그보다 작은 수에서 뺀다는 것은 말도 되지 않는다. 하지만 0보다 작은 수를 언급하는 대수학자들은 이런 어불성설을 시도하고 있다. 음수에 음수를 곱해 양수를 얻어 내기도 하고 복소수를 다루기도 한다. 또 2차 방정식에는 항상 두 개의 근이 있다고도 말하는데, 이 책의 학습자는 어느 것이 방정식의 근인지 제대로 살펴야 할 것이다. 그들은 방정식의 해법을 말하면서 근이 없는 방정식에 대해서도 두 개의 불가능한 근을 내세운다. 그들은 불가능한 수를 서로 곱해서 1이 나오는 경우를 이야기하고 있다. 하지만 이 모두 허튼소리로서, 상식을 가진 사람이라면 당연히 이를 배격할 것이다. 그러나 일단 이런 수들이 채택되고 나니 다른 수많은 환상이 그러하듯 덮어 놓고 믿기 좋아하고 깊은 사색을 싫어하는 부류의 열성적 지지자들을 얻어 내고 있다.

프렌드는 1800년 마세레 남작이 출간한 책에 들어 있는 한 시론에서 방정식은 그 차수와 동일한 개수의 근을 지닌다는 일반 법칙을 비판했다. 그는 그것이 일반 법칙이 아니라 일부 방정식에서만 성립하는 법칙이라고 주장했다. 물론, 일부 방정식이란 양의 근만을 갖는 방정식을 의미했다. 그리고 나서 일반 법칙으로 받아들이는 수학자들에 대해 이렇게 말했다. "이러한 양들을 방정식들의 근으로 믿게 하려고 허울 좋은 이름을 갖다 붙인다. 하지만 일반 법칙의 거짓됨을 진리처럼 보이도록 외피를 덧씌우려는 속셈이다."

유명한 프랑스 기하학자 라자르 니콜라 마르게리트 카르노(Lazare Nicolas Marguerite Carnot, 1753~1823년)는 『무한소 계산법의 형이상학에 관한 성찰』(1797년, 개정판 1813년)을 집필했는데, 이 책 덕분에 그는 자신의 연구 업적 이상의 큰 영향을 끼쳤다. 그는 무(無)보다 적은 수라는 개념은 어불성설이라고 주장했다. 음수는 계산의 편리를 위한 가상의 존재로서 대수학에 도입될 수는 있지만 음수는 분명코 양(量)이 아니며 이로부터 잘못된 결론이 유도될 수도 있다고 여겼다.

음수와 복소수의 로그값에 대한 18세기 논쟁은 수학자들에게 커다란 당혹감을 안겨 주었기 때문에 19세기에 와서도 음수와 복소수에 대한 수학자들의 의문은 계속되었다. 1801년 케임브리지 대학교의 로버트 우드하우스(Robert Woodhouse)는 『허수 이용으로 얻은 결론들의 필연적 참됨에 대하여』라는 논문을 출간했다. 이 논문에서 그는 다음과 같이 말했다. "음수와 복소수의 로그값을 두고 벌이는 수학자들의 논쟁에서 서로 상충되는 역설과 모순이 생겨 나고 있다. 이런 역설과 모순 자체가 바로 음수와 복소수의 사용을 반대하는 논거로 사용될 수 있다."

가장 위대한 수학자 가운데 한 사람으로 19세기 초반에 복소함수론을 세운 코시는 $a + b\sqrt{-1}$ 과 같은 표현을 수로 취급하지 않았다. 그의 유명한 저작 『해석학 강좌』(1821년)에서 코시는 그런 표현식 자체는 아무런 의미가 없다고 말했다. 하지만 그런 표현식은 실수 a와 b에 대한 정보를 제공해 준다. 예를 들어

$$a + b\sqrt{-1} = c + d\sqrt{-1}$$

은 $a = c$이고 $b = d$임을 말해 준다. "모든 허수 방정식은 실수 사이

의 관계식 두 개를 하나로 묶어 표현해 내는 것에 불과하다." 1847년까지도 그는 복소수 연산에 정당성을 부여하게 될 이론을 내놓았지만 여전히 $\sqrt{-1}$의 사용을 피했다. $\sqrt{-1}$에 대해 그는 이렇게 말했다. "이것을 우리는 완전히 거부할 수 있으며, 또 아무런 후회 없이 포기할 수 있다. 이 기호가 무엇을 의미하는지 알지 못하며, 또 어떤 의미를 부여해야 할지도 모르기 때문이다."

저명한 논리학자이자 대수학 분야에도 업적을 남긴 오거스터스 드모르간(Augustus De Morgan, 1806~1871년)은 1831년에 자신의 책 『수학의 연구와 그 어려움에 대하여』에서 음수와 복소수에 대한 반대 의견을 표시했다. 아울러 그는 자신의 책에 나오는 내용은 옥스퍼드 대학교와 케임브리지 대학교에서 사용하고 있는 훌륭한 책들에 모두 들어 있다고 말했다.

가공의 표현 $\sqrt{-a}$와 음수 표현 $-b$는 공통점을 지니고 있는데, 그것은 어떤 문제의 해로 생겨나는 이 표현들이 그 문제 자체에 모순과 불합리가 있음을 나타낸다는 점이다. 실제 의미에 관한 한 $\sqrt{-a}$와 마찬가지로 $0-a$ 역시 가당치도 않은 것이기 때문에, 둘 다 가공의 존재이다.

그런 다음, 드모르간은 다음과 같은 문제를 예로 들어 설명해 나간다. 아버지는 56세이고 아들은 29세일 때, 언제 아버지는 아들보다 두 배 더 나이가 많을까? $56 + x = 2(29 + x)$를 풀어 $x = -2$를 얻는다. 이 결과는 말이 되지 않는다고 드모르간은 말했다. 그러나 만일 x를 $-x$로 바꿔 $56-x = 2(29-x)$를 풀면 $x = 2$를 얻는다. 그는 애초에 문제가 잘못 진술되었다는 결론을 내린다. 음수 해는 질문을 구성할 때 오류를 범했다는 뜻이라는 것이다.

이제 드모르간은 복소수로 눈을 돌려 다음과 같이 말한다.

우리는 $\sqrt{-a}$ 라는 기호가 아무런 의미가 없거나, 또는 자기 모순적이고 부조리하다는 점을 보여 주었다. 그렇지만 이러한 기호들의 이용으로 매우 유용한 대수학의 한 분야가 성립된다. 그러한 분야의 성립 근거는 대수학의 일반적인 법칙들이 아무런 모순 없이 복소수에도 그대로 적용될 수 있다는 사실에서 찾을 수 있는데, 그 사실은 경험에 의해 입증되어야 한다. 경험에 의존하는 것은 이 책 서두에 써 놓은 기본 원리에 위배되는 듯 보인다. 실제로 기본 원리에 위배된다는 점을 부인할 수 없지만, 거대한 주제에서 극히 작은 부분, 그것도 외떨어진 부분만을 차지할 따름이고, 이를 제외한 모든 분야에서는 이러한 원리가 온전하게 적용된다는 점을 명심할 필요가 있다 (드모르간이 말하는 원리란 공리에 연역적 추론을 적용하면 반드시 수학적 진리가 도출된다는 원리이다.).

그런 다음, 드모르간은 음수와 복소수를 비교한다.

음수와 복소수에는 이렇듯 명백한 차이점이 있다. 어떤 문제에 대한 답이 음수일 때 그 결과를 내놓은 방정식에서 x의 부호를 바꿈으로써 방정식 구성 방법에 오류를 발견하게 되거나 문제의 질문이 지나치게 제한적이라는 점을 드러낼 수도 있고, 만족할 만한 해답이 나오도록 문제를 확대할 수도 있다. 그러나 답이 복소수면 어떤 것도 가능하지 않다.

그리고 몇 쪽 뒤에는 다음과 같이 쓰고 있다.

음수의 사용과 같은 이러한 논란을 자세히 다루어 학생들의 학습에 오히려 지장을 주고 싶지는 않다. 학생들은 그런 논란을 이해할 수 없을뿐더러 양측의 주장도 여전히 평행선을 달리고 있기 때문이다. 그러나 이러한 내용을 다룸으로써 학생들로 하여금 어려움이 존재한다는 점을 이해시키고 그 어려움이 어떤 속성을 지녔는지도 깨닫게 할 수 있다. 또 충분히 많은 예를 다루어 법칙들로부터 이끌어 낸 결과에 확신을 갖게 할 수 있다.

위대한 수학자 해밀턴 역시(이미 여러 영역에 걸쳐 있는 그의 업적을 앞에서 살펴보았다.) 음수와 복소수를 선뜻 받아들이지 못한 점은 다른 여러 사람들과 다를 바가 없었다. 1837년 논문에서 그는 자신의 반대 의견을 다음과 같이 표명했다.

그러나 특별히 회의주의자가 아니더라도 음수와 허수 이론을 의심하거나 불신하게 된다. 믿기 어려운 주장들을 몇 가지 열거해 보면 다음과 같다. 어떤 양에서 그보다 더 큰 양을 뺄 수 있고, 이때 남는 양은 0보다 작다. 음수, 다시 말해서 0보다 작은 크기를 나타내는 수 두 개를 서로 곱하면 양수, 즉 0보다 큰 수를 얻게 된다. 어떤 수의 제곱, 즉 그 수를 두 번 곱한 것은 그 수가 양수이든 음수이든 상관없이 항상 양수이지만, 이른바 허수라는 수는 그 제곱이 음수인데 마치 양수나 음수와 마찬가지로 모든 연산 규칙을 만족하는 것처럼 취급된다. 허수는 양수도 아니고 음수도 아니며 0과도 다르다. 따라서 허수가 나타내는 양은 0보다 클 수도 없고 또 작을 수도 없고 또 같을 수도 없다. 물론, 형식 논리를 통해 익히 알고 있는 식에 대응되는 식들을 허수에서도 구성해 낼 수 있고 또 그로부터 유용한 결과를 얻을지는 몰라도 그와 같은 것을 기초로 하여 그 위에 과학을 세우기란 몹시 어렵다.*

논리학자로서 드모르간과 어깨를 나란히 하는 조지 불(George Boole, 1815~1864년)은 『사고 법칙에 대한 연구』에서 $\sqrt{-1}$ 이란 해석이 불가능한 기호라고 말했다. 하지만 허수를 삼각법에 사용함으로써 해석 가능한 식에서 해석 불가능한 식을 거쳐 다시 해석 가능한 식으로 옮겨 갈 수 있다고 주장했다.

복소수에 대한 수학자들의 의구심을 다소 덜어 준 것은 논리가 아니라 베셀, 아르강 그리고 가우스가 도입한 복소수의 기하학적 표현이었다. 하지만 가우스의 저작 및 논문을 보면 그 역시 여전히 복소수를 받아들이기 꺼려했다는 증거를 찾을 수 있다. 가우스는 대수학의 기본 정리에 대해 네 가지 증명을 내놓았다. 대수학의 기본 정리란 n차 다항 방정식이 정확하게 n개의 근을 갖는다는 것이다. 처음 세 가지 증명(1799, 1815, 1816년)에서 그는 실수 계수 방정식을 다루었고 데카르트 평면의 점과 복소수 사이에 일대일 대응이 있다는 가정을 추가했다. 하지만 일대일 대응이 어떤 것인지는 분명하게 설명하지 않았다. $x+iy$를 점으로 생각하지 않았고, 그 대신에 x와 y를 실평면 위에 있는 점의 좌표로 보았다. 더욱이 증명에서 함수의 실수부와 허수부를 분리했기 때문에 복소함수론을 실제로는 사용하지 않았다. 가우스는 1811년 베셀에게 보낸 편지에서 더욱 분명하게 그 내용을 설명했다. 즉 복소수 $a+ib$는 점 (a, b)로 표시되며, 한 점에서 다른 점으로 가는 경로는 무수히 많다는 사실을 언급했다. 이 세 가지 증명과 출간되지 않은 여러 논문의 행간을 읽어 보면, 가우스가 복소수 및 복소수 함수의 지위에 대해 여전히 의구심을 지니고 있었음을 분

---

* 다음 장에서 복소수가 제기한 문제에 해밀턴이 어떤 해결 방안을 내놓았는지 살펴볼 것이다.

명히 알 수 있다. 1825년 12월 11일자 편지에서 그는 이렇게 말했다. "음수와 복소수의 참된 형이상학을 마음에서 내려놓을 수가 없습니다. $\sqrt{-1}$ 의 참된 의미는 항상 압박하듯 내 마음속에 존재하고 있지만 이를 말로 정확하게 표현해 내기가 어렵습니다."

그러나 1831년이 되자 가우스 자신이나 여타 수학자들이 복소수를 받아들이는 데 주저하고 있었는지는 몰라도 어쨌든 가우스는 이런 의구심을 극복하고 공개적으로 복소수의 기하학적 표현을 기술했다. 그해에 발표한 여러 논문에서 가우스는 그 내용을 매우 명확하게 서술했다. $a + ib$를 복소 평면의 점으로 표시하는 것에 그치지 않고 복소수의 덧셈과 곱셈을 기하학적으로 기술했다(4장 참조). 분수, 음수, 실수는 사람들이 잘 이해하고 있는 반면에 복소수는 큰 가치를 지니고 있으면서도 그제야 겨우 용인되는 정도에 이르렀을 뿐이다. 많은 이들에게는 기호를 조작하는 정도로 비쳤다. 하지만 "이제 기하학적 표현으로 $\sqrt{-1}$의 직관적 의미가 명료하게 드러났고 이 양들을 산술 연구의 대상으로 편입시키기에 충분하게 되었다." 이렇게 가우스 자신은 직관적 이해로 만족했다. 그는 또한 1, -1, $\sqrt{-1}$를 양수 단위, 음수 단위, 허수 단위라 하지 않고 직접 단위, 역 단위, 측면 단위라 부른다면 사람들이 이 수들에 무언가 어둡고 불가사의한 것이 있다는 느낌을 받지 않게 될 것이라고 말했다. 기하학적 표현은 허수의 참된 형이상학을 새로운 각도에서 바라볼 수 있도록 해 준다고 말했다. 그는 데카르트가 사용한 '허수(imaginary number)'라는 말 대신에 '복소수(complex number)'라는 말을 도입했으며, $\sqrt{-1}$ 대신에 i를 사용했다. 가우스는 그에 못지않게 중요한 문제, 즉 당시 사람들이 논리적 기초가 마련되지 않은 상황에서 실수를 자유로이 사용하고 있다는 점에 대해 지적하지 않았다.

1849년 논문(이 논문에 대해서는 나중에 좀 더 자세히 다루게 될 것이다.)에서 가우스는 더욱 자유롭게 복소수를 사용하고 있는데, 그는 이제 모든 사람들이 복소수를 익히 잘 알고 있기 때문이라고 그 이유를 설명했다. 하지만 사실은 전혀 그렇지 않았다. 19세기 초반에 코시가 복소수 변수 함수론을 개발하여 유체 역학에 활용한 지도 오랜 세월이 흘렀지만, 케임브리지 대학교의 교수들은 여전히 $\sqrt{-1}$에 반감을 지니고 있었고, 되도록이면 그 출현이나 사용을 피하기 위해 매우 성가신 방식들을 채택했다.

19세기 전반, 대수학에서도 논리적 기초의 부재가 두드러졌다. 이 분야가 당면한 문제는 문자가 모든 종류의 숫자를 나타내며 직관적으로 쉽게 받아들일 수 있는 익숙한 자연수의 성질을 지니고 있는 것처럼 다루어졌다는 점이었다. 이러한 대수적 조작의 결과는 음수, 무리수, 복소수 등 어떤 수를 문자에 대신 넣어도 성립한다는 것이었다. 하지만 이런 종류의 수는 제대로 이해되지 않았으며, 또 논리적 기초가 마련되어 있지 않았기 때문에 문자의 사용은 정당성을 확보하지 못했다. 문자식을 다루는 대수학은 그 나름의 논리를 갖고 있는 듯 보였으며 그 논리가 대수학의 효율성과 올바름의 근거를 이루게 될 것으로 보였다. 따라서 1830년대에 수학자들은 문자식의 대수적 조작의 정당성을 확보하는 문제에 천착했다.

이 문제를 최초로 다룬 사람은 케임브리지 대학교 수학 교수 피콕이었다. 그는 산술 대수학과 기호 대수학을 구분했다. 전자는 양의 정수를 나타내는 기호들을 다루고, 따라서 확고한 기초 위에 서 있다. 여기서는 양의 정수를 내놓는 연산만이 허용되었다. 기호 대수학에서는 산술 대수학의 법칙이 채용되지만 양의 정수로만 제한을 두지 않는다. 산술 대수학에서 도출된 결과들은 그 형태에서는 일반적이지만 취하는 값들은 특수한 데 반하여, 기호 대수학에서는 이 모든 결과가 여전히 성립하며 그 형태나 취하는 값에서도 일반성을 갖는다. 따라서 산술 대수학에서 $ma + na = (m + n)a$는 양의 정수 m, n, a에 관해 성립하는 식이지만, 기호 대수학에서는 모든 수에 대해 성립하는 식이 된다. 마찬가지로 n이 자연수일 때 $(a + b)^n$의 이항 전개는 마지막 항을 지정해 놓지 않는다면 모든 n에 대해서도 성립한다. "동등 수식 불변의 원리"로 알려진 피콕의 주장은 1833년 영국 과학진흥협회에 제출한 논문「특정 해석학 분야의 최근 연구 동향 보고」에 실려 있다. 그는 다음과 같은 독단적인 주장을 폈다.

기호가 일반적 형태이지만 그 취하는 값이 특별할 때(양의 정수일 때)에 대수식들이 서로 동등하면 기호들이 형태뿐만 아니라 취하는 값에서도 일반적일 때 역시 그 대수식들은 서로 동등하다.

피콕은 이 원리를 이용하여 특별히 복소수의 연산에 정당성을 부여했다. 그는 "기호가 일반적 형태일 때"라는 단서를 달아 놓았다. 따라서 0과 1에서만 성립하는 성질을 예로 들 수는 없다. 왜냐하면 이 수들은 특별한 성질을 갖기 때문이다.

『대수학 연구』 제2판(1842~1845년. 초판은 1830년에 출간)에서 피콕은 공리로부터 자신의 원리를 '유도'해 냈다. 그는 기하학과 마찬가지로 대수학도 연역 과학이라고 분명하게 선언했다. 따라서 대수학의 전개 과정은 연산 내용을 규정하는 법칙, 즉 공리에 그 바탕을 두어야 한다. 연산을 표현하는 기호들은 최소한 대수학이라는 연역 과학에서는 법칙에 따라 부여되는 의미 이외에 다른 의미를 지녀서는 안 된다. 따라서 덧셈은 덧셈 법칙을 만족하는 과정만을 의미할 따름이다. 예컨대 그가 말하는 법칙이란, 덧셈 및 곱셈의 결합 법칙과 교환 법칙, 그리고 $ac = bc$이고 $c \neq 0$이면 $a = b$라는 법칙이었다. 그리고 이러한 공리 채택으로 동등 수식 불변의 원리가 증명되었다.

19세기 대부분의 기간 동안 대수학에 대한 피콕의 견해가 받아들여졌다. 던컨 F. 그레고리(Duncan F. Gregory, 1813~1844년), 드모르간, 그리고 헤르만 한켈(Hermann Hankel, 1839~1873년)이 여기에 약간의 수정을 가했지만 이 원리를 지지했다.

이 원리는 본질적으로 자의적이었다. 그리고 이 원리는 왜 다양한 유형의 수들이 자연수와 같은 성질을 갖느냐 하는 문제를 낳았다. 경험적으로는 옳지만 논리적으로는 확정되지 않은 사실에 의거한 원리였던 것이다. 분명히 피콕과 그레고리와 드모르간은 실수 및 복소수의 속성을 사용하지 않고 대수학으로부터 과학을 도출해 낼 수 있다고 생각했던 듯하다. 물론 주먹구구식으로 원리를 내세운다고 해서 그 논리적 문제가 해결되는 것은 아니다. 그러나 버클리가 말했듯이, "오래되고 뿌리 깊은 편견이 원리로 통용되는 일이 적지 않다. 그리고 그 원리에 근거를 두고 있는 주장들과 명제들은 어떤 검토나 이의 제기로부터 면제된다."

동등 수식 불변의 원리는 대수학을 기호들과 그 기호들 간의 결합 규칙에 관한 과학으로 여긴다. 그 기초는 모호하며 매우 경직되어 있었다. 옹호자들은 산술 대수학과 일반 대수학 사이의 유사성을 너무도 배타적으로 주장했기 때문에, 이런 주장이 계속된다면 대수학의 일반성이 크게 훼손될 처지였다. 그리고 그들은 한 가지 해석에서는 옳은 식도 다른 해석에서는 그릇된 식일 수 있다는 가능성을 결코 깨닫지 못했던 듯 하다. 따라서 이 원리는 사원수의 탄생으로 큰 손상을 입을 수밖에 없었다. 왜냐하면 사원수(현재 초수라고 불리는 것들 가운데 첫 번째로 발견된 수이다.)는 곱셈에서의 교환 법칙을 만족하지 않기 때문이다(4장 참조). 따라서 초수를 나타내는 문자는 실수 및 복소수의 성질 모두를 만족하지는 않는다. 그러므로 피콕의 원리는 틀렸다. 피콕과 그의 추종자들은 미처 깨닫지 못했으나, 사원수의 도입을 통해 이제 한 가지가 아닌 여러 종류의 대수학이 존재한다는 점이 명백하게 드러났다. 문자들에 부여된 성질들을 만족시킨다는 점을 증명해야만 실수 및 복소수를 기반으로 만들어진 대수학은 그 정당성을 확보할 수 있게 되었다.

대수학 외에 해석학도 1800년대 초에 논리상의 안개 속을 헤매고 있었다. 라그랑주가 제시한 미적분학 기초는 모든 수학자들을 만족시키지 못했다. 그래서 일부 수학자들은 오류가 서로 상쇄하고 있다는 버클리를 비롯한 사람들의 입장으로 되돌아갔다. 프랑스 혁명을 이끈 위대한 지도자 카르노는 『무한소 계산법의 형이상학에 관한 성찰』에서 이 입장을 취했다. 그의 형이상학은 오류가 서로를 상쇄한다는 사실을 '설명'한다. 그때까지의 다양한 미적분학 접근 방식을 상술한 후에 카르노는 달랑베르의 극한 개념을 포함해 모든 방법이 그리스의 실진법과 동등하지만 무한소를 사용하면 훨씬 더 빠르게 계산할 수 있다고 결론을 내렸다. 카르노는 미적분학의 개념을 명료화하는 데 공헌을 했지만, 그 공헌은 그다지 중요한 것은 아니었다. 게다가 뉴턴, 라이프니츠, 그리고 달랑베르의 아이디어와 그리스의 실진법을 연관짓는 과정에서 그는 잘못된 생각을 도입했다. 그리스 기하학이나 대수학에는 도함수와 관련된 내용이 전혀 없었다는 생각 말이다.

해석학에서의 터무니없는 오류들은 19세기까지 계속되었다. 그 예는 많지만 한두 가지만 살펴보는 것으로 충분하다. 해석학에서는

그림 7.1

연속 함수와 도함수가 기본적인 개념이다. 직관적으로 말하자면 연속 함수는 연필을 떼지 않고 그릴 수 있는 곡선으로 표시된다(그림 7.1). 그러한 함수의 도함수가 갖는 기하학적 의미는 곡선 위에 있는 임의의 점 P에서 그은 접선의 기울기이다. 직관적으로 연속 함수는 모든 점에서 도함수를 지녀야만 한다고 생각했다. 하지만 일부 수학자들은 그런 직관적인 근거에 만족하지 않고 논증으로 이를 증명하고자 했다.

불행히도 그림 7.2에서 보듯이 A, B, C와 같은 모서리를 갖는 함수는 이 점들에서 도함수를 갖지 않는다. 하지만 1806년에 앙드레 마리 앙페르(André Maria Ampère, 1775~1836년)는 모든 함수는 연속인 점에서 도함수를 갖는다고 '증명'했다. 그와 유사한 '증명'들이 뒤를 이었다. 라크루아의 유명한 세 권짜리 저작 『미적분학 연구』(재판, 1810~1819년)를 비롯해 19세기의 저명한 교재들 속에 그러한 증명들이 담겨 있었다. 조제프 L. F. 베르트랑(Joseph L. F. Bertrand, 1822~1900

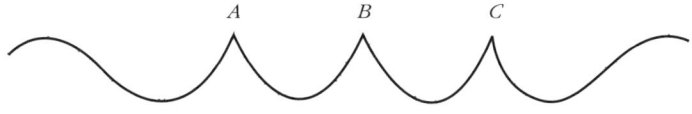

그림 7.2

년)은 1875년까지도 미분 가능성을 '증명'한 논문을 발표했다. 하지만 이 '증명'들은 모두 그릇된 것이었다. 오랫동안 함수의 개념이 확정되지 않았기 때문에 이 수학자들 가운데 일부는 변명의 여지가 있다. 하지만 1830년까지는 함수의 개념 문제는 해결되었다.

연속과 미분 가능성이 해석학에서 다루는 기본 개념이고, 또한 1650년부터 지금까지 해석학이 주요 연구 활동 분야였다는 점을 고려할 때, 수학자들이 이 개념들을 얼마나 모호하고 불분명하게 이해하고 있었는가를 알면 할 말을 잃을 정도이다. 이들의 실수는 너무도 엄청난 것이라 오늘날의 학부 수학과 학생이라도 용납할 수 없다. 그런 실수를 저지른 사람들은 다름 아닌 푸리에, 코시, 갈루아, 르장드르, 가우스 등의 위대한 수학자들과, 이름은 크게 알려지지 않았으나 당시의 수학을 이끌어 가던 사람들이었다.

19세기 교재들은 계속해서 미분 및 무한소와 같은 용어를 거리낌 없이 사용했다. 하지만 그 의미가 불분명했으며 0이 아니면서 또 0이기도 한 것으로 이치에 맞지 않게 정의되어 있었다. 미적분학을 공부하는 학생들은 당혹감을 느끼지 않을 수 없었고, 기껏해야 달랑베르의 조언, 즉 "인내하라. 그러면 믿음이 찾아올 것이다."라는 조언을 따를 수밖에 없었다. 1890년부터 1894년까지 케임브리지 대학교 트리니티 칼리지를 다녔던 버트런드 러셀은 『나의 철학적 발전』에서 다음과 같이 쓰고 있다. "내게 무한소 계산법을 가르쳤던 분들은 기본 정리들의 타당한 증명을 알지 못하고 있었고 공공연한 궤변을 신조처럼 받아들이게 하려고 애를 썼다."

17세기, 18세기 그리고 19세기에 수학자들을 괴롭혔던 논리적 문제들은 해석학 분야, 즉 미적분학 및 미적분학 위에 세워진 무한 급수와 미분방정식에서 특히 심각했다. 하지만 19세기 초반에 기하학은 다시금 사람들의 사랑을 받는 분야가 되었다. 유클리드 기하학이 확장되었으며, 새로운 기하학 분야인 사영기하학(도형을 한 장소에서 다른 장소를 사영시킬 때, 예를 들면 카메라 눈을 통해 현실의 모습이 2차원 필름 위에 투사되는 경우에 잃지 않고 보존되는 도형의 성질을 다룬다.)이 장 빅토르 퐁슬레(Jean Victor Poncelet, 1788~1867년)에 의해 최초로 도입되었다. 앞서 살펴본 역사에 비추어 생각해 보면 짐작하겠지만, 퐁슬레를 비롯한 여러 사람들은 많은 정리를 예측했으나 그것을 증명하는 데에는 끊임없는 어려움을 겪어야 했다. 그때에는 이미 데카르트와 페르마의 연구 업적 덕분에 기하학 결과를 대수적으로 증명하는 방법이 있었지만 19세기 전반기의 기하학자들은 기하학 본연의 통찰력과 가치에 둔감한 외래종이라는 이유에서 대수적 방법을 경멸했다.

자신의 결과를 순수하게 기하학적 방법으로 '확립'하기 위해 퐁슬레는 연속의 원리를 도입했다. 『도형의 사영적 성질에 관한 연구』(1822년)에서 그는 다음과 같이 말했다. "한 도형이 다른 도형으로부터 연속적 변화를 통해 얻어지고 또 후자의 도형이 전자의 도형만큼 일반적이면 첫 번째 도형에서 성립한 성질은 두 번째 도형에서도 성립된다." 그러나 언제 두 도형이 일반적인지는 설명하지 않았다.

이 원리의 타당성을 '입증'하기 위해 퐁슬레는 서로 교차하는 두 현의 잘린 선분을 각각 곱하면 그 값이 같다는 유클리드 기하학의 정리(그림 7.3에서 $ab = cd$가 성립)를 예로 들었다. 퐁슬레는 교점이 바깥쪽으로 이동해도 할선과 바깥쪽 선분을 곱하면(그림 7.4) 그 값은 일정하다는 점을 지적했다. 연속의 원리에 의해 정리의 올바름이 확보되기 때문에 증명은 필요가 없다고 주장했다. 더욱이 할선이 접선으로 바뀌면 할선과 바깥쪽 선분은 서로 일치하는데, 그 곱은 다른 할선과 그 할선 바깥쪽 선분의 곱과 여전히 일치한다(그림 7.5, $ab = c^2$). 퐁슬

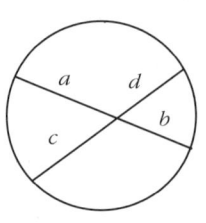 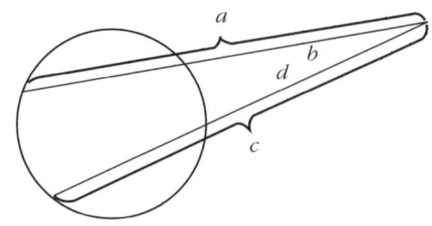

그림 7.3   그림 7.4

레가 연속의 원리를 설명하기 위해 사용한 결과는 잘 알려진 세 가지 독립된 정리들로 모두 이 원리를 만족한다. 하지만 퐁슬레는 스스로 "연속의 원리"라 명명하면서 이 원리를 절대적 진리로 삼았고 『도형의 사영적 성질에 관한 연구』에서 이 원리를 무모하게 적용해 사영기하학의 새로운 정리들을 증명했다.

퐁슬레가 이 원리를 처음으로 말한 사람은 아니었다. 철학적으로 보면 라이프니츠까지 거슬러 올라간다. 라이프니츠는 앞서 살펴본 바 대로 미적분학과 관련해 이 원리를 하나의 수학 원리로서 사용했다. 이후 간간히 사용되다가 가스파르 몽주(Gaspard Monge, 1746~1818년)가 특정 유형의 정리를 증명하기 위해 다시 이 원리를 조직적으로 사용했다. 그는 일반적인 정리를 증명할 때 우선 특정한 위치에 있는 도형에 대해 정리가 성립한다는 것을 보인 다음에 일반적인 경우에도 그 정리는 참이라고 주장했다. 설사 도형의 일부 요소가 사라진 경우에도 여전히 성립한다고 말했다. 예컨대 직선 및 원에 대한 정리를 증명하려 할 때 직선이 원을 관통하는 경우에 대해 증명하고, 그런 다음에 직선이 원과 만나지 않는 경우에도 여전히 정리는 성립한다고 주장하는 식이었다.

파리 과학학술원의 일부 회원들은 연속의 원리를 비판하면서 이

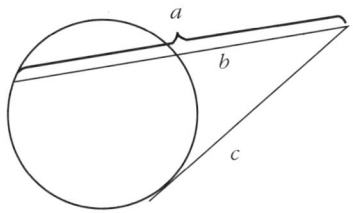

그림 7.5

원리는 내용을 이해하는 데 도움을 주는 정도에 그친다고 생각했다. 특히 코시는 이 원리를 다음과 같이 비판했다.

> 정확히 말해서 이 원리는 귀납적이다. 그런데 이 원리를 근거로 특정 조건에서 성립하는 정리를 그 조건이 더 이상 성립하지 않는 일반적인 경우로 확장한다. 2차 곡선에 대해서는 이 원리로 올바른 결과를 얻는다. 하지만 기하학이나 해석학에 자유로이 적용할 수 있는 일반 원리라고는 생각하지 않는다. 이 원리에 지나치게 기대면 명백한 오류를 범할 우려가 있다.

불행히도 이 원리의 타당성을 공격하기 위해 코시가 사용한 예는 모두 다른 방법으로 증명이 되는 올바른 결과들이었다.

또한 비판자들은 퐁슬레를 비롯한 사람들이 이 원리에 대해 확신하는 것이 실은 이 원리가 대수적 바탕 위에서 정당성을 확보할 수 있다는 사실에 근거하고 있다고 공격했다. 실제로 퐁슬레가 러시아에서 포로 생활을 하던 중에(그는 나폴레옹 군대의 군인이었다.) 작성한 기록물을 보면 이 원리의 타당성을 검증하기 위해 대수학을 사용했음을 알 수 있다. 퐁슬레는 대수학을 바탕으로 증명을 이끌어 낼 수도 있다는 점에는 동의했지만 연속의 원리가 그런 증명에 의존하지는 않는다고 주장했다. 하지만 퐁슬레가 대수적 방법을 이용해 어떤 결과가 나와야 하는지 파악하고 난 후에 연속의 원리를 이용하여 기하학적 결과를 확정했던 것은 확실해 보인다.

이러한 비판이 있었지만 19세기에 연속의 원리는 직관적으로 명백하고 따라서 증명 방법으로 사용할 수 있다고 인정받았다. 기하학자들은 이 원리를 자유로이 사용했다. 하지만 수학의 논리적 전개라는 관점에서 보자면 연속의 원리는 당시의 사람들이 순수한 연역적 방식으로 증명할 수 없었던 것에 정당성을 부여할 목적으로 내세운 임시 방편용의 독단적 주장일 따름이다. 이 원리는 시각화와 직관을 이용해 제시된 내용에 정당성을 부여할 목적으로 고안되었고 또 활용되었다.

퐁슬레가 연속의 원리를 옹호하고 이를 사용한 것은 수학자들이 타당한 증명을 찾지 못한 것에 무리한 주장으로 정당성을 부여하려고 하는 수학자들의 모습을 보여 주는 한 가지 사례에 불과하다. 하지만 기하학의 논리적 상태는 거의 모든 부분에 걸쳐 심각한 상황이었다. 앞에서 보았지만(5장 참조) 18세기 후반과 19세기 전반의 비유클리드 기하학 연구로 유클리드 기하학의 연역 체계에 심각한 결함이 있음을 알게 되었다. 하지만 수학자들은 이 결함들을 신속하게 수정하려 하지 않았고 오히려 정리들의 절대적 확실성을 고집스럽게 주장했다. 정리들에 대한 직관적 근거와 응용에서 나오는 여러 증거들이 너무도 강한 설득력을 가지고 있었기 때문에 어느 누구도 결함을 심각하게 받아들이지 않았던 것으로 보인다.

비유클리드 기하학의 경우는 상황이 다소 달랐다. 1800년대 초반, 람베르트, 가우스, 로바체프스키, 보여이 등 비유클리드 기하학 창시자들과 더불어 몇몇 사람들은 유클리드 기하학만큼 논리적 기초가 확고하지 못했지만 스스로 만든 기하학을 어엿한 독립 분야로 받아들였다. 하지만 이 분야에 대한 가우스와 리만의 연구 성과가 알려지면서 위에서 언급한 네 사람뿐만 아니라 그들의 계승자 대부분은 증명을 하지는 못했지만 비유클리드 기하학에는 모순이 없다고 확신했다. 그들은 또한 모순을 얻어 냈다고 믿었던 사케리가 틀렸음을 깨달았다.

하지만 비유클리드 기하학에서 모순이 발견될 가능성은 아직 남아 있었다. 만일 그런 일이 생긴다면 쌍곡기하학의 평행선 공리는 잘못된 것이며 사케리가 믿었듯이 유클리드의 평행선 공리는 다른 공리에서 유도된다는 게 확인될 터였다. 이렇게 무모순성에 대한 증명이나 새로운 기하학의 적합성에 대한 증거조차 없었지만, 많은 수학자들은 이전 세대의 사람들이 어불성설이라고 여겼던 것을 올바른 것으로 받아들였다. 비유클리드 기하학의 수용은 일종의 신앙 고백이라고 할 수 있었다. 비유클리드 기하학의 무모순성 문제는 그 후 50년 동안 해결되지 않았다(8장 참조).

19세기 초기에는 어떤 수학 분야도 논리적으로 완벽하지 못했다. 실수 체계, 대수학, 유클리드 기하학과 새로운 비유클리드 기하학 그리고 사영기하학 등은 그 논리적 기초가 부적당하거나 아예 아무런 기초조차 없었다. 해석학은—해석학은 미적분학이 확장된 분야이다.—논리적 기초가 결여되어 있는 실수와 대수학을 사용하고 있었기 때문에 그 논리적 부실함을 그대로 물려받았을 뿐만 아니라 미적분학의 고유 개념들, 즉 도함수, 적분, 무한 급수 등은 명확한 개념을 결여하고 있었다. 수학의 어떤 분야도 논리적 타당성을 전혀 갖추지 못했다고 말해도 틀리지 않았다.

증명에 대해 수학자들이 취한 태도는 수학의 본래 목표에 비춰 볼 때 너무도 터무니없어 보인다. 18세기에 해석학의 애매모호함이 분명하게 드러나자 일부 수학자들은 이 분야에서 엄밀함을 포기하기에 이르렀다. 예컨대 미셸 롤(Michel Rolle, 1652~1719년)은 미적분학이란 정교한 오류들의 집합체라고 가르쳤다. 다른 사람들은 더욱 심하게 마치 손에 닿지 못하는 포도를 두고 신 포도라고 폄하하는 여우처럼 그리스 인들의 엄밀성을 공공연히 비웃었다. 알렉시클로드 클레로(Alexis-Claude Clairaut, 1713~1765년)는 자신의 저서 『기하학 기초』(1741년)에서 이렇게 말했다.

> 서로 만나는 두 개의 원이 있을 때 원의 중심은 서로 같지 않다거나 한 삼각형의 변의 합은 그 삼각형을 둘러싸고 있는 삼각형의 변의 합보다 작다거나 하는 자명한 명제를 증명하기 위해 유클리드가 수고를 아끼지 않았던 점은 전혀 놀랄 만한 일이 아니다. 유클리드는 명백한 진리를 의기양양하게 배격하는 고약한 소피스트들을 설득해야 했기 때문이다. 따라서 기하학은 논리학처럼 궤변가를 반박하기 위해 형식 추론에 의존해야 한다.

그런 다음, 클레로는 다음과 같이 덧붙였다. "하지만 이제는 상황이 완전히 바뀌었다. 이미 상식 수준에서 잘 알려져 있는 내용이 오늘날 무시되고 있으며 이런 작태는 오직 진리를 가리고 독자들에게 피곤함만을 안겨 줄 따름이다."

18세기와 19세기 초기의 지배적인 태도를 위대한 산술 연구학자였으나 엄밀성에는 큰 관심을 두지 않았던 J. 회네브론스키(J. Hoëne-Wronski, 1775~1853년)에게서 분명하게 엿볼 수 있다. 파리 과학학술원이 그의 논문을 두고 엄밀성의 결여를 비판하자, 그는 "목적보다는 수난을 더 중시하는 현학자들의 공연한 트집"이라고 대꾸했다.

라크루아는 세 권짜리 저작 『미적분학 연구』 제2판의 제1권 서문에서 "그리스 인들이 공을 들여 추구했던 정교함은 더 이상 우리에게 필요하지 않다."라고 썼다. 아무도 의심하지 않는 내용을 난해한 추론으로 증명하거나, 명백한 명제를 그보다 덜 명백한 명제를 이용해 입증해야 할 필요가 있느냐는 것이 당시의 전형적인 태도였다.

그보다 뒤인 19세기 중반에 이르러서도 카를 구스타프 야코프 야코비(Karl Gustav Jacob Jacobi, 1804~1851년)는 "가우스가 요구하는 그런 수준의 엄밀성을 만족시키기에는 우리에게 시간이 없다."라고 말했다. 그런데 야코비의 타원 함수 연구에는 불완전한 부분이 도처에 눈에 띈다. 많은 사람들은 증명이 곤란한 것은 아예 증명이 필요 없다는 듯 행동했다. 그들이 말하는 내용을 아르키메데스의 방법으로 엄밀함을 기할 수 있었지만 위와 같은 태도를 지닌 당시의 수학자들을 생각해 볼 때 엄밀화를 기대하기는 어려웠다. 1743년에 달랑베르의 다음 말은 18세기 전체와 19세기 초기의 연구에 그대로 적용된다. "지금까지 입구를 환한 등으로 밝히는 일보다는 건물을 더욱 크게 늘리는 일에, 그리고 기초를 강화하기보다는 건물을 높이 올리는 일에 더 많은 관심을 기울여 왔다."

19세기 중반이 되자 증명을 소홀히 하는 태도가 그 정점에 다다랐고 일부 수학자들은 완벽한 증명을 써넣을 수 있으면서도 그렇게 하지 않고 그대로 남겨 두는 경우가 적지 않았다. 훌륭한 대수 기하학자이자 행렬 대수학의 창시자인 케일리는 케일리-해밀턴 정리라는 이름으로 알려진 행렬에 관한 정리를 발표했다. 행렬은 사각형 형태로 수들을 나열한 것이며, 그중에서 정방 행렬은 각 행과 각 열마다

n개의 수가 들어 있는 행렬이다. 케일리는 자신의 정리가 2×2 행렬에서 성립한다고 증명하고 나서 1858년 논문에서 다음과 같이 말했다. "임의의 차수($n \times n$)의 일반적 경우에 대해서 공연히 힘을 들여 가며 형식 증명을 해 나갈 필요는 없다고 본다."

영국의 뛰어난 대수학자 제임스 조지프 실베스터(James Joseph Sylester, 1814~1897년)는 1876년부터 1884년까지 존스 홉킨스 대학교 교수로 있었다. 강의를 할 때 그는 다음과 같이 말하곤 했다. "증명하지는 않았지만 이것이 옳다는 것을 절대적으로 확신합니다." 그리고 이런 결과를 이용해 새로운 정리를 증명했다. 하지만 다음 시간 강의 끝 무렵에 그토록 확신했던 것이 실은 오류였음을 인정한 경우가 적지 않았다. 1889년에 그는 3×3 행렬에 관한 정리를 증명했는데 $n \times n$ 행렬에 대한 일반 증명은 고려해야 할 몇 가지 추가 사항만을 열거하는 것으로 논의를 마무리했다.

수학의 이러한 비논리적 발전 과정은 이미 아득한 옛날에 유클리드가 기하학과 자연수를 다루면서 훌륭한 논리적 체계를 구성해 낸 점에 비추어 볼 때 다음과 같은 의문을 가지게 한다. 왜 이후의 수학자들은 무리수, 음수, 복소수, 대수학, 미적분학과 해석학 등을 발전시켜 나가면서 그 논리적 기초를 세우는 일에 그토록 많은 노력을 기울였으나 별다른 성과를 거두지 못했던 것일까? 앞서 보았지만(5장 참조) 유클리드의 방식에 다소의 결함이 있기는 해도 유클리드 기하학과 자연수는 직관적으로 쉽게 이해할 수 있기 때문에 기본 원리나 공리를 찾아내어 이로부터 여타의 명제를 유도해 내기가 비교적 쉬웠다. 하지만 무리수, 음수, 복소수, 문자 연산, 그리고 미적분학의 개념들은 훨씬 더 이해하기가 어려웠다.

하지만 그것에는 좀 더 깊은 이유가 있다. 수학의 미묘한 성격 변화가 대가들을 통해 무의식적으로 이루어진 것이다. 1500년까지 수학에서 다루는 개념들은 경험에서 직접적으로 추상화한 것이었다. 이미 그 이전에 음수와 무리수가 등장했고, 이것을 인도인들과 아라비아 인들이 받아들였던 것은 사실이다. 그들의 업적을 폄하해서는 안 되겠지만, 그들은 증명에 관해서는 직관적이고 경험적인 수준에 만족하고 있었다. 그에 더하여 복소수, 문자 계수를 채택한 대수학, 도함수와 적분의 개념 등이 수학 영역으로 들어오자 이제 인간 정신의 깊은 내면에서 도출된 개념들이 수학을 지배하게 되었다. 특히 도함수, 즉 순간 변화율의 개념은 속도라는 물리 현상에 직관적 기반을 얼마간 두고 있기는 하지만 상당한 수준의 지적 산물이라고 할 수 있다. 이는 수학적 삼각형과는 질적인 면에서 전적으로 다르다. 그리고 무한히 큰 양(그리스 인들은 무한히 큰 양을 피하기 위해 무던히 애를 썼다.)과 무한히 작은 양(무한히 작은 양에 대해서도 그리스 인들은 솜씨 좋게 그 사용을 피했다.), 또 복소수 같은 경험에 직접적 근거를 두고 있지 않은 개념들이 도입되었고 이들을 이해하려는 노력은 별다른 성과를 거두지 못했다.

다시 말해서, 수학자들은 이제 현실 세계에서 아이디어를 끄집어내 추상화하는 것이 아니라 개념을 창출해 내는 역할을 맡게 된 것이다. 이전에는 아이디어의 근원을 감각으로 돌렸으나 이제는 지적 능력이 그 근원이라고 주장하기 시작했다. 이러한 개념들이 응용에서 더욱더 쓰임새가 넓다는 사실이 밝혀지자, 처음에는 마지못해 받아들였으나 어느덧 그 개념들을 적극적으로 수용하기에 이르렀다. 이렇게 이 개념들에 친숙해지면서 경멸감보다는 무비판적 태도와 자연스럽게 여기는 마음이 생겨났다. 1700년 이후로 자연이 아니라 인간 정신에서 솟아난 개념들이 수학 영역으로 들어왔고, 또 별다른 거부

감 없이 그 개념들이 받아들여졌다. 수학자들은 스스로 만들어 놓은 날개를 달고 단단한 대지로부터 유리된 위치에서 수학이라는 학문을 바라다보게 된 것이다.

그들은 새로운 개념들이 수학에 이런 변화를 가져왔다는 점을 인식하지 못했기 때문에 자명한 진리 이외에 공리적으로 정리된 바탕이 필요하다는 점도 제대로 인식하지 못했다. 물론 새로운 개념들은 기존의 것들에 비해 훨씬 더 미묘했기 때문에 적절한 공리적 바탕을 마련하기란 쉽지 않았다.

그렇다면 어떻게 수학자들은 어디로 향해야 할 것인지 알았는가? 또 어떻게 감히 증명을 강조하는 전통이 있는데도 규칙을 단순 적용해 얻은 결론의 타당성을 주장할 수 있었던 것일까? 물리학 문제의 해결이 목표를 설정해 주었다는 점은 의심할 여지가 없다. 일단 물리학 문제가 수학적으로 정식화되고 나자 새로운 기법이 생겨났고 또 새로운 방법론과 결과가 출현했다. 수학이 지니는 물리학적 의미가 수학의 발걸음을 인도해 주었으며 또 종종 추론 과정을 보완해 주기도 했다. 이러한 과정은 원칙적으로 기하학 정리의 증명과 전혀 다르지 않았다. 기하학 증명에서는 도형으로 그려 놓았을 때 명명백백한 사실들 가운데 일부는 설사 논리적으로 그것을 뒷받침해 주는 공리나 정리가 없더라도 자유로이 사용된다.

물리학적 사고 외에도 모든 새로운 수학 연구에서는 직관이 중요한 역할을 담당한다. 핵심적인 아이디어나 방법은 합리적 증명이 마련되기 오래전에 항상 직관을 통해 얻어진다. 위대한 수학자에게는 잘못된 방향을 감지해 내는 뛰어난 직관이 있다. 위대한 사람의 직관이 범용한 사람의 연역적 증명보다 더욱 훌륭하다.

물리학 문제의 정수를 수학적으로 형상화하고 나자 수학자들, 그

중에서도 특히 18세기 수학자들은 수식에 매료되었다. 그들은 수식을 너무도 매력적으로 여겼기 때문에 미분이나 적분처럼 기계적 연산으로 한 수식에서 다른 수식을 유도해 내는 것만으로도 충분히 가치가 있다고 여겼다. 기호에 대한 집착은 이성을 압도하고 마비시켰다. 수학사에서 18세기는 영웅 시대라고 불리는데, 그 이유는 수학자들이 부실한 논리적 무기를 가지고 위대한 과학적 성과를 이룩했기 때문이다.

하지만 여전히 의문은 남아 있다. 미적분학의 개념이 모호하고 또 증명도 적절하지 못하다는 점을 잘 알면서도 수학자들, 특히 18세기 수학자들이 자신의 연구 결과가 올바르다고 확신할 수 있었던 이유는 무엇일까? 부분적인 답은 많은 결과들이 경험과 관찰을 통해 그 타당성을 확인받았다는 사실에서 찾을 수 있다. 두드러진 사례가 바로 천문 예측이었다(2장 참조). 하지만 이것 말고도 다른 이유가 17세기와 18세기 수학자들에게 자신의 연구 결과가 옳다는 확신을 가져다주었다. 수학자들이, 하느님이 세상을 수학적으로 설계했으며 수학자는 그 설계를 발견하고 또 그것을 드러낸다고 확신했다는 것이 그것이다(2장 참조). 17세기와 18세기 수학자들이 발견한 것은 단편이었지만 그들은 그것이 진리의 일부분이라고 생각했다. 하느님이 만든 작품을 발견해 나가고 있으며 마침내 완전하고 영원한 진리의 약속된 땅에 다다르게 될 것이라는 믿음은 그들의 영혼을 지탱해 주고 용기를 북돋워 주었다. 풍성한 과학적 성과는 만나(하느님이 광야를 헤매던 이스라엘 민족에게 주었다는 천국의 음식—옮긴이)가 되어 그들의 정신에 자양분을 제공하고 생명을 유지시켜 주었다.

수학자들은 찾아내고자 했던 보물 중에서 일부만을 발견하는 데 그쳤으나 더욱 많은 것들이 발견되리라고 기대할 만한 충분한 근거가 있었다. 만일 응용 면에서는 정교함을 보이는 수학 법칙이 명료한 수학적 증명을 결여하고 있다면 과연 이를 적당히 얼버무릴 필요가 있을까? 과학적 증거에 따라 지지되는 종교적 확신이 허약한 논리, 또는 아예 존재하지 않는 논리적 힘을 대체했다. 그들에게는 하느님의 진리를 확보하려는 열망이 너무도 강했기 때문에 논리적 기초 없이 연구를 계속해 나갔다. 성공으로 인해 그들의 분별력은 약화되었다. 성공의 열매가 너무도 달콤해 이론과 엄밀성은 염두에 두지 않았다. 때때로 철학적이거나 신비주의적인 독단론이 등장하여 어려움의 실상을 가렸기 때문에 더 이상 눈에 띄지 않게 되었다. 논리 면에서 17세기, 18세기 그리고 19세기의 연구는 분명히 조악했다. 그러나 동시에 뛰어난 창조성도 보였다. 오류와 부정확함을 19세기 후반 및 20세기 사람들이 다소 부당하게 강조한 것은 그들의 업적을 폄하하려는 의도가 있었기 때문이다.

17세기와 18세기 수학은 수많은 거래를 하고 투자나 투기 활동을 하지만 잘못된 경영 때문에 지급 불능 상태에 빠진 대기업과 비슷하다. 물론, 고객——수학이라는 상품을 구매하고 사용하는 과학자——과 투자자——수학이라는 주식에 주저하지 않고 자금을 지원하는 일반 대중——는 재정 상태의 실상을 알지 못했다.

여기서 우리는 매우 역설적인 상황을 보게 된다. 수학은 엄청나게 몸집이 커졌지만 그 논리적 기반이 그토록 취약했던 적은 없었다. 그러나 자연의 행동 방식을 표현해 내고 예측하는 데에서 거둔 성공은 너무도 눈부셨고 또 그리스 인들의 업적을 능가하는 것이었기에 18세기의 모든 지식인들은 자연이 수학적으로 설계되었다고 선언했으며 수학이야말로 인간 이성의 위대하고 숭고한 산물이라고 찬양했다. 『찬미가』에서 조지프 애디슨이 천체를 두고 말했듯이 그들은 이성의 귀에 찬미가를 소리 높여 불렀다.

지금 되돌아보면 수학적 논증에 대한 이러한 찬양은 몹시 이상해 보인다. 정확히 이야기하자면 당시의 수학적 논증은 짜깁기하듯 어설프게 엮어 놓은 것이었다. 복소수, 음수 및 복소수의 로그, 미적분학의 논리적 기초, 급수의 합 등을 비롯해 여기서 기술하지 않은 여러 문제들의 의미와 속성에 대한 논쟁이 격화된 18세기는 혼란의 시대라고 명명해야 더욱 적합할 듯 보인다. 1800년까지 수학자들은 논리적 정당화보다는 결과를 신뢰했다. 증명의 관점에서 보자면 결과란 믿음에 불과한 것이었다. 앞으로 보겠지만 이성의 시대라는 명명이 정당성을 갖는 것은 19세기 후반기의 연구 성과 덕분이었다(8장 참조).

대다수 수학자들은 증명에 그다지 관심을 기울이지 않은 채 혁신을 추구하는 것에 만족했지만 일부 지도적 수학자들은 수학의 비논리적 상황을 우려하기 시작했다. 어린 시절부터 두각을 나타냈던 뛰어난 노르웨이 수학자 닐스 헨리크 아벨(Niels Henrick Abel, 1802~1829년)은 1826년 크리스토퍼 한스틴 교수에게 보낸 편지에서 해석학이 처해 있는 절망적 상황을 강한 어조로 이야기하고 있다. 그는 다음과 같이 불만을 토로했다.

해석학에서 우리는 엄청난 모호함을 발견하게 됩니다. 나아가야 할 방향이나 체계가 전혀 없는데도 많은 사람들이 해석학을 공부하고 있다는 사실이 매우 이상스럽게 여겨집니다. 더욱 심각한 점은 지금까지 엄격하게 다루어진 적이 한 번도 없었다는 사실입니다. 논리적으로 타당한 방식을 통해 증명된 정리는 고등 해석학에서는 거의 없는 형편입니다. 특수한 경우에서 일반적 명제를 주장하는 터무니없는 방식을 도처에서 찾아볼 수 있는데, 이렇게 하고도 이른바 역설이 거의 생겨나지 않았다는 점은 극히 이례적이라 할 것입니다.

특히 발산 급수에 대해서 아벨은 1826년 1월에 스승이었던 베른트 홀름뵈(Berndt Holmböe)에게 보낸 편지에서 다음과 같이 썼다.

발산 급수는 악마의 작품이며 이것을 근거로 여하한 주장을 펴는 것은 수치스러운 일입니다. 발산 급수를 사용하면 어떤 결론이든 원하는 대로 얻어 낼 수 있습니다. 바로 그런 이유 때문에 발산 급수에서 그토록 많은 오류와 역설이 생겨나는 것입니다. 저는 급수에 상당히 세심한 주의를 기울이고 있는데 그 이유는 기하 급수를 제외하고 그 합이 엄밀한 방식으로 결정된 무한 급수는 단 하나도 없기 때문입니다. 다시 말씀드리자면 수학에서 가장 중요한 것들이 가장 논리적 기초가 취약하다는 것입니다. 이러한 사정에도 불구하고 대다수의 결과들이 올바르다는 사실은 몹시 놀랍습니다. 저는 그 이유를 찾고자 애를 쓰고 있습니다. 이는 매우 흥미로운 문제입니다.

사람들 가운데는 슬픔을 술로 달래는 것으로 만족하지 못하는 사람들이 있다. 마찬가지로 수학자들 가운데는 물리학적 성공에 도취되는 것으로는 수학의 비논리적 상태에 대한 우려를 달래기 어려운 사람들이 있었다. 하느님의 계획을 발견해 내고 있다는 믿음이 얼마간 위안을 주었지만 18세기 후반 들어 그러한 믿음을 포기하면서 그 위안도 소용없게 되었다. 그런 지지와 성원이 사라지자 그들은 자신들의 성과를 재검토해야 할 필요성을 느꼈다. 이렇게 해서 그들은 모호함, 증명의 부재, 기존 증명의 부적절함, 모순, 그리고 혼란을 보았다. 그들은 수학이 그동안 얻고 있던 명성과는 다르게 이성의 모범

이 되지는 못한다는 사실을 깨달았다. 이성의 자리에는 직관, 기하학적 도형, 물리학적 논증, 동등 수식 불변의 원리, 형이상학에 의존한 정당화 등이 자리를 차지하고 있었다.

논리적 구성이라는 이상은 과거 그리스 인들에 의해 명확하게 설정되고 표명되었다. 산술과 대수학, 그리고 해석학에서 그런 이상을 성취하고자 했던 소수의 수학자들은 최소한 중요한 분야, 즉 유클리드 기하학에서 그 목표를 이미 이루었다는 믿음으로 크게 고무되었다. 그들은 이미 누군가가 신들의 산 올림포스를 올랐다면 다른 사람들도 다시 한 번 오를 수 있다고 생각했다. 하지만 그들은 현존하는 모든 수학 분야에 엄밀한 기초를 마련하는 일이 1850년대 당시의 어떤 수학자가 상상할 수 있는 것보다 훨씬 더 어렵고 미묘한 과제라는 사실을 미처 예견하지 못했다. 그리고 또 다른 어려움이 기다리고 있다는 사실도 미처 예견하지 못했다.

8장

비논리적 발전: 낙원의 문턱에 서다

이제 완벽한 엄밀성이 이루어졌다고 말할 수 있다.

앙리 푸앵카레

비유클리드 기하학이 가능함을 보임으로써 수학의 확실성을 뒤흔든 베른하르트 리만.

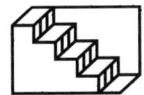

수학에서 이른바 비판 운동을 시작한 사람들은 수학자들이 지난 2,000여 년 동안 직관, 그럴싸한 주장, 귀납적 추론, 기호들의 기계적 조작 등으로 점철된 광야 속에서 방황해 왔음을 깨달았다. 그들은 수학에서 논리적 기초가 전혀 없는 곳에는 적절한 논리적 기초를 세우고, 모호한 개념과 모순을 제거하고, 유클리드 기하학처럼 논리적 기초가 이미 마련되어 있는 곳은 그 기초를 더욱 공고히 하자고 제안했다. 이러한 계획은 1810년대에 시작되었다. 비유클리드 기하학 연구 결과가 널리 알려지면서 이 운동은 확대되고 가속화되었다. 비유클리드 기하학으로 인해 유클리드 기하학의 결함이 드러났기 때문이다. 엄밀한 증명의 대명사이자 전범으로 여겨지던 유클리드 기하학의 구조도 철저히 검토해야 할 필요가 있음이 명백해졌다. 얼마 후(1843년), 사원수가 탄생하면서 실수 및 복소수에 대한 확신은 도전을 받게 되었다. 물론, 일부 수학자들은 여전히 독단을 버리지 않은 채 어쭙지 않은 증명을 계속해 나갔고, 또 옳은 결과를 얻는 경우에는 자신들의 증명과 저서에 담아 놓은 내용이 타당하다고 스스로를 기만했다.

비판적 사고를 지닌 사람들은 수학이야말로 물질 세계의 진리를 담아낸다는 주장을 이제는 버려야 한다고 인정하기는 했지만 그래도 그들은 천체 운동 및 지표 운동에 관한 역학, 음향학, 유체역학, 탄성물리학, 광학, 전기학, 자기학, 그리고 여러 공학 분야에서 이룬 성과와 믿을 수 없을 정도의 정밀한 예측을 높이 평가했다. 수학이 패배를 모르는 진리의 깃발 아래에서 진리의 보호를 받으며 싸워 오기는 했지만 분명 그런 눈부신 전공을 세울 수 있었던 데에는 본질적이고 어쩌면 신비스러운 힘이 관여했기 때문일 것이라고 생각했다. 수학이 왜 이렇듯 눈부시게 자연 연구에 응용될 수 있는지 설명할 수는 없었지만, 어느 누구도 그 뛰어난 응용력을 부정할 수 없었으며 또 그토록 강력한 도구를 감히 내버리지 못했다. 이런 힘이 논리적 난점이나 모순 때문에 약화되어서는 곤란했다. 더구나 수학자들은 논리적 타당성을 경시했다는 점에서 스스로 세워 놓은 원칙을 어겨 왔지만 그렇다고 하더라도 실용성이라는 기준으로 수학을 판단하도록 놓아두고 싶지는 않았다. 그들의 위신은 크게 추락할 위기에 직면해 있었다. 그들은 자신들의 숭고한 정신 활동과 땅을 파는 기술자나 장인의 활동을 구별해 줄 근거를 마련해야 했다.

그래서 일부 수학자들은 급하게 걸어와 희미한 흔적만을 남은 길을 되짚어 보고 그곳에 탄탄대로를 뚫고자 했다. 그들은 수학의 기초를 건설하기로 했고 또 일부 영역에서는 기초를 다시 세우기로 작정했다.

질서 정연한 수학 체계를 갖춰 놓기 위해서는 매우 강력한 수단이 필요했다. 분명코 수학의 토대로 삼을 만큼 견고한 땅이 그 어디에도 없었다. 견고한 진리의 땅이라 여겼던 곳이 실상은 그렇지 않다는 사실을 깨달았던 것이다. 그러나 다른 종류의 기초를 건설함으로써 안정된 구조를 확보할 수는 있을 듯 보였다. 그렇게 하려면 완벽하고 치밀하게 표현된 공리가 필요하고 또 직관적으로는 아무리 분명해 보이는 명제라고 해도 반드시 명확하게 증명해야 했다. 또한 진리에 근거를 두는 대신에 논리적 합치, 즉 무모순성을 확보해야 했다. 공리와 정리가 완벽하게 서로 의존하도록 함으로써 수학이라는 전체 구조물은 견고함을 얻게 될 터였다. 땅 위에 어떻게 놓여 있는지와는 상관없이, 초고층 빌딩이 바람에 흔들리지만 맨 아래부터 꼭대기까지 그대로 견고하게 유지되는 것처럼 수학의 구조 역시 견고함을 잃게 될 것이었다.

수학자들은 미적분학의 논리를 세우는 것부터 시작했다. 미적분학은 실수 체계와 대수학을 전제로 하여 출발하고 있는데, 이 두 가지 모두 논리적 기초를 결여하고 있었다. 따라서 이런 불합리한 모습은 다음과 같은 상황에 비유할 수 있었다. 50층짜리 사무용 빌딩이 입주자들과 가구, 그리고 갖가지 설비로 가득 차자 소유주는 빌딩의 안전에 문제가 있다고 판단해 건물을 개축하기로 했다. 그런데 그는 20층에서부터 개축하려고 한다.

하지만 그러한 출발점을 선정한 데에는 이유가 있었다. 앞서 언급했지만 1800년에는 이미 다양한 여러 종류의 수에 충분히 익숙해져 있었기 때문에 논리적 기반이 없는데도 그 수들이 지니는 속성의 타당성에 대해서 사람들은 별다른 우려를 보이지 않았다. 유클리드 기하학의 엄밀성에 대해서도 의문이 제기되었지만 응용 면에서는 별다른 난점이 발견되지 않았다. 사실, 유클리드 기하학은 2,000년 동안이나 유용하게 활용되었기 때문에 논리가 다소 허술해도 충분히 용인되었다. 그러나 해석학의 원류인 미적분학은 분야도 광대한 데다가 엉성한 증명, 역설, 그리고 모순까지 등장했을 뿐만 아니라 모든 결과가 실용적 가치를 지녔던 것도 아니었다.

19세기 초 세 사람, 즉 신부이자 철학자이며 동시에 수학자였던 베른하르트 볼차노(Bernhard Bolzano, 1781~1848년), 아벨, 그리고 코시는 미적분학의 엄밀화 작업에 착수했다. 불행히도 볼차노는 프라하에서 연구 활동을 했기 때문에 수십 년 동안 그의 저작은 세상에 알려지지 않았다. 또 아벨은 27세로 요절했기 때문에 큰 진전을 이루지 못했다. 하지만 코시는 당시 수학 연구의 중심지에서 연구 활동을 했으며, 1820년에는 이미 위대한 수학자로 인정받았다. 따라서 코시는 많은 사람들의 주목을 끌고 또 영향력을 발휘하면서 수학 엄밀화 운동을 시작할 수 있었다.

코시는 수를 기반으로 하여 미적분학의 논리를 세우고자 했다. 그런데 왜 하필 수를 기반으로 삼았을까? 영국인들은 뉴턴을 좇아 기하학을 사용하여 미적분학을 엄밀화하려고 했지만 그 노력은 실패로 돌아갔다. 더구나 대륙에서는 라이프니츠를 따라 해석학적 방법을 사용했다. 또한 비유클리드 기하학이 1820년까지는 널리 알려지지 않았지만 그래도 수학자들이 기하학에 의심의 눈초리를 보낼 정도로는 알려져 있었다. 하지만 수의 영역에서는 1843년 해밀턴이 사원수를 만들어 낼 때까지 수학자들에게 불편함을 안겨 줄 만한 일은 일어나지 않았으며, 또 사원수의 출현도 실수 체계의 논리적 타당성에 타격을 주지는 않았다.

코시는 현명하게도 극한 개념의 기초 위에 미적분학을 세우고자 했다. 수학에서 자주 볼 수 있는 일이지만 이미 이 방식을 제시한 사람들은 여럿 있었다. 17세기 인물로는 존 월리스가 『무한소 산술』(1655년)에서, 스코틀랜드 출신의 제임스 그레고리가 『원과 쌍곡선의 진정한 구적법』에서, 그리고 18세기 인물로는 달랑베르가 극한 개념이야말로 적절한 출발점이라고 주장했다. 이 중에서 달랑베르의 생각이 가장 중요하다. 그것은 그가 집필하던 당시에 뉴턴, 라이프니츠

그리고 오일러의 저작을 접할 수 있었기 때문이다. 『백과전서』 (1751~1765년)의 '극한' 항목에서 달랑베르는 다음과 같이 명확하게 극한 개념을 설명하고 있다.

어느 한 양이 다른 양의 극한이라 함은 전자가 후자를 넘어서지는 못하더라도 임의로 작은 양을 택했을 때 그보다 더 가까이 전자가 후자에 근접할 수 있을 경우를 말한다.
극한 이론은 미분학의 참된 형이상학의 기초가 된다.

달랑베르는 『백과전서』에서 '미분'이란 항목도 집필했는데, 여기에서 배로, 뉴턴, 라이프니츠, 롤 등을 비롯한 사람들의 연구 업적에 대해 논했으며, 또 미분(無限小)을 무한히 작은 양, 즉 주어진 어떤 양보다 작은 양이라고 말했다. 그러나 그는 당시 통용되고 있는 의미에 따라 그러한 낱말들을 사용하고 있다고 설명했다. 그는 사람들의 용어 사용이 매우 모호하다고 말했다. 극한이야말로 적합한 용어이자 적합한 접근 방식이라고 주장했다. 그는 뉴턴이 속도를 사용하여 도함수를 설명한 것을 비판했는데, 그것은 순간 속도라는 개념이 명확하지 못하고 또 수학과는 관계가 없는 개념, 즉 운동을 도입했기 때문이었다. 자신의 저서 『잡록』(1767년)에서 달랑베르는 "양은 유(有)이거나 무(無)이다. 유라면 사라지지 않은 것이고, 무라면 이미 완전히 사라진 것이다."라고 되풀이해 말했다. 그러면서 그는 다시금 극한 개념을 제안했다. 하지만 그는 미적분학에 극한 개념을 적용하는 작업을 실행에 옮기지 않았고, 당시의 사람들도 달랑베르의 제안을 바르게 평가하지 못했다.

극한에 대한 아이디어는 카르노의 『무한소 계산법의 형이상학에 관한 성찰』, 1786년 베를린 학술원 상을 수상한 륄리에의 논문, 그리고 상을 수상하지는 못했지만 최소한 주목할 만한 가치가 있는 카르노의 논문에 이미 등장했다. 분명히 코시는 이런 저작들의 영향을 받았을 것이다. 어쨌든 코시는 그의 유명한 저작『대수적 해석학 강좌』(1821년) 서문에서 분명하게 다음과 같이 말하고 있다. "방법론에서 나는 수학에서 요구되는 완전한 엄밀성을 충족시키고자 노력했다."

제목에 '대수적'이라는 말이 들어가 있었지만 코시는 '대수학의 일반성'에 의지하는 당시의 연구 경향에 반대했다. 코시가 지적하는 바는 이렇다. 즉 당시 사람들은 실수에서 성립하는 것은 복소수에서도 역시 성립하고, 수렴 급수에서 성립하는 것은 발산 급수에서도 마찬가지로 성립하며, 또 유한 양에서 옳은 내용이 무한소에서도 옳다고 가정하고 있다는 것이다. 따라서 코시는 미적분학의 기본 개념들, 즉 함수, 극한, 연속, 도함수, 적분 등을 세심하게 정의했고 또 그 성질들을 신중하게 확립해 나갔다. 또 무한 급수의 합을 정의한 다음, 그 정의에 따라 합이 존재하는 무한 급수와 합이 존재하지 않는 무한 급수를 구별했다. 즉 수렴 급수와 발산 급수로 나눈 것이다. 그리고 후자는 연구 대상에서 배제했다.* 1826년 10월에 아벨은 스승이었던 횔름뵈에게 보낸 편지에서 "코시만이 유일하게 수학을 어떻게 끌고 나가야 할지 제대로 알고 있는 사람입니다."라고 썼다. 아벨은 코시가 어리석고 고집불통이기는 하지만 칭찬할 만한 것은 칭찬해 주어야 한다고 덧붙였다.

1829년 『대수적 해석학 강좌』 개정판에서 코시는 해석학의 엄밀화에 착수하여 마침내 그 작업을 완성했다고 선언했지만 그가 다룬 개

---

* 코시가 만들어 낸 전문적인 정의나 정리에 대해 살펴볼 필요는 없다. 이 책의 목적으로 보아, 코시가 적절한 엄밀화 작업을 시작했다는 사실만이 중요하다.

념들은 매우 미묘한 것들이라 상당히 많은 실수를 저질렀다. 함수, 극한, 연속, 도함수 등의 정의는 본질적으로 옳았지만 그가 사용한 용어는 모호하고 부정확했다. 동시대 사람들과 마찬가지로 그 역시 연속이면 미분 가능이라고 믿었다(7장 참조). 따라서 그의 정리 가운데 상당수가 연속 가정만으로도 미분 가능하다는 논리에 근거를 두고 있었다. 또 자신의 실수를 깨달을 여지가 충분히 있었는데도 고집을 꺾지 않았다. 코시는 정적분을 세심하게 정의했고 그런 다음에 연속 함수의 정적분 값이 존재함을 보였다. 하지만 코시의 증명에는 오류가 있었다(균등 연속이어야 한다는 점을 깨닫지 못했다.). 수렴 급수와 발산 급수를 명확히 구별하기는 했지만 수렴 급수에 관한 주장과 증명 가운데는 잘못된 것들이 상당수 있었다. 예컨대, 연속 함수에서 나온 무한 급수의 무한 합은 연속이라고 주장했다(균등 수렴을 가정하지 않으면 그릇된 주장이다.). 또 무한 급수를 항별로 적분하여 얻은 급수가 본래 급수에 의해 정의되는 함수의 적분이라고 주장했다. 여기서도 균등 수렴이 필요하다는 사실을 깨닫지 못했다. 현재 코시 조건으로 알려진 수열의 수렴 판정법을 내놓았지만, 이 조건이 충분 조건이라는 점을 증명해 내지 못했다. 증명을 하려면 코시를 비롯한 당시 사람들은 미처 알지 못하고 있던 실수 체계에 관한 지식이 필요했기 때문이었다. 또 그는 만약에 2변수 함수가 한 점에서 각 변수별로 극한을 가지면 두 변수가 동시에 그 점으로 접근할 때에도 함수는 같은 극한으로 접근한다고 믿었다.

　해석학의 엄밀화에 관한 연구는 처음부터 상당한 반향을 불러일으켰다. 코시가 파리 과학학술원 회의에서 급수 수렴에 대한 자신의 이론을 발표하고 난 직후, 라플라스는 급히 집으로 뛰어가 자신의 책 『천체 역학』에 등장하는 급수를 검토할 때까지 두문불출했다. 다행히도 그는 모든 급수가 수렴한다는 사실을 확인했다.

역설적이게도 코시는 엄밀성에 관심을 기울였지만 자신은 그에 구애받지 않았다. 엄밀성 확립을 목표로 한 책을 세 권(1821, 1823, 1829년)이나 썼지만, 엄밀성을 무시하는 연구 논문을 계속해서 써 나갔다. 연속이 무엇인지 정의했지만 자신이 사용하는 함수들의 연속성을 증명한 경우는 한 차례도 없었다. 급수 및 이상 적분의 수렴 여부가 중요하다고 강조했지만, 마치 수렴에는 아무런 문제가 없는 것처럼 급수, 푸리에 변환, 이상 적분 등을 다루었다. 도함수를 극한으로 정의했지만 라그랑주처럼 형식적 접근 방식(6장 참조)을 채택했다. 그는 $1-1+1-1+\cdots$과 같은 준수렴 급수(진동 급수)가 수렴한다고 주장했으며, 조건부 수렴 급수(양수 항과 음수 항이 모두 나오는 급수 가운데 특수한 급수)의 항을 재배열해도 무방하다고 생각했다. 그 밖에도 그는 여러 오류를 범했다. 자신의 책에서 제시한 기준에 따라 참임을 증명할 수 없었으면서도 스스로는 올바른 명제라고 확신했다.

해석학의 엄밀화에 기여한 수많은 업적들은 코시의 연구 성과에서 영감을 받았다. 하지만 주된 공은 또 다른 위대한 수학자 카를 바이어슈트라스(Karl Weierstrass, 1815~1897년)에게 있다. 그의 작업으로 해석학 기초의 엄밀화 작업은 완료되었다. 그는 1858~1859년 베를린 대학교 강의에서 해석학 기초에 대한 연구 결과를 발표하기 시작했다. 바이어슈트라스의 연구 결과에 대한 가장 오래된 기록은 1861년 봄 학기에 H. A. 슈바르츠가 작성한 강의 노트이다. 해석학은 물리적 운동, 직관적 이해, 그리고 당시에는 의혹의 눈초리를 받던 기하학적 개념 등에 의존했으나 바이어슈트라스의 성과 덕택에 이러한 의존 상태에서 벗어나게 되었다.

바이어슈트라스는 1861년에 연속이 미분 가능성을 함의하지 않는다는 점을 명확하게 밝혀냈다. 바이어슈트라스가 모든 실수 값에서 연속이지만 어느 점에서도 미분할 수 없는 함수의 예를 1872년 베를린 학술원에서 발표하자(이 결과는 1875년 폴 뒤 부아레몽에 의해 출간되었다.), 온 세계는 충격에 휩싸였다(예전에 이미 그러한 예를 찾아낸 사람들이 있었다. 1830년 볼차노가 기하학적 형태로 그러한 예를 만들어 냈지만 연구 결과를 출간하지 않았다. 또 샤를 셀레리에도 1830년에 그러한 예를 찾아냈으나 1890년까지 출간하지 않았다. 따라서 그들의 연구 내용은 사람들에게 아무런 영향을 끼치지 않았다.).

어떤 점에서 바이어슈트라스의 예가 늦은 시기에 나온 것이 미적분학의 발전에는 다행스러운 일이었다. 1905년 에밀 피카르(Émile Picard, 1856~1941년)가 말했듯이, "연속 함수가 반드시 도함수를 갖지는 않는다는 사실을 만약에 뉴턴과 라이프니츠가 알았더라면 미분학은 절대 태어나지 않았을 터"이기 때문이다. 엄밀한 사고는 창조 행위에 장애가 될 수 있다.

코시뿐만 아니라 바이어슈트라스까지도 해석학 엄밀화 작업을 시작하면서 실수 및 복소수의 성질을 당연한 사실로 받아들였다. 실수 및 복소수에 대한 논리적 기초를 제공하는 첫 단계는 사원수를 만든 해밀턴에 의해 1837년에 이루어졌다. 해밀턴은 평면 위의 벡터를 나타내는 데 복소수가 사용될 수 있음을 알고 있었고, 그래서 공간 벡터를 표시할 수 있는 3차원 수를 찾고자 했다(4장 참조). 따라서 그는 일반화하려는 목적을 갖고 복소수의 특성을 살펴보았다. 논문 「대수적 쌍: 시간에 관한 예비 시론」에 실려 있는 그의 연구 결과 가운데 하나는 복소수의 논리적 기초를 제공해 주고 있다. 하지만 실수들의 잘 알려진 성질들을 가정하고 있었다. 복소수 ($a+b\sqrt{-1}$) 대신에 해밀턴은 실수 순서쌍 (a, b)를 도입했고, $a+b\sqrt{-1}$의 형태로 복소수에 대해 연산을 가했을 때와 동일한 결과를 얻도록 이 순서쌍들의 연산을 정의했다. 해밀턴이 선대의 수학자들과 마찬가지로 $\sqrt{-1}$이나 음수를 받아들일 수 없었기 때문에 복소수에 관한 새로운 이론을 찾고자 했던 점은 주목할 만하다.

논문 뒷부분에서 그는 다음과 같이 말하고 있다.

> 여기에 쌍 이론을 내놓은 이유는 복소수의 숨은 의미를 드러내고, 또 이와 같은 주목할 만한 예를 통해 일반의 견해로는 단지 기호에 불과하고 또 해석을 가할 여지가 전혀 없는 듯 여겨지는 것도 사고의 세계로 들어와서 그 실체와 의미를 획득하게 된다는 점을 보여 주기 위해서이다.

그는 같은 논문에서 다시 이렇게 말하고 있다.

> 단일 수 이론에서 $\sqrt{-1}$과 같은 기호는 어불성설(해밀턴은 어불성설이란 말 *absurd*를 이탤릭으로 강조해 놓았다.)이며 불가능한 제곱근이나 허수라고 불린다. 그러나 쌍 이론에서는 $\sqrt{-1}$이 의미를 지니며 가능한 제곱근이나 실수 쌍으로 불린다. 즉 $(-1, 0)$의 주 제곱근이 된다. 따라서 쌍 이론에서는 기호 $\sqrt{-1}$을 채택해도 무방하다. 그리고 임의의 쌍 (a_1, a_2)는 다음과 같이 써도 좋다.
>
> $$(a_1, a_2) = a_1 + a_2\sqrt{-1}$$
>
> 여기서 기호 $\sqrt{-1}$은 부속 단위원 또는 순수 부속 쌍 $(0, 1)$을 나타낸다.

따라서 해밀턴은 스스로 "형이상학적 장애물"이라고 이름 붙인 것을 복소수 체계에서 제거해 냈다.

해밀턴은 쌍 이론에서 실수의 성질을 미리 상정해 놓았다. 그는 1837년 논문에서 실수 체계의 논리적 전개를 시도했다. 시간의 개념으로부터 자연수의 성질을 도출해 냈고, 이어서 그 전개 방식을 유리수(양의 정수와 음의 정수 그리고 분수)와 무리수로 확장했다. 그러나 전개 방식은 논리적으로 문제가 있었으며, 특히 무리수를 다룰 때 큰 문제점을 드러냈다. 그의 연구 결과는 불명확했을 뿐만 아니라 부정확하기도 했다. 그의 연구는 수학계에서 외면을 당했다. 실수와 복소수의 기초에 대한 그의 관심은 제한적이었다. 그의 목표는 사원수였다. 따라서 당시의 대다수 사람들과 마찬가지로 해석학을 연구할 때 실수 및 복소수의 성질을 주저하지 않고 자유롭게 사용했다.

바이어슈트라스는 실수 체계를 더 깊이 이해하지 않고서는 해석학의 엄밀화가 불가능하다는 사실을 최초로 깨달았다. 그는 유리수의 잘 알려진 성질을 기반으로 하여 최초로 무리수를 정의하고 그 성질들을 유도해 냈다. 그는 1840년대에 연구에 착수했지만 당시에는 연구 성과를 발표하지 않았다. 연구 결과는 1860년대 베를린 대학교에서 행한 강의를 통해 알려졌다.

그 외에 몇몇 사람들, 특히 리하르트 데데킨트(Richard Dedekind, 1831~1916년)와 칸토어 등은 유리수의 여러 성질을 당연한 것으로 받아들인 연후에 무리수를 올바르게 정의했고 또 그 성질들을 확립했다. 그들의 연구 결과는 1870년대에 출간되었다. 데데킨트는 바이어슈트라스와 마찬가지로 미적분학을 가르치면서 명확한 무리수 이론이 필요하다는 사실을 깨달았다. 그는 『연속과 무리수』(1872년)에서 "1858년 이후로 산술에 엄밀한 기초가 결여되어 있음을 더욱 예민하게 느꼈다."라고 썼다. 칸토어는 해석학 정리들에 관해 연구하면서 무리수 이론의 필요성을 인식했다(9장 참조). 이렇게 해서 바이어슈트라스, 데데킨트, 칸토어의 업적에 힘입어 마침내 수학은 $\sqrt{2}\sqrt{3} = \sqrt{6}$을 증명할 수 있게 되었다.

유리수의 논리적 기반은 여전히 확립되어 있지 않았다. 데데킨트는 이 점을 인식하고 『수의 본질과 의미』(1888년)에서 유리수에 대한 공리적 접근 방식에서 사용해야 할 기본 성질들을 기술했다. 주세페 페아노(Giusepe Peano, 1858~1932년)는 『산술의 원리』(1889년)에서 데데킨트의 아이디어와 헤르만 귄터 그라스만(Hermann Günter Grassmann)의 『산술 교과서』에 나오는 아이디어를 활용하여 자연수에 관한 공리로부터 유리수를 이끌어 내는 데 성공했다. 따라서 실수 및 복소수 체계의 논리적 구조가 마련되었다.

수 체계의 기초 확립은 대수학 기초 문제 해결이라는 부수적 결과를 낳았다. 문자들을 마치 양의 정수처럼 자유로이 조작했을 때 문자들에 실수나 복소수를 대입해도 여전히 그 결과가 성립되는 이유는 무엇일까? 그것은 바로 다른 유형의 수들도 양의 정수와 동일한 형식적 성질들을 지니고 있기 때문이다. 간단하게 설명하자면 $2 \cdot 3 = 3 \cdot 2$도 성립하지만 $\sqrt{2}\sqrt{3} = \sqrt{3}\sqrt{2}$도 성립하기 때문에 a와 b가 양의 정수를 나타내든 아니면 무리수를 나타내든 상관없이 ab를 ba로 교환해도 무방하다.

이러한 일련의 사건들은 주목할 만하다. 자연수와 분수에서 출발해 무리수, 복소수, 대수, 그리고 미적분학으로 나아가는 대신에 수학자들은 그 반대의 순서로 거슬러 올라갔다. 수학자들은 미루어 둘 수 있는 것은 명확하게 이해된 것이라며 최대한 미루어 두고 단지 논리적 기초를 확립해야 할 필요성이 절실할 때에만 부득이하게 그 문제에 손을 대듯 행동했다. 어쨌든 이집트 인들과 바빌로니아 인들이 자연수와 분수 그리고 무리수를 연구하기 시작하고 6,000년이 지나서야 수학자들은 마침내 2 + 2 = 4를 증명할 수 있게 되었다.

19세기 후반부에 또 다른 중요한 문제가 해결되었다. 가우스가 자신이 만든 비유클리드 기하학에 논리적 모순이 없다고 확신을 표명한 때부터(가우스는 자신의 기하학이 물질 세계의 기하학이 될 수 있기 때문에 논리적 모순이 없다고 확신했을 것이다.) 1870년 이 분야에 대한 가우스의 연구 결과와 리만의 사강사 자격 검증 강의의 내용이 출간되기까지 대략 60년 동안, 대다수 수학자들은 비유클리드 기하학을 진지하게 받아들이지 않았다(4장 참조). 그들로서는 너무 파격적인 내용이라 받아들이기가 어려웠다. 그들은 언젠가는 모든 비유클리드 기하학에서 모순이 발견되어 폐기되리라고 믿었고 또 그렇게 희망했다.

다행히도 여러 비유클리드 기하학들의 무모순성 문제는 결국 해명되기에 이른다. 그 해결 방법은 상세하게 살펴볼 가치가 있는데, 특히 이후에 발생한 일들에 비추어 살펴보면 더욱더 그러하다. 여러 비유클리드 기하학 가운데 하나인 이중타원기하학은 리만의 1854년 논문에서 제시된 것으로(4장 참조) 유클리드 기하학과는 본질적인 차이를 보인다. 이중타원기하학에서는 평행한 직선이 존재하지 않는다. 두 직선은 항상 두 점에서 만나며 삼각형 내각의 합은 180도보다 크다. 그리고 그 밖에도 많은 정리들이 유클리드 기하학의 정리들과는 다르다. 벨트라미는 평면 이중타원기하학의 직선은 구면 위의 대원으로 해석할 수 있다고 지적했다(대원이란 지구의 경선처럼 그 중심이 구의 중심과 일치하는 원을 가리킨다.).

이러한 해석은 용납하기 어려운 듯 보인다. 비유클리드 기하학을 만든 사람들도 직선이라고 할 때 유클리드 기하학의 직선과 같이 똑바른 선을 의미했다. 하지만 앞서 보았지만(5장) 유클리드의 직선 정의나 여러 개념들의 정의는 군더더기에 불과했다. 아리스토텔레스가 강조했지만 어떤 수학 분야에서든 무정의 술어가 반드시 필요하다. 그리고 직선에 대해서는 오직 공리의 만족만을 요구할 수 있다. 그런데 구면 위의 대원은 이중타원기하학의 공리를 만족한다. 이중타원기하학의 공리가 구면 위의 대원들에 적용된다면 이중타원기하학의 모든 정리 역시 적용되어야 한다. 정리란 공리의 논리적 귀결이기 때문이다.

직선을 대원으로 해석하고 나면 이중타원기하학의 무모순성은 다음과 같이 확립된다. 만일 이중타원기하학에 상호 모순된 정리가 있다면 구면 기하학에서도 역시 상호 모순된 정리가 존재할 것이다. 그런데 구면은 유클리드 기하학의 일부이다. 따라서 만일 유클리드 기하학에 모순이 없다면 이중타원기하학 역시 그러할 수밖에 없다.

쌍곡기하학(4장 참조)의 무모순성은 그렇게 간단히 해결되지 않는다. 하지만 구면을 모델로 사용하여 이중타원 기하학의 무모순성을 확립했던 것처럼 쌍곡기하학의 무모순성 문제 역시 유클리드 기하학의 성질을 이용하여 해결되었다. 여기서 그 내용을 살펴볼 필요는 없다. 그러나 쌍곡기하학이 무모순성을 지닌다는 사실이 유클리드의 평행선 공리가 다른 유클리드 공리들과 독립적이라는 것을 말해 준다는 점을 알아두어야 한다. 만일 유클리드 평행선 공리가 다른 공리들로부터 독립적이지 않다면, 즉 다른 공리들에서 연역되어 나올 수 있다면 평행선 공리는 쌍곡기하학에서 정리가 될 수밖에 없다. 왜냐하면 평행선 공리를 제외하면 나머지 공리들은 쌍곡기하학이나 유클리드 기하학이나 모두 동일하기 때문이다. 그러나 평행선에 관한 이 유클리드 '정리'는 쌍곡기하학의 평행선 공리와 모순이 되고 그래서 쌍곡기하학은 무모순성을 만족하지 못한다는 뜻이 된다. 유클리드 평행선 공리를 다른 공리들로부터 연역해 내려는 오랜 노력은 이렇게 해서 실패로 막을 내렸다.

애초에 비유클리드 기하학에서 직선은 보통의 뜻을 지닌 것으로 사용되었다. 그러나 의도했던 것과는 상당히 다른 대상에 적용될 수 있다는 놀라운 사실이 발견되자 중대한 결과를 낳았다. 앞에서 설명한 것처럼 완전히 다른 해석이 가능한데, 그것은 공리적 전개에서 무정의 술어가 반드시 등장하기 때문이다. 이러한 해석을 일러 모델(model)이라고 부른다. 정리하자면, 한 가지 물리적 의미를 염두에 두고 만든 분야가 완전히 다른 물리적 상황이나 수학적 상황에 적용될 수 있다는 것이다.

비유클리드 기하학의 무모순성은 유클리드 기하학에 모순이 없다는 가정 아래에서 확립되었다. 1870년대와 1880년대 수학자들에게는 유클리드 기하학의 무모순성은 의문의 여지가 전혀 없었다. 가우스, 로바체프스키, 보여이, 그리고 리만 등의 연구 결과에도 불구하고 유클리드 기하학은 여전히 물질 세계의 필연적인 기하학으로 받아들여졌으며 물질 세계의 기하학에서 모순되는 성질이 있다는 것은 상상조차 할 수 없는 일이었다. 하지만 유클리드 기하학이 무모순이라는 논리적 증명은 없었다.

비유클리드 기하학을 경원시했던 많은 수학자들이 무모순성 증명을 환영한 데에는 또 다른 이유가 있었다. 이러한 증명으로 비유클리드 기하학은 의의를 갖게 되었지만, 그것은 유클리드 기하학 내의 모델로서만 의의를 갖는다고 생각했기 때문이었다. 따라서 하나의 모델로서 비유클리드 기하학을 받아들일 수는 있으나 물질 세계에 적용할 수 있는 기하학으로는 받아들일 수 없다는 주장을 폈다. 물론 이 견해는 가우스, 로바체프스키, 리만 등의 생각과는 상반된 것이었다.

이제 엄밀화 문제는 오직 하나만 남아 있었다. 유클리드 기하학의 논리적 기초에 결함이 있다는 사실은 진작에 발견되었다. 하지만 해석학의 경우와는 달리 기하학의 속성과 그 개념은 명료했다. 따라서 무정의 술어를 손질하고 정의를 명확하게 바꾸고 누락된 공리를 추가하고 또 증명을 완전하게 하는 것은 비교적 단순한 일이었다. 이 작업은 모리츠 파슈(Moritz Pasch, 1843~1930년), 주제페 베로네세(Giuseppe Veronese, 1854~1917년), 그리고 마리오 피에리(Mario Pieri, 1860~1904년)에 의해 독립적으로 이루어졌다. 그리고 다비트 힐베르트(David Hilbert, 1862~1943년)가 파슈의 성과를 인정하면서 오늘날 널리 사용되는 유클리드 기하학의 공리적 전개 방식을 마련했다. 그리고 거의 같은 시기에 비유클리드 기하학의 논리적 기초가 람베르트, 가우스, 로바체프스키, 보여이 등에 의해 마련되었고, 또 19세기에 만들어진 여타의 기하학, 그중에서도 특히 사영기하학의 기초가 확립되었다.

1900년까지 산술, 대수학, 해석학, 그리고 기하학의 엄밀화가 완료되었다(해석학의 경우는 정수에 대한 공리를 기초로 했고 기하학의 경우는 점, 선, 그리고 여타의 기하학 개념을 기초로 하여 엄밀화가 이루어졌다.). 많은 수학자들은 한 걸음 더 나아가 모든 기하학을 수 위에 세우려고 했는데 이것은 해석기하학을 통해 실현될 수 있는 일이었다. 기하학은 여전히 의심의 눈길에서 벗어나지 못하고 있었다. 비유클리드 기하학의 출현으로 엄밀성의 모범으로 여겨지던 유클리드 기하학의 결함이 드러났던 충격적 사건이 아직도 수학자들의 마음에 반향을 불러일으키고 있었다. 그러나 모든 기하학을 수로 환원하는 일은 1900년까지는 시작되지 않았다. 그런데도 당시의 대다수 수학자들은 수학의 산술화를 이야기하고 있었다. 하지만 정확히는 해석학의 산술화라고 해야 옳았다. 예컨대 1900년에 파리에서 열린 제2차 세계 수학자 대회에서 앙리 푸앵카레(Henri Poincaré, 1854~1912년)는 이렇게 선언했다. "오늘날 해석학에는 정수와 유한 정수 체계 및 무한 정수 체계만 남아 있으며, 이들은 단지 등호와 부등호를 그물 삼아 서로 짜여 있을 따름이다. 우리가 말한 대로 수학은 산술화되었다." 파스칼은 일찍이 "기하학을 벗어난다는 것은 곧 인간의 이해 범위를 벗어난다는 뜻이다(Tout ce qui passe la Géométrie rous passe.)."라고 말했다. 하지만 1900년의 수학자들은 "산술을 벗어난다는 것은 곧 인간의 이해 범위도 벗어난다는 뜻이다."라고 말하는 경향을 보였다.

어떤 목표만을 겨냥해 시작된 운동이 점차 많은 지지자를 획득하면서 애초에 계획한 것보다 더 많은 쟁점을 떠맡아 이를 해결하려고 하는 경우가 종종 있다. 수학 기초에 관한 비판 운동도 애초의 목표에서 벗어나 논리학 자체, 즉 한 수학적 과정에서 다른 수학적 과정을 이끌어 내는 추론의 원리에 관심을 기울였다.

논리학이란 학문은 아리스토텔레스의 책 『오르가논』(추론의 '도구'라는 뜻이다. 기원전 300년경)에서 시작되었다. 그는 수학자들이 사용하는 추론의 원리를 살펴서 이로부터 핵심 내용을 추상화했고, 이렇게 해서 얻은 원리들은 모든 추론에 적응할 수 있다고 말했다. 예컨대 그런 기본 원리 가운데 하나가 배중률이다. 배중률은 의미 있는 모든 진술은 참이거나 아니면 거짓이라고 선언하고 있다. 아마도 아리스토텔레스는 배중률을 "정수는 홀수이거나 짝수이다."와 같은 수학 명제에서 추출해 냈을 것이다. 그리고 주로 삼단논법이 아리스토텔레스의 논리학을 구성하고 있다.

2,000여 년 동안, 모든 지식인들(수학자도 포함된다.)은 아리스토텔레스의 논리학을 받아들였다. 모든 신념과 주장을 의심했던 데카르트

가 논리학 원리의 올바름을 어떻게 아느냐고 의문을 제기했던 적은 있었다. 하느님은 결코 우리 인간을 기만하지 않는다는 것이 그의 답이었다. 따라서 데카르트는 이런 원리에 대한 우리의 확신은 정당하다고 주장했다.

데카르트와 라이프니츠는 논리 법칙을 확장하여 모든 사고 영역에 적용할 수 있는 추론의 보편 과학, 즉 추론의 보편적 계산법을 만들어 내려고 했다. 그들은 대수학처럼 기호를 사용하여 추론 법칙을 정확하고 명료하게 적용하려는 생각을 해냈다. 데카르트는 수학적 방법에 대해 다음과 같이 말했다. "인간이 지니고 있는 것 가운데 가장 강력한 지식 획득 도구로서, 다른 모든 지식의 원천이 되고 있다."

보편 논리학을 구성하려는 라이프니츠의 계획은 데카르트보다 더 구체적이었다. 보편 논리학을 구성하기 위해서는 세 가지 주요 요소가 필요하다고 보았다. 첫째는 보편 언어(*charateristica universalis*)가 있어야 한다. 즉 일부 또는 대부분이 기호로 이루어진 보편적 과학 언어로서 추론을 통해 도출되는 모든 진리에 적용되는 언어가 있어야 한다. 두 번째는 추론의 논리적 형태를 집대성한 추론 계산학(*calculus ratiocinator*)이 있어야 한다. 이를 이용해 기본 원리에서 모든 가능한 연역이 이루어질 수 있어야 한다. 세 번째는 합성법(*ars combinatoria*)이다. 기본 개념들의 집합체로 다른 모든 개념들을 정의할 수 있어야 하며, 사고의 알파벳이 되어 단순 관념 각각에 기호를 부여하고, 또 이러한 기호들을 결합하고 연산함으로써 더욱더 복잡한 개념들을 표현하고 처리할 수 있도록 해야 한다.

기본 원리의 예로 동일률을 들 수 있다. 동일률이란 "A는 A이며 A가 아닌 다른 어떤 것이 아니다."라는 원리이다. 이러한 기본 원리들로부터 수학을 포함한 이성의 모든 진리가 유도되어 나온다. 기본 원리의 또다른 예로 사물의 존재 또는 진리에는 그에 상응하는 충분한 이유가 있어야 한다는 충족 이유율이 있다. 모든 사실 진리는 이 충족 이유율에 의존한다. 이 기본 원리를 바탕으로 라이프니츠는 기호논리학을 창시했지만 그의 이러한 연구 성과는 1901년까지 알려지지 않았다.

데카르트나 라이프니츠 모두 추론의 기호 계산을 발전시키지 않았다. 그들은 단편적인 것들만을 집필했다. 따라서 19세기까지는 아리스토텔레스 논리학이 지배했다. 1797년 『순수 이성 비판』 제2판에서 칸트는 논리학을 두고 "더 이상 발전의 여지가 없는 완결된 이론"이라고 했다. 1900년까지 대다수 수학자들은 언어로 표현된 아리스토텔레스의 원리에 따라 추론을 했지만 아리스토텔레스가 채택하지 않은 원리들도 사용했다. 그들은 자신들의 논리학 원리를 면밀하게 검토하지 않았다. 그리고 스스로는 적절한 연역 논리를 사용하고 있다고 생각했다. 하지만 그들은 실은 명확한 논리학 원리가 아니라 직관적으로 타당해 보이는 원리를 사용했다.

대다수 수학자들이 수학 자체의 엄밀화에 관심을 가졌으며, 소수의 사람들만이 논리 자체를 연구했다. 이 단계에서 주요 업적을 남긴 사람이 아일랜드 코크에 있는 퀸스 칼리지의 수학 교수 조지 불이었다.

의심할 여지 없이 불의 연구에 영감을 준 것은 대수학에 대한 피콕, 그레고리, 드모르간의 견해였다(7장 참조). 그들의 동등 수식 불변의 원리는 실수와 복소수를 대신하는 문자 계수식의 대수 연산을 정당화하지는 않았지만, 그들은 대수학이란 임의의 대상물을 표상하는 기호와 그 연산이라는 견해를 부지불식간에 채택하고 있었다. 그리고 사원수에 관한 해밀턴의 연구(1843년)는 또 다른 대수학도 가능하다는 점을 보여 주었다. 불 자신도 1884년에 연산자 계산법이라는 이름으로 대수적 추론의 일반화에 관한 저서를 발표했다. 따라서 불은 대수학이 수만을 다루어야 할 필요는 없으며 또 대수학 법칙이 실수 및 복소수에 대한 법칙일 필요는 없다는 생각을 갖고 있었다. 그는 『논리의 수학적 분석』(1847년)에서 이런 생각을 피력하면서 논리 대수학을 제안했다. 그의 최대 역작은 『사고의 법칙에 관한 탐구』(1854년)이다. 불의 주요 아이디어는 라이프니츠보다는 덜 야심적이었지만 라이프니츠의 계산학(*calculus ratiocinator*)에는 더욱 부합되는 것이었다. 불은 기존의 추론 법칙이 기호로 표현될 수 있으며 따라서 논리학을 더욱 명료하고 신속하게 적용할 수 있다고 생각했다. 그는 이 책에서 다음과 같이 말했다.

> 이 논저의 기본 구상은 추론을 수행하는 마음의 기본 법칙에 대해 탐구하고 기호로 그러한 법칙을 표현하여 그 기초 위에서 논리 과학을 구성하고 그 방법론을 세우는 것이다.

불은 또 특수한 응용을 염두에 두고 있었는데, 예를 들면 확률 법칙에 적용하려는 생각을 갖고 있었다.

기호 사용의 장점은 매우 많다. 논의를 진행하는 과정에서 사람들은 의도하지 않았던 의미를 도입하는 잘못을 범하거나 올바르지 못한 연역 원리를 사용한다. 예를 들면 시각 현상으로서 빛을 논하면서 '빛을 보다(seeing the light)' 나 '가벼운 무게(light weight)' 의 물건과 같은 말은 혼동을 줄 수 있다. 그러나 만일 물리적 빛을 l로 표현하면 이후의 모든 기호적 표현에서 l은 시각 현상만을 가리키게 된다. 더욱이 모든 증명은 일단의 기호들을 새로운 일단의 기호들로 변형하는 과정으로 환원되고, 그에 따라 말로 표현되는 논리 법칙을 기호로 바꿀 수 있게 된다. 이러한 규칙들은 올바른 추론 원리들을 명확하게 표현하게 해 주고 또 그러한 원리들을 용이하게 적용할 수 있게 해 준다.

불의 논리대수학이 지니는 의의를 제대로 평가하기 위해 그의 기본 아이디어를 살펴보도록 하자. x와 y가 어떤 대상물들의 집합이라고 하자. 예를 들어 x는 개들의 집합이고 y는 빨간색 동물들의 집합이라고 하자. 그러면 xy는 x와 y 모두에 속하는 원소들의 집합이다. 따라서 x가 개들의 집합이고 y가 빨간색 동물들의 집합인 경우, xy는 빨간색 개들의 집합이 된다. 임의의 집합 x, y에 대해 $xy = yx$가 성립한다. 만일 z가 흰색 대상물들의 집합이고 또 $x = y$이면 $zx = zy$이다. 그리고 당연히 $xx = x$가 성립한다.

기호 $x+y$는 x에 속하거나 y에 속하거나 또는 둘 모두에 속하는 대상물들의 집합을 나타낸다(이 기호의 의미는 불의 본래 정의에 윌리엄 스탠리 제번스(William Stanley Jevons, 1835~1882년)가 수정을 가한 것이다.). 따라서 만일 x가 남자들의 집합이고 y가 유권자들의 집합이면, $x+y$는 남자들 및 유권자들로 이루어진 집합이 된다(여기에는 여성 유권자들도 포함된다.). 만일 z가 35세가 넘는 사람들의 집합이면 다음이 성립함을 알 수 있다.

$$z(x+y) = zx + zy$$

만일 x가 집합이면, $1-x$ 또는 $-x$는 x에 속하지 않는 대상물들의 모임이다. 따라서 만일 1이 모든 대상물들의 집합이고 x가 개들의 집합이면, $1-x$ 또는 $-x$는 개가 아닌 대상물들의 집합이다. 또 $-(-x)$는 개들의 집합을 의미한다. 다음 등식

$$x + (1-x) = 1$$

은 모든 대상물은 개이거나 또는 개가 아님을 의미한다. 이는 바로 집합에서의 배중률이다. 불은 이렇게 순수한 대수적 연산으로 다양한 분야에서 어떻게 추론을 수행할 수 있는지 보여 주었다.

불은 그 기원이 스토아 학파(기원전 4세기)까지 거슬러 올라가는 명제 논리라는 것을 도입했다. 명제 논리에서는 p는 예컨대 "존은 남자이다."와 같은 명제가 된다. 그래서 p라고 주장한다는 것은 "존은 남자이다."라는 명제가 참이라고 말하는 것이다. 그리고 $1-p$ (또는 $-p$)는 "존은 남자이다."라는 명제가 옳지 않다는 주장이다. 또 $-(-p)$는 존이 남자가 아니라는 것은 옳지 않다는 주장, 즉 존이 남자라는 주장이다. 명제에서의 배중률은 모든 명제는 반드시 참이거나 거짓이라는 원리인데, 이 원리를 불은 $p + (-p) = 1$로 표현했다. 여기서 1은 참됨을 의미한다. 명제의 곱 pq는 p와 q가 모두 참이라는 주장이며, $p + q$는 p나 q 또는 둘 모두 참이라는 주장이다.

또 다른 혁신적 결과를 내놓은 사람은 드모르간이었다. 드모르간은 그의 주저 『형식논리학』(1847년)에서 논리학이란 일반적 관계를 다루어야 한다는 생각을 도입했다. 아리스토텔레스 논리학은 "존재 동사(to be)"의 관계를 다룬다. 고전적인 예가 "모든 사람은 소멸하는 존재이다(All men are mortal.)."이다. 드모르간이 말하고 있듯이 아리스토텔레스 논리학은 "말은 동물이다."라는 명제에서 "말 머리는 동물 머리이다."라는 명제를 도출하는 것을 정당화할 수 없다. 여기에는 추가적으로 모든 동물은 머리를 지니고 있다는 전제가 필요하다. 다소 모호하고 또 포괄적이지는 못했지만 아리스토텔레스도 분명코 관계의 논리의 필요성에 대해서 논했다. 더욱이 아리스토텔레스의 많은 저작과 중세 학자들의 연구 성과 가운데 상당 부분을 17세기 사람들은 알지 못했다.

관계의 논리학이 필요하다는 점은 쉽게 알 수 있다. 예를 들어 '존재 동사'에만 기반을 둔 다음 논법을 살펴보자.

A는 P이다.
B는 P이다.
따라서 A와 B는 P이다.

이 논법이 잘못되었음은 다음을 보면 쉽게 알 수 있다.

존은 친구이다.
피터는 친구이다.
존과 피터는 (서로의) 친구이다.

마찬가지로 다음 논법도 잘못된 것이다.

사과는 시다.
신 것은 맛이다.
따라서 사과는 맛이다.

라이프니츠가 주목했던 것처럼, 관계의 논리학을 발전시키지 못한 것이 아리스토텔레스 논리학의 주요 결점이었다.

관계는 주어와 술어로 번역할 수 없는데, 술어는 술어에 의해 상술된 집합에 속한 주어만 기술할 수 있기 때문이다. 따라서 "2는 3보다 작다."나 "점 Q는 P와 R 사이에 있다."와 같은 명제를 고려해 보아야 한다. 그러한 명제들의 부정, 역, 합 등을 비롯한 논리적 결합들이 무엇을 의미하는지도 살펴보아야 한다.

관계의 논리학은 1870년부터 1893년까지 집필된 찰스 샌더스 퍼스(Charles Sanders Peirce, 1839~1914년)의 여러 논문을 통해 발전되었고, 에른스트 슈뢰더(Ernst Schröder, 1841~1902년)에 의해 체계화되었다. 퍼스는 관계를 표현하는 명제에 특별한 기호를 도입했다. 예를 들면 l_{ij}는 i가 j를 사랑(love)한다는 것을 의미했다. 하지만 퍼스의 관계 대수는 사실 복잡할뿐더러 크게 유용하지도 않았다. 현대 기호논리학에서 관계를 어떻게 다루는지는 나중에 살펴볼 것이다.

퍼스는 논리 과학에 또 다른 성과를 남겼다. 그것은 바로 명제 함수였다. 불은 명제 함수에 손을 대기만 했을 뿐이었고, 퍼스는 명제 함수를 효율적으로 도입했다. 퍼스는 명제 함수를 강조했다. 수학에서는 $10 = 2 \cdot 5$ 같은 연산만이 아니라 $y = 2x$와 같은 함수도 다룬다. 그와 마찬가지로 "존은 남자이다."는 명제이지만 "x는 남자이다."는 조건 명제가 된다. 여기서 x는 조건 명제의 변수이다. 명제 함수는 "x가 y를 사랑한다."처럼 여러 개의 변수가 있을 수 있다. 퍼스의 연구 성과로 추론은 명제 함수로까지 확장될 수 있었다.

또한 퍼스는 이른바 한정사(quantifier)라는 것을 도입했다. 한정사와 관련해 일상 언어는 불명료하다. 다음 두 명제를 살펴보자.

미국인(an American)이 독립 전쟁을 이끌었다.
미국인(an American)은 민주주의를 신봉한다.

이 두 명제에서 '미국인'은 다른 의미로 사용되었다. 첫 번째는 특정한 미국인, 즉 조지 워싱턴을 가리킨다. 하지만 두 번째는 모든 미국인을 의미한다. 보통 이런 모호함은 전후 문맥을 살피면 해결된다. 하지만 엄밀한 논리적 사고에서는 용인될 수 없다. 명제는 명료해야 한다. 이런 문제의 해결책은 한정사를 사용하는 것이다. 어느 명제 함수가 모든 경우, 예컨대 미국에 있는 모든 사람들에 대해 성립함을 주장한다고 하자. 만일 "모든 x에 대해 x는 남자이다."라고 하면 그 뜻은 미국에 있는 모든 사람이 남자라는 것이다. 여기서 "모든 x에 대해"가 한정사이다. 또 반면에 "미국에는 최소한 하나의 x가 존재하는데, 그 x는 남자이다."라고 주장한다고 하자. 이 경우, "최소한 하나의 x가 존재하는데"가 한정사이다. 이 두 가지 한정사를 각각 $\forall x$와 $\exists x$로 나타낸다.

관계, 명제 함수 그리고 한정사를 포함하게 된 논리학은 수학에서 사용되는 모든 추론 유형을 포괄하게 되었고, 이로써 논리학의 타당성은 더욱 확고해졌다.

19세기에 이루어진 논리학의 수학화의 마지막 단계는 예나 대학교의 수학 교수였던 고틀로프 프레게(Gottlob Frege, 1848~1925년)에 의해 이루어졌다. 프레게는 『개념-기술』(1879년), 『산술의 기초』(1884년), 그리고 『산술의 기본 법칙』 등 여러 권의 중요한 저작을 내놓았다. 그는 명제 논리, 관계를 포함한 명제, 명제 함수, 그리고 한정사 등의 아이디어를 받아들였다. 또한 스스로의 업적도 남겼다. 그는 명제의 단순 진술과 그 명제가 참이라는 주장, 이 두 가지를 구별했다. 명제가 참이라는 주장의 경우에는 명제 앞에 ⊢라는 기호를 써넣었다. 그는 또한 원소 x와 x만을 원소로 갖고 있는 집합 $\{x\}$를 구별했고, 원소가 집합에 속하는 것과 한 집합이 다른 집합에 포함되는 것을 구분했다.

프레게는 함의(implication)의 개념을 더욱 확장하여 실질 함의라는 개념으로 형식화했다(실질 함의의 개념이 말로 표현된 것은 기원전 300년경 메가라의 필론으로까지 거슬러 올라간다.). 논리학은 명제와 명제 함수에 관한 추론을 다루며, 이 과정에서 함의는 가장 중요하게 사용된다. 예컨대 만일 우리가 존이 현명하다고 알고 있고 또 현명한 사람은 장수한다고 알고 있다면 존은 오래 살 것이라는 함의를 연역해 낸다.

실질 함의는 흔하게 사용되는 함의와는 다소 다르다. 예를 들어 "만약에 비가 오면 나는 영화를 보러 갈 것이다."라고 말한다면, 전항과 후항 사이에 어떤 관계가 존재할 뿐만 아니라, 만약에 "만일 비가 온다면"이라는 전항이 성립하면, "나는 영화를 보러 갈 것이다."라는 후항이 반드시 성립한다는 뜻이다. 하지만 실질 함의에서는 전항 p와 후항 q는 어떤 명제라도 상관없다. 둘 사이에 인과 관계가 없어도 무방하며 심지어 아무런 관련이 없더라도 괜찮다. "만일 x가 짝수이면 나는 영화를 보러 갈 것이다."란 명제도 문제가 없는 명제이다. 더욱이 실질 함의에서 x가 짝수라는 명제가 거짓이더라도 후항이 성립할 수 있다. 따라서 "만일 x가 짝수가 아니면 나는 영화를 보러 갈 것이다."라는 명제가 성립할 수도 있다. 더욱이 "만일 x가 짝수가 아니면 나는 영화를 보러 가지 않을 것이다."라는 명제 역시 참일 가능성을 열어 두고 있다. 실질 함의가 거짓일 경우는 오직 x가 짝수이고 또 나도 영화관에 가지 않은 때이다.

좀 더 형식을 갖춰 말하자면, 만일 p와 q가 명제이고 p가 참일 때 "p이면 q이다."라는 함의는 q가 참임을 뜻한다. 하지만 실질 함의에서는 p가 거짓이면 q가 참이든 아니면 거짓이든 상관없이 "p이면 q이다."라는 함의는 참이다. 오직 p가 참이고 q가 거짓일 때만 함의는 거짓이 된다. 이러한 함의의 의미는 일상적 의미를 확장한 것이다. 그러나 이렇게 의미를 확장했다고 해서 문제가 일어날 여지는 없다. 왜냐하면 "p이면 q이다."라는 명제는 p가 참임을 알 때 사용하기 때문이다. 더욱이 실질 함의는 일상적 용법과 어느 정도 맞아떨어진다. "해럴드가 오늘 급여를 받으면 그는 식료품을 구입할 것이다."라는 명제를 살펴보자. 여기서 p는 "해럴드가 오늘 급여를 받는다."이고, q는 "해럴드는 식료품을 구입할 것이다."이다. 그런데 오늘 급료를 받지 못해도 식료품을 살 가능성은 있다. 따라서 p가 거짓이고 q가 참인 경우도 옳은 함의로 포함시켜야 한다. 분명히 그 결론은 거짓이 아니다. 비슷하게 "해럴드가 오늘 급여를 받지 못하면 그는 식료품을 사지 않을 것이다."라는 명제 역시 거짓이 아니다. 마지막 경우에 대해서는 다음 예가 좀 더 좋을 듯하다. "만일 나무가 금속이라면 두드려 펼 수 있다." 두 명제가 모두 거짓이지만 이 함의 명제는 참이다. 따라서 p도 거짓이고 q도 거짓이면 "p이면 q이다."는 참인 명제로 포함시켜야 한다. 이 개념에서 중요한 것은 p가 참이고 "p이면 q이다."도 참일 때, q를 결론으로 얻는다는 점이다. p가 거짓인 경우까지 확장하는 것은 그렇게 하는 것이 기호논리학에서 여러모로 편리하며 또 가장 최선의 방법이기 때문이다.

하지만 q가 참이든 아니면 거짓이든 상관없이 p가 거짓이면 결론으로 q가 나오므로 실질 함의를 사용하면 거짓 명제는 어떤 명제이든 모두 함의하게 된다. 이러한 '결함'에 대해 논리와 수학의 올바른 체계에서 거짓 명제는 생겨나지 않는다고 반론을 펼 수 있다. 그런데도 실질 함의의 개념에 반대하는 목소리가 있었다. 예컨대 푸앵카레는 시험을 치르는 학생이 잘못된 방정식에서 시작해 참된 결론을 이끌어 내는 경우를 인용하며 실질 함의를 조롱했다. 그 개념을 개선하려는 노력은 있었지만 현재는 실질 함의가 최소한 기호논리학에서는 표준이 되고 있으며 수학에서 기초로 사용되고 있다.

프레게는 후일 상당한 중요성을 갖게 되는 업적을 하나 더 남겼다. 논리학은 수많은 추론 원리들을 담고 있다. 이런 원리들은 삼각형, 사각형, 원 등의 도형에 대한 유클리드 기하학의 여러 명제들과 비교할 수 있다. 19세기 말 여러 수학 분야의 재조직 작업의 결과로 기하학에서는 다수의 명제들이 몇 개의 언명, 즉 공리로부터 도출되었다. 프레게는 논리학에 대해서도 바로 그러한 작업을 실행했다. 그가 사용한 기호와 공리는 복잡하기 때문에 여기서는 논리학의 공리적 전개 방법을 말로 간략하게 설명하는 것으로 그칠 것이다(10장 참조). "p이면 p 또는 q이다."라는 명제는 분명히 누구나 공리로 삼을 만하다고 생각할 것이다. 왜냐하면 p 또는 q라는 의미는 최소한 p나 q 가운데 하나는 참이라는 뜻이기 때문이다. 그러나 애초에 p가 참인 명제로 시작하면 당연히 p와 q 가운데 하나는 참이다.

또한 명제(또는 명제의 결합) A, B에 대해 A가 참이고 "A이면 B"라는 함의문도 참이면 B가 참이라는 추론 형태도 공리로 삼는다. 추론 규칙이라고 불리는 이 공리는 새로운 공리를 연역해 낸다.

위와 같은 공리에서 예를 들면 다음 명제를 연역해 낼 수 있다.

p는 참이거나 아니면 p는 거짓이다.

이 명제가 바로 배중률이다.

모순율도 연역해 낼 수 있다. 모순율을 말로 설명하자면, p라는 명제와 "p가 아니다."라는 명제가 동시에 성립할 수 없으며 따라서 두 가지 가운데 오직 하나만 성립한다는 것이다. 모순율은 수학에서 이른바 간접 증명법에 사용된다. 만일 p가 참이라 가정하고 거기에서 p가 거짓임을 연역한다면 p이면서 동시에 p가 아니라는 결과를 얻는다. 하지만 두 개가 모두 성립할 수는 없다. 따라서 p는 거짓일 수밖에 없다. 간접 증명법은 다른 형태를 취하기도 한다. 우선 p가 성립한다고 가정하고 난 다음, p이면 q임을 보인다. 그런데 q가 거짓임을 이미 알고 있다. 그러면 논리 법칙에 따라 p는 거짓일 수밖에 없다. 흔히 사용되는 다른 여러 논리 법칙들도 공리들로부터 연역될 수 있다. 이러한 논리학의 연역적 체계화는 프레게의 『개념-기술』에서 시작되었고 『산술의 기본 법칙』에서 계속되었다. 프레게는 더 야심 찬 목표를 갖고 있었다. 이에 대해서는 나중에(10장) 소상히 살펴보기로 하자. 여기서는 단지 그가 논리학 연구를 통해 수, 대수학, 해석학 등의 새로운 기초를 마련하고자 했다는 점, 그것도 19세기 말의 비판 운동이 내놓은 성과보다 더욱 엄밀한 기초를 마련하고자 했다는 점만을 언급하기로 한다.

기호논리학을 사용하여 수학의 엄밀성을 높이고자 했던 또 다른 중요 인물이 페아노였다. 데데킨트와 마찬가지로 학생들을 가르치는 과정에서 기존의 엄밀성에 문제가 있다는 사실을 발견한 그는 논리적 기초를 개선하는 일에 평생을 바쳤다. 그는 기호논리학을 논리학 원리뿐만 아니라 수학 공리를 표현하고 정리를 연역하는 데에도 적용했다. 그는 기호논리학의 원리를 적용하여 기호로 표현된 공리를 다루었다. 그는 직관을 버려야만 한다고 단호하고도 분명하게 말했다. 그리고 직관을 버리려면 기호를 사용하여 수학에 언어적 의미가 개입하지 못하도록 해야 한다고 말했다. 기호를 사용하면 일상 언어에 내포되어 있는 의미에 얽매일 위험성이 제거된다.

페아노는 개념, 한정사, 또 '그리고(and)', '또는(or)', '아니다(not)'와 같은 연결사에 대해 기호를 도입했다. 페아노가 전개한 기호

논리학은 다소 초보적인 단계에 머물렀지만 그 영향력은 지대했다. 직접 편집했던 학술지 《수학 비평(Revista de Matematica)》(1891년에 창간되어 1906년까지 간행되었다.)과 다섯 권짜리 『수학 공식집』(1894~1908년)에 그의 주요 업적이 담겨 있다. 앞에서 언급한 자연수의 공리계는 바로 『수학 공식집』에 등장한다. 페아노는 논리학 학파를 세웠던 반면에 퍼스와 프레게의 업적은 버트런드 러셀이 1901년 프레게의 연구 성과를 발굴해 내기까지 사람들의 주목을 전혀 끌지 못했다. 러셀은 1900년에 페아노의 연구 결과를 학습했고 프레게의 기호보다 페아노의 기호를 선호했다.

불에서 슈뢰더, 퍼스, 프레게를 거치면서 논리학에서 이루어진 혁신은 수학적 방법을 원용한 결과였다. 즉 논리학의 공리에서 논리학의 원리를 기호와 연역적 증명으로 도출해 내는 것이었다. 이러한 형식논리학 또는 기호논리학 연구 방식은 논리학자와 다수의 수학자들에게 매력적으로 다가왔다. 왜냐하면 기호를 사용할 때 심리적·인식론적·형이상학적 의미와 함축을 피할 수 있기 때문이었다.

명제 함수, "x는 y를 사랑한다."나 "A는 B와 C 사이에 있다."처럼 관계와 한정사 등을 포괄하는 논리 체계는 일반적으로 1계 술어 계산법, 또는 1계 논리학으로 불린다. 일부 논리학자들에 따르면 1계 논리학에 수학에서 사용되는 모든 추론 방식이 포함되지는 않는다고 하지만, 이 논리 체계(예를 들어 수학적 귀납법)를 현대 논리학자들이 가

---

* 일부 논리학자들은 수학에서 사용되는 추론 형식을 모두 담으려면 2계 논리학이 필요하다고 주장한다. 2계 논리학에서는 술어에도 한정사를 적용해야 한다. 예컨대 $x=y$라는 표현으로 x에 적용되는 모든 술어는 y에도 적용된다고 주장하고자 한다면 '모든 술어에 대해'라는 한정사를 포함시켜 술어를 한정해야 한다. 이를 기호로 표현하는 방법은 다음과 같다. $x=y \hookrightarrow (F)(F(x) \hookrightarrow F(y))$.

장 선호하고 있다.*

　논리학의 영역을 확장하여 수학에서 사용되는 모든 유형의 추론 방식을 포괄한 사실, 명제와 명제 함수를 구별함으로써 더욱 정확한 의미를 확보한 사실, 또 한정사를 사용한 사실 등은 19세기 수학자들이 확립하고자 했던 수학의 엄밀성을 더욱 높여 주었다. 논리학의 공리화는 당시의 동향과 맥을 같이했다.

　앞으로 살펴볼 수학의 논리적 구조라는 관점에서, 유클리드가 최초로 채택한 공리적 방식을 사용함으로써 수학과 논리학의 엄밀화가 성취되었음을 강조할 필요가 있다. 이 방식이 지니는 여러 특성은 19세기 공리화 운동을 거치면서 더욱 명확해졌다. 이제 그 특성들을 살펴보기로 하자.

　첫째는 무정의 술어의 필요성이다. 수학은 다른 학문과는 독립적이기 때문에 정의를 하려면 다른 수학적 개념을 사용해야 한다. 그런 과정을 반복하다 보면 결국 정의를 무한히 해 나가야 한다는 어려움에 빠진다. 이런 어려움을 해결하는 방법은 기본 개념을 정의하지 않는 것이다. 정의하지 않는다면 그 개념들을 어떻게 사용할 수 있을까? 그 개념들에 대해 어떤 사실을 주장할 수 있으며 그 주장이 올바르다는 것을 어떻게 알 수 있을까? 그에 대한 답은 이렇다. 공리가 무정의(그리고 정의된) 개념에 대해 언명을 하고 있고, 따라서 어떤 언명이 가능한지를 공리가 말해 주고 있다는 것이다. 예컨대 점과 직선이 정의되지 않았다고 해도 두 점이 유일하게 직선을 결정한다는 공리와 세 점이 평면을 결정한다는 공리는 점, 직선, 평면에 대한 언명으로 이로부터 추가의 결과를 연역해 낼 수 있다. 아리스토텔레스의 『오르가논』, 파스칼의 『기하학적 정신에 대한 연구』, 라이프니츠의 『단자론』 등에서 무정의 술어의 필요성이 강조되었지만, 이상하게도 수학자들은 이런 필요성을 간과하고 여전히 의미 없는 정의를 만들어 냈다. 19세기 초에 조제프디아스 게르곤(Joseph-Diaz Gergonne, 1771~1859년)은 공리가 무정의 술어에 대해 어떤 언명을 할 수 있는지 말해 준다고 주장했다. 공리를 통해 이른바 암시 정의를 얻는다는 것이다. 그러나 파슈가 1882년에 무정의 술어의 필요성을 재차 확인하고 난 연후에야 수학자들은 이 문제를 심각하게 다루기 시작했다.

연역 체계에는 반드시 무정의 술어가 포함되어 있고, 또 공리를 만족하는 한, 무정의 술어를 여하한 것으로도 해석할 수 있다는 사실은 수학을 새로운 수준의 추상화 단계로 진입시켰다. 이 점을 일찍이 그라스만이 인식했다. 그는 『선형 확장 이론』(1844년)에서 기하학은 물리 공간 연구와는 구별되어야 한다고 주장했다. 기하학은 물리 공간에 응용할 수 있는 순수 수학 이론이지만 반드시 그런 해석에만 국한되지 않는다고 여겼다. 공리화 문제를 다룬 이후의 연구자들, 즉 파슈, 페아노, 그리고 힐베르트는 추상화를 강조했다. 파슈는 무정의 술어가 있어야 하며 공리는 그 술어의 의미를 확정한다고 분명하게 말했지만 염두에 두고 있는 것은 기하학이었다. 파슈의 연구 결과를 알고 있던 페아노는 1889년 논문에서 다른 여러 해석도 가능하다는 점을 더욱 분명하게 지적했다. 『기하학의 기초』(1899년)에서 힐베르트는 점, 직선, 평면 등의 용어가 사용되고 있지만 공리가 만족되는 한 그것은 맥주잔, 의자 같은 사물 이름으로 바꿔도 상관없다고 말했다. 연역 체계를 여러 가지로 해석할 수 있다는 가능성은 큰 이익을 가져다줄 수 있다. 그것은 더욱 다양한 응용이 가능해지기 때문이다. 그러나 앞으로 보겠지만(12장) 다양한 해석의 가능성은 바람직하지 못한 결과도 가져온다.

파슈는 현대 공리론을 잘 이해하고 있었다. 그는 공리들의 무모순성, 즉 공리들로부터 모순된 정리의 유도가 불가능하다는 사실을 확립해야 한다고 지적했으나, 그 주장의 중요성은 19세기 말에 제대로 평가받지 못했다. 무모순성의 문제는 비유클리드 기하학과 관련해 제기되었고, 그 문제는 이미 만족스러운 수준에서 해결되었다. 하지만 비유클리드 기하학은 여전히 낯설기만 했다. 자연수나 유클리드 기하학 같은 기본 분야의 경우, 무모순에 대한 의혹은 현학적인 차원에 그치는 것으로 여겨졌다. 그렇지만 파슈는 그러한 공리계의 경우에도 무모순성이 반드시 확립되어야 한다고 생각했다. 그러한 생각은 실은 프레게가 그보다 앞서 내놓았다. 프레게는 『산술의 기초』에서 다음과 같이 썼다.

> 단순히 가정을 하기만 하면 문제 없이 그 가정이 만족된다고 생각하며 논의를 진행하는 경우가 흔하다. 우리는 어떤 경우든 뺄셈이나 나눗셈 또는 제곱근 연산 등을 실행할 수 있다고 가정하며 또 그 점에 대해서는 충분한 성과를 냈다고 생각했다. 그러나 왜 임의의 세 점에 대해 그 점들을 지나는 직선을 그릴 수 있다고 가정하지 않는 것일까? 실수 체계와 마찬가지로 3차원 복소수 체계에서도 덧셈과 곱셈의 모든 법칙들이 여전히 성립한다고 왜 가정하지 않는 것일까? 그 이유는 그렇게 가정하면 모순이 나오기 때문이다. 그렇다면 다른 가정들 역시 모순을 내포하고 있지 않다는 점을 증명하는 것이 우선일 것이다. 그렇게 하기 전까지는 아무리 엄밀성을 확보하려고 노력해도 백년하청일 뿐이다.

페아노와 그의 학파 역시 1890년대에 무모순성의 문제를 다소 진지하게 다루기 시작했다. 페아노는 무모순성을 확립하는 방법을 곧 발견하게 될 것으로 믿었다.

수학의 무모순성 문제는 그리스 시대에도 이미 다루어졌다. 그런데 왜 19세기 후반에 그 문제가 전면으로 떠오른 것일까? 비유클리드 기하학의 탄생으로 사람들은 수학이 인간의 창조물이며 실제 세계에서 일어나는 일을 근사적으로만 기술한다는 사실을 깨닫지 않을 수 없었다. 자연 현상을 기술하는 데에는 괄목할 만한 성공을 거두었지만 우주의 내적 구조를 드러내지 못한다는 점에서 진리라고 할 수 없었고, 따라서 반드시 무모순이라는 보장이 없었다. 실제로 19세기 후반의 공리화 운동은 수학자들로 하여금 자신들과 실제 세계 사이에 커다란 괴리가 있음을 깨닫게 했다. 모든 공리 체계에는 무정의 술어가 있고 그 무정의 술어의 속성은 오직 공리를 통해서만 규정된다. 직관적으로는 수, 점, 직선에 대한 의미를 마음속에 지니고 있지만 이러한 술어들의 의미는 고정되어 있지 않다. 공리가 이들의 속성을 고정해 주어 우리가 직관적으로 결부시키는 속성을 갖게 해 준다. 그러나 과연 그렇게 했다고 확신할 수 있을까? 또 원하지 않은 속성이나 모순을 낳는 속성이 부여되지 않았다는 것을 확신할 수 있을까?

공리적 방식이 지니는 또 다른 특성을 파슈는 지적했다. 수학의 한 분야에서 공리들은 서로 독립적이라야 한다. 즉 한 공리가 다른 공리들로부터 연역될 수 있으면 안 된다. 연역될 수 있다면 그 공리는 정리가 된다. 한 공리의 독립성을 확립하는 방법은 다른 공리들은 모두 만족하지만 그 공리는 만족하지 않는 모델을 세우는 것이다(그 모델이 반드시 문제의 공리를 부정한 것과 무모순이 되어야 할 필요는 없다.). 따라서 유클리드 기하학의 평행선 공리에 대해 독립성을 확립하려면 유클리드 기하학의 다른 모든 공리는 만족하지만 평행선 공리는 만족하지 않는 비유클리드 쌍곡기하학 모델을 택하기만 하면 된다. 하지만 모델 자체 내에 모순이 있어서 문제의 공리를 만족하면서 동시에 그와 모순되는 공리를 만족할 수도 있다. 따라서 모델을 사용하여 공리의 독립성을 확립하기 전에 모델이 무모순임을 반드시 확인해야 한다. 예컨대 앞에서 언급했지만 유클리드 평행선 공리의 독립성은 유클리드 기하학 안에서 비유클리드 쌍곡기하학 모델을 세움으로써 확립되었다.

그 이후의 역사는 수학의 공리화에 대한 의구심, 공리화의 부적합성, 그로 말미암은 복잡한 문제들로 점철되어 있지만, 20세기 초반부에는 공리적 방법을 이상적인 것으로 높이 평가했다. 공리적 방법을 가장 소리 높여 찬양한 사람이 힐베르트였다. 그는 당시에 이미 세계 수학계를 이끄는 위치에 있었다. 「공리적 사고」(1918년)란 논문에서 그는 다음과 같이 선언했다.

> 수학적 사고의 대상이 되는 모든 것은 그에 대한 이론 수립의 시기가 무르익으면 공리적 방법을 취하게 되고, 그래서 곧바로 수학의 영역으로 들어오게 된다. 공리를 깊이 파고들면 파고들수록 우리는 과학적 사고에 대해 더욱 깊이 있는 통찰력을 얻을 수 있으며 인간 지식의 통일성을 배울 수 있다. 특별히 공리적 방식 덕분에 수학은 모든 지식의 선도적 역할을 부여받게 된다.

1922년에 그는 다시금 이렇게 주장했다.

> 공리적 방법은 어떤 분야든 정밀한 탐구 정신에서 적합하고도 필수불가결한 도우미이며 앞으로도 계속 그러할 것이다. 공리적 방법은 논리적으로 논박을 당할 가능성이 전혀 없을 뿐만 아니라 동시에 풍성한 결과를

가져오기도 한다. 따라서 완전한 탐구의 자유를 보장해 준다. 공리적으로 연구를 진행한다는 것은 이런 점에서 이미 확보된 지식을 가지고 사고한다는 것을 의미한다. 예전에 공리적 방법을 사용하지 않을 때에는 소박하게도 특정 내용을 금과옥조처럼 맹신했으나, 공리적 방법은 그러한 소박함은 제거하면서도 동시에 믿음이 가져다주는 이점을 허용하고 있다.

자신의 연구 분야가 견고하고 엄밀한 기초 위에 세워지는 것을 수학자들이 당연히 환영하리라고 생각할 것이다. 하지만 수학자들도 인간이다. 무리수, 연속성, 적분, 도함수 등과 같은 기본 개념의 명확한 체계화를 모든 수학자들이 열렬히 환영한 것은 아니었다. 많은 이들은 새로운 기술적 언어를 이해하지 못했고, 또 명확한 정의를 고집하는 것은 일시적 유행에 지나지 않으며 수학 자체를 이해하거나 심지어 엄밀한 증명을 내놓는 게 반드시 필요하지는 않다고 생각했다. 도함수가 없는 연속 함수가 발견되고 또 논리적으로 타당하지만 직관과는 거리가 먼 분야가 생겨났지만 그들은 여전히 직관이면 충분하다고 생각했다.

피카르는 1904년에 편미분방정식의 엄밀성을 두고 다음과 같이 말했다. "진정한 엄밀성은 생산적이다. 순전히 형식적이고 성가시기만 한 그런 엄밀성과는 구별된다. 그런 형식적인 엄밀성은 해결하고자 하는 문제에 오히려 어두운 그림자들 드리운다."

샤를 에르미트(Charles Hermite, 1822~1901년)는 토마스 얀 스틸티에스(Thomas Jan Stieltjes, 1856~1894년)에게 보낸 1893년 5월 20일자 편지에서 이렇게 말했다. "나는 악마와 같은 존재, 바로 도함수가 없는 연속 함수에 공포와 혐오로 움찔한다네."

푸앵카레(수학에 대한 그의 철학은 나중에 살펴볼 것이다.)는 이렇게 불만을 토로했다. "일찍이 새로운 함수들이 도입되었을 때 그 목적은 그 함수들을 응용하는 것이었다. 하지만 오늘날에는 우리 선대 수학자들이 이루어 놓은 성과를 부정하기 위해 함수들을 만들어 내고 있다. 그리고 이 함수들을 어떤 목적으로 활용해야 할지 어느 누구도 결코 알지 못하고 있다."

이제 자신의 정의와 증명에 결함이 있다는 사실이 드러난 다수의 사람들은 본래 자신들도 엄밀화를 의도한 것이라고 말했다. 위대한 수학자 에밀 보렐(Emile Borel, 1871~1956년)도 이런 식으로 자신을 변호했다. 다른 사람들은 트집 잡기에 불과하다며 엄밀화에 반대했다. 고드프리 해럴드 하디(Godfrey Harold Hardy, 1877~1947년)는 1934년의 한 논문에서 엄밀성은 단지 요식 조건일 따름이라고 말했다. 그러나 다른 사람들은 엄밀성을 제대로 이해하지 못했고 그런 무지를 가리기 위해 엄밀성을 폄하했다. 일부는 수학 분야를 두고 무정부 상태라고도 말했다. 수학자들이라고 새로운 아이디어를 다른 사람들에 비해 더 열린 마음으로 받아들이는 것은 아니다.

엄밀화 작업은 수학적 창조 작업의 또 다른 일면을 드러냈다. 엄밀성은 19세기의 요구에 부응했지만 그 최종적 결과물은 수학 발전에 대한 이해를 심화시켰다. 새로이 구성된 엄밀한 구조는 수학의 논리적 타당성을 보증해 준다고 여겼지만 이러한 보증은 별다른 이득을 가져오지 않았다. 산술이나 대수학 또는 유클리드 기하학에서 엄밀화 작업의 결과로 바뀐 정리는 하나도 없었다. 해석학 분야에서는 정리가 좀 더 신중하게 표현되는 정도로 그쳤다. 예를 들어 연속 함수의 도함수를 이용하려면 함수가 미분 가능하다는 조건을 추가하기만 하면 된다. 실은, 새로운 공리적 구조와 엄밀화로 거둔 성과는 수학자들이 이미 알고 있는 내용을 확증해 주는 것뿐이었다. 실은, 공리는 상이한 정리가 아니라 기존 정리들을 내놓는 것이다. 왜냐하면 기존 정리들이 전반적으로 올바른 것들이기 때문이다. 이것은 수학이 논리가 아니라 건전한 직관에 의존한다는 것을 뜻했다. 자크 살로몽 아다마르(Jacques Salomon Hadamard, 1865~1963년)가 지적했듯이, 엄밀성은 직관이 정복해 놓은 것을 사후 승인할 따름이다. 또 헤르만 바일이 말했듯이, 논리란 자신의 아이디어를 건강하고 튼튼하게 하기 위해 행하는 수학자들의 개인 위생법이다.

어쨌든 1900년까지 엄밀성은 수학에서 그 역할을 수행해 나갔고 뒤늦은 감은 있지만 수 세기에 걸친 연구 성과를 보증해 주었다. 수학자들은 그리스 인들이 설정한 기준에 부합하는 성과를 이루었다고 주장할 수 있었으며, 비교적 사소한 수정을 가할 필요는 있었지만 경험적이고 직관적인 기반 위에 세워 놓은 거대한 구조물이 논리학으로부터 승인을 받았다는 사실에 유유자적할 수 있게 되었다. 실은, 수학자들은 환희에 넘치고 있었고 심지어는 자만심에 빠지기도 했다. 그들은 무리수, 미적분학, 비유클리드 기하학, 사원수 등 어려움을 안겨 주었던 주제들을 뒤돌아보며 마침내 그 어려움을 해결했다며 자축할 수 있게 된 것이다.

1900년 파리에서 개최된 제2차 세계 수학자 대회에서 힐베르트와 자웅을 겨루던 푸앵카레가 중요한 강연을 했다. 수학적 기초에 도입된 일부 내용에 대해 회의적 시각을 드러내기는 했지만 그래도 그는 다음과 같이 자랑스럽게 말했다.

마침내 완전한 엄밀성을 확보했는가? 각 발전 단계마다 선대의 수학자들 역시 완전한 엄밀성을 얻었다고 믿었다. 그들이 착각했다면 우리 역시 그들처럼 착각하고 있는 것은 아닐까? 하지만 오늘날 해석학 분야에서 엄밀함을 유지하려고만 하면 삼단논법과 순수한 수에 대한 직관적 내용만이 남는다. 이러한 삼단논법과 직관적 내용은 결코 우리를 기만에 빠지게 할 가능성은 전혀 없다. 이제 완벽한 엄밀성이 이루어졌다고 말할 수 있다.

푸앵카레는 자신의 저서 『과학의 가치』(1905년)에서 반복해서 이러한 자랑을 했다. 여러 수학 분야를 엄밀화하기 위해 수학자들이 얼마나 노심초사했는가를 살펴보면 그렇게 기뻐하는 이유를 이해할 만하다. 이제 소수의 어리석은 사람들을 제외하면 모든 수학자들이 기꺼이 받아들이는 수학의 기초가 확립되었다. 수학자들은 기쁨을 억누를 수 없었던 것이다.

볼테르의 풍자 소설 『캉디드』에 등장하는 철학자 팡글로스는 곧 교수형에 처해질 처지에서도 "이 세상은 가능한 세상 가운데서 최상의 세상이다."라고 말했다. 이렇게 수학자들은 자승자박의 상태에 빠졌다는 사실을 알지 못한 채 가장 가능한 최상의 상태에 도달했다고 선언했다. 하지만 실제로는 먹구름이 몰려들고 있었다. 1900년 세계 수학자 대회에 참석하고 있는 사람들이 창 밖을 내다보기만 했어도 파국이 다가오고 있음을 알아차렸을 테지만 샴페인을 터뜨려 축배를 드는 일에 너무 열중해 있었다.

하지만 1900년 세계 수학자 대회에 참석했던 사람들 가운데 수학 기초의 문제가 모두 해결되지 않았음을 충분히 알고 있던 사람이 한 명 있었다. 바로 힐베르트다. 대회에서 힐베르트는 해결된다면 수학 발전에 중요한 역할을 담당할 23개의 문제를 내놓았다. 첫 번째 문제는 두 개의 부분으로 되어 있다. 칸토어가 초한수를 도입하여 무한 집합의 원소 개수를 나타냈다. 이에 대해 힐베르트는 자연수에서 초한수 다음으로 큰 수가 실수 집합의 초한수임을 증명하라는 문제를 내놓았다. 이 문제는 10장에서 다룰 것이다. 이것이 첫 번째 문제의 앞부분이다.

문제 1의 뒷부분에서는 실수를 재배열하여 이른바 정렬 집합이 되게 할 수 있는가를 묻고 있다. 정렬 집합의 개념에 대해서는 나중에 좀 더 자세히 다룰 것이지만 실수를 정렬시킨다는 것은 부분 집합을 잡으면 항상 그 부분 집합은 새로 도입된 순서로 최소 원소를 지니게 해야 한다는 점만을 일단 언급한다. 보통 사용되는 실수의 순서에서는, 예컨대 5보다 큰 실수들을 택했을 때, 그 부분 집합은 최소 원소를 갖지 않는다.

힐베르트의 두 번째 문제는 더욱 명확하고 더욱 중요한 의미를 지니고 있다. 무모순성의 문제가 비유클리드 기하학과 관련하여 제기되었고 또 그 증명은 유클리드 기하학에 모순이 없다는 가정 아래에서 이루어졌다는 점은 앞에서 보았다. 힐베르트는 해석기하학을 이용하여 만일 산술이 무모순이라면 유클리드 기하학도 무모순이라는 사실을 보여 주었다. 바로 두 번째 문제에서 힐베르트는 산술의 무모순성을 증명하라고 주문했다.

사실은 칸토어는 힐베르트의 첫 번째 문제에 대해 이미 알고 있었다. 그리고 파슈, 페아노, 프레게 등은 무모순성 문제에 사람들의 주의를 환기시켰다. 하지만 이 두 가지 문제가 매우 중요한 문제라고 판단한 사람은 오직 1900년의 힐베르트뿐이었다. 1900년 제2차 세계 수학자 대회에서 힐베르트의 강연을 들었던 수학자들 대부분은 이 두 문제를 사소하고 중요하지 않은 문제, 단지 호기심만을 충족하는 수준의 문제라고 생각했을 것이고 그 외의 다른 문제들에 더 큰 중요성을 부여했을 것이다. 산술의 무모순성에 대해서는 어느 누구도 의심하지 않았다. 많은 사람들이 비유클리드 기하학의 무모순성에 대해 의심한다는 것은 충분히 이해할 만한 것이었다. 그 내용이 매우 낯설고 직관에도 반했기 때문이다. 그러나 실수 체계는 5,000년 이상 사용되어 왔고 셀 수 없을 만큼 많은 실수에 관한 정리가 증명되었다. 그리고 그때까지 어떤 모순도 발견되지 않았다. 또 실수에 관한 공리는 잘 알려진 정리들을 산출해 냈다. 그런데 어떻게 공리 체계에 모순이 있을 수 있단 말인가?

사람들은 23개 문제를 내놓으면서 앞에 설명한 두 문제를 맨 앞쪽에 놓은 힐베르트의 분별력을 의심했다. 그러나 이런 의심은 곧 사라졌다. 건물 밖에 먹구름이 잔뜩 몰려들었고 천둥소리를 들은 수학자들도 있었다. 하지만 힐베르트조차도 곧 다가올 재앙이 엄청난 파국을 가져올 줄을 예견하지는 못했을 것이다.

9장

실낙원: 이성의 새로운 위기

수학에서는 진정한 논란이란 없다.

가우스

논리학이란 확신을 갖고 오류를 범하는 기술이다.

무명씨

집합론의 창시자 게오르크 칸토어. 독일 할레노이슈타트 시에 있는 과학 기념비의 부조.
'수학의 본질은 그 자유에 있다.' 라는 칸토어의 말이 새겨져 있다.

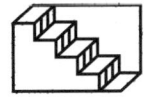

지적 안개 속을 여러 세기 동안 헤매고 난 후, 1900년이 되자 수학자들은 유클리드의 『기하학 원론』에서 기술된 이상적 구조를 수학에 세울 수 있을 것 같았다. 그들은 마침내 무정의 술어의 필요성을 인식했다. 모호하거나 문제의 여지가 있는 술어는 정의로부터 모두 제거되었다. 여러 분야들이 엄밀한 공리적 기초 위에 세워졌다. 또 직관이나 경험에 근거한 결론을 몰아내고 타당하고 엄밀한 연역적 증명이 그 자리를 차지했다. 논리학의 원리도 확장되어 수학자들이 암묵적으로 사용해 오던 추론 방식을 포괄하게 되었다. 따라서 앞서 말했듯이 수학자들에게는 기뻐할 만한 충분한 이유가 있었다. 수학자들이 자축하고 있는 동안에 19세기 전반에 출현한 비유클리드 기하학이나 사원수보다 더욱 그들의 마음을 뒤흔들어 놓을 사건이 전개되어 가고 있었다. 프레게가 말했듯이 "건물이 완성되자마자 기초가 붕괴되기" 시작한 것이다.

힐베르트가 수학 기초와 관련된 몇 가지 미해결 문제에 관심을 기울일 것을 촉구했던 것은 사실이다(8장 참조). 미해결 문제 가운데 여러 공리화된 분야의 무모순성을 확립하는 문제가 근본적인 문제였다. 그는 공리적 방식에는 무정의 술어와 공리의 사용이 필수적이라는 점을 인식하고 있었다. 직관적으로 이러한 용어들과 공리들은 특정한 의미를 지닌다. 예컨대 점, 직선, 평면은 물리적 대응물을 지닌다. 그리고, 유클리드 기하학의 공리에는 이러한 개념들에 대한 물리적 사실을 주장하려는 의도가 들어 있다. 그러나 힐베르트가 강조했듯이 추상적이고 순전히 논리적인 유클리드 기하학의 구조에서 반드시 점, 직선, 평면이 본래 의도된 의미에 얽매여야 할 필요는 없다. 공리는 그 숫자를 최소로 하되 동시에 그것으로 가능한 많은 정리를 연역해 내야 한다. 물리적으로 참이라 여겨지는 것을 공리로 채택한다고 해도 무모순성을 만족시키지 못할 위험이 있다. 즉 공리들로부터 모순이 발생할 가능성을 배제할 수 없다. 파슈, 페아노 그리고 프레게는 일찍이 이런 위험성을 인식했고, 힐베르트도 1900년 파리 수학자 대회에서도 이 문제를 강조했다.

물리적 현실을 추상적 구조로 형식화할 때 발생할 수 있는 결함이 무엇인지는 다음과 같은 비유를 들면 더욱 용이하게 이해할 수 있을 것이다. 어떤 범죄가 발생했다(많은 사람들은 수학이 범죄에 버금가는 고약한 것이라는 데 동의할 것이다.). 이 사건을 수사하는 수사관에게는 범인, 범행 시간 등의 무정의 술어가 주어져 있다. 수사관은 발견해 낸 사실은 어떤 것이든 모두 기록한다. 이 기록이 공리이다. 그 다음 수사관은 범죄에 대한 결론을 얻을 요량으로 사실들을 연역해 낸다. 하지만 서로 모순되는 내용을 연역할 수 있는데, 그것은 그의 가정이 최대한 실제 일어난 상황에 근거한 것이지만 실제 상황에서 벗어난 내용이거나 근접하는 정도의 내용일 가능성이 있기 때문이다. 실제 상황에는 아무런 모순이 없다. 범죄가 발생했고 또 그 범죄를 저지른 범인이 있다. 그렇지만 연역을 하다 보면 범인의 키가 1.5미터라는 결론과 1.8미터라는 결론이 모두 나올 수 있다.

새로운 발전이 없었더라면 여러 공리적 구조의 무모순성을 증명하는 것이 핵심적인 문제로 여겨졌을지 의심스럽다. 1900년이 되기 전에, 이미 수학자들은 더 이상 물리적 사실이 무모순성을 보장해 줄 수 없음을 깨달았다. 예전에 유클리드 기하학이 물리 공간의 기하학으로 받아들여지던 때에는 유클리드 기하학에서 정리를 계속 연역해 나가면 나중에는 모순이 나올 수도 있다는 것은 상상도 못 할 일이었다. 그러나 1900년이 되기 전에, 유클리드 기하학은 인간이 만든 20여 개의 공리 위에 세워진 논리적 구조에 지나지 않으며 또 모순되는 정리가 나타날 가능성이 있다는 점을 깨닫게 되었다. 만일 그런 일이 일어나면 이전의 연구 성과 가운데 상당수는 무의미해지게 된다. 왜냐하면 두 개의 서로 모순되는 정리가 있다면 둘을 이용하여 다른 모순 명제들을 증명할 수 있고, 따라서 그 결과로 얻어지는 정리는 아무짝에도 쓸모가 없게 되기 때문이다. 그러나 힐베르트는 만일 산술의 논리적 구조, 즉 실수 체계의 논리적 구조가 무모순이면 유클리드 기하학도 무모순이라는 사실을 증명함으로써 그런 끔찍한 가능성을 배제했다. 그리고 실수 체계의 무모순성에 대해서는 별다른 이론이 없었다.

그러나 경악스럽게도 1900년 직후에 수에 관한 지식의 기초가 되는 동시에 그것을 확장한 이론에서 모순이 실제로 발견되었다. 1904년에 수학자 앨프리드 프링샤임(Alfred Pringsheim, 1850~1914년)은 수학이 추구하는 진리는 다른 것이 아니라 바로 무모순성임을 지적했다. 또 힐베르트가 1918년 논문에서 이 문제를 다시 한 번 강조했는데, 1900년에 강연을 하던 때보다 그렇게 해야 할 더 많은 이유와 근거를 갖고 있었다.

모순을 내놓아 사람들의 눈을 뜨게 한 새로운 이론은 무한 집합 이론이었다. 해석학을 엄밀화하면서 수렴하는 무한 급수와 발산하는 무한 급수를 구별할 필요가 생겼다. 무한 급수 가운데 삼각 함수로 이루어진 무한 급수가 중요한 역할을 했다. 이 급수는 조제프 푸리에(Joseph Fourier, 1768~1830년)를 기리기 위해 푸리에 급수라는 이름을 얻게 되었다. 엄밀화 과정에서 푸리에 급수와 관련된 문제가 제기되었고 칸토어가 바로 이 문제를 해명하고자 시도했다. 문제 해결 과정에서 칸토어는 수 집합의 이론을 연구하게 되었으며, 특히 홀수들의 집합, 유리수들의 집합, 실수들의 집합과 같은 무한 집합의 원소 개수 개념을 도입했다.

무한 집합을 인간의 마음으로 파악할 수 있는 총체적인 실체로 보았다는 점에서 그는 오랜 전통적 견해와 단절했다. 아리스토텔레스 이래로 수학자들은 실제 무한과 잠재 무한을 구별해 왔다. 예를 들어 지구의 나이를 생각해 보자. 만일 지구가 특정 시점에서 생성되었다면 지구 나이는 잠재 무한이다. 즉 어느 시점에서나 그 나이는 유한이지만 계속 늘어나기 때문이다. 자연수의 집합도 잠재적으로 무한하다고 볼 수 있다. 만일 100만에서 멈췄다면 그보다 하나 더 큰 수, 둘 더 큰 수 등을 생각할 수 있다. 그러나 만일 지구가 과거에 항상 존재했다면 지구 나이는 실제 무한이다. 마찬가지로 자연수 집합을 하나의 총체적 존재로 파악하면 자연수 집합은 실제 무한이다.

무한 집합을 실제 무한으로 보는가, 아니면 잠재 무한으로 보는가 하는 문제는 오랜 역사를 지니고 있다. 아리스토텔레스는 『물리학』에서 이와 같이 결론내리고 있다. "이제 남은 이론은 무한이 잠재적 존재라는 것이다. …… 실제 무한이란 있을 수 없다." 그는 수학에서 실제 무한은 필요 없다고 주장했다. 일반적으로 그리스 인들은 무한을 허용할 수 없는 개념으로 여겼다. 무한은 경계도 없고 확정되지도 않은 그 무엇이다. 이후의 논의는 때때로 방향을 잃고 혼란에 빠지는 데, 그것은 다수의 수학자들이 무한을 수로 이야기하면서도 결코 그 개념을 명확히 하거나 그 속성을 확립하지 않았기 때문이다. 예를 들면, 오일러는 그의 저서 『대수학』(1770년)에서 $\frac{1}{0}$ 이 무한이라고 말했고(하지만 무한을 정의하지 않았고 단순히 ∞란 기호로 표시했다.) 또 $\frac{2}{0}$ 는 의심할 여지 없이 $\frac{1}{0}$ 의 두 배라고 했다. 또 ∞ 기호를, 예를 들어 "n이 ∞에 근접하면 $\frac{1}{n}$ 의 극한은 0이다."와 같이 극한에 사용하면서 혼란은 더욱 커졌다. 여기서 ∞은 $\frac{1}{n}$ 과 0의 차이가 원하는 만큼 작아지도록 n의 값을 크게 할 수 있다는 뜻이다. 실제 무한은 여기에 등장하지 않는다.

그러나 대다수 수학자들은——갈릴레오, 라이프니츠, 코시, 가우스를 비롯한 사람들——잠재 무한 집합과 실제 무한 집합을 구별했고 후자는 고려 대상에서 아예 제외했다. 예를 들어 그들이 유리수 집합을 언급할 때 그 집합에 수를 부여하지 않았다. 데카르트는 이렇게 말했다. "무한은 인식될 수는 있지만 이해될 수는 없다." 또 가우스는 1831년에 슈마허에게 이렇게 썼다. "수학에서 무한 양을 결코 확정적인 것으로 사용해서는 안 된다네. 무한이란 단지 표현 방식일 따름이네. 즉 어떤 양을 얼마든지 커지도록 했을 때 특정 비가 원하는 만큼 어떤 극한에 가까워진다는 것을 의미할 뿐이라네."

따라서 칸토어가 실제 무한 집합을 도입했을 때 과거 위대한 수학자들의 견해에 맞서 이론을 전개해 나가야 했다. 그는 잠재 무한이 실은 논리적으로 선행하는 실제 무한에 의존한다고 주장했다. 또한 $\sqrt{2}$와 같은 무리수는 소수로 나타내면 실제 무한 집합이 생겨나는데, 유한 소수는 단지 근삿값에 지나지 않는다. 그는 자신과 이전의 수학자들 사이에 확연한 선을 스스로 긋고 있음을 인식하면서 1883년에 다음과 같이 말했다. "나는 수학적 무한에 관한 일반적 견해와 수의 본질에 대한 의견에 반대되는 입장을 갖고 있다."

1873년에 그는 무한 집합을 존재하는 실체로 보았을 뿐만 아니라 무한 집합들을 서로 구분하는 일도 시작했다. 그는 언제 두 무한 집합이 동일한 수의 원소, 또는 서로 다른 수의 원소를 갖는지 결정하는 정의를 도입했다. 그의 기본 아이디어는 일대일 대응이었다. 예를 들어, 다섯 권의 책과 다섯 개의 구슬이 동일한 수 5를 나타낸다고 생각할 수 있는데, 그것은 책과 구슬을 서로 하나씩 짝지을 수 있기 때문이다. 칸토어는 일대일 대응을 무한 집합에도 적용했다. 예를 들어 다음과 같이 자연수와 짝수 사이에 일대일 대응을 만들 수 있다.

$$1 \ 2 \ 3 \ 4 \ 5 \cdots$$
$$2 \ 4 \ 6 \ 8 \ 10 \cdots$$

즉 각 자연수는 두 배를 하여 짝수에 대응시키고 짝수는 절반을 하여 자연수에 대응시킨다. 따라서 칸토어는 두 집합이 동일한 수의 원소를 갖는다고 결론지었다. 자연수 집합 전체가 그 집합의 일부분과 일대일 대응을 이룬다는 사실을 기성 수학자들은 너무도 불합리하게 생각했기 때문에 무한 집합에 관한 논의조차 거부했다. 그러나 칸토어는 단념하지 않았다. 그는 사원수가 실수에 대해서는 성립하지 않는 새로운 법칙을 만족시키듯이 무한 집합은 유한 집합에 적용되지 않는 새로운 법칙을 만족시킨다고 보았다. 사실 칸토어는 무한 집합을 그 집합 자신과 일대일 대응을 이루는 진부분 집합이 존재하는 집합으로 정의했다.

실은, 칸토어는 일대일 대응 정의로부터 나온 결과에 스스로도 놀라움을 금하지 못했다. 그는 직선 위의 점들의 집합과 평면 위의 점들의 집합 사이에 일대일 대응이 있음을 알게 되었다. 그리고 1877년에 데데킨트에게 보낸 편지에서 "나는 그것을 두 눈으로 확인했지만 도저히 믿을 수가 없습니다."라고 썼다. 하지만 그는 이런 의구심에 얽매이지 않고 무한 집합의 상등에 관한 일대일 대응 원리를 그대로 견지해 나갔다.

칸토어는 무한 집합 사이의 대소도 정의했다. 만일 집합 A를 집합의 B부분 집합과 일대일 대응이 되도록 할 수 있지만 B는 A나 A의 부분 집합과는 일대일 대응이 되지 않을 때 B는 A보다 크다고 정의했다. 이 정의는 유한 집합에서 당연히 성립하는 내용을 무한 집합으로 확장한 것이다. 만일 다섯 개의 구슬과 일곱 권의 책이 있다면, 구슬과 책을 하나씩 짝지으려 할 때 더 이상 구슬과 짝지을 수 없는 책들이 생긴다. 상등과 부등의 정의를 사용하여 칸토어는 자연수 집합이 유리수 집합과 상등이지만 실수 집합보다는 작다는 놀라운 결과를 얻어 낼 수 있었다.

유한 집합의 원소 개수를 5, 7, 10 등과 같은 기호로 표현하면 여러모로 편리하므로, 칸토어는 무한 집합의 원소 개수에 대해서도 기호를 사용하기로 했다. 자연수 집합 및 자연수 집합과 일대일 대응을 이루는 집합은 원소 수가 모두 같은데, 이 수를 칸토어는 $\aleph_0$ (알레프 영)으로 나타냈다. 자연수 집합보다 큰 실수 집합의 원소 수는 c라는 기호로 표시했다.

더욱이 칸토어는 임의의 주어진 집합에 대해 항상 그보다 더 큰 집합이 존재한다는 사실을 보일 수 있었다. 예를 들면, 주어진 집합의 부분 집합들로 집합을 만들면 그 집합은 본래 집합보다 크다. 이 정리의 증명을 살펴볼 필요는 없지만 유한 집합의 경우를 살펴보면 이 정리의 타당성을 이해할 수 있다. 예를 들어 네 개의 원소로 된 집합이 있을 때, 한 개의 원소로 이루어진 부분 집합은 네 개가 있고, 두 개의 원소로 된 부분 집합은 여섯 개, 세 개의 원소로 된 부분 집합은 네 개, 네 개의 원소로 된 부분 집합은 한 개가 있다. 여기에 공집합을 더하면 부분 집합의 개수는 2^4이며 이 수는 4보다 크다. 특히 자연수 집합의 부분 집합을 살펴봄으로써 칸토어는 $2^{\aleph_0} = c$를 보일 수 있었다. 여기서 c는 실수의 개수를 나타낸다.

칸토어가 무한 집합을 연구하던 1870년대와 그 후 얼마간의 기간 동안, 이 이론은 지엽적인 것으로 간주될 수도 있었다. 그가 증명한 삼각 급수에 관한 정리들은 수학 기초론과 관련된 것은 아니었다. 하지만 1900년 이전에 이미 칸토어의 집합론은 다른 여러 수학 분야에도 널리 쓰이게 되었다. 또 수학자들은 칸토어와 데데킨트는 집합론이 자연수 이론을 세우고 곡선 및 차원의 개념을 분석하는 데 유용하게 활용될 수 있으며 심지어 모든 수학 분야의 기초로도 사용될 수 있다는 사실을 깨달았다. 보렐과 앙리 르베그(Henri Lebesgue, 1875~1941년)는 이미 칸토어의 무한 집합 이론을 이용하여 적분의 일반화를 시도하고 있었다.

따라서 칸토어 자신이 난점을 발견한 사건은 결코 사소한 일이 아니었다. 그는 얼마든지 큰 초한 집합이 있고 또 거기에 대응하는 초한수(transfinite number)가 있음을 보였다. 1895년에 칸토어는 모든 집합들의 집합에 대해 생각했다. 그 집합의 원소 개수는 존재하는 수 가운데 가장 큰 수일 수밖에 없다. 하지만 칸토어는 주어진 집합의 부분 집합으로 이루어진 집합의 초한수가 본래 집합의 초한수보다 크다는 사실을 증명했다. 따라서 최대 초한수보다 더 큰 초한수가 존재할 수밖에 없다. 칸토어는 이 난점을 피하기 위해 이른바 무모순 집합과 모순 집합을 구분했다. 그리고 1899년에 데데킨트에게 보낸 편지에 그 내용을 썼다. 즉 모든 집합의 집합이나 그 원소 개수를 논의의 대상으로 삼을 수 없다는 것이었다.

러셀이 모든 집합들의 집합에 관한 칸토어의 결론을 읽었을 때, 러셀은 그 주장에 수긍하지 않았다. 그는 1901년에 쓴 어느 시론에서 "분명 칸토어는 매우 미묘한 오류를 범했으리라 생각한다. 앞으로 좀 더 연구를 해서 그 오류를 설명했으면 한다."라고 밝혔다. 러셀은 만일 모든 것을 택하면 더 이상 추가할 것이 없기 때문에 최대 초한 집합이 있어야 한다고 덧붙였다. 러셀은 이 문제에 대해 숙고했고 그 결과 자신의 역설을 내놓았는데, 이에 대해서는 나중에 살펴보기로 한다. 16년 후에 러셀은 자신의 시론을 『신비주의와 논리』에 다시 실었는데, 여기에 자신의 실수에 대해 사죄하는 각주를 달아 놓았다.

앞에서 기술한 초한수를 정확히 초한 기수(transfinite cardinal number)라고 부르는데, 이에 더해 칸토어는 초한 서수(transfinite ordinal number)를 도입했다. 기수와 서수의 구별은 다소 미묘하다. 예를 들어 1센트 동전들의 집합을 생각해 보자. 이때 보통 가장 먼저 확인하는 것은 동전이 어떻게 배열되어 있느냐가 아니라 얼마나 많은 동전이 있느냐이다. 이처럼 기수(基數)는 집합의 원소 수이다. 하지만 만일 시험 성적에 따라 학생들에게 등수를 매긴다면 1등, 2등, 3등 하는 식으로 순서를 생각한다. 이처럼 사물의 순서를 나타내는 수를 서수(序數)라고 한다. 열 명의 학생이 있다면 그들의 순위는 1등에서 10등까지로 된 집합을 구성하는데 이 집합은 서수의 집합이다. 일부 고대 문명에서 기수와 서수를 구별했지만, 대부분의 문명에서는 열 개의 원소로 이루어진 순서 집합에도 순서가 없는 집합을 나타내는 기호가 동일하게 사용되었다. 이러한 관습은 현재까지 계속되고 있다. 예컨대 10등까지 등수를 매긴 사람들의 집합이 있다고 해보자. 이 집합의 기수, 즉 사람들의 수는 10이다. 이처럼 순서 집합과 순서가 주어지지 않은 집합 모두 10으로 표시된다. 하지만 무한 집합의 경우는 기수와 서수의 구별이 훨씬 더 중대한 의미를 지니며 따라서 상이한 기호가 사용된다. 예컨대 자연수 순서 집합 1, 2, 3, …의 서수를 칸토어는 ω라고 표시했다. 또 순서 집합

$$1, 2, 3, \cdots, 1, 2, 3$$

은 $\omega + 3$으로 나타냈다(지금도 같은 기호가 사용된다.). 칸토어는 초한 서수의 서열을 도입했다. 이 서열은 $\omega \cdot \omega$, ω^n, ω^ω, … 식으로 계속 뻗어 나간다.

초한 서수 이론을 만들어 내고 난 후인 1895년에 칸토어는 이 수들에도 난점이 있음을 깨달았다. 그리고 그 내용을 힐베르트에게 언급했다. 이 난점을 체사레 부랄리포르티(Cesare Burali-Forti, 1861~1931년)가 1897년에 처음으로 지면에 발표했다. 칸토어는 크기에 따라 순서를 정할 수 있는 실수처럼 서수 집합에도 순서를 매길 수 있다고 믿었다. 그런데 초한 서수의 정리 가운데 하나에 따르면 임의의 서수 α에 대해 그보다 적거나 같은 서수를 모두 모은 집합의 서수는 α보다 크다. 예컨대 서수 1, 2, 3, …, ω로 이루어진 집합의 서수는 $\omega + 1$이다. 따라서 모든 서수들을 모은 집합의 서수는 그 집합에서 가장 큰 원소보다 더 크다. 부랄리포르티는 이것을 최대 서수에 1을 더해 그보다 더 큰 서수를 얻을 수 있다는 식으로 표현했다. 그러나 이것은 모순이다. 왜냐하면 그 집합은 '모든' 서수를 포함하고 있기 때문이다. 부랄리포르티는 서수들에 대해서는 부분적으로만 순서를 매길 수 있다고 결론지었다.

이 두 가지 난점만 있었다면 의심할 여지 없이 대다수 수학자들은 19세기의 수학 엄밀화가 가져다준 낙원에서 행복하게 안주하는 데 만족했을 것이다. 최대 초한 기수와 최대 초한 서수가 있느냐 하는 문제는 아무런 거리낌 없이 무시할 수 있었다. 어차피, 자연수에도 최대 원소가 없는데, 이 사실을 문제 삼는 사람은 아무도 없다.

하지만 칸토어의 무한 집합 이론은 큰 논란을 불러일으켰다. 이미 언급했듯이 집합론은 여러 수학 분야에서 사용되고 있었다. 그러나 일부 수학자들은 여전히 실제 무한 집합과 그것을 이용한 이론을 받아들이려 하지 않았다. 개인적으로도 칸토어에게 반감을 갖고 있던 레오폴트 크로네커(Leopold Kronecker, 1823~1891년)는 칸토어를 사기꾼이라고 여겼다. 푸앵카레는 무한 집합 이론이 중대한 질병이라고 생각했다. 1908년에 푸앵카레는 이렇게 말했다. "후세 사람들은 집합론을 치료가 완료된 하나의 질병으로 여길 것이다." 1920년대까지도 수많은 수학자들이 초한수 사용을 피했다(10장 참조). 칸토어는 자신의 연구 성과를 옹호했다. 그는 자신이 플라톤주의자이며 인간과 독립된 객관적 세계의 존재를 믿는다고 말했다. 그 실재를 인식하기 위해서 단지 그 이데아만을 상기하면 될 따름이라는 것이다. 철학자의 비판에 맞서 칸토어는 형이상학과 심지어 하느님까지 내세웠다.

그러나 다행히도 칸토어의 이론은 다른 사람들에게는 환영을 받았다. 러셀은 칸토어를 19세기의 가장 위대한 지성인으로 치켜세웠다. 그는 1910년에 다음과 같이 말했다. "수학적 무한과 관련하여 예전에 제기되었던 문제들을 해결한 일이야말로 우리 시대가 자랑해야 할 가장 위대한 성취이다." 힐베르트도 어느 누구도 "칸토어가 만들어 놓은 낙원에서 우리를 내쫓을 수는 없을 것이다."라고 확언했다. 그는 또한 1926년에 칸토어의 성과를 두고 이렇게 말했다. "수학적 지식 가운데 가장 감탄할 만한 꽃이며 순수 인간 이성 활동의 최고 성과라고 생각한다."

집합론이 논란을 일으킨 이유에 대해 펠릭스 하우스도르프(Felix Housdorff, 1868~1942년)는 자신의 책 『집합론의 기초』(1914년)에서 다소 재치 있게 묘사했다. 그는 집합론을 두고 이렇게 말했다. "이 분야에서는 어떤 것도 자명해 보이지 않는다. 참된 명제가 때때로 역설적으로 보이고 그럴듯해 보이는 명제가 실은 그릇된 명제가 되는 분야가 바로 집합론이다."

하지만 대다수 수학자들은 칸토어의 이론으로 인해 당혹감을 느끼고 있었다. 그것은 다양한 크기의 무한 집합을 받아들여야 하는 문제 때문은 아니었다. 모든 집합들의 집합과 모든 서수들의 집합에 수를 부여하는 과정에서 칸토어가 발견한 모순으로 인해 수학자들은 새로운 분야뿐만 아니라 확립된 것으로 여겨지던 기존 분야에서도 자신들이 유사한 개념을 사용해 왔다는 사실을 깨닫게 되었다. 그들은 이러한 모순들을 역설이라고 불렀는데, 그것은 수학자들은 이러한 모순들이 해결될 수 있다는 믿음을 갖고 싶어했기 때문이다(역설은 일반적으로는 모순을 야기하지 않고 특정한 경우에만 모순을 일으키기 때문에 해결 가능하다.). 현재는 역설 대신에 이율배반(antinomy)이라는 전문 용어가 사용되고 있다.

이 역설들 가운데 몇 개를 살펴보자. 수학에 속하지 않는 역설의 예는 다음과 같다. "모든 규칙에는 예외가 있다." 이 명제 역시 규칙이며 따라서 예외가 있어야 한다. 즉 예외가 없는 규칙이 있어야 하는 것이다. 이러한 명제는 그 명제 자신에 대해서도 적용되며 동시에 자신을 부정한다.

가장 널리 알려진 비수학적 역설은 소위 거짓말쟁이 역설이다. 아리스토텔레스를 비롯해 수많은 논리학자들이 이 예에 대해 논의했다. 고전적인 형태는 문장에 관한 명제로 주어져 있다. "이 문장은 거짓이다." 인용한 명제를 S로 표시하자. 만일 S가 참이라면 S는 거짓이 된다. 만일 S가 거짓이라면 S는 참이 된다.

이 역설의 변형된 형태로 여러 역설들이 존재한다. 어떤 사람이 무언가를 주장하고 나서 "나는 거짓말을 하고 있다."라고 했다고 하자. 그렇다면 "나는 거짓말을 하고 있다."라는 주장은 참일까 아니면 거짓일까? 만일 그 사람이 진짜로 거짓말을 하고 있다면 그는 진실을 말하는 것이고 만일 진실을 말하고 있다면 거짓말을 하고 있는 것이다. 일부 역설은 스스로를 직접적으로 지칭하지 않는다. 예를 들어 다음 두 문장을 보자. "다음 문장은 거짓이다. 앞의 문장은 참이다." 이 주장 역시 모순이다. 만일 두 번째 문장이 참이라면 첫 번째 문장에 의해 두 번째 문장이 거짓이라는 결론이 나온다. 그러나 만일 두 번째 문장이 거짓이라면 앞의 문장은 거짓이 되고 따라서 두 번째 문장은 참이라는 말이 된다.

20세기 최고의 논리학자 괴델은 다소 다른 형태의 모순을 예로 들었다. 1934년 5월 4일에 A라는 사람이 오로지 다음과 같은 문장만을 말하고 입을 닫았다고 하자. "1934년 5월 4일에 A가 하는 말은 모두 거짓이다." 이 문장은 참일 수 없는데, 그날 언급한 말은 모두 거짓이라고 했기 때문이다. 그러나 또 이 문장은 거짓일 수 없는데, 그 이유는 거짓이라면 A가 참인 말을 했다는 이야기가 되기 때문이다. 그러나 A는 그날 오직 한 문장만을 말했다.

어려움을 안겨 준 최초의 수학 모순은 러셀에 의해 발견되었다. 그는 이 내용을 프레게에게 알렸다. 당시는 프레게가 『산술의 기본 법칙』 제2권을 출판하고 난 직후였다. 프레게는 이 책에서 수 체계의 기초에 관한 새로운 접근법을 건설하고 있었다. 프레게는 집합 이론을 사용했는데, 여기에 러셀이 발견하여 프레게에게 알려온 바로 그 모순, 그리고 『수학의 원리』(1903년)에도 담겨 있는 그 모순이 포함되어 있었다. 러셀은 칸토어가 고려한 모든 집합의 집합을 연구하는 과정에서 이 역설을 생각해 냈다.

러셀의 역설은 집합에 대한 것이다. 책들의 집합은 책이 아니며, 따라서 자기 자신에 속하지 않는다. 그러나 관념들의 집합은 그 자체가 하나의 관념이므로 자기 자신에 속한다. 또 목록들의 목록은 그 역시 목록이다. 이렇게 어떤 집합은 자기 자신에 속하고 또 어떤 집합은 자기 자신에 속하지 않는다. 자기 자신을 원소로 갖고 있지 않은 집합들을 모두 모은 집합 N을 생각해 보자. 과연 N은 어디에 속할까? 만일 N이 N에 속한다면 N의 정의에 의해 N은 N에 속해서는 안 된다. 만일 N이 N에 속하지 않는다면 N의 정의에 따라 N에 속하게 된다. 러셀이 이 역설을 처음으로 발견했을 때 난점은 수학 자체가 아니라 논리학 어딘가에 있다고 생각했다. 그러나 이 역설은 바로 대상물들의 집합이라는 개념과 직접적인 관련이 있었다. 그리고 집합이라는 개념은 수학 전체에 널리 쓰이는 개념이었다. 힐베르트는 이 역설이 수학에 파국적인 영향을 가져온다고 주장했다.

러셀은 1918년에 이율배반을 일반인들이 이해할 수 있는 형태로 표현해 냈는데, 이는 '이발사의 역설'이라는 이름으로 알려져 있다. 어느 마을 이발사는 스스로 면도를 하는 사람에게는 면도를 해 주지 않지만 스스로 면도를 하지 않는 사람들은 빠짐없이 면도를 해 준다. 그 마을에 이발사는 오직 그뿐이다. 그런데 어느 날 그 이발사는 스스로 면도를 해야 할 것인지 의문이 생겼다. 만일 자신이 스스로 면도를 하려 한다면 스스로 면도하는 사람에게는 면도를 해 주지 않겠다고 했으므로 규칙을 깨는 게 된다. 그러나 만일 스스로 면도를 하지 않는다면 그런 사람에게 면도를 해 주겠다고 했으므로 면도를 해야 한다. 이발사는 논리적 곤경에 빠진 것이다.

수학에서 생겨난 대표적인 또 다른 역설은 1908년에 수학자 쿠르트 그렐링(Kurt Grelling, 1886~1941년)과 레오나르트 넬존(Leonard Nelson, 1882~1927년)이 처음으로 기술한 것이다. 이 역설은 형용사와 관련되어 있다. 형용사는 두 종류로 나눌 수 있는데, 첫째로 short와 English처럼 자기 자신에도 적용되는 형용사(즉 short란 단어는 짧고 English란 단어는 영어이다.)와, 둘째로 long과 French처럼 자기 자신에는 적용되지 않는 형용사가 있다. 더 예를 들면 polysyllabic(다음절인)이란 형용사는 그 자체가 polysyllabic이지만 monosyllabic(단음절인)이란 형용사는 monosyllabic이 아니다. 자기 자신에게도 적용되는 형용사를 재귀적(autological), 그렇지 않은 형용사를 이종적(heterological)이라고 부르자. 이제 heterological이란 말을 생각해 보자. 만일 heterological이 heterological이라면 그 형용하는 뜻이 자기 자신에게도 적용되므로 autological이 된다. 그리고 heterological이 autological이라면 heterological이 아니다. 그러나 만일 heterological이란 말이 autological이라면 autological의 정의에 따라 자기 자신에 적용되므로 heterological은 heterological이다. 따라서 어떤 가정을 하더라도 모순이 생긴다. 기호로 이 역설을 표현하면 다음과 같다. "x가 x가 아니면 x는 heteroloical이다."

1905년, 쥘 리샤르(Jules Richard, 1862~1956년)는 칸토어가 실수의 개수가 자연수의 개수보다 크다는 사실을 증명하기 위해 사용했던 것과 동일한 방식을 사용하여 또 다른 '역설'을 내놓았다. 그 논의 내용은 다소 복잡하지만 동일한 모순이 보들리언 도서관(영국 옥스퍼드 대학교 도서관—옮긴이)의 G. G. 베리에 의해 단순한 형태로 기술되었다. 베리는 이 역설을 러셀에게 보냈고 러셀은 그 내용을 1906년에 출간했다. 이 역설은 '단어 역설'로 불린다. 각 자연수는 말을 사용하여 여러 가지 방식으로 표현될 수 있다. 예를 들면 다섯은 '다섯'이란 한 단어나 '넷 다음에 나오는 자연수'로 서술할 수 있다. 이제 영어 알파벳 100자 이내로 기술할 수 있는 것들을 생각해 보자. 그렇다면 가능한 가짓수는 잘해야 27^{100}이다. 따라서 27^{100}가지의 기술로는 규정할 수 없는 자연수가 반드시 있게 된다. 그렇다면 "알파벳 100자 이내로 기술할 수 없는 수 가운데 가장 작은 수(the smallest numbers not describable in a hundred letters or fewer)"를 생각해 보자. 그런데 이 수는 100자 이내의 알파벳으로 기술되어 있다.

1900년대 초의 상당수 수학자들은 위와 같은 역설이 집합론과 관련되어 있다는 이유로 철저히 무시하는 경향을 보였다. 당시에는 새로운 이론이었던 집합론을 중요하지 않은 분야로 인식하고 있었기 때문이다. 하지만 그러한 역설에 당혹감을 느끼는 사람들이 있었다. 그들은 이 역설들로 인해 전통적인 수학뿐만 아니라 인간의 추론 자체도 영향을 받는다는 사실을 인식하고 있었다. 일부는 윌리엄 제임스가 『프래그머티즘』에서 한 다음과 같은 충고를 따르려고 했다. "모순(contradiction)과 만났을 때에는 구분(distinction)을 지어야 한다." 프랭크 플럼턴 램지(Frank Plumton Ramsey, 1903~1930년)를 시작으로 하여 일부 논리학자들은 의미론적 모순과 실질 모순을 구분했다. 그들은 '단어 역설', '이종적 역설', 또 '거짓말쟁이 역설'을 의미론적 역설이라고 했는데, 그것은 진리 및 정의 가능성과 같은 개념이나 단어의 모호한 사용이 개입되어 있기 때문이었다. 그러한 개념들을 명확하게 정의하고 나면 의미론적 모순들은 해결된다고 보았다. 한편, 러셀의 역설, 모든 집합들의 집합과 관련한 칸토어의 역설, 그리고 부랄리포르티 역설은 논리적 모순으로 간주된다. 하지만 러셀 자신은 이런 구분을 하지 않았다. 그는 모든 역설은 한 가지 오류에서 생겨났다고 믿었으며, 그 오류를 순환 논증이라고 불렀다. 러셀은 이에 대해 다음과 같이 설명했다. "어떤 모임의 전체는 그 모임에 속해서는 안 된다." 다시 말하자면 만일 어떤 대상물들의 모임을 정의하기 위해 그 모임 전부를 사용해야 한다면 그 정의는 무의미하다는 것이다. 1905년에 한 러셀의 이 설명을 1906년에 푸앵카레가 받아들이면서 재귀 서술 정의(impredicative definition)란 말을 만들어 냈다. 재귀 서술 정의란 정의하려는 대상이 포함되어 있는 모임을 이용해 정의하는 것을 가리킨다. 그러한 정의는 잘못된 것이다.

러셀 자신이 『수학 원리』에 소개한 예를 살펴보자(10장 참조). 배중률에 따르면 모든 명제는 참이거나 거짓이다. 그러나 배중률 역시 명제이다. 그 의도가 논리학의 참된 법칙을 선언하려는 것이라고는 해도 어쨌든 하나의 명제이며 따라서 거짓이 될 가능성이 있다. 러셀이 말했듯이 이 법칙의 언명은 무의미하다.

다른 예도 이해에 도움이 될 만하다. 전지전능한 존재는 불멸의 대상을 창조할 수 있을까? 전지전능하니까 당연히 그렇게 할 수 있다. 하지만 전지전능하다면 어떤 대상이라도 파괴할 수 있다. 여기서 전지전능이란 말은 부적절한 전체를 포함하고 있다. 그러한 역설은 논리학자 앨프리드 타르스키가 지적했듯이 의미론적이기는 하지만 언어 자체를 위협하는 역설이다.

이러한 역설을 해결하려는 다른 여러 시도가 있었다. "모든 법칙에는 예외가 있다."라는 명제로 인해 생겨나는 모순은 일부 사람들은 의미 없는 것으로 여겼다. 그리고 그들은 문법적으로는 문제가 없지만 논리적으로는 의미가 없거나 거짓인 문장이 존재한다고 덧붙였다. 예를 들면 "이 문장에는 네 개의 단어가 들어 있다."와 같은 문장을 생각할 수 있다. 마찬가지로 자기 자신을 원소로 갖지 않는 집합들의 집합은 의미가 없거나 아예 존재하지 않기 때문에 러셀의 역설은 일고의 가치도 없다는 것이다. '이발사의 역설'의 경우, 그런 이발사가 존재하지 않는다고 하거나 아니면 "선생님이 수업에 참석하는 모든 사람들을 다 가르친다."와 같은 문장에서 모든 사람에 선생님을 포함시키지 않는 것처럼 면도를 해 주거나 해 주지 않는 사람들 모임에서 이발사 자신을 제외하면 이 역설은 '해결' 된다. 그런데 러셀은 마지막 해결 방식을 배격했다. 러셀은 1908년에 발표한 논문에서 이렇게 말했다. "차라리 긴 코를 지닌 사람에게 '내가 코에 대해 이야기할 때 유난히 긴 코는 제외하고 말씀드릴 겁니다.' 라고 하는 편이 낫다. 곤란한 주제를 피하기 위한 좋은 방법은 결코 못 된다."

'모든' 이란 말이 모호하다는 것은 사실이다. 일부 사람들에 따르면 몇몇 의미론적 역설은 '모든' 이라는 낱말 사용 때문에 생겨난다고 한다. 부랄리포르티 역설에서는 모든 서수의 집합을 말하고 있다. 이 집합은 자신의 서수를 포함하고 있을까? 마찬가지로 이종적 역설은 낱말들의 집합을 규정한다. 이 집합은 '이종적' 이란 낱말 자체를 포함할까?

재귀 서술 정의에 대한 러셀과 푸앵카레의 반대 의견은 널리 받아들여졌다. 불행히도 재귀 서술 정의들은 기존 수학에서 사용되어 왔다. 가장 큰 관심과 우려를 불러일으킨 사례가 최소 상계(least upper bound)의 개념이었다. 3과 5 사이에 있는 모든 수들의 집합을 생각해 보자. 상계란 집합의 최대 원소보다 더 큰 수를 말하는데, 예를 들면 5, 5.5, 6, 7, 8 등이 상계이다. 상계 가운데 가장 작은 게 최소 상계인데, 이 경우에는 5가 된다. 이처럼 최소 상계는 정의하고자 하는 대상이 포함되어 있는 상계들의 집합을 이용해 정의되고 있다. 재귀 서술 정의의 또 다른 예는 함수의 최댓값이다(구간이 주어진 경우). 함수의 최댓값은 그 구간에서 함수가 취하는 값들 가운데 가장 큰 값을 의미한다. 이 역시 재귀 서술 정의이다. 이 둘은 수학에서 기본적인 개념이며, 해석학의 상당 부분이 이 개념에 의존한다. 더구나 많은 재귀 서술 정의가 다른 수학 분야에서도 사용되고 있다.

역설과 관련된 재귀 서술 정의가 역설을 결과로 내놓지는 않는다. 하지만 수학자들은 모든 재귀 서술 정의가 꼭 모순을 낳지는 않는다는 사실 때문에 당혹감을 느꼈다. "존은 자신의 팀에서 가장 키가 크다."와 "이 문장은 짧다."와 같은 문장은 재귀 서술이기는 하지만 별 문제를 일으키지는 않는다. "1, 2, 3, 4, 5로 이루어진 집합에서 가장 큰 수는 5이다."와 같은 문장 역시 마찬가지이다. 실은, 재귀 서술 문장을 쓰는 경우는 흔히 볼 수 있다. 예를 들어 원소가 5개 이상인 집합들의 집합을 택하면 그 집합은 자기 자신을 포함한다. 마찬가지로 25개 단어 이내로 정의할 수 있는 집합들의 집합 S는 자기 자신 S를 포함한다. 이러한 경우가 수학에 많다는 사실은 사람들에게 충분히 당혹감을 불러일으킬 만했다.

불행히도 어떤 재귀 서술 정의가 문제를 일으키고 또 어떤 것이 그렇지 않은지 결정하는 기준은 없다. 따라서 모순을 결과로 내놓는 재귀 서술 정의가 더 많이 발견될 위험성이 있었다. 이 문제는 에른스트 체르멜로(Ernst Zermelo, 1871~1953년)와 푸앵카레가 논의를 시작한 순간부터 긴급하게 해결해야 할 현안이 되었다. 푸앵카레는 모든 재귀 서술 정의를 금지하자고 제안했다. 20세기 전반부의 수학계를 이끌던 바일은 일부 재귀 서술 술어에 대해 과연 모순을 일으키는지 관심을 기울였다. 그는 최소 상계의 정의를 바꿔 표현하여 재귀 서술 정의를 피하려고 상당히 애를 썼다. 하지만 성공하지 못했다. 그는 불안한 마음을 억누를 수 없었다. 그리고 해석학의 기초가 부실하며 그 일부는 희생되어야 한다고 결론을 내렸다. "집합을 구성할 때 아무 조건이나 제한 없이 택해서는 안 되며, 또 그렇게 구성한 집합이 마구잡이로 다른 집합의 원소가 되게 해서도 안 된다."라는 러셀의 집합 구성 요건도 재귀 서술 정의의 허용 문제를 해결하지 못했다.

모순의 주요 요인은 명확해 보였지만 그런 모순들을 없애기 위해서 수학을 어떻게 건설해야 할 것인가 하는 문제와 또 새로운 모순이 생기지 않도록 하려면 어떻게 해야 하는가 하는 더욱 중요한 문제는 여전히 해결되지 않은 상태로 남아 있었다. 왜 무모순성 문제가 1900년 초에 초미의 현안이 되었는지 이제 이해할 수 있다. 수학자들은 모순을 집합론의 역설로 돌렸다. 하지만 집합론에서의 연구 성과 덕분에 그들은 기존 수학에서도 모순이 있을 수 있음을 깨닫게 되었다.

견고한 수학의 기초를 확립하려는 노력에서 무모순성을 확보하는 일은 가장 해결하기 어려운 문제가 되었다. 그러나 이미 얻어 낸 결과들을 확실하게 해야 한다는 관점에서 그와 못지않게 중요한 다른 여러 문제들도 1900년대 초에 대두되었다. 이미 비판 정신은 19세기 후반에 상당한 수준으로 심화되었고, 이제 수학자들은 예전에는 그냥 받아들이던 모든 것을 재검토하고 있었다. 그들은 수많은 증명에서 사용되어 왔으나 논리적 근거가 미약해 보이는 한 가지 주장에 주목했다. 그 주장이란 집합들의 무리가 주어져 있을 때 각 집합에서 원소를 하나씩 꺼내어 새로운 집합을 구성할 수 있다는 것이었다. 예를 들면 미국 50개 주에 사는 사람들에 대해 각 주에서 한 사람씩 뽑아내 새로운 집합을 만들어 낼 수 있다.

체르멜로는 1904년에 출간한 논문에서 위의 주장이 이른바 선택 공리(axiom of choice, 공집합이 아닌 집합들을 원소로 갖는 집합 족이 주어졌을 때, 각각의 집합에서 하나씩의 원소를 빼서 새로운 집합을 만들 수 있다는 공리. 1938년 괴델이 공리가 다른 공리 체계와 모순이 없음을 밝혔고, 1963년 폴 코언이 기존의 공리 체계에서 유도할 수 없는 독립적 공리임을 증명했다.—옮긴이)를 가정해야 가능하다는 사실을 지적했고, 이는 수학자들 사이에 상당한 반향을 불러일으켰다. 이에 대한 역사는 이 책의 주제와 얼마간 관련되어 있다. 초한수에 크기에 따른 순서를 부여하려고 할 때 칸토어에게는 실수로 구성된 임의의 집합은 정렬(well ordered)이 가능하다는 정리가 필요했다. 집합이 정렬되어 있으려면 우선 순서가 정해져 있어야 한다. 순서가 정해져 있다는 것은 자연수에서와 같이 임의의 두 원소 a, b를 잡으면 a가 b에 선행하거나 아니면 b가 a에 선행하게 된다는 뜻이다. 또한 a가 b에 선행하고 b가 c에 선행하면 a는 c에 선행한다. 집합이 정렬되어 있다는 것은 그 집합의 부분 집합을 임의로 택해도 그 부분 집합은 첫 번째 원소를 항상 갖는다는 뜻이다. 예를 들면 일반적으로 사용되는 순서가 주어진 자연수들의 집합은 정렬 집합이다. 실수들의 집합은 순서 집합이지만 정렬 집합은 아니다. 왜냐하면 0보다 큰 원소들로 이루어진 부분 집합은 첫 번째 원소를 갖고 있지 않기 때문이다. 칸토어는 모든 집합을 정렬할 수 있다고 추측했다. 그는 이 개념을 1883년에 도입하여 사용했지만 증명하지는 못했다. 그리고 앞에서 말했듯이 힐베르트는 1900년 제2차 세계 수학자 대회에서 실수 집합을 정렬할 수 있음을 증명하라는 문제를 내놓았다. 체르멜로가 1904년에 이를 증명했고 증명 과정에서 선택 공리가 사용되었다는 사실에 사람들의 주의를 환기시켰다.

과거에도 그런 사례가 다수 있었지만, 수학자들은 공리를 부지불식간에 사용하다가 훨씬 뒤에야 그 사용 사실을 깨닫고 그때서야 부랴부랴 그 공리의 근거를 마련하는 일로 골머리를 앓고는 한다. 칸토어는 1887년에 무한 집합에는 기수가 $\aleph_0$인 부분 집합이 항상 존재한다는 사실을 증명하면서 선택 공리를 부지불식간에 사용했다. 이 공리는 위상수학, 측도 이론, 대수학, 함수해석학 등의 수많은 정리의 증명에서 이미 사용되었다. 예를 들면 유계인 무한 집합에서 그 집합의 극한점에 수렴하는 수열을 택할 수 있다는 증명에 사용된다. 또 페아노의 자연수 공리계로부터 실수를 구성해 내는 기초론 문제에도 사용된다. 그리고 유한 집합의 멱집합(모든 부분 집합들을 원소로 하는 집합)이 유한이라는 것을 증명할 때에도 사용된다. 1923년 힐베르트는 선택 공리가 수학 추론의 첫 번째 요소를 이루는 것으로 필요 불가결한 일반 원리라고 했다.

페아노는 최초로 선택 공리에 주의를 환기시켰다. 1890년 그는 집합들의 모임에 대해 각 집합의 원소를 선택하는 임의의 규칙을 무한 번 적용할 수 없다고 썼다. 그가 다룬 문제(미분방정식의 적분 가능성)에서 그는 선택 법칙을 명확히 했고 이로써 난점을 해결했다. 이 공리는 1902년에 베포 레비(Beppo Levi) 같은 사람의 인정을 받았고 또 1904년에 에르하르트 슈미트(Erhardt Schmit)가 이 공리를 체르멜로에게 일러주었다.

체르멜로가 선택 공리 사용을 분명하게 선언하자, 곧바로 저명한 학술지 《수학 연보》 그 다음 호(1904년)에 격렬한 반대의 목소리가 실렸다. 에밀 보렐(Emile Borel, 1871~1956년)과 펠릭스 베른슈타인(Felix Bernstin, 1878~1956년)은 선택 공리 사용을 비판했다. 이 비판을 뒤이어 거의 한꺼번에 보렐, 르네 베르(René Baire, 1874~1932년), 르베그, 그리고 자크 아다마르(Jacques Hadamard, 1865~1963년) 등 수학계를 이끌던 수학자들 사이에 편지가 오갔고, 그 내용이 1905년 《프랑스 수학학회 회보》에 실렸다.

비판의 핵심은 각 집합에서 어떤 원소를 골라야 할지 규정하는 명확한 규칙이 없다면 실질적으로 선택이 이루어진 것이 아니며, 따라서 새로운 집합이 구성되지 않는다는 것이다. 증명 과정에서 선택은 변할 수 있고, 따라서 그 증명은 유효하지 않다. 보렐이 말했듯이, 규칙 없이 선택하는 것은 신앙 행위이며, 따라서 이 공리는 수학 영역을 벗어난 것이다. 1906년 러셀이 내놓은 예를 살펴보자. 만일 100켤레의 신발이 있고 여기에서 켤레마다 왼쪽 신발을 택한다고 하면 분명한 선택 규칙을 세워 놓은 것이다. 그러나 만일 100켤레의 양말이 있고 켤레마다 어떤 짝을 골라냈는지 말해야 한다면 그러한 선택을 규정할 만한 분명한 규칙이 없다. 하지만 선택 공리의 옹호자들은 선택 규칙이 없다는 점을 인정하면서도 그런 규칙이 필요하다고 보지 않았다. 그들은 이미 선택은 이루어졌는데 더 이상 왈가왈부할 이유가 없다고 여겼다.

다른 이유에서 반대하는 사람들도 있었다. 푸앵카레는 선택 공리를 인정했지만 체르멜로의 정렬 가능 증명은 재귀 서술 명제를 사용하고 있다는 이유에서 받아들이지 않았다. 베르와 보렐은 선택 공리 자체를 반대했을 뿐만 아니라 어떻게 정렬을 이룰 수 있는지 제시하지 않았다는 이유로 증명에도 반대했다. 즉 정렬이 가능하다는 것만을 증명했다는 것이다. 루이첸 브라우베르(Luizen E. J. Brouwer, 1881~1966년)—이 사람의 기본 생각은 나중에 살펴볼 것이다(10장 참조.)— 는 실제 무한 집합 자체를 인정하지 않았기 때문에 체르멜로에 반대했다. 러셀은 집합의 모든 원소가 지니고 있는 속성으로 그 집합을 정의해야만 한다는 이유에서 반대했다. 예컨대 녹색 모자를 쓰고 있는 사람들의 집합을 녹색 모자를 쓰고 있다는 속성으로 정의해야 꼴이라는 것이다. 하지만 선택 공리에서는 선택된 원소에 대해 분명한 속성을 요구하지 않는다. 단지 주어진 집합들의 모임에 대해 각 집합에서 원소를 하나씩 끄집어 낼 수 있다고만 말한다. 체르멜로 자신은 직관적 수준에서 집합 개념을 사용하는 데 만족하고 있었고, 따라서 주어진 집합들 각각에서 원소를 골라내어 새로운 집합을 구성하는 것은 분명히 가능하다고 보았다.

아다마르만이 체르멜로의 유일하고 열성적인 옹호자였다. 그는 칸토어의 연구를 옹호하면서 사용했던 동일한 근거를 들면서 선택 공리를 받아들여야 한다고 주장했다. 그는 어떤 대상물들의 존재를 주장할 때 반드시 그 대상물을 기술할 필요는 없다고 생각했다. 존재 주장만으로 수학이 발전을 이룬다면 그 주장은 받아들일 만하다는 입장이었다.

이러한 비판에 답하기 위해 체르멜로는 정렬 가능성의 두 번째 증명을 내놓았는데 이때에 선택 공리를 사용했다. 그리고 실은 정렬 가능 정리와 선택 공리가 동치임을 보였다. 체르멜로는 선택 공리 사용을 옹호하면서 모순이 나오지 않는 이상은 계속해 사용해야 한다고 말했다. 그는 "선택 공리는 명료한 객관적 특성을 지니고 있다."라고 말했다. 그는 선택 공리가 무한개의 집합들에서 선택하는 문제를 다루고 있기 때문에 완전히 자명하지는 않다는 점에 동의했지만 중요한 정리를 증명하는 데 사용되고 있기 때문에 필수 불가결한 과학의 도구라고 주장했다.

선택 공리와 동치인 여러 명제가 만들어졌다. 집합론의 다른 공리들과 더불어 선택 공리를 채택한다면 이 명제들은 정리가 된다. 하지만 선택 공리를 논란의 여지가 적은 명제로 대체하려는 모든 노력은 수포로 돌아갔고 수학자 모두가 받아들일 만한 것으로 대체할 가능성은 전혀 없어 보였다.

선택 공리와 관련한 핵심 쟁점은 수학자들이 말하는 존재의 의미였다. 존재한다는 것은 일부 사람들에게는, 예컨대 넓이가 무한대인 폐곡면처럼 모순을 일으키지 않는 유용한 관념적 개념이면 충분했다. 다른 사람들에게는 개념을 명확하고 분명한 실례로 구체화하는 것, 그래서 누구나 명확히 지시하거나 최소한 묘사할 수 있는 것을 의미했다. 단순한 선택 가능성으로는 충분하지 못했다. 이 두 가지 상충되는 견해는 시간이 경과하면서 더욱 첨예하게 대립하게 되는데, 그에 관해서는 나중에 좀 더 자세히 다룰 것이다. 지금 여기서는 선택 공리가 심각한 쟁점이었다는 사실을 알아두는 것으로 충분하다.

이런 사정에도 불구하고 많은 수학자들은 계속해서 선택 공리를 사용했다. 수학자들 사이에 선택 공리가 타당하고 또 받아들일 만한 수학인지를 두고 여전히 논란이 계속되었다. 선택 공리는 유클리드 평행선 공리 다음으로 가장 많이 논의된 공리였다. 르베그가 말했듯이 반대자들 간에는 전혀 의견의 일치가 없었기 때문에 서로를 향한 인신공격만이 있을 따름이었다. 르베그 자신은 부정적이고 의심스러워하는 마음을 갖고 있었는데도 선택 공리를 그 자신의 표현을 빌리자면 대담하면서도 신중하게 채택했다. 그는 앞으로의 발전 과정이 선택 공리의 올바름을 판단하는 근거가 될 것이라고 주장했다.

그러나 또 다른 문제가 1900년대 초 수학자들을 괴롭히기 시작했다. 당시에는 그 문제가 중요하지 않은 듯 보였지만 칸토어의 초한 기수와 초한 서수 이론이 더욱더 많이 사용되자 그 해결책이 중요한 관심사로 떠올랐다.

칸토어는 후기 연구에서 서수 이론이라는 기초 위에 초한 기수 이론을 구성해 냈다. 예컨대 유한 서수를 갖는 모든 집합들의 모임을 택하면 그 집합의 서수는 $\aleph_0$ 이다. 가부번(可附番) ($\aleph_0$) 개의 원소만을 포함하는 기수들의 집합들을 모아 놓으면 그 서수는 $\aleph_1$이다. 이런 식으로 계속하여 그는 점점 더 커지는 기수를 얻는데, 그 수를 $\aleph_0$, $\aleph_1$, $\aleph_2$, … 등으로 나타냈다. 더욱이 연이어 있는 두 기수 사이에는 다른 기수가 존재하지 않는다. 즉 $\aleph_0$ 다음으로 큰 기수는 $\aleph_1$이고 $\aleph_1$ 다음으로 큰 기수는 $\aleph_2$ 라는 이야기이다. 그러나 칸토어는 초한수에 관한 예전의 연구에서 실수 집합의 기수는 $2^{\aleph_0}$, 즉 간단한 기호로 c이고 c는 $\aleph_0$ 보다 크다는 사실을 보여 주었다. 그런 다음에 그는 위에 나온 수열에서 c가 어느 위치에 들어가느냐는 문제를 제기했다. $\aleph_1$이 $\aleph_0$ 의 다음 번 기수이기 때문에 c는 $\aleph_1$보다 크거나 같다. 그는 $c = \aleph_1$이라고 추측했고 이 추측은 연속체 가설로 불린다.* 연속체 가설을 좀 간단히 표현하면 $\aleph_0$ 와 c 사이에 초한수가 존재하지 않는다는 것이다.** 새로운 명제를 증명할 수 있다는 점을 제외하고도 연속체 가설은 무한 집합, 일대일 대응, 선택 공리 등, 집합론의 기초 확립에 사용될 수 있는 개념을 이해하는 데 매우 중요한 역할을 하게 되었다.

이렇게 20세기 초 수학자들은 여러 심각한 문제에 직면해 있었다. 이미 발견된 모순들을 해결해야만 했다. 또 더욱 중요한 것은 더 이상 새로운 모순이 생겨나지 않도록 모든 수학 분야의 무모순성을 증명해야 하는 일이었다. 선택 공리를 받아들이지 않는 수학자들이 상

---

* 기수가 $\aleph_1$인 집합을 택한 다음, 이 집합의 부분 집합들로 집합을 만든다. 그 기수는 $2^{\aleph_1}$이고 $2^{\aleph_1} > \aleph_1$이다. 그렇다면 $2^{\aleph_1} = \aleph_2$이고 $2^{\aleph_n} = \aleph_{n+1}$이라는 추측이 가능하다. 이 추측이 일반화된 연속체 가설이다.

** 이 형태에서는 선택 공리가 사용되지 않고 있다.

당수 있었고, 따라서 그 공리에 의존한 수많은 정리들이 의문시되었다. 이 정리들을 더욱 수용할 만한 공리를 이용해 증명할 수는 없을까? 즉 선택 공리를 아예 없애 버릴 수는 없을까? 또 연속체 가설은 이론의 발전과 더불어 그 중요성이 더욱더 분명해지면서 옳다고 증명을 하거나 아니면 거짓 명제임을 증명해야 했다.

1900년대 초에 수학자들을 괴롭히고 있던 문제들이 중대한 것이기는 했지만 만약에 상황이 달랐더라면 엄청난 지각 변동을 일으키지는 않았을 것이다. 해결해야 할 모순들이 있었지만 알려진 것들은 모두 집합론에 속했고, 이 집합론이라는 새로운 분야는 조만간 엄밀화될 것으로 보였다. 새로운 모순이 기존 수학 분야에서도 발견될 가능성이 있었지만 그것은 재귀 서술 정의를 사용했기 때문이었다. 그리고 그때에는 무모순성의 문제가 산술의 무모순성 문제로 귀착되어 있었는데 산술의 무모순성을 어느 누구도 의심하지 않았다. 실수 체계는 5,000년 이상 사용되어 왔고 실수에 관한 수많은 정리들이 증명되었다. 하지만 모순은 발견되지 않았다. 부지불식간에 한 공리를, 즉 선택 공리를 사용해 왔고 앞으로도 계속 그 공리를 사용하게 되리라는 사실에 당혹감을 느낀 사람들은 많지 않았다. 19세기 공리화 운동으로 부지불식간에 사용해 온 공리가 다수임을 이미 알고 있었던 것이다. 연속체 가설은 당시에는 칸토어의 연구 가운데서 세부 사항에 지나지 않았고, 일부 수학자들은 칸토어의 이론 전부를 조롱했다. 수학자들은 그보다 훨씬 더 심각한 어려움도 의연하게 대처해 왔다. 예컨대 18세기에 미적분학 기초와 관련한 근본적인 난점을 충분히 인식하고 있었는데도 미적분학 위에 다양한 해석학 분야들을 건설해 나갔고, 그런 연후에 미적분학을 수를 기반으로 하여 엄밀화했다.

지금까지 인용한 문제들은 마치 도화선에 불을 댕기는 성냥과 같다고 할 수 있었다. 일부 수학자들은 수학은 진리의 집합체라고 여전히 믿고 있었다. 그들은 그 믿음을 확립하고자 했고 프레게는 이미 그러한 운동을 시작하고 있었다. 또 선택 공리에 대한 반대는 오직 그 공리의 내용만을 문제 삼지 않았다. 수학자들, 그중에서도 특히 칸토어 같은 수학자들은 더욱더 많은 개념들을 도입했는데 이 개념들이 삼각형의 개념만큼이나 확실한 실체를 갖는다고 주장했다. 그러나 다른 사람들은 그런 개념들이 실체가 없는 공허한 것이기 때문에 그 기초 위에는 어떤 것도 견고하게 세울 수 없다고 주장했다. 개념들은 과연 물리적으로 실재하는 대상물에 대응하거나 그것을 관념화해야만 하는가? 아리스토텔레스는 이 문제를 다루었고 그를 비롯해 대다수 그리스 인들은 실재하는 대상물에 대응되어야 한다고 생각했다. 바로 그런 이유에서 아리스토텔레스는 무한 집합이나 정칠각형을 하나의 총체적 대상물로 인정하려 하지 않았던 것이다. 한편, 플라톤주의자들은—칸토어도 그중 한 사람이다.—관념을 인간과는 무관한 어떤 객관적 세계에 존재한다고 믿었다. 인간이 이러한 관념을 발견했거나, 플라톤의 표현을 빌리면, 그 관념들을 상기해 냈다고 주장했다.

존재 문제의 다른 측면은 존재 증명의 가치였다. 예컨대 가우스는 실수 계수나 복소수 계수를 갖는 n차 방정식은 한 개 이상의 근을 가진다고 증명했다. 하지만 이 증명은 근을 어떻게 구하는지는 보여 주지 않는다. 마찬가지로 칸토어는 실수의 개수가 대수적 수(다항 방정식의 근이 되는 수)의 개수보다 많다는 사실을 증명했다. 따라서 초월 무리수가 존재할 수밖에 없다. 하지만 존재성을 증명했지만 계산은 고사하고 단 하나의 초월수를 예로 들지 못했다. 보렐, 베르 그리고 르베그 등 일부 20세기 초 수학자들은 존재성만을 증명하는 것은 쓸모없다고 보았다. 존재성 증명은 수학자들로 하여금 원하는 만큼의 정확도로 존재하는 양을 계산해 낼 수 있게 해야 한다. 그러한 증명은 그들은 구성적(constructive) 증명이라고 불렀다.

또 다른 문제가 일부 수학자들을 괴롭히고 있었다. 수학의 공리화는 다수의 명백한 사실들을 직관적으로 받아들인 것에 대한 반작용이었다. 이러한 운동은 모순과 불명확성을 제거했다. 해석학 분야가 그 예일 것이다. 그러나 공리화는 명확한 정의와 공리를 요구했으며 또 직관적으로 너무도 자명해 직관에 의지하고 있다는 점 자체도 인식하지 못하고 있던 것들에 대해서도 증명을 요구했다(8장 참조). 이렇게 해서 나온 연역 구조는 매우 복잡했고 그 규모 또한 상당했다. 예컨대 자연수 공리를 바탕으로 구성한 유리수 체계, 그리고 특히 그렇게 구성된 무리수 체계는 매우 상세하고도 복잡하다. 이 모든 것을 일부 수학자들, 그 가운데서 특히 크로네커는 극히 인위적이고 불필요하다고 생각했다. 크로네커를 필두로 하여 여러 수학자들은 논리적 방식으로는 직관적으로 옳다고 판단되는 것을 더욱 확고하게 할 수 없다고 여겼다.

또 다른 논쟁거리는 크게 발전하고 있던 수리논리학이었다. 수리논리학의 발달로 수학자들은 논리학 원리들을 더 이상 격식을 차리지 않고 자유롭게 사용할 수 없다는 사실을 깨달았다. 페아노와 프레게의 연구 결과로 수학자들은 집합에 속해 있는 원소와 다른 집합에 포함되어 있는 집합을 구별해야 하는 등, 추론 과정에서 세심한 주의를 기울여야 했다. 이러한 구분은 현학적이며, 도움이 되기보다는 방해가 되었다.

훨씬 더 중요한 것은, 1800년대 말에는 분명하게 표명되지는 않았지만, 많은 수학자들이 논리학 원리를 제한 없이 적용하는 데에 대해 의구심을 느끼기 시작했다는 사실이다. 무한 집합에도 논리학 원리를 적용할 수 있는 근거는 무엇인가? 논리학 원리가 인간 경험의 산물이라면 경험에 바탕을 두고 있지 않은 심적 구성물에까지 확장할 수 있는 이유는 무엇인가 하는 문제는 논란의 여지가 있을 수밖에 없었다.

   1900년이 되기 훨씬 전부터 수학자들은 지금까지 기술한 문제와 관련해 서로 이견을 보이기 시작했다. 그리고 새로운 역설은 이미 상존해 있던 의견 불일치를 단지 악화시켰을 따름이었다. 여러 해가 지나고 수학자들은 모순이 발견되기 이전의 짧았지만 행복했던 시절을 되돌아보게 된다. 그때를 되돌아보며 뒤부아레몽은 당시를 "우리가 낙원에 살았던 시절"이라고 묘사했다.

10장

논리주의 대 직관주의

기호논리학은 불모의 분야가 아니다.
기호논리학은 바로 이율배반을 낳았다.

앙리 푸앵카레

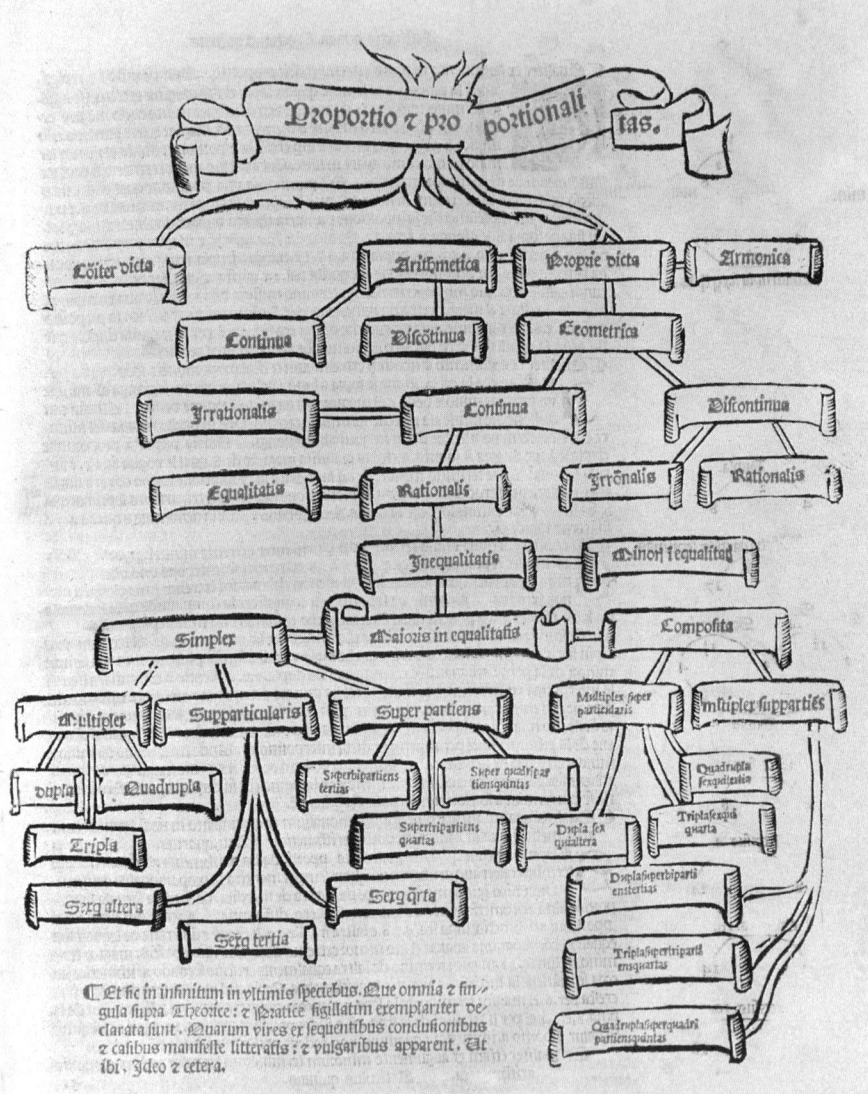

루카 파치올리의 『산술 집성』에 그려져 있는 수학의 학문 체계. 수학의 여러 분야들이 그려져 있다.

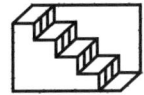

집합론에서 역설들이 발견되고, 유사한 역설이 기존 수학에서도 발견될 수 있다는 점을 인식하면서 수학자들은 무모순성 문제를 심각하게 받아들이게 되었다. 존재한다는 말이 무엇을 의미하는가 하는 문제는 특히 선택 공리 사용과 관련해 제기되었는데, 이 역시 격렬한 논쟁거리가 되었다. 기초를 다시 세우고 새로운 분야를 만들어 내는 과정에서 무한 집합의 사용이 늘어났고, 그에 따라 실제 무한 집합이 합당한 개념이냐를 두고 벌였던 해묵은 논쟁이 다시 전면에 등장했다. 19세기 공리화 운동은 이 문제들을 다루지 않았다.

하지만 수학자들이 기초론 전반을 재검토하기 시작한 것은 이러한 문제들이나 앞 장에서 다룬 문제들 때문만은 아니었다. 이러한 문제들은 연기를 뿜으며 사그라지고 있던 불길을 격렬한 논쟁으로 되살려 놓은 바람일 따름이었다. 몇몇 혁신적인 수학 연구 방법들이 제시되었고 1900년 이전에 다소 정교한 형태로 다듬어졌다. 그러나 그러한 연구 방법들은 별다른 주목을 끌지는 못했으며, 대다수 수학자들이 진지하게 받아들이지도 않았다. 20세기 초 10여 년 동안 수학의 거인들이 출현해 새로운 수학 연구 방법론을 찾으려 애를 썼다. 그들은 서로 적대시하는 무리들로 갈라져 상대편을 향해 전쟁을 선포했다.

이러한 학파 가운데 최초의 것은 논리학파라는 이름으로 알려져 있다. 그들의 기본 주장을 간단히 요약하자면 수학의 모든 것은 논리학으로부터 도출될 수 있다는 것이었다. 1900년대 초에 논리학 법칙은 대다수 수학자들에 의해 진리로 받아들여지고 있었다. 따라서 논리학자들은 수학 역시 진리라고 주장했다. 그리고 진리는 무모순이므로 수학도 무모순일 수밖에 없다고 주장했다.

모든 혁신이 그러하지만 이러한 주장이 명확한 형태를 갖추고 사람들의 주목을 끌기 이전에 많은 사람들의 노력과 공헌이 있었다. 수학이 논리학으로부터 도출된다는 주장은 라이프니츠로 거슬러 올라간다. 라이프니츠는 이성 진리(또는 필연적 진리)와 사실 진리(또는 경험 진리)를 구별했다(8장 참조). 자신의 친구 코스테에게 보낸 편지에서 라이프니츠는 두 가지 진리의 차이를 설명했다. 어떤 명제의 부정 명제를 가정하면 모순이 나올 때 그 명제를 필연적 진리라 하고, 진리이지만 필연적이 아닐 때 경험 진리라고 부른다. 하느님이 존재한다거나 모든 직각은 동일하다거나 하는 명제는 필연적 진리이다. 그러나 내 자신이 존재한다거나 정확히 각이 90도인 입체가 이 세상에 존재한다거나 하는 것은 경험 진리이다. 경험 진리는 참이 될 수도 있고 거짓이 될 수도 있는데, 그 이유는 이 우주가 다른 식으로 만들어질 수도 있기 때문이다. 다만 하느님이 무한히 많은 여러 가능성 가운데서 가장 최고라고 판단한 것을 골라낸 것이다. 수학적 진리는 필연적이기 때문에 논리학으로부터 도출이 된다. 그리고 논리학의 원리 역시 필연적 진리이며 어떤 경우이든 항상 참이다.

라이프니츠는 논리학에서 수학을 도출해 내는 계획을 스스로 수행하지는 않았다. 또 이후로 200년 가까이 어느 누구도 라이프니츠와 같은 신념을 표명하지 않았다. 예컨대 데데킨트는 공간과 시간의 직관으로부터 수를 도출할 수 없으며 다만 수는 "사고의 순수 법칙으로부터 즉각적으로 발현되어 나온다."라고 단호하게 주장했다. 그리고 수로부터 공간과 시간의 명확한 개념을 얻는다고 말했다. 그는 논리학파의 기본 이론을 전개해 나가기 시작했지만 거기에 깊이 천착하지는 않았다.

마지막으로, 수리논리학 발전에 지대한 공헌을 했으며 데데킨트의 영향을 받았던 프레게는 논리학파의 기본 주장을 발전시켜 나갔다. 프레게는 수학 법칙이 이른바 분석적인 것이라고 믿었다. 수학 법칙은 논리학 원리 속에 함축되어 있는 내용 이상을 말하지 않는다. 수학 정리들과 그 증명들에서 우리는 바로 그 함축되어 있는 내용을 파악해 내게 된다. 모든 수학이 물질 세계에 적용될 수 있는 것은 아니지만 분명히 수학은 이성 진리로 이루어져 있다. 『개념-기술』에서 명확한 공리 위에 논리학을 세워 놓은 프레게는 이어서 『수학의 기초』와 두 권으로 된 『수학의 기본 법칙』(1893, 1903년)을 집필하여 산술의 여러 개념과 수의 정의 및 법칙을 논리적 전제로부터 도출해 내는 작업을 계속해 나갔다. 수의 법칙에서 대수학, 해석학뿐만 아니라 기하학까지도 도출해 낼 수 있었는데, 그것은 해석기하학이 기하학의 개념과 속성을 대수적으로 표현할 수 있기 때문이었다. 불행히도 프레게가 사용한 기호는 매우 복잡했으며 수학자들에게는 낯설기만 했다. 따라서 프레게는 당시의 사람들에게 별다른 영향을 주지 못했다. 이와 관련해 자주 언급되는 다소 아이러니한 이야기가 있다. 1902년에 『수학의 기본 법칙』 제2권 출간을 눈앞에 두고 있던 시점에 프레게는 러셀에게서 편지를 받았다. 이 편지에서 러셀은 프레게의 책에 모순을 낳을 수 있는 개념, 즉 모든 집합들의 집합이라는 개념이 사용되고 있다고 알려주었다. 제2권 말미에 프레게는 이렇게 써넣었다. "과학자에게 연구를 끝마침과 동시에 그 기초가 무너져 내리는 것만큼 참담한 일은 없다. 그런데 인쇄를 거의 마친 시점에 받은 버트런드 러셀의 편지로 인해 내가 그런 경우를 당하게 되었다." 그 책을 집필하고 있던 당시에 이미 그러한 역설들이 사람들의 주목을 끌고 있었지만, 프레게는 그 사실을 까맣게 모르고 있었다.

프레게와는 독립적으로 같은 계획을 구상하고 있었던 러셀은 그 계획을 실행으로 옮기는 과정에서 프레게의 저작을 만나게 되었다. 러셀은 『자서전』(1951년)에서 1900년 제2차 세계 수학자 대회에서 페아노를 만났고 그에게서도 영향을 받았다고 말했다.

세계 수학자 대회는 내 지적 인생의 전환점이었다. 왜냐하면 그곳에서 페아노를 만났기 때문이다. 나는 이미 그의 이름을 알고 있었고 몇몇 저작도 읽어 보기도 했다. …… 그의 기호가 바로 내가 몇 년 동안 찾아 헤매던 분석의 도구를 제공해 주었다. 그를 연구함으로써 새롭고도 강력한 연구 기법을 얻게 되었고, 이를 통해 오랫동안 하고 싶었던 연구를 수행할 수 있게 되었다.

그는 더욱이 『수학의 원리』(제1판, 1903년)에서 "모든 수학은 기호논리학이라는 사실이 우리 시대 가장 위대한 발견이다."라고 말했다.

1900년대 초, 프레게와 더불어 러셀은 만일 수학의 기본 법칙들이 논리학에서 도출될 수 있다면 논리학은 진리의 집합체이기 때문에 수학의 기본 법칙들은 진리가 되며 따라서 무모순성의 문제는 해결된다고 믿었다. 『나의 철학적 발전』(1959년)에서 그는 이렇게 썼다. "나는 의심이 들어설 여지가 전혀 없는 완벽한 수학을 찾아내고자 애를 썼다."

물론 러셀은 페아노가 자연수 공리계로부터 실수를 도출해 냈다는 사실에 대해 알고 있었으며, 힐베르트가 실수 체계에 대한 공리를 내놓았다는 것에 대해서도 알고 있었다. 하지만 러셀은 『수학 철학 입문』(1919년)에서 데데킨트가 추진하고 있던 다소 유사한 작업을 두고 다음과 같이 말했다. "우리가 원하는 것을 공리로 삼는 방식은 여러 장점들을 갖고 있다. 땀 흘려 성실하게 일하는 것에 대비하여 도둑질이 갖는 장점들과 동일하다." 러셀이 진정으로 걱정하고 있었던 점은 수에 관한 10여 개의 공리를 가정할 때 이 공리들의 무모순성과 참됨이 보장되지 않는다는 사실이었다. 그의 표현을 빌리자면 이는 불필요하게 요행수에 의지하는 일이었다. 1900년대 초에 러셀은 논리학 원리들은 참이며 따라서 상호 무모순이라고 확신한 반면에, 화이트헤드는 1907년에 "논리학 전제 자체의 무모순성에 대한 형식 증명은 있을 수 없다."라고 경고했다.

여러 해 동안 러셀은 논리학 원리와 수학 지식의 대상물은 인간 정신과는 무관하게 독립적으로 존재하며 단지 인간 정신은 독립적으로 존재하는 그 원리와 대상물을 인지할 따름이라는 주장을 견지했다. 이러한 지식은 객관적이며 변하지 않는다. 이러한 러셀의 입장은 1912년에 출간된 『철학의 문제』에서 분명하게 드러나고 있다.

러셀의 의도는 진리 문제에서 프레게보다 한 걸음 더 나아가려는 것이었다. 젊은 시절에 그는 수학이 물질 세계에 관한 진리를 제공해 준다고 믿었다. 그런데 유클리드 기하학과 비유클리드 기하학은 물질 세계를 기술하는 데 모두 적합한 동시에, 서로 상충되는 기하학 가운데 어느 것이 진리인지 확신시켜 주지 않았다. 하지만 『기하학 기초에 대한 시론』(1898년)에서 물리 공간의 동질성(어느 곳에서나 모두 동일한 성질을 지닌다는 뜻이다.)과 같은 수학적 법칙을 발견해 낼 수 있었고 그런 것들이 물리적 진리임을 확신했다. 반면에 공간의 3차원성은 경험적 사실이다. 그렇지만 객관적인 세계가 존재하며 우리는 그에 대한 정확한 지식을 얻을 수 있다고 믿었다. 따라서 러셀은 물리적으로 참인 수학적 법칙을 찾으려 했던 것이다. 그리고 이러한 법칙들은 논리적 원리로부터 도출될 수 있어야 했다.

1903년에 출간된 『수학의 원리』에서 러셀은 수학이 물리적으로 참이라는 자신의 입장을 더욱 상세히 서술했다. 여기에서 그는 이렇게 말했다. "우리가 살고 있는 공간처럼 실제로 존재하는 대상에 대한 명제는 모두 수학이 아니라 경험 과학 분야에 속한다. 이 명제들이 응용 수학 분야에 속하는 때가 있는데, 이것들은 순수 수학 분야의 명제에서 한 개 이상의 변수를 상수로 둠으로써 얻어진다." 여기에서도 그는 여전히 논리학에서 도출된 수학에 물리적 진리가 담겨 있다는 믿음을 견지하고 있다. 절대적 진리는 없다고 주장하는 회의주의자를 향해 러셀은 이렇게 말한다. "수학이야말로 그러한 회의론을 잠재운다. 왜냐하면 수학이라는 진리의 전당은 냉소주의의 공격에도 결코 흔들리지 않고 굳건히 서 있기 때문이다."

『수학의 원리』에서 간략하게 기술된 러셀의 아이디어는 앨프리드 노스 화이트헤드(Alfred North Whitehead, 1861~1947년)와 함께 쓴 『수학 원리』(전3권, 초판 1910~1913년)에서 상세하게 전개되었다. 『수학 원리』는 논리학파의 입장을 명확하게 표명하고 있기 때문에 그 내용을 살펴볼 필요가 있다.

이들은 논리학 자체의 발전 과정을 따라가면서 논의를 전개한다. 논리학의 공리들은 세심하게 진술되어 있고 여기에서 명제들이 연역되며 이렇게 연역된 명제들은 이후의 추론에서 사용된다. 이 방식은 우선 정의되지 않은 개념부터 시작하는데, 어떤 공리적 이론도 이런 개념들의 도입을 피할 수 없다(8장 참조). 이러한 무정의 개념 가운데 몇 가지를 들어 보면 기초 명제의 개념, 기초 명제의 참됨을 주장하는 언명, 명제의 부정, 두 명제의 논리곱 및 논리합, 그리고 명제 함수의 개념 등이 있다.

러셀과 화이트헤드는 무정의 개념들을 설명했다. 물론, 이러한 설명이 논리적 전개의 일부가 아니라는 단서를 달기는 했다. 그들이 사용한 명제와 명제 함수는 이미 퍼스가 도입한 것이었다. 예컨대 "존은 남자이다."는 명제인 반면에, "x는 남자이다."는 명제 함수이다. 명제의 부정은 그 명제가 성립한다는 주장은 참이 아니라는 뜻이다. 따라서 만일 p가 "존은 남자이다."라는 명제라면, p의 부정은 $\sim p$로 표시되는데, "존이 남자라는 주장은 참이 아니다.", 즉 "존은 남자가 아니다."라는 뜻이다. 두 명제 p, q의 논리곱은 $p \cdot q$로 표시되며, p와 q 모두 참이라는 뜻이다. 두 명제 p, q의 논리합은 $p \vee q$로 표시되며 p 또는 q가 참이라는 뜻이다. 여기서 '또는'은 "남성 또는 여성 모두 지원이 가능하다."라고 할 때의 '또는'을 의미한다. 즉 남성이 지원할 수도 있고 여성이 지원할 수도 있고, 또 남성과 여성 모두 지원할 수도 있다는 뜻이다. 하지만 "그 사람은 남자 또는 여자이다."에서 "또는"은 둘 중 하나이지만 둘 모두는 되지 않는다는 뜻이다. 수학에서는 전자의 "또는"을 사용한다. 하지만 때로는 후자의 의미로 해석하는 것만이 가능할 때도 있다. 예컨대 "그 삼각형은 이등변삼각형이거나 또는 그 사각형은 평행사변형이다."라는 명제는 첫 번째 경우이다. 그런데 "모든 수는 양수 또는 음수이다."라는 명제는 두 번째 경우에 해당된다. 양수이면서 동시에 음수일 수는 없기 때문이다. 따라서 『수학 원리』에서 'p 또는 q' 란 p와 q 모두 참이거나, p는 거짓이지만 q는 참이거나, 또는 p는 참이지만 q는 거짓인 경우를 가리킨다.

명제 사이에 가장 중요한 관계는 함의이다. 함의란 한 명제가 참이면 다른 명제도 참이 되는 관계를 가리킨다. 『수학 원리』에는 함의의 기호로 ⊃가 사용되었다. 함의는 프레게의 실질 함의(8장 참조)와 같은 의미로 사용되었다. 즉 p가 q를 함의한다는 것은 p가 참일 때 q 역시 참이라는 뜻이다. 하지만 p가 거짓일 때에는 q가 참이든 거짓이든 상관없이 함의는 참이다. 따라서 거짓 명제는 모든 명제를 함의한다. 이러한 함의는 최소한 어떤 경우든 무모순이다. 예컨대 a가 짝수라는 주장이 참이면 $2a$도 짝수일 수밖에 없다. 하지만 만일 a가 짝수라는 주장이 거짓이면 $2a$는 짝수일 수도 있고 짝수가 아닐 수도 (만일 a가 분수라면) 있다. 가정 명제가 거짓이라는 사실에서 두 가지 결론이 가능하다.

물론, 정리를 연역해 내려면 논리학의 공리가 있어야 한다. 그러한 공리들 가운데 몇 가지를 소개하면 다음과 같다.

A. 참인 기초 명제로부터 함의되는 명제는 참이다.
B. p가 참이거나 또는 p가 참이면 p는 참이다.
C. q가 참이면 $p \vee q$도 참이다.
D. $p \vee q$는 $q \vee p$를 함의한다.
E. $p \vee (q \vee r)$은 $q \vee (p \vee r)$을 함의한다.
F. 주장 p와 주장 $p \supset q$가 성립하면 주장 q가 성립한다.

위와 같은 공리들로부터 러셀과 화이트헤드는 논리학의 정리들을 연역해 냈다. 아리스토텔레스의 삼단논법도 정리로 나온다.

논리학 자체가 어떻게 형식화되었고 연역적 체계를 갖추었는지 살펴보기 위해 『수학 원리』 앞부분에 등장하는 정리 몇 개를 살펴보기로 하자. 만일 p를 가정했을 때 p가 거짓이라는 결과가 나오면 p는 거짓일 수밖에 없다는 정리가 있다. 이것이 바로 귀류법(reductio ad absurdum)이다. 또 다른 정리에서는 q가 r를 함의하면 p가 q를 함의할 때 p가 r를 함의한다고 되어 있다(아리스토텔레스 삼단논법의 한 형태이다.). 또 배중률도 기초 정리 가운데 하나이다. 즉 임의의 명제 p에 대해 p는 참이거나 아니면 거짓이다.

명제에 관한 논리를 세우고 난 뒤에 두 저자는 명제 함수로 넘어간다. 명제 함수는 집합을 결정하는데, 이때 원소를 나열하는 대신에 원소가 될 자격을 명제 함수로 기술한다. 예를 들어 "x는 빨갛다."라는 명제 함수는 모든 빨간 대상물들의 집합을 결정한다. 이러한 방법 덕분에 유한 집합 못지않게 무한 집합도 용이하게 정의할 수 있게 되었다. 원소를 나열하는 외연적 정의에 반하여 이 정의를 내포적 정의라고 부른다.

러셀과 화이트헤드는 자기 자신을 포함하는 집합이 정의될 때 생겨나는 역설을 없애고 싶어했다. 그들은 해결 방법으로 "한 모임의 모든 원소와 관련되어 있는 것은 그 모임 자체에 들어가서는 안 된다."라는 조건을 달아 놓았다. 『수학 원리』에서는 이러한 제한을 두기 위해 유형 이론(theory of type)을 도입했다.

유형 이론은 다소 복잡하다. 그러나 그 기본 아이디어는 단순하다. 존이나 책 한 권과 같은 개별자의 유형은 제0형이다. 개별자의 속성에 관한 주장의 유형은 제1형이다. 개별자의 속성에 관한 명제는 제2형이다. 모든 주장은 그 내용에 등장하는 대상물의 유형보다 높은 유형을 지닌다. 집합에서 개별적 대상물은 제0형이다. 개별적 대상물로 집합을 구성하면 그 집합의 유형은 제1형이다. 그리고 개별자들로 구성된 집합들로 집합을 구성하면 그 집합은 제2형이다. 이런 식으로 유형은 계속 높아진다. 예를 들어서 a가 b에 속한다고 하면 b는 a보다 유형이 높다. 이렇게 되면 자기 자신을 포함하는 집합은 있을 수 없다. 유형 이론을 명제 함수에 적용하면 다소 복잡해진다. 명제 함수는 그 함수로 정의되는 어떤 것도 변수의 값으로 택할 수 없다. 함수는 그 변수보다 유형이 높다. 유형 이론을 바탕으로 러셀과 화이트헤드는 당시 문제가 되고 있던 역설들을 논했으며 유형 이론으로 이런 역설들을 제거할 수 있음을 보였다.

유형 이론으로 모순을 효과적으로 제거할 수 있다는 사실은 수학 영역 밖에 속하는 예로 분명하게 파악할 수 있다. "모든 규칙에는 예외가 있다."라는 명제의 역설을 살펴보자(9장 참조). 이 명제는 "모든 책에는 오자가 있다."와 같은 특수한 규칙들에 관한 것이다. 모든 규칙을 대상으로 하는 명제를 그 명제 자체에도 적용되는 것으로 해석하면 예외가 없는 규칙이 존재한다는 모순을 얻게 된다. 반면에, 유형 이론에서는 이 규칙이 상위의 유형에 속하게 되어 특수한 규칙들이 이 일반 규칙 자체에 적용되지 않게 된다. 그러므로 이 일반 규칙이 예외를 가질 필요는 없게 된다.

마찬가지로 이종적 역설에서 이종적 단어의 정의는—이종적 단어는 자기 자신에게는 그 의미가 적용되지 않는 단어로 정의된다.—모든 이종적 형용사들을 대상으로 한 정의므로 대상이 되는 형용사들보다 높은 유형을 지닌다. 따라서 '이종적'이란 단어가 이종적인지 물을 수 없다.

거짓말쟁이 역설 역시 유형 이론으로 해결된다. "나는 거짓말을 하고 있다."라는 문장은 "내가 지금 주장하고 있는 명제가 있는데, 그 명제는 거짓이다."란 뜻이다. 다시 표현하면 "나는 명제 p를 주장하고 있는데 이 명제 p는 거짓이다."가 된다. 만일 p의 유형이 제 n 형이면 p에 관한 언명은 그보다 높은 유형을 갖는다. 따라서 만일 위에 있는 p에 관한 언명이 참이라면 p 자체는 거짓이 되고 또 만일 p에 관한 언명이 거짓이라면 p 자체는 참이 된다. 하지만 여기에 아무런 모순이 없다. 또 유형 이론으로 리샤르 역설도 해결된다. 이처럼 역설을 해결할 때 모두 명제의 유형이 높고 낮음을 따진다.

유형 이론을 사용하려면 명제들을 유형별로 세심하게 구분해야 한다. 하지만 유형 이론에 따라 수학을 구성하려면 그 과정은 극히 복잡해진다. 예컨대 『수학 원리』에서는 두 대상물 a와 b의 상등을 a에 대해 성립하는 모든 명제 및 명제 함수가 b에 대해서도 성립하고 또 그 역도 만족될 때로 정의하고 있다. 하지만 이런 다양한 언명들은 서로 다른 유형을 지닌다. 따라서 상등의 개념은 다소 복잡하다. 마찬가지로 무리수는 유리수를 이용해 정의되고 유리수는 자연수를 이용해 정의되므로 무리수는 유리수보다 그 유형이 높고 유리수는 자연수보다 유형이 높다. 그 결과, 실수 체계는 여러 유형의 수들로 구성된다. 따라서 모든 실수에 관해서는 어떤 정리도 주장할 수 없고 다만 각 유형별로 따로따로 명제를 주장해야 한다. 왜냐하면 한 유형에 적용되는 정리가 자동적으로 다른 유형에 적용되지 않기 때문이다.

유형 이론을 사용하면 유계 실수 집합의 최소 상계 개념(9장 참조)도 상당히 복잡해진다. 최소 상계는 모든 상계 가운데 가장 작은 값으로 정의된다. 즉 최소 상계는 실수로 이루어진 집합을 이용해 정의한다. 따라서 최소 상계는 실수보다 높은 유형을 지니므로 최소 상계 자체는 실수가 아니라는 결론을 나온다.

이러한 복잡한 문제를 피하기 위해 러셀과 화이트헤드는 환원 공리(axiom of reducibility)라는 다소 까다로운 공리를 도입했다. 명제에 대한 환원 공리에 따르면, 높은 유형을 지닌 명제는 항상 적당한 제1형 명제와 동치이다. 명제 함수에 대한 환원 공리에 따르면 1변수 또는 2변수 함수는 변수의 유형이 어떠하든 상관없이 같은 수의 변수를 지니는 적당한 제1형 함수와 동연(同延, coextensive)이다. 이 공리는 『수학 원리』에서 사용된 수학적 귀납법의 근거로서 필요하다.

명제 함수를 다루고 난 다음에 두 저자는 관계 이론으로 넘어간다. 관계는 두 개 이상의 변수를 지닌 명제 함수로 표현된다. 예컨대 "x는 y를 사랑한다."라는 명제 함수는 관계를 표현한다. 관계 이론을 뒤이어 명제 함수를 이용해 정의한 집합론이 등장한다. 이 기초 위에서 두 저자는 자연수 개념의 도입을 준비한다.

자연수의 정의는 상당한 관심을 기울일 만하다. 이 정의는 앞서 도입한 집합들 간의 일대일 대응 개념에 의존한다. 만일 두 집합 사이에 일대일 대응이 있다면 두 집합은 서로 닮았다고 부른다. 서로 닮은 집합은 한 가지 동일한 속성을 지닌다. 즉 원소의 개수가 같다. 하지만 원소의 개수 외에 한 개 이상의 속성을 공유할 수도 있다. 러셀과 화이트헤드는 다른 속성이 존재할 가능성을 무시한 채 프레게가 그렇게 한 것처럼 집합의 원소 개수를 그 집합과 닮은 모든 집합들의 집합으로 정의했다. 따라서 3이란 수는 세 개의 원소로 구성된 모든 집합들의 집합이며 세 원소로 된 집합들은 $\{x, y, z\}$로 표현된다(여기서 $x \neq y \neq z$). 수를 정의하기 위해서는 일대일 대응 개념을 먼저 취해야 하기 때문에 이것은 순환 정의로 여겨진다. 하지만 두 저자는 관계가 일대일이라는 것은 다음과 같이 정의된다는 점을 지적했다. x와 x'가 y와 관계를 갖고 있으면 x와 x'는 서로 동일하며 또 x가 y 및 y'와 관계를 가지면 y와 y'는 동일할 때 그 관계는 일대일이다. 따라서 일대일 대응이라는 개념은 비록 그 표현에 1이 들어 있기는 하지만 1이란 수의 개념이 개입되어 있지 않다.

자연수가 주어지고 나면 실수 체계와 복소수 체계, 함수, 그리고 해석학 전부를 구성해 내는 일이 가능해진다. 좌표와 곡선 방정식을 이용하면 기하학도 도입할 수 있다. 하지만 이러한 목표를 달성하기 위해 러셀과 화이트헤드는 공리를 두 개 더 도입했다. 먼저 (명제 함수를 이용하여) 자연수와 그보다 복잡한 유리수 및 자연수를 정의하고 여기에 초한수를 포함시키기 위해 화이트헤드와 러셀은 무한 집합이 존재한다는 공리(집합은 논리적으로 적절하게 정의되었다.)와 선택 공리(9장 참조)를 도입했다. 선택 공리는 유형 이론에서 필요하다.

지금까지 서술한 것이 논리학파의 거대한 계획이다. 논리학 자체에 대한 이 계획의 의미를 이야기하자면 매우 길어지기 때문에 간단히 언급하는 것으로 끝마친다. 대신 이 계획의 수학적 의미가 바로 수학을 논리학의 기초 위에 세우자는 것임은 강조해야 할 부분이다. 이 계획이 완성되면 수학은 논리학의 법칙과 주제를 자연스럽게 확장한 것에 지나지 않게 될 터였다.

논리학파의 수학에 대한 접근 방식은 많은 사람들의 비판을 불러왔다. 특히 환원 공리에 반대하는 목소리가 거셌는데, 많은 이들에게 환원 공리의 선택이 지나치게 자의적인 것으로 비쳤기 때문이다. 잘못되었다는 증명은 없지만 그 타당성을 보여 줄 증거도 없었다. 일부는 논리적 필연이 아니라 다행스러운 우연이라고 불렀다. 램지는 논리학파 이론에 호감을 갖고 있었지만 환원 공리에 대해서는 다음과 같이 비판했다. "그러한 공리는 수학 어디에도 설 자리가 없다. 그 공리를 사용하지 않고 증명할 수 없는 명제라면 증명되었다고 할 수 없다." 다른 사람들은 환원 공리를 두고 지성을 희생시키는 행위라고 불렀다. 바일도 이 공리를 단호하게 배격했다. 일부 비판자들은 환원 공리가 재귀 서술 정의를 부활시킨다고 비난했다. 아마도 가장 심각한 것은 과연 환원 공리가 논리학의 공리인지, 그래서 수학이 논리학 바탕 위에 세워져야 한다는 당위가 실제로 실현되었는지를 묻는 질문이었을 것이다.

푸앵카레는 1909년에 환원 공리가 그 공리로부터 증명된 수학적 귀납법보다 더 의심스러우며 또 덜 명확하다고 말했다. 푸앵카레에 따르면 환원 공리는 수학적 귀납법의 변형된 형태이다. 하지만 수학적 귀납법은 수학의 일부분이면서 수학을 확립하는 데 사용되고 있는 것이다. 따라서 무모순성을 증명할 수 없다.

환원 공리를 채택한 근거에 대해 러셀과 화이트헤드는 『수학 원리』(1910년)에서 특정 결과를 얻기 위해서 필요했기 때문이라고 말했다. 분명히 그들 자신들도 환원 공리 사용에 거북함을 느끼고 있었다. 두 저자는 환원 공리를 이렇게 옹호했다.

> 환원 공리의 경우에는 그것을 뒷받침하는 직관적 증거가 매우 강력하다. 왜냐하면 환원 공리의 채택으로 가능하게 되는 추론 방식과 그 결과는 모두 타당한 것으로 여겨지기 때문이다. 환원 공리가 거짓으로 판명될 여지가 거의 없기는 하지만, 그렇다고 해서 더욱 기초적이고 더욱 명백한 다른 공리로부터 연역될 가능성이 전혀 없는 것은 아니다.

나중에 러셀은 환원 공리의 사용에 좀 더 신중을 기하게 된다. 『수리 철학 입문』(1919년)에서 그는 다음과 같이 말했다.

> 순전히 논리적인 관점에서 보자면 환원 공리가 논리적 필연이라고 믿을 만한 근거는 없다. 여기서 논리적 필연이라는 것은 존재 가능한 모든 세상

에서도 항상 참이라는 뜻이다. 따라서 환원 공리가 경험적으로 참이라 해도 논리 체계에 이 공리가 들어 있다면 그 체계에는 결함이 있는 셈이다.

『수학 원리』 제2판(1926년)에서 러셀은 환원 공리를 고쳐서 다시 표현했다. 그러나 상위의 무한을 허용하지 않는다든지, 최소 상계의 정리가 제외된다든지, 수학적 귀납법의 사용이 복잡해지는 문제점들이 생겨났다. 러셀은 다시 한 번 환원 공리가 더욱 명백한 공리들로부터 연역될 수 있기를 희망했다. 그러나 이번에도 그는 환원 공리가 논리적 결함이라는 점을 인정했다. 러셀과 화이트헤드는 『수학 원리』 제2판에서 다음과 같이 말했다. "이 공리는 순전히 실용적인 이유에서 채택되었다. 이 공리로부터 원하는 결과 이외에 다른 것은 도출되지 않는다. 그렇다고 해서 우리가 흡족하게 여기는 그런 공리는 아니다." 그들은 환원 공리로부터 올바른 결론을 도출해 낼 수 있다는 사실이 설득력 있는 논거가 될 수 없음을 깨달았다. 환원 공리를 사용하지 않고 수학을 논리학으로 환원하려는 다양한 시도가 이루어졌지만 깊이 있게 연구되지는 못했고, 그 가운데 일부는 증명에 오류가 있다는 이유로 비판을 받았다.

논리적 기초에 대한 또 다른 비판은 무한 공리로 모아졌다. 그 요지는 산술의 구조가 본질적으로 이 공리에 의존하고 있지만 이 공리의 참됨을 믿을 근거는 전혀 없다는 점이었고, 게다가 더 심각한 사실은 이 공리가 참인지 거짓인지를 결정할 방법이 없다는 것이었다. 더욱이 무한 공리가 논리학의 공리인지도 논란거리였다.

러셀과 화이트헤드를 공정하게 평가하자면 그들도 무한 공리를 논리학의 공리로 받아들이는 데 주저했다는 사실을 지적하지 않을 수 없다. 그들은 공리 내용이 실제 사태와 관련을 맺고 있는 듯 보인다는 점 때문에 불안한 마음을 갖고 있었다. 논리적 문제뿐만 아니라 실제로 참인가 거짓인가 하는 문제 역시 이들을 괴롭혔다. 『수학 원리』에 등장하는 술어 '개별자'에 대해 여러 해석이 제시되었는데, 그 가운데 하나에 따르면 개별자는 우주를 구성하고 있는 궁극적 입자 또는 요소이다. 무한 공리는 논리학 술어의 옷을 걸치고 있지만 우주가 유한개의 궁극적 입자로 구성되어 있느냐 아니면 무한개의 입자로 구성되어 있느냐의 문제를 제기했다. 이 문제는 물리학에서 그 대답을 찾을 수는 있겠지만 수학이나 논리학이 대답해 줄 성격의 문제는 아니다. 하지만 만일 무한 집합을 도입하려면, 그리고 무한 공리를 사용하여 도출한 수학 정리들이 논리학의 정리라는 것을 보여 주려면 이 공리를 논리학의 공리로 받아들여야 할 필요가 있는 듯 여겨졌다. 간단히 말해서 수학을 논리학으로 '환원'하려면 논리학에 무한 공리를 포함시켜야 할 것으로 보였다.

러셀과 화이트헤드는 선택 공리(9장 참조)도 사용했는데, 그들은 이 공리를 곱셈 공리(multiplicative axiom)라고 불렀다. 공집합이 아닌 서로 소인 집합들의 모임이 있을 때, 각 집합에 속하는 원소를 하나씩 뽑아 집합을 구성할 수 있다는 것이 그 내용이다. 이미 알고 있듯이 선택 공리는 아마도 유클리드의 평행선 공리를 제외하면 가장 많은 논의와 논쟁을 불러일으켰다. 러셀과 화이트헤드도 선택 공리에 만족하지 못하고 있었고 스스로도 다른 논리학 공리와 동일하게 취급하지 못했다. 하지만 그들은 기존 수학의 일정 부분이 논리학으로 '환원'되기 위해서 선택 공리가 필요하다면 이 공리 역시 논리학의 일부분으로 간주해야 할 것으로 여겼다.

세 개의 공리, 즉 환원 공리, 무한 공리, 선택 공리의 사용이 가진 문제는 모든 수학을 논리학으로부터 도출해 낼 수 있다는 논리학파의 기본 주장에 타격을 가했다. 논리학과 수학의 경계선을 어디에 긋는 가? 논리학파의 주장을 지지하는 사람들은 『수학 원리』에서 사용된 논리학은 '순수 논리' 또는 '순수화된 논리' 라고 주장했다. 다른 이들은 논란을 일으키고 있는 세 가지 공리를 염두에 두고서, 러셀과 화이트헤드가 채택한 논리학의 순수함에 문제를 제기했다. 따라서 두 사람의 계획이 수학 전체뿐만 아니라 수학의 주요한 분야 중 어떤 분야도 논리학으로 환원시키지 못했다고 주장했다. 일부는 이 공리들이 포함되도록 논리학이란 용어의 의미를 기꺼이 확대하고자 했다.

논리학파의 주장을 강력히 지지했던 러셀은 화이트헤드와 더불어 한동안 『수학 원리』 초판의 내용을 옹호했다. 자신의 저서 『수리 철학 입문』에서 그는 다음과 같이 주장했다.

> 수학과 논리학이 하나임을 보이는 증명은 단지 세부적인 문제일 뿐이다. 논리학에 속한다고 인정되는 전제에서 출발하여 연역으로 분명히 수학에 속하는 결과를 얻어 내기 때문에 논리학을 왼편으로 두고 수학을 오른편으로 두는 명확한 선을 그리기는 곤란하다. 논리학과 수학의 일체성을 아직도 받아들이지 않는 사람이 있다면 『수학 원리』에서 연이어 등장하는 정의들과 연역 결과들을 보고 어디에서 논리학이 끝나고 수학이 시작되는지 지적해 내라고 하고 싶다. 곧 명확하게 알겠지만 그에 대한 어떤 답도 작위적일 수밖에 없다.

칸토어의 연구 결과와 선택 공리 및 무한 공리를 둘러싼 논란은 1900년대 초에 최고조로 격화되었는데, 그러한 논란의 관점에서 보았을 때 러셀과 화이트헤드는 두 공리를 전체 체계의 공리로 삼지 않고 다만 특정한 정리(제2판, 1926년)를 증명할 때에만 사용했다. 그것도 이 공리들을 사용하고 있다는 사실에 독자들의 주의를 환기시켰다. 하지만 기존 수학의 많은 부분을 도출하려면 이 공리들을 사용해야만 한다. 『수학의 원리』 제2판(1937년)에서 러셀은 더욱 뒤로 후퇴했다. 그는 이렇게 말했다. "논리학의 원리가 무엇이냐는 물음은 믿을 수 없을 만큼 작위적인 것으로 바뀌었다." 또 무한 공리와 선택 공리에 대해서는 "이 공리들은 경험적 증거로만 증명되거나 논박될 수 있다."라고 했다. 그런데도 그는 논리학과 수학이 한 몸이라고 주장했다.

하지만 비판자들의 목소리를 잠재울 수는 없었다. 『수학과 자연과학의 철학』(1949년)에서 바일은 다음과 같이 말했다.

『수학 원리』에서 두 저자는 수학을 논리학뿐만 아니라 일종의 논리학자들의 천국 위에 세워 놓았다. 그들이 만들어 놓은 세상은 다소 복잡한 구조의 "궁극적 비품"들로 채워져 있다. 현실 감각을 지닌 사람치고 이런 초월적 세계를 믿는다고 말할 사람이 있겠는가? 이런 복잡한 구조는 초기 교부들의 철학이나 중세 스콜라 철학만큼이나 강력한 신앙을 요구한다.

그리고 또 다른 비판이 논리주의를 겨냥하고 있었다. 모두 3권으로 된 『수학 원리』에서 기하학은 전개되지 않았지만 앞에 말했듯이 해석기하학을 이용하면 그렇게 할 수 있다고 여겨졌다. 그러나 『수학 원리』가 자연수 공리들을 논리학으로 환원함으로써 산술, 대수학, 해석학을 논리학으로 환원했지만, 기하학, 위상수학, 추상대수학과 같은 '비산술적' 수학 분야는 논리학으로 환원하지 못했다는 주장이 때때로 있어 왔다. 이런 견해를 지닌 사람으로 논리학자 칼 헴펠(Carl Hempel, 1905~1997년)을 들 수 있다. 헴펠은 산술의 경우에 "순전히 논리적인 개념"으로 무정의 개념이나 기초 개념의 통상적 의미를 표현해 내는 것은 가능하지만 "그와 같은 과정을 산술에서 생겨나지 않은 분야에 적용할 수는 없다."라고 지적했다. 한편, "수학은 논리학으로 환원된다."라는 입장을 견지한 논리학자 윌러드 반 오먼 콰인(Willard Van Orman Quine, 1908~2000년)은 기하학의 경우에는 "논리학으로 환원하는 방법이 현재 마련되어 있다."라고 했고, "위상수학과 추상 대수학은 논리학의 일반 구조에 들어맞는다."라고 했다. 러셀 자신은 논리학만으로 기하학 전부를 도출해 낼 수는 없다고 생각했다.

논리학파의 입장에 대한 심각한 철학적 비판은, 만일 논리학파의 견해가 옳다면 수학 전체가 순수하게 형식화된 논리적 연역 과학이 되어 모든 정리는 사고 법칙으로부터 도출될 것이라는 지적이었다. 어떻게 사고 법칙에서 광범위한 자연 현상, 수의 사용, 공간의 기하학, 음향학, 전자기학, 역학 등이 도출되어 나오는지는 제대로 설명되지 않는다. 이렇게 비판하면서 바일은 무(無)에서는 무만 나온다고 말했다.

푸앵카레(그의 견해에 대해서는 나중에 더 다룰 것이다.)도 마찬가지로 비판적이었다. 그는 논리학파의 노력을 논리 기호만을 조작하는 쓸모없는 행위라고 보았다. 그는 1906년에 쓴 시론에서 다음과 같이 말했다. 당시는 러셀(그리고 힐베르트)이 논리학파의 계획안을 널리 공표한 직후였다.

수학의 목적은 오로지 수학 자체의 내부만을 영원히 응시하는 것은 아니다. 수학은 자연을 더듬거리며 만지고 있지만 언젠가는 자연과 깊은 접촉을 이루게 될 것이다. 그때가 되면 순전히 언어로 표현된 정의를 포기해야 하며 더 이상 공허한 말로 바보짓을 하지 않아도 될 것이다.

같은 시론에서 푸앵카레는 또 다음과 같이 말했다.

기호논리학은 다시 만들어져야 한다. 그리고 현재의 기호논리학 가운데 얼마나 많은 부분이 바뀌지 않고 남게 될지는 분명하지 않다. 칸토어의 주장과 기호논리학만이 숙고의 대상이라는 점은 두말할 나위가 없다. 가치를 지니는 참된 수학은 바깥에 제아무리 폭풍우가 몰아쳐도 자체의 원리에 따라 계속 발전해 갈 것이며 결코 포기할 수 없는 최종 목적지를 향해 한 걸음씩 정복해 나갈 것이다.

논리학파의 계획안에 대한 또 다른 심각한 비판은, 수학을 구성하는 것은 지각적이거나 상상적 직관 경험에서 도출된 것이든 아니든 간에 새로운 개념을 제공해 주어야 한다는 지적이었다. 그렇지 않고서야 어떻게 새로운 지식이 생겨날 수 있겠는가? 그러나 『수학 원리』에서 모든 개념은 논리적 개념으로 환원될 뿐 새로운 것을 만들지 않는다. 분명코 형식화는 수학을 제대로 표현해 낼 수 없다. 형식화는 쭉정이일 뿐 알맹이가 아니다. 다른 맥락에서 한 말이긴 하지만, 우리가 무엇에 대해 말하고 있는지 결코 알지 못하거나 또는 말하는 바가 옳은지 알지 못하는 분야가 바로 수학이라고 한 러셀의 주장은 논리주의를 배격하는 공격의 화살로 바뀔 수 있다.

만일 수학의 내용이 순전히 논리학으로부터 도출될 수 있다면 어떻게 새로운 개념이 수학으로 들어오고 또 수학이 물질 세계에 응용되는 일이 어떻게 가능하느냐 하는 질문에 쉽게 답할 수 없게 된다. 러셀이나 화이트헤드도 이에 대해 답을 내놓지 않았다. 논리주의는 수학이 물질 세계와 합치되는 이유를 설명하지 못한다는 주장은 기본 물리학 원리에 수학이 적용된다는 사실을 들어 반박할 수 있다.

물리학자들은 $pv = nRT$ 나 $F = ma$ 같은 물리학 원리에서 수학이라는 도구를 이용해 명제를 이끌어 낸다. 그런데 이렇게 이끌어 낸 결론은 여전히 물질 세계에 적용된다. 그런데 여기 문제가 하나 있다. 왜 세계는 수학적 추론을 따르는 것일까? 이 문제에 대해서는 나중에 다시 살펴볼 것이다(15장 참조).

『수학 원리』 제2판이 출간되고 나서 여러 해 동안, 러셀은 계속해서 논리주의 계획안에 대해 숙고했다. 그는 『나의 철학적 발전』에서 최대한 확실성을 확보하려 애를 쓰고 있기는 하지만 논리주의 계획안이 '유클리드주의'로부터의 일보 후퇴라는 데 동의했다. 의심할 여지 없이 논리주의의 철학에 가해진 비판이 러셀의 후기 사상에 영향을 끼쳤다. 러셀이 20세기 초에 연구를 시작할 때 그는 논리학의 공리가 진리라고 믿었다. 하지만 1937년판 『수학 원리』에서 그는 이 견해를 버렸다. 그는 논리학의 원리가 선험적 지식이라는 확신을 더 이상 갖지 않았다. 그리고 수학은 논리학으로부터 도출되기 때문에 수학도 선험적 지식이 아니라고 생각하게 되었다.

만일 논리학의 공리가 진리가 아니라면 논리주의는 결국 수학의 무모순성이라는 초미의 문제에 아무런 답을 내놓지 못한 것이 된다. 의심의 여지가 있는 환원 공리는 무모순성 문제를 더욱 심각하게 만들었다. 『수학 원리』 초판과 제2판에서 러셀은 환원 공리를 받아들이는 근거에 대해 다음과 같이 말했다. "의심할 여지가 거의 없는 다수의 명제들이 이 공리로부터 연역될 수 있고, 또 만일 이 공리가 거짓일 경우 그런 의심의 여지가 없는 명제들이 참임을 입증할 뾰족한 방법이 없다면, 아마도 그 공리로부터 잘못된 명제가 연역되지는 않는다고 말할 수 있을 것이다." 그러나 이런 합리화에 수긍하는 사람은 많지 않았다. 『수학 원리』에서 (그리고 많은 논리 체계에서) 채택한 실질 함의는 앞쪽의 명제가 거짓일 때 그 함의는 성립하는 것으로 정해져 있다. 따라서 만일 잘못된 명제 p를 공리로 도입하면 "p는 q를 함의한다."라는 명제가 그 체계에서 성립하게 되고, p는 참이 된다. 그러므로 의심할 여지가 없는 명제가 그 공리로부터 연역된다는 지적은 전혀 의미가 없다. 왜냐하면 환원 공리가 거짓이더라도 『수학 원리』가 채택하고 있는 논리에 따르면 모든 "의심할 여지가 없는" 명제가 연역되어 나오기 때문이다.

『수학 원리』는 지금까지 언급하지 않은 다른 여러 이유에서 비판을 받아 왔다. 유형 이론은 타당하며 유용한 이론으로 밝혀졌지만 그 목적을 충분히 달성했는지는 확실하지 않다. 유형을 도입한 것은 이율배반을 방지하기 위해서였고, 이미 알려진 집합론과 논리학의 이율배반을 효과적으로 제거할 수 있었다. 하지만 유형 이론도 별 소용이 없는 그런 이율배반이 발생하지 않는다는 보장은 없다.

그런데도 콰인이나 알론조 처치(Alonzo Church) 같은 뛰어난 논리학자들과 수학자들은 여전히 논리주의를 비판적으로 옹호하고 있다. 많은 사람들이 결함을 없애기 위해 애를 쓰고 있다. 논리주의의 모든 주장을 반드시 옹호하지만은 않는 사람들도 논리학과 수학은 분석적이다, 즉 공리가 기술하는 바를 단순히 전개하는 것이라고 주장하고 있다. 논리주의 계획안이 비판받는 이유와 그 실행에 차질을 빚는 원인을 없애기 위해 애를 쓰는 열렬한 지지자들이 있다. 하지만 다른 한편에는 논리주의 계획안을 종교적 희망으로 간주하는 사람들이 있다. 잠시 후에 살펴보겠지만 수학의 본질을 완전히 잘못 파악하고 있다고 논리주의를 공격하는 사람들도 있다. 결국, 의심스러운 공리와 장황하고 복잡한 전개 과정을 생각해 보면, 비판자들이 논리주의가 보증되지 않는 가정으로부터 미리 정해져 있는 결론을 이끌어 내고 있다고 비판하는 데에는 충분한 이유가 있다 하겠다.

러셀과 화이트헤드의 성과는 다른 방면으로도 공헌을 했다. 논리학의 수학화는 19세기 후반에 시작되었다(8장 참조). 러셀과 화이트헤드는 온전히 기호만을 사용하여 논리학의 완전한 공리화를 추진해 나갔고, 그 결과로 수리논리학 분야에서 큰 진보가 이루어졌다.

논리주의에 대해 마지막으로 덧붙일 만한 말은 러셀 자신이 『기억으로 그린 초상』(1958년)에서 한 다음과 같은 말일 것이다.

> 사람들이 종교적 신념을 원하는 것처럼 나는 확실성을 원했다. 나는 다른 어디에서보다 수학에서 확실성을 발견한 확률이 높다고 생각했다. 그러나 나는 스승들이 내게 가르쳐 준 수학 증명들이 오류로 가득하다는 사실을 발견했다. 그리고 진정으로 수학에서 확실성을 찾고자 한다면 지금까지 확고하다고 생각했던 것보다도 더욱 견고한 기초를 지닌 새로운 수학 분야를 세워야 한다는 사실도 알게 되었다. 그러나 연구를 진행하면서 나는 코끼리와 거북의 우화를 계속해서 떠올렸다. 수학이라는 세계가 견고하게 서 있을 만한 코끼리를 만들어 냈지만 그 코끼리가 비틀거리는 것을 보고서 나는 코끼리가 쓰러지지 않게 받쳐 줄 거북을 만들어 내기 시작했다. 하지만 거북이 코끼리보다 더 견고하지는 못했다. 20여 년 간의 신고를 겪고 난 후에, 수학 지식을 의심할 여지가 없는 확실한 것으로 만드는 데에 나는 더 이상 아무 일도 할 수 없다는 결론을 내리게 되었다.

『나의 철학적 발전』(1959년)에서는 다음과 같이 고백했다. "내가 항상 수학에서 찾고자 했던 드높은 확실성은 당혹스러운 미로 속에서 행방불명되었다. 그것은 참으로 복잡하기만 한 개념의 미로이다."

이 비극은 러셀만의 비극은 아니다.

논리주의가 형성되는 동안에 그와는 정반대되는 수학 연구 방식이 직관주의자라 불리는 사람들에 의해 추진되었다. 한편에서는 논리주의자들이 수학의 기초를 확립하기 위해 정교한 논리학에 기댔지만, 다른 이들은 논리학에서 멀어지거나 심지어는 완전히 논리학을 포기했다. 이것은 수학사에서 가장 흥미로운 역설이다. 한 가지 점에서 이 두 조류는 같은 목표를 추구했다. 19세기 후반 수학은 우주의 구조에 내재되어 있는 법칙을 표현해 낸다는 점에서 진리일 수밖에 없다는 주장을 더 이상 할 수 없는 상황이었다. 초기의 논리주의자들, 특히 프레게와 러셀은 결국에 실용성이라는 채택 근거를 지닌 논리학 원리들로 후퇴하기는 했지만, 논리학이 진리의 집합체이고 따라서 논리학 위에 수학을 세우면 수학 역시 진리의 집합체가 될 것이라고 믿었다. 반면에 같은 목표를 추구한 직관주의자는 인간 마음에 호소함으로써 수학의 참됨을 확보하고자 했다. 논리학 원리로부터 유도된 명제는 직접적 직관으로 얻어 낸 명제에 비해 신뢰성이 떨어진다. 역설의 발견은 이러한 불신을 확인해 주었을 뿐만 아니라 직관주의의 형성을 가속화했다.

넓은 의미에서 직관주의란 말은 최소한 데카르트와 파스칼로 거슬러 올라간다. 데카르트는 『정신 방향의 법칙』에서 다음과 같이 말했다.

이제 오류의 우려가 없이 지식을 획득할 수 있는 수단이 있음을 선언한다. 그 수단에는 두 가지가 있다. 하나는 직관이고 다른 하나는 연역이다. 직관이란 감각이 가져다주는 정보도 아니며 터무니없는 상상의 잘못된 판단도 아니다. 직관이란 너무도 명확하고 너무도 명료해 어떤 의심도 들어설 수 없는 청정한 마음의 관념이다. 다시 말해서 분별력 있는 청정한 마음의 자명한 관념이며 이성의 빛으로만 솟아나는 관념이다. 그리고 앞서 언급한 것처럼 인간 마음은 연역에서도 오류를 범할 수 없지만 직관은 이성 자체보다 더욱 단순하기 때문에 직관은 연역보다 더 확실하다. 따라서 모든 이들은 자기 자신이 존재한다는 사실, 생각한다는 사실, 그리고 삼각형이 세 개의 변으로 둘러싸여 있고 구는 한 면으로 둘러싸여 있다는 사실 등을 직관으로 파악할 수 있는 것이다.

그런데 왜 직관 이외에 연역이라는 또 다른 지식 획득 방법을 추가하느냐고 물을 수 있을 것이다. 여기서 연역이란 이미 확실한 지식으로 확보된 것에서 필연적인 결과를 도출해 내는 과정을 말한다. 하지만 우리는 두 번째 단계를 받아들여야 한다. 그 자체로는 자명하지 않지만 참되고 명명백백한 원리로부터 연속적인 사고의 과정을 통해 도출되기 때문에 확실성을 갖게 되는 대상물들이 너무도 많기 때문이다. 긴 사슬이 있을 때 중간에 있는 고리들을 한눈에 다 보지는 못하더라도 연이어 훑어볼 수 있다면 마지막 고리가 첫 번째 고리와 연결되어 있음을 아는 이치와 똑같다. 연역은 특정한 과정 또는 연이은 절차가 요구되지만 직관은 그렇지 않다는 점에서 직관과 연역은 구분된다. 따라서 원리는 오직 직관으로만 파악되고 저 멀리 떨어져 있는 결과는 연역으로 파악되지만, 원리로부터 곧바로 도출된 기본 명제는 보는 관점에 따라 직관으로 파악했다고 말할 수도 있고 연역으로 얻어 냈다고 말할 수도 있다.

파스칼도 직관을 크게 신뢰했다. 수학 연구에서 파스칼은 실은 매우 직관적이었다. 그는 결과를 예상했고 뛰어난 추측을 했으며, 또 지름길을 보았다. 말년에 그는 모든 진리의 근원으로 직관을 선호했다. 이와 관련하여 파스칼의 유명한 말이 몇 개 있다. "마음은 이성이 지니고 있지 못하는 자체의 이성을 지니고 있다." "이성이란 진리를 알지 못하는 사람이 진리를 발견하기 위해 선택하는 비효율적이고 왜곡된 방법이다." "머리를 조아려라, 보잘것없는 너 이성이여."

철학자 칸트는 직관주의를 예견했다. 본업은 철학자였지만 칸트는 1755년부터 1770년까지 쾨니히스베르크 대학교에서 수학과 물리학을 가르쳤다. 그는 존재한다고 추정되는 외부 세계로부터 감각을 받아들인다는 점을 인정했다. 하지만 이런 감각이나 지각은 의미 있는 지식을 주지는 못한다. 모든 지각에는 지각하는 주체와 지각되는 대상물 사이의 상호 작용이 있다. 마음은 지각을 조직하고 이렇게 조직화하여 얻어낸 것이 공간과 시간의 직관적 지식이다. 공간과 시간은 객관적으로 존재하는 것이 아니라 마음이 낳은 산물이다. 마음은 공간과 시간에 대한 이해를 경험에 적용한다. 그런데 경험은 단지 마음을 일깨울 뿐이다. 지식은 경험과 더불어 시작될지 모르지만 경험에서 나오는 것은 아니다. 지식은 바로 마음에서 나온다. 수학은 인간이 경험과는 무관하게 선험적 지식 또는 참된 지식을 만들어 낼 수 있음을 보여 주는 훌륭한 예이다. 더욱이 칸트는 수학을 종합적이라고 불렀다. 종합적이란 말은 새로운 지식을 제공해 준다는 뜻이다. 반면에 "모든 물체는 연장성을 지닌다."와 같은 분석적 명제는 그렇지 못하다. 왜냐하면 물체 자체의 속성상 연장성은 물체가 갖고 있는 성질이기 때문이다. 그러나 "직선 거리가 가장 짧다."라는 명제는 종합적이다.

칸트는 유클리드 기하학이 선험적이고 종합적인 성격을 지닌다는 그릇된 주장을 했지만, 이것은 당시의 철학자들과 수학자들 사이에 팽배해 있던 믿음이었다. 이런 오류로 인해 후세 철학자들과 수학자들은 칸트의 철학을 신뢰하지 않았다. 하지만 시간을 직관적 지식으로 분석한 것과 마음이 기본 진리를 제공한다는 그의 주장은 항구적인 영향을 끼쳤다.

수학자들이 데카르트, 파스칼, 칸트 같은 사람들의 견해에 좀 더 정통했더라면 그들은 직관주의 학파의 사상에 충격을 받지는 않았을 것이다. 직관주의는 최소한 시작 당시에는 과격한 것으로 여겨졌다. 하지만 데카르트나 파스칼, 칸트 가운데 어느 누구도 직관주의적 수학 연구를 염두에 두지 않았다. 수학 기초에 대한 접근법으로서의 직관주의는 현대의 산물이다.

현대 직관주의의 직접적인 선구자는 크로네커이다. 그는 다음과 같은 유명한 경구를 남겼다(어느 만찬에서 식사 후에 한 연설에서 언급한 말이었다.). "하느님이 정수를 만들었고 나머지는 모두 인간의 작품이다." 칸토어와 데데킨트가 집합의 일반 이론을 이용해 복잡한 논리적 전개 방식으로 자연수를 얻어 낸 것이 크로네커에게는 정수를 곧바로 받아들이는 것보다 신뢰성이 떨어지는 듯 보였다. 그는 정수는 직관적으로 명료하며, 따라서 더 이상의 기초를 필요로 하지 않으며 정수를 제외하고 나머지 수학의 구성물들은 명료한 의미를 지니는 용어로 건설되어야 한다고 여겼다. 크로네커는 정수를 바탕으로 하여 실수 체계를 구성해야 하며, 단지 존재 정리만을 내놓는 것이 아니라 실제로 실수를 계산할 수 있는 방법을 찾아야 한다고 주장했다. 예컨대 그는 무리수가 어느 다항 방정식의 근이고 또 방정식에서 그 근을 계산해 낼 수 있을 경우에만 그 무리수를 수로 받아들였다.

칸토어는 초월 무리수가 존재한다는 것을 증명했다. 초월 무리수란 대수 방정식의 근이 될 수 없는 수를 말한다. 그런데 1882년에 페르디난트 린데만(Ferdinand Lindemann, 1852~1939년)이 π가 초월 무리수임을 보였다. 린데만의 연구 성과에 대해 크로네커는 린데만에게 이렇게 말했다. "π에 대한 당신의 훌륭한 연구는 어떤 쓸모가 있습니까? 그런 무리수가 존재하지 않는데도 그 문제를 연구하는 이유는 무엇입니까?" 크로네커가 모든 무리수를 부인했던 것은 아니고, 문제의 수를 계산해 내지 않는 증명에 반대했다. 린데만의 증명은 구성적 증명이 아니었다. 사실, 무한 급수를 이용하여 π를 원하는 소수점까지 계산할 수 있지만 크로네커는 그러한 급수를 받아들이지 않았다.

크로네커는 잠재 무한만을 인정했기 때문에 무한 집합과 초한수를 거부했다. 그가 보기에 이 분야에 대한 칸토어의 연구 결과는 수학이 아니라 신비주의에 속하는 것이었다. 또 고전 해석학은 말장난에 불과하다고 보았다. 그가 하느님이 설사 또 다른 수학을 마련해 놓고 있다고 해도 그것은 그분 자신을 위해 그렇게 한 것이라고 말한 것도 무리는 아니다. 크로네커는 자신의 견해를 분명하게 표명했지만 이를 발전시키지는 않았다. 아마도 크로네커는 자신의 급진적 견해를 진지하게 생각해 보지 않았던 듯하다.

선택 공리를 반대했던 보렐, 베르 그리고 르베그는 준직관주의자였다. 그들은 실수 체계를 기초로 받아들였다. 그들의 견해를 상세히 살펴보는 일은 역사학자들의 관심사가 될 것이다. 그들은 특정 문제에 대해서 자신들의 생각을 표명하기는 했지만 체계적인 철학을 내놓지는 않았기 때문이다. 크로네커와 마찬가지로 푸앵카레 역시 자연수를 정의하거나 논리적 기초 위에서 자연수의 성질을 구성해 낼 필요는 없다고 생각했다. 우리의 직관이 그런 구조에 앞선다고 봤다. 푸앵카레는 또한 수학적 귀납법이 결과의 일반성을 허용해 주고 새로운 결과의 창출을 가능하게 해 준다고 주장했다. 수학적 귀납법은 직관적으로 타당하지만 논리학으로 환원될 수는 없다는 것이었다.

푸앵카레가 바라본 수학적 귀납법의 속성은 검토가 필요한데, 오늘날 수학적 귀납법이 논란의 핵으로 남아 있기 때문이다. 예를 들어 수학적 귀납법으로 모든 양의 정수 n에 대해 다음 등식

(1) $$1 + 2 + 3 + \cdots + n = \frac{n}{2}(n+1)$$

이 성립함을 증명하려고 하면 우선 $n = 1$일 때 성립함을 보이고 그 다음에 임의의 양의 정수 k에 대해 이 등식이 참이라면 $k + 1$일 때에도 참임을 보인다. 푸앵카레는 이 방법에는 무한개의 주장이 담겨 있다고 주장했다. 식 (1)이 $n = 1$일 때 참이므로 $n = 2$일 때에도 참이다. 또 $n = 2$일 때 참이므로 $n = 3$일 때에도 참이다. 이런 식으로 모든 양의 정수에 대해 성립한다. 그런데 어떤 논리학의 원리도 무한개의 주장을 다루고 있지 않으며 수학적 귀납법은 그러한 원리들에서 연역되어 나올 수 없다. 따라서 수학을 논리학으로 환원하는 방법으로 무모순성을 증명할 수는 없다고 푸앵카레는 보았다.

푸앵카레는 무한 집합에 대해 다음과 같은 믿음을 갖고 있었다. "실제 무한은 존재하지 않는다. 무한이라는 것은 이미 얼마나 많은 대상물이 존재하고 있든 간에 새로운 대상물을 만들어 낼 가능성이 영원히 계속 남아 있다는 뜻이다."

푸앵카레는 기호를 과도하게 사용하는 접근 방식에 큰 반감을 갖고 있었고 『과학과 방법』에서는 그것에 대해 빈정대기조차 했다. 부랄리포르티는 1897년에 발표한 논문에 매우 복잡한 기호를 사용하여 자연수 1을 정의했는데, 이에 대해 푸앵카레는 1이란 수를 전혀 들어 보지 못한 사람들에게 1의 개념을 심어 주기에 매우 적절한 정의라고 말했다. 또한 거기에 더해 다음과 같이 말했다. "이 정의에는 선결 문

제 요구의 오류가 있다. 전반부에서는 1이라는 수가 나오고 후반부에 un(하나라는 뜻의 프랑스 어.—옮긴이)이라는 단어가 나오기 때문이다."

그 다음으로 푸앵카레는 논리주의의 초기 옹호자인 루이 쿠튀라 (Louis Couturat, 1868~1914년)가 내놓은 0의 정의에 눈을 돌렸다. 쿠튀라는 0을 이렇게 정의했다. "0은 공집합 안에 있는 원소들의 개수이다. 그렇다면 공집합은 무엇인가? 공집합이란 아무 원소도 갖고 있지 않은 집합이다." 그런 다음, 쿠튀라는 이 정의를 기호로 다시 표현했다. 푸앵카레는 쿠튀라의 정의를 다음과 같이 해석했다. "결코 성립되지 않는 조건이 있을 때 그 조건을 만족하는 대상물들의 수가 0이라는 뜻이다. 하지만 '결코 성립하지 않는다.'라는 말은 그런 경우가 없다는 뜻이므로 별다른 진전을 이룬 것으로 보기 어렵다."

그 다음으로 푸앵카레는 쿠튀라의 1의 정의를 비판했다. 쿠튀라는 두 원소를 잡으면 그 두 개가 항상 서로 같아지는 집합의 원소 수로 1을 정의했다. "그렇다면 만일 내가 그에게 둘이 무엇이냐고 묻는다면 그는 둘을 설명하기 위해서 어쩔 수 없이 하나라는 말을 사용하게 될 것이다."

직관주의를 주창했던 사람, 즉 크로네커, 보렐, 르베그, 푸앵카레, 그리고 베르는 흔히 사용되는 수학 증명과 논리적 접근 방식에 대해 많은 비판을 가했고 또 새로운 원리를 제시하기도 했지만 이 분야에 대한 이들의 연구는 산발적이고 단편적이었다. 그들의 아이디어는 네덜란드 수학 교수이자 직관주의 철학의 창시자인 브라우베르에 의해 집대성되었다. 박사 학위 논문인 「수학의 기초에 관하여」(1907년)에서 브라우베르는 직관주의 철학을 표명하기 시작했다. 1918년 이후로 그는 여러 학술지에서 자신의 견해를 부연하고 상술했다.

그가 취했던 수학에서의 직관주의적 입장은 자신의 철학에서 연유한다. 수학은 마음에서 생겨나고 그 안에서 진행되는 인간의 행위이다. 수학은 인간의 마음 밖에서는 존재하지 않는다. 마음은 기본적이고 명료한 직관적 지식을 인지한다. 직관적 지식은 감각이나 경험이 아니라 수학 개념에 관한 즉각적이고 확실한 지식이다. 여기에는 정수가 포함된다. 기본 직관은 시간의 연속선 위에서 일어나는 상이한 사태들의 인식이다. "시간의 경과에 따라 이원성(twoness)의 개념이 생겨나고, 다시 이 개념이 모든 특수한 사태로부터 추상화될 때 수학이 생겨난다. 이러한 모든 이원성의 공통된 내용에서 추상화를 거친 후 빈 채로 남아 있는 형식이 수학의 원초적 직관이 되면 이를 무제한으로 반복했을 때 새로운 수학 분야가 생겨난다." 무제한으로 반복한다는 뜻은 자연수를 계속해서 만들어 낸다는 뜻이었다. 자연수가 시간에 대한 직관으로부터 도출된다는 생각은 이미 칸트와 「시간 과학으로서의 대수학」이라는 논문을 쓴 해밀턴과, 아르투르 쇼펜하우어가 내놓은 바 있다.

브라우베르는 수학을 스스로의 우주를 지어 내는 정신의 구성 과정이라고 보았다. 그리고 수학은 경험과는 독립된 것이므로, 기본적인 수학적 직관만을 바탕으로 삼아야 한다고 여겼다. 브라우베르에 따르면 이러한 기본적인 직관 개념은 공리 이론에 나오는 무정의 개념으로 생각해서는 안 된다. 그보다는 다양한 수학적 체계에서 생겨나는 직관적으로 받아들여야 하는 정의되지 않은 개념으로 보아야 한다. 그렇게 했을 때 이 개념들이 수학적 사고에서 유용하게 사용될 수 있다. 더욱이 수학은 종합적이다. 수학은 논리적으로 함의되는 명제를 도출한다기보다는 진리를 구성해 내는 분야이다.

브라우베르는 "이런 구성적 과정을 거칠 때 숙고와 사고의 연마를 거쳐 어떤 것을 직관적 지식으로 받아들여야 할지 또 어떤 것이 자명한지 결정할 수 있는 조건 아래에서만 수학 기초를 찾아나서야 한다."라고 했다. 경험이나 논리가 아니라 바로 직관이 개념의 타당성과 수용 가능성을 결정한다는 것이다. 그렇다고 해서 이 주장이 경험의 역사적 역할을 부인하는 것은 아니다.

자연수 외에도 브라우베르는 덧셈, 곱셈 그리고 수학적 귀납법이 직관적으로 명료하다고 주장했다. 더욱이 자연수 1, 2, 3, … 을 얻고 나면 "빈 채로 남아 있는 형식"을 무제한 반복함으로써, 즉 n에서 $n+1$로 가는 단계를 거침으로써 마음은 무한 집합을 창출해 낸다고 여겼다. 하지만 그런 집합들은 단지 잠재 무한일 따름이다. 즉 유한 개의 수가 주어지면 그들 모두보다 더 큰 수를 항상 추가할 수 있을 뿐이다. 브라우베르는 모든 원소가 "동시"에 한자리에 존재하는 칸토어의 무한 집합을 배격했고 그에 따라 초한수 이론과 체르멜로의 선택 공리, 그리고 실제 무한 집합이 사용되는 해석학의 일부 이론들도 배격했다. 그런데 1912년에 한 강연에서는 ω까지의 서수와 가부번 집합을 받아들였다. 그는 또한 아무런 구성 법칙 없이 무리수를 유리수의 수열로 정의하는 것도 허용했다. 한편, 기하학은 공간을 다루고 있으므로 수와는 달리 인간 마음의 완전한 지배를 받지 않으며 종합 기하학은 물리 과학에 속한다고 여겼다.

직관주의자들의 무한 집합 개념과 관련해 직관주인자인 바일은 1946년 논문에서 이렇게 말했다.

어떤 수를 택하더라도 그 수를 넘어서는 수열은 무한을 향해 열린 가능성들의 집합체이다. 이것은 생성되는 상태에 영원히 머물러 있을 뿐, 스스로 존재하는 대상물들의 폐쇄된 영역을 이루지는 않는다. 맹목적으로 전자를 후자로 전환했던 행위가 이율배반(역설)을 포함한 모든 난점의 진정한 원인이다. 이 원인은 러셀의 순환 논법보다도 더 근본적인 속성을 지닌다. 브라우베르 덕분에 우리의 눈이 열렸다. 고전 수학은 절대에 대한 믿음에서 자양분을 얻었다. 그 절대는 인간의 이해를 초월하는 것이었다. 브라우베르 덕분에 우리는 고전 수학이 실질적 의미와 증거에 근거한 진리가 담겨 있는 명제들에서 얼마나 멀리 있었는지 알게 되었다.

그 다음으로 브라우베르는 수학과 언어의 관계를 탐구했다. 수학은 온전히 자율적이고 자족적인 행위이다. 수학은 언어로부터 독립되어 있다. 말은 오직 진리를 전달하기 위해서만 사용된다. 수학적 개념은 언어보다는 인간 마음속에 더욱 깊이 새겨져 있다. 수학적 직관의 세계는 지각의 세계와 대비된다. 전자가 아니라 후자에 언어가 속하며, 언어는 일상적 관계의 이해에 사용된다. 언어는 기호와 소리로 인간 마음속에 있는 관념들의 모사(模寫)를 되살려 낸다. 이러한 차이는 마치 산을 오르는 것과 그 행위를 말로 묘사하는 것 사이의 차이와 비슷하다. 하지만 수학적 관념은 언어라는 옷에 종속되어 있지 않으며 사실은 언어보다 더욱 풍성하다. 사상은 기호 언어를 포함한 수학적 언어로도 결코 완벽하게 표현될 수 없다. 더욱이 언어는 참된 수학의 주제에서 비켜나 있다.

더욱 대담한 것은 논리에 대한 논리주의자들의 입장, 특히 논리주의에 반대하는 그들의 입장이다. 논리학은 언어에 속한다. 논리학은 추가의 언어적 맥락을 연역해 낼 수 있게 해 준다. 언어적 맥락은 진리의 소통이라는 목표를 갖고 있다. 하지만 언어가 다루는 진리는 직관적으로 파악된 것이 아니며, 진리가 파악되었다는 보증도 언어는 해 주지 못한다. 따라서 논리학은 진리를 캐내는 믿을 만한 도구가 못 되며, 다른 방식으로 얻을 수 있는 진리를 연역해 내지도 못한다.

논리학 원리는 언어에서 후험적으로 관찰된 규칙일 뿐이다. 논리학 원리는 언어를 조작하는 장치이거나 아니면 언어 표현 이론이다. 논리학은 언어로 세워진 구조물일 뿐이다. 가장 중요한 수학적 진보는 논리를 손질해서 얻어지는 것이 아니라 근본 이론 자체에 수정을 가함으로써 이루어진다. 논리학이 수학에 기대고 있는 것이지 수학이 논리학에 기대고 있는 것은 아니다. 논리학은 직관적 개념보다 훨씬 더 불확실하며 수학은 논리학의 보증이 필요하지 않다. 역사적으로 논리학의 원리들은 유한한 대상물들과의 경험으로부터 추출되었고 여기에 선험적 타당성이 부여되고 난 다음, 무한 집합에 적용되었다.

브라우베르는 선험적인 논리학 원리를 인정하지 않았기 때문에 공리들로부터 결론을 이끌어 내는 수학의 임무를 인정하지 않았다. 따라서 그는 논리주의뿐만 아니라 19세기 후반의 공리적 전개 방식도 배격했다. 그에 따르면 수학은 논리학의 지배에 묶여 있지 않다. 수학을 알기 위해서 형식 증명을 알아야 할 필요는 없다. 그런 이유에서 수학적 개념과 구성을 받아들인다 해도 역설은 중요하지 않다. 역설은 논리학의 결함이지 수학의 결함이 아니다. 따라서 무모순성의 문제는 허깨비에 불과하다. 무모순성의 문제는 의미가 없다. 무모순성은 타당한 사고의 결과로서 확보되며, 사고는 우리가 직관적으로 그 타당성을 판단할 수 있는 의미를 지닌다.

하지만 논리학 영역에는 기존 정리에서 새로운 정리를 이끌어 내는 데 사용될 수 있는 **직관적으로** 수용할 만한 명료한 원리나 과정이 있다. 이 원리들이 근본적인 수학 직관의 일부를 이룬다. 모든 일반적 논리학 원리가 기본 직관에 수용될 수 있는 것은 아니다. 따라서 우리는 아리스토텔레스 이래로 받아들여 왔던 원리에 대해 비판적인 자세를 가져야 한다. 수학자들이 그런 제한적인 아리스토텔레스의 법칙들을 너무 남용했기 때문에 이율배반이 생겨났다. 직관은 이런 질문을 던진다. 만일 일시적으로 직관을 무시하고 언어적 구조만을 가지고 일을 한다면 수학적 구성물을 다룰 때 무엇이 허용되며 또 어떤 것이 안전한가?

따라서 직관주의자들은 통상적인 논리학이 올바른 직관적 진리와 들어맞고 또 그런 진리를 적절하게 표현해 낼 수 있도록 하기 위해 어떤 논리학 원리가 허용되어야 하는지 분석해 나가기 시작했다. 지나치게 남용되었던 논리학 원리의 예로 브라우베르는 배중률을 들었다. 의미가 통하는 모든 명제는 참이거나 또는 거짓이라는 이 원리는 역사적으로 유한 집합에 추론을 적용하면서 생겨났고 그로부터 추상화되었다. 그런 다음에 독립적인 선험적 원리로 받아들여졌고 부당하게도 무한 집합에 적용되었다. 유한 집합의 경우는 원소 하나하나를 살펴봄으로써 모든 원소가 특정한 성질을 갖고 있는지 결정할 수 있지만 이 과정을 무한 집합에 적용할 수는 없다. 무한 집합에 속하는 한 원소가 그 속성을 갖고 있지 않다는 점을 보일 수도 있고 또는 집합을 구성한 방식 자체에서 곧바로 모든 원소가 그 속성을 갖고 있다는 사실을 금방 알거나 증명할 수 있는 경우도 있다. 하지만 어떤 경우에도 배중률을 사용할 수는 없다.

따라서 정수 집합의 모든 원소가 짝수인 것은 아니라는 증명에서 홀수인 정수가 존재한다는 결론을 유도해 내는 것을 브라우베르는 부정한다. 왜냐하면 배중률을 무한 집합에 적용하고 있기 때문이다. 하지만 이런 형태의 논증은 수학의 존재 증명에서 광범위하게 사용된다. 예컨대 다항 방정식이 항상 근을 갖는다는 증명에 사용되었다 (9장 참조). 따라서 여러 존재 증명을 직관주의자들은 받아들이지 않았다. 그러한 증명에서는 존재한다고 주장하는 실체의 의미가 지나치게 모호하다고 직관주의자들은 주장한다. 배중률은 유한개의 원소가 있는 경우에만 적용할 수 있다. 따라서 만일 유한개의 정수가 있고 이 모두가 짝수인 것은 아니라고 증명해야만 그 가운데 하나는 홀수라고 결론 내릴 수 있는 것이다.

바일은 논리학에 대한 직관주의자의 견해를 확장했다.

브라우베르의 견해에 따르면, 그리고 역사를 살펴보면 고전 논리학은 유한 집합과 그 부분 집합에 관한 수학에서 추상화를 통해 형성된 것이다. 이러한 제약을 잊고 사람들은 논리학이 수학보다 상위에 있고 또 그보다 앞선다고 잘못 생각했고, 마침내는 정당성을 확립하지도 않은 채 무한 집합을 다루는 수학에 논리학을 적용했다. 바로 이것이 집합론의 원죄이고 타락이다. 그에 대한 형벌로 이율배반이 생겨났다. 놀라운 점은 그러한 모순들이 나타난 사실이 아니라 뒤늦게 나타났다는 사실이다.

얼마 후에 바일은 이렇게 덧붙였다. "배중률은 무한한 자연수를 한 눈에 내려다볼 수 있는 하느님에게는 타당하게 여겨질지 모르지만 우리 인간의 논리로는 그렇게 보이지 않는다."

브라우베르는 1923년에 발표한 어느 논문에서 무한 집합에 배중률을 적용하는 것을 배제했을 때 더 이상 성립하지 않게 되는 정리들을 예로 들었다.* 그는 그 논문에서 특별히 유계인 무한 집합은 극한점을 갖는다는 볼차노-바이어슈트라스 정리는 증명된 것이 아니며, 폐구간에서 정의된 연속 함수의 최댓값이 존재한다는 주장도 마찬가지라고 주장했다. 그리고 주어진 구간을 덮고 있는 구간들의 모임에

---

* 이 책의 목적으로 볼 때 이 정리들의 의미를 상세히 살펴볼 필요는 없다. 단지 특정한 예로 언급하고 있을 따름이다.

서 유한개를 골라내어 그 구간을 덮을 수 있다는 하이네-보렐 정리 역시 배격했다. 물론, 이러한 정리로부터 나오는 결론들도 모두 받아들이지 않았다.

수학적 실체의 존재를 증명하기 위해 배중률을 제한 없이 사용하는 것을 배격하는 데 그치지 않고 직관주의자들은 또 다른 조건을 요구했다. 그들은 예를 들면 빨간색 원소로 이루어진 집합처럼 모든 원소들의 특징적 속성으로 정의된 집합을 받아들이지 않았다. 직관주의자들이 수학 논의에 합당하다고 받아들이는 개념이나 대상물—진짜로 존재한다고 말할 수 있는 대상물—은 구성적이라야 한다. 즉 유한 번의 단계를 거쳐 실체를 분명하게 보일 수 있는 방법이나 원하는 만큼의 정확도로 그 실체를 계산해 낼 수 있는 방법이 제시되어야 한다.* 예컨대 원주율 π는 원하는 소수점 이하 자리까지 계산해 낼 수 있기 때문에 받아들일 수 있다. 만약에 n이 2보다 클 때 $x^n + y^n = z^n$을 만족하는 정수 x, y, z가 존재한다고 증명했으나 구체적으로 어떤 정수인지 밝혀 놓지 않는다면 직관주의자들은 그 증명을 받아들이지 않을 것이다. 한편, 소수의 정의가 구성적인 이유는 유한 번의 단계를 거쳐 주어진 수가 소수인지 아닌지를 결정할 수 있기 때문이다.

또 다른 예를 살펴보자. 쌍둥이 소수는 $l-2$와 l의 꼴로 된 두 개의 소수를 말하는데, 예를 들면 5와 7, 11과 13 등이 여기에 해당된다. 쌍둥이 소수가 무한히 많은지는 아직 풀리지 않은 문제이다. 이제 l을 $l-2$도 소수인 최대의 소수로 정하되 만일 그런 소수가 없다면 $l = 1$로 하는 것으로 해 보자. 고전주의자들은 최대 쌍둥이 소수의 존

---

* 푸앵카레는 예외였다. 형식주의자였던 그는 모순만 낳지 않는 개념이라면 받아들일 수 있다는 입장을 취했다.

재 여부를 알고 있든 모르고 있든 상관없이 l은 잘 정의된 것으로 받아들인다. 왜냐하면 배중률에 따라 최대 쌍둥이 소수가 존재하거나 아니면 존재하지 않을 것이기 때문이다. 전자의 경우는 l은 $l-2$도 소수인 최대의 소수가 되고 후자의 경우에는 $l = 1$이 된다. 실제로 l을 계산해 내지 못한다는 사실은 직관주의자가 아닌 사람들에게는 아무런 문제가 되지 않는다. 하지만 직관주의자는 l을 계산해 낼 수 있을 때까지는 이 '정의'를 받아들이지 않는다. 즉 쌍둥이 소수가 무한개인지를 묻는 문제가 풀려야 정의를 받아들일 수 있다는 뜻이다. 구성적 과정에 대한 요구는 특별히 무한 집합을 결정하는 데 적용된다. 선택 공리를 이용해 만들어진 무한히 큰 집합은 받아들이지 않는다. 앞의 예에서 보았듯이 일부 존재 증명은 구성적이 아니다. 따라서 배중률이 사용되고 있다는 사실 외에도 그런 증명을 배격해야 할 또 다른 이유가 있는 것이다.

바일은 비구성적 존재 증명은 장소는 말하지 않고 보물이 어딘가에 있다고 주장하는 것이라고 말했다. 그런 증명은 중요성이나 가치의 손상 없이 구성적 증명을 대체할 수 없다. 그는 또한 직관주의 철학을 받아들인다면 기존 해석학의 기초적 존재 정리를 포기해야 한다는 점을 지적했다. 칸토어의 초한수 이론을 바일은 안개 속의 안개로 묘사했다. 그는 『연속체』(1918년)에서 해석학을 모래 위에 지어진 집이라고 했다. 직관주의 방법으로 확립된 것에 대해서만 확실하다고 말할 수 있다는 것이다.

배중률의 부정으로 결정 불가 명제가 존재할 수 있다는 새로운 가능성이 제기되었다. 무한 집합과 관련해 직관주의자들은 제3의 상태, 즉 증명이 가능하지도 않고 또 반론이 가능하지도 않은 명제가 존재하는 상황이 있다고 주장했다. 그들은 다음과 같은 예를 들었다.

π의 소수점 아래 k번째 자리에 0이 나타나고 그 뒤로 1부터 9까지 차례대로 나오는데 k는 그런 정수 가운데 최소의 정수라고 정의해 보자. 아리스토텔레스의 논리학에 따르면 k는 존재하거나 아니면 존재하지 않는다. 아리스토텔레스를 따르는 수학자들은 두 가지 가능성을 기초로 논의를 전개해 나간다. 브라우베르를 비롯한 직관주의자들은 그러한 k의 존재를 증명할 수 있을지 알지 못한다는 이유에서 그에 관한 논의 전개를 배격한다. 직관주의자들에 따르면 어떤 수학 기초 위에서도 결코 진위를 결정할 수 없는 중요한 수학 문제가 있다. 이러한 문제들은 결정 가능한 듯 보이지만 그런 우리의 믿음은 단지 과거에 그 진위가 결정된 그런 종류의 수학적 개념과 문제가 거기에 들어가 있다는 사실에 근거를 두고 있다.

직관주의자들의 견해에서는 실수 체계의 고전적 구성 및 논리적 구성, 미적분학, 실수 함수에 관한 현대 이론, 르베그 적분, 그 밖의 여러 주제들이 배격된다. 브라우베르와 그에 동조하는 동시대인들은 비판에 머물지 않고 스스로 천명한 구성의 원칙에 따라 수학을 재건하고자 했다. 앞에서 언급한 주제들의 일정 부분을 재정립하는 데 성공했지만 그 구성은 매우 복잡했기 때문에 그들에 동조하던 바일마저도 참을 수 없을 만큼 볼썽사나운 증명이라고 불만을 토로했다. 또한 직관주의자들은 대수학과 기하학의 기초 부분을 재구성했다.

하지만 재구성은 매우 느린 속도로 진행되었다. 그래서 힐베르트는 '수학 기초'에 대한 1927년 논문에서 이렇게 말했다. "현대 수학의 광대함에 비추어 볼 때 직관주의자들이 얻어 낸 초라한 파편, 불완전하고 고립되어 있는 결과들이 과연 무슨 의미를 지닐 것인가?" 물론, 1927년에 그들 자신의 기준에 맞는 기존 수학의 재구성 작업은 별다른 진전을 보지 못하고 있었다. 그러나 철학을 달리하는 반대자들의 공격은 이들에게 박차를 가했다. 그 이후로 더욱더 많은 직관주의자들이 수학 기초 구성에 참여하고 있다. 불행히도, 논리주의의 경우와 같이, 직관주의자들은 무엇이 수용할 만한 기초인가 하는 문제에서 의견이 갈리고 있다. 일부는 일반적인 집합론 개념을 모두 버리고 개념들을 효율적으로 정의하거나 구성될 수 있는 개념에만 한정하고 있다. 그보다 덜 극단적인 구성주의자들은 고전 논리학에 반기를 들기보다는 그것을 활용한다. 어떤 이들은 수학적 대상물들의 집합을 인정하고 그 바탕 위에서 구성 과정을 진행해 나간다. 예컨대 다수의 사람들이 최소한 실수 집합을 인정했다(하지만 실수 연속체 전체로 확대하지는 않았다.). 그러나 다른 사람들은 정수만을 인정했고 계산해 낼 수 있는 다른 수와 함수만을 다루고 있다. 무엇을 계산 가능으로 보는가 하는 관점은 집단마다 다르다. 수가 계산 가능하다는 것은 애초에 인정받은 수들로 점점 더 가까이 근사시킬 수 있음을 뜻한다고 볼 수 있다. 예컨대 무리수가 유한 소수로 근사되는 것처럼 말이다.

불행히도 구성의 개념은 전혀 명확하지 않다. 수 N을 정의하는 다음 예를 살펴보자.

$$N = 1 + \frac{(-1)^p}{10^p}$$

잠시 $p = 3$이라고 하자. 그러면 $N = 1 - 0.001 = 0.999$이다. 한편 $p = 2$이면 $N = 1.01$이다. 이제 p를 π의 소수점 아래 123456789가 뒤따라 나오는 첫 번째 자릿수라고 정의한다. 만일 그러한 p가 존재하지 않으면 N은 1로 정의한다. 만일 p가 존재하고 그 값이 짝수라면 $N = 1.000\cdots$이 되는데, 이 경우에는 소수점 아래 p 번째 자리까지 가야 1을 만나게 된다. 만일 p가 홀수라면 $N = 0.999\cdots$가 되며, 이 경우에는 9는 p번째까지 계속된다. 하지만 위에서 정의한 p의 존재 여부는 알지 못한다. 만일 존재하지 않으면 $N = 1$이다. p가 존재하기는 하지만 π의 소수점 아래 수천 번째 자리까지 가도 나타나지 않는다면 N의 값을 쓰는 일은 엄두를 내기 어렵다. 어쨌든 N은 정의되어 있으며 원하는 정도로 근사시킬 수도 있다. 과연 N은 구성적으로 정의되었는가?

물론, 선택 공리나 연속체 가설을 사용한 존재 증명은 구성적인 것이 아니다. 따라서 직관주의자들에게는 당연히 받아들여지지 않았고, 직관주의자가 아닌 다수의 수학자들에게도 받아들여지지 않았다.

구성주의자들 사이에서 의견이 갈리고 있지만 어쨌든 그들은 기존 수학의 상당 부분을 재구성했다. 재구성된 정리 가운데 일부는 기존 정리에 비해 그 내용이 약화되었다. 여기에 대해 직관주의자들은 기존 해석학이 유용하기는 하지만 수학적 진리를 덜 갖추고 있다고 대답한다. 즉 지금까지 이루어 놓은 그들의 성과는 한계를 지니고 있으며 기존의 모든 수학으로 그들의 작업을 확장할 전망은 그다지 밝지 않다. 직관주의자들의 연구 성과가 너무나 더디게 이루어졌기 때문에 1960년에 부르바키 학파의 수학자들은(이들에 대해서는 나중에 좀 더 자세히 이야기하게 될 것이다.) 다음과 같이 말했다. "직관주의 학파에 대한 기억은 의심할 여지 없이 역사학자의 호기심으로만 남아 있게 될 것이다." 직관주의를 비판하는 사람들은 시인 사무엘 호펜슈타인의 시를 인용함 직하다.

차츰차츰 맹신과 오류를
사실로부터 제거해 내고
진리에서 망상을 없앤다.

그렇게 남겨진 것을 부여잡고 굶어죽는다.

하지만 직관주의자들은 확고한 기초를 얻는 대가가 일부 기존 수학의 희생이라고 해도, 또는 그 대가가 칸토어의 초한수 이론이 세운 '낙원'이라고 해도 그 대가는 비싸지 않다고 여겼다.

직관주의 반대자들이 직관주의를 배격하면서 지나치게 독단적인 자세를 취했다고 할 수도 있지만 직관주의에 다소 동정적이었던 사람들이 내놓은 진지하게 고려해 볼 만한 비판들도 있다. 그런 비판 가운데 하나는 직관주의자들이 스스로 내세운 원칙에 따라 재구성하고자 애를 썼던 정리들이 실은 인간의 직관에 의해 제시되거나 보증되지 않았다고 지적한다. 이러한 정리들을 발견할 수 있었던 것은 다양한 종류의 추론, 추측, 특별한 경우로부터의 일반화, 그리고 그 기원을 설명할 수 없는 통찰력 덕분이었다. 따라서 직관주의자들 역시 스스로 내세운 원칙에 따라 증명을 재구성하려고 했지만 실제로는 다른 모든 수학자들과 마찬가지로 통상적인 구성 방식에 의지했을 뿐만 아니라 고전 논리학에까지 의지했던 것이다. 직관주의자들은 이런 비판에 대해 통상적인 연구 방식이 채택되었다고 해도 그 결과는 직관으로 받아들일 만한 것이 되어야 한다고 답한다. 직관주의의 다른 여러 주장이 지니는 중요성을 부인하지는 않지만 직관주의자들이 받아들인 정리 가운데 다수는 직관으로 보아도 상당히 미묘하고 낯설어서 그 참됨을 직접적으로 파악해 낼 수 있다는 주장을 믿기가 어렵다.

통상적인 구성 방식과 수학적 관념화 및 추상화가 필수적이라는 주장은 클라인과 파슈에 의해 더욱더 다듬어졌다. 모든 점에서 미분이 불가능한 연속 함수나 정사각형을 메우는 곡선(페아노 곡선)을 직관이 과연 발견해 낼 수 있겠는가? 그러한 구성물은 직관에 의해 제시되었다고 해도 관념화와 추상화를 거쳐야 한다. 클라인은 소박한 직관은 엄밀하지 못하며 또 정교하게 다듬어진 직관은 순전히 직관이라고만 할 수는 없고 다만 공리에 기초한 논리적 전개로부터 생겨난다고 말했다. 궁극적으로 논리적 연역에 의지해야 한다는 주장에 대해 브라우베르는 무모순임이 밝혀진 모델(8장 참조)을 사용하여 공리의 무모순성을 입증해야 한다고 답했다. 그는, 과연 그런 모델을 항상 찾을 수 있는가, 그리고 찾을 수 있더라도 모델의 무모순성을 받아들일 때 직관적 근거에 의존해야 하지 않는가 하고 물었다.

바일도 전통적 형태의 구성과 증명이 더 강력하다는 주장에 반기를 들었다. 자신의 책 『정신과 자연』(1934년)에서 "직관으로 파악하지 못하는 심오한 속성을 인지할 수 있다는 희망은 헛된 꿈이다."라고 말했다.

직관주의에 반대하는 사람들 가운데 일부는 수학이 인간의 창조물이라는 데 동의하고 타당성을 객관적으로 결정할 수 있다고 믿으면서도 직관주의자들이 자명함의 근거를 오류투성이인 인간 마음에서 찾았다고 비판했다. 힐베르트와 폴 베르나이스(Paul Bernays, 1888~1978년)가 『기하학 기초』 초판에서 주장했듯이 이 부분에서 직관주의 철학의 중대한 약점을 발견하게 된다. 만일 타당함이 인간 마음에 자명한 것을 의미한다면 어떤 개념과 추론에 의지해야 하는가? 모든 사람들에게 객관적으로 타당한 진리는 어디에 있는가?

직관주의에 대한 또 다른 비판은 직관주의가 자연에 대한 수학의 응용에 관심을 기울이지 않는다고 지적한다. 직관주의는 수학을 지각과 관련짓지 않는다. 브라우베르는 직관주의 수학이 실용 면에서 무익하다는 점을 인정했다. 실제로, 브라우베르는 인간의 자연 지배 자체를 배격했다. 비판이야 어떠하든 바일은 1951년에 다음과 같이 말했다. "수학 명제가 참된 진리, 증거에 기초한 진리를 말해 준다는 믿음을 견지하려는 사람이라면 브라우베르의 비판을 받아들여야 한다고 생각한다."

직관주의자들의 주장은 한 가지 관련 쟁점을 끄집어냈다. 알다시피 그들은 타당하고 또 수용할 만한 관념은 인간 정신을 통해 인지될 수 있으며 또 인지된다는 생각을 견지했다. 그러한 관념은 언어 형태로 생겨나지 않는다. 사실, 언어는 이러한 관념들을 전달하는 불완전한 도구일 뿐이다. 그러나 이와 대립되는 입장이 있다. 이 입장은 「요한복음」의 구절 "한처음, 천지가 창조되기 전부터 말씀이 계셨다."(『공동 번역 성경』을 따른 것이다.—옮긴이)로 표현될 수 있다. 사도 요한은 수학을 염두에 두지는 않았지만 그의 선언은 그리스 철학의 입장과 일부 현대 심리학자의 견해와 일치한다. 그와는 달리, 버클리는 언어가 사고를 방해한다고 주장했다.

오일러는 프로이센 프리드리히 대제의 조카인 안할트데사우(Anhalt-Dessau)의 공주에게 보낸 편지(1768~1772년 출간)에서 이 문제를 다루었다.

일반적 개념을 구성해 내는 추상화 능력이 있더라도 구어이든 문어이든 언어의 도움이 없다면 사람은 아무런 진보를 이룰 수 없습니다. 구어와 문어 모두에는 다양한 낱말들이 담겨 있는데, 낱말들은 관념을 표현하는 기호일 따름이며, 그 의미는 관습, 즉 함께 사는 사람들의 암묵적 합의에 따라 결정됩니다.

이 같은 사실을 고려할 때 언어의 유일한 목적은 사람들이 각자의 감정을 전달할 수 있게 하는 것이며, 따라서 홀로 살아가는 사람에게 언어는 필요 없는 듯 여겨집니다. 그러나 잠시 숙고해 보면 의사소통뿐만 아니라 사고를 다듬고 연마하기 위해서도 언어가 필요하다는 확신이 생기게 됩니다.

아다마르는 『수학적 발명의 심리학』(1945년)에서 수학자들이 어떤 방식으로 사고하는지 살펴보았다. 그 결과, 수학자들은 창조 과정에서 거의 예외 없이 명확한 언어를 사용하지 않는다는 점을 알게 되었다. 언어보다는 시각적이든 촉각적이든 어렴풋한 이미지를 사용한다. 이러한 사고 방법은 아다마르의 책에 실려 있는 아인슈타인의 편지에 나타나 있다.

제 경우, 문어든 구어든 언어는 사고 메커니즘에서 별다른 역할을 하지 않는 듯 보입니다. …… 사고의 구성 요소가 되는 물리적 실체는 마음껏 재생할 수 있고 결합할 수 있는 표상과 어느 정도 선명한 이미지입니다. …… 제 경우, 위에서 언급한 요소들은 강렬한 시각적 형태를 취합니다. 부차적인 상태에서만 통상적인 언어나 여타의 기호를 열심히 찾아야 합니다.

물론, 창조 행위에서 시각화는 중요한 역할을 한다. 무한 직선이 유클리드 평면을 둘로 나눈다는 사실은 시각화에서 얻어진다. 직관주의자들이 주장하듯이, 요지는 마음이 얻어 낸 확신은 명확한 언어 표현이나 논리적 증명이 불필요할 만큼 확실성을 갖추고 있느냐 하는 것이다.

브라우베르 이후로 직관주의의 대표적 옹호자로 활약하고 있는 아렌트 하이팅(Arend Heyting, 1898~1980년)은 형식논리학자들과의 의사소통을 개선하려는 작업의 일환으로 1930년에 직관주의 명제 논리학의 형식 규칙을 담은 논문을 발표했다. 여기에는 고전 형식논리학의 일부만이 포함되어 있다. 예컨대 하이팅은 p가 참일 때, "p가 거짓이라는 주장은 거짓이다."라는 명제가 함의된다는 점을 인정했다. 하지만 "p가 거짓이라는 주장은 거짓이다."가 성립한다고 해서 반드시 p가 참인 것은 아니라고 했다. 왜냐하면 p가 주장하는 내용이 구성 가능한 것이 아닐 수도 있기 때문이다. 배중률, 즉 p이거나 또는 p가 아니거나, 둘 가운데 하나만이 참이라는 법칙이 사용되지 않는 것이다. 그러나 만일 p가 q를 함의하면 q의 부정은 p의 부정을 함의한다는 주장은 거짓이다. 하이팅의 이러한 형식화를 직관주의자들은 긴요한 성과로 여기지 않는다. 하이팅의 형식화는 근본 아이디어를 제대로 표현해 내지 못하고 있다. 더욱이 하이팅의 형식화만이 유일한 것은 아니다. 직관주의자 사이에서 어떤 논리학 원리가 받아들여야 하는가를 두고 의견이 엇갈리고 있는 실정이다.

직관주의자들은 수학에 제약을 가했고 또 그들의 철학은 많은 비판을 받고 있다. 그러나 직관주의는 수학에 긍정적인 영향을 주었다. 애초에 선택 공리와 관련해서만 심각하게 논의되던 문제가 직관주의 덕분에 시급하게 해결해야 할 화두가 되었다. 그 문제란 수학적으로 존재한다는 말은 무엇을 의미하는가 하는 것이다. 바일이 물었듯이 특정한 성질을 갖는 수가 존재한다는 사실을 알지만 실제로 그 수를 계산해 내지 못한다면 과연 소용이 있는 것일까? 배중률을 별 생각 없이 자유로이 확장하여 사용하는 것은 분명 재고가 필요해졌다. 직관주의의 성과 가운데 가장 가치 있는 것은, 존재하지 않는다고 가정하면 모순이 도출된다는 점을 보임으로써 존재성을 확립한 수나 함수에 대해서 그 값을 명확히 계산해 내라고 요구한 점이다. 이 수들을 정확하게 안다는 것은, 어딘가에 친구가 있다는 사실을 단순히 아는 것이 아니라 친구와 함께 살고 있는 것에 비유할 수 있다.

논리주의자들과 직관주의자들의 대립은 수학 기초를 확립하려는 전쟁의 서막에 불과했다. 또 다른 출전자들이 이 싸움에 뛰어들었는데, 그들에 대한 이야기는 뒤에서 더 하게 될 것이다.

11장

형식주의와 집합론

현대 수학의 광대함에 비춰 볼 때
직관주의자들이 얻어 낸 초라한 파편,
불완전하고 고립되어 있는 결과들이
과연 무슨 의미를 지닐 것인가?

다 비 트 힐 베 르 트

산술 체계를 공리화, 형식화함으로써 수학 체계를 완전하게 하려 했던 다비트 힐베르트.

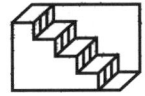

20세기의 첫 10년 동안에 수학 기초론에서 논리주의 철학과 직관주의 철학이 생겨나 서로 대척점에 서서 대립했다. 하지만 치열한 싸움은 이들로만 그치지 않았다. 형식주의라는 이름의 세 번째 학파가 힐베르트에 의해 만들어졌고, 또 집합론 학파가 체르멜로에 의해 생겨났다.

1900년 세계 수학자 대회에서 행한 강연에서 힐베르트는 수학의 무모순성을 증명하는 일이 중요하다고 강조했다. 그는 실수의 정렬 방법을 문제로 제시했고, 이후에 체르멜로의 연구로 정렬 가능이 선택 공리와 동치임이 밝혀졌다. 끝으로 힐베르트는 연속체 가설, 즉 $\aleph_0$ 와 c 사이에 초한수가 존재하지 않는다는 것을 증명하라고 요구했다. 골치 아픈 역설이나 선택 공리에 대한 논란이 생겨나기 이전에 힐베르트는 이 문제들의 해결이 긴요하다는 사실을 미리 알고 있었다.

힐베르트 자신이 1904년에 열린 제3차 세계 수학자 대회에서 무모순성의 증명 방법을 포함하여 기초론 접근법을 개괄적으로 설명했다. 하지만 그는 한동안 이 중요한 문제에 천착하지 않았다. 그 후 15년 동안 논리주의자들과 직관주의자들은 그들의 주장을 널리 알렸고, 힐베르트는 기초론 문제에 대한 그들의 해결 방식에 불만을 품었다.

그는 논리주의자들의 계획안을 단호하게 거부했다. 1904년의 강연과 논문에 따르면, 반대하는 이유가 장황하고 복잡한 논리학 전개 과정에서 거론되지는 않았지만 자연수가 이미 사용되고 있기 때문이었다. 즉 논리학 위에 수를 구성하는 것은 순환 논법이라는 주장이었다. 그는 또한 원소들의 속성으로 집합을 정의하는 것에 대해 비판했다. 그렇게 정의하려면 명제와 명제 함수를 유형에 따라 구별해야 하는데, 유형 이론에서는 의심할 여지가 있는 환원 공리가 사용되고 있다. 그는 무한 집합을 포함시켜야 한다는 러셀과 화이트헤드의 주장에 동의했다. 그러나 그렇게 하려면 무한 공리가 필요했는데, 다른 사람들과 마찬가지로 힐베르트 역시 이 공리는 논리학의 공리가 아니라고 주장했다.

한편, 직관주의 철학은 힐베르트에게 놀라움을 안겨 주었다. 왜냐하면 직관주의자들은 무한 집합을 배격했을 뿐만 아니라 존재 증명에 의존하는 해석학의 상당 부분도 받아들이지 않았기 때문이다. 그는 직관주의를 격렬하게 공격했다. 1922년에 그는 직관주의가 "수학을 갈기갈기 찢어 형체를 알아볼 수 없게 하려 한다."라고 말했다. 1927년에 발표한 논문에서는 다음과 같이 공격했다. "수학에서 배중률을 제외하는 것은 마치 천문학자에게 망원경 사용을 금하고 권투 선수에게 주먹을 사용하지 못하게 하는 것과 같다. 배중률을 이용해 얻어 낸 존재 증명을 부인하는 일은 수학이라는 학문 전부를 포기하는 것과 진배없다."

바일은 직관주의에 대한 힐베르트의 입장에 대해 1927년에 다음과 같이 말했다. "직관주의 관점에서는 기존 수학의 일부분, 아마도 극히 작은 부분만이 타당성을 갖는다는 점은 안타깝지만 피할 수 없는 사실이다. 힐베르트는 이러한 훼손을 견디지 못했다."

힐베르트는 논리주의와 직관주의가 모두 무모순성을 증명해 내지 못했다고 주장했다. 1927년 논문에서 힐베르트는 이렇게 선언했다.

> 튼튼한 기초 위에 수학을 세우기 위해서 내게는 크로네커처럼 하느님이 필요하지도 않고, 푸앵카레처럼 수학적 귀납법의 원리에 맞추어진 특별한 이해력도 필요하지 않고, 브라우베르의 원초적 직관도 필요하지 않으며, 끝으로 러셀이나 화이트헤드처럼 실제적이고 중요한 명제이기는 하지만 무모순성 증명으로 확립될 수 없는 무한 공리, 환원 공리, 완비 공리도 필요하지 않다.

1920년대에 힐베르트는 기초론 접근법을 구상했고 그 구상에 따라 기초론을 마련하는 일에 남은 생애를 바쳤다. 1920년대와 1930년대 초기에 발표한 논문 가운데 1925년 논문이 그의 생각을 잘 드러내는 중요한 논문이다.* 「무한에 관하여」라는 이 논문에서 그는 "필자의 목표는 수학적 방법의 확실성을 완전하게 확립하는 것"이라고 말했다.

그의 주장 가운데 첫 번째는, 논리학 전개에 수학적 개념이 개입되어 있고 또 기존의 수학을 보존하기 위해서는 무한 공리와 같은 초

---

* 나중에 괴델(1940년)과 베르나이스(1937년)는 체르멜로-프렝켈 체계를 수정하여 집합(set)과 부류(class)를 구별했다. 괴델과 베르나이스는 폰 노이만이 1925년에 내놓은 공리 체계를 단순화했다. 집합은 다른 집합의 원소가 될 수 있다. 모든 집합은 부류이지만 모든 부류가 집합인 것은 아니다. 부류는 그보다 큰 부류에 속할 수 없다. 이렇게 집합과 부류를 구별함으로써 엄청나게 큰 모임이 다른 부류에 속하는 경우가 없도록 했다. 이렇게 해서 칸토어의 모순적인 집합이 제거되었다. 체르멜로-프렝켈 체계의 정리들은 괴델-베르나이스 체계에서도 역시 정리가 되며 거꾸로 괴델-베르나이스 체계의 정리들은 체르멜로-프렝켈 체계에서도 정리가 된다. 실은, 매우 다양한 여러 집합론 공리 체계들이 있다. 하지만 어떤 것이 더 나은가를 결정할 만한 기준은 없다.

논리학적인 공리를 도입해야 하기 때문에, 올바른 수학 연구 방식은 논리학과 수학의 개념과 공리를 모두 망라해야 한다는 것이었다. 더욱이 논리학은 연구 대상물이 있어야 하며 그 대상물은 수와 같이 초논리학적인 구체적 개념들로 구성되어 있는데, 이러한 개념들은 논리적 전개가 시작되기 이전에 이미 직관 안에 내재해 있다고 여겼다.

논리학의 공리적 기초를 확립하는 일에 그다지 관심이 없었기 때문에 더 많은 공리를 채택하기는 했지만, 힐베르트가 채택한 논리학적 공리는 러셀의 공리와 근본적으로 다르지 않다. 하지만 힐베르트는 논리학에서 수학을 연역해 낼 수 없기 때문에—수학은 논리학의 결과물이 아니라 독자적인 학문이다.—각 분야는 적절한 논리학 공리와 수학 공리를 모두 담고 있어야 한다고 생각했다. 더욱이, 수학을 다루는 가장 신뢰할 만한 방식은 수학을 사실에 관한 지식이 아니라 형식 학문으로 간주하는 것이라고 여겼다. 즉 아무런 의미를 부여하지 않은 채 추상적인 기호를 사용하는 학문이 되어야 한다(물론 비공식적으로는 의미와 현실의 관계가 개입하게 된다.). 또 연역은 논리학 원리에 따라 기호를 조작하는 작업이 되어야 한다.

따라서 힐베르트는 일부 역설의 원인이 되고 있는 언어의 모호함과 직관적 지식의 무의식적인 사용을 피하려면 논리학과 수학의 모든 진술은 기호를 이용해 표현되어야 한다고 생각했다. 이러한 기호들은 직관적으로는 의미 있는 대상물을 표상할 수 있지만, 그가 제안한 형식 수학 내에서는 대상물로서는 아무런 의미도 없다. 힐베르트는 무한 집합이 포함되기를 원했기 때문에 무한 집합을 표시하는 기호들이 필요하다고 생각했지만 이들에 직관적 의미를 부여하지 않았다. 그는 이러한 기호를 이상적 요소(ideal element)라고 불렀다. 힐베르트는 실제 세계에는 오직 유한한 개수의 대상물만이 존재하고 물질은 유한개의 요소로 구성되어 있다고 믿기는 했지만, 이 이상적 요소들은 수학을 구성하는 데 필요하며, 따라서 그 도입은 정당화된다고 생각했다.

이러한 힐베르트의 주장은 다음과 같은 실례를 통해 이해할 수 있다. 무리수는 수로서의 직관적 의미를 지니고 있지 않다. 그 측도가 무리수인 거리를 도입할 수도 있지만, 거리 자체는 무리수에 대해 직관적 의미를 부여하지 않는다. 하지만 무리수는 이상적 요소로서 초등 수학에서도 필요하며, 바로 그런 이유 때문에 수학자들은 1870년대까지 논리적 기초 없이도 무리수를 사용했던 것이다. 힐베르트는 복소수, 즉 $\sqrt{-1}$을 포함하는 수에 대해서도 같은 주장을 했다. 복소수는 실재하는 직접적 대응물을 갖고 있지 않다. 하지만 모든 n차 다항 방정식은 정확하게 n개의 근을 갖는다는 정리처럼 복소수와 관련된 일반 정리를 만들어 낼 수 있을 뿐만 아니라 복소함수론이라는 분야까지도 구성해 낼 수 있다. 복소함수론은 물리학에서 매우 유용하게 활용되고 있다. 기호가 직관적으로 의미를 지니는 대상물을 표상하든 그렇지 않든 간에 개념 및 연산의 모든 부호와 기호는 의미로부터 자유롭다. 기초를 세우고자 한다면, 수학적 사고의 요소는 기호들과 명제들이어야 하며, 명제는 기호를 연이어 결합한 형태를 취해야 한다고 여겼다. 따라서 형식주의자들은 대가를 치르고라도 확실성을 확보하고자 했다. 그 대가란 의미가 사상된 기호를 다루어야 한다는 것이었다.

다행히도 논리학에 사용되는 기호들은 19세기와 20세기 초에 이미 개발되었고(8장 참조), 따라서 힐베르트는 필요로 하는 것을 곧바로 사용할 수 있었다. 예컨대 '부정'을 뜻하는 ∼, '그리고'를 뜻하는 ·, '또는'을 뜻하는 ∨, '함의한다'를 뜻하는 →, '다음과 같은 것이 존재한다.'를 뜻하는 ∃ 등이 있었다. 이 기호들은 무정의 개념이었다. 이 기호들이 수학에서 오랫동안 사용되어 왔다.

힐베르트는 아리스토텔레스 논리학의 모든 원리들을 효과적으로 이끌어 낼 수 있도록 공리들을 선택했다. 이러한 원리들을 받아들이는 데 어느 누구도 이의를 제기할 수 없었다. 예컨대 X, Y, Z가 명제일 때, X가 $X \vee Y$를 함의한다는 공리를 말로 표현하면 "X가 참이라면 X 또는 Y가 참이다."가 된다. 또 다른 말로 옮기면 "X가 Y를 함의하면, Z 또는 X가 Z 또는 Y를 함의한다."가 된다. 이 가운데서 기본이 되는 공리는 함의의 법칙 또는 추론의 법칙이다. "만일 A가 참이고 또 A가 B를 함의하면, B도 참이다."가 이 공리의 내용이다. 이 논리학 원리를 아리스토텔레스 논리학에서는 전건긍정식(前件肯定式), 즉 모두스 포넨스(modus ponens)라고 부른다. 또 힐베르트는 배중률을 사용하기 원했고 그래서 이 법칙을 기호 형태로 표현하는 기술적 도구를 도입했다. 이 도구는 수학 공리인 선택 공리를 표현하는 데에도 사용되었다. 이 도구에서 '모든'이란 말의 사용을 피했고 이렇게 해서 힐베르트는 역설을 모두 없앨 수 있다고 보았다.

수를 다루는 모든 수학 분야에서는 힐베르트의 계획에 따라 수에 대한 공리가 채택되었다. 예를 들어, $a = b$이면, $a' = b'$라는 공리의 뜻은, 두 정수 a와 b가 같다면 그들의 후자(즉 그 다음 번 정수) 역시 서로 같다는 것이다. 수학적 귀납법 공리 역시 포함되었다. 힐베르트는 일반적으로 공리는 자연 현상에 대한 경험이나 기존의 수학적 지식과 최소한 관련되어 있어야 한다고 여겼다.

만일 형식 체계가 집합 이론을 나타내는 것이라면 여기에는 어떤 집합을 구성할 수 있는지 밝혀 놓은 공리들이 포함되어 있어야 한다. 예를 들면 두 집합을 합하여 새로운 집합을 만들고 주어진 집합의 부분 집합들로 집합을 구성할 수 있도록 공리를 채택해야 한다.

　기호로 표현된 논리학 공리와 수학 공리를 채택하고 나서 힐베르트는 객관적 증명의 의미를 규정하기 시작했다. 객관적 증명은 다음 과정을 따라야 한다. 어떤 식이 참임을 밝히고, 그 식이 다른 식을 함의한다는 것을 밝히고, 그리고 두 번째 식이 참임을 주장한다. 이러한 단계를 거쳐 최종 식을 유도해 내는 것이 정리의 증명이다. 그리고 하나의 기호나 기호의 무리를 다른 기호로 대체하는 것도 허용한다. 이렇게 이미 확립된 식이나 공리의 기호를 조작하는 데에 논리학 공리를 적용하여 식을 유도해 낸다.

　식이 참인 경우는 그 식이 연이어 있는 식들에서 가장 끝에 위치하는 식일 때인데 여기서 각각의 식은 형식 체계의 공리이거나 연역 법칙에서 도출되는 식이라야 한다. 증명은 본질적으로 기호를 조작하는 기계적 과정이기 때문에, 주어진 식이 적절한 도출 과정을 거쳐 얻어졌는지 누구나 확인할 수 있다. 따라서 형식주의자들이 보기에 증명과 엄밀성은 잘 정의되며 또 객관적이다.

　형식주의자들에게 수학은 형식 체계들의 모임이다. 각 체계는 수학적 내용과 더불어 각자의 논리학을 세워 놓고 있으며, 각자의 개념과 각자의 공리와 각자의 연역 법칙과 각자의 정리를 지니고 있다. 이러한 연역 체계의 전개가 수학의 임무이다.

　이것이 바로 수학을 구성하기 위한 힐베르트의 계획안이었다. 하지만 공리에서 연역된 결과는 역설로부터 안전한가? 수학의 주요 분야에 대한 무모순성 증명은 산술이 무모순이라는 가정 아래에서 얻어졌기 때문에 후자의 무모순성이 중대한 현안이 되었다. 힐베르트는 "기하학과 물리학 이론에서 무모순성 증명은 이 문제를 산술의 무모순성 문제로 환원함으로써 달성되었다. 당연히 이 방법은 산술의 무모순성 문제에 적용되지 않는다."라고 지적했다. 힐베르트가 추구한 것은 상대적 무모순성이 아닌 절대적 증명이었다. 바로 이것이 힐베르트가 천착했던 문제였다. 이러한 맥락에서 그는 1900년대 초에 발생한 것과 같은 불유쾌한 사건들을 다시 겪어서는 안 된다고 말했다.

이제, 무모순성은 파악하기 어렵게 되었다. 공리로부터 나오는 모든 함의를 빠짐없이 예견할 수는 없다. 하지만 기초론에 관심을 갖고 있는 대부분의 수학자들과 마찬가지로 힐베르트도 실질 함의 개념(8장 참조)을 사용했다. 만일 서로 모순이 되는 명제가 있다면 모순 법칙에 따라 두 명제 가운데 하나는 거짓이다. 그리고 거짓 명제가 있다면 그 명제는 1 = 0를 함의한다. 따라서 무모순성을 확립하려면 1 = 0 이라는 명제가 결코 얻어지지 않는다는 점을 보이기만 하면 된다. 힐베르트는 1925년 논문에서 이렇게 말했다. "우리는 두 차례의 역설을 경험했다. 즉 첫 번째는 무한소 계산법의 역설이었고 두 번째는 집합론의 역설이었다. 하지만 이런 역설이 세 번씩 일어나서는 안 되며, 그리고 다시는 일어나지 않을 것이다."

힐베르트와 그의 제자들인 빌헬름 아커만(Wilhelm Ackermann, 1896~1962년), 베르나이스 그리고 요한 폰 노이만(Johan von Neumann, 1903~1957년)은 힐베르트의 증명 이론(Beweistheorie) 또는 메타 수학(metamathatics)이라는 이름으로 알려진 분야를 점차 발전시켜 나갔다. 이 분야는 모든 형식 체계의 무모순성을 확립하는 방법론을 다룬다. 메타 수학의 기본 아이디어는 다음과 같은 실례로 유추해 이해할 수 있다. 만일 일본어의 효율성을 연구하고자 할 때 만일 일본어로 연구를 하면 일본어가 지니는 제약에 얽매이게 될 가능성이 있기 때문에 분석에 제약이 따를 것이다. 하지만 만일 영어가 효율적인 언어라면 일본어 연구에 영어를 사용하면 된다.

힐베르트는 메타 수학에서 어떤 반대도 있을 수 없는 특수한 논리학을 사용할 것을 제안했다. 논리학 원리는 모든 사람이 받아들일 만큼 자명한 것이라야 했다. 실은, 그들이 채택한 원리들은 직관주의 원리들과 매우 흡사했다. 모순에 의한 존재 증명, 초한 귀납법, 실제 무한 집합, 재귀 서술 정의, 그리고 선택 공리와 같이 논란을 낳는 추론 방식은 사용하지 않았다. 존재성 증명은 구성적이라야 한다고 생각했다. 그러한 형식 체계는 무한히 이어져 나가기 때문에 메타 수학에서는 최소한 잠재 무한 체계와 관련한 개념과 문제를 다루어야 한다. 하지만 무한개의 구조적 속성이나 무한개의 연산을 언급해서는 안 된다. 기호가 실제 무한 집합을 나타내는 식을 고려하는 것은 가능하다. 하지만 이들은 식 안에 들어 있는 기호에 불과하다. 자연수 위에서의 수학적 귀납법은 임의의 n에 대한 명제를 증명하기 때문에 허용될 수 있지만, 무한개의 원소가 들어 있는 자연수 전체 집합에 대한 명제로 이해할 필요는 없다.

메타 수학적 증명의 개념과 방법을 힐베르트는 '유한적(finitary)'이라고 불렀다. 그는 '유한적'이 무엇을 의미하는지에 대해 다소 모호한 자세를 취했다. 1925년 논문에서 그는 다음과 같은 예를 들었다. "p가 소수이면 p보다 더 큰 소수가 존재한다."라는 명제는 p보다 큰 모든 정수를 대상으로 하는 언명이기 때문에 유한적이지 않다. 그러나 "p가 소수이면 $p!+1$와의 사이에 소수가 존재한다."라는 명제는 유한적이다. 왜냐하면 임의의 소수 p에 대해 p와 $p!+1$ 사이에 있는 유한개의 수 중 소수가 있는지 확인하기만 하면 되기 때문이다.

1934년에 베르나이스와 함께 출간한 책에서 힐베르트는 '유한적'이라는 말을 다음과 같이 기술했다.

논의를 하고 주장을 펼치고 정의를 내리면서 대상물을 빠짐없이 완벽하게 구성해 내고 또 과정의 완벽한 실행 가능성이 담보될 때, 그리고 그에 따라 구체적인 점검을 거칠 때 '유한적'이라는 말이 사용될 것이다.

메타 수학은 의심할 여지가 없는 기호의 도움을 받아 직관적이거나 비형식적인 수학 언어를 사용하는 수학 체계였다.

세계 수학자 대회(1928년)에서 자신의 메타 수학 계획안에 대해 이야기하면서 힐베르트는 다음과 같이 확신에 찬 주장을 했다. "증명 이론이라는 이름을 붙일 만한 새로운 수학 기초론의 도입으로 모든 기초론 문제를 이 세상에서 몰아낼 수 있다고 확신합니다." 특히 그는 무모순성 문제와 완비성 문제를 해결할 수 있다고 확신했다. 즉 의미를 지닌 모든 명제는 증명이 되거나 아니면 논박될 수 있다는 것이었다. 결정 불가능 명제는 없다는 주장이었다.

형식주의자들의 계획안이 다른 학파 지지자들에게 비판을 받게 되리라는 사실은 누구나 예상할 수 있는 일이었다. 『수학의 원리』 제 2판(1937년)에서 러셀은 형식주의자들이 사용한 산술 공리는 0, 1, 2, …의 의미를 명확히 확정하지 않는다고 이의를 제기했다. 100, 101, 102, … 의 직관적 의미를 지니는 것으로 시작해도 무방하다는 결론이 된다는 것이다. 따라서 "12명의 사도가 있었다."라는 명제는 형식주의에서는 아무런 의미를 가지지 못한다. "형식주의자는 시계를 멋지게 치장하는 일에 너무 신경을 쓴 나머지 시각을 알려주는 시계 본래의 목적을 잊고 내부 부속품을 넣지 않은 시계 제작공과 같다."

논리주의자들이 채택한 수의 정의는 수와 실제 세계 사이의 연관성을 파악하게 해 주지만 형식주의는 그렇지 못했다.

러셀은 또한 형식주의의 존재 개념을 공격했다. 힐베르트는 무한 집합과 여타의 이상적 요소를 받아들였다. 그리고 배중률과 모순율이 포함되어 있는 한 묶음의 공리들이 모순을 낳지 않는다면 그 공리를 만족하는 실재의 존재성은 보장된다고 말했다. 러셀은 이러한 존재성 개념을 형이상학적이라고 불렀다. 더욱이, 만들어 낼 수 있는 무모순의 공리 체계는 무수히 많다고 말했다. 그리고 우리는 물질 세계에 응용될 수 있는 체계에만 관심을 기울인다고 덧붙였다.

러셀의 비판을 보면서 똥 묻은 개, 겨 묻은 개를 나무란다는 속담을 떠올리지 않을 수 없다. 러셀은 자신이 1901년에 썼던 내용을 1937년에는 까맣게 잊고 있다. "우리가 무엇에 대해 말하고 있는지 결코 알지 못하거나 또는 말하는 바가 옳은지 알지 못하는 분야가 바로 수학이다."

형식주의자들의 계획안은 직관주의자들로서는 도저히 받아들일 수 없는 성질의 것이었다. 무한과 배중률에서 나타난 근본적인 차이를 제외하고서라고 직관주의자들은 타당성을 결정하기 위해서 수학의 의미에 의지한다는 점을 여전히 강조하는 데 반하여 형식주의자(그리고 논리주의자)들은 의미가 사상된 이상적 세계 또는 초월적 세계를 다루었다. 브라우베르는 1908년에 이미 논리와 의미는 고전 해석학의 기본적 명제에서 서로 심하게 대립된다는 점을 보였다. 그런 기본적 명제 가운데 하나가 볼차노-바이어슈트라스 정리(다소 전문적인 정리로, 유계인 무한 집합은 극한점을 갖는다는 내용이다.)였다. 유한한 경우에 입증할 수 있는 문제에 배중률을 적용할 때 양의 정수라는 선험적 개념과 배중률의 제한 없는 사용, 이 둘 가운데 한 가지를 선택해야만 한다고 브라우베르는 말했다. 아리스토텔레스 논리학의 제한 없는 사용은 형식상으로는 타당하지만 의미 없는 명제를 낳는다. 기존의 수학은 논리적 구성에서 의미를 포기함으로써 실체를 포기했다.

수학의 위대한 이론은 배후에 숨겨져 있는 진정한 내용물의 참된 표현이라고 믿어 의심치 않았던 많은 사람들은 브라우베르의 비판으로 그런 믿음이 오류라는 사실을 깨닫게 되었다. 사람들은 그동안 수학 이론을 본질적으로 실재하는 사물이나 현상의 이상화라고 여겼다. 그러나 특히 19세기에 고전 해석학의 상당 부분은 논리라는 면에서 직관주의자들의 불만을 샀을 뿐만 아니라 직관적 의미 영역에서 훨씬 벗어나게 되었다. 브라우베르를 받아들이면 직관적 의미를 결여하고 있다는 이유로 정통 수학의 상당 부분을 배격하게 된다.

오늘날 직관주의자들은 형식화된 수학의 무모순성을 힐베르트가 증명했더라도 형식화된 수학 이론은 무의미하다고 주장한다. 바일은 힐베르트가 "의미라는 말을 급진적으로 재해석하는 방법으로" 정통 수학을 '구원'했다고 불평했다. 즉 수학을 형식화하고 의미를 사상함으로써 수학을 "직관적 결과들의 체계에서 고정된 규칙에 따라 식을 조작하는 놀이로 바꿔 놓았다."는 것이다. "힐베르트의 수학은 수식을 가지고 하는 소꿉장난, 체스보다 더 재미있는 놀이일지 모른다. 하지만 직관적 진리를 표현해 낼 수 있는 실질적 의미가 없는 이상, 인식에 무엇을 가져다줄 수 있겠는가?" 형식주의 철학을 옹호하는 사람이라면 수학을 의미가 사상된 식으로 환원하는 것은 무모순성, 완비성 등 수학의 여러 속성을 증명하기 위한 것이라고 말할 것이다. 총체적인 수학에서 형식주의자들도 수학이 단순한 놀이라는 생각을 배격한다. 형식주의자들은 수학을 객관적 과학으로 간주한다.

러셀과 마찬가지로 직관주의자들도 형식주의자들의 존재성 개념에 반대했다. 힐베르트는 어떤 실재의 존재성은 그 실재가 도입되어 있는 수학 분야의 무모순성을 통해 담보된다고 주장했다. 이러한 존재성 개념을 직관주의자들은 받아들일 수 없었다. 무모순성은 존재 증명의 올바름을 보증해 주지 않는다. 이것은 이미 200년 전 『순수 이성 비판』에서 칸트가 논증한 것이다. "사물의 초월적 실현 가능성 (즉 사물이 개념에 대응되는 것)을 개념의 논리적 실현 가능성(즉 개념이 모순적이 아니라는 것)으로 대체하여 속이는 것은 오직 어리석은 사람에게만 가능하다."

형식주의자와 직관주의자의 격렬한 논쟁은 1920년대에 발생했다. 1923년에 브라우베르가 형식주의자들을 향해 맹공을 가했다. 그는 공리적이고 형식적인 방식이 모순을 없앨 수는 있으나 그런 방식으로는 가치 있는 수학을 획득할 수 없다고 말했다. "법정이 범죄 행위를 막지 못한다고 해도 범죄 행위는 역시 범죄 행위인 것처럼, 모순을 들어 반박할 수 없다고 해도 타당하지 못한 이론은 어쨌거나 타당하지 못한 이론이다." 그는 또한 암스테르담 대학교에서 1912년에 행한 강연에서 다음과 같이 빈정거리듯 야유를 퍼부었다. "수학적 엄밀성을 어디에서 찾을 수 있느냐는 물음에 두 부류가 서로 다른 답을 내놓고 있습니다. 직관주의자들은 인간 이성에서 찾을 수 있다고 답합니다. 그런데 형식주의자들은 종이 위에서 발견할 수 있다고 주장합니다."

이번에는 힐베르트가 브라우베르와 바일을 공격했다. 힐베르트는 그들이 자신들의 구미에 맞지 않는 모든 것을 배 밖으로 내던지려 하고 있으며 마치 독재자처럼 어느 누구도 내던진 물건에 손을 대지 못하게 하고 있다고 비난했다. 1925년 논문에서 그는 직관주의를 가리켜 "과학에 대한 반역"이라고 했다. 그러나 바일이 지적했듯이 힐베르트는 자신이 만들어 놓은 메타 수학에서 본질적으로 직관주의적인 원칙만을 한정해 채택했다.

형식주의에 대한 또 다른 비판은 메타 수학에서 채택한 원리를 겨냥한다. 이러한 원리들은 모두가 받아들일 수 있는 것이어야 한다. 그러나 형식주의자들은 마치 자신들이 판관인 양 원리를 선택했다. 왜 그들의 직관이 시금석이 되어야 하는가? 직관주의 연구 방식은 왜 안 되는 것일까? 하나의 연구 방식이 메타 수학에서 허용되느냐를 결정하는 궁극적 기준은 물론 그 방식이 가진 설득력이겠지만 도대체 누가 그것이 설득력을 가진다고 판단하는가 말인가?

형식주의자들은 모든 비판에 맞서지는 못했지만 1930년에 그들 입장에 유리한 주장을 펼 수 있었다. 이때에 러셀을 비롯한 논리주의자들은 논리학의 공리가 진리가 아니며 따라서 논리학적으로 무모순성을 담보할 수 없는다는 데 동의할 수밖에 없었으며 직관주의자들은 직관의 견실함이 무모순성을 보증한다는 점만을 주장할 수 있었다. 한편, 형식주의자들은 무모순성을 확립하는 면밀한 과정을 마련해 놓고 있었고 단순 체계에 적용하여 얻은 성공으로 이들은 산술의 무모순성, 그리고 결국에는 수학의 모든 분야에서 성공을 거둘 것이라고 확신했다. 이제 형식주의에 대한 설명은 이쯤에서 마무리하고 또 다른 수학 기초론 접근 방식을 살펴보기로 하자.

집합론 학파의 구성원들은 처음에는 명확한 철학을 체계화하지 않지만 차츰 지지자들과 명확한 계획안을 얻게 되었다. 오늘날 이 학파는 지금까지 기술한 세 가지 학파만큼 수학자들의 지지를 얻기 위한 싸움에서 선전을 하고 있다.

집합론 학파의 기원은 데데킨트와 칸토어로 거슬러 올라간다. 두 사람 모두 주로 무한 집합에 관심을 갖고 있었다. 또한 그들은 집합 개념의 기반 위에서 자연수의 기초를 세우기 시작했다. 물론, 정수가 확립되면 모든 수학은 그로부터 도출될 수 있었다(8장 참조).

최대 기수와 최대 서수의 모순, 러셀과 리샤르의 모순 등, 칸토어

집합론에서 모순이 발견되자 일부 수학자들은 이러한 역설은 집합의 비형식적 도입에 기인한다고 믿었다. 칸토어는 혁신적인 생각을 대담하게 도입했지만 그가 전개한 내용은 다소 허술했다. 그는 1884년과 1887년, 그리고 1895년에 기호가 아니라 언어를 사용하여 여러 가지로 집합을 정의했다. 그의 집합 개념은 우리의 직관이나 생각의 대상으로 명료하고 구별 가능한 것들의 모임이었다. 바꿔 말하면 각 대상물 x에 대해 x가 그 집합에 들어가는지 안 들어가는지를 알면 그 집합은 정의되는 것이었다. 이러한 정의는 모호하다. 그리고 칸토어의 전개 방식은 오늘날에는 소박해 보인다. 따라서 집합론주의자들은 세심한 주의를 기울여 공리적 기초를 선택하면 기하학과 수 체계의 공리화가 그 분야에서 논리적 문제를 해결했듯이 집합론의 역설을 제거하게 될 것이라고 생각했다.

집합론이 지금은 논리주의 접근 방식으로 통합되었지만 초기의 집합론주의자들은 공리적 방식을 직접 적용하고자 했다. 집합론의 공리화는 체르멜로에 의해 1908년 논문에서 최초로 시작되었다. 그 역시 칸토어가 집합 개념에 제한을 두지 않았기 때문에 역설이 생겨났다고 믿었다. 따라서 체르멜로는 명확하고 분명한 공리를 채택하면 집합의 의미와 집합이 어떤 성질을 지녀야 하는지 분명해질 것으로 생각했다. 특히, 체르멜로는 가능한 집합의 크기에 제한을 두려고 했다. 그에게는 철학적 바탕이 없었고 오직 모순을 피하려는 생각뿐이었다. 그의 공리 체계는 집합 및 포함 관계라는 무정의 기본 개념을 담고 있었다. 이 개념들과 정의된 개념들은 공리에 나와 있는 명제를 만족해야 한다. 공리에 의해 보증되지 않는 이상, 집합의 여하한 성질도 사용해서는 안 된다. 공리는 무한 집합의 존재성과 집합의 합과 부분 집합의 구성과 같은 연산이 가능하도록 한다. 또한 체르멜로는 선택 공리도 사용했다.

체르멜로의 공리 체계는 몇 년 뒤(1922년)에 아브라함 A. 프렝켈(Abraham A. Fraenkel, 1891~1965년)에 의해 개선되었다. 체르멜로는 집합의 속성과 집합 자체를 구별하지 못했고 같은 것으로 취급했는데, 1922년에 프렝켈은 이 둘을 구별했다. 집합론주의자들이 가장 흔하게 사용하는 공리 체계는 체르멜로-프렝켈 체계라는 이름으로 알려져 있다. 두 사람은 당시의 정교한 수리논리학을 전제로 삼았지만 논리학 원리는 구체적으로 적시하지 않았다. 그들은 이런 원리들을 수학 영역 밖에 있는 것으로 여겼으며 1900년 이전에 수학자들이 논리학을 활용했던 것만큼 활용되어야 한다고 생각했다.

체르멜로-프렝켈 집합 이론의 공리를 몇 가지 살펴보자. 단, 기호 대신에 일상 언어를 사용하기로 한다.

1. 두 집합이 동일한 원소들을 갖고 있으면 두 집합은 같다(직관적으로 이 공리는 집합의 개념을 정의한다.).
2. 공집합이 존재한다.
3. x와 y가 집합이면, 순서 없는 짝 $\{x, y\}$도 집합이다.
4. 집합들의 모임에 대해 합을 취하면 그 역시 집합이다.
5. 무한 집합이 존재한다(이 공리로 초한 기수가 허용된다. 경험을 넘어서는 내용이기 때문에 이 공리는 필수적이다.).
6. 이 이론의 언어로 형식화할 수 있는 성질은 집합을 정의하는 데 사용될 수 있다.
7. 주어진 집합의 멱집합을 구성할 수 있다. 즉 주어진 집합의 부분 집합을 모두 모으면 그 자체도 집합이다(이 과정은 무한정 반복될 수 있다. 즉 주어진 집합의 모든 부분 집합들의 집합을 새로운 집합으로 생각하

면 이 집합의 멱집합으로 또 다른 집합을 얻게 된다는 뜻이다.).

8. 선택 공리.

9. x는 x에 속하지 않는다.

이 공리들에서 특별히 주목할 만한 점은 모든 것을 포함하는 집합이 허용되지 않는다는 것과 그 결과 역설을 피할 수 있게 되었다는 사실이다. 그러함에도 이 공리들은 정통 해석학에서 필요한 집합론의 모든 특성을 이끌어 내는 데 적합하다. 집합론 위에 자연수를 전개하는 일은 어렵지 않게 수행할 수 있다. 칸토어는 1885년에 순수 수학이 집합론으로 환원되었다고 주장했고, 실제로 이 작업은 집합론 접근 방식이 매우 복잡하다는 문제점이 있기는 하지만, 화이트헤드와 러셀에 의해 이루어졌다. 결국 수에 관한 수학으로부터 기하학을 포함한 모든 수학 분야가 도출되어 나왔다. 따라서 집합론은 모든 수학의 기초가 되었다.*

되풀이해 말하면, 역설을 피해 보자는 희망은, 집합론의 공리화의 경우에는, 허용 가능한 집합의 유형을 제한하되 해석학의 기초가 될 정도는 되게 하는 것으로 모아졌다. 집합론 공리는 지금까지 어느 누구도 역설을 이끌어 내지 못할 정도로 역설의 출현을 효과적으로 차단해 내고 있다. 체르멜로는 어떤 모순도 나올 수 없다고 선언했다. 이후의 집합론주의자들은 체르멜로와 프렝켈이 세심하게 집합의 분류 체계를 세워 놓아 초기 집합 이론의 문제점을 제거했기 때문에 모순의 도출은 불가능하다고 확신하고 있다. 그런데 공리화된 집합론의 무모순성은 아직까지 확립되지 않고 있다. 하지만 집합론주의자

---

* 12장을 참조할 것.

들은 이 문제를 진지하게 숙고하지 않고 있다. 집합론의 무모순성 문제에 대해 푸앵카레는 특유의 빈정대는 투로 이렇게 이야기했다. "늑대의 공격을 막기 위해 가축 주위에 울타리를 세웠으나 이미 울타리 안에 늑대가 들어와 있는지는 알지 못하고 있다."

다른 학파들의 경우와 마찬가지로 집합론주의자들 역시 비판의 화살을 받았다. 선택 공리의 사용은 많은 사람의 공격을 받았다. 또 다른 사람들은 집합론이 논리적 기초를 명확히 밝히지 못했다는 점을 비판했다. 이미 20세기 초에 논리학 자체와 논리학 및 수학 사이의 관계가 연구되고 있었으나 집합론주의자들은 논리학 원리를 거리낌 없이 사용했다. 물론, 무모순성에 대한 그들의 확신을 일부는 소박하다고 여겼다. 칸토어 자신이 난점을 발견하기 전까지 소박한 입장을 취했던 것과 마찬가지였다(9장 참조). 또 다른 비판은 집합론의 공리가 다소 자의적이고 인위적이라는 것이었다. 이 공리들은 역설을 피하기 위해 고안되었지만 일부는 자연스럽지 못하거나 직관에 근거를 두고 있다. 논리학 원리는 집합론주의자들도 전제하고 있는데 왜 산술에서부터 출발하지 않는가?

그런데도 체르멜로-프렝켈 집합론 공리 체계는 수학의 모든 분야를 건설하는 바람직한 기초로 일부 수학자들에 의해 사용되고 있다. 이 체계는 그 위에 해석학과 기하학을 구성할 수 있는 가장 일반적이고 기초적인 이론이다. 사실, 여타의 수학 접근 방식이 그 이론을 선도하던 사람들에 의해 그 철학이 발전되고 심화되면서 지지자를 얻어 냈던 것과 마찬가지로 집합론도 역시 그런 과정을 거쳤다. 일부 논리학자들, 예를 들면 콰인 같은 사람들은 집합론을 불만스럽지만 참고 받아들였다. 여러 중요한 사건들을 언급해야 하지만 현재의 맥락에서는 부르바키라는 집단 필명으로 활약했던 일단의 뛰어난 수학자들이 대다수 수학자들이 참이라고 확신하고 있던 내용을 상세하게 증명하기 시작했다는 내용만을 언급하도록 하자. 대다수 수학자들이 참이라고 확신하고 있던 내용은, 만일 체르멜로-프렝켈의 집합 공리 체계, 특히 베르나이스와 괴델이 수정한 체계와 일부 논리학 원리를 받아들이면 그 기초 위에서 모든 수학을 구성해 낼 수 있다는 것이었다. 그러나 부르바키 역시 논리학은 수학 공리에 종속된다고 보았다. 논리학은 수학의 실상과 수학의 연구 내용을 좌우하지 않는다.

부르바키는 《기호논리학 저널》에 실린 논문(1949년)에서 논리학에 대한 그들의 입장을 다음과 같이 표명했다. "바꿔 말하면, 논리학이란 우리 수학자들의 입장에서는 우리가 사용하는 언어일 뿐인데, 그 언어는 문법이 구성되기 전에 반드시 존재해야 하는 언어이다." 수학이 발전되면 논리학의 수정이 불가피해지는 경우가 있다. 이런 일이 무한 집합의 도입으로 일어났고, 앞으로 비표준해석학에 대해 논의할 때 보겠지만,* 그 이후로도 다시 발생했다. 따라서 부르바키는 프레게, 러셀, 브라우베르, 그리고 힐베르트의 방법론을 거부한다. 부르바키는 힐베르트의 기술적 장치를 사용하여 도출해 내고 있기는 하지만 선택 공리와 배중률을 사용하고 있다. 부르바키 집단은 무모순성 문제에 연연하지 않는다. 이 문제에 대해 그들은 이렇게 말한다. "이러한 난점들은 모든 장애를 제거하고 추론의 타당성을 의심할 여지가 전혀 없을 만큼 확고하게 확립함으로써 극복할 수 있다."

과거에 모순들이 생겨났지만 이들은 극복되었다. 미래에도 역시 그러할 것이다. "이렇게 2,500년 동안 수학자들은 스스로의 오류를 고쳐 나갔고 그 결과로 수학은 빈약해지기는커녕 더욱 풍성한 학문

---

* 완비성뿐만 아니라 무모순성도 만족하며 또 공리들은 서로 독립이다. 이 사실은 힐베르트를 비롯한 여러 사람들에 의해 밝혀졌다.

분야로 발전해 왔다. 따라서 수학자들로서는 미래를 낙관할 충분한 권리가 있다." 부르바키는 집합론 접근 방식을 전개하면서 약 30권에 이르는 저서를 내놓고 있다.

이렇게 1930년대까지 개별적이고 상이하며 서로 대립되는 네 가지 수학 접근 방식이 생겨났고, 각 이론의 주창자들은 서로 치열한 전쟁을 벌여 왔다. 수학 정리가 올바르게 증명되었다는 이야기를 어느 누구도 할 수 없게 되었다. 1930년대까지는 그 증명이 어느 학파의 기준에서 타당하다는 단서를 달아야 했다. 수학의 무모순성은 새로운 방법론을 낳은 주요 문제인데, 인간의 직관이 무모순성을 보증한다는 직관주의의 입장을 제외한다면, 이 무모순성 문제는 해결되지 못한 상황이었다.

1800년, 논리적 전개에서의 결함에도 불구하고 수학은 완벽한 학문이라는 칭송을 받았다. 수학은 절대 무류의 의심할 수 없는 추론으로 결론을 확립하는 과학이며, 또 이렇게 얻어 낸 결론은 오류가 없을 뿐만 아니라 우리가 살고 있는 우주의 진리이기도 하고 또 일부 사람들이 주장하고 있듯이 모든 가능한 우주의 진리이기도 하다는 생각은 설득력을 잃었을 뿐만 아니라 참된 추론 원리에 대한 여러 기초론 학파들의 상충되는 주장으로 손상을 입었다. 인간 이성에 대한 자부심은 크게 꺾일 위기에 놓여 있었다.

1930년대의 상황을 수학자 에릭 T. 벨(Erick T. Bell, 1883~1960년)은 다음과 같이 기술했다.

경험은 대다수 수학자들에게 다음과 같은 사실을 가르쳐 주었다. 즉 한 세대의 수학자들에게는 확고하고 만족스럽게 보이는 상당 부분의 연구 성과도 다음 세대 수학자들의 면밀한 검토로 쓸모없는 폐물이 될 가능성이 있다는 사실이었다. …… 수학의 기초에 관한 합의된 지식은 존재하지 않는다. …… 현재의 상황을 가감 없이 직시하면 인간의 의의와 관련해 한 가지 중대한 사실이 드러난다. 즉 암묵적이든 명시적이든, 보편성이나 일반성 또는 타당성을 최소한이라도 주장하게 하는 추론 가운데 가장 단순한 형태에 대해서도 전문가들의 의견은 달랐고, 지금도 역시 의견이 다르다는 사실이다.

과연 미래에는 과연 무슨 일이 기다리고 있을 것인가? 뒤에서 보겠지만 수학자들 앞에는 가혹한 문제들이 더욱 많이 기다리고 있었다.

12장

대재앙

무서운 재앙의 비방이 되도록

죄인을 삶는 지옥의 국물처럼 펄펄 끓어라.

고통과 근심아, 곱절이 되고 또 곱절이 되어라.

불길아, 치솟아라, 솥 속의 국물아, 펄펄 끓어라.

셰익스피어, 「맥베스」

불완전성의 정리로 수학의 확실성에 대한 꿈을 송두리째 파괴한 쿠르트 괴델.

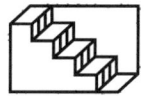

지금 되돌아보면, 1930년대 수학의 기초는 그런대로 괜찮은 편이었다. 알려진 역설들은 이미 해결이 되었다. 물론, 어떤 수학이 옳은가에 대해서는 의견의 일치를 보지 못했지만 수학자들은 자신의 구미에 맞는 접근 방법을 채택할 수 있었다. 그리고 채택한 접근법에서 사용되는 원리에 따라 수학을 구성해 나갈 수 있었다.

하지만 두 가지 문제가 수학자들의 마음을 괴롭혔다. 가장 중요한 문제가 수학의 무모순성을 확립하는 것이었다. 바로 힐베르트가 1900년 파리에서 행한 강연에서 제기한 문제였다. 알려진 역설은 해결했지만 새로운 역설이 나올 위험성은 여전히 있었다. 두 번째 문제는 이른바 완비성 문제였다. 일반적으로, 한 분야가 완비성을 갖추었다는 것은 그 분야의 개념들을 다루는 의미 있는 주장에 대해 항상 참 또는 거짓을 결정할 수 있을 만큼 공리들이 잘 갖추어져 있다는 뜻이다.

기초적인 수준에서 완비성 문제는 유클리드 기하학의 가설(예를 들면 삼각형의 세 높이가 한 점에서 만난다는 가설)이 유클리드 기하학의 공리들을 바탕으로 하여 증명(또는 논박)될 수 있느냐의 여부로 모아진다. 그러나 더욱 높은 수준인 초한수 분야에서는 연속체 가설이 완비성 문제의 예가 된다. 완비성을 갖추었다면 초한수 이론을 구성하는 공리들로부터 연속체 가설은 증명되거나 논박되어야 한다. 마찬가지로 완비성이 만족된다면 골드바흐 가설(모든 짝수는 두 소수의 합으로 표시된다는 가설. 1998년 슈퍼컴퓨터를 이용해 400조까지는 이 추측이 참이라는 게 증명되었지만 완전하게 증명되지는 않았다. — 옮긴이)도 수론의 공리들로부터 증명이 가능하거나 논박이 가능해야 한다. 완비성 문제는 실제로 수십 년, 심지어는 수백 년 동안 증명되지 않은 명제들을 포함하고 있었다.

무모순성 문제 및 완비성 문제에 대해 여러 학파들은 다소 상이한 태도를 취했다. 러셀은 논리주의 접근 방식에서 사용된 논리학 공리의 참됨에 대한 믿음을 포기했으며, 자신의 환원 공리(10장 참조)가 작위적임을 고백했다. 그의 유형 이론은 알려진 역설을 해결했고 러셀은 가능한 역설도 모두 이 이론으로 해결되리라고 확신했다. 하지만 확신과 증명은 별개이다. 러셀은 완비성 문제는 아예 다루지도 않았다.

집합론주의자들은 자신들이 채택한 접근 방법에서는 새로운 모순이 절대 생겨나지 않을 것이라고 확신했지만 그 믿음의 올바름을 확인해 줄 증명이 없었다. 완비성 문제에도 관심을 갖기는 했지만 중요한 관심사는 아니었다. 직관주의자들 역시 완비성 문제에는 무관심했다. 그들은 인간 마음이 받아들인 직관적 지식은 본질적으로 무모순이며, 또 형식 증명은 불필요할 뿐만 아니라 심지어 자신들의 철학에서 보면 아무런 의미도 지니지 않는다고 확신했다. 일부 완비성 관련 명제는 결정할 수 없을지 모르나 인간의 직관이 강력하기 때문에 거의 모든 의미 있는 명제들에 대해서는 그 진위를 결정할 수 있다고 믿었다.

하지만 힐베르트가 이끄는 형식주의자들은 이에 만족하지 않았다. 1900년대 초, 무모순성 문제 해결에 다소 제한적인 노력만을 기울이고 난 후, 힐베르트는 1920년에 이 문제와 완비성의 문제로 다시 눈을 돌렸다.

그는 자신의 메타 수학에서 무모순성 증명 방식을 개관했다. 완비성에 대해서는 1925년 논문 「무한에 관하여」에서 본질적으로 1900년 파리 세계 수학자 대회에서 했던 말을 다시 반복했다. 수학자 대회 연설에서 그는 "명확하게 표현된 모든 수학 문제는 반드시 명쾌한 해결책을 갖는다."라고 말했다. 1925년 논문에서 힐베르트는 파리 세계 수학자 대회 당시의 주장을 부연 설명하고 있다.

근본적인 질문을 다루는 방법의 예로 필자는 모든 수학 문제가 해결될 수 있다는 테제를 선정하고자 한다. 우리 모두는 그 테제의 올바름을 확신하고 있다. 결국, 수학 문제를 대할 때 우리를 가장 매료시키는 점은 바로 우리 안에서 다음과 같은 음성을 듣게 된다는 사실이다. 즉 "여기 문제가 있으니 해결책을 찾아라."라고 말하는 음성이다. 순수한 사고만으로 해결책을 찾을 수 있으니, 바로 수학에는 불가지(不可知)란 없기 때문이다.

1928년 볼로냐 세계 수학자 대회 강연에서 힐베르트는 메타 수학에서는 허용되지 않는 논리학 원리를 사용했다는 이유에서 이전의 완비성 증명들을 비판했다. 그러나 그는 자신의 체계가 완비성을 갖추고 있다고 절대적으로 확신했다. "우리의 이성은 신비로운 비법을 갖고 있지 않다. 다만 판단의 절대적 객관성을 보증하는 명료하게 표현된 규칙들을 적용해 앞으로 나아갈 따름이다." 수학자는 모름지기 모든 수학 문제는 반드시 해결이 가능하다는 믿음을 가져야 한다고 힐베르트는 말했다. 1930년에 출간된 논문 「자연 지식과 논리학」에서 그는 다음과 같이 말했다. "콩트가 해결 불가능한 문제를 발견하지 못했던 이유는 본인의 견해로는 해결 불가능한 문제가 존재하지 않기 때문이다."

1927년에 발표되고 1930년에 출간된 논문 「수학의 기초」에서 힐베르트는 1905년에 쓴 내용을 세밀하게 다듬었다. 무모순성과 완비성을 확립하는 그 자신의 수학적 방법론(증명 이론)에 대해 그는 다음과 같이 주장했다.

> 나는 수학의 기초를 제공해 주는 이 새로운 방법, 즉 증명 이론을 사용하여 중요한 목표를 이루고자 한다. 나는 수학의 기초와 관련한 문제를 남김없이 완전하게 해결하기를 원한다. 모든 수학 명제를 구체적으로 표현할 수 있고 또 엄밀하게 유도할 수 있는 식으로 바꿈으로써, 그래서 수학적 유도와 추론을 확고한 것으로 만들고 또 동시에 과학을 적절히 그려낼 수 있는 것으로 만듦으로써 그러한 목표를 이루려 한다. 증명 이론을 충분히 발전시키기까지 엄청난 노력을 투입해야 하더라도 나는 그 목표를 완전히 달성할 수 있다고 확신한다.

분명코 힐베르트는 자신의 증명 이론이 무모순성 문제와 완비성 문제를 해결하리라고 확신했다.

1930년대까지 완비성에 관한 몇몇 결과가 얻어졌다. 힐베르트는 산술의 일부만을 포괄하는 다소 인위적인 체계를 구성하여 그 체계의 무모순성과 완비성을 보여 주었다. 곧바로 그 뒤를 이어 여러 사람들이 제한적 결과들을 내놓았다. 예컨대 명제 계산법과 같은 비교적 사소한 공리 체계에 대해 그 무모순성과 완비성이 증명되었다. 이 증명들 가운데 일부는 힐베르트의 제자들의 성과였다. 1930년, 후일 프린스턴 고등연구소의 교수가 된 괴델은 명제 및 명제 함수를 포괄하는 1계 술어 계산법의 완비성을 증명했다.* 이런 결과들은 형식주의자들에게는 기쁜 소식이었다. 힐베르트는 자신이 만든 메타 수학, 즉 증명 이론이 모든 수학 분야의 무모순성과 완비성을 확립해 낼 것이라고 확신했다.

그러나 바로 그 이듬해에 괴델은 판도라의 상자를 여는 또 다른 논문을 출간했다. 「『수학 원리』 및 관련 체계에서 형식적으로 결정될 수 없는 명제에 관하여」라는 제목의 이 논문은 놀라운 결과 두 가지를 담고 있었다. 두 결과 가운데 수학계에 더욱 큰 충격을 안겨 준 것은, 자연수의 산술을 포함할 정도로 큰 수학 체계의 무모순성은 논리주의, 형식주의, 집합론 등 여러 학파에서 채택한 논리학 원리로 확립되지 않는다는 것이었다. 이 결과는 특별히 형식주의 학파에 해당되는 것이었다. 힐베르트가 의도적으로 직관주의자도 받아들일 만한 논리학 원리로 제한을 두었기 때문에 형식주의자들이 사용할 수 있는 논리적 도구가 적었다는 게 그 이유였다. 괴델의 이 결과를 접한 바일은 이 결과가 하느님과 악마가 존재하는 것을 보여 준다고 말했다. 하느님이 존재하는 것은 수학이 의심할 여지 없이 무모순이기 때문이고, 또 악마도 존재하는 것은 우리 인간들이 그 무모순성을 증명할 수 없기 때문이라는 것이었다.

위의 결과는 그와 못지않게 놀라운 것이 이 결과의 따름정리(corollary)이다. 이 두 번째 결과를 괴델의 불완비성 정리라고 부르는데, 그 내용은 다음과 같다. 만일 자연수 이론을 포함하는 형식 이론

---

* 완비성뿐만 아니라 무모순성도 만족하며 또 공리들은 서로 독립이다. 이 사실은 힐베르트를 비롯한 여러 사람들에 의해 밝혀졌다.

** 이 결과는 2계 술어 계산법(8장 참조)에도 적용된다. 불완비성은 증명된 명제를 무효로 돌리지는 않는다.

T가 무모순이면 T는 불완비하다.** 이는 의미 있는 수론 명제 S가 있을 경우 S와 S의 부정 모두 그 이론 내에서 증명될 수 없다는 뜻이다. 그런데 S가 참이거나 아니면 S의 부정이 참이다. 따라서 수론에는 증명될 수 없는 참인 명제가 존재하고, 이 명제는 결정 불가능이 된다. 괴델은 해당되는 공리 체계들 전부를 명확하게 적시해 놓지는 않았으나, 어쨌든 그의 정리는 러셀-화이트헤드 체계, 체르멜로-프렝켈 체계, 힐베르트의 공리화된 수론, 그리고 널리 받아들여지고 있는 모든 공리 체계에 적용된다. 그의 공리는 무모순성을 얻기 위해 지불해야 하는 대가가 불완비성이라는 것을 이야기하고 있다. 설상가상으로 결정 불가능 명제 가운데 일부는 위에서 언급한 형식 체계의 논리를 초월하는 논증, 즉 추론 법칙으로 참임을 보일 수 있다.

짐작하겠지만 괴델은 자신의 놀라운 결과를 쉽게 얻어 내지는 못했다. 그는 각 기호 및 기호열(記號列), 예컨대 논리주의와 형식주의의 수학 접근 방식에서 사용되는 기호 및 기호열에 숫자를 대응시키는 방식을 택했다. 그런 다음, 명제나 증명을 구성하는 명제들의 모임에도 괴델 수(Gödel number)라는 것을 부여했다.

특히 그의 산술화는 각각의 수학 개념에 자연수를 부여하는 것으로 되어 있다. 1에는 1이 대응되었다. 등호에는 2가 부여되고 힐베르트의 부정 기호에는 3, 그리고 덧셈 기호에는 5, 이런 식으로 수가 부여되었다. 따라서 1=1이라는 기호들의 모임에서 1, 2, 1이라는 숫자가 나온다. 하지만 괴델은 식 1=1에 1, 2, 1이라는 기호를 부여하지 않고 이 세 수를 지수로 사용하여 새로운 수를 하나 만들었다. 즉 처음 세 소수 2, 3, 5를 택한 다음 $2^1 \cdot 3^2 \cdot 5^1 = 90$을 만들었다. 그리고 1 = 1이란 식에 90이란 수를 부여했다. 90은 항상 $2^1 \cdot 3^2 \cdot 5^1$로 소인수분해 되기 때문에 1, 2, 1이라는 기호를 다시 얻어 낼 수 있다.

이렇게 체계 안에 있는 각 식에 대해 괴델은 수를 부여했다. 그리고 증명을 구성하는 식들의 열에 대해서도 마찬가지로 수를 부여했다. 부여되는 수의 지수들은 각 식의 수가 된다. 그들 자체는 소수가 아니지만 소수와 결합되어 있다. 예컨대 $2^{900} \cdot 3^{90}$은 특정 증명에 부여되는 수가 될 수 있다. 그 증명에는 900이라는 식과 90이라는 식이 들어가 있다. 따라서 증명에 부여된 수로부터 증명을 구성하는 식들을 복원해 낼 수 있는 것이다.

그런 다음, 괴델은 자신이 살펴보고 있는 형식 체계의 식들에 관한 메타 수학의 개념들도 수로 표시된다는 점을 보여 주었다. 따라서 메타 수학 내의 각 명제는 괴델 수를 갖는다. 이 수는 메타 수학 명제의 수이지만 또한 어떤 산술 명제에 대응되는 수이기도 하다. 따라서 메타 수학은 산술로 '사상(寫像, mapped)'된다.

이러한 산술 술어를 이용하여 괴델은, 메타 수학 언어로 바꾸었을 때, 예컨대 괴델 수 m인 명제가 증명 가능하지 않다고 말하는 산술 명제 G의 구성 방법을 보여 주었다. 그러나 기호 열로서 G는 괴델 수 m을 갖는다. 따라서 G는 자기 자신이 증명 불가능이라 말하고 있는 것이다. 하지만 만일 산술 명제 G가 증명 가능이라면, G 자체가 증명 불가능이라는 주장이 성립된다. 따라서 G는 증명 불가능이라는 이야기이다. 하지만 산술 명제는 증명 가능이거나 아니면 증명 불가능이다. 따라서 산술 명제가 속해 있는 형식 체계는 만일 무모순이라면 완비성을 만족하지 못한다는 결과를 얻는다. 그렇다 하더라도 산술 명제 G는 참이다. 왜냐하면 형식 체계가 허용하는 것보다 더 직관적인 추론으로 확립될 수 있는 정수에 대한 명제이기 때문이다.

괴델의 증명 방식에서 핵심이 되는 내용은 다음의 예에서 살펴볼 수 있다. "이 문장은 참이 아니다."라는 주장은 모순을 가져온다. 만일 그 문장 자체가 참이라면 그 주장대로 거짓이 될 것이다. 그리고 만일 거짓이라면 다시 그 문장은 참이 될 것이다. 괴델은 여기서 거짓을 증명 불가능이란 말로 대체했다. 즉 "이 문장은 증명 불가능이다."라는 명제를 만들었다. 만일 이 명제가 증명 가능하지 않다면 이 명제가 말하는 내용은 참이다. 한편, 이 문장이 증명 가능이라면 이 문장은 참이 아니다. 다시 말해서 일반 논리학에 따라 만일 참이라면 증명 불가능이 된다. 따라서 이 문장이 참일 필요 충분 조건은 이 문장이 증명 불가능해야 한다는 것이다. 그러므로 이 결과는 모순이 아니다. 다만 이 문장이 증명 불가능하지만 참인 명제라는 것이다.

결정 불가능 명제를 예시하고 난 뒤에 괴델은 메타 수학 명제 "산술은 무모순이다."를 나타내는 산술 명제 A를 구성했다. 그리고 A가 G를 함의한다는 사실을 증명했다. 따라서 만일 A가 증명 가능이라면 G도 증명 가능이 된다. 하지만 G는 결정 불가능이므로 A는 증명 불가능이다. 즉 A는 결정 불가능이다. 이 결과는 산술 체계로 전환될 수 있는 논리적 원리들로 무모순성을 증명하는 일이 불가능함을 보여 주고 있다.

논리학 원리를 추가하거나 형식 체계에 수학 공리를 추가함으로써 불완비성을 피할 수 있다고 생각할 수 있을 것이다. 하지만 괴델의 방법에 따르면 추가된 명제 역시 기호 및 식에 수를 대응시키는 규칙에 따라 산술 명제로 표현할 수 있으며, 따라서 결정 불가능 명제를 여전히 구성할 수 있다. 다시 말해서, 산술로 '사상' 될 수 없는 추론 원리를 이용해야만 결정 불가능 명제도 나오지 않게 하고 또 무모순성도 증명할 수 있게 된다. 다소 엉성한 비유를 사용하자면, 만일 추론 원리와 수학 공리가 일본어로 씌어 있고 괴델의 산술화가 영어로 번역하는 것이라면, 일본어가 영어로 번역될 수 있는 한, 괴델의 결과가 얻어진다.

따라서 괴델의 불완비성 정리는, 괴델이 사용한 것과 같은 방식으로 산술화될 수 있는 수학 공리 체계나 논리학 공리 체계는 수학의 모든 분야는 고사하고 한 가지 체계의 진리를 모두 포괄하기에 적합하지 않다는 주장을 하고 있는 것이다. 왜냐하면 그러한 공리 체계는 불완비하기 때문이다. 이 체계들에 속하지만 그 체계 안에서는 증명될 수 없는 유의미한 명제들이 존재한다. 그렇지만 이 명제들은 비형식 논증으로 참임을 보일 수 있다. 공리화에 한계가 있다는 이 결과는 수학이 곧 공리화된 분야들의 집합체라는 19세기 견해와 극명한 대조를 이룬다. 괴델의 결과는 포괄적 공리화에 치명타를 안겨 주었다. 공리적 방법의 부적절성은 그 자체로는 모순이 아니지만, 수학자들, 그 중에서도 형식주의자들은 모든 참인 명제는 그 공리 체계 안에서 확립될 수 있다고 생각했기 때문에 충격을 받았다. 따라서 브라우베르가 직관적으로 명백한 것도 정통 수학에서는 제대로 증명하지 못한다는 점을 밝힌 반면에 괴델은 직관적으로 명백한 것도 수학적 증명의 범위에서 벗어날 수 있다는 점을 보여 주었다. 베르나이스가 말했듯이 오늘날 공리적 방법을 과대 평가하고 권장하는 일은 현명하지 못하다. 물론, 괴델의 논증은 기초론 학파들이 수용한 논리학 원리들의 허용 범위를 넘어서는 새로운 증명 방법의 가능성을 배제하는 것은 아니다.

괴델의 두 가지 결과는 파괴적이었다. 무모순성의 증명이 불가능하다는 사실은 힐베르트의 형식주의 철학에 직격탄을 날렸다. 힐베르트는 메타 수학에서 무모순성 증명을 계획했고 이런 계획이 성공하리라고 확신했기 때문이다. 하지만 대재앙은 힐베르트의 계획안만을 산산조각 내는 것에 그치지 않고 일파만파로 번져 갔다. 무모순성에 관한 괴델의 결과는 어떤 수학 접근 방식이라고 해도 안전한 논리학 원리들로는 그 무모순성을 증명할 수 없다는 뜻이었기 때문이다. 그때까지 나온 접근 방식들도 예외는 아니었다. 20세기 수학의 두드러진 특징이 바로 절대적 확실성과 타당성인 시대가 있었다. 그러나 이제는 더 이상 그런 주장을 펼 수 없게 된 것이다. 더욱 심각한 것은 무모순성이 증명될 수 없기 때문에 수학의 내용이 헛소리일지 모른다는 위험성이 상존하게 되었다. 어느 날 갑자기 모순이 발견될 수 있기 때문이다. 만일 그런 상황이 발생한다면, 더욱이 발견된 모순을 해결할 수 없다면 모든 수학은 무의미한 것으로 바뀌게 된다. 두 개의 서로 모순되는 명제가 있으면 그 가운데 하나는 거짓일 수밖에 없고, 수리논리학자들이 채택한 함의, 즉 실질 함의(8장 참조)의 개념에 따라 거짓 명제가 허용될 경우 모든 명제가 함의된다. 따라서 수학자들은 언제 이론 모두가 붕괴될지 모르는 위험한 상황에서 연구하고 있음을 알게 된 것이다. 불완비성 정리도 또 다른 타격이었다. 여기에서도 힐베르트가 직접적으로 관여되어 있었다. 이 정리는 모든 형식적 접근법에 적용되는 것이었다.

일반적으로 수학자들은 힐베르트만큼 강력하게 확신을 표명하지는 않았지만 명확하게 기술된 문제는 해결이 가능하다는 생각을 분명히 품고 있었다. 예컨대 페르마의 마지막 '정리'를 해결하려는 노력은 1930년까지만 해도 수백 편의 방대하고 깊이 있는 논문을 생산해 냈다(페르마의 마지막 정리는 n이 2보다 클 때 $x^n + y^n = z^n$을 만족하는 0 아닌 정수해가 없다는 것이다.). 하지만 이런 모든 노력이 허사일지 모른다. 왜냐하면 페르마의 주장이 결정 불가능일 수 있기 때문이다(이 책은 페르마의 마지막 정리가 증명되기 15년 전인 1980년에 출간되었다. — 옮긴이).

괴델의 불완비성 정리는 어떤 의미에서는 배중률의 부정이다. 우리는 명제가 반드시 참이거나 아니면 거짓이라고 믿는다. 현대 기초론 용어를 빌리면, 이는 명제가 속해 있는 체계의 논리학 법칙과 공리들로 증명할 수 있거나 아니면 논박할 수 있다는 것이다. 그러나 괴델은 일부 명제는 증명 가능하지도 않고 또 증명 불가능하지도 않다는 사실을 보여 주었다. 이것은 다른 근거를 들어 논리학 법칙을 공격했던 직관주의자들에게 유리한 결과였다.

괴델의 방식과는 달리, 체계 안에 결정 불가능 명제가 있다는 사실을 보인다면 무모순성이 증명될 가능성이 있다. 앞서 보았지만 만일 모순이 있다면 모든 명제가 증명이 되기 때문이다. 그러나 지금까지 이에 대한 연구 성과는 나오지 않고 있다.

힐베르트는 자신의 노력이 수포로 돌아갔다는 사실을 인정하지 않았다. 그는 낙관주의자였다. 인간 이성과 이해력의 힘에 대해 무한한 신뢰를 보냈다. 이런 낙관주의 덕분에 그는 용기와 힘을 얻을 수 있었지만 결정 불가능인 수학 문제가 있을 수 있다는 사실을 인정하지 못했다. 힐베르트에게 수학은 연구자가 자신의 능력 이외에 어떤 제약도 받지 않은 영역이었다.

1931년에 완성된 괴델의 결과는 힐베르트와 베르나이스가 기초론에 관한 저작 제1권(실제로 출간된 것은 1934년이었다.)과 제2권(1939년 출간)을 집필하던 사이에 출간되었다. 따라서 제2권 서문에서 두 저자는 메타 수학에서 추론 방법을 확대해야 한다는 데 동의했다. 그들은 초한 귀납법을 포함시켰다. 힐베르트는 새로 채택한 이 원리들 역시 직관적으로 타당하며 보편적으로 받아들여질 수 있다고 생각했다. 그는 이런 생각을 견지했지만 새로운 결과를 내놓지 못했다.

결정적인 해인 1931년 이후의 발전 과정은 상황을 더욱 복잡하게 만들었다. 그리고 수학을 규정하려는 시도와 무엇이 옳은 결과인지를 규정하려는 시도를 남김없이 좌절시켰다. 중요도는 비교적 떨어지지만 한 가지 성과를 언급해야 할 것이다. 힐베르트 학파의 일원이었던 게르하르트 겐첸(Gerhard Gentzen, 1909~1945년)은 힐베르트 메타 수학에서 허용되고 있는 증명 방법에 대한 제약을 완화했다. 예를 들어 초한 귀납법을 허용했다. 이렇게 해서 1936년에 수론의 무모순성과 해석학 일부분의 무모순성을 증명해 냈다.

일부 힐베르트주의자들은 겐첸의 무모순성 증명을 옹호했을 뿐만 아니라 이를 적극적으로 받아들이고 있다. 그들은 겐첸의 연구 결과가 수용 가능한 논리학의 한계를 넘어서지 않는다고 말한다. 따라서 형식주의를 옹호하려면 유한적인 브라우베르 논리학에서 초한 겐첸 논리학으로 옮겨 가야 한다. 겐첸의 방법을 반대하는 사람들은 '수용 가능한' 논리학이 어느 정도까지 정교해질 수 있는지 놀랍다고 말하면서 만일 산술의 무모순성이 의심스럽다면 그와 못지않게 의심스러운 메타 수학 원리의 사용으로 그 의심을 잠재울 수는 없다고 논박했다. 초한 귀납법은 겐첸이 사용하기 이전에도 이미 논란을 일으켰고 일부 수학자는 증명을 할 때 가능한 한 초한 귀납법의 사용을 피하려고 했다. 초한 귀납법은 직관적 설득력을 결여하고 있다. 바일이 말했듯이 그러한 원리는 타당한 추론의 기준을 낮추어 신뢰할 만한 것들이 모호해지는 지경까지 이르게 한다.

괴델의 불완비성 정리는 부수적 문제들을 야기했다. 웬만큼 복잡한 수학 분야에서는 증명도 안 되고 논박도 안 되는 명제가 존재하기 때문에 주어진 명제가 증명되거나 논박될 가능성이 있는 명제인지 결정하는 방법을 묻는 문제가 제기된다. 이 문제를 결정 문제(decision problem)라고 부른다. 이 문제를 해결하려면 유한 번의 단계를 거쳐 명제나 명제들의 모임에 대해 증명 또는 논박 가능성을 결정할 수 있는 효율적인 결정 과정이—어쩌면 컴퓨터 사용과 같은—필요하다.

결정 과정이라는 개념을 구체화하기 위해 간단한 예를 살펴보도록 하자. 한 자연수가 다른 자연수를 나누는지 결정하려면 나눗셈 과정을 사용하는데, 이때 나머지가 없다면 나눌 수 있는 것이다. 한 다항식이 다른 다항식을 나누느냐의 여부에 대해서도 동일한 과정이 적용된다. 마찬가지로 a, b, c가 정수일 때 방정식 $ax + by = c$가 정수해를 갖는지의 여부를 결정하는 문제에 대해서도 명쾌한 방법이 있다.

1900년 파리 세계 수학자 대회에서 강연을 하면서 힐베르트는 매우 흥미로운 문제를 제기했다. 바로 힐베르트의 문제들 가운데 열 번째 문제로서, 디오판토스 방정식이 정수해를 갖는지 결정하는 효율적인 과정을 찾으라는 것이었다. 예컨대, $ax + by = c$꼴의 방정식은 두 개의 미지수를 지니고 있고 식은 하나뿐이며, 해는 정수이어야 하므로 이 식은 디오판토스 방정식이다. 힐베르트의 디오판토스 문제는 좀 더 일반적이었다. 어쨌든 결정 문제는 힐베르트 문제보다도 훨씬 더 복잡하지만 결정 문제를 연구하는 사람들은 힐베르트 문제라고 부르기 좋아한다. 그 이유는 힐베르트가 제기한 문제에 결과를 냈다고 하면 자신의 결과에 무게를 더할 수 있기 때문이다.

효율적 과정이 무엇인가 하는 개념은 프린스턴 대학교 교수인 알론조 처치에 의해 정의되었다. 그는 과정의 효율성을 재귀적 함수, 또는 계산 가능 함수의 효율성으로 정의했다. 재귀의 의미를 설명하기 위해 다음과 같은 간단한 예를 살펴보자. 만일 $f(1)$을 1로 정의하고 $f(n+1)$은 $f(n)+3$으로 정의한다면, $f(2) = f(1)+3$, 즉 $1+3=4$가 된다. 그리고 $f(3)$은 $f(2)+3 = 4+3 = 7$이 된다. 이런 식으로 계속하여 $f(n)$의 값을 구한다. 이때 함수 $f(x)$를 재귀적이라고 말한다. 처치의 귀납 개념은 좀 더 일반적이지만 결국 계산 가능성이란 개념으로 모아진다.

1936년에 처치는 새로 개발된 귀납적 함수의 개념을 사용하여 결정 과정은 일반적으로 가능하지 않다는 사실을 보여 주었다. 따라서 특정 명제가 주어져 있을 때 이 명제가 증명 가능인지 또는 논박 가능인지 결정하는 알고리듬을 항상 찾을 수 있는 것은 아니다. 특별한 경우에 증명을 찾아낼 수도 있지만, 그런 증명이 존재하는지 미리 검사하는 방법은 없다. 따라서 수학자들은 증명 불가능한 것을 증명하려고 애쓰느라 몇 년을 허비할 수도 있다. 힐베르트의 열 번째 문제의 경우, 1970년에 유리 마차세비치(Yuri Matyasevich)가 디오판토스 방정식이 정수해를 갖는지 결정하는 알고리듬은 없다고 증명했다. 이 문제는 결정 불가능이 아닐지도 모른다. 다만 해결이 가능한지 미리 알려줄 수 있는 효율적인 과정이 없다(오늘날 효율적인 과정이란 대부분의 수학자들에게는 재귀적 과정을 의미하는데, 반드시 위에 기술된 것일 필요는 없다.).

결정 불가능 명제, 그리고 결정 과정이 존재하지 않는 문제, 이 둘을 구별하기란 까다로운 일이다. 하지만 이 둘은 분명하게 구별된다. 결정 불가능 명제는 특정 공리 체계 안에서 진위 결정이 불가능하며, 이런 명제는 중요성을 갖춘 모든 공리 구조에 항상 존재한다. 예컨대 유클리드의 평행선 공준은 다른 유클리드 공리들을 바탕으로 하고서는 결정 불가능이다. 또 다른 예로 실수 집합의 성질들을 공리로 만들어 놓을 때 그 공리를 만족하는 최소 집합은 바로 실수 집합이라는 명제를 들 수 있다.

아직 해결되지 않은 문제도 결정 가능일 수 있으나 항상 미리 결정 가능하다는 사실을 알 수 있는 것은 아니다. 자와 컴퍼스로 각을 3등분하는 문제는 최소한 수 세기 동안 결정 불가능이라고 잘못 생각되었다. 그러나 3등분은 불가능하다는 사실이 밝혀졌다. 처치의 정리에 따르면 명제의 진위 여부 확정 가능성을 미리 아는 것은 불가능하다. 그 명제는 진위 여부 확정이 가능할 수도 있다. 또는 증명도 불가능하고 또 논박도 불가능한 결정 불가능 명제일 수도 있으나 알려진 결정 불가능 명제의 경우에서 보듯이 명백하지 않다. 모든 짝수는 두 소수의 합으로 표시된다는 골드바흐의 추측은 현재까지 풀리지 않고 있다. 수론의 공리 위에서는 결정 불가능으로 밝혀질지 모른다. 하지만 현재로서는 괴델의 예처럼 명백하게 결정 불가능인 것은 아니다. 따라서 언젠가 증명되거나 논박될 가능성이 있다.

 괴델의 비완비성 정리, 그리고 무모순성 증명이 불가능하다는 사실, 이 두 가지가 수학자들에게 커다란 충격을 안겨 주었는데, 그로부터 10년 뒤, 이 충격이 채 가시기도 전에 새로운 충격이 수학의 진로를 위협했다. 견실한 수학은 무엇이며 수학은 어디를 향해 나아가야 하는가 하는 질문을 더욱 깊은 미궁 속으로 빠뜨린 연구 결과가 나온 것이다. 이번에도 그 주인공은 괴델이었다. 20세기 초에 시작된 수학 접근 방식 가운데 하나가 집합론 위에 수학을 건설하려는 것임은 앞에서 보았다(11장 참조). 그러한 과정에서 체르멜로-프렝켈 공리 체계가 개발되었다.

 『선택 공리의 무모순성과 집합론 공리 및 일반화된 연속체 가설 사이의 무모순성』(1940년)에서 괴델은, 만일 선택 공리가 제외된 체르멜로-프렝켈 체계가 무모순이라면 이 공리를 첨가해도 무모순이라는 사실을 증명했다. 즉 선택 공리는 논박될 수 없다는 것이다. 마찬가지로, 칸토어의 연속체 가설은——연속체 가설이란 $\aleph_0$와 $2^{\aleph_0}$($2^{\aleph_0}$는 실수 집합의 기수 c와 같다.) 사이에 기수가 존재하지 않는다는 가설이다. 즉 실수의 부분 집합으로 가부번이 아니면서 그 기수가 $2^{\aleph_0}$보다 작은 집합은 없다는 것이다.——(또 일반화된 가설은)* 선택 공리를 넣더라도 체르멜로-프렝켈 체계와 무모순이다. 다시 말해서 이 명제들은 논박될 수 없다는 것이다. 이 결과를 증명하기 위해 괴델은 이런 명제가 성립하는 모델을 구성해 냈다.

선택 공리와 연속체 가설의 무모순성은 다소 사람들에게 위안을 주었다. 최소한 체르멜로-프렝켈 체계의 다른 공리들만큼 자신 있게 이 두 가지를 사용할 수 있게 된 것이다.

그러나 수학자들의 평온한 마음은——그들이 잠시나마 평온한 마음을 갖게 되었는지는 확실하지 않지만——곧바로 이어진 상황 전개로 인해 깨어졌다. 괴델의 결과는 선택 공리와 연속체 가설 가운데 하나 또는 둘 모두가 여타의 체르멜로-프렝켈 공리들로부터 증명될 수 있다는 가능성을 배제하지 않았다. 최소한 선택 공리가 증명될 수 없다는 생각은 1922년까지 거슬러 올라간다. 그해와 그 이듬해에 프렝켈 자신을 포함한 여러 사람들이 선택 공리가 독립적임을 증명했다. 하지만 이들은 모두 증명을 하기 위해서 부수적인 공리를 체르멜로-프렝켈 체계에 첨가해야 했다. 이후의 여러 증명 역시 같은 문제점을 안고 있었다. 괴델은 1947년에 연속체 가설이 체르멜로-프렝켈 공리 및 선택 공리와 독립적이라는 추측을 내놓았다.

그런데 1963년에 스탠퍼드 대학교 수학과 교수인 폴 코언(Paul Cohen, 1934~)이 만일 체르멜로-프렝켈 체계가 무모순이라면 선택 공리와 연속체 가설은 여타의 체르멜로-프렝켈 공리들과 독립적임을 증명했다. 즉 선택 공리 및 연속체 가설은 여타의 체르멜로-프렝켈

---

* 일반화된 연속체 가설은 기수가 $\aleph_n$인 집합의 부분집합을 모두 모으면 그 집합의 기수는 $2^{\aleph_n}$, 즉 $\aleph_{n+1}$이 된다고 주장한다. 칸토어는 $2^{\aleph_n} > \aleph_n$임을 증명했다.

공리들로는 증명할 수 없다는 것이다. 더욱이, 만일 체르멜로-프렝켈 체계에 선택 공리를 그대로 두어도 연속체 가설은(그리고 일반화된 연속체 가설도) 증명되지 못한다(하지만 체르멜로-프렝켈 체계에서 선택 공리는 제외하되 일반화된 연속체 가설을 추가하면 선택 공리가 함의된다.). 독립성에 관한 이 두 가지 결과는 체르멜로-프렝켈 체계에서 선택 공리와 연속체 가설이 결정 불가능임을 뜻한다. 특히, 연속체 가설에 대한 코언의 결과는 $\aleph_0$와, $2^{\aleph_0}$ 즉 c 사이에 초한수가 존재할 수 있다는 점을 말해 준다. 물론, 그러한 초한수를 갖는 집합은 알려져 있지 않다.

강제법(forcing method)이라고도 하는 코언의 방법은 원칙적으로 다른 독립성 증명들과 조금도 다르지 않다. 유클리드 평행선 공리가 다른 유클리드 공리들과 독립임을 보이기 위해서 다른 공리는 만족하되 평행선 공리는 만족되지 않는 모델을 구했던 것을 기억할 것이다.* 모델이 무모순임이 밝혀지지 않는다면 문제의 공리 역시 만족될 수도 있다. 코언의 증명은 예전에 프렝켈과 괴델을 비롯한 여러 사람들의 증명을 개선한 것으로 여기서 코언은 부수적 조건을 달지 않고 체르멜로-프렝켈 공리들만을 사용했다. 덜 만족스럽기는 했지만 어쨌든 이전에도 선택 공리의 독립성에 대한 증명은 있었다. 그러나 연속체 가설은 코언의 업적이 나오기까지는 미해결의 문제였다.

따라서 만일 집합론 위에 수학을 건설하더라도(또는 논리주의나 형식주의라는 기초 위에 건설하더라도) 여러 가지 입장을 취할 수 있게 되었다. 우선, 선택 공리와 연속체 가설의 사용을 피할 수 있다. 이렇게 하면 증명할 수 있는 정리들이 제한된다. 『수학 원리』는 논리학 원리에 선

---

* 군론에서 가환 공리는 다른 공리들과는 독립이다. 가환 공리를 만족하는 정수의 집합 모델이 있는가 하면 또 한편으로는 가환 공리를 만족하지 않는 사원수 모델이 있다.

택 공리를 포함시키지 않았지만 일부 정리를 증명하면서 선택 공리를 사용했는데 그런 곳에서는 선택 공리 사용을 명확히 밝혀 두었다. 실은, 선택 공리는 현대 수학에서 기본적인 공리로 받아들여지고 있다. 또 두 공리 가운데 하나만 채택하거나 아니면 둘 모두 채택할 수도 있다. 그리고 둘 가운데 하나를 부정하거나 아니면 둘 모두를 부정해도 된다. 선택 공리를 부정하기 위해서 가부번 집합들에 대해서도 명확한 선택을 할 수 없다고 가정해도 된다. 또 연속체 가설을 부정하기 위해서 $2^{\aleph_0} = \aleph_2$ 또는 $2^{\aleph_0} = \aleph_3$ 라고 가정할 수도 있다. 실제로 코언은 이런 가정을 했고 이 가정을 만족하는 모델을 만들었다.

따라서 여러 가지의 수학이 생기게 되었다. 집합론이 (다른 접근 방식은 제외하더라도) 나아갈 수 있는 방향은 매우 많다. 더욱이 선택 공리를 유한 집합에만 사용할 수도 있고 또는 가부번 집합, 아니면 모든 집합에 대해 사용할 수도 있다. 수학자들은 선택 공리에 대한 이런 각각의 입장들을 모두 취한 바 있다.

코언의 독립성 증명으로 수학은 비유클리드 기하학이 출현했던 때만큼이나 심각한 곤경에 빠졌다. 알다시피(8장), 유클리드 평행선 공리가 다른 유클리드 공리들과 독립이라는 사실은 여러 비유클리드 기하학의 구성을 가능하게 했다. 코언의 결과는 다음과 같은 문제를 제기했다. 선택 공리와 연속체 가설, 그리고 이 공리들의 여러 변형된 형태 사이에서 과연 어떤 선택을 해야 할 것인가? 집합론만 고려한다고 해도 여러 가지 가운데 하나를 선택하는 상황은 당혹스럽다.

여러 선택지 가운데 무엇을 택하느냐는 가볍게 결정할 문제가 아니다. 각 경우마다 긍정적인 결과와 부정적인 결과가 있기 때문이다. 두 공리를 모두 사용하지 않기로 하면 앞서 말했듯이 증명될 수 있는 것에 상당한 제약을 가하는 셈이 되며, 그에 따라 기존 수학에서는 기본적인 것으로 여겨지던 내용들이 상당 부분 떨어져 나가게 된다. 무한 집합 S는 가부번인 무한 부분 집합이 존재한다는 것을 증명하려고 해도 선택 공리가 필요하다. 선택 공리를 필요로 하는 정리들은 현대 해석학, 위상수학, 추상대수학, 초한수 이론 등 여러 분야에서 기초적인 것들이다. 따라서 선택 공리를 받아들이지 않는다면 수학에 큰 제약을 가하는 일이 된다.

한편, 선택 공리를 받아들임으로써 직관에 반하는 정리들도 증명할 수 있게 된다. 그 가운데 하나가 바나흐-타르스키 역설이다. 이 역설은 다음과 같이 설명할 수 있다. 두 개의 구가 있는데, 하나는 야구공 크기이고 다른 하나는 지구 크기이다. 공과 지구 모두 서로 겹쳐지지 않는 조각들로 나눌 수 있는데, 이때 공에서 나온 조각은 지구에서 나온 단 하나의 조각과 합동이 되게 할 수 있다는 것이다. 또는 이 역설을 다음과 같이 표현할 수도 있다. 지구 전체를 작은 조각으로 나눈 다음, 이 조각들을 재배열하면 공 크기의 구를 얻을 수 있다. 1914년에 발견된 이 역설의 특별한 경우를 보면 구면을 분할하여 두 부분으로 나누되 각 부분을 조립하여 애초의 구와 반지름이 동일한 두 개의 구가 되도록 할 수 있다는 것이다. 이러한 역설은 1900년대 초 집합론에서 발견된 역설과는 달리 모순이 아니다. 바나흐-타르스키 역설은 집합론의 공리들 및 선택 공리의 논리적 귀결이다.

일반적 선택 공리를 부정하는 경우에는 더욱 이상한 결과가 생긴다. 전문가에게나 의미 있는 결과이기는 하지만, 어쨌든 그 내용은 모든 선형 집합은 가측(可測)이라는 것이다. 다시 말해서 선택 공리는 비가측 집합의 존재를 함의하므로 모든 선형 집합이 가측이라고 가정하는 방식으로 선택 공리를 부정할 수 있다. 또 다른 희한한 결과는 초한 서수에 관한 것이다. 연속체 가설에 대해서는 아직 많은 내용이 알려져 있지 않다. 연속체 가설을 인정하거나 부정할 때 나올 수 있는 중요한 결과가 무엇인지는 아직 알지 못한다. 그러나 만일 $2^{\aleph_0} = \aleph_2$라고 가정하면 실수의 모든 부분 집합은 가측이 된다. 또 여러 새로운 결과를 얻을 수 있다. 하지만 이 결과들은 그다지 중요하지 않다.

두 가지 공리에 대한 코언의 연구는 여러 기초론 학파에 영향을 끼쳤으며, 평행선 공리에 대한 연구가 기하학의 분화를 낳았듯이 특별히 집합론을 기반으로 삼은 수학을 다양한 방향으로 분화시켰다. 이렇게 수학이 택할 수 있는 길이 여럿 생겨났지만 한 가지 선택이 다른 선택보다 우월하다는 근거는 전혀 없었다. 실은, 1963년에 발표한 코언의 연구 성과 이후로 체르멜로-프렝켈 집합 이론에서 결정 불가능 명제들이 더욱 많이 발견되었다. 그 결과 체르멜로-프렝켈의 기본 공리에 결정 불가능 명제를 한 개 또는 여러 개를 추가하여 다양한 체계를 만들 수 있게 되었다. 그러나 이러한 상황은 수학자들을 매우 당혹스럽게 만들었다. 선택 공리 및 연속체 가설의 독립성 증명은 건축업자에게 설계를 약간 바꾸면 사무용 빌딩 대신에 성을 지을 수 있음을 보여 주는 것처럼 수학자들에 다양한 수학을 만들 수 있는 길을 열어 주었다.

현재 집합론을 연구하는 사람들은 집합론의 공리를 적절히 수정하여 선택 공리나 연속체 가설, 또는 두 가지가 모두 수학자들이 널리 받아들이는 일단의 공리들로부터 연역될 수 있는지 결정하게 되기를 희망하고 있다. 괴델은 그 일이 실현될 수 있다고 보았다. 많은 사람들이 노력을 기울여 오고 있지만 아직은 성공하지 못했다. 아마도 언젠가는 어떤 공리를 사용할지 합의를 이룰 것이다.

괴델, 처치 그리고 코언의 성과만이 수학자들을 당혹스럽게 한 것은 아니다. 시간이 지나면서 수학자들의 시름은 더욱 깊어져만 갔다.

레오폴트 뢰벤하임(Leopold Löwenheim, 1878~1940년경)이 시작해서 이후 토랄프 스콜렘(Thoralf Skolem, 1887~1963경)이 1920년부터 1933년까지 제출한 일련의 논문에서 단순화하고 또 완성한 연구 성과가 수학 구조의 새로운 결함을 드러냈다. 현재 뢰벤하임-스콜렘 이론으로 알려진 이 이론의 내용은 다음과 같다. 수학의 어떤 분야에 대해 논리학 공리들과 수학 공리들로 공리 체계를 세워 놓았다고 하자. 또는 모든 수학 분야의 기초가 되도록 집합론에 공리 체계를 세워 놓았다고 하자. 가장 적합한 예로 자연수 공리계를 들 수 있다. 공리를 도입하면서 이 공리들이 자연수를 완전하게 규정하고 또 자연수만을 규정하게 되게끔 한다. 그러나 놀랍게도 자연수와는 완전히 다르면서 여전히 이 공리들을 만족하는 모델이 있음을 알게 된다. 예컨대 정수 집합은 가부번 집합, 즉 칸토어의 기호를 사용하면 $\aleph_0$개의 원소를 지닌 집합인 반면에 실수 집합, 또는 그보다 기수가 큰 집합의 원소 개수만큼 원소를 지닌 모델들이 있다. 또 반대의 현상도 일어난다. 예를 들어 집합에 관한 이론으로 공리 체계를 구성하면서 채택된 공리들이 비가부번 갯수로 이루어진 집합들의 모임을 허용하고 또 그 모임의 특성을 규정해 주기를 의도했다고 하자. 그렇지만 공리 체계를 만족하는 가부번의 집합 모임을 찾아낼 수 있으며, 의도했던 것과는 완전히 다른 초한 모델들도 찾아낼 수 있다. 사실, 모든 무모순의 공리 체계는 가부번 모델을 지니고 있다.

  이것은 무엇을 의미할까? 미국 사람들만을 규정해 주는 속성들을 적어 놓았다고 하자. 그런데 적어 놓은 속성들을 모두 만족시키지만, 동시에 미국 사람들과는 완전히 다른 성질도 가진 동물을 발견한다. 다시 말해서, 특정한 수학적 대상물들을 규정하도록 의도해 놓은 공리 체계는 그런 의도를 충족시키지 않는다는 것이다. 괴델의 불완비성 정리가 공리 체계는 해당 수학 분야에 속하는 모든 정리를 증명하기에 충분하지 못하다고 말하는 반면에, 뢰벤하임-스콜렘 정리는 공리 체계가 의도했던 것과는 완전히 다른 모델을 허용하게 된다고 말한다. 공리들은 모델을 제한하지 않는다. 따라서 수학적 실체를 공리 체계 안에 오해의 가능성이 없도록 새겨 넣기란 불가능하다.*

의도하지 않은 모델이 생기는 이유는 공리 체계에 무정의 술어가 들어 있기 때문이다. 이전에는 공리가 바로 이 무정의 술어들을 간접적으로 정의해 준다고 생각했다. 그러나 공리로는 충분하지 못하다. 따라서 무정의 술어의 개념을 매우 획기적인 방식으로 바꿔야 한다.

뢰벤하임-스콜렘 정리는 괴델의 불완비성 정리만큼이나 놀라운 것이다. 공리적 방식은 최근까지도 유일하게 타당한 접근 방식으로 여겨졌으며 여전히 논리주의자, 형식주의자 그리고 집합론주의자들이 채택하고 있는 실정이지만 여기에 또 다른 타격이 가해진 것이다.

뢰벤하임-스콜렘 정리가 전적으로 놀랍기만 한 것은 아니다. 괴델의 불완비성 정리는 모든 공리 체계가 불완비하다고 말한다. 즉 결정 불가능 명제가 존재한다. p를 그러한 명제라고 하자. 그러면 p나 p의 부정이나 모두 공리로부터 연역되지 않는다. 다시 말해서 p는 독립적이다. 따라서 본래의 공리들에 p를 추가하거나 아니면 p의 부정을 추가하여 더 큰 공리 체계를 구성할 수 있다. 이렇게 얻은 두 개의 공리 체계는 정언적이지 않다. 왜냐하면 그 모델들은 서로 동형이

---

* 오래된 교재를 보면 기본 공리 체계가 정언적(categorical)이라는 '증명'이 나온다. 즉 어떤 기본 공리 체계의 모델들은 서로 동형이라는 것이다. 다시 말해서 모델들은 다른 이름을 사용하고 있지만 본질적으로 동일하다는 주장이다. 하지만 이 '증명'들은 힐베르트 메타 수학에서는 허용되지 않는 논리학 원리를 사용하고 있으며, 공리적 기초도 지금처럼 세심하게 구성되어 있지 않다. 힐베르트를 비롯한 여러 사람들의 '증명'이 있기는 하지만 어떤 공리 체계도 정언적이지 않다.

아니기 때문이다. 즉 불완비성이 비정언성을 함의한다. 그러나 뢰벤하임-스콜렘 정리는 훨씬 더 극단적인 방식으로 정언성을 부정한다. 새로운 공리를 추가하지 않고서도 극단적으로 상이한 모델들이 존재함을 입증했다. 불완비성은 상존해야 한다. 왜냐하면 그렇지 않다고 하면 상이한 모델들이 존재할 수 없기 때문이다. 한 모델에서 의미를 지닌 명제 가운데 어떤 명제는 결정 불가능이라야 하는데, 그렇지 않으면 그 명제는 두 모델 모두에서 성립하게 된다.

 자신의 결과에 대해 숙고한 연후에 스콜렘은 1923년 논문에서 집합론에 대한 기초로서의 공리적 방식을 비판했다. 폰 노이만도 스콜렘에 동의하면서 자신이 직접 세운 공리 체계와 여타의 집합론 공리 체계에 대해 다음과 같이 이야기했다. "이 공리 체계는 모두 비현실적이라는 낙인이 찍혀 있다. …… 집합 이론의 정언적 공리화는 존재하지 않는다. …… 기하학 등을 비롯해 수학에서는 집합론을 가정하지 않는 논리 체계가 없으므로 분명코 정언적인 공리적 무한 체계는 존재하지 않는다. 이런 상황은 직관주의자들에게 유리한 논거가 될 것으로 보인다."

 수학자들은 비유클리드 기하학의 역사를 떠올리며 자신들의 불안을 잠재우려 했다. 여러 세기 동안 평행선 공리에 대해 논란이 진행되어 오다가, 로바체프스키와 보여이가 비유클리드 기하학을 내놓고 리만 또 다른 기하학의 가능성을 타진했을 때 수학자들은 처음에 여러 가지 이유를 들어 새로운 기하학을 배격하는 경향을 보였다. 그 이유 가운데 하나가 새로 나온 여러 기하학들이 무모순성을 만족하지 않는다는 것이었다. 하지만 이후에 모델들이 구성되면서 이 기하학들의 무모순성이 밝혀졌다. 예컨대 리만의 이중타원기하학은 평면 위의 도형에 적용할 요량으로 만들어졌으나 구면 위의 도형에 대한 기하학으로 해석되었다. 애초에 의도했던 바와는 완전히 다른 해석이었다(8장 참조). 하지만 이런 모델의 발견은 크게 환영을 받았다. 모델의 발견으로 무모순성이 증명되었던 것이다. 더욱이, 리만이나 모델을 내놓은 사람이나 의도했던 점, 선, 평면, 삼각형 등 다수의 대상물들 사이에 불일치가 일어나지 않았다. 수학 용어를 사용하면 두 개의 모델은 동형이었다. 하지만 뢰벤하임-스콜렘 정리에서 다른 공리 체계 모델은 서로 동형이 아니라 매우 상이했다.

푸앵카레는 수학의 추상성을 지적하면서 수학이란 상이한 것들에 동일한 이름을 붙이는 기예라고 말했던 적이 있다. 예컨대, 군(群)의 개념은 자연수, 덧셈 연산이 주어진 행렬, 기하학적 변환 등의 성질을 나타낸다. 뢰벤하임-스콜렘 정리는 푸앵카레의 주장을 지지하지만 그 의미를 뒤집는다. 군의 공리를 채택할 때 모든 모델이 동일한 외연과 동일한 성질을 갖도록 의도하지는 않은 반면에—군의 공리는 정언적이 아니며 유클리드 기하학도 평행선 공리를 없애면 정언적이 아니다.—뢰벤하임-스콜렘 정리가 적용되는 공리 체계들은 한 가지 특정한 모델을 염두에 두고 마련된 것이었다. 그런데 이 공리 체계가 완전히 다른 모델에도 적용된다는 사실을 발견하면서 그들의 목표 달성은 차질을 빚었다.

신은 누군가를 파멸시키고자 할 때 먼저 그를 미치게 만든다는 말이 있다. 신은 괴델, 코언, 뢰벤하임 및 스콜렘의 연구로는 부족하다고 생각한 듯, 수학자들을 벼랑 끝으로 몰고 갈 만한 또 다른 사건을 만들어 냈다. 미적분학에서 라이프니츠는 무한소라는 이름의 양을 도입했다(6장 참조). 라이프니츠의 무한소는 0은 아니지만 0.1, 0.01, 0.001, … 등, 어떤 양수보다도 작은 양이다. 더욱이 라이프니츠는 일반적인 수들을 연산하듯이 이 무한소들 역시 연산할 수 있다고 주장했다. 무한소는 이상적 요소 또는 허구적 요소였지만 유용하게 사용되었다. 사실, 라이프니츠는 그러한 무한소들의 비를 가지고 적분학에서 가장 기본적인 개념인 도함수를 정의했다. 또한 라이프니츠는 무한히 큰 수를 마치 보통의 수인 것처럼 다루었다.

18세기 내내, 수학자들은 무한소라는 개념과 씨름했고, 작위적이고 또 비논리적이기까지 한 규칙에 따라 무한소를 사용했으며, 결국에는 어불성설이라고 배격하기에 이른다. 코시의 연구 성과는 단순히 무한소를 없애는 데 그치지 않고 그 사용 필요성까지도 제거해 버렸다. 하지만 무한소가 합당한 개념인가 하는 문제는 사라지지 않고 남아 있었다. 괴스타 미타그레플러(Gösta Mittag-Leffler, 1846~1927년)가 칸토어에게 실수와 유리수 사이에 또 다른 종류의 수가 있는지 물었을 때, 칸토어는 단호히 없다고 대답했다. 1887년에 칸토어는 아르키메데스 공리에 의지하여 무한소의 존재 불가능성을 증명한 논문을 발표했다. 아르키메데스 공리란 임의의 실수 a와 b가 주어졌을 때 na가 b보다 커지는 적당한 자연수 n이 존재한다는 것이다. 페아노 역시 무한소의 존재 불가능을 밝히는 증명을 출간했다. 러셀은 자신의 책 『수학의 원리』에서 페아노의 결론에 동의했다.

하지만 위대한 사람의 확신이라고 해서 선뜻 받아들여서는 안 된다. 아리스토텔레스 시대와 그 이후 오랫동안 많은 사상가들은 지구가 구형이라는 생각을 맞은편에 살고 있는 사람들이 머리를 거꾸로 하고 살고 있다는 헛소리라며 배격했다. 하지만 구형이라는 생각은 옳았음이 입증되었다. 마찬가지로 라이프니츠의 무한소는 배격되어야 한다는 증명에도 불구하고 여러 사람들이 그에 대한 논리적 이론을 세우고자 노력했다.

뒤부아레몽, 오토 슈톨츠(Otto Stolz) 그리고 펠릭스 클라인은 무한소에 기초를 둔 모순 없는 이론이 가능하다고 생각했다. 사실, 클라인은 그러한 이론을 구성하기 위해서 없애야 할 공리를 밝혀냈는데, 그것은 바로 아르키메데스 공리였다. 스콜렘 자신은 1934년에 보통의 실수와는 다른 새로운 수──초정수(hyperinteger)──를 도입했고 그 성질도 일부 확립했다. 여러 수학자들이 내놓은 일련의 논문으로 무한소를 정당화하는 새로운 이론이 탄생했다. 여기에 가장 큰 공헌을 한 사람이 에이브러햄 로빈슨(Abraham Robinson, 1918~1974년)이었다.

비표준해석학이라는 이름의 새 체계는 초실수(hyperreal)를 도입하고 있는데, 초실수는 기존 실수와 무한소를 포함하고 있다. 실질적으로 무한소는 라이프니츠가 정의한 방식대로 정의된다. 즉 양의 무한소는 양의 실수보다 작지만 0보다는 크다. 또 음의 무한소는 음의 실수보다 항상 크지만 0보다는 작다. 이 무한소들은 고정된 수로서, 라이프니츠의 경우처럼 변수도 아니고, 코시가 때로 사용한 것처럼 0으로 근접하는 변수도 아니다. 더욱이 비표준해석학은 새로운 무한 수를 도입했는데 이 무한 수들은 무한소의 역수로 칸토어의 초한수와는 다르다. 모든 유한한 초실수 r는 $x + a$의 형태로 씌어지는데, 여기서 x는 보통의 실수이고 a는 무한소이다.

무한소의 개념으로 두 초실수가 무한히 가깝다는 말을 할 수 있다. 이것은 둘의 차가 무한소란 뜻이다. 따라서 모든 초실수는 어떤 실수와 무한히 가깝다. 보통의 실수에 대해 연산을 하듯 초실수에 대

---

* 흔히 채택되는 실수의 공리적 성질을 사용하면 칸토어와 페아노의 증명은 타당하다. 초실수가 허용되도록 하기 위해 바꾸어야 할 성질은 위에서 설명한 아르키메데스 공리이다. 초실수 체계 R^*는 보통 사용되는 의미에서의 아르키메데스 공리를 만족하지 않는다. 그러나 초실수 체계의 원소 a^*에 대해 무한 곱을 허용하면 R^*는 아르키메데스 공리를 만족한다.

해서도 연산을 할 수 있다.*

 이 새로운 초실수 체계로 그 값이 보통의 실수나 초실수인 함수를 도입할 수 있다. 이 수들로 함수의 연속성을 다시 정의한다. 즉, $x-a$가 무한소일 때 $f(x)-f(a)$도 무한소이면 $f(x)$는 $x=a$에서 연속이다. 초실수를 이용하여 도함수를 비롯한 미적분학의 여러 개념을 정의할 수 있으며 해석학의 모든 결과도 증명해 낼 수 있다. 요는 초실수의 도입으로 이전에는 불명확하고 심지어는 어불성설이라며 배격되었던 미적분학 접근 방식을 엄밀하게 만들어 놓았다.*

 새로운 수 체계의 사용이 수학의 힘을 증대시킬까? 현재까지는 이 방식으로 주목할 만한 새로운 결과가 나오지 않고 있다. 중요한 것은 일부 수학자들이 기꺼이 그 방향으로 나아갈 새로운 길을 열었다는 점이다. 실은, 비표준해석학에 관한 책들이 이미 나오기 시작했다. 다른 사람들은 여러 이유를 들며 새로운 해석학을 배척하고 있다. 그러나 물리학자들은 비표준해석학의 등장에 안도하고 있는데, 그것은 코시가 무한소 사용을 금지했음을 알았지만 편의상 무한소를 계속 사용해 왔기 때문이다.

 1900년 이후의 수학 기초론의 전개 과정은 당혹스러우며 현재 수학이 처해 있는 상황은 혼란스럽고 또 개탄스럽다. 진리의 빛은 더 이상 나아가야 할 길을 밝혀 주지 않는다. 그 증명에 간혹 수정이 요구되기는 했지만 이성의 정점으로 여겨졌고 또 모든 이의 찬탄을 한 몸에 받던 수학의 자리에 이제는 여러 수학 연구 방식들이 들어서서

---
* 예를 들면 비표준해석학에서 무한소의 비 dy/dx는 R^*안에 존재한다. $y=x^2$이라면 dy/dx는 $2x+dx$이다. 여기서 dx는 무한소이다. 즉 dy/dx는 초실수이다. 그러나 도함수는 이 초실수의 표준 부분, 즉 $2x$이다. 마찬가지로 정적분은 무한소들의 무한 합에서 표준 부분이다. 단, 합의 개수 자체도 비표준 정수이다.

서로 다투고 있다. 논리주의, 직관주의, 형식주의는 차치하더라도 집합론 하나만 봐도 그 안에 많은 선택지가 있다. 한 학파 안에 여러 분파가 있어 서로 대립하기도 한다. 예컨대 직관주의 내에 구성주의 운동만 보더라도 수많은 분파들이 포진하고 있다. 형식주의 안에는 어떤 메타 수학 원리를 채택하느냐에 따라 여러 선택지가 생긴다. 비표준해석학은 어느 한 학파의 이론은 아니지만 또 다른 해석학적 접근 방식을 제공해 주고 있고 여기에서 여러 분파가 생겨나와 서로 갈등을 일으킬 가능성이 있다. 어쨌거나, 비논리적이어서 배격되어야 한다고 여겨졌던 것을 이제는 일부 학파가 논리적으로 타당한 것으로 받아들이고 있다.

모순의 가능성을 제거하고 수학 구조의 무모순성을 확보하려는 노력은 이렇게 실패하고 말았다. 공리적 방식을 받아들여야 할지—받아들인다면 어떤 공리 체계를 채택할 것인지—아니면 비공리적인 직관주의 접근 방식을 받아들여야 할지에 대해서는 더 이상 어떤 합의도 없다. 각자의 공리 체계 위에 세워진 구조들의 집합체로 수학을 파악하는 일반적 견해는 수학이 포괄해야 할 모든 것들을 포괄하기에는 적절하지 못하고, 또 한편으로는 포괄하지 말아야 할 것을 포괄하고 있는 실정이다. 이제 생각의 불일치는 추론 방식에까지 확대되고 있다. 배중률은 더 이상 의심할 여지가 없는 논리학 원리가 아니며, 또 배중률의 사용 여부를 떠나 정확한 계산을 허용하지 않는 존재 증명도 논란의 핵심이 되었다. 따라서 완벽한 추론을 주장하는 일은 이제 포기되어야 한다. 분명히, 다양한 선택지로부터 다양한 수학이 생겨날 것이다. 최근의 기초론 연구는 새로운 영역을 열었지만 눈앞에는 황량한 공간만이 펼쳐져 있다.

1931년 이후로 얼마간 평정과 자부심을 유지할 수 있었던 수학자들은 오직 직관주의자들뿐이었다. 지금까지 기술해 온 결과들로 인해 논리주의자, 형식주의자 그리고 집합론주의자들은 크게 낙담했다. 논리적 기호들의 조작과, 지적 거인들의 마음을 사로잡은 원리들은 직관주의자들에게는 무의미한 것으로 여겨졌다. 직관적 의미가 보증해 주고 있기 때문에 수학의 무모순성은 분명했다. 그들은 선택 공리와 연속체 가설은 받아들이지 않았다. 브라우베르도 이미 1907년에 그런 주장을 폈다. 불완비성과 결정 불가능 명제의 존재 증명은 이들을 동요시키지 않았을 뿐만 아니라 "그것 보시오. 내가 뭐라 했소?"라고 당당하게 목소리를 높일 수 있게 했다. 하지만 직관주의자들도 1900년 이전의 수학에서 자신들의 기준을 충족시키는 못하는 부분을 송두리째 부인하는 것에 대해서는 마음 내켜하지 않았다. 그들은 배중률을 이용하여 수학적 실체의 존재성을 확립하는 것은 받아들일 수 없으며 존재성을 밝히고자 하는 양의 근삿값을 원하는 만큼 얻을 수 있게 하는 구성 방식만이 만족스러운 것이라고 확언했다. 따라서 그들은 지금도 여전히 구성적 존재 증명과 씨름하고 있다.

간단히 말해서 어떤 학파도 자신이 수학을 대표한다고 말할 만한 권리는 없다. 그리고 불행히도, 1960년에 하이팅이 말했듯이, 1930년대 이후 우호적인 협력의 정신이 밀려나고 그 대신에 같은 하늘을 이고 살지 못하겠다는 다툼의 마음가짐이 자리를 잡게 되었다.

1901년, 버트런드 러셀은 이렇게 말했다. "현대 수학의 주된 성과 가운데 하나는 수학의 본질을 발견해 낸 데 있다." 지금 들어 보면 이 말은 소박하게 느껴진다. 무엇을 수학으로 받아들여야 하느냐를 두고 싸우고 있는 여러 학파들 사이의 차이 외에도 앞으로 더 많은 차이가 생겨날지 모른다. 기존 학파들은 기존 수학의 정당성 확보에 관심을 기울여 오고 있다. 그러나 그리스 시대와 17세기, 그리고 19세기 수학을 살펴보면 극적이고 격렬한 변화가 있었음을 알게 된다. 현대의 몇몇 학파들은 1900년의 수학에 정당성을 부여하고자 한다. 그들의 노력이 2000년대 수학에 도움을 가져다줄 것인가? 직관주의자들은 수학을 성장하고 발전하는 것으로 여긴다. 그러나 과연 그들의 '직관'이 지금까지 역사적으로 발전되어 나오지 않았던 것들을 생성해 내게 될까? 분명코 1930년에는 그렇지 못했다. 따라서 기초론은 항상 끊임없는 수정과 보완이 필요하다고 여겨진다.

20세기 수학 기초론의 발전 과정은 다음과 같은 비유로 적절하게 요약될 수 있을 듯싶다. 라인 강둑에 수백 년 된 아름다운 성이 서 있다. 성 지하에 사는 부지런한 거미들이 거미줄로 거미집을 정교하게 지어 놓았다. 어느 날 세찬 바람이 불어 거미집이 부서졌다. 거미들은 미친 듯이 실을 뽑아 거미집을 고쳤다. 그것은 거미들이 성이 무너져 내리지 않게 지탱해 주는 것은 자기들이 지은 거미집이라고 생각했기 때문이다.

13장

수학의 고립

나는 추상기하학 연구를 포기하기로 했다.
추상기하학에서는 정신 훈련만을 목적으로 하는
문제들만이 다루어지고 있다.
추상기하학 연구를 포기하기로 한 것은
자연 현상의 설명을 목표로 하는
새로운 기하학을 연구하기 위해서이다.

르네 데카르트

수론, 확률론, 해석학에 지대한 공헌을 한 페르마. 그러나 그의 본업은 법관이었다.

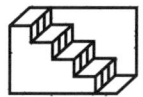

수학의 역사는 찬란하게 빛나는 업적들로 가득하지만 동시에 재앙의 역사이기도 하다. 진리의 상실은 가장 큰 비극이다. 진리는 인간의 가장 귀중한 재산이며 한 조각의 진리를 잃는 것만으로도 슬픔을 안겨 주기에 충분하다. 인간 이성의 눈부신 진열장에 완벽한 구조물이 아니라 결함투성이에, 언제 모순이 튀어나올지 모르는 그런 진열물이 놓여 있다는 깨달음은 수학의 위상에 또 다른 타격을 주었다. 하지만 고통의 원인은 그것만은 아니었다. 불길한 예감과 수학자들 사이의 이견은 지난 100년 동안 수학이 거쳐 온 연구 경향에 그 원인을 두고 있었다. 대부분의 수학자들은 바깥 세계에 눈을 닫고 수학 안에서 생겨나는 문제에 집중했다. 그들은 과학을 내동댕이쳤다. 이런 방향 전환은 흔히 응용 수학에서 순수 수학으로 눈을 돌린 것이라고 표현되고는 한다. 하지만 순수 수학과 응용 수학이라는 용어는, 앞으로 여기서 사용을 하기는 하겠지만, 실제로 일어나고 있는 상황을 제대로 기술해 주지 못한다.

수학은 무엇이었던가? 과거 세대에게 수학은 인간이 자연 탐구를 위해 만든 것 가운데 가장 우수한 창작물이었다. 수학의 주요 개념, 광범위한 방법론, 그리고 무엇보다도 주요 정리들은 자연 탐구의 과정에서 생겨났다. 과학은 수학의 혈액이자 자양분이었다. 수학자들은 과학 연구에서 물리학자, 천문학자, 화학자, 공학자 들과 기꺼이 협력했다. 실은, 17세기와 18세기 그리고 19세기 대부분의 기간 동안에 수학과 이론 과학 사이에는 별다른 구별을 두지 않았다. 그리고 수많은 지도적 수학자들은 수학 자체보다는 천문학, 역학, 유체역학, 전기학, 자기학, 탄성물리학 등에서 훨씬 더 위대한 업적을 남겼다. 수학은 과학의 여왕인 동시에 또한 과학의 시녀이기도 했다.

그리스 시대 이래로 장구한 세월 동안 자연에서 수학적 비밀을 캐내기 위해 끊임없는 노력이 이어져 왔음을 우리는 앞에서(1장~4장 참조) 보았다. 그러나 우리는 수학을 물리 문제의 해결을 위한 도구로만 사용하지는 않았다. 위대한 수학자들은 눈앞에 놓여 있는 과학 문제 너머에 있는 더 높은 무언가를 추구했다. 위대했던 그들은 수학의 전통적 역할을 충분히 이해하고 있었기 때문에 과학 발전에 크게 보탬이 될 연구 방향이나 자연 탐구에서 이미 활용되고 있는 개념들을 새롭게 조명할 수 있는 연구 방향을 식별해 낼 수 있었다. 예컨대 푸앵카레는 여러 해 동안 천문학 연구에 헌신했고, 또 그의 가장 중요한 저작이 전3권으로 된 『천체 역학』이었지만, 미분 방정식에서 새로운 이론을 구성해 내야 한다고 깨달았다. 그는 그렇게 해야 궁극적으로 천문학을 진보시킬 수 있다고 생각했다.

일부 수학 연구는 이미 유용함이 입증된 분야를 완성시키는 일에 집중한다. 동일한 유형의 미분 방정식이 여러 응용 사례에서 나타나면 개선된 해법이나 일반 해법을 찾기 위해서나 아니면 해법 전반에 대한 내용을 최대한 깊이 파악하기 위해서 일반 유형을 살펴보아야 한다. 수학은 그 특유의 추상성 때문에 한 번에 다양한 물리 현상을 기술할 수 있다. 예컨대 물결, 음파, 전파 모두 파동 방정식이라는 편미분 방정식 하나로 기술된다. 애초에 물결 연구에서 얻은 파동 방정식 자체를 연구하여 추가로 얻어 낸 수학적 지식은, 예컨대 전파 연구에서 제기된 문제를 해결하는 데 유용하게 사용될 수 있다. 실제 세계의 문제들에 자극받아 만들어진 풍성한 연구 성과는 상이한 상황에서도 동일한 수학적 구조가 있음을 깨달을 때 더욱더 강화되고 그 의미 또한 분명해진다.

코시가 시작한 미분 방정식의 해에 대한 존재 정리들의 확립은 물리적 문제의 수학적 공식화가 해를 지니고 있다는 보증을 얻기 위한 것이었다. 존재성이 담보되어야 안심하고 해를 찾아 나설 수 있기 때문이었다. 따라서 순전히 수학적 작업인 해의 존재 증명은 그 이면에 물리학적 의의를 지니고 있었다. 칸토어의 무한 집합 연구는 순수 수학에서 많은 연구를 이끌어 냈지만 애초에는 푸리에 급수라는 매우 유용한 무한 급수의 미해결 문제를 해결하려는 동기에서 시작된 것이다.

수학이 발전하면서 과학과는 무관한 문제들을 다루어야 할 필요성이 생겨난다. 앞에서(8장) 보았지만 19세기 수학자들은 다수의 개념들이 모호하며 여러 논증도 엉성하다는 점을 인식했다. 엄밀성을 확보하려는 운동은 그 자체로는 과학 문제가 아니다. 또 그 뒤를 이어 수학의 기초를 세우려는 여러 학파들의 시도 역시 과학과는 무관하다. 그러나 이런 연구는 수학 구조 전체의 견실함을 보증하기 위해서는 반드시 필요한 연구이다.

간단히 이야기해서 기존 분야를 심화하거나 응용 가능성을 지닌 새로운 분야를 탐색하는 다수의 순수 수학 연구가 있다는 것이다. 이러한 연구 방향은 넓은 의미에서 응용 수학으로 간주된다.

그렇다면 100년 전까지는 응용에 염두를 두지 않고 순수하게 이론 자체만을 위해 만들어진 수학 분야는 없었던 걸까? 물론 그런 예가 있다. 그 두드러진 예가 바로 정수론이다. 피타고라스 학파 사람들에게 자연수 연구는 물체의 구성에 관한 연구(1장 참조)였으나, 곧 정수론은 그 자체로 관심을 끄는 분야가 되었다. 예를 들어 페르마는 정수론 연구에 힘을 기울였다. 사영기하학은 애초에 르네상스 시대 화가들이 그림에 사실성을 더해 주기 위한 방편으로 시작되었다. 이후에 제라르 데자르그(Gérard Desargue, 1593~1662년)와 파스칼이 유클리드 기하학 방법론을 발전시키기 위해 사영기하학을 연구했고, 19세기에는 비유클리드 기하학과 관련되면서 중요한 연구 주제로 부각되었다. 그러나 주로 순수 미학과 관련된 분야로 여겨졌다. 그 밖의 많은 주제들은 순전히 수학자들이 흥미롭게 생각하거나 도전해 볼 만하다고 판단했기 때문에 연구되었다.

하지만 과학과 무관한 순수 수학은 주요한 관심 분야가 아니었다. 순수 수학은 과학이 제기한 훨씬 더 중요하고 흥미로운 문제에서 잠시 벗어나 머리를 식히기 위한 취미 활동쯤으로 치부되었다. 페르마는 정수론의 창시자였지만 대부분의 노력을 해석기하학의 구성과 미적분학 문제, 그리고 광학에 쏟았다(6장 참조). 그는 파스칼과 하위헌스로 하여금 정수론에 관심을 갖게 하려고 했으나 실패했다. 17세기 사람들 가운데 정수론에 관심을 보인 사람은 거의 없었다.

오일러는 정수론에 얼마간의 시간을 할애했다. 하지만 오일러는 18세기 최고의 수학자였을 뿐만 아니라 뛰어나 수리물리학자이기도 했다. 그의 연구는 미분 방정식의 해법과 같은 물리 문제 해결의 심오한 수학적 방법론에서부터 천문학, 유체 운동, 선박과 돛의 설계, 탄도학, 지도 제작, 악기 이론 그리고 광학에까지 이른다.

라그랑주도 정수론 연구에 얼마간 시간을 할애하기는 했지만 수학 응용의 핵심 분야인 해석학 연구에 대부분의 생애를 바쳤으며, 또 그의 대표적 저작은 수학을 역학에 응용한 『해석 역학』이었다. 실은, 그는 1777년에 다음과 같이 불만을 토로하기도 했다. "산술 연구는 힘은 힘대로 들면서 쓸모는 가장 적은 분야이다."

가우스 역시 정수론에서 뛰어난 업적을 남겼다. 그의 저서 『산술 연구』(1801년)는 고전으로 남아 있다. 가우스의 이 업적만을 주목한다면 가우스를 순수 수학자로 믿을 것이다. 하지만 그가 주로 노력을 기울인 분야는 응용 수학이었다(4장 참조). 펠릭스 클라인은 19세기 수학사를 기술하는 자리에서 『산술 연구』를 일컬어 가우스의 청년기 저작이라고 썼다.

말년에 다시 정수론으로 돌아오기는 했지만 가우스는 이 분야를 가장 중요하게 여기지는 않았다. 페르마의 마지막 '정리', 즉 n이 2보다 클 때 $x^n+y^n=z^n$은 0이 아닌 정수해를 가지지 않는다는 문제를 풀어 보라는 요청을 가우스는 자주 접했다. 하지만 가우스는 올베르스에게 보낸 1816년 3월 21일자 편지에서 페르마 가설은 외떨어져 있는 문제이기 때문에 별다른 흥미가 없다고 말했다. 증명되지도 않고 논박되지도 않는 그런 가설은 많으며, 또 자신은 다른 일에 바빠 자신의 『산술 연구』에서 했던 그런 연구를 할 틈이 없다고 덧붙였다. 자신이 해 놓은 연구를 기초로 페르마의 가설이 증명된다면 좋을 듯싶지만 아마도 흥미가 가장 적은 따름정리에 불과할 것이라고 말했다.

"수학은 과학의 여왕이며 산술은 수학의 여왕이다. 산술은 간혹 옥좌를 떠나 천문학을 비롯한 다른 자연과학에 은혜를 베푸는 수고를 하지만 산술이 있어야 하는 자리는 본래의 옥좌이다."라는 가우스의 말은 가우스가 순수 수학을 선호했다는 주장을 펴는 데 자주 인용된다. 하지만 가우스의 생애를 보면 그렇지 않았다는 점을 알 수 있다. 그의 좌우명은 "그대 자연이여, 당신은 나의 여신입니다. 당신의 법칙에 경의를 표합니다."였다. 수학을 자연과 합치시키려는 그의 성실한 노력이 자신의 비유클리드 기하학 연구로 이어지고 결국 수학적 진리가 불신받게 되는 심각한 결과를 초래했다는 점은 아이러니가 아닐 수 없다. 1900년 이전에 만들어진 모든 수학 이론에 대해 순수 수학은 얼마만큼 있기는 했지만 순수 수학자는 아무도 없었다는 일반화가 가능할 듯싶다.

그러나 수학을 바라보는 수학자들의 태도는 몇 가지 요인으로 급격하게 바뀌었다. 첫 번째 요인은 수학이 자연에 관한 진리가 아니라는 깨달음이었다(4장 참조). 가우스는 기하학에서 이 점을 명확히 했고, 또 헬름홀츠가 지적한 대로 사원수 및 행렬의 출현은 보통의 수도 선험적으로 응용 가능한 것만은 아니라는 인식을 가져왔다. 수학의 응용력에는 여전히 아무런 흠이 없었지만, 진리 탐구라는 말로 더 이상 수학 연구 활동을 미화하지는 못했다.

더욱이 비유클리드 기하학과 사원수 같은 이론의 발전은 물리학의 영향으로 시작되기는 했지만 자연과는 괴리를 보였다. 그래도 그 결과로 얻은 이론은 응용 가능한 것으로 밝혀졌다. 인간이 창조해 낸 이론도 자연의 얼개에 내재되어 있는 진리만큼이나 뛰어난 응용력을 지닌다는 깨달음은 전적으로 새로운 수학 연구 방식을 주장하는 데 근거를 제공해 주었다. 앞으로 만들어질 인간 정신의 자유로운 산물은 이런 일이 일어나지 말라는 법은 어디에도 없었다. 따라서 많은 수학자들은 현실 세계의 문제를 다루어야 할 필요는 없다는 결론을 내렸다. 인간이 만든 수학은 순전히 인간 마음에서 솟아난 아이디어만으로 구성되었지만, 그래도 분명코 유용성을 갖는다고 그들은 믿었다. 사실, 물리적 현상에 대한 집착에 완전히 방해받지 않는 순수한 사고가 훨씬 더 나을 수도 있었다. 제약에서 벗어난 인간의 상상은 더욱 강력한 이론을 만들어 낼 터이고, 이렇게 만들어진 이론은 자연의 이해와 정복에 분명 이용될 것이었다.

다른 여러 요인들도 수학자들이 현실 세계에서 유리되는 데 영향을 주었다. 수학과 과학의 내용이 방대해지면서 두 분야 모두에 정통하기가 훨씬 더 힘들어졌다. 더구나 과거 위대한 학자들이 연구한 과학의 미해결 문제들은 훨씬 더 어려웠다. 순수 수학에만 머물러 연구를 좀 더 쉽게 진행하는 것이 좋지 않겠는가?

수학자들로 하여금 순수 수학 문제에 천착하게 한 또 다른 요인이 있었다. 과학 문제들은 완벽하게 해명되는 경우가 거의 없다. 더욱 나은 근삿값이 얻어질 뿐 최종 해답은 얻어지지 않는다. 예컨대 3체 문제(three-body problem, 3체 문제란 태양, 지구, 달과 같이 세 물체의 인력이 서로 작용할 때 그 운동을 기술하는 문제이다.)와 같은 기본적 문제들도 아직도 해명되지 않고 있다. 베이컨이 지적했듯이 자연의 정교함은 인간의 꾀를 훨씬 더 넘어선다. 한편, 순수 수학은 완벽한 해답을 얻을 수 있는 명쾌하고 분명한 문제를 내놓는다. 그 끝을 알 수 없을 만큼 복잡하고 심오한 문제와는 달리 명쾌한 문제에 끌리는 것은 인지상정이겠다. 골드바흐 가설처럼 해결되지 않는 일부 난해한 문제도 그 문제 자체는 모두의 흥미를 끌 만큼 간결하다.

또 다른 요인은 대학과 같은 기관이 수학자들이 논문을 출간하도록 압박하고 있는 현실이다. 응용 문제는 수학뿐만 아니라 상당한 과학 지식도 요구한다. 또 미해결 문제들은 다른 문제들에 비해 더 어렵기 때문에 스스로 문제를 만들어서 가능한 범위에서 해결하는 편이 훨씬 더 수월하다. 교수들은 스스로를 위해서도 쉽게 풀리는 순수 수학 문제를 선택할 뿐만 아니라 박사 과정 학생들에게도 신속하게 해결할 수 있는 그런 문제를 부과한다. 그래야 학생이 어려움을 겪을 때 교수가 곧바로 도움을 줄 수 있다.

현대 순수 수학이 취해 온 연구 방향의 예를 몇 가지 살펴보면 순수 수학과 응용 수학이 다루는 주제 사이의 차이를 분명하게 파악할 수 있을 것이다. 한 방향은 추상화이다. 해밀턴이 물리학 응용을 염두에 두고서 사원수를 도입한 이후, 다수의 대수가 존재할 가능성을 인식한 수학자들은 모든 가능한 대수를 연구하기 시작했다. 이러한 방향의 연구는 지금도 순수 대수학 분야에서 활발하게 진행되고 있다.

순수 수학의 또 다른 방향은 일반화이다. 원뿔 곡선——타원, 포물선, 쌍곡선——은 2차 방정식에 의해 대수적으로 표현된다. 3차 방정식으로 표현되는 일부 곡선도 유용하게 응용되고 있다. 그러나 일반적인 n차 방정식의 곡선은 자연 현상에서 나타날 가능성이 거의 없다. 현대 수학자들은 이것을 상세히 연구한다. 이것이 그런 일반화의 예이다.

연구 논문을 쓸 수 있다는 이유에서 추구한 일반화와 추상화는 대부분 응용 면에서는 아무런 쓸모가 없다. 사실, 그러한 논문들 대부분은 더욱 구체적인 언어로 표현되어 있는 기존 사실들을 좀 더 일반적이거나 추상적인 용어, 또는 새로운 전문 용어로 재구성한 것에 불과하다. 이러한 재구성은 수학을 응용하려는 사람들에게 별다른 도움을 주지 못한다. 물리적 아이디어와는 아무런 관련이 없고 단지 새로운 아이디어를 제시하려는 의도에서 전문 용어를 확산하는 것은 수학 응용에 도움이 되기보다는 오히려 방해가 된다. 그것은 새로운 언어이지 새로운 수학은 아니다.

순수 수학이 취해 온 세 번째 방향은 세분화이다. 유클리드는 소수가 무한히 많은지를 묻는 문제를 제기했고 그에 대한 답을 내놓았지만 이제는 연속되는 일곱 개의 정수 가운데 항상 소수가 있는지를

"자연스럽게" 묻고 있다. 피타고라스 학파는 친화수(amicable numbers)라는 개념을 도입했다. 두 수 가운데 한 수의 약수를 모두 더하면 나머지 다른 수가 될 때, 두 수를 친화수라고 한다. 예를 들면 284와 220은 친화수이다. 정수론 분야에서 가장 뛰어난 학자 가운데 한 사람인 레너드 딕슨은 세 개의 친화수 문제를 도입했다. "세 수가 친화수라는 것은 아무 수나 골라내어 1과 자기 자신을 제외한 약수를 모두 더하면 나머지 두 수의 합이 될 때를 이른다." 여기서 그는 친화수인 세 개의 수를 찾으라는 문제를 제기했다. 또 다른 예는 강력수(powerful number)에 관한 문제이다. 강력수는 소수 p로 나누어지면 반드시 p^2으로도 나누어지는 수를 말한다. 여기서 문제는 무한히 많은 방식으로 서로소인 두 강력수의 차로 표시되는 수(1과 4는 제외)가 존재하는가?' 하는 것이다.

위에 든 세분화의 예는 설명 및 이해가 용이하기 때문에 선정한 것인데, 그 복잡함이나 난해함을 무릅쓰고 연구를 해야 할 이유를 대기가 어렵다. 하지만 세분화가 확산되고 또 다루는 문제도 매우 지엽적으로 바뀌어 가면서 한때 상대성 이론과 관련되어 유포된 그릇된 말, 즉 전 세계를 통틀어 10여 명의 전문가 정도만이 이해하는 상황이 현실적으로 벌어지고 있다.

세분화가 지나치게 확산되자 부르바키라는 필명으로 활동하던 수학자들—이들은 응용 수학에 별다른 노력을 기울이지 않았다.—조차도 이에 대해 비판을 하지 않을 수 없었다.

많은 수학자들은 수학의 변방에 틀어박혀 나오지 않는다. 이들은 자신의 전문 분야와 관련이 없는 것은 철저히 무시할 뿐만 아니라, 멀리 떨어진 또 다른 변방에서 일하는 동료 수학자들의 언어와 용어조차도 이해하지 못한다. 폭넓은 교육을 받은 사람들 가운데에서도 드넓은 수학의 세계를 제대로 파악하고 있는 사람은 아무도 없다. 푸앵카레와 힐베르트처럼 거의 모든 영역에 걸쳐 천재적 능력을 발휘한 사람은 위대한 수학자들 가운데에서도 매우 이례적인 사례이다.

세분화의 대가는 불임(不姙)이다. 전문적 기교를 요구할지는 모르지만 중요한 결과는 거의 내놓지 않는다.

추상화, 일반화, 세분화 다음으로 순수 수학자들이 취하는 네 번째 활동은 공리화이다. 19세기 말의 공리화 운동이 최종적 해답이 되지는 못했지만 어쨌든 수학의 기초를 세우는 데 도움을 주었다는 데에는 의문의 여지가 없다. 그러나 다수의 수학자들은 새로이 구성된 공리 체계에 사소한 수정을 가하기 시작했다. 어떤 이들은 다르게 표현함으로써 공리를 더욱 간결하게 할 수 있음을 보여 주었다. 또 어떤 이들은 표현은 복잡하게 하되 세 개의 공리를 두 개로 줄일 수 있음을 보여 주었다. 그리고 어떤 사람들은 새로운 무정의 술어를 채택하여 공리를 새롭게 표현했고 이로부터 동일한 정리를 얻어 냈다.

앞서 말했듯이 모든 공리화가 무가치한 것은 아니다. 하지만 사소한 손질을 가하는 일은 전반적으로 중요하지 않다. 우리는 실질적인 문제들을 해결하기 위해서 인간의 능력을 최대한으로 쏟아 부어야 한다. 왜냐하면 그 문제들의 해결이 긴요하기 때문이다. 하지만 공리화에는 온갖 종류의 자유가 허용된다. 공리화는 기본적으로 심오한 결과들을 조직해 내는 일이지만, 어떤 것들을 공리로 택하느냐, 또는 20개 대신에 15개의 공리를 택하느냐 하는 문제는 중요하지 않다. 뛰어난 수학자들이 많은 시간을 들여 만들어 낸 변형된 공리 체계마저도 "하찮은 공리 조작"이라며 배격되고 있다.

20세기 전반에 너무도 많은 시간과 노력을 공리화에 쏟아 부었기에 1935년에는 공리화의 가치를 충분히 인식하고 있던 바일조차도 공리화의 열매가 이제는 소진되었다고 불평하면서 알맹이가 있는 문제로 돌아가자고 말했다. 공리화는 알맹이를 지닌 수학에 정밀함과 조직화를 부여할 따름이라고 지적했다. 즉 공리화는 목록으로 정리하고 분류하는 역할을 할 따름이다.

추상화, 일반화, 세분화, 공리화 모두를 순수 수학으로 규정지을 수는 없다. 앞서 지적했지만 기초론 연구와 마찬가지로 이러한 연구도 나름의 가치를 지닌다. 순수 수학인지의 여부를 판단하려면 연구 동기를 살펴보아야 한다. 순수 수학의 특징은 직접적 응용이나 잠재적 응용에 무관심하다는 점이다. 문제는 문제일 따름이라는 것이 순수 수학의 기본 입장이다. 일부 순수 수학자들은 수학 이론에 잠재적 유용성이 있으며 어떤 이론이 미래에 응용될지 어느 누구도 모른다고 주장한다. 그래도 수학은 마치 석유가 매장되어 있는 땅과도 같다. 지표면 위에 있는 검은색 웅덩이는 그곳에 석유가 매장되어 있음을 알리는 신호일 수 있다. 만일 석유가 발견된다면 그 땅의 가치는 높아진다. 이렇게 땅의 가치가 확인되면 더 많은 석유를 얻을 기대로 여기저기 시추를 하게 된다. 단, 시추 지점은 석유가 발견된 본래 지점에서 너무 멀리 떨어져서는 안 된다. 물론, 시추가 더 용이하다는 이유에서 멀리 떨어진 곳을 시추하는 경우도 있는데, 이때에도 시추를 하는 사람은 석유를 찾을 확률이 여전히 높다고 주장한다. 하지만 인간의 노력과 창의성에는 한계가 있기 때문에 성공할 확률이 높은 곳에 힘을 기울여야 한다. 만일 잠재적 응용이 목표라면 위대한 물리화학자 조사이어 윌러드 기브스(Josiah Willard Gibbs, 1839~1903년)가 언급했듯이 순수 수학자는 자신이 원하는 대로 할 수 있지만 응용 수학자는 최소한의 분별력은 갖고 있어야 한다.

수학만을 위한 수학이라는 순수 수학에 대한 비판은 베이컨의 『학문의 진보』(1620년)에서도 찾아볼 수 있다. 여기에서 그는 신비주의적이고 자기 충족적인 순수 수학을 "사물과 자연철학의 자명한 진리로부터 완전히 유리되어 있으며 오직 인간 정신에 수반되는 탁상공론과 명상의 욕구만을 채워 줄 따름이다."라며 반대했다. 그는 응용 수학의 가치를 이해하고 있었다.

자연과학의 많은 부분은 수학의 도움과 개입이 없이는 충분할 만큼 정교하게 구성될 수도 없고 또한 충분할 만큼 명쾌하게 설명될 수도 없으며 충분할 만큼 기민하게 활용될 수도 없다. 그런 예로는 원근법, 음악, 천문학, 우주 지리학, 건축학, 기계학 등을 들 수 있다. …… 물리학이 하루가 다르게 발전하고 새로운 원리를 전개시켜 나아감에 따라 다방면에 걸쳐 수학으로부터 새로운 도움이 필요해지게 될 것이며 그에 따라 혼합(응용) 수학이 더욱 다양해져 갈 것이다.

베이컨 시대에는 수학자들에게 자연과학 연구를 독려할 필요가 없었다. 그러나 오늘날에는 수학이 과학과 단절되어 있다. 지난 100년간, 고대로부터 내려오던 영예로운 수학 활동의 동기, 즉 알맹이가 있고 유용성이 있는 주제를 제공해 오던 동기에 충실한 사람들과 구미가 당기는 대로 정처 없이 떠돌며 이것저것을 연구하는 사람들 사이에 분열이 일어났다. 오늘날, 수학자들과 자연과학자들은 각자의 길을 가고 있다. 새로운 수학의 연구 성과가 응용 분야에 쓰이는 일은 거의 없다. 더욱이 수학자들과 과학자들은 더 이상 서로를 이해하지 못할뿐더러 지나친 세분화로 수학자들 조차도 서로를 이해하지 못한다.

'현실'로부터의 유리, 다시 말해서 수학 자체를 위한 수학 연구는 처음부터 논란을 불러일으켰다. 고전이 된 저작 『열에 관한 해석학적 이론』(1822년)에서 푸리에는 물리학 문제에 수학을 응용하려는 뜻을 열정적으로 표명했다.

자연에 관한 깊이 있는 연구는 수학적 발견의 가장 풍부한 보고이다. 자연을 깊이 연구하면 명확한 목표 설정이라는 긍정적 효과뿐만 아니라 모호한 문제와 무익한 계산을 없애는 이점도 얻는다. 수학은 분석 자체를 구성해 내는 수단이며, 과학이 항상 추구해야 할 중요한 아이디어의 발견 수단이다. 기본이 되는 아이디어는 자연 현상을 그려내는 것들이다.

그 주요 특성은 명료함이다. 명쾌하지 못한 아이디어를 표현하는 기호는 전혀 사용되지 않는다. 다양한 여러 현상들을 살핀 다음, 이들 모두를 하나로 묶어 내는 숨겨진 유사성을 발견해 낸다. 공기나 빛과 같이 그 희박함 때문에 파악하기 어려운 물질이 있다 해도, 대상물이 너무나도 멀리 떨어져 있다고 해도, 여러 세기에 걸친 천체의 움직임을 이해하려고 해도, 그리고 중력과 내부의 뜨거운 열기로 행성의 내부에 영원히 접근하지 못해도, 수학적 분석은 이러한 현상 안에 숨어 있는 법칙들을 포착해 낼 수 있게 해 준다. 수학은 이런 현상들을 분명하게 파악하게 하고 또 측정할 수 있게 한다. 수학이야말로 짧은 삶과 불완전한 감각을 보완해 주는 인간 이성의 능력이라고 생각된다. 그리고 더욱 주목할 만한 것은 모든 현상을 연구할 때 수학은 동일한 방법을 따른다는 사실이다. 수학은 마치 우주의 계획이 지니는 통일성과 간결성을 증명하려는 듯, 또 자연 만물을 다스리는 불변의 질서를 더욱 명료하게 하려는 듯, 이 현상들을 동일한 언어로 해석해 낸다.

역학과 천문학에서 일급의 연구 성과를 낸 야코비는 푸리에의 주장을 일방적 선언에 불과하다고 여기면서 그의 주장을 반박했다. 그는 1830년 7월 2일에 아드리앵 마리 르장드르(Adrien Marie Legendre, 1752~1833년)에게 보낸 편지에서 이렇게 썼다. "푸리에가 수학의 주된 목적은 공공 이익과 자연 현상의 설명이라는 의견을 갖고 있는 것은 사실입니다. 그러나 푸리에 같은 과학자는 과학의 유일한 목적이 인간 정신의 고양이며 따라서 정수론에 관한 문제는 행성 체계에 대한 문제만큼 가치 있다는 사실을 알아야 합니다."

물론, 수리물리학자들은 야코비의 견해에 동조하지 않았다. 켈빈 경(Baron Kelvin, 윌리엄 톰슨, 1824~1907년)과 피터 거스리 테이트(Peter Guthrie Tait, 1831~1901년)는 최고의 수학은 그 응용력을 보면 알 수 있다고 주장했다. "이러한 수학이야말로 참다운 순수 수학의 경이로운 정리들을 내놓는다. 이것은 자연 탐구를 통해 풍부하고 아름다운 수학적 진리를 발견하는 대신에 순수 해석학이나 순수 기하학에만 한정하는 수학자들은 감히 기대할 수 없는 성과들이다."

수학자들도 순수 수학을 고집하는 새로운 경향에 대해 비판했다. 1888년 크로네커는 수학과 물리학, 의학에 업적을 남긴 헬름홀츠에게 보낸 편지에서 이렇게 썼다. "실용적이면서 흥미로운 문제들에 천착하여 풍성한 성과를 얻으신 선생님 덕분에 수학자들은 새로운 방향 감각과 새로운 자극을 얻게 될 것입니다. …… 내부만을 응시하는 편향된 수학적 사변은 불모의 분야를 낳고 말았습니다."

1895년, 당시 수학계를 이끌던 클라인도 추상적인 순수 수학 경향에 대해 비판할 필요가 있다고 판단했다.

현대 학문의 급격한 발달 과정에서 수학은 점점 더 고립되어 갈 위험에 처해 있다는 생각을 금할 수 없다. 현대 해석학의 등장과 더불어 수학과 자연과학의 긴밀한 상호 관계가 생겨났고 이로써 두 분야 모두 지속적인 혜택을 얻었지만 이제는 이 관계가 깨어질 위험에 직면해 있다.

그의 책 『정상의 수학 이론』(1897년)에서 클라인은 다시 이 문제를 언급하고 있다.

> 수리과학에서 현재 시급하게 이루어야 할 일은 순수 수학과 자연과학 사이의 긴밀한 관계를 복원하는 것이다. 라그랑주와 가우스의 연구 성과에서 볼 수 있듯이 이런 긴밀한 관계는 풍성한 결과를 가져온다.

푸앵카레는 『과학과 방법』에서 19세기 후반의 순수 논리적 연구 결과에 대해 냉소적 발언을 했으면서도 공리화, 괴상망측한 기하학, 기묘한 함수 등이 "인간 정신이 외부 세계의 손아귀에서 벗어날 때 무엇을 창조해 낼 수 있는지 보여 준다."라고 인정했다. 그렇지만 그는 "인간 정신은 다른 방향을 지향하고 있다. 바로 우리 모두 힘을 기울여야 하는 자연 탐구라는 방향이다."라고 말했다. 『과학의 가치』에서 그는 다음과 같이 썼다.

> 과학의 역사를 완전히 망각하지 않는 이상, 자연을 이해하려는 욕구가 수학 발전에 가장 중요하고 가장 축복할 만한 영향을 끼쳤다는 사실을 기억하지 않을 수 없다. …… 외부 세계의 존재를 잊는 순수 수학자는, 색채와 형태를 조화롭게 결합할 줄 알지만 그릴 모델을 찾지 못하는 화가와도 같다. 그런 사람의 창조적 힘은 곧 소진되고 만다.

얼마 뒤인 1908년에 클라인은 다시 목소리를 높였다. 아무런 제약 없이 자의적인 구조를 만들어 내고 있는 현실에 우려하면서 그는 자의적인 구조가 "모든 과학의 죽음"이라고 강조해 말했다. "기하학의 공리는 자의적이 아니다. 기하학의 공리는 일반적인 공간 감각에서 도출되어 나온 타당한 명제이며, 편리하게 사용될 수 있도록 그 내용이 정확하게 결정된 것이다." 비유클리드 기하학의 공리에 정당성을 부여하기 위해 클라인은 유클리드 평행선 공리는 단자 인간 심상이 제한하는 정확도로 그려진 것이라는 점을 지적했다. 다른 자리에서 그는 "자유를 누리고 있는 만큼 그에 따르는 책임도 다해야 한다."라고 지적했다. 클라인이 말하고 있는 책임이란 자연 탐구에 봉사하는 것을 의미한다.

클라인은 말년에 한 번 더 항의의 목소리를 높여야 했다. 당시에 그는 세계 수학의 중심지인 괴팅겐 대학교 수학과 학과장으로 있었다. 자신의 저서 『19세기 수학의 발전』(1925년)에서 클라인은 최고의 수학자로 응용 문제를 해결했던 푸리에를 언급하면서 그의 업적을 추상적인 순수 수학과 비교했다. 그는 다음과 같이 말했다.

> 우리 시대의 수학은 평화로운 시기에 가동되고 있는 거대한 무기 공장과 비슷해 보인다. 진열장을 가득 채운 뛰어난 솜씨의 퍼레이드가 전문가의 이목을 사로잡는다. 그러나 이런 물품을 필요로 하는 진정한 이유와 목적, 즉 전투를 해서 적을 물리치는 일은 의식의 한구석으로 물러나 아예 망각의 늪으로 사라졌다.

클라인의 뒤를 이어 괴팅겐 수학을 이끌었고 이후에 자신의 이름을 붙인 뉴욕 대학교 쿠란트 수리과학 연구소 소장을 지낸 리하르트

쿠란트(Richard Courant, 1888~1972년) 역시 순수 수학을 강조하는 경향에 대해 개탄했다. 1924년에 발간된 쿠란트와 힐베르트의 저서 『수리물리학의 방법』 초판 서문에서 쿠란트는 다음과 같은 말로 책을 시작했다.

> 예로부터 수학자들은 해석학의 문제 및 방법과 물리학의 직관적 아이디어 사이에 존재하는 긴밀한 관계로부터 강력한 자극을 받았다. 그런데 지난 수십 년 동안 우리는 이런 관계가 약화되어 가는 현상을 지켜보았다. 수학 연구는 직관적인 출발점에서 벗어나 있고, 특히 해석학은 방법론을 정밀하게 다듬고 그 개념을 명료히 하는 일에 몰두하고 있다. 따라서 해석학을 이끌어 가는 다수의 수학자들은 수학과 물리학 및 여타 분야와의 연관 관계에 대한 지식을 상실했으며, 물리학자들은 물리학자들대로 수학자들이 구사하는 방법뿐만 아니라 그들의 관심사와 그들이 사용하는 언어에 대한 이해를 완전히 상실하고 말았다. 의심할 여지 없이 이런 상황은 과학 전체에 위협이 된다. 현재의 과학은 더욱더 세분화되면서 서서히 고사되어 가는 위험에 처해 있다. 그런 운명을 피하려면 공통된 관점에서 여러 다양한 사실들을 정리함으로써 분리되어 있던 것을 하나로 묶어 내는 일에 힘을 기울여야 한다. 오직 이런 방식으로만 학생들은 물질에 대한 효과적인 이해를 얻을 수 있으며, 연구자들은 학문의 유기적인 발전을 도모할 수 있다.

다시 1939년에 쿠란트는 이렇게 썼다.

> 수학은 정의와 공준에서 이끌어 낸 결론들의 체계에 불과하며, 공준이 무모순이어야 한다는 조건을 위배하지 않는 범위에서 수학자들이 자

유롭게 만들어 낼 수 있다는 주장은 과학 자체에 심각한 위협이 되고 있다. 만일 수학이 그러하다면 지적인 사람 가운데 수학에 관심을 기울일 사람은 없을 것이다. 수학은 동기나 목표가 없이 정의, 규칙, 삼단논법 등을 가지고 유희를 벌이는 게임에 불과할 것이다. 지성이 의미 있는 공리 체계를 자유로이 만들어 낼 수 있다는 생각은 사람들을 오도할 수 있는 반쪽짜리 진리일 따름이다. 유기적인 전체를 고려하는 자세를 취할 때, 그리고 내적 필요에 부응할 때에만 자유로운 마음은 과학적 가치를 지니는 결과를 성취해 낼 수 있다.

조지 데이비드 버크호프(George David Birkhoff, 1884~1944년)는 1943년 간행된 『미국의 과학자』에서 동일한 견해를 피력했다.

미래에는 더 많은 이론 물리학자들이 수학적 원리에 대해 더욱 깊이 있게 이해하기를 희망한다. 그리고 수학자들도 더 이상 미적 가치만을 추구하는 수학적 추상화 작업에 매몰되지 않기를 희망한다.

수리물리학자인 존 L. 싱(John L. Synge)은 1944년에 그러한 상황을 어느 논문 서문에서 조지 버나드 쇼 풍의 논조로 다음과 같이 다소 장황하게 기술했다.

대다수 수학자들은 수학 자체에 속하는 아이디어만을 가지고 연구한다. 그들은 폐쇄적인 길드를 구성한다. 가입 회원은 충성을 맹세하는데, 일반적으로 그 맹세를 성실히 준수한다. 극소수의 수학자만이 이곳저곳을 돌아다니며 다른 분야에서 제기되는 문제들을 수학적으로 분석하려 한다. 1744년이나 1844년에는 두 번째 부류에 거의 대다수 수학자들이 포함되어 있었다. 하지만 1944년에는 그런 부류의 수학자가 극소수로 전락하면서 이들은 자신의 존재를 다수에게 상기시킬 필요가 생겼고 또 자신 관점을 구차하게 설명해야 할 필요가 생겼다.

이 소수 집단들은 자신들에게 '물리학자'나 '공학자'의 딱지가 붙는 것을 원하지 않는다. 왜냐하면 2,000년 이상 유지되어 온 전통, 유클리드, 아르키메데스, 뉴턴, 라그랑주, 해밀턴, 가우스, 푸앵카레 등을 배출해 온 바로 그 전통을 따르고 있기 때문이다. 소수 집단은 다수 집단의 성과를 폄하하려 하지는 않지만 수학 자체를 위한 수학이 곧 수학 자체를 고사시키지 않을까 우려하고 있다.

수학의 미래에 끼칠 영향을 차치하더라도 수학자들의 고립으로 여타의 과학들은 든든한 후원자를 잃는 피해를 입었다. 자신의 생각에 매몰되어 만들어 낸 수학자들의 문제보다 훨씬 더 어려운 문제가 자연에 대한 탐구에서 생겨났고 앞으로도 이런 상황은 계속될 것이다. 수학자들은 이런 문제를 해결하기 위해 노력을 기울였고 과학자들은 그런 수학자들에게 의지했다. 과학자들은 수학자들이 이미 만들어져 있는 도구를 능숙하게 사용하는 사람에 그치지 않는다는 사실을 잘 알고 있었다. 물론 수학자들은 그런 도구를 매우 솜씨 좋게 사용한다. 하지만 과학자들은 수학자들의 고유한 특성, 즉 특수한 사례에서 일반적인 것을 파악하고 일반적인 것에서 특수한 것을 보는 능력에 대해 알고 있다.

이런 점에서 수학자는 지시하고 인도하는 힘이었다. 수학자는 과학에게 계산하는 방법—로그, 미적분학, 미분 방정식 등—을 가르쳐 주었지만 사실은 그것보다 훨씬 더 소중한 것을 주었다. 바로 청사진이었다. 수학자는 사고란 논리적이어야 한다고 요구했다. 새로운 과학이 출현할 때마다, 유클리드가 이집트 토지 측량술에 세워 놓았던 것과 같은 확고한 논리적 구조를 마련해 주었거나 최소한 마련해 주기 위해 애를 썼다.

어떤 분야이고 잡초 속을 뒹굴던 다듬어지지 않은 돌로 수학자의 손에 들어오지만 손을 떠날 때는 빛나는 보석으로 바뀐다.

현재, 과학은 전례 없는 활기를 띠고 있다. 쇠퇴의 조짐은 전혀 보이지 않는다. 가장 면밀하게 사태를 주시하는 사람들만이 파수꾼이 임무를 방기하고 있다는 사실을 알고 있다. 하지만 그 파수꾼이 한가하게 잠을 자고 있는 것은 아니다. 그는 예전과 마찬가지로 열심히 일하고 있다. 하지만 이제는 자기 자신을 위해 일하고 있을 따름이다.

간단히 말해서 파티가 끝난 것이다. 파티가 지속될 동안은 흥미가 있었다. 자연은 중요한 문제들을 제기할 터이지만 이런 문제는 수학자에게까지 닿지 못할 것이다. 수학자는 온갖 무기로 무장을 갖춘 채 상아탑에 앉아 적이 오기를 기다리지만 적은 결코 오지 않는다. 자연은 숟가락으로 밥을 떠먹이듯 수학자에게 문제를 제공해 주지 않는다. 그러한 문제를 얻으려면 곡괭이와 삽으로 파내야만 한다. 손에 흙을 묻히지 않는 사람은 결코 그런 문제들을 얻어 낼 수 없다.

인간사에서 변화와 죽음을 피할 수 없듯이, 아이디어의 세계에서도 변화와 죽음을 피할 수 없다. 변화와 죽음이 발생하는데도 마치 아무 일도 일어나지 않는 듯이 가장하는 것은 진리를 사랑하는 수학자들로서의 태도는 분명히 아니다. 지적 동기를 일으키도록 인위적인 자극을 가할 수는 없는 노릇이다. 상상력을 자극하거나 그렇지 못하거나 둘 중 하나인데 만약 그렇지 못하다면 불길은 일어나지 않는다. 만일 수학자들이 예전부터 지니고 있던 보편적 시야를 상실했다면—만일 별들의 운동보다 정치한 논리에서 하느님의 손길을 보고 있다면—예전의 자리로 되돌아가도록 하려는 시도는 전혀 소용이 없을 터이고 또 개인의 지적 자유를 부인하는 일이 될 것이다. 그러나 자신의 철학을 만들어 나가고 있는 젊은 수학자—그리고 젊은 수학자뿐만 아니라 자신의 철학을 정립해 가고 있는 사람들 모두——는 모든 사실들을 숙지한 상태에서 판단을 내려야 한다. 현대 수학의 추세를 따른다면 분명 위대한 전통을 유산으로 물려받게 되겠지만 그 유산이 일부에 지나지 않는다는 사실을 깨달아야 한다. 나머지 유산은 다른 이의 손으로 넘어가 다시는 돌려받을 수 없게 될 것이다.

물리학은 수학과 더불어 시작되었고 수학이 물리학에서 사라진 후에도 (만약에 사라진다면) 오랫동안 물리학은 없어지지 않을 것이다. 100년 뒤에는 엄청난 양의 사실을 수집하고 발견하는 더욱 크고 더욱 훌륭한 실험실들이 생겨날 것이다. 그렇게 수집된 사실들이 그저 사실 차원에 머물지, 아니면 과학이 될지는 수학의 정신과 얼마만큼 접촉되게 하느냐에 달려 있다.

폰 노이만 역시 경고의 말을 던질 만큼 상황을 우려하고 있었다. 자주 인용되기는 하지만 별다른 주목을 끌지 못하고 있는 수필 「수학자」(1947년)에서 그는 다음과 같이 말했다.

한 수학 분야가 그 경험적 근원으로부터 지나치게 멀어지면, 또는 두 세대나 세 세대가 지나 '현실'로부터 간접적 영향만을 받게 되면 그 분야는 중대한 위기를 맞게 된다. 그 분야는 더욱더 순수한 미적 목적만을 추구하게 되어 '예술을 위한 예술'로 변하게 된다. 만일 긴밀하게 경험과 관련을 맺고 있는 연관 분야들에 둘러싸여 있거나 아니면 이례적으로 높은 감식력을 지닌 사람들의 영향 아래에 있다든지 한다면 미적 목적만을 추구한다고 해서 그다지 나쁘다고만은 할 수 없을 것이다. 하지만 그 분야가 최소한의 저항도 받지 않는 방향으로 전개되어 나아갈 위험성이 생긴다. 그렇게 될 경우 본래의 근원에서 멀리 떨어져 나와 여러 개의 보잘것없는 잔가지들로 분화될 것이며 통일성을 결여한 복잡하고 잡다한 내용의 집합체로 전락할 것이다. 다시 말해서 본래의 경험적 원천에서 멀어지거나 지나치게 추상화를 수용하면 그 수학 분야는 퇴화될 위험에 직면한다. 처음에는 그 형식은 고전주의 색채를 띤다. 바로크 형식을 취하기 시작하는 조짐이 보이면 위험 신호라고 할 수 있다. …… 어쨌거나 이런 상태에 이르면 유일한 처방은 젊음을 가져다주는 원천으로 돌아가는 것이라고 생각한다. 즉 경험에서 직접적으로 나오는 아이디어를 주입받는 일이다. 이는 신선함과 생기를 유지하기 위해서는 필수적인 조건이라고 확신하며, 또 이런 사정은 앞으로도 계속 그러할 것이라고 확신한다.

그러나 순수 수학만을 추구하는 경향은 사라지지 않고 있다. 수학자들은 여전히 과학과 벽을 쌓고 그들만의 길을 가고 있다. 아마도 스스로의 양심을 달래기 위한 것이겠지만, 그들은 응용 수학자를 미천한 일꾼쯤으로 여기는 경향을 보인다. 그들은 순수 수학의 감미로운 음악이 과학 기술이라는 시끄러운 트럼펫 소리에 묻히고 있다고 불만을 토로한다. 하지만 그들은 또한 앞에서 인용한 비판에도 대응할 필요성을 느끼고 있다. 순수 수학을 옹호하기 위해 목소리를 높이는 사람들은 과거 수많은 주요 연구 성과들은 단순한 지적 호기심의 산물이었지만 나중에 중요한 곳에 응용되었다고 주장한다. 그러나 이것은 무지의 소치요, 역사의 왜곡이다. 이 순수 수학자들이 역사에서 끄집어 내고 있는 예들을 몇 가지 살펴보자. 순수하다고 주장하는 것들이 과연 얼마나 순수했을까?

가장 많이 인용되는 예는 포물선, 타원 그리고 쌍곡선에 관한 그리스 인들의 연구이다. 순수 수학자들의 주장에 따르면 그리스 인들, 특히 아폴로니오스는 단순히 수학적 호기심을 만족시키기 위해 이런 곡선들을 연구했다고 한다. 그런데 1,800년이 지난 뒤에 태양 주위를 도는 행성의 운동을 기술할 때 필요한 곡선이 바로 타원임을 케플러가 발견했다. 이로써 원뿔 곡선 이론이 응용되기 시작했다. 그러나 원뿔 곡선의 초기 역사에 대해서는 잘 모르지만 권위 있는 역사학자 오토 노이게바우어(Otto Neugebauer)의 학설에 따르면, 원뿔 곡선은 해시계를 만드는 과정에서 생겨났다고 한다. 원뿔을 사용한 고대 해시계는 잘 알려져 있다. 더욱이 빛의 초점을 맞추는 데에 원뿔 곡선이 사용될 수 있다는 사실은 아폴로니오스가 원뿔 곡선에 대해 연구하기 훨씬 전에 이미 널리 알려져 있었다(1장 참조). 따라서 그리스 인들의 원뿔 곡선 이론은 광학 연구(실용적인 목적이 있었다.)의 자극을 받은 게 틀림없다.

또 아폴로니오스가 활약하던 시대보다 훨씬 이른 시기에 주어진 정육면체에 대해 부피가 두 배가 되는 정육면체의 한 변을 작도하는 문제를 해결하기 위해 원뿔곡선이 연구되었다. 작도란 그리스 기하학에서 존재성을 증명하는 방법이다.

아폴로니오스가 아무 데에도 응용되지 않거나 직접적으로 응용되지 않는 수많은 정리들을 증명했던 것은 의심할 여지가 없는 사실이다. 이 점에서 그는 현대 수학자들과 다르지 않다. 즉 중요하다고 생각하는 주제를 정하고 위에서 언급한 것처럼 더 많은 지식을 얻기 위해서, 또는 지적 도전을 위해서 깊이 있는 연구를 진행했던 것이다.

순수 수학이지만 나중에 그 유용성이 밝혀진 두 번째 사례로 가장 많이 인용되는 것이 비유클리드 기하학이다. 수학자들이 단순히 유클리드 평행선 공리를 바꿀 때 어떤 결과가 생길지 궁금해했고 이렇게 해서 비유클리드 기하학이 탄생했다는 주장이다. 그러나 이 주장은 2,000년 역사를 무시하고 있다. 그동안 유클리드 기하학의 공리는 물질 세계에 대한 자명한 진리로 여겨졌다(1장 참조). 그런데 유클리드가 평행선의 존재성을 곧바로 가정하지 않고 다소 신중하고 기묘하게 표현한 평행선 공리는 다른 공리처럼 그렇게 자명해 보이지 않았다. 따라서 많은 수학자들이 이 공리를 더욱 자명한 형태로 고쳐 놓기 위해 많은 노력을 기울였고 이 과정에서 평행선 공리가 반드시 참은 아니며 평행선에 대한 다른 공리도 유클리드의 평행선 공리 못지않게 물질 세계를 묘사한다는 사실을 깨달았다. 그리고 그런 깨달음의 결과로 비유클리드 기하학이 탄생했다. 이 이야기의 요지는 유클리드 평행선 공리의 참됨을 밝히려는 노력이 '두뇌의 사변적 유희'가 아니라 수학 및 응용 수학의 수많은 정리를 뒷받침하는 기하학의 참됨을 확보하려는 시도였다는 점이다.

순수 수학자들은 리만의 연구 성과를 자주 인용한다. 리만은 그 당시 알려져 있던 비유클리드 기하학을 일반화했고 이로써 리만 기하학이라는 이름으로 알려진 다양한 여러 비유클리드 기하학을 도입했다. 이번에도 역시 순수 수학자들은 리만이 단순히 어떤 결과가 발생할지 궁금해 리만 기하학을 만들어 냈다고 주장한다. 하지만 이 주장은 옳지 않다. 유클리드 기하학의 물리적 타당성을 확고히 하려는 노력이 결국 비유클리드 기하학을 낳았고, 비유클리드 기하학은 유클리드 기하학만큼 물리적 공간의 특성을 기술하는 데 유용하다는 사실이 밝혀졌던 것이다. 이런 기대하지 않았던 사실에서 다음과 같은 의문이 제기된다. 두 개의 기하학이 서로 다른데 과연 물리적 공간에 대해서는 무엇이 참일까? 이 의문에서 출발한 리만은 1854년 논문(4장 참조)에서 그 대답을 내놓으면서 더욱 일반적인 기하학을 만들어 냈다. 우리의 제한된 물리적 지식으로 판단하건대, 이 비유클리드 기하학들은 모두 유클리드 기하학과 마찬가지로 물리적 공간을 기술하는 데 유용하게 사용될 수 있다. 사실, 리만은 공간과 물질을 동시에 고려해야만 할 것이라고 예견했다. 아인슈타인이 리만 기하학의 유용성을 발견한 것이 과연 이상한 일일까? 리만이 자신의 기하학이 지니게 될 의의에 대해 예측했다고 해서 리만 기하학을 응용한 아인슈타인의 천재성에 흠집이 생기지는 않는다. 리만 기하학의 적합성은 수학자들이 씨름해 왔던 근본적인 물리학 문제, 즉 물리적 공간의 본질에 대한 연구의 소산이다.

한 가지 예를 더 살펴보아야 할 듯싶다. 현대 수학에서 매우 활발하게 연구되는 분야가 군론(group theory)이다. 순수 수학자는 군론 자체에 대한 흥미 때문에 군론을 연구했다고 주장한다. 라그랑주와 파올로 루피니(Paolo Ruffini, 1765~1822년)의 선행 연구가 있기는 했지만 군론 형성에 주된 역할을 한 사람은 에바리스트 갈루아(Évariste Galois, 1811~1832년)였다. 갈루아가 씨름한 문제는 모든 수학 분야를 통틀어 가장 단순하고 가장 실질적인 문제였으니, 바로 2차 방정식

$$3x^2 + 5x + 7 = 0$$

이나 3차 방정식

$$4x^3 + 6x^2 - 5x + 9 = 0$$

과 같은 간단한 다항 방정식, 그리고 고차 방정식의 해법에 관한 것이었다. 이러한 방정식은 수많은 물리학 문제에서 생겨난다. 수학자들은 갈루아 시대에 1차부터 4차까지의 일반 방정식에 대해서는 해법을 찾아내는 데 성공했고, 아벨은

$$ax^5 + bx^4 + cx^3 + dx^2 + ex + f = 0$$

과 같은 5차 이상의 일반적 다항 방정식은 대수적으로 풀어 낼 수 없음을 증명했다(여기서 a, b, c, d, e, f는 실수(또는 복소수)이다.). 갈루아는 왜 5차 이상의 다항 방정식이 대수적으로 풀리지 않는지, 그리고 어떤 특별한 방정식이 해법을 갖는지 밝히기 위해 연구를 시작했다. 이 연구 과정에서 그는 군론을 만들어 냈다. 다항 방정식의 해법과 같은 매우 기초적인 문제에서 생겨난 분야가 다른 수많은 수학 문제와 물리학 문제에 적용될 수 있다는 사실이 놀랍지 않은가? 분명히 군론은 실질적인 문제와 무관하게 생겨나지 않았다.

더욱이 군론 이론의 형성 동기는 갈루아의 연구에서만 나왔던 것은 아니다. 순수 수학자들은 수정, 다이아몬드, 암석 등과 같은 결정의 구조를 연구한 오귀스트 브라베(Auguste Bravais, 1811~1863년)의 업적을 간과하고 있다. 이러한 결정은 서로 다른 원자들이 일정한 패턴을 반복하며 배열되어 있는 물질이다. 더욱이 소금이나 흔히 볼 수 있는 광물은 결정은 매우 특별한 형태로 원자가 배열되어 있다. 가장 단순한 경우는 원자가 육면체의 꼭짓점에 위치하고 있는 것이다. 1848년 이후부터 브라베는 한 축을 중심으로 회전하거나 평행 이동하거나 또는 한 축을 중심으로 대칭 이동하는 등의 변환이 일어나도 결정의 모습이 바뀌지 않는 변환에 대해 연구했다. 이런 변환들은 다양한 유형의 군을 이룬다. 카미유 조르당(Camille Jordan, 1838~1992년)은 브라베의 연구에 주목했고, 1868년 논문에서 브라베의 결과를 확장했으며, 그의 가장 영향력 있는 책 『치환에 대한 연구』(1870년)에 유한군을 연구하는 여러 이유 가운데 하나로 브라베의 연구 결과를 실어 놓았다.

브라베의 연구에서 조르당은 무한군, 즉 평행 이동과 회전 변환으로 이루어진 군의 연구가 필요하다는 점을 인식했다. 무한군 이론은 클라인의 강연과 그의 1872년 논문으로 커다란 주목을 받았다. 클라인은 당시 알려져 있던 여러 기하들에 대해 그 기하의 가능한 모든 변환으로 이루어진 군과 그러한 변환에서 변하지 않는 대상물에 의거해 그 기하들의 특성을 파악해 냈다. 예컨대 유클리드 기하의 경우는 회전, 평행 이동, 그리고 닮음 변환에 불변인 도형의 성질을 연구함으로써 그 기하의 특징을 드러낸다. 당시 알려져 있던 다양한 기하를 분류해 내는 1872년의 문제와 어느 기하학이 물리적 공간과 합치하느냐의 문제 — 당시 수학자들에게는 최대 현안이었다. — 는 순수 수학으로 볼 수는 없다. 1890년대에 추상군의 현대적 개념이 확립되기 이전에 미분 방정식 해법을 특징짓기 위한 무한 연속군 및 무한 불연속군에 대한 다수의 연구가 있었다.*

행렬 이론, 텐서 해석학, 위상 수학 등, 순수 수학의 산물이라고 주장하는 여타의 분야를 살펴보아도 사정은 마찬가지이다. 예컨대 현대 추상 대수학은 그 기원을 해밀턴이 만든 사원수(4장 참조)에 두고 있다. 그 연구 동기는 직접적, 또는 간접적으로 물리학과 맞닿아 있었으며 그 연구자들도 수학 응용에 깊은 관심을 갖고 있었다. 다시 말해서, 애초에 순수 수학으로 생겨났지만 이후에 응용 가능성이 확인되었다고 여겨지던 분야들이 그 역사를 살펴보면 실제로는 물리학 문제나 물리학 문제와 직접 연관된 주제를 연구하는 과정에서 생겨난 것들이다. 애초에 물리적 문제 해결이라는 동기에서 출발한 수학이 미처 예측하지 못했던 분야에서 응용되는 경우가 자주 있다. 이렇게 수학은 과학에 신세를 갚는 것이다. 애초에 돌을 깨기 위해 만들

---

* 케일리는 1849년 및 1854년 논문에서 추상군의 정의를 제시했다. 하지만 위에서 언급한 구체적 개념 사용이 있기 전까지는 그 중요성을 인식하지 못했다.

었던 망치가 나무에 못을 박을 때에도 쓰인다고 해서 놀랄 이유가 있을까? 수학 이론이 기대하지도 않았던 곳에 응용되는 것은 그 이론이 애초에 물리 문제 해결을 위해 만들어졌기 때문이지 내면의 영혼과 홀로 씨름하는 현명한 수학자의 예언자적 통찰력 덕분은 절대 아니다. 수학 이론들이 계속해서 성공적으로 응용되고 있는 현상은 결코 우연이 아니다.

영국 수학계를 이끌었던 고드프리 해럴드 하디(Golfrey Hardold Hardy, 1877~1947년)는 축배를 들며 다음과 같은 말을 했다고 전해진다. "순수 수학을 위해 건배! 순수 수학이 결코 응용되는 일이 없기를!" 시카고 대학교의 저명한 학자 레너드 유진 딕슨(Leonard Eugene Dickson, 1874~1954년)은 이렇게 말하곤 했다. "정수론이 응용으로 순결을 짓밟히지 않아 천만 다행이다."

제2차 세계 대전 당시(1940년)에 수학에 관해 쓴 글에서 하디는 이렇게 말했다.

> 내가 '수학'이라고 말할 때는 참다운 수학, 그러니까 페르마와 오일러와 가우스와 아벨의 수학을 뜻하는 것이지 공학 실험실에서 수학이라는 이름으로 불리는 그런 허접쓰레기를 뜻하지 않는다는 점을 분명하게 말해두어야겠다. 나는 오직 '순수한' 수학(물론 이런 수학이 첫째가는 내 관심사이기는 하지만)만을 염두에 두고 있는 것은 아니다. 맥스웰과 아인슈타인과 에딩턴과 디랙도 '참다운' 수학자로 친다.

위에 인용된 글을 하디는 『어느 수학자의 변명』(1940년)에서도 반복하고 있는데, 이 부분만을 보면 하디가 최소한도의 응용 수학은 기꺼이 인정했다고 믿을지 모르겠다. 하지만 그의 글은 이렇게 이어진다.

영원한 미적 가치를 지닌 수학적 지식 전부를 여기에 포함시킨다. 예를 들면 최상의 그리스 수학처럼 미적 가치를 지닌 수학은 영원한데 그 이유는 최상의 문학처럼 수천 년이 지나도 수많은 사람들에게 감성적 만족감을 여전히 안겨 주기 때문이다.

하디와 딕슨은 역사의 보증이 있었기 때문에 이런 확신 속에서 유유자적할 수 있었다. 그들의 순수 수학은 수학 그 자체를 위한 다른 모든 수학과 마찬가지로 어디에도 응용되지 않을 것이다. 하지만 응용될 가능성이 완전히 없다고 못 박을 수는 없다. 화폭에 아무렇게나 물감을 발라 놓은 어린아이가 미켈란젤로에 필적하게 될 수도 있다(물론 현대 예술이 되겠지만.). 또 아서 스탠리 에딩턴(Arthur Stanley Eddington, 1882~1944년)이 지적했듯이 아무렇게나 타자기를 치는 원숭이가 셰익스피어 수준의 희곡을 만들어 낼 가능성도 분명코 있다. 사실, 수천 명의 순수 수학자들이 연구 성과를 내놓고 있으므로 이 가운데 때로는 실용적 쓸모를 지닌 결과가 나올 수 있는 것처럼 말이다. 길바닥에서 금화를 찾는 사람은 찬란한 금화 대신에 10원이나 100원짜리 동전을 찾을 수 있다. 그러나 현실과 유리된 지적 활동은 아무런 쓸모를 지니지 못할 것이다. 버크호프는 이렇게 말했다. "가장 중요한 수학은 언제나 물리학이 제공하는 영감에서 시작된 수학적 발견이 될 것이다. 왜냐하면 처음부터 자연은 수학이 자연의 언어로서 좇아야 할 방향과 패턴을 제시하고 확립해 왔기 때문이다." 하지만 자연은 자신의 비밀을 큰 목소리로 널리 선포하지 않는다. 다만 작은 목소리로 자신이 사랑하는 이에게 속삭일 따름이다. 따라서 수학자들은 그 목소리를 주의 깊게 듣고 그 내용을 크게 키워 널리 알리도록 노력해야 한다.

역사적 증거가 있는데도 일부 수학자들은 여전히 순수 수학이 앞으로 응용될 수 있다고 주장하고 있고 또 과학과 무관하게 연구되어야 응용 전망이 더욱 높아진다고 주장한다. 이러한 주장은 최근(1961년)까지도 계속되고 있는데 바로 그 주인공은 하버드와 예일 그리고 시카고 대학교의 교수를 지냈던 마셜 스톤(Marshall Stone, 1903~1989년)이다. 그는 과학에서 수학이 지니는 중요성을 찬양하면서「수학 혁명」이란 제목의 글을 시작하고 있지만 이내 그는 다음과 같은 말을 한다.

1900년 이후로 수학을 바라보는 우리의 시각에 여러 가지 중요한 변화가 일어났지만 그 가운데에서 사고방식에 일대 혁명적 변화를 가져온 것은 수학이 물질 세계로부터 완전히 독립되어 있음을 발견한 일이다. 사람들은 이제 수학이 반드시 물질 세계와 연관성을 가져야 할 필요는 없다고 보고 있다. 단지, 사고는 물질로 이루어진 두뇌에서 일어난다는 명제 정도만이 수학과 물질 세계의 연관성을 암묵적으로 내비칠 따름이다. 바로 이 발견이야말로 수학사에서 가장 중요한 지적 진보로 기록될 것이라고 말해도 전혀 과장이 아니다.

오늘날의 수학을 19세기 말의 수학과 비교해 보면 그 광대함이나 복잡함의 정도에서 얼마나 빠르게 발전했는지 놀라움을 금할 수 없다. 그렇지만 이러한 발전이 추상화가 강조되고 광범위한 수학적 패턴의 인식 및 분석에 대한 관심이 증대되어 온 사정과 매우 밀접한 관계가 있음을 간과하지 말아야 한다. 사실, 면밀하게 관찰하면 이러한 새로운 경향은 응용을 전혀 염두에 두지 않음으로써 가능하게 되었고 또 이 경향이 금세기 수학의 엄청난 생명력과 성장을 유지하게 함을 알게 된다.

현대 수학자들은 일반적 추상 체계에 대한 연구로 수학을 규정하려고 한다. 여기서 각 체계는 특정한 추상적 구성 요소들로 이루어져 있고 이러한 구성 요소 사이에 자의적이지만 명확한 의미를 지니는 관계들이 설정되어 있다. 현대 수학자들은 이 체계들, 그리고 이 체계들의 성질을 연구하기 위해 논리학에서 가져온 도구, 이 두 가지 모두 물질 세계와 직접적이거나 필연적인 관련을 맺고 있지 않다고 주장한다. 과거에 수학은 현실의 특정한 양태에 얽매어 있었으나 그런 족쇄에서 벗어나야만 우리의 지적 한계 밖의 영역으로 깨치고 나가는 데 필요한 유연하고 강력한 도구가 될 수 있다. 이 주장을 뒷받침할 만한 예는 이미 부지기수이다.

그런 다음, 스톤은 유전학, 게임 이론, 정보 이론을 언급한다. 하지만 이 분야들은 그의 주장을 뒷받침하기에는 역부족이다. 고전적인 수학을 응용하여 생겨난 이론들이기 때문이다.

1962년 《SIAM 리뷰(Society for Industrial and Applied Mathematics, 산업 및 응용수학 학회)》에 실린 글에서 쿠란트는 스톤의 주장을 반박했다.

스톤의 글은 지금 이 시대가 고대로부터 현재에 이르기까지의 모든 업적을 압도하는 가장 위대한 수학적 성취의 시대라고 주장한다. 그의 주장에 따르면 '현대 수학'의 승리는 한 가지 기본 원칙 덕분인데, 그 기본 원칙이란 수학을 물질 세계로부터 분리하여 추상화하는 것이다. 따라서 무거운 짐을 벗어던진 수학적 정신이 하늘 높이 치솟아 아래를 내려다볼 때 땅 위의 현실을 완벽하게 관찰하고 지배할 수 있다는 것이다.

나는 저명한 저자의 주장과 교육학적 결론을 왜곡하거나 폄하하고 싶지 않다. 하지만 그는 자신의 주장을 강변하고 있고 또 연구 및 교육이 나아가야 할 방향을 규정하려 하고 있기 때문에 스톤의 글은 위험스러운 징후로 여겨지며 따라서 이를 보완하는 의견 개진이 필요하다고 생각한다. 지나친 추상화의 위험성은 이 방식이 무의미한 생각을 키울 뿐만 아니라 반쪽짜리 진리를 낳는다는 점에 있다. 반쪽짜리 진리가 균형 잡힌 온전한 진리를 밀어내서는 안 된다.

분명, 수학적 사고는 추상화함으로써 가능해진다. 수학 개념은 추상화, 공리화, 구체화를 거쳐야 한다. 구조에 대한 깊은 통찰이 있을 때 비로소 단순화가 가능한 것이 사실이다. 수학 개념을 현실의 기술로 파악하는 형이상학적 편견이 포기되어야 수학의 근본 난점들이 사라지게 되는 것도 사실이다.

그러나 수학에 생명을 부여해 주는 피는 그 뿌리를 거쳐 위로 올라온다. 그 뿌리는 끊임없이 여러 갈래로 갈라지며 현실 속으로 파고든다. '현실'은 역학, 물리학, 생물학이 되기도 하고, 경제 활동, 측지학 또는 여타의 친숙한 수리과학이 되기도 한다. 수학의 생명을 유지하는 데 추상화와 일반화가 개별적 현상이나 귀납적 직관보다 더 중요한 것은 아니다. 이 두 가지 요소를 유기적으로 결합하여 상호 작용하게 할 때에만 수학은 생명을 유지할 수 있다. 따라서 대립되는 두 요소 가운데 한쪽으로만 기울려는 시도에 맞서 싸워야 한다.

수학의 궁극적 목적이 "인간의 정신을 영광되게 드높이는"데 있다는 어처구니없는 주장은 절대 받아들여서는 안 된다. 수학이 '순수'와 '응용'의 두 갈래로 완전히 갈라서게 놓아두어서도 안 된다. 수학은 과학이라는 대하장강과 함께 흘러가야 한다. 조그만 지류로 흘러가게 놓아두면 결국 모래 속으로 사라지는 운명을 맞고 만다.

여러 지류로 갈라지려는 경향이 수학에는 내재되어 있다. 그리고 이 경향은 위험스러운 것임이 판명되었다. 추상화를 맹신하는 고립주의자들은 위험하다. 그러나 공허한 변명과 헌신적인 열망을 구별하지 않는 보수 반동주의자들도 마찬가지로 위험하다.

쿠란트는 추상화의 가치를 부인하지는 않았다. 그러나 1964년에 쓴 글에서 수학은 구체적이고 분명한 알맹이에서 그 동기를 취해야 하고 또 현실을 겨냥해야 한다고 말했다. 만일 추상화로의 비행이 필요하다고 해도 그 비행은 단순한 도피가 되어서는 안 된다. 다시 땅으로 내려앉는 일은 피할 수 없다.

흔히 수학은 비옥한 땅에 굳건히 뿌리를 내리고 있는 나무로 비유된다. 나무 몸통은 수와 도형이며 몸통에서 뻗어 나온 가지들은 수학의 여러 분야들을 나타낸다. 어떤 가지는 튼튼해 무성한 잔가지를 내고 거기에 영양분을 공급한다. 다른 가지들에서는 전체 크기에 별다른 영향을 주지 않는 미미한 잔가지만이 뻗어 나와 있다. 그리고 또 말라 죽은 가지들도 있다. 그러나 무엇보다도 중요한 것은 나무가 단단한 땅 위에 뿌리를 박고 있다는 점이다. 각 가지는 뿌리와 몸통을 거쳐 현실을 길어 올린다. 흙을 완전히 없애면서 나무, 뿌리, 몸통, 상부 구조를 그대로 유지하려는 노력은 성공할 수 없다. 뿌리가 비옥한 토양 깊숙이 파고들 때에만 가지는 무성함을 자랑할 수 있다. 현실이라는 자양분을 받지 못하는 새 가지에 접을 붙이면 죽은 가지만을 얻을 따름이다. 노력을 기울이면 이렇게 죽은 가지도 살아 있는 가지처럼 보이게 할 수도 있고 살아 있는 가지들과 함께 얽어 놓아 나무 몸통에서 자라 나온 것처럼 보이게 할 수도 있지만 어차피 죽은 가지는 죽은 가지이며 잘라 내도 나무에 아무런 해를 주지 않는다.

자유롭게 순수 수학을 연구하도록 할 때 응용 수학 연구가 강화되며 새로운 연구 방식도 생겨난다는 스톤의 주장을 뒤집는 다른 반론들이 있다. 순수 수학 이론이 제아무리 정교하고 연구자가 뛰어나다고 해도 그 수학적 논증을 실제 상황에 응용할 수 있는 능력은 부족하게 마련이다. 추상 수학에 시간과 에너지를 쏟는다면 필연적으로 추상 수학을 중시하는 환경 속에서 연구를 하게 될 것이고 또 그 분야에서 성공하려는 마음을 갖게 될 것이다. 또 응용의 필요성을 인식할 여유가 없어지고 응용에 필요한 도구를 만들 시간도 부족해질 것이다. 응용 수학자는 순수 수학자가 무엇을 하려 하는지, 그리고 어떤 성과를 거뒀는지 살펴 자신의 연구에 도움을 얻을 수 있다. 하지만 순수 수학에 대한 지나친 관심은 오히려 집중력을 떨어뜨리는 부정적 효과를 낳는다. 응용에 전혀 관심을 기울이지 않는 순수 수학자는 스스로 고립을 자초하고 어쩌면 수학 전반의 위축을 가져올 수도 있다.

역사적 증거를 바탕으로 판단하건대, 스톤의 주장은 분명코 옳지 않다. 폰 노이만은 수필 「수학자」에서 다음과 같이 지적했다.

> 수학에서 가장 훌륭한 영감이——누가 봐도 순수 수학 분야에 속하는 내용이라고 해도——자연과학에서 생겨났다는 점을 부인하기 어렵다. 내 생각으로는 수학에서 가장 특징적인 사실은 자연과학, 좀 더 일반적으로는 기술적 수준 이상으로 경험을 해석하는 과학과 매우 기묘한 관계에 있다는 것이다.

일급의 프랑스 수학자 로랑 슈바르츠(Laurent Schwartz, 1915~2002년)는 오늘날 가장 활발하게 연구되는 분야인 추상대수학과 대수적 위상수학이 전혀 응용되지 않는다고 주저 없이 말한다. 일부 논문들은 구체적 응용 문제를 이 두 분야의 언어와 개념을 사용하여 치장하고 있지만 문제 해결에 어떤 진전도 보지 못하고 있다.

하지만 순수 추상 수학을 옹호하는 사람들은 아직도 자신들의 뜻을 굽히지 않고 있다. 일급의 해석학자 장 디외도네(Jean Dieudonné, 1906~1992년) 교수는 1964년에 발표한 글에서 수학 자체에서 자양분을 얻으려는 수학은 영양실조를 면치 못할 것이라는 주장을 이렇게 반박했다.

> 과학에 응용되는 문제를 철저히 외면하고 있기 때문에, 수학은 심각한 결과에 봉착하리라고 마치 예언자인 양 귀에 못이 박히도록 외치는 사람들이 있었지만, 근래의 역사는 이들의 예언대로 전개되지 않고 있음을 나는 강조하고자 한다. 이론물리학과 같은 다른 학문과의 긴밀한 접촉이 양쪽 모두에게 이로움을 가져다주지 않는다고 주장하려는 것은 아니다. 그러나 지금까지 언급한 놀라운 진보는 초함수 정도만을 제외하고 모두 물리학 응용과는 무관하다. 심지어 편미분 방정식에서도 직접적인 물리학적 의의를 지니는 문제보다는 '내적'이고 구조적인 문제에 더 치중하고 있는 형편이다. 수학이 인간의 다른 모든 지적 활동 분야로부터 떨어져 나온다고 해도 수학에는 수백 년을 지탱할 양식, 즉 해결해야 할 문제들이 여전히 남아 있을 것이다.

디외도네는 순수 수학 문제들이 끊이지 않고 계속 생겨날 것이라고 주장했지만, 순수 수학에 속하는 모든 이론이 궁극적으로 쓸모 있게 사용될 것이라는 주장에 대해서는 동의하지 않았다. 그는 순수 수학의 여러 연구 성과, 특히 그 가운데에서도 정수론을 인용하며 이렇게 말했다. "그러한 연구 성과가 물리학 문제에 응용되리라고 도저히 생각할 수 없다." 더욱이, 순수 수학 전반을 옹호하기는 했지만 과학에 대한 순수 수학의 가치를 자랑하는 수학자에 대해 "일종의 경미한 협잡 행위"라고 평했다. 그는 순수 수학자는 혼신의 노력을 기울여 해의 존재성을 증명해 내려 하지만 구체적으로 해를 찾으려고 하지는 않는다고 지적했다. 그와 달리 물리학자는 분명 유일한 해가 있다는 사실을 알고 있으며—지구가 두 개의 궤도를 따라 움직이지는 않는다.—실제 궤도가 어떤지 알기를 원한다.

순수 수학 분야에서 활약하면서 디외도네 못지않은 지위를 차지하고 있는 사람으로서 수학이 추구해야 할 가치에 대해 더욱 현실적인 견해를 피력한 수학자가 있다. 1958년도 세계 수학자 대회에서 라르스 고르딩(Lars Gårding)은 자신의 생각을 숨김없이 피력했다.

> 여기에서 차분 방정식, 시스템 이론 및 양자 역학 응용, 미분기하학 등과 같은 주요 분야에 대해서는 별 다른 말씀을 드릴 수 없습니다. 제 연구 분야는 편미분 작용소에 관한 일반 이론입니다. 이 분야는 고전 물리학에서 생겨났지만 그 분야에 그다지 응용되고 있지는 않습니다. 하지만 물리학은 여전히 중요한 문제를 내놓는 원천입니다. 제가 지금 한 것과 같은 일반 강연보다는 새로운 수학 기법을 요구하는 물리학 분야의 미해결 문제를 개관한 논문이 더 유용하다는 생각이 듭니다. 그런 개관은 전문가에게는 새로운 내용이 아니겠지만 많은 수학자들에게는 가치 있는 문제를 제공해 주는 기회가 되리라고 봅니다. 물리학과 수학 사이의 상호 작용을 심화시키려는 노력은 지금까지 전무한 실정입니다. 세계 수학자 대회는 바로 그런 노력에 관심을 기울여야 합니다.

물질 세계에 순결을 더럽히지 않은 수학을 만들어 냈다고 자랑하며 지금은 무의미해 보이는 자신들의 노력에 대해 언젠가는 누군가가 그 정당성을 확보해 줄 것이라고 주장하는 사람들이 자신의 아집에 사로잡힌 채 연구를 해도 큰 해악이 되지는 않을 것이다. 그러나 그들은 역사의 물결을 거스르고 있다. 과학의 속박에서 벗어난 수학이 더욱 풍성하고 다양하고 풍요로운 결과를 낼 것이고 이러한 결과는 예전의 수학보다 훨씬 더 높은 응용력을 갖게 된다는 그들의 확신은 말로만 그치고 있을 뿐 이를 뒷받침할 만한 어떤 근거도 보여 주지 못하고 있다.

순수 수학을 옹호하는 사람들은 내적 아름다움이나 지적 도전과 같은 덕목을 언급하며 자신의 연구를 옹호하기도 한다. 물론 그런 가치가 있다는 점은 부인할 수 없다. 하지만 엄청난 양의 순수 수학 연구를 정당화할 수 있는지는 의심스럽다. 아무리 양보해서 생각한다 해도 이러한 가치는 수학이 지니는 주요한 의의, 즉 자연 탐구에 별다른 도움을 주지 않는다. 아름다움과 지적 도전은 수학을 위한 수학일 뿐이다. 이러한 내적 가치의 문제는 수학의 고립화에 대한 현재의 논의와는 별도로 다루어야 할 문제이다.

순수 수학을 옹호하는 사람들과 비판하는 사람들은 크게 반목하고 있는 실정이다. 논쟁은 조롱이나 야유를 낳고 있다. 응용 수학자는 엄밀한 증명에 별다른 관심을 보이지 않는다. 자신들의 연구 결과가 물리적 사태와 합치되느냐 하는 것이 그들의 주요 관심사이다. 그런 사람들 가운데 대표적인 사람이 올리버 헤비사이드(Oliver Heaviside, 1850~1925년)였다. 그는 순수 수학자들이 보기에는 전혀 합당하지 않을뿐더러 기묘하기까지 한 연구 기법을 사용했다. 그 결과, 그는 신랄한 비판을 받았다. 헤비사이드는 순수 수학자를 논리 계찰원(logic-chopper)이라고 부르며 경멸했다. 그는 "논리는 영원하기 때문에 까다롭게 트집 잡는 사람들과는 달리 진득하게 기다릴 줄 안다."라고 대꾸했다. 얼마 후에 그는 순수 수학자들을 더욱 당혹하게 했다. 당시에는 발산 급수의 사용이 허용되지 않았다. 그는 어느 특정 발산 급수에 대해 "아, 이 급수가 발산한단 말이지. 그렇다면 이걸로 무언가를 할 수 있겠군."이라고 했다. 그러나 결국에는 헤비사이드의 기법은 엄밀화되었고 새로운 수학 이론을 탄생시키기도 했다. 응용 수학자들은 다음과 같은 말로 순수 수학자들의 심기를 건드린다. 순수 수학자들은 어떤 해결책에서도 트집을 잡아 문제를 만들어 내지만 응용 수학자들은 어떤 난제도 그 해결책을 찾아낸다고.

응용 수학자들은 순수 수학자들을 또 달리 조롱하고 있다. 응용 수학의 문제는 물리적 현상에 의해 설정되고 응용 수학자들은 그 문제 해결을 시도하지만, 순수 수학자는 스스로 문제를 만들어 낸다. 그런 순수 수학자를 두고 응용 수학자들은, 어두운 골목에서 열쇠를 잃어버려 놓고 환해서 찾기 좋다며 가로등 아래로 옮겨 가 열쇠를 찾는 사람과 같다고 말한다.

응용 수학자는 이에 그치지 않고 또 다른 비유를 들어 순수 수학자들의 흠을 들춘다. 어떤 사람이 세탁물을 한 꾸러미 들고 세탁소를 찾고 있다. 그는 창문에 '세탁합니다'라는 간판이 내걸린 상점을 발견하고 안으로 들어가 카운터에 빨래 꾸러미를 올려놓는다. 상점 주인은 약간 놀란 표정을 지으며 "이게 뭡니까?"라고 묻는다. "세탁하려고 그러는데요."라고 말하자, "여기서는 세탁 안 합니다."라고 상점 주인이 대꾸한다. 이번에는 세탁물을 들고 들어온 사람이 당혹스러운 표정을 지으며 "저 간판은 뭡니까?"라고 묻자, 상점 주인은 "아. 우리는 간판만을 만듭니다."라고 말한다.

순수 수학자와 응용 수학자 사이에 논쟁은 계속되고 있다. 순수 수학자들이 헤게모니를 쥐고 있기 때문에 그들은 잘못된 길로 들어선 교우(敎友)를 얕잡아 보기도 하고 심지어는 질책하기도 한다. 클리퍼드 트루스델(Clifford E. Truesdell) 교수는 다음과 같이 말한 바 있다. "스스로를 '순수' 수학자라고 여기는 사람들은 순수하지 못하다고 생각하는 사람들을 모욕하기 위해 '응용 수학'이란 딱지를 붙인다.

그러나 인간 감각이라는 자신의 뿌리를 신경질적으로 부정하고 순수함과 불순함을 판정하려드는 '순수' 수학은 지난 세기가 낳은 질병이다." 순수 수학은 추구해야 할 목표가 무엇인지 고민하는 일도 없이 스스로를 궁극적 목표로 삼았다. 수학은 그 자체가 지고지순한 가치가 아니다. 수학은 가치 있는 지식을 추구한다. 그런데 연구는 연구를 낳고 다시 그 연구는 다른 연구를 낳는 것이 지금의 실정이다. 오늘날 수학의 전당에서는 감히 그 의미와 목적을 묻지 못한다. 수학은 현실에 순결을 내주어서는 안 된다. 상아탑은 그 벽이 더욱 두꺼워져 안에 있는 연구자는 더 이상 바깥세상을 보지 못한다. 세상을 저버린 이 은둔자들은 스스로 만들어 놓은 고립 속에서 만족하고 있다.

수학자들 사이에서는 의견이 분분할지 모르나 물리학자와 여타의 과학자들은 자신들을 곤경에 빠뜨린 데에 대해 개탄하고 있다. 최근까지 MIT 교수를 지냈던 존 슬레이터(John C. Slater)의 말을 들어보자.

물리학자들은 수학자에게서 별다른 도움을 받지 못하고 있다. 앞서 기술한 문제들을 인식하고 또 그 문제 해결에 공헌한 폰 노이만 같은 수학자가 한 사람이라면, 그런 문제에 전혀 관심이 없거나 물리학과는 거리가 먼 분야에서 연구를 하거나 익히 알려진 수리물리학의 오래된 문제만을 강조하는 수학자가 스무 명 정도나 된다. 이러한 상황에서 물리학자들이 수학자들을 바라보며 수학자들이 과거의 위대한 수학을 낳았던 길에서 벗어나 엉뚱한 길로 들어섰으며 또 과거에 풍성한 수학 발전을 가져왔던 수리물리학의 도도한 물결에 몸을 싣지 않고서는 올바른 그 길로 다시 들어설 수 없다고 느끼는 것도 당연하다고 하겠다. …… 바로 그 길만이 오늘날의 수학자들이 위대한 성과를 이룩할 수 있는 유일한 길이라고 물리학자들은 확고하게 믿고 있다.

과학이 등한시되고 있는 문제를 프리먼 존 다이슨(Freeman John Dyson, 1923~)은 1972년 강연에서 주요 주제로 다루었다. 뛰어난 물리학자인 다이슨은 과거와 현재에 걸쳐 수학자들이 중요한 과학 문제들을 다룰 기회가 있었지만 그에 대해 전혀 관심을 기울이지 않은 사실을 지적해 냈다. 이 문제들 가운데 일부나 그 파편들이 수학으로 스며들었지만 수학자들은 그 기원이나 물리학적 의의를 알지 못하고 있다. 따라서 수학자들은 무작정 아무 방향을 향해 가고 있거나 자신이 무엇을 성취했는지 깨닫지 못하고 있다. 다이슨이 말했듯이 수학과 물리학의 결혼은 이혼으로 막을 내렸다.

과학으로부터의 유리는 20세기에 더욱 속도를 더해 갔다. 오늘날에는 수학자들에게서 과학으로부터의 독립 선언을 흔하게 듣고 또 읽는다. 수학자들은 조금의 망설임도 없이 수학 자체에만 관심이 있고 과학에는 아무런 관심이 없다고 거리낌 없이 말한다. 정확한 통계 자료는 없지만 오늘날 활동하고 있는 수학자 가운데 90퍼센트는 과학에 무지하며 또 그런 무지의 상태를 일종의 축복으로 여기며 유유자적하고 있다. 역사의 반증과 반대의 목소리에도 불구하고 추상화 및 일반화를 위한 일반화의 경향과 임의로 문제를 선택하려는 경향은 계속 이어지고 있다. 구체적인 사례에 대해 좀 더 폭넓게 파악하기 위해 연관 문제들을 포괄적으로 다루어야 할 필요가 있고 그리고 문제의 핵심을 꿰뚫기 위해서는 추상화가 필요하다는 이유를 들어 일반화와 추상화의 추구를 정당화하고 있고 또 스스로를 합리화하고 있다.

수 세기에 걸쳐 인류는 유클리드 기하학, 프톨레마이오스의 천문학 이론, 태양 중심설, 뉴턴 역학, 전자기학 이론, 그리고 최근에는 상대성 이론과 양자 이론 같은 거대한 구조물을 만들어 냈다. 이런 이론들뿐만 아니라 다른 중요한 과학 이론에서도 수학은 구조물을 지어내는 방법이자 기본 뼈대이며 또 핵심적 본질이기도 했다. 수학은 자연에 대한 지식을 가능하게 해 주었고 외견상 아무런 연관이 없어 보이는 다양한 현상들을 포괄적이고 합리적으로 설명할 수 있게 해 주었다. 수학 이론은 자연에 숨어 있는 질서와 계획을 파악할 수 있도록 했고 광범위한 영역에 걸쳐 인간이 지배권을 행사할 수 있게 해 주었다.

그러나 대다수 수학자들은 그들의 전통과 유산을 내던져 버렸다. 자연이 인간 감각을 향해 보내 주는 의미심장한 메시지는 굳게 감긴 눈과 경청하지 않는 귀 위로 내려앉을 따름이다. 수학자들은 선대의 수학자가 얻은 명성에 의지해 살고 있으며 과거 성과가 가져다준 갈채와 지지를 여전히 기대하고 있다. 순수 수학자는 한술 더 뜨고 있다. 그들은 수학자라는 칭호를 독점해 선대 수학자들에게 수여된 영광을 차지하려는 속셈으로 응용 수학자들을 동료의 위치에서 끌어내렸다. 그들은 풍부한 아이디어의 원천을 내버리고 선대 수학자들이 쌓아 놓은 재산을 탕진하고 있다. 그리고 희미한 불빛을 따라 현실 세계 밖으로 나가 버리고 말았다. 일부는 과거 수학적 연구에 동기를 부여했고 뉴턴과 가우스에게 명예를 가져다주었던 숭고한 전통을 인식하고 수학 연구가 과학을 위한 잠재적 가치를 지닌다고 여전히 주장하고 있는 것이 사실이다. 그들은 과학을 위한 모델을 만들어 내고 있다고 말한다. 그러나 실제로 그들은 그런 목표에 관심을 두지 않는다. 사실, 대다수 현대 수학자들은 과학을 알지 못하기 때문에 모델을 만들어 낼 능력이 없다. 그들은 과학과 동침하기보다는 동정으로 남아 있기를 원한다. 수학은 자신의 내부를 향하고 있다. 수학은 자기 자신 안에서 양식을 구하고 있다. 그리고 과거의 사례에 비추어 판단하건대 수학 연구가 과학 발전에 기여할 가능성은 매우 낮아 보인다. 수학은 어둠 속을 헤매야 하는 운명에 처할지도 모른다. 이제 수학은 외부와 차단된 채 자급자족하고 있다. 타당성과 우월함을 판단하는 기준을 스스로 세워 놓고 그 기준이 지시하는 방향으로 움직이면서 외부 세계의 문제, 동기, 영감으로부터 외떨어져 있는 사실을 자랑스러워한다. 더 이상 통일성도 없고 목적도 없다.

오늘날 대다수 수학자들이 고립되고 있는 현상은 여러 가지 이유에서 개탄할 만하다. 과학 기술 영역에서 수학은 엄청난 비율로 활용되고 있다. 일찍이 데카르트는 수학은 인간 지성의 완전한 성취이자 경험주의에 대한 이성의 승리이며 그런 수학에 기반을 둔 방법론이 모든 과학에 깊숙이 스며들게 될 것이라는 전망을 지니고 있었다. 최근까지만 해도 데카르트의 이러한 전망은 곧 실현될 듯 보였다. 그러나 수학적 방법론이 많은 분야로 퍼져 나가자 수학자들은 구석으로 물러났다. 100년 전까지만 해도 수학과 물리학은 서로 긴밀한 관계를 유지하고 있었다(물론 플라토닉한 관계였다.). 그런데 그때부터 둘 사이가 소원해지기 시작하더니, 지금은 둘 사이의 깊은 골이 확연하게 드러나 있다. 자연에 대한 이해와 지배에 도움을 주기 때문에 수학이 가치 있다는 사실을 완전히 망각하고 있다. 오늘날 대다수 수학자들은 자신의 연구 분야를 철저히 고립화해 아무나 범접할 수 없는 고상한 학문으로 만들기를 원한다. 예전부터 내려오던 훌륭한 연구 동기, 과거 가장 풍성한 주제를 제공해 주었던 바로 그 연구 동기에 집착하는 사람들, 그리고 마음 내키는 대로 기호에 따라 연구 주제를 택하는 사람들, 이 두 부류 사람들 사이의 불화는 깊어진 상태이다. 한 세기 동안 순수 수학을 추구하다 시력을 잃은 수학자들은 자연이라는 책을 읽어 낼 능력과 의지를 모두 상실했다. 그들은 추상대수학과 위상수학 같은 분야, 함수 해석과 같은 추상화 및 일반화, 응용과는 별 상관이 없는 미분 방정식 해의 존재성 증명, 다양한 분야들의 공리화, 그리고 무미건조한 두뇌 게임 등으로 눈을 돌렸다. 극히 일부만이 더욱 구체적인 문제, 특히 미분 방정식 및 연관 분야의 문제를 해결하고자 여전히 시도하고 있을 따름이다.

대다수 수학자들이 과학을 버린다면 과학은 수학으로부터의 혜택을 더 이상 입지 못하게 될까? 전혀 그렇지 않다. 일부 분별력을 갖춘 수학자들은 미래의 뉴턴, 라플라스, 해밀턴 같은 사람들이 과거에 그랬던 것처럼 미래에도 필요한 수학을 창조해 낼 것이라는 점을 알고 있다. 수학자로 높은 평가를 받았지만 그들은 실은 물리학자들이었다. 1957년, 쿠란트는 프란츠 렐리히(Franz Rellich, 1906~1955년)를 추모하는 글에서 다음과 같이 썼다. "미래의 '응용' 수학이 순전히 물리학자들과 공학자들에 의해 발전되어 가고 일급의 전문 수학자들조차도 새로운 발전 과정에 아무런 역할을 하지 못할 위험성이 있다." 쿠란트가 응용이란 단어에 따옴표를 한 이유는 중요한 모든 수학이란 의미로 사용했기 때문이었다. 그는 순수 수학과 응용 수학을 구별하지 않았다.

쿠란트의 예언은 현실로 나타나고 있다. 수학계가 순수 수학을 선호하고 있기 때문에 최상급의 응용 수학 연구는 전기공학, 컴퓨터 과학, 생물학, 물리학, 화학, 천문학 등에서 감당하고 있다. 걸리버가 라퓨타에서 만났던 수학자들과 마찬가지로 순수를 고집하는 수학자들은 허공에 매달린 섬에서 외따로 살고 있다. 그들은 이 세상 사회의 문제를 다른 사람들에게 밀어 놓는다. 그 수학자들은 예전의 수학자가 마련해 놓은 환경에서 얼마간 살아 나가겠지만 결국은 고립된 곳에서 종말을 고하고 말 것이다.

이상주의자는 현실주의자가 되지 않는 이상 오랫동안 존속할 수 없고 현실주의자는 이상주의자가 되지 않는 이상 오랫동안 존속할 수 없다고 언젠가 탈레랑(Charles-Maurice de Talleyrand, 1754~1838년, 프랑스 정치가—옮긴이)은 말했다. 탈레랑의 이 말을 수학에 적용하면 실질적인 문제는 관념화하여 추상적으로 연구해야 하지만 현실을 무시하는 이상주의자의 연구는 오랜 세월을 견뎌 내지 못한다는 뜻이 된다. 수학은 두 다리로 땅 위에 굳건히 서 있되 머리는 구름에 두어야 한다. 추상화와 구체적 문제 사이에 긴밀한 상호 작용이 있어야 수학은 활기와 생명력과 의미를 갖게 된다. 수학자들은 추상적 사고라는 구름 속으로 비상하기를 원할 수 있지만 새와 마찬가지로 식량을 구하기 위해서는 지상으로 내려와야 한다. 순수 수학은 마치 후식용 케이크와 같다. 식욕을 만족시키고 얼마간 영양분을 제공하기는 하지만 실질적 문제라는 고기와 감자를 주식으로 섭취하지 않고 케이크만으로 생명을 유지할 수는 없다.

작위적인 문제에 지나치게 관심을 기울이는 데에 모든 위험이 도사리고 있다. 만일 지금처럼 순수 수학을 강조하는 추세가 계속된다면 미래의 수학은 더 이상 과거와 같이 높은 가치를 부여받지 못한 채 허명만을 지니게 될 것이다. 수학은 인간이 만들어 낸 경이로운 창작물이다. 하지만 그 경이로움은, 파악하기 불가능해 보이는 복잡한 자연 현상을 이해가 가능한 모델로 구성해 내고 그로부터 지혜와 힘을 얻는 인간 정신의 능력에 있다.

하지만 개인은 자유로이 자신이 나아갈 방향을 선택할 수 있어야 한다. 호메로스는 『오디세이아』에서 "백인백색이라 할 수 있으니 사람마다 각기 다른 행위에서 각자의 기쁨을 느낀다."라고 했고, 100년 뒤에는 시인 아르킬로코스(Archilochos)가 "사람들은 자기 방식대로 기쁨을 찾아야 한다."라고 했다. 괴테 역시 같은 생각을 말하고 있다. "자신을 매료시키는 것, 즐거움을 주는 것, 그리고 유용하다고 판단하는 것에 헌신할 자유가 개인에게 있다." 하지만 괴테는 "인류가 진정으로 해야 할 연구는 바로 인간에 대한 연구"라고 덧붙였다. 지금의 맥락으로 다시 바꿔 말하면, 수학자가 진정으로 다루어야 할 연구는 바로 자연에 대한 연구라고 할 것이다. 베이컨이 『신기관』에서 말했듯이 "과학의 참되고 합당한 목적은 인류의 삶에 새로운 문명의 이기를 제공하고 풍요로움을 가져다주는 것"이다.

요지는, 어떤 연구가 추구할 만한지 결정하려면 건전한 판단력이 필요하다는 사실이다. 수학계가 구별을 해야 하는 것은 순수 수학이냐, 아니면 응용 수학이냐가 아니다. 오히려 타당한 목표를 지닌 수학이냐, 아니면 개인적인 목표나 기호를 만족시키는 수학이냐, 의미를 지닌 수학이냐, 아니면 무의미한 수학이냐, 중요한 수학이냐, 아니면 보잘것없는 수학이냐, 또 활력이 넘치는 수학이냐 아니면 생명력을 잃은 수학이냐를 구별할 수 있어야 한다.

14장

수학은 어디로 가는가

머리를 조아려라,
보잘것없는 너 이성이여

블레즈 파스칼

2,500년 동안 수학자들은 확실성을 보장해 줄 수 있는 수학 체계를 건설하려 했다. 그러나 그것은 꿈으로 끝날지도 모른다.

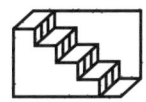

확실성이 담보된 수학은 무엇이고 또 어떤 기초 위에 새로운 수학을 건설해야 할지 결정하는 과정에서 수학자들은 점증하는 어려움을 겪어야 했다. 지금까지 그 내용을 상세하게 기술했다. 이제 여러분은, 현재 수학이 처해 있는 곤경에 대해 알게 되었을 것이다. 과거의 수학자들은 과학에 유용하게 응용된다는 점을 들어 스스로를 위로해 왔지만 현대 수학자들 대다수가 응용을 포기하면서 그러한 위안마저 더 이상 소용없게 되었다. 수학자들은 이런 어려움에 어떤 반응을 보이고 있는가? 또 그들은 앞으로 무엇을 할 수 있을까? 과연 수학의 본질이란 무엇인가?

먼저 수학이 현재의 어려운 국면을 맞게 된 경위를 돌아보고 근본 현안이 무엇인지 살펴보기로 하자. 이집트 인들과 바빌로니아 인들은 자신들이 어떤 종류의 구조를 세우게 될지 전혀 내다보지 못했다. 따라서 그들은 기초를 탄탄하게 다지지 않았다. 기초를 다지지 않은 채 땅거죽 위에 곧바로 수학을 세워 올렸다. 당시 사람들은 땅을 깊이 파고 기초를 세우지 않아도 충분하다고 생각했다. 구조물을 세우는 데 사용된 재료들, 즉 수와 도형에 대한 사실 명제들은 직접적 경험에서 도출된 것들이었다. 수학이 그러한 역사적 기원을 갖고 있다는 사실은 지금까지 사용하고 있는 기하학이란 단어에서도 엿볼 수 있다. 기하학, 즉 geometry는 땅을 측정한다는 뜻이다(한자어 기하(幾何)는 '얼마'를 뜻한다.—옮긴이).

그러나 수학이라는 구조물이 땅 위로 솟아오르기 시작하자 기초가 부실하다는 점이 명백해졌고, 더 이상 쌓아올리면 곧 무너져 내릴 것이라는 점 역시 명확해졌다. 고대 그리스 인들은 그 위험을 인식했을 뿐만 아니라 재건축 작업까지 떠맡았다. 그들은 두 가지 방책을 채택했다. 첫째는 길고 가느다란 모양의 굳은 땅을 골라내어 그 위에 벽을 쌓아 올리는 것이었다. 그들은 공간 및 자연수에 관한 자명한 사실들을 벽을 쌓아 올릴 굳은 땅으로 삼았다. 둘째는 기본 뼈대에 철근을 넣어 보강하는 것이었다. 철근이란 바로 연역적 논증이었다.

그리스 시대에 발전된 수학은 주로 유클리드 기하학이었고, 유클리드 기하학은 안정된 구조물임이 입증되었다. 그런데 한 가지 문제점이 발견되었다. 즉 특정한 선분, 예컨대 두 변의 길이가 각각 1인 직각이등변 삼각형의 빗변은 길이가 $\sqrt{2}$여야 한다는 점이었다. 그리스 인들이 알고 있던 수는 자연수뿐이었으므로 $\sqrt{2}$라는 양을 수로 받아들이지 않았다. 그리스 인들은 이러한 '수'를 '도편 추방(고대 아테네의 정치가 추방 제도—옮긴이)'하는 방식으로 난점을 해결했다. 그에 따라 선분, 영역, 입체 등에 수를 부여하는 생각을 포기했다. 따라서 그리스 인들은 자연수, 그리고 기하학 안으로 편입될 수 있는 이론을 제외하고 어떤 이론도 엄밀하다고 인정하지 않았다. 물론 알렉산드리아의 그리스 인들, 그중에서도 특히 아르키메데스가 무리수를 다룬 것은 사실이지만 무리수를 수학의 논리적 구조 속에 편입하지는 않았다.

인도인들과 아라비아 인들은 수학 이론을 전개하면서 기초 문제에는 별다른 주의를 기울이지 않았다. 우선, 600년경에 인도인들은 음수를 도입했다. 또 그리스 인들과는 달리 까다롭게 따지고 드는 성미가 아니었던 인도인들과 아라비아 인들은 무리수를 받아들였을 뿐만 아니라 이 수들을 다루는 연산 법칙도 개발해 냈다. 르네상스 시대의 유럽 인은 그리스, 인도 그리고 아라비아의 수학을 받아들이면서 낯선 요소들을 선뜻 수용하지는 못했다. 하지만 과학에 이 요소들이 필수 불가결하게 사용되었기 때문에 유럽 인들은 수학의 논리적 확실성에 대한 우려를 덜어 낼 수 있었다.

인도인, 아라비아 인, 유럽 인들이 수를 확장하자 기존 구조물에 여러 개의 층이 차곡차곡 쌓아 올려졌다. 복소수가 쌓이고 새로운 대수학이 쌓이고 또 미적분학, 미분 방정식, 미분기하학을 비롯한 다수의 분야들이 층층이 쌓이게 되었다. 하지만 철근을 사용하는 대신에 직관적 논증 및 물리적 논증으로 이루어진 나무 기둥과 들보를 사용했다. 그러나 벽에 금이 가기 시작하면서 무게를 지탱하기에 충분하지 못하다는 사실이 드러났다. 1800년이 되자 구조물은 다시 한 번 붕괴의 위험을 보였고, 이에 수학자들은 서둘러 나무를 철근으로 대체하기 시작했다.

상부 구조가 보강되고 있는 와중에 바닥 — 그리스 인들이 채택한 공리 — 이 밑으로 꺼져 들어갔다. 비유클리드 기하학이 출현하면서 굳은 땅이라고 여겨졌던 곳이 실제로는 그렇지 않다는 사실이 드러났다. 비유클리드 기하학의 공리 역시 굳은 땅은 되지 못했다. 물질계에 대한 인식에 오류가 없다고 믿었던 수학자들은 물질계가 실재한다고 여겼으나 실재한다고 믿는 것은 실은 감각 소여에 불과한 것으로 판명되었다. 설상가상으로 새로운 대수학이 출현하면서 수학자들은 수의 성질 역시 기하학의 성질과 마찬가지로 확실한 근거가 결여되어 있다는 사실을 깨달았다. 따라서 기하학, 산술, 대수학, 그리고 해석학 등 수학 전반은 심각한 위기를 맞게 되었다. 하늘을 찌를 듯 높이 솟아 있는 건물이 이제 완전히 무너져 내릴 위험에 처해 있었다.

수학이라는 구조물을 지탱하기 위해서는 강력한 수단이 필요했고, 수학자들은 그런 수단을 찾기 위해 애를 썼다. 수학에 기초를 제공할 만큼 굳은 땅이 존재하지 않는 사실은 명백했다. 탄탄해 보였던 땅도 실은 전혀 그렇지 못하다는 것이 판명되었던 것이다. 하지만 다른 유형의 탄탄한 기초를 세운다면 구조물을 안정되게 유지할 수 있을 듯싶었다. 다른 유형의 기초란, 정의를 할 때 명료한 언어를 사용할 것, 완비성을 갖춘 공리 체계를 마련할 것, 그리고 직관적으로 아무리 당연하게 여겨져도 명확하게 증명해 낼 것 등이었다. 더욱이 진리냐 아니냐 하는 문제보다 논리적 무모순성을 우선했다. 또 구조가 견고함을 지닐 수 있도록 정리들 서로를 세심하게 엮어 놓았다(7장 참조). 19세기 말, 공리적 방식을 추구함으로써 수학자들은 원하던 견고함을 이룬 것 같았다. 수학이 현실로부터 유리되기는 했지만 위기는 극복되었다.

불행하게도 새로운 구조물의 기초를 닦는 데에 사용된 시멘트는 제대로 굳지 않았다. 구조물을 세운 사람들은 무모순성을 확보하지 못했다. 집합론에서 모순이 생겨나자 수학자들은 이전보다 훨씬 더 심각한 위기가 닥쳤음을 깨달았다. 물론, 그들은 수 세기에 걸쳐 쌓아올린 구조물이 한순간에 와해되는 것을 두고 보지만은 않았다. 무모순성이란 추론의 근거로 채택한 논리적 구조에 전적으로 의존하는 것이므로 수학의 전반적 기초를 재구성하면 충분하다고 확신했다. 재구성된 수학을 지탱하고 있는 기초, 즉 논리학 및 수학 공리들을 강화해야 했고, 따라서 수학자들은 탄탄한 기초를 다지기 위해 더욱 깊이 땅을 파고들어 가기로 했다. 그렇지만 불행하게도 기초를 어떻게 보강하고 또 어디를 보강해야 할지 의견의 일치를 보지 못했다. 사람들은 각기 자신의 방식이 확실성을 담보할 수 있다고 주장하며 나름대로 재건축을 시도했다. 그 결과로 나온 구조물은 그다지 높지도 않았고 견고하지도 않았다. 다만 통일성 없이 여기저기에 부속 건물들이 다닥다닥 붙어 있는 형태가 되었다. 게다가 사람마다 자신이 지어 놓은 부속 건물이야말로 수학의 정수를 담고 있는 유일한 전당이라고 주장했다.

일곱 소경과 코끼리에 관한 이야기는 어린 시절에 누구나 한 번쯤은 들어 보았을 것이다. 이 이야기에서 소경들은 각기 다른 부위를 만져 보고 코끼리가 어떻게 생겼는지 결론을 내린다. 코끼리를 더듬는 소경처럼 수학 기초론을 연구하는 사람들은 코끼리보다 훨씬 더 정교한 수학의 일면만을 보고 있다.

이렇게 수학을 두고 상반된 견해를 펴는 여러 학파들, 즉 논리주의, 직관주의, 형식주의 그리고 집합론이 생겨났다. 더욱이 각 학파 안에도 여러 견해들이 서로 대립하고 있다. 예컨대 직관주의자들 사이에도 무엇이 기초적이고 건전한 직관인가 하는 문제를 두고 논란이 일고 있다. 자연수만을 채택하느냐 아니면 유리수도 일부 받아들여야 하느냐 하는 문제, 배중률을 유한 집합에만 적용하느냐 아니면 무한 집합에도 적용하느냐 하는 문제, 그리고 구성의 개념에 대해 의견의 일치를 보지 못하고 있다. 논리주의자들은 논리만을 의지하지만 환원 공리, 선택 공리, 무한 공리에 대한 문제를 해결하지 못하고 있다. 또 집합론주의자들 역시 선택 공리와 연속체 가설을 받아들이느냐의 여부에 따라 여러 갈래로 갈라진다. 형식주의자들까지도 여러 부류로 세분된다. 무모순성 확립에 사용될 수학 원리를 두고 일부는 의견을 달리 하고 있다. 힐베르트가 옹호하는 유한 원리들로는 술어 논리(1계 논리)의 완비성을 증명하기에도 충분하지 못하다. 따라서 힐베르트의 형식 수학 체계를 확립하기에 더욱더 역부족이다. 그렇기 때문에 유한하지 않은 방식이 사용되고 있는 것이다(12장 참조). 더욱이 힐베르트의 제한 아래에서는 유의미한 형식 체계라면 반드시 결정 불가능 명제가 존재하다는 사실이 괴델에 의해 증명되었다. 결정 불가능 명제란 공리들과 독립인 명제를 의미한다. 따라서 그 명제 또는 그 명제의 부정 명제를 새로운 공리로 채택할 수 있다. 하지만 그렇게 체계를 확장하고 난 뒤에도 괴델의 정리에 의해 여전히 결정 불가능 명제가 존재하게 되고 완비성을 기하려면 다시 그 명제와 부정 명제 가운데서 하나를 선택해야 하는 상황이 된다. 이런 과정은 끝없이 계속된다.

논리주의자, 형식주의자, 집합론주의자들은 공리적 기초에 의지하고 있다. 20세기 전반에 이러한 유형의 기초는 수학을 굳건하게 세울 토대로서 크게 환영받았다. 그러나 괴델의 정리는 어떤 공리 체계도 모든 진리 명제를 포괄하지 못한다는 사실을 보여 주었고, 뢰벤하임-스콜렘 정리는 공리 체계에는 본래 의도했던 것보다 많은 대상이 포괄된다는 사실을 보여 주었다. 오직 직관주의자들만이 공리적 방식에 의해 제기된 문제에 무관심할 수 있었다.

하지만 이러한 논란과 불확실성을 차치하더라도 무모순성을 밝혀 주는 증명이 없다는 사실이 마치 다모클레스의 칼처럼 수학자들의 머리 위에 드리워져 있다. 어떤 철학을 채택하더라도 모순에 다다를 위험이 상존하고 있다.

여러 접근 방식이 쟁투를 벌이면서 드러난 사실이 있으니, 그것은 수학이 하나가 아니라 실은 여러 개의 몸통으로 이루어져 있다는 것이다. 수학을 의미하는 mathematics란 단어는 이제 복수로 이해해야 하고 또 mathematic은 한 가지 접근 방식만을 지칭하는 것으로 이해해야만 할 듯싶다. 철학자 조지 산타야나(George Santayana, 1863~1952년)는 이렇게 말한 적이 있다. "하느님은 존재하지 않으며 마리아는 존재하지 않는 그 하느님의 어머니이다." 오늘날에는 수학을 두고 "일반적으로 널리 받아들여지는 수학은 존재하지 않으며 그리스 인들이 그런 존재하지 않는 수학을 창시했다."라고 말해도 무리가 없을 것이다. 사실, 수학자들이 여러 선택지 가운데에서 하나를 선택해야 하는 상황은 셸리의 다음과 같은 시구로 적절히 묘사할 수 있다.

여기
끝없이 펼쳐진 이 광야는
너무나도 광대하여
비상하는 환상조차도 비척댄다.

분명코 당분간은 수학 연구 방식의 적합성을 판단하는 어떤 기준도 마련하지 못할 것이다.

이렇게 적절한 수학이란 무엇인가, 수학이 지향해야 할 방향은 어디인가를 두고 서로 상반되는 여러 견해들이 있다. 이를 통합하려 한다면 이렇게 상이한 견해를 낳은 핵심 쟁점들을 우선해서 살펴보아야 한다. 핵심 쟁점은 증명이란 무엇인가 하는 문제로 모아진다. 이에 대한 견해 차이에 따라 합당한 수학은 무엇인가 하는 문제를 두고 입장 차이가 생겨나는 것이다.

수학적 증명이란 명명백백하고 반론의 여지가 없는 것으로 여겨 왔다. 물론, 수 세기 동안 그러한 사실이 무시되기는 했지만(5~8장 참조), 대체로 수학자들은 증명은 마땅히 그래야만 한다는 점을 인식하고 있었다. 증명이란 명명백백할 뿐만 아니라 반론의 여지도 없어야 한다는 개념은 수학의 모습을 규정하는 기본 패러다임이자 기준으로 수학자들은 이 기준을 충실하게 지키고자 노력했다.

무엇 때문에 증명을 두고 이견과 갈등이 생겨나게 된 것일까? 아리스토텔레스의 논리학 원리가 절대적 진리라는 생각은 2,000년을 지배해 왔다. 이 원리들을 오랜 세월 사용해 오면서 그러한 확신은 더욱 굳어져만 갔다. 그러나 수학자들은 논리학 원리도 유클리드 기하학의 공리처럼 경험의 산물이라는 사실을 깨닫게 되었다. 따라서 타당한 원리란 무엇인지 의구심이 일기 시작했다. 예컨대 직관주의자들은 배중률 사용을 제한할 때에만 논리적으로 합당한 체계를 세울 수 있다고 생각했다. 과거에 논리학 원리가 불변이라는 점이 증명되지 못했다면 현재 받아들여지고 있는 원리가 과연 미래에도 불변인 것으로 받아들여질 것인가?

증명과 관련된 두 번째 쟁점은 논리학 원리에 무엇이 포괄되는가 하는 문제이다. 이 문제는 논리주의 학파의 성립과 더불어 대두되었다. 러셀과 화이트헤드는 『수학 원리』 초판에서는 아무런 망설임 없이 무한 공리와 선택 공리를 도입했으나 나중에는 이 두 가지를 철회했다. 그들은 논리학 법칙이 절대적 진리가 아니라는 점을 인정했을 뿐만 아니라 무한 공리 및 선택 공리는 논리학 공리가 아니라는 점을 깨달았던 것이다. 『수학 원리』 제2판 앞머리에는 이 두 가지 공리가 실려 있지 않고, 특정 정리를 증명하는 데 그 공리들을 사용해야 할 경우에는 그 사실을 명기해 놓았다.

어떤 논리학 원리를 수용할 것인지를 두고 의견이 갈렸을 뿐만 아니라 논리학 자체의 역할을 두고도 이견이 분분했다. 나중에 무한 공리와 선택 공리에 대해 애매모호한 태도를 취하기는 했지만 논리주의자들은 수학을 구성하는 데 논리학이면 충분하다고 주장했다. 형식주의자들은 논리학만으로는 충분하지 않으며 수학의 기초를 확립하기 위해서는 논리학 공리에 수학 공리가 추가되어야 한다고 믿었다. 집합론주의자들은 논리학 원리에 주의를 기울이지 않았고, 또 그 가운데 일부는 아예 논리학 원리를 명기해 놓지도 않았다. 그리고 직관주의자들의 수학에서는 기본적으로 논리학이 배제되었다.

또 다른 쟁점은 존재의 개념이다. 예컨대 모든 다항 방정식은 최소한 하나의 근을 갖는다는 증명은 존재성 정리를 확립한다. 논리주의자, 형식주의자, 집합론주의자 들은 무모순이기만 하면 어떤 증명도 받아들인다. 하지만 배중률을 사용하지 않은 증명이라고 해도 존재하는 대상을 구체적으로 계산해 내는 방법이 나와 있지 않다면 직관주의자들은 그 증명을 인정하지 않는다. 초한 기수 및 초한 서수를 받아들이기 꺼려하는 것도 존재성에 대한 그들의 판단 기준이 다르기 때문이다. 이 개념들이 인간 직관에 명확하게 다가오지 않을뿐더러 그들이 생각하는 구성 가능성이나 계산 가능성에 부합하지 않는다는 것이다. 방정식의 근과 같은 개별적 실체뿐만 아니라 수학 전체가 어떤 의미에서 존재하는가 하는 문제는 매우 중요하다. 이 쟁점에 관해서는 이 장 말미에서 좀 더 상세히 다룰 것이다.

적합한 수학이 무엇인가 하는 문제에 관심을 기울이게 하는 또 다른 동인이 있다. 받아들일 만한 수학 공리란 무엇인가? 그 가운데에서도 특히 두드러진 예가 선택 공리를 사용해도 무방한가 하는 문제이다. 여기서 수학자들은 딜레마에 빠진다. 선택 공리를 사용하지 않거나 부정한다면, 이는 곧 수학의 상당 부분을 포기한다는 뜻이 된다. 선택 공리를 사용하는 경우에는 앞서 보았듯이 모순이 나오지는 않는다고 해도 직관상 터무니없어 보이는 결과를 얻게 된다(12장 참조).

　수학자들이 수학의 무모순성을 입증하지 못하면서 이상적 학문으로 여겨지던 수학은 그 권위에 큰 손상을 입었다. 예기치 못했던 곳에서 모순들이 생겨났다. 이 모순들을 웬만큼 해결하기는 했지만 새로운 모순이 생겨날 가능성은 여전히 남아 있었고, 그에 따라 일부 수학자들은 엄밀성을 확보하기 위해 엄청난 노력을 기울여야 할지 회의하기 시작했다.

　유일하고 엄밀한 논리적 구조가 아니라면 수학이란 과연 무엇인가? 수학이란 사람들이 언제라도 기꺼이 적용할 만한 논리를 통해 면밀하게 걸러지고 정제되고 또 조직화된 일련의 뛰어난 직관적 지식이다. 수학자들이 개념을 다듬고 그 구조를 체계화하면 할수록 직관적 지식은 그만큼 더 정교해져 간다. 그러나 수학이 의지하고 있는 직관적 지식은 인간의 감각 기관, 두뇌, 외부 세계 등의 산물이다. 수학은 결함 많은 인간이 만들어 낸 작품이고, 따라서 완벽한 기초를 찾으려는 노력은 결국 실패로 돌아갈 수밖에 없을 것이다.

　수학은 직관의 발전과 더불어 성장한다. 그리고 직관의 발전은 단번에 이루어지지 않는다. 실수와 오류를 차근차근 수정하여 그 당시로서는 받아들일 만한 수준으로 증명을 다듬었을 때 비로소 직관의 발전이 이루어진다. 최종적인 증명이란 결코 존재하지 않는다. 새로운 반례가 출현하여 기존의 증명을 뒤엎는다. 그러면 기존 증명에 수정을 가하는데, 그렇게 나온 새로운 증명이 최종적 증명이라고 착각한다. 그러나 그간의 역사에 비춰 판단해 볼 때 이는 단지 그 증명을 비판적으로 검토할 시기가 아직 도래하지 않았음을 의미할 따름이다. 그런데 비판적 검토를 의도적으로 지연시키는 경우 역시 적지 않다. 오류를 들춰 낸다는 것이 영예를 안겨 주는 일이 아닐 뿐만 아니라 정리의 증명에 의문을 던지기보다는 연구 진척을 위해 그 정리를 인용하려는 것이 수학자들의 기본 생리이다. 수학자들은 기존의 정리에서 흠을 찾기보다는 자신의 정리를 만들어 내는 일에 훨씬 더 많은 관심을 기울인다.

여러 학파들이 인간 논리의 영역 안에 수학을 가둬 놓으려고 시도했다. 그러나 직관은 논리 안에 갇히기를 거부한다. 탄탄한 기반 위에 확실하고 오류 없는 수학을 세운다는 개념은 고대 그리스 인들의 꿈이었으며, 이 개념은 유클리드 기하학으로 구현되었다. 이러한 이상은 2,000여 년 동안 수학자들의 사고를 이끌어 왔다. 그러나 유클리드라는 '사악한 천재'가 수학자들을 잘못된 길로 인도해 왔음이 분명해졌다.

실제로 수학자들은 일반적으로 생각하고 있는 것만큼 그렇게 엄밀한 증명에 의존하지 않는다. 수학자가 만들어 낸 구성물은 형식화되기 전에 이미 수학자 자신에게 의미를 갖게 되는데, 이 의미는 그 자체로 구성물에 존재성 또는 실재성을 부여한다. 공리적 구조로부터 결과를 이끌어 냄으로써 그 결과의 의의를 명료하게 결정하려는 시도는 도움이 될지는 모르지만 그 결과의 위상을 실질적으로 드높이지는 못한다.

직관이 논리보다 더 만족스러울 수도 있고 더 높은 설득력을 지닐 수도 있다. 어떤 결과를 놓고 수학자가 왜 그 결과가 성립하는지 자문할 때 그가 찾고자 하는 것은 직관적 이해이다. 사실, 직관상 그 결과가 불합리해 보인다면 엄밀한 증명은 아무런 의미가 없다. 만일 직관상 그 결과가 불합리해 보인다면 수학자는 그 증명을 매우 세심하게 살펴본다. 증명에 문제가 없어 보이면 그는 자신의 직관에 무슨 문제가 있는지 찾아내려고 한다. 수학자들은 일련의 논리학 규칙이 성공을 거둔 내적 이유를 알고 싶어한다. 푸앵카레는 이렇게 말했다. "다소 긴 논증을 거쳐 간결하면서도 주목할 만한 결과가 나오는 경우에, 결과 전체는 아니더라도 최소한 주요 특성을 미리 예견할 수 있다는 점을 밝혀 주기 전까지는 결코 그 결과에 만족하지 못한다."

다수의 수학자들은 직관에 훨씬 더 의존해 왔다. 철학자 쇼펜하우어는 그러한 입장을 다음과 같이 표명했다. "수학 연구 방법을 개선하려면 논증으로 얻은 진리가 직관적 지식보다 우월하다는 편견부터 버려야 한다." 파스칼은 기하학 정신(esprit de géométrie)과 섬세함의 정신(esprit de finesse)이란 말을 만들어 냈다. 기하학 정신은 강력한 논리적 추론에서 드러나는 것과 같은 정신의 힘과 엄밀함을 의미한다. 섬세함의 정신은 더욱 깊이 있게 꿰뚫어 보는 통찰력을 뜻한다. 파스칼은 과학에서도 섬세함의 정신이 논리적 정신보다 한 단계 위라고 생각했으며 논리적 정신으로는 섬세함의 정신을 재단할 수 없다고 믿었다. 그리고 이성으로 파악할 수 없는 것도 진리가 될 수 있다고 생각했다.

이미 오래전에 다른 수학자들도 햇빛이 희미한 달빛을 능가하듯이 직관적 확신이 논리를 능가한다고 주장했다. 직관에 의지했던 데카르트는 논리에 대해서 이렇게 말했다. "논리학의 여러 규칙들은 우리가 이미 알고 있는 내용을 전달할 때나 어떤 판단도 내리지 않으면서 알지 못하는 대상에 대해 이야기할 때 유용하게 사용된다." 하지만 그는 기꺼이 직관을 연역적 추론으로 보강했다(2장 참조).

위대한 수학자들은 논리적 증명을 구성해 내기 전에 정리가 참이라는 사실을 이미 알고 있다. 그리고 증명의 기본 방향을 지적하는 것으로 만족하는 경우도 적지 않다. 사실, 페르마는 방대한 수론 연구에서, 그리고 뉴턴은 3차 곡선 연구에서 증명 방향조차도 언급하지 않았다. 새로운 수학 이론을 만들어 내는 일은 엄밀한 증명을 구성해 내는 능력보다 직관력이 뛰어난 사람들이 주로 담당했다.

증명의 개념은 일반인들의 생각이나 수학자들이 쓴 글에서 나타나고 있는 것처럼 흔히 생각하고 있는 그런 역할을 하지는 않았다. 각기 증명의 기준을 내세우는 여러 학파들이 생겨나 서로 분쟁을 일으키자 증명의 가치에 대해 사람들이 회의하게 되었고, 여러 학파들의 철학이 각기 정립되어 널리 알려지기도 전에 증명의 개념에 대한 공격이 나타나기 시작했다. 일찍이 1928년에 하디는 특유의 단도직입적인 방식으로 다음과 같이 말했다.

엄밀한 의미에서 수학적 증명이란 것은 존재하지 않는다. 앞서의 분석에서 보았지만 우리는 단지 중요 사항을 지적하기만 할 따름이다. 리틀우드와 나는 증명을 일종의 허튼소리라고 부른다. 증명이란 인간 심리에 영향을 주기 위한 수사이며 강의를 할 때 칠판에 그려놓은 그림이자 학생들의 상상력을 자극하기 위해 마련해 놓은 고안물일 뿐이다.

하디에게 증명은 수학 구조를 떠받치고 있는 기둥이라기보다는 건물의 외양에 불과했다.

1944년에 저명한 미국 수학자 레이먼드 L. 와일더(Raymaond L. Wilder)는 증명의 가치를 어느 정도 옹호하기는 했지만 그 위상을 크게 깎아내렸다. 그는 증명을 두고 이렇게 말했다.

증명이란 직관의 산물을 검증하는 것이다. 분명코 우리는 시대에 의존하지 않는 증명의 기준, 또 동시에 증명하고자 하는 대상 및 그 증명을 사용하는 사람이나 학파에 의존하지 않는 그런 증명의 기준을 소유하고 있지 않으며 앞으로도 결코 그런 기준을 소유하지 못할 것이다. 이러한 상황에서 할 수 있는 합리적인 일은 일반 대중들의 생각이야 어떠하든 수학에서 절대적 증명이란 존재하지 않는다는 점을 인정하는 것뿐이다.

화이트헤드는 '불멸'이란 제목의 강연에서 증명의 가치를 다음과 같이 공격했다.

결론은, 논리가 사고의 전개에 관한 적절한 분석이라는 생각이 실은 거짓이라는 것입니다. 논리는 훌륭한 도구임에는 틀림없지만 상식이라는 배경을 필요로 합니다. …… 철학적 사고의 최종적 모습은 개별 과학의 기반을 형성하는 엄밀한 명제를 바탕으로 할 수는 없습니다. 엄밀성이란 날조된 거짓에 불과합니다.

증명, 절대적 엄밀성 등은 "수학 세계 속에 거처를 두고 있지 않은" 허깨비이자 이상적 개념이다. 엄밀성을 엄밀하게 정의할 도리란 없다. 당시의 지도적 전문가들이 승인하거나 유행하는 원리가 채택되어 있을 때 그 증명은 받아들여진다. 하지만 오늘날 모든 사람들이 받아들이고 있는 기준은 없다. 수학적 엄밀성을 주장하기란 어려운 일이 되었다. 공리로부터 연역하는 방식으로 엄밀하게 증명한다는 생각은 이제 과거의 퇴물이 되었다. 논리학에는 인간의 사고에 제약을 가하는 온갖 오류와 불확실성이 담겨 있다. 우리가 수학을 연구하면서 부지불식간에 얼마나 많은 가정들을 했는지 깨닫는다면 놀라움을 금하지 못할 것이다.

철학자 니체는 언젠가 "농담은 감정의 무덤 위에 적어 놓은 비문"이라고 말한 적이 있다. 절망감을 달래기 위해 수학자들은 수학의 논리에 대해 농담을 하기 시작했다. "논리적 증명의 미덕은 확신을 심어 준다는 것이 아니라 의혹을 불러일으키게 한다는 것이다." "수학적 증명을 존중하되 의심의 고삐를 늦추지 마라." "이제는 더 이상 논리적이기를 바라지 못한다. 단지 기껏해야 비논리적이지 않기만을 바랄 따름이다." "열정은 드높이되 엄밀함은 포기하라." 직관주의자인 앙리 르베그는 1928년에 이렇게 이야기했다. "논리는 우리로 하여금 특정 증명을 배격하게 한다. 하지만 우리로 하여금 어떤 증명도 확신하게 만들지는 못한다." 1941년에 쓴 글에서도 그는 논리가 우리에게 확신을 심어 주지 못한다고 덧붙였다. 우리는 우리의 직관과 합치되는 것에 대해 확신을 갖는다. 르베그는 수학을 연구하면 할수록 직관은 더욱 세련되어 간다는 점을 인정했다.

철저한 논리주의 철학을 전개했던 러셀까지도 논리에 대해 신랄한 비판을 가했다. 『수학 원리』(1903년)에서 그는 다음과 같이 썼다. "증명된 사실에 대해 회의를 불러일으킨다는 것이 증명이 지니는 주요 장점이다." 그는 또한 같은 책에서, 무정의 개념 및 기본 명제들로 이루어진 체계 위에 수학을 세우려고 시도해 왔고, 바로 그런 이유 때문에 모순의 발견으로 논박되거나 또는 결코 증명되지 않는 결과가 존재한다고 밝혔다. 결국 모든 것은 직접적 지각에 의존한다. 얼마 뒤에 나온 책(1906년)에서 러셀은 당시 등장한 역설에 다소 당황하여 더욱 비판의 목소리를 높였다. 역설의 등장으로 논리적 증명이 무오류가 아님이 밝혀지자 그는 다음과 같이 말했다. "천문학이 그런 것처럼 불확실한 요소가 반드시 남아 있게 된다. 시간이 지나면서 그 요소의 크기가 줄어들 수도 있지만 인간에게는 결코 무오류가 허용되지는 않는다."

증명에 관한 이런 조롱의 언사에 수학 논리 분야의 저명한 학자

카를 포퍼(Karl Popper)의 말을 추가해 본다. "증명의 이해에는 세 단계가 있다. 주장하는 내용을 이해했다는 유쾌한 감정이 드는 때가 가장 낮은 단계이다. 그 내용을 반복할 수 있는 능력이 생기는 때가 두 번째 단계이다. 최고 단계인 세 번째 단계에서는 그 증명을 반박할 수 있는 능력을 얻는다."

엄밀성에 집착하는 수학자들을 경멸했던 헤비사이드는 다소 빈정대는 투로 이렇게 말한다. "논리야말로 천하무적이다. 왜냐하면 논리를 깨기 위해서는 다시 논리를 사용해야 하기 때문이다."

20세기 초반 세계 수학계의 메카였던 괴팅겐 대학교에서 20여 년 동안 수학과 학과장으로 있었던 클라인은 기초론 문제에 주된 관심을 기울이지는 않았지만 최소한 수학의 역사를 일별하는 눈은 지니고 있었다. 『고등한 관점에서 바라본 초등 수학』(1908년)에서 클라인은 수학의 성장을 다음과 같이 기술했다.

> 수학은 마치 나무처럼 성장한다. 작은 뿌리에서 시작해 위로만 올라가지 않는다. 가지가 위로 뻗어 올라가고 잎사귀가 자라는 만큼 뿌리는 밑으로 파고 내려간다. …… 수학에서 근본적인 연구에 관한 한 최종적 완성이란 있을 수 없으며 따라서 첫 시작점도 존재하지 않는다.

다소 다른 맥락이기는 하지만 푸앵카레 역시 비슷한 견해를 표명했다. 즉 해결된 문제란 없으며 단지 어느 정도 해결된 문제만이 있을 따름이라는 것이다.

수학자들은 금송아지―엄밀하며 누구나 받아들이는 증명―을 하느님으로 알고 숭배했던 것이다. 그들은 이제 그것이 거짓된 신이라는 사실을 깨달았다. 그러나 참된 신은 자신을 계시하지 않고 있다. 따라서 수학자들은 하느님이 존재하는가 하는 의문을 던져야 하는 처지가 되었다. 하느님의 말씀을 전해 줄 모세는 아직 출현하지 않았다. 인간 이성에 의문을 던질 만한 상황인 것이다.

수학 기초론 연구자들 사이의 논란을 백안시하는 비판자들도 있다. 그들은 수학이 궁극적으로 직관에 의존하고 있다면 왜 기초론 문제를 더욱 깊이 파고드는지, 그 이유가 무엇이냐고 묻는다. 그러한 비판자들 가운데 한 사람인 임레 러커토시(Imre Lakaos, 1922~1974년)의 말을 인용해 보자.

그렇다면 왜 진즉에 그만두지 않는 것인가? 왜 "산술에서 수용 가능한 방법인지 결정하는 궁극적 검증 기준은 그 방법이 직관적으로 타당한가이다."라고 말하지 않는 것인가? '궁극적' 직관이라는 직물에서 최근에 찢겨 나간 부분을 눈에 띄지 않도록 손질할 수 있다고 우리 자신을 속이는 대신에 정직하게 수학의 오류를 인정하고 그래서 냉소적 회의론으로부터 흠 많은 지식의 권위를 보호하려 하지 않는 것인가?

증명에서 직관이 갖는 가치를 설명하자면 다음의 일화가 매우 적절해 보인다. 어느 물리학자가 실험실 출입문에 말굽을 걸어 놓았다. 어느 방문자가 이를 보고 말굽이 연구에 행운을 가져다주었느냐고 물었다. 물리학자는 이렇게 대답했다. "아니요. 저는 미신을 믿지 않습니다. 하지만 제가 믿지 않아도 효험은 있는 듯합니다."

에딩턴은 언젠가 이런 말을 한 적이 있다. "증명이란 수학자들로 하여금 스스로를 학대하게 만드는 하나의 우상이다." 왜 수학자들은 스스로를 계속 학대하고 있을까? 수학이 무모순인지 더 이상 확신하지 못한다면, 그리고 특히 타당한 증명이 무엇인지 의견의 일치를 보지 못한다면 수학자들이 추론을 강조함으로써 이룰 수 있는 게 무엇인지 우리는 묻게 된다. 엄밀성의 추구는 포기하고 수학이 엄밀성을 갖춘 지식 체계라는 생각은 환상이라고 말해야 하는가? 연역적 증명을 버리고 그 대신에 직관적으로 타당한 논증을 채택해야 하는가? 결국, 자연과학은 그러한 논증을 사용하고 있고 또 수학을 사용하는 경우에도 엄밀성은 크게 신경을 쓰지 않는다. 하지만 포기는 권장할 만한 일이 아니다. 인간 지성에서 수학이 이뤄 놓은 성과를 살펴본 사람이라면 증명의 개념을 절대 희생하려 들지는 않을 것이다.

논리가 일정 부분 역할을 한다는 사실은 인정해야 한다. 직관이 주인이고 논리가 하인이라고 해도, 하인은 주인에 대해 얼마간의 영향력을 갖는다. 논리는 고삐 풀린 직관을 제어한다. 직관은 주요한 역할을 담당하지만 지나치게 포괄적인 주장을 내놓는 경우가 있다. 직관은 앞뒤 가리지 않는 경향을 보이지만, 논리는 그런 직관에게 절제를 가르친다. 강력한 직관을 사용하면 단번에 얻을 지식도 논리에 집착할 때에는 결과를 얻기 위해서 다수의 가정을 깔고 여러 단계를 거쳐 결과를 연역해 내는 지루한 과정을 밟아야 하고 또 수많은 정리와 증명을 필요로 하는 경우가 태반이다. 하지만 직관이 획득한 교두보는 주위의 적들을 철저히 섬멸해야 확실한 교두보로서의 자격을 얻는다.

직관이 우리를 현혹하는 경우도 있다. 19세기 내내, 엄밀성의 창시자 코시를 위시한 수학자들은 연속 함수라면 반드시 도함수를 갖는다고 믿었다. 그러나 바이어슈트라스가 어느 점에서도 도함수를 갖지 않는 연속 함수를 찾아내어 수학계를 놀라게 했다. 그런 함수는 직관으로는 절대 찾아낼 수 없다. 수학적 추론은 직관을 보완하지만 가끔 직관의 능력을 넘어서기도 한다.

다음과 같은 비유를 통해 수학이 추론으로 무엇을 얻는지 더욱 명확하게 인식할 수 있을 것이다. 어느 농부가 숲을 개간하여 농사를 지으려고 한다. 농부는 얼마의 땅을 개간했지만 개간지 주변 숲에 숨어 있는 맹수들이 언제라도 자신을 공격할 수 있다는 사실을 알게 된다. 그래서 농부는 개간지 주변 숲을 개간하기로 작정한다. 맹수들이 숨어 있는 지역을 개간했지만 맹수들은 근처 다른 곳으로 옮겨 간다. 다시 농부는 맹수들이 옮겨 간 지역을 개간하기로 작정한다. 하지만 개간하고 나자 맹수들은 다시 새 개간지 주변에 있는 지역으로 옮겨 간다. 이런 과정은 끝없이 계속된다. 농부는 땅을 계속 개간하지만 맹수는 항상 개간지 주위를 맴돈다. 이렇게 해서 농부가 얻는 것은 무엇인가? 개간지가 넓어지면 넓어질수록 맹수들은 바깥쪽으로 밀려나게 되어 개간지 안쪽에서 일을 하는 한 농부는 안전하다. 맹수가 항상 주변을 맴돌고 있어 어느 날 갑자기 농부를 놀라게 하거나 해를 입힐 수도 있지만 더 많은 땅을 개간할수록 농부의 안전도는 높아진다. 이와 마찬가지로 논리를 적용하여 더 많은 기초론 문제를 해결하면 해결할수록 우리는 수학의 중심부에서 더욱 안심하고 지낼 수 있게 된다. 다시 말해서 증명은 우리에게 상대적 확실성을 안겨 준다. 수와 도형에 관한 정리는 증명보다는 직관을 사용했을 때 좀 더 가까이 다가오지만 이때에도 타당한 명제들을 동원하여 논리적으로 증명했을 때 그 정리가 올바르다는 확신은 더욱 공고해진다. 와일더가 말했듯이 증명은 직관이 제시한 생각의 타당성을 검증하는 과정인 것이다.

불행하게도 한 세대에게는 증명으로 받아들여졌던 것이 다음 세대에는 오류가 된다. 뛰어난 미국 수학자 무어(E. H. Moore)는 1903년에 이미 이렇게 말했다. "논리학과 수학을 포함한 모든 과학은 시대의 산물이다. 개별 과학의 이상과 그 산물 모두 시대의 산물이다."
"그날의 엄밀성은 그날로 충분하다."* 오늘날 증명의 개념은 학파에 따라 달라진다. 와일더라면 모순이 나오지 않거나 수학적으로 유용하다면 그 증명에 만족할 것이다. 예컨대 그라면 연속체 가설을 공리로 사용할 것이다. 증명의 중요성을 평가절하하면서 그는 여러 학파들의 배타성을 질책한다. 자기 학파만이 옳다고 주장한다면 이는 자신만이 참된 하느님을 대표한다고 주장하면서 다른 교파를 배척하는 종교적 광신과 다를 것이 무엇이겠는가?

이제 우리는 절대적 증명이나 보편적으로 수용되는 증명과 같은 것은 존재하지 않는다는 사실을 받아들이지 않을 수 없다. 직관을 근거로 받아들인 명제에 대해 의문을 제기한다면 다른 명제들을 직관을 근거로 하여 받아들일 때에만 그 명제를 증명할 수 있다. 이러한 궁극적 직관 명제들에 대해 깊이 파고들면 결국에는 역설이나 풀리지 않는 난점을 만나게 되는데 이 역설들이나 난점 가운데는 논리 자체에 내재되어 있는 것들도 있다. 1900년경에 저명한 프랑스 수학자 아다마르는 이렇게 말했다. "수학적 엄밀화의 목적은 직관으로 획득한 내용을 승인하고 합법화하는 것이다." 하지만 우리는 이런 주장을 더 이상 받아들일 수 없다. 다음과 같은 바일의 말이 더욱 적절하다. "논리는 수학자들이 자신의 아이디어를 건강하고 튼튼하게 유지하기 위해 실시하는 개인 위생이다." 증명은 일정 부분 역할을 한다. 그 역할이란 모순 가능성을 줄이는 것이다.

절대적 증명이란 현존하는 대상이 아니라 추구해야 할 목표, 하지만 결코 획득할 수 없는 목표라는 사실을 인식해야 한다. 계속 쫓아

---

* 「마태 복음」 6장 34절. "하루의 괴로움은 그날에 겪는 것만으로 족하다."를 패러디한 말이다.

가도 잡히지 않는 환영에 불과하다. 완벽하게 증명하겠다는 기대를 버리고 대신에 현재의 것을 강화하는 방향으로 노력을 기울여야 한다. 증명과 관련된 역사를 살펴보면 설사 얻을 수 없는 목표를 추구해도 여전히 가치 있는 것들을 얻기도 한다는 교훈을 얻는다. 그렇다면 우리는 수학을 바라보는 태도를 재조정함으로써 우리의 환멸감에도 불구하고 자신감을 갖고 수학 연구에 매진할 수 있게 된다.

직관이 수학적 진리를 더욱 공고히 하는 데 긴요한 역할을 하고 증명은 보조적 역할을 한다는 사실을 인식하면, 넓은 의미에서 수학은 큰 원을 그리며 제자리로 돌아온다는 생각이 든다. 수학은 직관적이고 경험적인 것들을 바탕으로 하여 생겨났다. 그리고 증명이 그리스 인들의 목표가 되었고 마침내 19세기 후반에 그 목표가 달성되었다고 생각했다. 그러나 궁극적 엄밀성을 추구하면서 막다른 길로 들어서고 말았다. 마치 자기 꼬리를 무는 강아지처럼 논리는 논리를 패퇴시켰던 것이다. 파스칼이 『명상록』에서 말했듯이, "이성의 마지막 단계에서는 이성을 넘어서는 것들이 무수히 많음을 인식하게 된다."

칸트 역시 이성의 한계를 인식했다. 『순수 이성 비판』에서 다음과 같이 말하고 있다.

> 인간 이성은 매우 특이한 운명을 지녔다. 지식의 한 부류에서 항상 무시할 수 없는 질문들이 생겨나 이성을 괴롭히는데, 이 질문들은 바로 이성의 속성 때문에 생겨나며 따라서 그에 대한 답을 찾을 수 없다. 또 이 질문들은 인간 이성의 능력을 초월한다.

또는 『인생의 비극적 의미』에서 미겔 데 우나무노(Miguel de Unamuno, 1864~1936년)가 한 말을 인용할 만하다. "이성이 이룩한 가장 위대한 승리는 이성 자신의 타당성에 의문을 던졌다는 점이다."

바일은 논리학의 역할에 대해 더욱 비판적이었다. 1940년에 그는 "우리의 비판적 통찰력에도 불구하고, 아니면 그러한 통찰력 때문에 오늘날 수학이 딛고 있는 궁극적 기초에 대해 의구심을 갖게 되었다."라고 밝혔다. 1944년에 바일은 자신의 생각을 좀 더 상세하게 피력했다.

수학의 궁극적 기초와 궁극적 의미라는 문제는 여전히 해결되지 않았다. 어느 방향으로 가야 최종적 해답을 얻을지, 또 객관적인 최종적 해답이 존재하기는 하는지 알지 못한다. '수학화'는 언어나 음악처럼 인간의 독창성을 드러내는 창조적인 활동이라고 할 수 있다. 수학이 전개되어 온 과정을 역사적으로 고찰해 보면 완벽한 객관적 합리화는 불가능하다는 것을 알 수 있다.

바일이 말한 것처럼 수학은 사고 활동이지 엄밀한 지식 체계가 아니다. 이러한 사실은 역사가 증언하고 있다. 기초의 합리적 건설 및 재건설은 역사의 촌극으로 보인다.

저명한 과학철학자 포퍼는 『과학 발견의 논리』에서 가장 극단적인 견해를 표명했다. 수학적 추론은 입증이 불가능하며 단지 반박이 가능할 따름이다. 수학적 정리는 어떤 방식으로도 확실성이 보증되지 않는다. 상대성 이론이 나오기 전 200년 동안 뉴턴 역학을 사용한 것처럼, 또 리만 기하학이 나오기 전에 유클리드 기하학을 사용한 것처럼, 더 나은 이론이 없을 때에는 기존 이론을 계속 사용해도 무방하다. 그러나 확실성은 담보되지 않는다.

역사는 객관적이고 유일한 불변의 수학이란 존재하지 않는다는 견해를 뒷받침해 준다. 역사를 근거로 미루어 짐작하건대, 앞으로도 수학에 새로운 이론이 첨가되고 첨가된 이론은 새로운 기초를 필요로 하게 될 것이다. 이런 점에서 수학은 여타의 자연과학과 마찬가지이다. 새로운 관측 내용이나 실험 결과가 기존 이론과 부합되지 않을 시에는 이론을 수정해야 한다. 시대에 구애받지 않는 불변의 수학적 진리란 없다. 흔들리지 않는 탄탄한 기초 위에 수학을 세우려는 시도는 실패로 막을 내렸다. 유클리드에서 시작해 바이어슈트라스를 거쳐 현대 기초론의 여러 학파에 이르기까지 확고한 기초를 마련하기 위해 끊이지 않고 노력해 왔지만 최종적으로 성공하리라는 징후는 전혀 보이지 않는다.

직관과 증명의 역할에 대한 이러한 설명에서 오늘날 수학의 모습이 드러난다. 그러나 여기에는 미래에 대한 견해가 담겨 있지 않다. 논리에 대한 전망은 부르바키라는 필명으로 활동하고 있는 일단의 수학자들에 의해 재차 확인되었다. 『수학의 요소』 제1권 서론에서 그들은 다음과 같이 말하고 있다.

역사적으로 이야기하자면 수학에 모순이 없다는 말은 물론 참이 아니다. 무모순은 끊임없이 추구해야 할 목표이지, 하느님이 우리에게 그냥 부여해 주는 것은 아니다. 예로부터 불확실성의 시대가 오면 거의 예외 없이 수학 전체나 특정 이론에 대한 비판적 검토가 뒤를 이었다. 모순이 생겨났지만 비판적 검토를 통해 그 모순이 해결되곤 했다. …… 이렇게 2,500년 동안 수학자들은 스스로의 오류를 고쳐 나갔고, 그 결과로 수학은 빈약해지기는커녕 더욱 풍성한 학문 분야로 발전해 왔다. 따라서 수학자들은 미래를 낙관할 충분한 권리가 있다.

역사에 의지하면 위안을 얻기도 하지만 한편으로 역사는 새로운 위기가 도래할 것이라는 사실도 알려준다. 그렇지만 그런 전망에도 불구하고 부르바키의 낙관주의는 전혀 위축되지 않는다.

프랑스 수학계를 선도하는 수학자이자 부르바키의 일원이기도 한 디외도네는 논리의 문제는 항상 해결된다고 확신한다.

> 앞으로 수학에 모순이 있다는 사실이 밝혀진다고 해도 우리는 어떤 규칙 때문에 모순이 일어나는지 파악해 낼 것이고 그 규칙을 배제하거나 적절히 수정함으로써 모순을 제거할 것이다. 그로 인해 수학은 방향을 바꾸겠지만 과학으로서의 수학은 결코 사라지지 않을 것이다. 이는 단순히 추측에 그치지 않는다. 무리수의 발견 직후에 바로 그런 상황이 벌어졌다. 그러나 오늘날의 우리는 피타고라스 수학에서 모순이 나타난 것을 개탄하기는커녕 인간 정신의 위대한 승리로 여기고 있다.

디외도네는 라이프니츠의 미적분학 접근 방식을 예로 들어도 무방했을 것이다(7장 참조). 18세기에 라이프니츠의 접근 방식은 비판을 받았지만 결국에는 새로운 형식화—비표준해석학의 성립—가 이루어지면서 논리주의, 형식주의, 집합론 등의 기초론과 양립하는 기초 위에 엄밀화가 이루어졌다.

부르바키와 같은 사람들은 수학의 논리에 계속 수정을 가하면 된다고 확신했다. 그러나 아직도 설사 물질 세계에 적용할 수 없다고 해도 유일하고 올바르며 영원히 존재하는 수학이 있다고 믿는 수학자들이 있다. 외부 세계에 존재하는 관념들 전부가 모두 인간에게 알려지지는 않았지만 그래도 존재하기는 한다는 것이다. 증명을 두고 의견이 갈리고 불확실성이 생겨나고 있지만 이는 인간 이성의 한계 때문이라고 주장한다. 더욱이, 현재의 의견 불일치는 점차 해결되어 가는 일시적 장애라는 것이다.

이들 가운데 일부는 수학이 인간 이성 속에 깊이 각인되어 있어 의심할 여지 없이 올바른 것이라고 믿고 있으며, 그런 점에서 그들은 칸트주의자이다. 예컨대 해밀턴은 산술의 물리적 참됨에 의문을 제기하게 만든 사원수를 손수 만들어 냈지만, 1836년에 데카르트와 매우 유사한 입장을 취했다.

> 대수학과 기하학이라는 순수 수리과학은 순수 이성의 과학으로 실험에서 중요한 결과를 이끌어 내거나 실험의 도움을 얻지 않으며, 또 외부 현상으로부터 유리되어 있거나 최소한 유리시킬 수 있다. …… 하지만 그런 개념들은 본래부터 우리 마음속에 내재되어 있던 것으로 보이기 때문에 그런 개념의 소유는 본래 인간이 지니고 있는 능력의 계발 또는 발현으로 여겨진다.

19세기 지도적 대수학자인 케일리는 영국과학진보협회에서 행한 강연(1833년)에서 다음과 같이 말했다. "우리는 단지 특정 경험이 아니라 모든 경험으로부터 독립되어 있는 선험적 지식을 소유하고 있다. 이 선험적 지식은 정신이 경험을 해석하는 데 일정 부분 기여를 한다."

해밀턴이나 케일리 같은 사람들은 수학이 인간 마음속에 각인되어 있다고 보았던 반면에, 다른 이들은 인간 밖에 존재한다고 보았다. 1900년 이전까지는 수학적 진리라는 유일하고 객관적인 세계가 인간과는 독립적으로 존재한다는 믿음을 갖는 것은 충분히 이해할 만하다. 이 믿음은 플라톤까지 거슬러 올라가며(1장 참조) 이후로 여러 사람들이 여러 차례 이 믿음을 표명했는데 그 가운데 특히 눈에 띄는 사람이 라이프니츠였다. 라이프니츠는 이성 진리와 사실 진리를 구별했는데, 이성 진리는 모든 가능한 세계에서도 항상 성립하는 진리이다. 비유클리드 기하학의 의의를 최초로 인식했던 가우스마저도 수론과 해석학이 진리임을 주장했다(4장 참조).

19세기의 뛰어난 해석학자인 에르미트도 수학이 객관적 실재 세계로서 존재한다는 믿음을 피력했다. 토마스 얀 스틸티에스에게 보낸 편지에서 그는 다음과 같이 말했다.

> 나는 수와 함수가 인간 정신에 의해 임의로 만들어진 산물이라고 믿지 않는다. 이것들은 객관적 세계의 대상물과 마찬가지로 필연적 성격을 지닌 존재로서 우리 외부에 존재한다고 믿는다. 그리고 물리학자, 화학자, 동물학자들처럼 우리는 그 존재물들을 발견하고 파악하고 연구한다.

또 다른 곳에서 그는 "우리는 수학에서 주인이 아니라 시종들이다."라고도 말했다.

기초에 관한 논란에도 불구하고 수많은 20세기 사람들은 동일한 입장을 취했다. 집합론과 초한수 이론을 창시한 칸토어는 수학자란 개념과 정리를 발명하는 사람들이 아니라 발견하는 사람들이라고 믿었다. 개념과 정리는 인간 사고와는 독립적으로 존재한다는 것이다. 칸토어는 스스로를 사실을 기록하는 보고자이자 서기로 생각했다. 인간의 증명에 회의적인 시각을 갖고 있었던 하디도 비슷한 생각을 가지고 있었다. 그는 1929년에 쓴 글에서 다음과 같이 말했다.

> 수학적 진리의 불변성과 절대적 타당성을 인정하지 않는 수학자에 대해

서는 어떤 철학도 공감의 목소리를 내지 않는다. 수학 정리는 반드시 참이거나 거짓이다. 수학 정리의 진위 여부는 인간의 지식과는 무관하다. 어떤 의미에서 수학적 진리는 객관적 실재의 부분이다.

그는 『어느 수학자의 변명』에서도 같은 견해를 피력했다.

사소한 오해를 피하기 위해 내 입장을 독단적으로 피력하고자 한다. 내가 믿는 바는 다음과 같다. 수학적 실재는 우리 밖에 존재하며 우리의 임무는 그것을 발견하거나 관측하는 일이다. 그리고 우리가 증명하는 정리와, 스스로 '창조'했다고 과장하는 내용들은 실은 관측 내용을 단순히 기록한 것에 불과하다.

20세기 프랑스의 지도적 수학자인 아다마르는 자신의 저서 『수학적 발명의 심리학』에서 이렇게 말했다. "진리는 아직 우리에게 그 모습을 드러내지 않았지만 그 진리는 예전부터 존재해 왔다. 그리고 그 진리는 우리가 따라야 할 길을 규정한다."

괴델도 수학이 초월적 세계로서 존재하다고 주장했다. 집합론에 대해 그는 집합들을 실재하는 대상물로 취급하는 것이 합당하다고 말했다.

그러한 대상물이 존재한다고 가정하는 것은 물리적 대상물이 존재한다고 가정하는 것만큼이나 합당하다. 그리고 그러한 대상물의 존재성을 믿는 데에는 충분한 근거가 있다. 만족할 만한 감각 인식 이론을 구성하는 데에 물체가 필요하듯, 만족할 만한 수학 이론을 구성하기 위해서는 그러한 대상물이 필요하다. 그리고 이 두 가지 경우 모두, 이 실체들에 관한 명제들을 데이터(후자의 경우라면 실제로 일어나는 감각 인식)에 관한 명제로 해석하기란 불가능하다.

이러한 주장을 폈던 사람 가운데는 기초론 연구에 그다지 관심을 갖고 있지 않았던 20세기 수학자들도 있었다. 놀라운 점은 기초론 연구를 이끌었던 사람들—힐베르트, 처치, 부르바키 집단 구성원들—이 수학적 개념과 속성은 실제로 존재하며 인간 정신으로만 그 개념과 속성을 파악할 수 있다고 주장했다는 사실이다. 즉 그들은 수학적 진리는 발견되는 것이지 만들어지는 것이 아니라고 믿었다. 발전하는 것은 수학 자체가 아니라 수학에 대한 인간의 지식이다.

이런 견해를 견지하는 사람들을 플라톤주의자라고 부르는 경우가 많다. 플라톤이 수학이 인간 존재와는 독립되어 있는 이상적 세계 안에 존재한다고 믿기는 했지만 그의 주장 속에는 현재의 견해들과는 들어맞지 않는 내용들이 많기 때문에 플라톤주의자라는 말은 다소 부적절하다.

객관적이고 유일한 수학이 존재한다고 주장하면서도 그들은 수학이 어디에 존재하는지는 설명하지 않는다. 단지 그들은 수학이 인간 밖의 어느 세계, 허공에 떠 있는 성채 속에 있으며 그곳을 발견하는 일은 사람의 몫이라고 말한다. 공리와 정리는 순수하게 인간이 만들어 낸 창작물이 아니라 열심히 땅을 파 땅 위로 끌어올려야 할 광산 속의 보물과 같다. 하지만 이 보물은 행성과 마찬가지로 인간과는 무관하게 존재한다.

그렇다면 수학은 우주의 심연 속에 숨겨져 있어 우리가 계속 캐내어야 하는 다이아몬드인가? 아니면 인간이 만든 인조석이지만 원석과 다름없는 빛을 발하고 있어 스스로의 성취에 얼마간 눈이 멀어 있는 수학자들을 현혹하고 있는 것인가?

만일 감각을 초월하는 절대적인 실체들의 세계가 있다면, 그리고 논리 및 수학 명제가 그러한 실체들의 관찰 내용을 단순히 기록해 놓은 것이라면 모순과 거짓 명제 역시 참인 명제와 마찬가지로 존재한다고 할 수 있지 않을까? 거짓과 모순의 독초가 진, 선, 미와 더불어 나란히 무성하게 자라날 가능성도 있다. 아마도 사탄은 참된 하느님 옆에서 악의 씨를 뿌리고 또 그 열매를 거두고 있는 듯하다. 물론 플라톤주의자들은 진리를 잡으려는 인간의 노력이 적절하지 못하기 때문에 이런 거짓된 명제와 모순이 생겨난다고 반박할 수 있다.

두 번째 견해, 즉 수학은 오로지 인간 사고의 산물이라는 견해가 있다. 이것은 물론 직관주의자들이 견지하고 있는 견해로서, 그 기원은 아리스토텔레스로 거슬러 올라간다. 하지만 직관주의자들 중에도 정신이 진리의 확실성을 보증해 준다고 주장하는 사람들이 있고, 반대로 수학이란 불변의 지식 체계라기보다는 결함 많은 인간 정신의 산물이라고 주장하는 사람들이 있다. 현대적 논쟁이 일어나기 훨씬 전에 파스칼은 『명상록』에서 이런 생각을 잘 드러냈다. "진리란 너무도 세밀해서 무딘 인간의 도구로는 그 진리를 집어낼 수 없다. 집어낸다고 해도 주변에 있는 것들도 함께 딸려 오는데, 이때 진리보다는 허위가 더 많이 딸려 나온다." 대표적 직관주의자 하이팅은 어느 누구도 참된 수학, 다시 말해 타당하고 유일한 지식 체계로서의 수학을 이야기할 수 없다고 주장했다.

한켈, 데데킨트 그리고 바이어슈트라스는 수학이 인간의 창작물이라고 믿었다. 데데킨트는 하인리히 베버에게 보낸 편지에서 이렇게 썼다. "우리가 수를 이야기할 때 어떤 집합이 아니라 마음이 창조해 내는 새로운 무언가로 이해해야 합니다. 우리 인간은 신성을 갖고 있는 존재로서 무언가를 창조해 낼 능력이 있습니다." 바이어슈트라스도 그런 생각을 이렇게 표현했다. "참된 수학자는 시인이다." 그리고 러셀의 제자인 루드비히 비트겐슈타인(Ludwig Wittgenstein, 1889~1951년)은 수학자란 발명가이지 발견자는 아니라고 믿었다. 이들을 비롯한 여러 사람들은 수학을 경험적 발견이나 이성을 사용한 연역에 얽매이지 않은 그 무엇이라고 생각했다. 이들의 주장에 설득력을 더해 주는 사실은 무리수나 음수와 같은 기초적 개념들은 경험적 발견이나 외부 세계에 존재하는 실체로부터 연역을 통해 얻은 것이 아니라는 점이었다.

바일 역시 외적 진리에 대해 다소 냉소적인 태도를 취했다. 자신의 책 『수학과 자연과학에 관한 철학』에서 그는 다음과 같이 말했다.

초월적 논리를 신뢰하는 괴델은 우리의 논리적 시각에 초점이 약간 맞지 않은 상태일 뿐이라고 생각하면서 여기에 약간의 교정을 가하면 사물을 명료하게 볼 수 있게 되고 그러면 우리 모두가 사물을 제대로 보고 있다는 합의를 이끌어 내게 될 것이라 기대하고 있다. 그러나 이런 신념을 공유하지 않는 사람은 체르멜로 체계나 심지어 힐베르트 체계에서 볼 수 있는 작위성에 불편함을 느낀다. 힐베르트 같은 사람도 무모순성에 대한 확신을 줄 수는 없다. 만일 간단한 수학 공리 체계가 정교한 수학적 실험의 요구 조건을 지금까지 충족시키고 있다면 우리는 거기에 만족해야 한다. 나중에 불합치가 발견되면 그때 기초를 수정해도 충분하다.

노벨상 수상자인 물리학자 퍼시 윌리엄스 브리지먼(Percy Williams Bridgman, 1882~1961년)은 『현대 물리학의 논리』(1946년)에서 객관적인 수학의 세계를 단호하게 배격했다. "수학이 인간의 창작물이라는 점은 한눈에 알 수 있는 너무도 자명한 사실이다." 이론 과학은 수학으로 그럴듯하게 포장하는 놀이라는 것이다. 그들은 수학이 인간에 의해 만들어진 것일 뿐만 아니라 그 수학이 발전해 온 문화의 영향도 받는다고 주장한다. 색각(色覺)이나 언어처럼 수학의 진리 역시 인간 존재에 의존한다. 정치, 경제, 종교 등의 담론과는 달리 수학은 비교적 널리 받아들여지고 있기 때문에 인간의 외부에 존재하는 진리 체계라고 믿기 쉽다. 수학은 각 개인과는 무관하게 존재할 수 있지만 그 사람이 몸담고 있는 문화와는 불가분의 관계를 갖는다. 바일의 주장을 다시 풀어 이야기하면, 수학은 고립된 기술적 성과가 아니라 총체적 인간 존재의 한 부분이며 또 인간 존재의 부분일 때 그 정당성을 갖는다는 것이다.

인간이 수학을 만들어 냈다는 생각을 견지하는 사람들은 본질적으로 칸트주의자이다. 칸트는 수학의 근원을 정신의 조직 능력에서 찾았다. 그러나 모더니스트들은 수학이 정신의 형태나 구조로부터 연유되는 것이 아니라고 말한다. 그보다는 수학이란 정신의 활동이라고 주장한다. 정신의 창조적 활동은 끊임없이 더욱 새롭고 더욱 차원 높은 사고를 전개해 낸다. 수학은 끊임없이 발전하는 방법론을 사용하여 조직화를 이룬다. 수학에서 인간 정신은 흥미롭고 유용한 지식을 자유로이 창조해 낼 수 있으며 그런 능력이 자신에게 있음을 인간 정신은 명료하게 파악한다. 더욱이 창조라는 분야는 폐쇄적인 분야가 아니다. 기존의 사고 체계 및 새롭게 대두되는 사고 체계에 적용되는 개념들은 창조되어 나올 것이다. 경험적 지식을 포괄하는 구조를 만들고 이 구조를 통해 경험 지식을 정돈하는 능력이 인간 정신 안에 존재한다. 수학의 근원은 끊임없이 발전하는 정신 그 자체이다.

수학의 본질에 관한 현재의 논란, 그리고 오늘날 수학이 누구나 받아들이는 반박 불가능의 지식 체계가 아니라는 사실은 수학이 인간의 창작물이라는 견해에 더욱 힘을 실어 준다. 아이슈타인이 말했듯이, "진리와 지식의 분야에서 스스로를 심판관으로 내세우는 사람은 신들의 조롱을 받으며 파멸한다."

이성의 시대에 활약했던 지식인들이 수학을 인간 이성의 힘과 진리 획득의 능력을 보여 주는 증거로 지목하면서 이성이 인간의 모든 문제를 해결하리라고 확언했던 사실은 다소 아이러니하다. 20세기 지식인들은, 이성의 힘을 확신하는 사람이 여전히 있기는 하지만, 어느 누구도 수학을 기준이나 패러다임으로 내세우지는 못한다. 이 같은 사태의 변화는 곧 지적 재앙과 크게 다르지 않다. 명료하게 그리고 효율적으로 사고하는 방법을 개발하는 일에서 수학이 가장 광범위하고 심오한 인간의 노력이라는 사실과 수학이 이루어 놓은 성과가 곧 인간 정신의 능력을 나타내는 척도가 되고 있다는 사실은 여전히 유효하다. 수학은 이성으로 성취할 수 있는 최대치이다. 그러나 오늘날 타당한 수학이 무엇인가를 두고 논란이 벌어지고 있는 상황에서 그런 이야기는 더 이상 위안이 되지 않는다. 이 때문에 힐베르트는 객관적이고 논박의 여지가 없는 추론으로 진리를 복원하고자 그렇듯 애를 썼던 것이다. 1925년에 발표한 논문 「무한에 관하여」에서 그는 이렇게 말했다. "수학적 사고조차 실패한다면 어디에서 확실한 진리를 구할 수 있을 것인가?"

그는 볼로냐 세계 수학자 대회(1928년)에서 강연을 할 때 이 문제를 다시 언급했다.

만일 수학에 진리가 없다면 인간 지식의 참됨과 과학의 존재, 그리고 그 발전은 대체 어떻게 된다는 말입니까? 오늘날 전문가들의 글과 대중 강연에서 지식에 대한 회의주의와 낙담의 소리를 왕왕 듣습니다. 하지만 저는 이 모든 것을 우리에게 해악을 주는 신비주의로 보고 있습니다.

절대 진리를 찾는 끊임없는 노력은 절대 진리를 실제로 얻는 것의 차선책으로 여겨질 수도 있다. 오래전에 괴테는 바로 그것이 인간의 구원이라고 지적한 바 있다.

> Wer immer strebend sich bemüht
> Den klönnen wir erlösen
> 끊임없이 노력하는 자
> 구원을 받으리라.

우리 시대 최고 수학자 앙드레 베유(André Weil, 1906~1998년)는 절대 진리의 존재에 대해서는 확신하고 있지는 않지만 설사 수학이 인간 이성의 찬란한 금자탑이 아닐지라도 수학 연구는 계속되어야 한다고 주장한다.

그리스 사상의 유산을 어깨에 걸머지고 르네상스 시대 영웅의 발자취를 따라가는 우리로서는 수학 없는 문명은 상상조차 하지 못한다. 평행선 공준과 마찬가지로 수학은 계속 살아남을 것이라는 공준 역시 그 '명백함'을 모두 상실하고 말았다. 전자는 더 이상 필요 없지만, 후자 없이 우리는 앞으로 나아갈 수 없다.

수학의 전망이 지금처럼 불투명했던 적은 없었다. 수학의 본질이 이렇듯 불분명했던 적도 없었다. 명백하다고 여긴 것을 세심히 분석해 보니 종잡을 수 없는 복잡한 내용이 나선처럼 꼬여 나왔다. 그러나 수학자는 기초론 문제에 계속 매달릴 것이다. 데카르트가 말했듯, 그들은 "확실한 것을 찾을 때까지, 아니 최소한 어떤 것도 확실하지 않다는 확신이 들 때까지 결코 포기하지 않고 노력할 것이다."

호메로스에 따르면, 신들의 저주를 받은 코린트의 왕 시시포스는 죽은 후에 거대한 돌을 언덕 위로 굴려 올리는 벌을 받았다. 돌을 굴려 언덕 꼭대기에 다다르기 직전에 어김없이 돌은 바닥으로 다시 굴러 떨어진다. 시시포스에게는 이 형벌이 언젠가는 끝나리라는 헛된 희망조차 없다. 수학자들에게는 완벽한 기초를 마련하려는 본능적 의지와 용기가 있다. 그들의 고군분투는 영원히 계속될는지 모른다. 그들 역시 시시포스처럼 결코 성공하지 못할 가능성도 있다. 하지만 현대의 시시포스들은 희망을 버리지 않고 노력할 것이다.

15장

자연의 권위

자연을 사랑하는 자를
자연은 결코 배신하지 않음을 알기에
이 기도를 드립니다.

윌리엄 워즈워스

수학은 언제나 과학의 일부로서 다른 분과와 함께 발전해 왔다. 그림은 중세 인도의 수학·천문학자들.

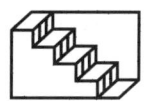

수학자들이 새로운 결과를 도출하려 할 때 나갈 수 있는 방향은 다양하다. 여러 방향 가운데 특정 방향을 선호하거나 정당화하는 내적 기준이 없기 때문에 외적 사항을 고려해 선택을 해야 한다. 고려 사항 가운데 가장 중요한 것이 과학에 대한 가치이다. 이 전통적 기준은 수학 이론을 만들어 내고 개발하는 데 여전히 가장 설득력 있는 이유가 되고 있다. 수학의 기초에 대한 불확실성과 그 논리의 견고함에 대한 의구심을 해소할 수는 없다고 해도 자연에 응용할 수 있다는 것을 강조함으로써 그 문제를 덮어 둘 수는 있다. "물질로 정신의 집을 짓자."라고 한 에머슨의 말을 따르는 것이다. 만들어 낸 수학 정리들이 직접 응용되거나 올바른 물리학 원리와 결합되어 사용되었을 때 물리적으로 타당한 결과가 나오게 될지는 미리 결정하기 불가능하다. 하지만 응용은 실용적인 판단 기준을 제공해 준다. 올바른 결과를 되풀이하여 내놓는 정리가 있다면 그만큼 더 강한 확신을 갖고 그 정리를 사용할 수 있다. 예를 들어 선택 공리를 사용하면서 올바른 물리적 결과가 계속해서 나오고 있다면 최소한 그 수용 가능성에 대한 의구심은 약화된다.

역사적 관점에서 보았을 때 응용을 중시하는 자세는 오늘날 수학을 고집하는 순수주의자의 생각과는 달리 그리 파격적인 것은 아니다. 수학 개념과 공리는 물질 세계의 관찰에서 생겨났다. 논리학 법칙조차도 경험의 산물이라는 사실이 널리 받아들여지고 있는 실정이다. 정리를 낳는 문제와 증명 방식에 대한 암시까지도 경험에 그 뿌리를 두고 있다. 그리고 공리에서 연역되어 나온 결과는 그 가치나 의의를 최소한 70여 년 전까지는 물질 세계와 부합되는지의 여부로 판단했다. 왜 수학이 얼마만큼 정확하게 물리 현상을 기술하고 예측하는가 하는 잣대로 그 타당성을 검증하지 않는 것일까? 응용성으로 수학의 올바름을 판단한다면 물론 절대적인 판별 기준은 존재할 수 없다. n번째까지 적용되던 정리가 $(n+1)$번째에 와서 적용되지 않을 수도 있기 때문이다. 한 차례만 불합치되더라도 그 정리는 유효성을 잃는다. 하지만 적절한 수정을 가하면 유용성을 계속 유지할 수 있다.

존 스튜어트 밀(John Stuart Mill, 1806~1873년)은 수학에 대한 경험적 기초와 검증이 필요하다고 주장했다. 그는 수학이 여러 자연과학보다 더 일반적이라는 점을 인정했다. 하지만 수학이 높은 위상을 점하고 있는 것은 수학 명제가 여타 과학의 명제에 비해 훨씬 더 폭넓게 검증되고 확인되었다는 사실에 기인한다고 주장했다. 그런 사정 때문에 사람들은 수학 정리가 여타 과학 분야의 가설 및 이론과는 질적으로 다르다고 잘못 생각하기에 이르렀다는 것이다. 사람들은 수학 정리는 확실하다고 생각하는 반면에 자연과학 이론은 개연성이 높을 뿐이거나 경험을 통해 확인되었을 뿐이라고 생각한다.

밀은 현대 기초론 논쟁이 일어나기 훨씬 전에 철학적 근거 위에서 그런 주장을 폈다. 이성을 중시하는 경향에도 불구하고 최근의 기초론 연구자들 다수는 실용주의자가 되었다. 힐베르트는 "너희는 그들의 열매를 보고 그들을 알게 될 것이다."라고 말했다. 1925년에 힐베르트는 또 다음과 같이 말했다. "다른 경우와 마찬가지로 수학에서도 옳고 그름을 판단할 권리는 승자에게 주어진다."

기초론 분야에서 활발한 활동을 펼치고 있는 저명한 수학자 안제이 모스토브스키(Andrzej Mostowski, 1913~1975년)는 힐베르트의 의견에 동조한다. 1953년에 열린 어느 학술 대회에서 그는 이렇게 선언했다.

> 건전한 인간 오성과도 합치될 뿐만 아니라 수학 전통과도 합치되는 수마 일관된 유일한 견해는 수의 근원과 존재 이유──자연수뿐만 아니라 실수까지 포함해서──가 경험과 실용성에 있다는 생각이다. 또한 기존의 전통적 수학 영역에서 집합론의 여러 개념을 필요로 하는 한, 그 개념들에 대해서도 동일한 이야기를 할 수 있다.

모스토브스키는 거기서 한 걸음 더 나아간다. 그는 수학은 자연과학의 하나라고 말한다. 그 개념과 방법은 경험에 기원을 두고 있는데 자연과학으로부터의 기원이나 그 응용 그리고 역사까지 무시한다면 수학에 기초를 놓으려는 시도는 실패할 수밖에 없다는 것이다.

더욱 놀랍게도 직관주의자인 바일 역시 타당성은 물질 세계에 대한 응용 여부로 판단해야 한다는 데 동의했다. 바일은 수학의 상당 부분이 수리물리학으로부터 연유하고 있다고 말했다. 직관주의 원리를 강력하게 옹호했지만 그러한 원리를 지키기 위해 유용한 결과를 희생하고 싶어하지는 않았다. 『수학과 자연과학에 대한 철학』(1949년)에서 그는 다음과 같이 말했다.

> 아인슈타인의 일반 상대성 이론이나 하이젠베르크-슈뢰딩거 양자역학을 보면 독자들로 하여금 스스로 내용을 터득하게 하는 설명이 있고 그 뒤

를 이어 체계화된 구성이 나오는데, 이는 매우 큰 설득력을 지니는 동시에 실제 사실에 훨씬 더 가까이 다가가게 해 준다. 진정으로 사실적인 수학이란 물리학과 더불어 실제 세계를 이론적으로 구성하는 한 분과라고 생각해야 한다. 그리고 물리학에서 보는 바와 같이 그 기초의 확장에 대해서 차분하고 신중한 태도를 취해야 한다.

바일은 수학을 과학의 하나로 다루어야 한다고 주장하고 있는 것이다. 물리학과 마찬가지로 수학 정리는 잠정적이며 그 근거 역시 빈약하다. 이 정리들을 다시 손질해야 할지도 모르지만 실제 세계와 부합되는지의 여부가 타당성의 확실한 검증 방법이다.

활발한 연구 활동을 펼치고 있는 형식주의자 하스켈 브룩스 커리 (Haskell Brooks Curry, 1900~1982년)는 거기에서 한걸음 더 나아간다. 자신의 저작 『수리논리학의 기초』(1963년)에서 그는 이렇게 주장했다.

하지만 과연 수학이 정당성을 갖추려면 절대적 확실성이 필요한 것일까? 특히, 이론을 사용하기 위해서는 왜 먼저 그 이론이 무모순이거나 절대적으로 확실한 순수 시간의 직관으로부터 유도되어 나올 수 있어야 한다는 조건을 다는 것일까? 다른 과학에서는 그런 요구 조건을 달지 않는다. 물리학에서는 모든 정리가 가설에 머문다. 예측에 유용하게 활용된다면 그 이론을 채택하고, 그렇지 못할 때에는 수정하거나 폐기 처분한다. 과거에는 수학 이론의 경우에도 그런 태도를 취했다. 받아들이던 수학 이론에 모순이 발견되면 그 이론을 적절히 수정했다. 앞으로도 그렇게 하면 안 될 이유가 무엇이겠는가?

콰인은 그다지 성공을 거두지는 못했으나 러셀과 화이트헤드의

『수학 원리』를 단순화하기 위해 많은 노력을 기울여 왔다. 그는 논리학자이지만 현재까지는 물리적 타당성을 기준으로 받아들이고 있다. 『현대 논리학의 철학적 양상』이라는 논집에 실려 있는 글에서 그는 아래와 같이 말했다.

> 자연과학 이론을 바라보는 동일한 시각으로 집합론, 아니 더 나아가 수학 일반을 바라보는 것이 더 합당할 것이다. 순수 이성의 빛을 통해 입증되기보다는 자연과학의 경험적 자료들을 조직하는 데 얼마만큼 유용하게 사용되는가 하는 간접적 기준으로 그 타당성을 입증하는 잠정적 진리 또는 가설로 보아야 한다.

형식주의와 집합론에 중요한 공적을 남긴 폰 노이만도 현재의 난국을 동일한 방식으로 극복하고자 했다. 그의 유명한 글 「수학자」에서 여러 기초론 학파들이 고전 수학에 정당성을 부여하는 데 실패했지만 대다수 수학자들은 여전히 그것을 이용하고 있다고 주장했다.

> 결국 모든 고전 수학은 정교하고도 유용한 결과를 내놓았다. 또 그 신빙성을 절대적으로 확신하기란 불가능하다고 해도 예컨대 최소한 전자의 존재성만큼이나 확실한 기초 위에 서 있었다. 따라서 만일 과학을 받아들인다면 수학의 고전 체계 역시 받아들여야 한다.

따라서 수학의 위상은 물리학보다 결코 높다고 할 수 없다.

1901년에는 논리적으로나 물리적으로나 수학적 진리라는 건축물은 여전히 건재하다고 주장했던 러셀마저도 1914년에 쓴 시론에서 "물리적 기하에 관한 우리의 지식은 선험적인 것이 아니라 종합적인 것이다."라고 인정했다. 수학은 오직 논리로부터만 도출되지 않는다. 『수학 원리』 제2판(1926년)에서 그는 한 발 더 물러섰다. "전자기학의 맥스웰 방정식과 같은 논리와 수학은 그 논리적 귀결이 옳다고 관찰되었기 때문에 그 참됨을 믿는 것이다."

아마도 우리를 더욱 놀라게 하는 것은 1950년에 괴델이 한 말일 것이다.

이른바 '기초'라는 것의 역할은 물리 이론에서 볼 수 있는 가설의 설명 기능에 좀 더 가깝다고 하겠다. 수론이나 여타 수학 이론의 소위 논리주의 기초나 집합론 학파의 기초는 기초의 역할을 하기보다는 설명의 역할을 하고 있다. 이는 물리학의 공리가 그 체계의 정리들에 대해 참된 기초를 제공하기보다는 정리들에 의해 기술되는 현상들을 설명하는 역할을 하는 것과 똑같다.

이 지도적 학자들도 보편타당하고 논리적으로 완전한 수학을 확립하려는 시도가 실패했음을 인정하고 있는 것이다. 수학도 인간이 하는 일이라서 인간의 단점과 한계에 종속될 수밖에 없다. 형식주의나 논리주의가 구성해 낸 수학은 이상적 요소를 지니고 있더라도 가짜 수학이자 허구이며 신화에 불과하다.

저명한 기초론 학자들 역시 실제 세계와의 부합 여부를 타당한 수학을 판정하는 현실적인 기준으로 받아들이고 있다. 설사 간혹 수정이 필요할지라도 수학은 응용성을 근거로 해서 절대적이지는 않아도 높은 수준의 타당성을 보장받는다. 워즈워스의 말대로 "자연의 단단한 땅에 정신은 신뢰라는 건축물을 영원히 지어 나가는" 것이다.

실용주의적 검증 방법, 즉 과학에 응용이 가능한지를 가지고 수학 이론의 타당성을 판정해야 한다면 기초론 연구자들은 그들 본래의 원칙과 신념을 저버려야 하는 것처럼 비칠 수도 있다. 그러나 이것은 그들 스스로 인식하고 있든 그렇지 못하든 간에 예전부터 수학의 타당성을 검증할 때 사용해 왔던 방법을 추인하고 있는 것일 따름이다. 수학사의 비논리적 발전 과정(5~8장 참조)을 볼 때 오랜 세월 동안 수학자들이 수학의 타당성을 믿었던 이유는 무엇일까? 그들은 증명에 문제가 있다는 점을 인식하지 못했기에 스스로가 무언가를 증명해 냈다고 생각했다. 하지만 그들은 음수, 무리수, 그리고 복소수에 대한 논리적 뒷받침이 없다는 사실을 잘 알고 있었다. 그들 역시 응용 가능성에 의존했던 것이다.

과학 응용이나 실험 증거를 판단 기준으로 내세울 경우 주목해야 할 결과가 생긴다. 유클리드의 이상은 진리인 공리에서 출발하여 타당한 추론을 통해 다른 진리들을 연역해 내는 것이었다. 과학 응용에 의지하는 것은 수학이란 개념 자체를 완전히 거꾸로 뒤집는다. 연역된 내용이 유용하게 응용된다면 공리는 그러한 결과를 유도하는 유일한 명제는 아닐지라도 최소한 이치에서 크게 벗어나지는 않는다는 뜻이 된다. 유용하거나 응용 가능한 수학이라는 의미에서는 진리는 밑에서 위로 거슬러 올라가지 않는다.

실제로 기초론 학파들을 이끌던 학자들은 자신의 신념과 배치되는 일들을 하고는 했다. 예컨대 직관주의 학파의 시조인 크로네커는 대수학 분야에서 자신의 기준과 맞지 않는 연구 성과를 냈다. 푸앵카레가 지적했듯이 크로네커는 자신의 철학을 잊고 있었던 것이다. 브라우베르 역시 1907년에 직관주의 철학을 천명했지만 그로부터 10년 동안 위상 수학 분야를 연구하면서 직관주의의 기본 주장을 무시했다.

정리하자면 아직 그 참됨이 확립되지 않은 기초론으로 수학의 타당성을 결정하려 해서는 안 된다. 수학의 '타당성'은 물질 세계에서의 응용 가능성을 보고 판단해야 한다. 수학은 뉴턴 역학과 마찬가지로 경험 과학이다. 수학은 응용 이론으로서 제대로 작동하는 한도 내에서만 옳은 이론이며, 제대로 작동하지 못할 때에는 수정되어야 한다. 사람들은 2,000년 동안 수학을 선험적 지식이라고 생각했지만 전혀 그렇지 않다. 수학은 절대적 진리도, 불변의 진리도 아니다.

만일 수학을 자연과학의 하나로 취급하려 한다면 과학이 어떻게 작동하는지 확실하게 아는 일이 중요하다. 과학에서는 관찰과 실험을 하고 이를 바탕으로 운동 이론, 빛, 소리, 열, 전기, 화학 결합 등에 관한 이론을 만들어 낸다. 이 이론들은 인간이 만든 것이며 앞으로 행할 관찰이나 실험 결과를 미리 예측할 수 있느냐로 그 타당성이 검증된다. 만일 예측이 최소한 실험 오차 이내로 검증된다면 그 이론은 타당한 이론으로서 받아들여진다. 그러나 그 이론은 나중에 언제라도 뒤집어질 가능성이 있으므로 물질 세계의 설계 속에 새겨져 있는 진리라기보다는 하나의 잠정적 이론으로 간주된다. 우리 모두는 과학 이론을 바라보는 이런 생각에 익숙해져 있다. 새로운 이론의 등장으로 기존 이론이 전복되는 사례를 무수히 보아 왔기 때문이다. 수학을 그런 식으로 바라보지 않는 이유는 철학자 밀이 지적했듯이 기초 산술과 유클리드 기하학이 오랫동안 유효함을 잃지 않았고 그래서 사람들이 수학을 진리로 착각했기 때문이다. 그러나 모든 수학 분야는 효용성을 지닌 이론일 따름이다. 효용성을 갖는 한, 우리는 그 이론을 받아들일 것이다. 하지만 더 나은 이론이 필요해질 때가 올지도 모른다. 수학은 인간과 자연을 매개하고, 인간의 내부 세계와 외부 세계를 매개한다. 수학은 우리 자신과 외부 세계를 잇는 웅장한 다리이다. 하지만 슬프게도 그 다리가 실제 세계나 인간 정신에 굳건하게 서 있지 못하다는 사실을 깨달아야 한다.

이성은 스스로의 계획에 따라 자신이 직접 건설한 것에 대해서만 그 내용을 꿰뚫어 본다. 그리고 이성은 나아갈 지표를 스스로 설정하기도 하지만 반드시 실험을 통해 자연으로부터 그 지표의 올바름을 확인받아야 한다. 이론을 만들어 내는 때가 있는가 하면 자연의 행동양식에 의거해 그 이론의 폐기 여부를 결정해야 하는 때도 있다.

대다수 수학 이론과 여타의 자연과학을 구별짓는 한 가지 특성이 있다. 지금까지 과학 이론은 급격한 변화를 보여 왔지만, 수학에서는 논리학, 수론, 고전 해석학이 오랫동안 변함없이 건재함을 과시하고 있다. 이러한 점에서 수학은 여타의 과학과 다르다. 절대적으로 신뢰할 만한 것인지의 여부는 차치하더라도 이 수학 이론들은 그 효용성을 충분히 발휘해 왔다. 즉 준경험적 이론이라고 부를 만하다.

이러한 견해를 뒷받침해 줄 근거는 해석학의 역사에서 찾을 수 있다. 미적분학의 논리를 두고 벌어진 논란에도 불구하고 미적분학은 방법론으로서 성공을 거두었다. 아이러니하게도 비표준해석학(12장 참조)이 라이프니츠의 무한소 이론에 논리적 근거를 제공했지만 미적분학의 모든 기법에 대해서는 논리적 근거를 제공하지는 못했다.

응용 가능성 검증 방법은 선택 공리에도 적용할 수 있다. 체르멜로도 1908년 논문에서 다음과 같이 말했다. "어떻게 페아노는 기본 원리를 얻게 되었을까? 그런 원리들은 증명이 불가능한데도 그것을 원리로 받아들인 근거는 무엇인가? 그는 역사의 과정에서 타당하다고 인정된 추론 방식을 분석하고 그 원리가 직관적으로 명백할 뿐만 아니라 과학에도 필수적이라는 점을 지적해 냄으로써 그러한 원리들의 근거를 마련한 것이다." 체르멜로는 선택 공리 사용으로 얻어 낸 성과를 내세우며 선택 공리를 옹호했다. 1908년 논문에서 그는 선택 공리가 초한수 이론과 데데킨트의 유한수 이론, 그리고 기술적인 해석학 문제 등에 유용하게 활용되는 사례들을 언급했다.

여러 학자들이 타당한 수학의 지표 및 검증 방법으로 과학 응용 가능성을 내세운 데에는 여러 기초론 가운데 하나를 선택하려는 의도 외에 다른 동기가 있었다. 그들은 물리 현상을 파악해 내는 수학의 능력이 크게 신장되었음을 인식했고 기초론 문제에 매진하더라도 인류에게 유용함을 주는 수학의 측면을 포기해서는 안 된다는 사실도 깨달았다. 다수의 수학자들이 100년 전에 실속보다는 겉모습에 치중하면서 과학을 포기했지만 그 당시에도 푸앵카레, 힐베르트, 폰 노이만, 바일 같은 뛰어난 수학자들은 물리학에 수학을 응용하고자 애를 썼다.

불행하게도 오늘날 대다수 수학자들은 응용 분야를 연구하지 않고 있다(13장 참조). 그 대신에 그들은 순수 수학 분야에서 더욱 빠른 속도로 새로운 결과를 속속 만들어 내고 있다. 새로운 연구 성과에 대한 간략한 논평을 싣는《수학 평론》이란 학술 잡지를 보면 얼마나 많은 연구(순수 및 응용 포함)가 이루어지고 있는지 알 수 있다. 매달 나오는 잡지에는 2,500편의 논문에 대한 평이 실려 있다. 1년이면 3만 편에 이른다.

수학의 본질을 논하는 학파가 여럿 존재하고 또 한 학파 안에서도 다양한 선택지가 있는 곤란한 상황이므로 순수 수학자들로서는 새로운 수학 이론을 만들기 이전에 기초론 문제에 천착해야 마땅할 것으로 여길 것이다. 그런데 어떻게 응용도 되지 않는 분야에서 새로운 결과를 내기 위해 그토록 신명나게 연구할 수 있는 것일까?

이 질문에 대해서는 여러 가지 대답이 있다. 다수의 수학자들은 기초론 연구에 무지하다. 1900년 이후로 수학자들의 연구 방식은 사람들이 여러 문제에 직면해 있을 때 취하는 전형적 방식과 동일하다. 대다수 수학자들은 수학이라는 건물에서 위쪽에 자리를 잡고 있다. 기초를 책임지는 사람들은 안전한 구조물이 되도록 밑으로 계속 파고들어 가지만 건물에 입주해 있는 사람들은 자기 일에만 몰두한다. 기초를 튼튼하게 만드는 사람들은 땅 아래로 너무 깊이 파고들어 가 사람들 눈에서 사라졌고, 따라서 건물 입주자들은 건물 붕괴의 위험이 있다는 점을 전혀 알지 못한다. 따라서 그들은 기존의 수학을 계속해서 사용한다. 그들은 기존 체계가 도전받고 있다는 사실을 알지 못하며 따라서 그 안에서 행복하게 일할 수 있는 것이다.

기초가 불안정하다는 사실을 알고 있는 수학자들이 있기는 하지만, 그들은 이 문제가 순수 수학의 문제가 아니라 철학의 문제라며 초연한 태도를 취한다. 기초와 관련하여, 또는 최소한 그들 자신의 수학 연구와 관련하여 심각한 문제가 제기될 가능성이 있다는 사실을 그들은 믿지 못한다. 그들은 낡아빠진 교리 안에 안주하기를 택한다. 그들의 마음속에는 다음과 같은 불문율이 자리하고 있다. "지난 75년 동안 아무 일도 일어나지 않았던 듯 행동하자." 그들은 존재하지 않는데도 누구나 받아들이는 완벽한 증명을 이야기한다. 그리고 마치 불확실성은 존재하지도 않는 양 논문을 쓰고 발표를 한다. 그들에게 중요한 것은 논문을 발표하는 것이다. 많이 발표하면 발표할수록 더 좋다고 생각한다. 만일 기초의 타당성에 대해 고려한다고 해도 일요일에만 그렇게 한다. 이때 기도로써 용서를 빌거나 아니면 경쟁자들이 무엇을 하고 있는지 살펴보기 위해 새 논문 쓰는 일을 잠시 중단한다. 옳든 그르든 자기 계발과 발전은 의무 사항이다.

기초에 관한 문제가 아직 해결되지 않았다는 이유를 들어 이들의 활동에 제한을 가할 만한 권위 있는 존재는 없는가? 학술지 편집자가 논문 게재를 거부하는 방법이 있을 수 있다. 하지만 편집자와 논문 심사 위원들도 대다수 수학자들과 동일한 입장을 취하는 동료 수학자들이다. 따라서 논문이 1900년경의 엄밀성 정도만을 유지하고 있다면, 그 논문은 문제없이 심사를 통과하여 출간된다. 만일 임금님도 벌거숭이고 대신들도 모두 벌거숭이라면 벌거벗은 몸은 더 이상 충격적인 것도 아니고 부끄러운 것도 아니게 된다. 언젠가 라플라스가 말했듯이 인간 이성은 진보를 이루는 데는 능해도 스스로를 점검하고 살피는 데에는 서툴다.

어쨌든 기초론 문제는 다수의 수학자들에 의해 뒷전으로 밀려나고 있다. 수리 논리학자들이 기초론 문제에 천착하고 있지만 이들을 수학 본령 밖에서 맴도는 집단으로 생각하는 경우가 많다.

기초론 문제를 모른 체하고 자신의 연구만 신경 쓰는 수학자들을 모두 비난할 수는 없다. 일부는 수학 활용에 진력하고 있으며 역사 속에서 수학의 존재 이유를 찾는다. 앞서 보았지만(5장, 6장 참조) 수 체계와 그 연산, 그리고 미적분학이 논리적 근거를 결여하고 있었고 그로 인해 한 세기가 넘도록 격렬한 논란이 일어났지만 수학자들은 수학을 활용했고 효용성을 지닌 새로운 결과를 계속해서 만들어 냈다. 증명은 조악했으며 아예 증명이 없는 경우도 있었다. 모순이 발견될 때면 수학자들은 자신들의 추론 방식을 다시 점검하고 수정했다. 추론 방식은 향상되었지만 19세기 후반의 기준에서 보면 여전히 엄밀하지 못했다. 그런 기준에 부합될 때까지 기다렸다면 수학자들은 아무런 진보도 이루지 못했을 것이다. 피카르가 지적했듯이 연속 함수가 반드시 미분 가능은 아니라는 사실을 뉴턴과 라이프니츠가 알았더라면 미적분학은 결코 탄생하지 못했을 것이다. 과거를 돌이켜 보면 무모함과 신중함이 모두 중요한 발전을 이루는 데 공헌했다.

철학자인 산타야나는 자신의 저서 『회의주의와 맹목적 믿음』에서 회의와 의심은 사고에서 중요하지만 맹목적 믿음은 행동을 낳는 중요한 요소라고 지적했다. 상당수의 수학 연구는 높은 가치를 지니는데, 이런 가치를 유지하고 키우려면 연구 활동이 계속되어야 한다. 맹목적 믿음은 확신을 심어 주어 행동할 수 있게 한다.

일부 수학자들은 자신의 연구에 암운을 드리우는 기초론 문제에 대해 관심을 표명해 왔다. 보렐, 베르 그리고 푸앵카레는 분명 집합론의 타당성을 의심했으나 그 결과의 신뢰성에 일정 부분 제한을 가하고는 집합론을 계속 사용했다. 1905년에 보렐은 칸토어의 초한수 이론이 핵심적인 수학 연구에 도움이 되기 때문에 기꺼이 그 이론을 수용한다고 말했다. 하지만 보렐을 비롯한 여러 사람들의 마음은 그다지 유쾌하지는 못했다. 현대 수학자 가운데 가장 심오한 사상가인 바일의 말을 들어 보자.

수학 및 논리학의 궁극적 기초에 대해서 우리는 그 어느 때보다도 확신을 갖고 있지 못하다. 오늘날 다른 모든 영역에 있는 사람들과 마찬가지로 우리 역시 우리 나름의 '위기'를 겪고 있다. 이 위기를 겪기 시작한 지도 50년 가까이 되었다(1946년 현재). 겉보기에는 이 위기가 일상적 연구 활동에 별다른 지장을 주지 않은 듯 보이지만 학자로서의 한평생을 돌아보건대 내 수학 연구에 상당한 영향을 끼쳤음을 고백하지 않을 수 없다. 그 위기는 나로 하여금 비교적 안전하다고 판단되는 분야로 관심을 돌리게 했고 또 연구에 대한 열정과 의지를 고갈시켰다. 자신의 과학 연구가 인류의 삶에 어떤 의미를 지니는지 관심을 기울이는 수학자라면 그러한 경험을 공유하고 있을 것이다.

수학의 타당성을 응용 가능성 여부로 잴 때 한 가지 질문이 생겨난다. 얼마나 훌륭하게 응용되는가 하는 질문이 그것이다. 1800년 이전의 수학은, 앞에서 여러 실례를 들어 언급했지만(3장 참조), 물질 세계의 현상을 기술하고 예측하는 데 탁월한 모습을 보였다. 하지만 19세기 들어 수학자들은, 그 동기가 아무리 훌륭했다고는 해도, 자연과는 무관하거나 심지어 자연과 합치되지 않는 개념과 이론을 도입했다. 예를 들면 무한 급수, 비유클리드 기하학, 복소수, 사원수, 기이한 대수 이론, 다양한 크기의 무한 집합 등을 비롯해 이 책에서 다루지 않은 수많은 이론들을 만들어 냈던 것이다. 애초에 이 개념과 이론이 응용될 수 있다고 기대할 만한 근거는 없었다. 우선, 현대 수학이 훌륭하게 활용되고 있는 현장을 확인해 보자.

지난 100년 동안의 가장 위대한 과학적 성취는 전자기학 이론, 상대성 이론, 그리고 양자 이론이다. 이 이론들은 모두 현대 수학을 광범위하게 사용하고 있다. 이 세 이론 가운데 첫 번째 것에 대해 살펴보자. 그 이유는 그 이론이 어떻게 응용되는지 누구나 익숙하게 잘 알고 있기 때문이다. 19세기 전반부에 여러 물리학자들과 수학자들 이 전기와 자기에 대한 다양한 연구를 수행했고, 그 결과 이 두 가지 현상에 관한 몇 가지 수학적 법칙을 얻게 되었다. 1860년대에 맥스웰은 이 법칙들이 서로 양립 가능한지 살펴보았다. 그는 이 법칙들이 수학적으로 양립하려면 방정식에 항을 하나 더 추가해야 한다는 사실을 깨달았고 그 항을 변위 전류라고 불렀다. 새로 도입한 항에 부여할 수 있는 유일한 물리적 의미는 전원(간단히 말하면 전류가 흐르는 전선)으로부터 전자기장, 또는 전자기파가 공간으로 퍼져 나가야 한다는 것이었다. 그러한 전자기파는 여러 주파수를 가질 수 있는데 오늘날 라디오나 텔레비전에 사용되는 전파를 비롯해 엑스선, 가시광선,

적외선, 자외선 등이 포함된다. 이렇게 순전히 수학만을 사용하여 맥스웰은 그때까지 알려지지 않은 여러 현상들의 존재를 예측했으며 또 빛이 전자기적 현상이라는 점도 밝혀냈다.

여기서 주목할 만한 사실은 전자기파가 무엇인지 그 물리적 의미를 우리는 전혀 알지 못하고 있다는 점이다. 오직 수학만이 그 존재성을 보증해 주고 있으며 그러한 수학의 도움으로 공학자들은 라디오와 텔레비전이라는 놀라운 기계를 만들어 냈다.

원자와 핵에서도 동일한 상황이 펼쳐지고 있다. 수학자들과 이론 물리학자들은 장—중력장, 전자기장, 전자장 등—을 마치 물결이 배와 기슭을 때리는 것처럼 공간으로 퍼져 나가 영향을 미치는 실제의 파로 이야기한다. 하지만 그러한 장은 허구이다. 그 물리적 속성에 대해서는 아무것도 모른다. 그 장들은 단지 빛, 소리, 물체의 운동 그리고 이제는 너무나도 친숙한 라디오와 텔레비전 같은 형태의 관찰 가능한 현상과 일정 부분 관련되어 있을 뿐이다. 언젠가 버클리는 도함수를 사라진 양의 허상이라고 말한 적이 있다. 현대 물리학 이론은 물질의 허상이다. 그러나 이러한 가상의 장들에 관한 법칙을 수학적으로 구성해 내고 이 법칙들로부터 결과를 도출해 냄으로써 물리적으로 적절히 해석했을 때 감각 인식으로 확인이 가능한 결론을 얻어 낸다.

현대 과학이 지니는 허구적 성격을 아인슈타인은 1931년에 다음과 같이 강조했다.

> 뉴턴의 체계에 따르면 물리적 실제 세계는 공간, 시간, 질점, 그리고 힘(질점의 상호 작용)으로 규정된다. ……
>
> 맥스웰 이후로 물리학자들은 물리적 실제 세계를 기계론적으로 설명

하기는 불가능하지만 편미분 방정식을 따르는 연속 장으로 표현된다고 생각했다. 실제 세계에 대한 개념의 이러한 변화는 뉴턴 이래 어떤 변화보다도 물리학에 가장 심오하고도 가장 풍성한 결과를 가져왔다.

과학 이론이 허구적 성격을 지닌다는 견해는 18세기와 19세기에는 지배적인 생각이 아니었다. 하지만 기본 개념 및 법칙과, 이 개념들과 법칙들에서 얻어 낸 결론 사이의 괴리가 더욱 커져 가면서 논리 구조가 더욱 간결해져 갔고——이는 논리적 구조를 지탱하는 데 필요한 독립적 개념 요소의 개수가 적어지고 있다는 의미이다.——그에 따라 그 견해는 차차 설득력을 얻어 가게 되었다.

현대 과학은 자연 현상을 합리적으로 설명함으로써 악마니 천사니 신비한 힘이니 하는 정령 숭배를 제거해 냈다고 칭송받아 왔다. 그런데 현대 과학은 감각에 호소하는 직관적이고 물리적인 내용을 점차 제거해 내고 있다는 점도 덧붙여야 한다. 현대 과학은 물질을 제거하고 있다. 현대 과학은 장이나 전자 같은 순전히 인위적이고 이상적인 개념을 사용하고 있다. 그리고 그런 개념에 대해서는 오직 그 개념을 규정하고 있는 수학 법칙만을 알고 있을 따름이다.

과학은 긴 수학적 연역을 거친 연후에나 최소한도의 필수적인 감각 지각만을 활용하고 있다. 과학은 합리화된 허구이며 그 합리화를 담당하는 것이 바로 수학이다.

전자기파가 공간으로 퍼져 나간다는 맥스웰의 예측을 실험을 통해 최초로 검증한 위대한 물리학자 하인리히 헤르츠(Heinrich Hertz, 1857~1894년)는 수학의 힘에 깊은 인상을 받은 나머지 솟구쳐 오르는 열정을 억누르지 못하고 이런 말을 했다. "이 수학 공식들이 지적 능력을 지닌 독립된 실재물이라는 인상을 지울 수 없다. 이들은 우리보다 더 현명할 뿐만 아니라 그 공식을 발견해 낸 사람들보다도 더 현명하다는 느낌을 떨쳐 버릴 수 없다. 또 우리가 본래 그 식들에 투여한 것보다 훨씬 더 많은 것을 그로부터 얻는다는 느낌 역시 떨쳐 버릴 수 없다."

제임스 진스(James Jeans, 1877~1946년)는 자연 탐구에서 수학의 역할을 강조했다. 『신비로운 우주』에서 그는 다음과 같이 말했다. "과학이 자연에 대해 그리고 있는 그림, 관측 내용과 합치될 가능성이 있는 유일한 그림은 수학적 그림이다. 수학 공식을 벗어나면 그 어떤 것도 확실성을 보장받지 못한다." 그가 볼 때 물리 개념 및 메커니즘은 수학적 설명을 가하기 위해 마련된 것이다. 따라서 역설적으로 들릴지 모르나 물리 개념 및 메커니즘은 환상에 지나지 않지만 수학 방정식은 현상을 제대로 포착해 내는 유일한 도구로 남는다.

『물리학과 철학 사이』에서 진스는 그 생각을 다시금 천명했다. 감각으로 파악할 수 있는 모델이나 그림을 통해 자연을 이해하기란 불가능하다. 우리는 물리적 사태의 본질을 결코 이해할 수 없다. 우리는 사태의 양태를 수학적으로 기술하는 데 머물러야 한다. 물리학이 최종적으로 얻는 수확물은 수학 공식이다. 물질의 참된 본질은 영원히 알 수 없다.

따라서 현대 과학에서 수학은 도구 이상의 역할을 한다. 수학의 역할은 실험으로 관찰되거나 확립된 내용을 공식으로 정리하고 체계화하며 그 공식으로부터 관찰이나 실험으로 얻을 수 없는 정보나 곧바로 얻을 수 없는 정보를 도출해 내는 것이라고 말해 왔다. 하지만 수학의 역할에 대한 이러한 설명은 실제 내용과는 크게 다르다. 수학은 과학 이론의 핵심이며 19세기와 20세기에 행해진 응용은 물리 현상을 바탕으로 구성해 낸 개념이 채택되던 시절보다 훨씬 더 강력했고 더욱 경이로웠다. 현대 과학의 성과——라디오, 텔레비전, 비행기, 전화, 전신, 고성능 음향 기기와 녹음기, 엑스선, 트랜지스터, 원자력(그리고 원자 폭탄) 등——를 모두 수학의 공으로 돌릴 수는 없지만 그래도 수학의 역할은 어떤 실험 과학의 역할보다도 근본적이고 필수 불가결한 것이었다.

17세기에 프랜시스 베이컨은 코페르니쿠스와 케플러의 천체 이론을 회의적으로 바라보았다. 그는 이 이론들이 실험과 관찰에서 얻어졌다기보다는 철학적 신념 또는 종교적 신념에서 생겨났다는 점을 걱정했다. 충분한 근거가 있는 베이컨의 회의적인 관점에도 불구하고 현대 수리과학 이론은 효용적이라는 이유 하나 때문에 자연과학을 지배하게 되었다. 물론, 수리과학 이론이 받아들여지려면 필수적으로 관찰 내용과 합치되어야 한다.

따라서 수학이 유용하게 활용되고 있느냐는 질문에 대해서는 조금의 주저함도 없이 긍정의 대답을 할 수 있다. 하지만 왜 수학이 유용성을 갖는가 하는 질문에 대해서는 쉽사리 답하지 못한다. 그리스 시대와 그 이후 오랫동안 수학자들은 황금이 묻혀 있는 장소를 명확히 알고 있다고 믿었고——그들에게 수학은 물질 세계에 관한 진리였고 논리학 원리 역시 진리였다.——그래서 그들은 열심히 그리고 신명나게 땅을 파헤쳤다. 그 결과, 그들은 눈부신 성공을 거두었다. 그런데 황금이라고 생각했던 것이 실은 황금이 아님을 이제는 알게 되었다. 하지만 그래도 값어치가 나가는 금속임도 알게 되었다. 이 귀한 금속은 여전히 자연의 작동을 매우 정밀하게 기술해 내고 있다. 왜 이와 같은 유용성을 갖는가에 대해서는 면밀하게 분석해 볼 만한 가치가 있다. 왜 사람들은 '엄밀한' 사고에 따라 구성된 독립적이고 추상적이고 또 선험적인 체계가 물질 세계와 관련되어 있다고 생각하는 것일까?

수학적 개념과 공리는 경험으로부터 나왔다는 대답이 가능하다. 논리학 법칙조차도 경험에서 비롯되었고, 따라서 경험과 합치된다는 주장을 펼 수 있는 것이다. 그러나 그런 설명은 지나치게 소박하다. 50마리 암소에 다시 50마리 암소를 더하면 100마리 암소가 되는 게 아니냐고 말하면 충분할지도 모른다. 수론과 기하학 분야에서는 경험에서 적절한 공리가 나오고 또 채택된 논리는 경험이 가르쳐 준 것 이상도 이하도 아닐지 모른다. 그러나 인간은 대수학, 미적분학, 미분 방정식 같은 여러 분야에서 경험에서 유래하지 않은 수학적 개념과 기법을 만들어 냈다.

경험과 무관한 이러한 수학 이론의 예 이외에도 수학적 직선은 비가산 집합의 점들로 이루어져 있다는 개념도 고려 대상이다. 미적분학에서 시간은 실수 체계처럼 '빼곡히 들어차 있는' 순간들로 구성되어 있다는 개념이 사용된다. 도함수의 개념(6장 참조)은 극히 짧은 시간 동안의 속도라는 물리적 개념에서 유래되었다. 그러나 도함수는 일정 시간이 경과하는 동안의 속도가 아니라 순간 속도를 나타낸다. 다양한 종류의 무한 집합은 경험의 소산이 아니지만 수학적 추론에 사용되고 있으며 만족할 만한 수학 이론을 위해서는 필수 불가결하다. 또한 수학은 물리적 속성이 명확하게 알려져 있지 않은 전자기장과 같은 개념을 형성하는 데 기여했다.

더욱이, 논리학 법칙과 일부 물리학 원리가 경험에서 비롯되었다고 해도 물리적으로 의미 있는 결론을 수학적으로 증명하는 과정에서 그러한 법칙들이 여러 차례 사용되고 또 증명은 논리에 온전히 의존한다. 순수한 수학적 추론은 해왕성의 존재를 미리 예측하기도 했다. 그렇다면 자연은 논리학 원리를 따르는 것일까? 다시 말해서 자연의 작동 방식을 알려주는 논리학 체계가 존재하는 것일까? 추상화에 관한 수많은 정리와 연역을 수반하는 주요 이론들이 공리만큼이나 실제 세계와 밀접하게 맞닿아 있다는 사실은 실제 현상을 믿기 어려운 수준의 정밀함으로 그려 내고 있는 수학의 힘을 보여 준다. 왜 여러 단계를 밟아 결과를 이끌어 내는 순수 추론에서 놀랄 만큼 높은 응용성을 지닌 결과가 도출되어 나오는 것일까? 이는 수학의 가장 큰 역설이다.

이렇게 우리는 이중의 수수께끼를 안고 있다. 물리 현상을 물리학적으로 파악하더라도 공리에서 연역된 수많은 명제들이 공리와 마찬가지로 응용성을 지니는 경우가 있다. 왜 수학은 그러한 힘을 발휘하는 것일까? 그리고 물리 현상에 대한 가설만이 있고 그러한 현상의 기술에 수학만이 사용되는 경우가 있다. 왜 수학은 그러한 힘을 발휘하는 것일까? 이 질문을 소홀히 넘길 수는 없다. 과학과 기술의 상당 부분이 수학에 의존하고 있기 때문이다. 수학이 진리라는 기치 아래 투쟁해 오면서 승리를 거둘 수 있었던 데에는 신비로운 마법의 힘이 개재되어 있었기 때문일까?

이 문제는 반복해 제기되었는데 특히 『상대성 이론에 대한 간접 설명』(1921년)에서 아인슈타인이 언급한 내용이 주목할 만하다.

모든 시대의 과학자들을 괴롭혀 온 문제가 있다. 수학은 경험과는 무관한 인간 사고의 산물이다. 그런데 왜, 물리적 현실 속의 대상물들과 완벽하게 합치되는 것일까? 인간 이성은 경험에 의존하지 않고 순수한 사고만으로도 사물의 속성을 발견해 낼 수 있는 것일까?

수학 명제가 실제 세계를 대상으로 삼는 한, 그 명제는 확실하지 않다. 그리고 수학 명제가 확실할 경우는 실제 세계를 대상으로 삼지 않는 때이다.

아인슈타인은 수학의 공리화가 이러한 특성을 분명하게 했다고 설명한다. 그는 수학의 공리와 논리학의 원리가 경험에서 도출된 것임을 이해했다. 하지만 경험과는 무관하고 또 인간 정신이 만들어 낸 개념을 다루는 순수한 추론이 왜 그렇게 주목할 만한 응용성을 갖는 결과를 이끌어 내는지 의문을 제기했다.

이에 대한 한 가지 답은 칸트로부터 연유했다. 칸트는 우리가 자연을 알지 못하며 알 수도 없다고 주장했다(4장 참조). 단지 우리에게는 감각 지각만이 주어져 있을 따름이다. 인간 마음에는 공간과 시간에 관한 구조가 이미 짜여져 있고(직관을 지칭하는 칸트의 용어이다.) 이러한 정신 구조의 지시에 따라 이 지각들을 조직한다. 예컨대 공간 지각을 유클리드 기하학의 법칙에 따라 조직하는 이유는 인간 정신이 그렇게 하기를 요구하기 때문이다. 그렇게 조직되고 나면 공간 지각은 계속해서 유클리드 기하학의 법칙을 따르게 된다. 물론, 유클리드 기하학을 고집한 점에서 칸트는 오류를 범했지만, 인간 정신이 자연의 행동 방식을 결정한다는 그의 주장은 부분적인 해답을 제공해 준다. 정신은 공간과 시간에 대한 개념을 만들어 낸다. 우리는 정신이 우리로 하여금 보게 하려고 미리 결정해 놓은 것을 보는 것이다.

칸트의 견해와 약간 유사하지만 그것을 더욱 확장한 견해를 피력한 사람이 우리 시대 최고의 물리학자인 에딩턴이다. 에딩턴에 따르면 인간 정신은 자연의 행동 양태를 결정한다.

과학이 최고의 진보를 이룬 현재, 정신은 자연 속에 자신이 스스로 투입해 놓은 것을 다시 길어 올릴 따름이라는 사실을 우리는 알게 되었다. 우리는 미지의 세계가 시작되는 기슭에서 이상한 발자국을 발견하고 그 기원을 밝히기 위해 심오한 이론들을 차례로 만들어 냈다. 마침내 그 발자국의 주인공을 찾아내는 데 성공했다. 그런데 보라! 그 주인공은 우리 자신이 아닌가!

수학이 효용성을 갖는 이유에 대한 칸트의 설명을, 최근에 화이트헤드는 더욱 정교하고 상세하게 다듬었다. 또 브라우베르도 1923년 논문에서 칸트의 설명을 재천명했다. 그 핵심 내용은 수학이 외부 세계에서 일어나는 현상과 독립되어 있다고 할 수 없으며, 외부 세계에서 일어나는 현상에 적용되는 것이라기보다는 현상을 인식하는 인간 고유의 방식 가운데 한 요소라는 것이다. 우리에게 자연은 객관적으로 주어져 있지 않다. 자연이란 감각을 바탕으로 하여 인간이 지어낸 것이고 수학이란 바로 그 감각 소여를 조직하는 주요한 도구이다. 그렇다면 수학은 거의 자동으로 인간이 알고 있는 범위 안에서 외부 세계를 기술하게 된다. 다수의 사람들이 동일한 수학적 조직을 받아들이고 있다는 사실은 인간 정신이 서로 유사하게 기능한다는 주장으로 설명되거나 특정한 수학 구조를 받아들이도록 길들이는 문화 및 언어 환경으로 설명된다. 공간에 관한 최종 이론이 아닌 유클리드 기하학이 득세하고 있다는 사실에서 후자의 견해는 설득력을 얻는다. 태양 중심설에 대해서도 동일한 주장을 펼 수 있다. 왜냐하면 그것은 관측 내용이 프톨레마이오스의 천동설과 일치하지 않아서 태양 중심설이 제기된 것은 아니었기 때문이다. 더욱이 천동설을 새로운 관측 결과에 맞춰 수정했더라면 수학적으로 복잡하다는 단점을 제외하면 천동설 역시 의심할 여지 없이 태양 중심설 못지않은 유용성을 보였을 것이다.

위의 생각이 지니는 핵심적 내용은 다음과 같이 표현할 수 있을 듯싶다. 우리는 복잡다단한 현상으로부터 수학적으로 기술이 가능한 속성을 지니는 단순한 체계를 추상해 내려 한다. 이러한 추상화의 힘 덕분에 수학은 자연을 놀랄 만한 수준으로 정확하게 기술해 낸다. 더욱이, 우리는 우리의 수학적 '렌즈'가 허용하는 것만을 본다. 이러한 생각을 윌리엄 제임스는 『프래그머티즘 강의』에서 이렇게 표현했다. "수리 과학과 물리 과학의 위대한 성과는 세계를 경험의 조악한 질서 속에 던져 넣는 것보다는 우리 마음속에서 좀 더 이성적인 모습을 갖추게 하려는 불요불굴의 욕구에서 비롯된다."

최근에 어떤 이는 더욱 시적인 언어로 이러한 생각을 표현했다. "실제 현실이란 모든 여성 가운데 가장 매력적인 여성이다. 왜냐하면 언제나 당신이 원하는 모습 그대로 단장하고 있기 때문이다. 그러나 그 여성은 당신의 영혼이 머무를 만한 굳건한 안식처를 제공해 주지는 못한다. 왜냐하면 그 여성은 그림자이기 때문이다. 당신의 꿈속을 벗어나면 그 여성은 존재하지 않는다. 또 그 여성은 자연이라는 거울에 비친 당신 자신의 생각에 불과한 경우가 많다."

그러나 마음이 우리로 하여금 보도록 정해 놓은 것만을 우리가 본다는 칸트의 설명은 수학이 왜 유용성을 갖는가 하는 질문에는 충분한 답이 되지 못한다. 칸트 시대 이후에 발전되어 나온 전자기학과 같은 이론은 인간 정신이 본래부터 지니고 있던 것도 아니거니와 정신이 감각들을 조직화한 것도 아니다. 칸트의 설명을 고집한다면 라디오나 텔레비전도 존재하지 않는 것이 된다. 왜냐하면 마음이 내적 구조에 따라 감각 구조를 조직하는 식으로 자연의 행동 양태에 대한 개념을 정신이 구성하고 나야지만 우리는 라디오와 텔레비전을 지각할 수 있기 때문이다.

수학이 자율적이라고 믿는 수학자들이 있다(14장 참조). 그들은 수학 공리들이 순수 이성의 산물이든 경험으로부터 추출한 것이든 간에, 그 이후의 구성은 경험과는 무관하게 이루어진다고 생각한다. 그렇다면 어떻게 수학은 물리 세계, 특히 물리 현상에 응용될 수 있는 것일까? 이에 대해서는 여러 답변이 있다. 하나는 수학 공리가 무정의 술어를 사용하고 있는데 이 무정의 술어를 주어진 물리적 상황에 맞추어 해석할 수 있다는 것이다. 예컨대 비유클리드 기하학 가운데 하나인 타원기하학은 보통 사용되는 직선에도 적용이 되지만 대원을 직선으로 삼는 구면 기하에도 적용된다.

이런 형태의 설명을 제시한 사람이 푸앵카레였다. 그는 수학이 공리로부터 명제를 연역해 내는 순수한 연역적 과학이라는 점을 기꺼이 인정했다. 따라서 사람들은 감각에서 유래한 공리를 이용하여 유클리드 기하학이나 비유클리드 기하학을 구성해 낸다. 이러한 기하학의 공리와 정리는 경험적 진리도 아니고 선험적 진리도 아니다. 직교 좌표 대신에 극좌표를 사용하는 것을 두고 참이니 거짓이니 할 수 없는 것과 마찬가지로 이 명제들은 참도, 그렇다고 거짓도 아니다. 푸앵카레는 이들을 가리켜 대상물을 정돈하고 측정하기 위해 마련한 약속 또는 위장된 개념 정의라고 불렀다. 푸앵카레에 따르면 우리는 가장 편리한 기하학을 사용한다. 하지만 우리가 직선을 단단하게 잡아당긴 줄이나 자의 날처럼 똑바른 대상으로 해석하는 유클리드 기하학을 사용하는 이유는 그 기하학이 가장 단순한 기하학이기 때문이다. 그런데 왜 그로부터 나오는 명제들은 여전히 유용하게 응용될까? 푸앵카레는 이 질문에 수학과 맞아떨어지도록 우리가 물리 법칙을 수정한다고 답했다.

푸앵카레의 주장을 쉽게 설명하기 위해 측량 기사들이 어떻게 거

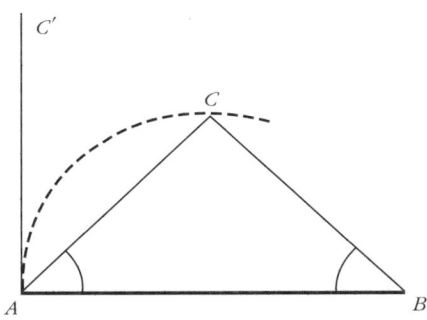

그림 15.1

리를 측정하는지 살펴보도록 하자. 우선 측량 기사들은 편리한 기선 AB를 정한다(그림 15.1 참조). 그리고 줄자를 이용해 기선의 길이를 직접 잰다. AC의 거리를 알아내기 위해 측량 기사는 각 A를 결정하는데, 점 A에서 망원경으로 점 C를 바라본 다음, 점 B가 보일 때까지 망원경을 회전시킨다. 그러면 얼마나 회전했는지 경위의(經緯儀)에 표시가 되면서 A의 각을 알 수 있게 된다. 동일한 방법으로 B의 각을 잰다. 그는 C에서 나와 A로 가는 빛과 B에서 A로 가는 빛이 곧은 직선을 따라 움직인다는 가정하에서 측량 작업을 진행한다. 그리고 곧은 직선을 다루는 데에는 유클리드 기하학의 공리가 적합하므로 유클리드 기하학이나 삼각법을 이용하여 AC와 BC를 측량한다. 하지만 측량 기사의 측량 결과가 틀릴 가능성도 있다. 왜냐하면 C에서 A로 움직일 때 빛이 그림 15.1에 나와 있는 점선을 따라갈 수도 있기 때문이다. 그런 경우라면 C에서 나오는 빛을 똑바로 보기 위해서는 점선에 접하는 방향으로 망원경을 돌려야 한다. 그러므로 망원경으로는 점 C를 보고 있지만 실제로는 C′를 향하게 된다. 결국, 실제로 그가 측정한 각은 각 CAB가 아니라 각 C′AB이 된다. 따라서 유클리드 기하학을 사용하면 잘못된 측량 결과가 나오게 된다.

결국 여기에서 중요한 것은 빛이 어떤 경로를 따라 움직였는가가 된다. 경로는 곧은 직선이다. 하지만 대기의 굴절 때문에 빛이 휘는 경우도 때로 있다. 측량 기사가 AC와 BC에 대해 틀린 측량 결과를 얻었다고 가정해 보자. 빛의 경로가 휘어져 있다고 생각할 근거는 없지만 이 문제를 해결하기 위해서는 휘어진 것으로 간주해야 한다. 그러면 각 A와 B의 측정치를 수정할 수 있게 되고 여기에 유클리드 기하학을 적용하여 AC와 BC의 올바른 수치를 얻어 낼 수 있게 된다.

이렇게 푸앵카레는 수학을 물리적 현실 세계와 맞아떨어지도록 만들 수 있다고 주장하면서 하나의 실례로 지구의 자전 문제를 들었다. 그는 수학 이론이 간결해진다는 것만으로도 지구 자전을 물리적 사실로 받아들여야 한다고 주장했다. 사실, 코페르니쿠스와 케플러가 천동설을 배격하고 그 대신에 태양 중심설을 채택한 이유는 오로지 수학 이론이 매우 간결해지기 때문이었다.

푸앵카레의 과학철학에는 장점이 있다. 우리는 추론을 물리적 사실과 합치시키기 위해, 필요한 경우 간결한 수학 이론을 사용하여 물리학 법칙을 바꾼다. 그런데 오늘날 수학자들과 과학자들이 사용하는 기준은 수학 이론 및 물리 이론 전체의 간결성이다. 만일 가장 단순한 통합 이론을 만들어 내기 위해서 비유클리드 기하학을 사용해야 한다면——아인슈타인이 그랬던 것처럼——우리는 기꺼이 비유클리드 기하학을 사용할 것이다.

푸앵카레는 어떻게 수학이 유용성을 갖도록 만들어졌는지 더욱 명확하게 설명하기는 했지만 수학과 자연의 합치가 인간 정신에 의해 이루어졌다고 믿는다는 점에서 칸트의 설명에 일정 부분 동의하고 있다. 『과학의 가치』에서 그는 다음과 같이 주장했다.

인간 지성은 자연에서 조화를 발견했다. 그런데 과연 그 조화는 인간 지성과 독립하여 존재하는가? 절대 그렇지 않다. 정신에서 완전히 독립된 실체는 불가능하다. 그 실체를 떠올리고, 보고, 느끼는 정신이 전제되어야 한다. 세계는 설사 존재한다고 해도 우리 정신 밖에 존재하기 때문에 영원히 파악되지 않는다. 우리가 '객관적 실체'라고 부르는 것은 엄밀하게 말해서 여러 사고하는 존재들에게 공통된 것, 모든 존재에게 공통될 가능성이 있는 것을 가리킨다. 앞으로 보겠지만 이러한 공통되는 부분이 될 가능성이 있는 대상은 오직 수학적 법칙으로 표현되는 조화뿐이다.

그리고 왜 수학이 응용성을 갖는지 설명하는, 다소 모호하고 어쩌면 지나치게 소박하다고 평할 만한 견해들이 있다. 이 견해들에 따르면 객관적인 물질 세계가 존재하고 인간은 수학이 그 물질 세계에 들어맞도록 끊임없이 노력한다. 응용을 통해 수학에서 잘못된 해석이나 명백한 오류가 발견되면 우리는 수학을 수정한다. 힐베르트는 이 견해를 제2차 세계 수학자 대회(1900년)에서 표명했다.

하지만 이러한 순수 사고의 창조적 행위가 진행되는 동안에도 외부 세계는 다시 한 번 그 타당성을 입증하며, 현상을 통해 새로운 문제들을 제기함으로써 새로운 수학 지식의 영역을 열어 줍니다. 그리고 이 새로운 영역을 순수 사고의 지배 아래에 두기 위해 노력하는 과정에서 풀리지 않던 문제의 답을 발견하는 때가 자주 생기고 그에 따라 우리는 가장 효율적인 방식으로 이전의 이론들을 한층 높은 수준으로 발전시키게 됩니다. 제가 보기에는, 이러한 사고와 경험의 반복되는 상호 작용에 의존하여 수학자들은 다양한 지식 영역에 걸쳐 있는 문제, 방법, 개념 사이에 놀랄 만한 유사성을 찾아내고 명백하게 예정된 조화를 발견합니다.

수학의 응용성에 대한 좀 더 단순한 설명들은 모두 그리스 시대부터 1850년경까지 수학자들이 믿고 있던 내용을 반복하고 있다. 어떤 사람들은 자연이 수학적으로 짜여 있다는 믿음을 여전히 지니고 있다. 그들은 물리적 현상에 관한 예전의 수학 이론이 완벽하지 못하다는 점을 인정하기는 하지만 더욱 많은 현상을 포괄할 뿐만 아니라 관측 결과와 좀 더 정확하게 일치하는 방향으로 끊임없이 개선되고 있음을 지적한다. 예컨대 뉴턴 역학이 아리스토텔레스 역학을 대체했고 뉴턴 역학보다 더 나은 상대성 이론이 나왔다는 것이다. 바로 이러한 역사가 자연이 수학적으로 설계되어 있으며 인간은 그 진리에 가까이 다가가고 있음을 증언해 주고 있지 않은가? 하고 반문한다. 에르미트는 수학과 과학의 합치에 대해 이렇게 설명했다.

내가 속고 있는 것이 아니라면 물리적 실제 세계가 존재하듯이 수학적 진리가 모여 있는 세계가 존재한다. 우리는 오직 우리의 지성을 통해서만 수학적 진리에 접근할 수 있다. 수학적 진리의 세계와 물리적 실제 세계는 하느님이 만들었으며 우리 인간과 독립적으로 존재한다. 이 둘이 별개의 세계로 보이는 이유는 인간 정신의 한계 때문이다. 좀 더 강력한 사고력을 지닌 존재에게는 서로 다르지 않은 하나의 세계일 따름이다. 이 두 세계의 통합이 추상적 수학과 물리학의 여러 분야 사이의 놀랄 만한 대응에서 부분적으로 드러나고 있다.

레오 쾨니히스베르거(Leo Königsberger, 1837~1921년)에게 보낸 편지에서 에르미트는 다음과 같이 덧붙였다. "해석학의 이런 개념들은 우리와는 무관하게 독립적으로 존재하고 있습니다. 이 가운데 일부만이 우리에게 드러나며 감각을 통해 우리가 인지하는 다른 모든 대상들과 더불어 신비롭지만 명료하게 다가옵니다."

진스 역시 『신비로운 우주』에서 "위대한 우주의 설계자는 창조 행위를 할 때 순수 수학자의 모습으로 나타나기 시작한다."라는 고대의 견해를 받아들인다. 그런데 처음에는 인간이 만든 수학이 "궁극적 실재와는 맞닿아 있지 않다."라고 인정한다. 하지만 책 뒷부분에서는 좀 더 독단적으로 바뀌어 간다.

수학자들이 외부 세계에 크게 의존하지 않고 내적 의식을 동원하여 수학 규칙을 만들어 내고 있지만, 자연은 그런 순수 수학의 규칙에 매우 정통한 듯 보인다. …… 어쨌든 자연과 인간의 수학적 정신은 모두 동일한 법칙에 따라 작동한다는 점은 논란의 여지가 없이 확실하다.

에딩턴도 말년에는 자연이 수학적으로 설계되었다고 확신하게 되었다. 그는 『기초 이론』에서 인간 정신은 선험적 지식으로부터 자연에 관한 순수한 과학을 만들어 낼 수 있다고 단언했다. 그러한 과학만이 가능하며 다른 과학은 논리적 모순을 갖게 된다는 것이다. 과학의 모든 세부 내용이 그런 식으로 얻어질 수 있는 것은 아니지만 일반 법칙은 그런 방식으로 얻어질 수 있다. 예컨대 빛이 유한 속도로 움직인다는 결론은 정신을 통해 얻을 수 있다. 자연의 상수—예컨대 전자의 질량에 대한 양성자 질량의 비—도 선험적으로 결정이 가능하다. 이러한 지식은 실제 관측과는 무관하며 실험 지식보다 더욱 확실하다는 것이다.

1941년, 미국 최초의 위대한 수학자 버크호프는 에딩턴의 주장을 주저하지 않고 반복하며 지지의 뜻을 밝혔다.

물리학 법칙의 전체 체계 안에서 인식론적 숙고로부터 명료하게 연역되지 않는 것은 아무것도 없다. 우주를 경험하지 못해 낯설어하더라도 감각 경험을 해석하는 사고 체계를 숙지하고 있는 사람이라면 순수 이성만으로도 실험으로 얻어 낸 물리학 지식을 얻어 낼 수 있다. …… 예를 들어 그는 지구의 크기는 추론해 내지 못해도 라듐의 존재와 성질은 추론해 낼 수 있다.

젊은 시절 아인슈타인은 수학이 실재와 부합되는 이유를 다소 부적절하지만 그래도 합리적인 방식으로 설명했다.

물리학 발달 과정을 보면 어느 때이고 그 당시의 모든 가능한 이론들 가운데 오직 하나만이 가장 월등한 것으로 판명이 난다. 현상과 그 이론적 원리 사이에 논리적 연관성이 없는데도 불구하고 이러한 문제를 깊이 생각한 사람이라면 현상계가 이론 체계를 유일하게 결정한다는 사실을 부인하지 못할 것이다. 이것이 바로 라이프니츠가 그토록 만족스러워하며 '예정 조화'라고 부르던 것이다.

좀 더 원숙해진 시기에 그는 『나의 세계관』(1934년)에서 다음과 같이 주장했다.

지금까지 우리 경험은 자연이란 상상할 수 있는 가장 단순한 수학적 관념들의 현현이라는 믿음을 뒷받침해 준다. 순수한 수학적 구성을 통해 개념들과 이 개념들을 서로 관련짓는 법칙을 발견해 낼 수 있다고 나는 확신한다. 바로 그러한 개념과 법칙은 자연 현상을 이해하는 열쇠를 제공해 준다. 경험이 적절한 수학적 개념을 제시해 줄 수도 있지만 결단코 경험으로부터 수학적 개념을 도출할 수는 없다. 물론, 경험은 수학 이론의 유용성을 판정하는 유일한 기준으로 남는다. 하지만 창조적 원리는 수학 안에 존재한다. 따라서 나는 어떤 의미에서 순수한 사고는 고대인들이 꿈꿔 왔던 대로 실재를 파악해 낸다고 믿는다.

다른 구절에서 아인슈타인은 이제는 유명해진 하느님에 관한 문구로 자신의 신념을 재차 확인한다. "어쨌든 나는 하느님이 주사위를 던지지는 않는다고 확신한다." 그리고 설사 하느님이 주사위를 던진다고 해도, 언제인가 랠프 월도 에머슨(Ralph Waldo Emerson, 1803~1882년)이 말했듯이, "하느님의 주사위는 항상 미리 정해진 대로 그 수가 나오게 되어 있다." 이 대목에서 아인슈타인은 현재 우리가 확보하고 있는 수학 법칙이 올바른 것이라고 주장하지는 않지만 올바른 수학 법칙은 분명 존재하며 그 참된 법칙에 더욱더 가까이 다가갈 수 있다고 말한다. "하느님은 포착하기 어려운 존재이지 결코 악의에 찬 존재는 아니다.".

뛰어난 과학사학자이자 과학철학자인 피에르 뒤앙(Pierre Duhem, 1861~1916년)은 『물리 이론의 목표와 구조』에서 아인슈타인과 마찬가지로 의구심을 극복하고 확신에 찬 긍정의 목소리를 내고 있다. 먼저 그는 물리 이론을 "실험적 법칙들의 본질을 설명하려는 의도 없이 그 법칙들을 논리적으로 개괄하고 분류하는 것을 목적으로 하는 추상 체계"로 묘사했다. 이론은 근사적이고 잠정적이며 "객관적 외연이 모두 사상된" 것이다. 과학은 지각 가능한 현상만을 다룬다. 이론을 구성하면서 "지각 가능한 현상에서 베일을 벗겨낸다."는 환상을 포기해야 한다. 어느 천재 과학자가 혼란스러운 현상들을 수학적 질서와 명료함으로 수미일관되게 정리해 놓을 때 그는 이해 가능한 개념을 버리고 대신 우주의 어떤 참된 속성도 드러내지 않는 추상적 기호 체계를 채택함으로써 그런 성과를 이루는 것이다. 그러나 뒤앙은 "수학 이론을 통해 얻어 낸 이러한 질서와 조직화가 실제 질서와 조직화의 모상이라고 믿기는 불가능하다."라는 선언으로 논의를 끝맺는다. 세계는 어느 위대한 건축가가 수학적으로 설계했다. 하느님은 영원히 기하학으로 세계를 구성하고 인간이 만든 수학은 그 설계를 기술한다.

바일은 수학이 자연의 질서를 반영한다고 확신했다. 어느 강연에서 그는 이렇게 말했다.

> 간결한 수학 법칙의 모습으로 우리의 마음속에 스스로를 드러내는 숨겨진 조화가 자연에 내재해 있다. 자연에서 일어나는 사건을 관측과 수학적 분석으로 미리 예측할 수 있는 것은 바로 그 때문이다. 물리학 역사에서 조화에 대한 이러한 확신 또는 꿈은 여러 차례 기대를 넘어 충족되어 왔다.

하지만 이런 생각은 소망의 표현이었던 듯하다. 왜냐하면 자신의 책 『수학과 자연과학에 관한 철학』에서 그는 다음과 같이 덧붙였기 때문이다.

> 하지만 진리와 실재에 대한 초월적 믿음이 지탱해 주지 않는다면, 그리고 사실 및 구성과 관념의 심상 사이에 끊임없는 교호 작용이 없다면 과학은 소멸되고 말 것이다.

진스, 바일, 에딩턴, 아인슈타인의 견해를 가볍게 취급할 수는 없지만 수학과 자연 간의 관계에 대한 이들의 견해는 지배적인 견해가 아니다. 유클리드 기하학이 매우 성공적으로 자연을 수학적으로 설명해 냈기 때문에 수학자들 사이에서 수천 년 동안 의심할 여지 없는 진리로 받아들여졌던 것처럼 이러한 설명 역시 매우 합리적인 듯 보인다. 그러나 오늘날 자연이 수학적으로 설계되었다는 믿음은 지나친 억지로 취급받고 있다.

수학과 물질 세계 사이에 대응 관계를 주장하는 또 다른 설명이 있기는 하지만 일반적으로 이해되고 있는 종류의 것은 아니다. 지난 100여 년 동안 자연을 통계적으로 바라보려는 움직임이 생겨났다. 이러한 생각은 다소 아이러니하게도 라플라스에게서 시작되었다. 라플라스는 자연의 움직임은 수학적 법칙에 따라 완벽하게 결정되지만 그 움직임의 원인을 항상 파악할 수 있는 것은 아니며 또 관찰은 단지 근사적으로만 옳을 따름이라고 철저하게 믿었던 인물이었다. 따라서 확률론을 적용하여 가장 개연성이 높은 원인을 결정하고 확률적으로 타당성이 가장 높은 데이터를 확정해야 한다고 주장했다. 이 분야의 고전이 바로 라플라스가 쓴 『확률론의 해석학적 이론』(제3판, 1820년)이다. 방대한 확률론의 역사를 여기에서 다룰 필요는 없다. 그러나 한 세기가 채 지나지 않아 자연의 움직임은 법칙에 따라 결정되는 것이 아니라 무질서하다는 생각이 그 뒤를 이었다.

자연은 무질서하다. 하지만 개연성 높은 움직임 또는 평균적인 움직임이 있다. 바로 이것이 우리가 관측하는 내용이며, 우리는 이를 두고 수학 법칙에 따라 결정된다고 말하는 것이다. 이는 사람들의 수명은 다양하지만——갓난아이 때 죽는 사람이 있는가 하면 백수를 누리는 사람도 있다.——모든 남성과 여성에 대한 기대 수명이 있고 특정 연령대에 대해서도 기대 수명이 주어져 있는 것에 비유할 수 있다. 보험 회사는 이러한 데이터를 이용해 매우 성공적으로 사업을 해나간다. 자연을 통계적으로 바라보는 방식은 양자론의 발전으로 최근에 각광을 받고 있다. 양자론에 따르면 견고한 개체로서 한 지점을 점유하는 입자는 존재하지 않는다. 입자는 공간의 어떤 곳에도 존재할 개연성이 있지만 그 가운데에서도 특정 지점에 있을 확률이 가장 높을 따름이다.

어쨌든 통계적 관점에 따르면 자연에 관한 수학적 법칙은 기껏해야 자연의 행동 방식 가운데 개연성이 가장 높은 것을 기술한다. 하지만 이 법칙들은 지구가 갑자기 궤도를 벗어나 우주를 떠돌 가능성을 배제하지 않는다. 개연성이 가장 높은 것이 실제로 일어나지 않을 가능성이 있다.

오늘날 일부 과학철학자들이 내리고 있는 결론은 수학의 불가해한 힘은 여전히 불가해한 채로 남아 있다는 것이다. 이러한 견해를 최초로 표명한 사람이 철학자 찰스 샌더스 퍼스였다. "여전히 발견되지 않은 비밀이 남겨져 있을 가능성이 높다."

슈뢰딩거는 『생명이란 무엇인가』에서 인간이 자연 법칙을 발견해내는 기적은 인간 이해의 범위를 넘어서는 것일지 모른다고 말했다. 또 다른 저명한 물리학자 다이슨도 "물리 세계와 수학적 세계 사이의 관계를 이해하기는 아직도 요원하기만 한 듯 보인다."라고 말했다. 또 아인슈타인의 다음 말도 여기에 덧붙일 만하다. "세계와 관련해 가장 이해할 수 없는 일은 그 세계를 이해할 수 있다는 사실이다."

또 다른 노벨 물리학상 수상자인 유진 폴 위그너(Eugene Paul Wigner, 1902~1995년)는 1960년에 발표한 어느 글에서 설명되지 않는 수학의 효율성에 대해 논의했다. 하지만 쟁점을 다시 언급할 뿐, 어떤 새로운 설명도 하지 않고 있다.

물리학 법칙을 체계화하는 데 수학이라는 언어가 매우 적합하다는 사실은 이해의 범위를 넘어서는 하나의 기적이다. 이 기적은 우리에게는 너무도 과분한 선물이다. 우리는 이 선물에 감사해야 하며, 좋든 나쁘든 간에 이 기적이 앞으로도 계속 지속되어 여러 지식 분야로 광범위하게 확산되기를 희망해야 한다.

이렇게 우리는 수학의 신령스러운 힘을 찬양하는 사람들을 살펴봤다. 그러나 이러한 '설명들'은 소극적 옹호의 수준에 머물러 있다. 인상적인 언어를 구사하며 수학이 왜 효용성을 갖는가를 답할 수 없다고 완곡하게 인정하고 있는 점을 제외하고는 알맹이가 없는 말들이다.

수학이 효용성을 지니는 이유에 대한 설명이 만족스럽든 불만족스럽든 간에 자연 자체와 자연에 대한 수학적 기술은 동일하지 않다는 사실을 인식하는 것이 중요하다. 차이는 단순히 수학이 관념화된 것이라는 점만이 아니다. 수학적 삼각형은 분명히 물리적 삼각형이 아니다. 그러나 수학은 물리적 현실로부터 그보다 훨씬 더 멀리 떨어져 있다. 기원전 5세기에 제논은 몇 가지 역설을 제기했다. 그 목적이 무엇이든 그가 제기한 운동에 관한 첫 번째 역설은 수학적 개념화와 경험 사이의 차이를 예시해 준다. 첫 번째 역설에서 제논은 경주자가 결코 경주를 마칠 수 없다고 주장한다. 왜냐하면 우선 가야 할 거리의 $\frac{1}{2}$을 가야 하고 그 다음에는 남은 거리의 $\frac{1}{2}$을 가야 하고 다시 나머지 거리의 $\frac{1}{2}$을 가야 하고, 이런 식으로 계속 달려가야 하기 때문이라는 것이다. 따라서 경주자는 다음 거리를 모두 달려야 한다.

$$\frac{1}{2}+\frac{1}{4}+\frac{1}{8}+\frac{1}{16}+\cdots$$

이렇게 무한 개수의 거리를 달리려면 무한한 시간이 소요된다고 제논은 주장한다.

제논의 역설을 물리적 반증으로 쉽게 해결할 수 있는데 그것은 경주자가 유한 번의 걸음으로 그 거리를 달음질할 수 있기 때문이다. 그러나 제논의 수학적 분석을 받아들여도 반박할 수 있다. 소요되는 시간은 $\frac{1}{2}$ 분 더하기 $\frac{1}{4}$ 분 더하기, $\frac{1}{8}$ 분 더하기와 같은 꼴이 될 터이며 이 무한개의 시간을 더하면 1분이 된다. 이 분석은 물리적 과정과는 전혀 다르지만 그 결과는 일치한다.

사람은 제한적이고 인위적인 개념을 도입해야만 자연에 질서를 부여할 수 있는 것일지도 모른다. 인간이 만들어 낸 수학은 단순히 실행 가능성을 지닌 계획안에 불과할지도 모른다. 자연 자체는 그보다 훨씬 복잡하거나 내적 짜임새가 없을 가능성도 있다. 그렇지만 수학은 자연을 탐구하고 묘사하고 지배하는 데 가장 뛰어난 방법적 도구로서 건재함을 과시하고 있다. 수학이 효용성을 발휘하는 모든 영역에서 오직 수학만이 우리가 거둘 수 있는 유일한 성과이다. 수학이 실재 자체가 아니라고 해도 우리가 얻을 수 있는 실재의 최고 근사치이다.

수학은 순전히 인간이 만들어 낸 것이지만 자연과학의 일부 영역에서는 수학 덕분에 기대를 훨씬 웃도는 수준으로 큰 진보를 이루었다. 실제 세계와는 유리된 추상화가 그런 엄청난 성과를 내놓았다는 점은 역설적이라 하겠다. 수학적 설명은 인위적일지 모른다. 어쩌면 세상을 꿈으로 채색해 놓은 동화일지도 모른다. 하지만 교훈을 지닌 동화이다. 인간 이성 자체는 설명되지는 않지만 강력한 힘을 지니고 있다.

　수학의 이러한 성공은 대가를 치르고 얻은 것이다. 그 대가란 세계를 크기, 질량, 무게, 지속 시간 및 이와 유사한 개념들로 '단순하게' 설명하는 것이다. 이러한 설명은 풍부하고 다양한 경험을 완벽하게 반영하지 못한다. 이는 한 사람의 키를 가지고 바로 그 사람의 본질이라고 말하는 것과 마찬가지이다. 수학은 기껏해야 자연의 특정 과정을 묘사할 따름이며, 그것도 과정 전체를 온전히 담아 내지 못한다.

　더욱이 수학은 물질 세계에서 가장 단순한 개념과 현상을 다룬다. 수학은 인간이 아닌 생명 없는 대상을 다룬다. 물질의 움직임은 반복적이며 수학은 그런 반복적 현상을 기술할 수 있다. 하지만 경제학, 정치학, 심리학뿐만 아니라 생물학에서도 그 유용성은 현저하게 떨어진다. 마치 접선이 곡선의 한 점만을 스치고 지나가듯 물리 영역에서도 수학은 실체의 표피만을 건드린다. 지구는 태양을 타원 궤도를 그리며 도는가? 그렇지 않다. 지구와 태양을 모두 점으로 간주하고 또 다른 항성이나 행성을 모두 무시할 때에만 그런 결론이 나온다. 지구의 사계절은 영원히 변함없이 되풀이될까? 전혀 그렇지 않다. 인간이 파악할 수 있는 조악한 수준의 정확도로만 반복이 예측될 따름이다.

　수학이 왜 그런 엄청난 효율성을 갖는지 이해하지 못한다고 해서 과연 수학을 버려야 할까? 헤비사이드는 언젠가 소화 과정을 이해하지 못한다고 해서 저녁 식사를 거부해야 하느냐고 반문한 적이 있다. 경험은 의심하는 자를 반박한다. 반면에 확신하는 자는 합리적 설명을 무시한다. 우리는 종교, 사회과학, 철학을 존중한다. 그리고 수학이 우리 삶의 그러한 측면을 다루지 않는 점도 분명히 인정한다. 하지만 수학은 훨씬 더 성공적으로 우리에게 지식을 가져다준다. 그 지식은 수학이 타당하다는 전제 위에만 서 있지 않다. 그 지식은 매일매일 라디오와 원자력 발전소에서, 일식의 예측에서, 실험실과 일상생활에서 일어나는 수많은 사건에서 일상적으로 점검되고 있다.

수학은 비교적 단순한 문제—물질 세계—를 다루고 있다고 해도 그 영역에서는 가장 성공적인 발전을 이루었다. 인류가 대단한 존재라는 생각을 지닐 수 있었던 것도 전적으로 수학을 통해 얻게 된 능력 덕분이었다. 수학 덕분에 인류는 자연을 지배하게 되었고 크게 수고를 덜게 되었다. 우리는 수학으로 이룬 성취에서 자신감을 얻는다.

수학이 왜 유효한가 하는 질문은 학문의 영역에만 머무는 것은 아니다. 공학에서 수학을 사용하여 예측을 하고 디자인을 할 때 얼마만큼 수학을 신뢰할 수 있는가? 급수나 선택 공리가 쓰이는 이론을 이용하여 다리를 설계해야 할까? 다리가 붕괴되지는 않을까? 다행히도 일부 공학 프로젝트는 경험을 통해 그 유효함이 밝혀진 정리들을 사용하고 있기 때문에 그러한 정리의 사용에 의구심을 갖지 않는다. 다수의 공학 프로젝트는 이론이 요구하는 것보다 기준을 강화하여 설계를 한다. 예컨대 다리를 건설할 때 강철과 같은 재료를 사용하지만 그 강도에 대한 우리의 지식은 완벽하지 않다. 따라서 공학자는 이론상 필요한 것보다 더 강한 케이블과 빔을 사용한다. 하지만 이전에 시도해 보지 않은 건설 프로젝트를 추진할 경우에는 사용되는 수학이 신뢰할 만한지 심각하게 고려해야 한다. 이러한 경우에는 신중을 기해야 하는데 공사를 시작하기 전에 모형을 만들어 보는 등 시험을 거쳐야 한다.

이 장에서는 수학과 수학자들이 당면하고 있는 난국에 대해 그 해결책을 모색하고자 했다. 누구나 받아들이는 수학은 존재하지 않으며 다양한 학파들이 각기 옹호하는 여러 진로를 모두 추구할 수는 없다. 왜냐하면 수학의 주된 목표, 즉 과학의 진보에 장애가 되기 때문이다. 따라서 과학의 진보라는 목표를 판단 기준으로 삼자고 주장했다. 그리고 그 과정에서 생겨나게 될 문제와 쟁점에 대해서도 논의했다.

과학 응용을 강조하는 것이 가장 현명한 방향이라고 여겨지지만 그렇다고 해서 여타의 가치 있는 수학 연구를 배제하자는 것은 아니다. 응용 수학도 추상화, 일반화, 엄밀화, 방법론의 개선 등 여러 연구의 뒷받침이 있어야 한다는 사실은 앞서 지적했다(13장 참조). 기초론 분야는 과학 탐구에서 유용하게 사용되는 수학과는 직접적인 관계가 없지만 그런 기초론 연구에도 정당성을 부여할 수 있다. 직관주의자들의 구성주의 프로그램은 무의미한 존재 증명을 대체하려는 의도였지만 그 덕분에 존재 증명이 이야기하는 수량을 구체적으로 계산할 수 있는 방법이 생겨났다. 간단한 예로 유클리드는 어떤 원이든 그 원의 넓이와 반지름의 제곱 간의 비는 일정하다고 증명했다. 물론 그 비는 π이다. 따라서 유클리드는 존재 정리를 증명한 것이다. 하지만 만일 주어진 원의 넓이를 계산하려 한다면 π의 구체적인 값이 중요해진다. 다행히 아르키메데스의 근삿값 계산과 이후의 급수 전개 방법이 있었기 때문에 직관주의자들이 순수한 존재 증명에 이의를 달기 훨씬 전에 π를 계산할 수 있었다. 분명히 π를 계산해 내는 능력은 중요하다. 마찬가지로 존재성만이 확인된 다른 수량도 계산을 해내야 한다. 따라서 구성주의 프로그램은 계속 추진되어야 한다.

기초론을 연구하면서 얻는 잠재적 가치는 모순을 얻을 수 있다는 사실이다. 무모순성이 확립되어 있지 않은 상황이기 때문에 모순이나 명백하게 불합리한 정리를 찾는다면 최소한 수학자들의 시간과 정력이 허비되는 일을 미연에 방지할 수 있다.

수학의 위상에 대한 지금까지의 설명은 우리를 의기소침하게 만든다. 수학은 진리를 빼앗겼다. 수학은 확고한 근거 위에 서 있는 독립적이고 확실한 지식 체계가 아니다. 대다수 수학자들은 과학에 봉사하려는 생각을 버렸고, 이는 어느 시대를 막론하고 통탄스러운 일이지만 특히 수학이 나아가야 할 올바른 방향에 대한 지침을 응용을 통해 얻을 수 있는 상황에서는 더욱더 그러하다. 그리고 지금까지 응용 수학이 가져다준 확신과 그 힘은 여전히 설명되지 않았다.

이러한 결함과 제약이 있지만 그래도 수학에는 내세울 만한 것들이 많다. 수학은 인류가 이룬 최고의 지적 성과이자 가장 독창적인 인간 정신의 창조물이다. 음악은 영혼을 고양시키거나 고통을 달래 주고 그림은 눈을 즐겁게 해 주고 시는 감성을 자극하고 철학은 정신에 만족감을 안겨 주고 공학은 인류의 삶을 윤택하게 해 준다. 그러나 수학은 이런 모든 가치를 우리에게 가져다준다. 더욱이 수학자들은 자신들이 얻은 결과의 확실성을 확보하기 위해 인간 정신의 능력을 최대한으로 발휘하며 추론에 엄밀성을 기하고자 노력했다. 수학은 엄밀하다는 말이 상투적인 표현이 된 것은 전혀 우연이 아니다. 수학은 여전히 최고의 지식을 가져다주는 패러다임이다.

수학의 성취는 인간 정신의 성취이다. 인간이 무엇을 성취할 수 있는가를 보여 주는 이 증거물 덕분에 인간은 용기와 자신감을 갖고 우주의 신비를 파헤치고 치명적인 질병을 극복하고 정치 체제를 개선하려고 노력해 왔다. 이런 노력에서 수학이 효과를 발휘할 수도 있고 그렇지 못할 수도 있지만 성공하리라는 꺾이지 않는 희망을 갖게 된 것은 순전히 수학 덕분이다.

수학의 진정한 가치는 바로 거기에 있다. 그 가치는 인간의 창작물이 가져다주는 어떤 가치보다 크다. 수학의 모든 가치들을 용이하게 또는 폭넓게 인식하거나 이해하지는 못하지만 다행스럽게도 그 가치들은 인류를 위해 활용되고 있다. 그 가치를 향해 오르는 길이 예컨대 음악을 하는 것보다 더 힘들지라도 보상은 더욱 풍성하다. 거기에는 인간의 창작물이 가져다줄 수 있는 지적 가치, 미적 가치, 감성적 가치가 거의 빠짐없이 망라되어 있기 때문이다. 높은 산을 오르는 일은 낮은 언덕을 오르는 일보다 더 힘이 들 터이지만 정상에 섰을 때 훨씬 더 멀리까지 바라다 볼 수 있다. 그곳에는 가치 있는 것들이 무수히 많은데, 이때 유일하게 제기되는 질문은 어느 것이 더 중요하고 어느 것이 덜 중요하냐는 것이다. 이 질문은 사람들 각자가 대답해야 할 몫이다. 개인의 판단, 의견, 취향이 개입되게 마련이다.

  지식의 확실성에 관한 한, 수학은 우리가 추구해야 할 이상이다. 그 이상을 결코 실현하지 못할지도 모른다. 확실성이란 끊임없이 쫓아가도 결코 잡을 수 없는 환영에 불과한지도 모른다. 하지만 이상은 힘과 가치를 지니고 있다. 정의와 민주주의와 하느님도 모두 이상이다. 하느님의 이름으로 사람들이 살인을 했고 정의라는 미명하에 엄청난 폭력이 행해졌던 것은 분명 사실이다. 하지만 이러한 이상은 수천 년의 문명이 낳은 중요한 산물이다. 수학도 이상에 불과하지만 이 역시 유구한 문명이 낳은 중요한 산물이다. 어느 분야에서든 이상을 가슴속에 품을 때, 진리를 얻기 위해 마땅히 추구해야 할 방향을 더욱더 잘 파악하게 된다.

  인간은 참으로 비참한 존재이다. 우리는 광대한 우주를 정처 없이 떠도는 방랑자들이다. 자연의 파괴적 힘 앞에 무기력하기만 한 존재이며 식량을 비롯하여 생명 유지에 필요한 모든 것들을 자연에 의존한다. 왜 태어났는지, 무엇을 위해 살아가야 하는지 어느 누구도 알려주지 않는다. 인간은 차갑고 낯선 우주에서 외롭게 홀로 서 있다.

인간은 끊임없이 변하는 광대무변한 신비의 우주를 바라보고 스스로의 미약함에 혼란과 당혹감과 두려움을 느낀다. 파스칼은 이렇게 말했다.

> 이 우주 속에 존재하고 있는 인간이란 대체 무엇인가? 무한에 견주면 무이고 무에 견주면 전체이다. 무와 전체의 한가운데 위치한 존재라서 무를 이해하기도 불가능하고 전체를 이해하기도 불가능하다. 만물의 끝과 그 시작은 인간이 꿰뚫을 수 없는 비밀로 깊이 숨겨져 있다. 인간은 무에서 나왔으면서도 무를 이해하지 못하고 전체 속에 들어앉아 있으면서도 전체를 이해하지 못하는 존재이다.

몽테뉴와 홉스도 표현은 다르지만 같은 이야기를 했다. 인간의 삶은 외롭고 비참하고 고약하고 야만적이고 덧없다. 인간은 우연한 사건들에 종속되는 불쌍한 존재이다.

그다지 날카롭지 못한 감각 기관과 두뇌를 지닌 인간은 주변의 신비로운 세계를 탐색하기 시작했다. 감각 기관을 통해 직접적으로 얻은 것들이나 경험으로부터 추론해 낸 것들을 이용하여 인간은 공리를 채택하고 거기에 자신의 추론 능력을 적용했다. 인간이 찾고자 한 것은 질서였다. 인간의 목표는 덧없는 감각과는 대비되는 지식 체계를 건설하고 자연 현상을 조리 있게 설명함으로써 주위 환경을 조금이나마 지배하려는 것이었다. 이렇게 해서 얻은 인간 이성의 주된 성과는 바로 수학이다. 수학은 완벽한 보석도 아니고 또 아무리 계속해서 닦는다고 해도 모든 흠이 남김없이 사라지지는 않을 것이다. 그러함에도 수학은 감각 세계를 가장 효율적으로 연결해 주는 고리였으며, 그 기초가 공고하지 못하다는 사실을 인정해야만 한다는 점이 당황스럽기는 해도 수학은 여전히 인간 정신이 낳은 가장 소중한 보물이다. 따라서 이를 소중히 다루고 관리해야 한다. 수학은 지금까지 이성의 선봉에 섰고 새로운 결함이 발견된다고 해도 앞으로도 의심할 여지없이 그러할 것이다. 화이트헤드는 언젠가 다음과 같이 말한 적이 있다. "수학 연구는 인간 정신의 신령스러운 광기임을 인정하도록 하자."

광기인지는 모르겠지만 신령한 것임만은 분명하다.

참고 문헌

Barker, S. F.: *Philosophy of Mathematics*, Prentice-Hall Inc., Engelwool Cliffs, N.J., 1964.

Baum, Robert J.: *Philosophy and Mathematics from Plato to the Present*, Freeman, Cooper & Co., San Francisco, 1973.

Bell, E. T.: "The Place of Rigor in Mathematics," *A. M. M.* 41 (1934), 599-607.

Benacerraf, Paul and Hilary Putnam: *Philosophy of Mathematics, Selected Reading*, Prentice-Hall Inc., Engelwool Cliffs, N.J., 1964.

Beth, Event W.: *The Foundations of Mathematics*, North-Holland Publishing Co., N.Y., 1959;paperback, Harper and Row, N.Y. 1966.

──: *Mathematical Thought: An Introduction to the Philosophy of Mathematics*, D. Reidel, Dordrecht, Holland, 1965; Gordon and Breach, N.Y., 1965.

Bishop, Errett, et al.: "The Crisis in Contemporary Mathematics," *Historia Mathematica*, 2 (1975), 505-533.

Black, Max: *The Nature of Mathematics*, Harcourt, Brace, Jovanovich, N.Y., 1935; Routledge & Kegan Paul, London, 1933.

Blumenthal, L. M.: "A Paradox, a Paradox, A Most Ingenious Paradox," *A. M. M.*, 47 (1940), 346-353.

Bochenski, I. M.: *A History of Formal Logic*, Chelsea Publishing Co., N.Y., reprint, 1970.

Bourbaki, Nicholas: "The Architecture of Mathematics," *A. M. M.*, 57 (1950), 221-232; also in F. Le Lionnais, *Great Currents of Mathematical Thought*, Dover Publications, Inc. N.Y., 23-36.

Brouwer, L. E. J.: "Intuitionism and Formalism," *American Mathematical Society Bulletin*, 20 (1913-14), 81-96.

Burington, A. S.: "On the Nature of Applied Mathematics," *A. M. M.*, 56 (1946) 221-241.

Calder, Allan: "Constructive Mathematics," *Scientific American* (Oct. 1979), 146-171.

Cantor, Georg: *Contributions to the Foundation of the Theory of Transfinite Numbers*, Dover Publications, Inc. N. Y., 1955.

Cohen, Morris R.: *A Preface to Logic*, Holt, Rinehart and Winston, N.Y., 1944; Dover reprint, N.Y., 1977.

Cohen, Paul J. and Reuben Hersh: "Non-Cantorian Set Theory," *Scientific American* (Dec. 1967), 104-116.

Courant, Richard: "Mathematics in the Modern World," *Scientific American* (Sept. 1964), 40-49.

Dauben, J. W.: *Georg Cantor: His Mathematics and Philosophy of the Infinite*, Harvard University Press, Cambridge, 1978.

Davis, M. and R. Hersh: "Nonstandard Analysis," *Scientific American* (June 1972), 78-86.

Davis, P. J.: "Fidelity in Mathematical Discourse: Is One and One Really Two?" *A. M. M.*, 79 (1972), 252-263.

De Long, Howard: *A Profile of Mathematical Logic*, Addison-Wesley, Reading, Mass., 1970.

_____: "Unsolved Problems in Arithmetic," *Scientific American* (March 1971), 50-60.

Desua, Frank: "Consistency and Completeness——A Résumé," *A. M. M.*, 63 (1956), 293-305.

Dieudonné, Jean: "Modern Axiomatic Methods and the Foundations of Mathematics Thought," in Le Lionnais: *Great Currents of Mathematical Thought*, vol. I, Dover Publications, N. Y., 1971, 251-266.

_____: "The Work of Nicholas Bourbaki," *A. M. M.*, 77 (1970), 134-145

Dresden, Arnold: "Brouwer's Contributions to the Foundations of Mathematics," *American Mathematical Society Bulletin*, 30 (1924), 31-40.

_____: "Some Philosophical Aspects of Mathematics," *American Mathematical Society Bulletin*, 34 (1928), 438-452.

Eves, Howard and Carroll V. Newsom: *An Introduction to the Foundations and Fundamental Concepts of Mathematics*, rev. ed., Holt, Rinehart and Winston, N. Y., 1965.

Fraenkel, Abraham A.: "On the Crisis of the Principle of the Excluded Middle," *Scripta Mathematica*, 17 (1951), 5-16.

_____: "The Recent Controversies About the Foundations of Mathematics," *Scripta Mathematica*, 13 (1947), 17-36.

_____:, Y. Bar-Hillel, and A. Levy: *Foundations of Set Theory*, 2nd rev. ed., North-Holland Publishing Co., N. Y., 1973.

Gödel, K.: "What is Cantor's Continuum Problem?" *A. M. M.*, 54 (1947), 515-525; also in P. Benacerraf and H. Putnam, with additions, 258-273.

Goodman, Nicolas D.: "Mathematics as an Objective Science," *A. M. M.*, 86 (1979), 540-551.

Goodstein, R. L.: *Essays in the Philosophy of Mathematics*, Leicester University Press, 1965.

Hahn, Hans: "The Crisis in Intuition," in J. R. Newman, *The World of Mathematics*, vol. Ⅲ, 1956-76.

Halmos, Paul R.: "The Basic Concepts of Algebraic Logic," *A. M. M.*, 63 (1956), 363-387.

Hardy, G. H.: "Mathematical Proof," *Mind*, 38 (1928), 1-25; also in Collected Papers, vol. Ⅶ, 581-606.

____: *A Mathematician's Apology*, Cambridge University Press, 1941.

Heijenoort, Jean van, ed.: *From Frege to Gödel, A Source Book in Mathematical Logic*, 1879-1931, Harvard University Press Cambridge, 1967.

Hempel, Carl G.: "Geometry and Empirical Science," *A. M. M.*, 52 (1945), 7-17.

____: "On the Nature of Mathematical Truth," *A. M. M.*, 52 (1945), 543-556; also in P. Benacerraf and H. Putnam.

Hersh, Reuben: "Some Proposals For Reviving the Philosopohy of Mathematics," *Advances in Mathematics*, 31 (1979), 31-50.

Hilvert, David: "On the Infinite," *Mathematische Annalen*, 95 (1924) 161-190; also in P. Benacerraf and H. Putnam, 134-151 and in J. van Heijenoort, 367-392.

Kline, Morris: *Mathematical Thought from Ancient to Modern Times*, Oxford University, N Y., 1972.

____: *Mathematics in Western Culture*, Oxford University Press, N. Y., 1953.

Kneale, William and Martha Kneale: *The Development of Logic*, Oxford University Press, N. Y., 1962.

Kneebone, G. T.: *Mathematical Logic and the Foundations of Mathematics*, D. Van Nostrand, N. Y., 1963.

Körner, S.: *The Philosophy of Mathematics*, Hutchinson University Library, London, 1960.

Lakatos, Imre: *Mathematics, Science and Epistemology*, 2 vol., Cambridge

University Press, N. Y., 1978.

———, ed.: *Problems in the Philosophy of Mathematics*, vol. 1. North-Holland Publishing Co., N. Y., 1972.

———: *Proofs and Refutations*, Cambridge University Press, N. Y., 1976.

Langer, Susanne K.: *An Introduction to Symbolic*, 2nd ed., Dover Publications, N. Y., 1953.

Le Lionnais, F., ed.: *Great Currents of Mathematical Thought*, 2 vol., Dover Publication, N. Y., 1971.

Lewis, C. I.: *A Survey of Symbolic Logic*, Dover Publications, N. Y., 1960.

Luchins, E. and A.: "Logicism," *Scripta Mathematica*, 27 (1965), 223-243.

Luxemburg, W. A. J.: "What is Non-Standard Analysis?" *A. M. M.*, 80 (1973), part Ⅱ, 38-67.

Mackie, G. L.: *Truth, Probability and Paradox*, Oxford University Press, N. Y., 1973.

Mendelson, Elliott: *Introduction to Mathematical Logic*, 2nd ed., D. Van Nostrand, N. Y., 1979.

Monk, J. D.: "On the Foundations of Set Theory," *A. M. M.*, 78 (1972), 703-711.

Myhill, John: "What is a Real Numbers?" *A. M. M.*, 79 (1972), 748-54.

Nagel, Ernest and J. R. Newman: "Gödel's Proof," *Scientific American* (June 1956), 71-86.

———: *Gödels Proof*, New York University. Press. N. Y., 1958.

Neumann, John von: "The Mathematician," in Robert B. Heywood, *The Works of the Mind*, University of Chicago Press, Chicago (1947), 180-196; also in J. R. Newman: *The World of Mathematics*, vol. Ⅳ (1956), 2053~2068; also in *Collected Works*, vol. Ⅰ (1961), 1-9.

Newman, James R.: *The World of Mathematics*, 4 vol., Simon and Schuster, N. Y., 1956.

Pierpont, James: "Mathematical Rigor Past and Present," *American Mathematical Society Bulletin*, 34 (1928), 23-52.

Poincaré, Henri: *The Foundations of Science*, *The Science Press* Lancaster, Pa., 1946.

―――: *Last Thoughts*, Dover Publications, N. Y., 1963.

Putnam, Hilary: "Is Logic Empirical?" *Boston Studies in Philosophy of Science*, 5 (1969), 216-241.

―――: *Mathematics, Matter and Method, Philosophical of Papers, vol. I*, Cambridge University Press. N. Y., 1975.

Quine, W. V.: "The Foundations of Mathematics," *Scientific American* (Sept. 1964), 112-127.

―――: *From a Logical Point of View*, 2nd ed., Harvard University Press, Cambridge, 1961.

―――: "Paradox," *Scientific American* (April 1962), 84-96.

―――: *The Ways of Paradox and Other Essays*, Random House, N. Y., 1966.

Richmond, D. E.: "The Theory of the Cheshire Cat," *A. M. M.*, 41 (1934), 364-368.

Robinson, Abraham: *Non-Standard Analysis*, 2nd ed., North-Holland Publishing Co., N. Y., 1974.

Rotman, B. and G. T. Kneebone: *The Theory of Sets and Transfinite Numbers*, Oldbourne Book Co., London, 1966.

Russell, Bertrand: *The Autobiography of Bertrand Russell: 1872 to World War I*, Bantam Book, N. Y., 1965.

―――: *Introduction to Mathematical Philosophy*, George Allen & Unwin, London, 1919.

―――: *Mysticism and Logic*, Longmans, Green, London, 1925.

―――: *The Principles of Mathematics*, 2nd ed., George Allen & Unwin,

London, 1937.

Schrödinger, Erwin: *Nature and the Greeks*, Cambridge University Press, N. Y., 1954.

Sentiller, D.: *A Bridge to Advanced Mathematics*, Williams & Wilkins, Baltimore, 1975.

Snapper, Ernst: "What is Mathematics?" *A. M. M.*, 86(1979), 551-57.

Stone, Marshall: "The Revolution in Mathematics." *A. M. M.*, 68 (1961), 751-734.

Tarski, Alfred: *Introduction to Logic and the Methodology of Deductive Sciences*, 2nd ed., Oxford University Press, N. Y., 1946.

_____: "Truth and Proof," *Scientific American* (June 1969), 63-77.

Waismann, F.: *Introduction to Mathematical Thinking*, Harper & Row, N. Y., 1959.

Wavre, Robin: "Is There a Crisis in Mathematics? *A. M. M.*, 57 (1934), 488~499.

Weil, André: "The Future of Mathematics," *A. M. M.*, 57 (1950), 295-306.

Weyl, Hermann: "A Half-Century of Mathematics," *A. M. M.*, 58 (1951), 523-553.

_____: "Mathematics and Logic," *A. M. M.*, 53 (1946), 2-13.

_____: *Philosophy of Mathematics and Natural Science*, Princeton University Press, Princeton, 1949.

White, Leslie A.: "The Locus of Mathematical Reality: An Anthropological Footnote," *Philosophy of Science*, 14 (1947), 289~303; also in James R. Newman (above): vol. 4, 2348-2364.

Whitehead, Alfred North and Bertrand Russell: *Principia Mathematica*, 3 vol,. Cambridge University Press, N. Y., 1st ed., 1910-1913; 2nd ed., 1925~1927.

Wigner, Eugene P.: "The Unreasonable Effectiveness of Mathematics,"

Communications on pure and Applied Mathematics, 13 (1960), 1-14.

Wilder, Raymond L.: *Introduction to the Foundations of Mathematics*, 2nd ed., John Wiley, N. Y., 1965.

――: "The Nature of Mathematical Proof," *A. M. M.*, 51 (1944), 309-323.

――: "The Role of the Axiomatic Method," *A. M. M.*, 74 (1967), 115~127.

――: "The Role of Intuition," *Science*, 156 (1967), 605-610.

* *A. M. M*은 *The American Mathematical Monthly*를 지칭한다.

옮긴이 후기

20세기 수학에서 가장 두드러진 특징을 말하라고 하면 단연 수학 기초론의 출현을 꼽을 수 있다. 수학 기초론 연구자들이 등장하면서 수학의 연역적 측면뿐만 아니라 수학의 본질도 문제로 삼기 시작했다. 기초론 문제가 화두로 등장하게 된 직접적 계기는 집합론에서 발견된 역설 때문이었다. 역설의 발견은 수학자들에게는 큰 충격이었다.

19세기 후반부터 일부 수학자들이 수학과 논리학의 관계에 주목하면서 수학의 기초에 관심을 기울이고 있었다. 한편에서는 논리학 위에 수학을 건설할 수 있다고 주장하는 사람들이 있었고 다른 한편에서는 논리학 원리를 수학에 적용하는 데에 회의적 시각을 보내는 이들이 있었다. 수학의 기초를 둘러싼 19세기 말의 논란은 큰 주목을 끌지 못했으나 20세기 초에 역설이 발견되면서 수학 기초에 대한 논란이 초미의 관심사가 되었다.

집합론에서 발견된 역설 가운데 대표적인 것이 러셀의 역설이다. 책들의 집합은 책이 아니며 따라서 자기 자신에 속하지 않는다. 그러나 관념들의 집합은 그 자체가 하나의 관념이므로 자기 자신에 속한다. 또 목록들의 목록은 그 역시 목록이다. 이렇게 어떤 집합은 자기 자신에 속하고 또 어떤 집합은 자기 자신에 속하지 않는다. 자기 자신을 원소로 갖고 있지 않은 집합들을 모두 모은 집합 N을 생각해보자. 과연 N은 어디에 속할까? 만일 N이 N에 속한다면 N의 정의에 의해 N은 N에 속해서는 안 된다. 만일 N이 N에 속하지 않는다면 N의 정의에 따라 N에 속하게 된다.

집합론자들은 유클리드 기하학이 공리화(axiomatization)를 통해 엄밀성을 획득했듯이 집합론도 공리화를 통해 이러한 역설들을 해결할 수 있다고 생각했다. 그러한 이들 가운데 대표적인 사람이 프렝켈과 체르멜로였다. 그들은 집합의 개념을 멋대로 사용하기 때문에 역설이 생겨났다고 여겼다. 그들은 집합을 class와 set로 나누었다. set은 특별한 종류의 class로서 다른 class의 원소가 될 수 있는 class를 가리킨다. 이 정의에 따르면 러셀이 제시한 집합 N은 set가 아닌 class가 된다. 그런 방식으로 프렝켈과 체르멜로는 역설의 문제를 해결했다.

여러 역설들을 해결하기는 했지만 집합론의 공리화를 불만스럽게 생각하는 사람들이 여전히 있었다. 실수 체계와 집합론의 무모순성이 여전히 해결되지 않은 상태였다. 또한 프렝켈과 체르멜로가 정렬 가능 정리를 증명하는 과정에서 사용한 선택 공리(axiom of choice)도 논란거리였다. 선택 공리가 반드시 필요한 공리인가 하는 문제와 선택 공리가 다른 공리와 독립적인가 하는 문제는 해결되지 못한 채 남아 있었다. 하지만 더 큰 문제는 과연 수학의 온당한 기초가 무엇이냐는 질문이었다. 집합론자들은 집합론을 공리화하면서 논리학을 그대로 가져와 사용했다. 논리학을 수학의 기초로 삼아도 좋은가 하는 문제가 자연스럽게 제기되었다.

집합론의 공리화를 비판하는 사람들 가운데 수학을 논리학으로 환원하려는 사람들이 있었다. 대표적인 사람이 러셀과 화이트헤드였다. 그들은 논리학으로부터 수학을 이끌어낼 수 있다고 생각했다. 즉 수학을 논리학의 확장이라고 보았다. 수학을 논리학으로 환원하려는 두 사람의 야심 찬 계획은 『수학 원리』라는 방대한 책으로 집대성되었다.

우선 그들은 논리학의 공리화에 착수했다. 무정의 개념으로 기초 명제, 명제의 부정, 두 명제의 논리곱 및 논리합, 그리고 명제 함수의 개념 등을 제시했다. 이제 이러한 개념들을 조합하여 명제들을 구성할 논리학 공리를 만들어 냈다. 러셀과 화이트헤드는 이러한 공리를 적용하여 아리스토텔레스의 삼단논법을 비롯한 논리학의 여러 원리들을 연역해 냈다.

그 다음으로 러셀과 화이트헤드는 조건 명제를 다루면서 유형이라는 개념을 도입했고 이를 바탕으로 집합론의 역설을 해결했다. 그리고 동치 관계라는 개념을 통해 자연수를 정의했다. 자연수가 정의되면 이로부터 실수가 정의되며 실수가 정의되면 기하학 도입이 가능해진다. 이렇게 해서 수학을 논리학으로 환원하는 논리주의의 계획이 완료되었다.

하지만 논리학 공리만 필요할 뿐 수학 공리는 필요 없으며 수학은 단지 논리학의 연장선상에 놓여 있을 따름이라는 논리주의자들의 주장은 많은 논란을 불러일으켰다. 이들이 사용한 공리는 아무런 알맹이가 들어 있지 않은 형식일 따름이다. 따라서 수학도 알맹이가 없는 형식에 불과하다. 그래서 앙리 푸앵카레는 "기호논리학은 불모의 분야가 아니다. 기호논리학은 바로 이율배반을 낳았다."라고 비꼬았던 것이다.

직관을 통해 구성해 낸 기하학의 여러 개념들이 알맹이가 없는 형식적 개념으로 환원된다는 주장을 선뜻 받아들이기는 어렵다. 만일 수학이 순전히 논리학에서 도출된다면 어떻게 새로운 개념이 수학으로 들어오고 또 수학이 물질 세계에 응용되는 일이 가능한가 하는 의문은 해결하기 어려웠다. 또한 논리주의자들의 공리는 지나치게 작위적이다. 특히 환원 공리를 반대하는 목소리가 높았다.

이러한 논리주의를 정면으로 비판하고 나선 사람들이 직관주의자였다. 직관주의의 선구자는 크로네커이다. 크로네커는 칸토어의 초한수 이론을 수학이 아니라 신비주의라고 매도했다. 그는 자연수가 직관적으로 명명백백하다는 이유에서 자연수를 받아들였다. 자연수는 "하느님이 만들었고" 나머지는 모두 인간이 만들어 낸 것이기 때문에 자연수를 제외하면 모두 의혹의 대상이라고 주장했다. 그는 무리수와 연속 함수를 수학에서 몰아내고자 했다. 크로네커는, 수학에서 다루는 대상물은 구성적 방식을 통해 얻어 낼 수 있는 것이어야 한다고 주장했다. 즉 어떤 대상물을 정의할 때 유한 번의 단계를 거쳐 그 대상물을 계산해 낼 수 있는 방법이 제시되어야 한다는 것이다. 구성적 증명이 아니라는 이유에서 π가 초월수라는 린데만의 증명을 배격한 일화는 유명하다.

그러나 크로네커가 활약하던 당시에는 그의 견해에 동조하는 사람이 아무도 없었다. 그런데 역설이 발견되면서 크로네커의 직관주의가 다시 부활했다. 푸앵카레는 크로네커를 이어 직관주의를 강력히 옹호했다. 그는 역설이 생겨났다는 이유에서 집합론을 배격했고 수학을 무의미한 동어 반복(tautology)으로 전락시켰다고 논리주의도 반대했다. 그는 유한한 개수의 과정을 통해 정의할 수 없는 개념을 받아들이지 않았다. 따라서 무한 개수의 집합 모임에서 선택 공리를 통해 집합을 만들 경우, 그 집합은 실제로는 정의된 것이 아니라고 주장했다.

크로네커와 마찬가지로 푸앵카레도 정의와 증명은 구성적이어야 한다고 주장했다. 집합을 정의하면서 그 집합에 정의하고자 하는 대상물을 포함시키는 경우에 역설이 일어난다. 구성적이어야 한다는 요구 조건 아래에서는 그 정의는 올바른 정의가 아니다. 예를 들면 모든 집합의 집합 A는 제대로 된 정의가 아니다. 왜냐하면 집합 A의 원소 모두가 각기 정의되어야 하는데, A 안에 다시 A가 등장하기 때문이다.

푸앵카레 외에도 아다마르, 르베그, 보렐 등이 직관주의자의 입장에서 논리주의를 비판했지만 이들의 주장은 산발적이고 단편적이었다. 직관주의를 체계화한 사람은 브라우베르였다. 그는 수학적 사고를 스스로의 세계를 지어 나가는 구성 과정이라고 보았다. 즉 수학은 논리적으로 함의되는 명제를 도출하는 분야가 아니라 진리를 구성해 내는 분야라는 것이다. 그는 "이런 구성적 과정을 거칠 때 숙고와 사고의 연마를 거쳐 어떤 것을 직관적 지식으로 받아들여야 할지 또 어떤 것이 자명한지 결정할 수 있는 조건 아래에서만 수학 기초를 찾아 나서야 한다."라고 주장했다. 수학적 개념은 언어, 논리, 경험에 앞서 이미 인간 마음속에 심어져 있다고 했다.

직관주의자들은 개념이 구성적이어야 한다는 철학에 입각해 새롭게 수학을 구성해 내고자 했다. 하지만 지금까지 미적분학, 기초 대수학, 기초 기하학을 재구성하는 데 그치고 있다.

또 다른 수학 기초론인 형식주의를 이끈 사람은 힐베르트였다. 그는 "현대 수학의 광대함에 비춰 볼 때 직관주의자들이 얻어 낸 초라한 파편, 불완전하고 고립되어 있는 결과들이 과연 무슨 의미를 지닐 것인가?"라며 직관주의를 비판했다. 또한 수학을 논리학으로 환원할 수 있다는 논리주의도 배격했다. 수학은 논리학 원리뿐만 아니라 수학 고유의 원리도 포함한다고 주장했다.

다비트 힐베르트에 따르면 수학은 기호들로 구성된 형식들의 집합이며 공리는 한 형식에서 다른 형식으로 옮겨 가는 규칙이다. 사용되는 기호는 특정한 의미를 지니지 않는다. 즉 형식주의자들은 기호로부터 모든 의미를 사상하고 나서 그 기호들의 조작에만 관심을 기울인다. 그러한 형식 체계의 무모순성을 밝히는 방법론이 메타 수학이다. 그는 메타 수학으로 모든 기초론 문제를 해결할 수 있다고 확신했다. 특히 그는 무모순성 문제와 완비성 문제를 해결할 수 있다고 자신했다

하지만 괴델의 충격적인 연구 결과가 나왔다. 괴델의 연구 결과에 따르면 통상적인 논리와 산술을 포괄하는 체계의 무모순성을 확립할 수 없다는 것이다. 즉 메타 수학으로는 산술의 무모순성을 증명할 수 없다는 의미이다.

또한 괴델은 자연수 이론을 포함하는 형식 이론 T가 무모순이면 T는 불완비하다는 사실을 증명했다. 이 결론에 따르면 무모순성을 얻는다고 해도 그 대가로 불완비성이라는 결함을 짊어져야 한다는 것이다. 괴델의 이 결과는 메타 수학뿐만 아니라 러셀-화이트헤드 체계와 체르멜로-프렝켈 체계에도 적용된다. 수학을 공리화하려는 시도는 이렇게 해서 결정타를 입었다.

이 책의 저자 모리스 클라인(1908~1992년)은 저명한 응용수학자로 수학사와 수학 교육 분야에도 많은 논문과 저술을 남겼다. 특히 이 책 이외에도 『서구 문화와 수학(Mathematics in Western Culture)』, 『수학과 지식의 추구(Mathematics and the Search for Knowledge)』 등 일반인을 대상으로 한 명저를 여러 권 남겨 수학의 대중화에 크게 공헌을 했다.

그는 "초등학교, 중고등학교 그리고 대학교에서도 수학을 현실과

는 철저히 유리된 분야로 가르치고 있다. 학생들에게는 수학은 하루하루의 삶과 아무런 관련이 없는 것으로 비친다. 하지만 수학은 물리 현상이나 생물 현상뿐만 사회 현상을 이해하는 열쇠가 된다."라며 수학의 응용을 강조했다. 수학을 가르치는 사람은 마땅히 수학이 다양한 분야에 어떻게 응용되고 있는지 설명해야 한다는 것이다. 또한 과학, 정치, 경제, 종교 등 문화 전반에서 수학이 갖는 의의도 파악해야 한다고 주장했다. 저자의 이러한 기본 관점을 염두에 두고 이 책을 읽는다면 이 책의 의의와 한계를 좀더 용이하게 파악할 수 있을 것이다.

이 책은 출간 직후부터 상당한 비판을 받았다. 수학의 응용을 지나치게 강조하고 있다는 비판이 첫 번째였고, 수학의 확실성이 상실되었다는 주장이 경솔하고 독단적이라는 비판이 두 번째였다. 20세기 초반의 기초론 연구가 그 의도했던 바를 성취하지 못했다고 해서 확실성의 상실을 공언하기는 곤란하다는 것이다. 탈레스에서 유클리드가 출현하기까지 3세기의 세월이 소요되었던 점을 감안할 때 클라인의 결론은 성급하다는 반론이다. 더구나 괴델의 불완비성 정리로 모든 기초론 학파가 타격을 입은 것은 아니라며 클라인을 비판했다.

그러나 기초론을 전공하지 않은 응용수학자의 편향된 시각이라는 단점을 갖고 있기는 해도 수학이 확실한 학문이라는 일반인들의 생각을 허물어뜨린 것만으로도 이 책은 큰 가치를 갖는다. 포스트모더니즘의 시대에 걸맞게 이제 수학에도 여러 가지 담론이 함께 존재하고 있음을 이 책은 대중을 향하여 떳떳이 밝힌 셈이다.

또한 문화 전반에서 수학이 차지하는 의의를 밝혀야 한다는 그의 주장은 지당하다. 이 세상에는 홀로 존재하는 것은 아무것도 없다. 관계망 속에서만 참된 의미를 파악할 수 있다. 왜 수학을 공부해야 하고 그 쓸모는 무엇인가, 수학을 통해 세상을 이해하는 데 얼마만큼 도움을 받을 수 있는가, 인류 역사라는 대하장강에서 수학은 어떤 역할을 해 왔고 또 어디를 향해 흘러가는가 하는 문제는 결코 소홀히 할 수 없다.

  이 책은 비전문가의 눈높이에 맞춰 수학 기초론을 다루고 있다. 수학의 여러 분야 중에서도 특히 수학 기초론은 난해하기로 악명이 높다. 모리스 클라인이라는 대가의 손이 아니었다면 이렇게 일반인의 접근이 가능한 책으로 탄생하기는 불가능했을 것이다.

2007년 봄에

심재관

찾아보기

가
가니타(계산 과학) 198
가부번 모델 473
가부번 집합 470, 473
가생디, 피에르 96~97
가우스, 카를 프리드리히 127~129, 133, 148~149, 152~153, 156, 158~159, 161, 184, 277, 288~289, 291, 315, 317~318, 345, 351, 374, 489~490, 499, 503, 512, 525
   무한 개념 351
   소행성 128
   정수론 489
간결성 594
간접 증명 187, 330
갈레, 요한 115
갈루아, 에바리스트 177, 284, 509~510
갈릴레이, 갈릴레오 77, 86~92, 95, 97~98, 101, 131~132, 157, 174, 218
   관성의 법칙 91, 106
   사고 실험 91
   현상의 기술 88
감각 소여 535, 590
감각 인상 140
강력수 493
강제법 469
객관적 증명 435
거짓말쟁이 역설 358, 362, 389
게르곤, 조제프디아스 333
겐첸, 게르하르트 464
결정 문제 464~465
결정 불가능 명제 460, 463, 466, 제 474, 481, 538
결정 연구 510
결정론 256
결합 법칙 281
경계가 없는 공간 155

경험 과학 40, 576
계량천문학 1914
계몽 시대 17
계산 가능 함수 465
고레고리, 제임스 228
고르딩, 라르스 520
고차 방정식의 해법 215~217
골드바흐 254
골드바흐 가설 454, 467, 490
공리 16, 19, 21, 42, 43, 55, 88, 91, 111, 137~138, 169, 174, 181, 183~185, 280, 294, 316, 318, 318, 330~333, 347, 369, 383, 393, 435, 445, 453, 460, 541, 546, 587
공리 체계 150, 342, 536, 538
공리적 방법 337, 480, 536
공리적 전개 317
공리화 337, 375, 401, 461, 494~495, 499, 589
공리화 운동 336, 373
공리화된 집합론의 무모순성 446
공준 43, 54, 183, 185
과정의 효율성 465
관계 이론 390
관계의 논리학 326~327
관념화 420
관성 106
관성의 법칙 84, 91, 106
광학 53~56, 84, 115~116, 128, 488
괴델-베르나이스 체계 431
괴델, 쿠르트 19, 359, 431, 447, 456~464, 538, 559, 562, 574
   괴델 수 458~459
   논리주의에의 영향 461~462
   불완비성 정리 457~461, 473~147
   산술화 458, 460
   형식주의에의 영향 461

괴테, 요한 볼프강 폰 21, 528, 565
교환 법칙 162, 281
구면 기하학 49
구성적 증명 374~375, 406, 416
군론 509~511
굴딘, 폴 236
굴절 법칙 84, 116~118
귀납 43, 45
귀납적 증명 45
귀류법 187, 386
균등 수렴 309
균등 연속 309
그라스만, 헤르만 귄터 164, 314, 334
그란디, 구이도 246
그레고리, 던컨 F. 281
그레고리, 데이비드 220
그레고리, 제임스 220, 306
그렐링, 쿠르트 361
그리스 인의 수학 25~58
그리스도교 52, 61~62, 66~67, 76
극한 239~240, 244, 265, 282, 306~307, 309, 351
근본 물질 28
기계론 84, 105, 256
기계론적 세계관 105
기본 개념 42
기본 명제 547
기본 원리 275, 320
기본 직관 409
기브스, 윌러드 495
기수 355~356
기울기 283
기하학적 대수학 189
기호 대수학 279~280
기호논리학 321~324, 326~329, 331~332, 398

나

나폴레옹, 보나파르트 133
내재적 진리 111
네이피어, 존 202
넬슨, 레오나르트 361
노이게바우어 507
노이만, 요한 폰 431, 436, 475, 505, 518, 523, 573, 578
논리곱 385
논리주의 308~402, 429, 442~443, 454, 457, 458, 469, 480~481, 537, 540~541, 547, 556, 574
논리학의 공리 386, 399, 442
논리학의 수학화 327, 401

논리학파 380~402
  자연수의 정의 390
논리합 385
논증 규칙 46
뉘벤티트, 베른하르트 243
뉴턴, 아이작 16, 53, 79, 84, 91, 95, 97~111, 131~133, 139, 185, 208, 215, 219~220, 228~229, 231, 238, 242, 246~250, 255~256, 261, 282, 306~307, 311, 503, 525, 527, 544, 580, 583
  뉴턴 역학 53, 140, 554, 576, 596
  대수학에 대한 입장 220
  도함수 229, 231, 238~239, 307
  무한소 238~239
  운동 법칙 98~100, 105, 139
  중력 이론 101~102
니체, 프리드리히 546

다

다모클레스의 칼 538
다이슨, 프리먼 존 524, 602
단순 관념 320
단어 역설 362
달랑베르, 장 르 롱 112, 117, 121, 146, 174, 207, 210, 213~215, 250, 263, 265, 282, 284, 291, 306~307
  극한 282
대수학의 기본 정리 277
대체 공리 144
데데킨트, 리하르트 313~314, 331, 354, 381, 383, 405, 442, 561, 578
데모크리토스 34
  원자론 34, 83
데자르그, 제라르 488
데카르트, 르네 79~91, 95~97, 111~112, 116, 118, 131, 174, 208, 212, 215, 218~219, 221, 228, 247, 278, 285, 319~321, 402, 483, 526, 544, 557, 566
  관성의 법칙 84
  광학 84
  기계론 84
  무한 개념 351
  소용돌이 이론 84, 96
  수학 80~82
  음수 218
  인식론 79~80
  직관주의 402~403, 405
  평면 277

허수 208, 212
도함수 228~231, 239~241, 254, 261, 수 266,
　　283, 289, 307, 311, 337, 479, 550, 583, 587
독립성 증명 468~470, 472
동등 수식 불변의 원리 280~281, 321
동어 반복 137
동일률 320
뒤부아레몽 376
뒤앙, 피에르 599~600
드모르간, 오거스터스 274~275, 277, 281, 321,
　　324
디드로, 드니 98, 121, 134~135, 224
디오클레스 56
디오판토스 192~195, 197
　　디오판토스 방정식 194, 465~466
디외도네, 장 518~519, 556
딕슨, 레너드 유진 512
따름정리 457, 489

라

라그랑주, 조제프루이 107, 112, 114, 117, 127,
　　133, 213, 250, 254~255, 261~263, 266, 282,
　　310, 488, 499, 503, 509
라이프니츠, 고트프리트 빌헬름 폰 79, 97, 102,
　　111~112, 132~133, 205, 209, 212, 220, 228,
　　238, 243~247, 250, 252~253, 255, 256,
　　259~262, 267, 282, 286, 306, 311, 320~321,
　　325, 333, 380~381, 476~478, 556, 558, 577,
　　580
　　계산학 322
　　과학철학 112
　　대수학에 대한 입장 220
　　로그 204
　　미적분학 241~248
　　미적분학의 기본 정리 242
　　보편 논리학 320
　　복소수 209
　　연속 법칙 244, 247
　　음수 205
　　특성 삼각형 241
　　허수 205
라크루아, 실베스트르프랑수아 262~263, 283, 291
라플라스, 피에르 시몽 마르키스 드 16, 107, 112,
　　114, 121, 127, 133, 309, 527, 580, 601
　　천문학 114
　　확률론 601
람베르트, 요한 하인리히 146~147, 152, 288, 318
램지, 프랭크 플럼턴 362, 391

러셀, 버트런드 171~172, 284, 355, 357,
　　359~360, 364, 366, 369, 381~402, 430~431,
　　438, 440, 442, 445, 447, 454, 477, 481, 540,
　　547, 562, 572~573
　　러셀의 역설 360, 362, 364, 443
　　무모순성 문제 382~383
　　이발사의 역설 360~361
　　집합 구성 요건 366
　　형식주의 비판 438~439
　　확실성에 대한 추구 401
러셀-화이트헤드 체계 458
러커토시, 임레 549
레비, 베포 368
레우시푸스 34
렌, 크리스토퍼 98~99
렐리히, 프란츠 527
로그 202, 273
로바체프스키, 니콜라이 이바노비치 149~151,
　　153~155, 158, 288, 317~318, 475
로베르발, 질 페르손 드 228
로빈슨, 에이브러햄 478
로크, 존 135
롤, 미셸 290
뢰머, 올라우스 116
뢰벤하임, 레오폴트 472~473
뢰벤하임-스콜렘 정리 473~474, 476, 538
륄리에, 시몽 265
루돌프 2세 69
루피니, 파올로 509
르네상스 66~67, 75, 90, 201, 535
르베그, 앙리 165, 354, 368, 371, 406, 408, 547
　　르베그 적분 417
르베리에, 위르뱅 장 조제프 115
르장드르, 아드리앵 마리 284, 498
리만, 게오르크 베른하르트 154~155, 289, 315,
　　317, 476, 508
리만 기하학 508, 554
리샤르, 쥘 361
리샤르의 역설 389, 443
린데만, 페르디난트 405~406
린드 파피루스 193

마

마세레스, 프랜시스 211
마차세비치, 유리 466
만유인력의 법칙 99~100
맥스웰, 제임스 클러크 128, 512, 582~584
메넬라오스 48

메르센, 마랭 81
메타 수학 436~438, 441~442, 454~455, 459, 461, 464, 474, 480
멱집합 368
명제 계산법 456
명제 함수 326~327, 385, 387, 390, 430
모델 336, 421
모순 집합 354
모순율 257, 330
모스토브스키, 안제이 571
모페르튀, 피에르 루이 모로 드 119~121
몽주, 가스파르 286
몽테뉴 610
무리수 186, 188~191, 201~204, 271, 534
무모순 집합 354
무모순성 19
무모순성 305, 315~317, 334~335, 342, 348~349, 366, 372~373, 379, 383, 399, 421, 429~431, 435~436, 440~442, 447, 453~457, 463, 475, 480~481, 536, 538, 562, 607
무모순성 증명 317, 435, 454, 467
무신론 134
무어, E. H. 551~552
무정의 개념 385, 434, 547
무정의 술어 46, 183, 186, 316~318, 333~334, 336, 347~348, 494
무지 보존의 법칙 158
무한 공간 155
무한 공리 393, 395~396, 430~431, 537, 540
무한 급수 248~256, 262, 289, 298, 350, 487
무한 수 478
무한 직선 142~143, 423
무한 집합 341, 350~355, 358, 368, 372, 374~375, 379, 391, 406, 410, 412~413, 416, 430, 432, 439, 444, 487, 587
 무한 집합의 대소 353
 무한 집합의 상등에 관한 일대일 대응 원리 353
 정의 387
무한 합 236
무한군 이론 511
무한소 238~239, 242, 246, 256, 259~260, 262, 265, 282, 284, 476~479, 577
 무한소 계산법의 역설 436
 정당화 478
 존재 불가능성 477
문자 계수 216~217, 293
물리 공간의 동질성 383
물리학적 설명 104~107
미분기하학 128

미적분학 98, 112, 227~267, 476~477
 기본 정리 242
 엄밀화 248, 259, 305~311
미타그레플러, 쾨스타 477
밀, 존 스튜어트 570, 576
밀라노 칙령 61

바

바나흐-타르스키 역설 471
바빌로니아 인 26, 40, 57, 186, 188, 533
바스카라 197
바이어슈트라스, 카를 310~311, 313~314, 550, 555, 561
바일, 헤르만 20, 340, 365, 391~392, 396~397, 410, 414, 416~417, 420, 424, 430, 440, 464, 495, 552, 554, 562, 571~572, 578, 581, 600~601
 논리주의 비판 396~397, 414, 417
반례 542
반사의 법칙 54~55
반유클리드 기하학 148
발산 253~25
발산 급수 308~309
배로, 아이작 97 185, 203, 219, 228, 307
배비지, 찰스 263
배중률 319, 330, 363, 387, 413~416, 424, 430, 434, 447, 462, 480~481, 537, 540~541
버크호프, 조지 데이비드 502, 513, 598
버클리, 조지 104, 135, 256~259, 281, 422, 583
 해석학 비판 256~259
베로네세, 주제페 318
베르, 르네 368, 406, 408, 581
베르나이스, 폴 421, 431, 436~437, 447, 461, 463
베르누이, 니콜라 254
베르누이, 다니엘 112, 117
베르누이, 자코브 112, 242
베르누이, 장 112, 209, 212, 242
베르트랑, 조제프 L. F. 283~284
베른슈타인, 펠릭스 368
베버, 빌헬름 128
베버, 하인리히 561
베셀, 카스파르 157, 160~161, 277
베셀, 프리드리히 빌헬름 75, 149
베유, 앙드레 564
베이컨, 프랜시스 90, 97, 130, 490, 496, 528, 586
벡터 개념 160~161, 311
벤틀리, 리처드 103, 109
벨, 에릭 T. 449

벨, 피에르 244
벨트라미, 에우제니오 155, 315
변분 원리 121
보놀라, 로베르토 144
보렐, 에밀 339, 354, 368, 406, 408, 581
보여이, 야노시 149~150, 154~155, 158, 288,
　　　317, 318, 475
　　절대 기하학 150
보여이, 퍼르커시 148
보이오티아 인 46
보일, 로버트 131
보편 개념 43
보편 논리학 320
　　동일률 320
　　보편 언어 320
　　추론 계산학 320
　　충족 이유율 320
　　합성법 320
보편 법칙 98
복소 평면 278
복소수 160~164, 182, 207~208, 212~214, 243,
　　　274~275, 278~280, 293, 303, 308, 311, 433,
　　　535
복소수 변수 함수론 279
복소함수론 129, 273, 277, 433
볼차노, 베른하르트 306, 311
볼차노-바이어슈트라스 정리 414, 439
볼테르 102, 119, 121, 266, 341
볼프, 크리스티안 252
봄벨리, 라파엘 205~206, 208, 215
부랄리포르티, 체사레 356, 407
　　부랄리포르티 역설 364
부르바키, 헤르만 20, 419, 447, 493, 555~556, 560
　　기초론 비판 447~448
부아레몽, 폴 뒤 311
부정 방정식 194~195
불, 조지 277, 321~324, 326, 332
　　연산자 계산법 321
불가지론 134
불완비성 460~481
불완비성 정리 457, 473
　　배중률 부정 462
브라마굽타 197
브라베, 오귀스트 510
　　결정 연구 510
브라우베르, 루이첸 369, 408~417, 431, 439~441,
　　　447, 461, 464, 575
　　논리학 464
　　직관주의 408~414

칸토어 비판 410
　　형식주의 비판 439~441
브리지먼, 퍼시 윌리엄스 562
비가측 집합 471
비구성적 존재 증명 416
비에트, 프랑수아 202, 215~218, 221
　　문자 계수 216~217
　　수치 계산 216
　　유형 계산 216
비유클리드 기하학 141~155, 158~159, 171,
　　　181~182, 186, 288, 303, 306, 315~317, 336,
　　　342, 347~349, 383, 470, 475, 488, 490, 500,
　　　507~508, 535, 558, 594
　　무모순성 315~317
비정언성 474
비트겐슈타인, 루드비히 562
비표준해석학 478~480, 556, 577
비형식적 논증 461

사
사각수 30~31
사고 실험 91
사도 요한 422
사상 459~460
사실 명제 533
사실 진리 380, 558
사영기하학 171, 285, 289, 318, 488
사원수 162~164, 181, 182, 281, 303, 306, 311,
　　　313, 321, 347, 352, 490, 492, 511, 557
사케리, 제롤라모 145~146, 151, 156, 289
4학 33
산술 공리 438
산술 대수학 279~281
산술 명제 459
산술(대수학)의 발전 189~201
산술의 무모순성 342, 373, 436, 442
산술의 한계 164~169
산술화 458, 460
산타야나, 조지 539, 581
삼각 급수 354
삼각 급수 이론 129
삼각법 48, 52, 191
삼각수 30~31
삼단논법 43~44, 122, 319, 386~387
삼체 문제 113, 490
상기론 42, 44
상대성 이론 493, 554, 596
상등성 111

서수 355~356, 366~374, 379, 391, 395~396, 406, 410, 419, 424, 429, 434, 437, 446~447, 467~472, 481, 537, 540, 541, 569, 577
선험적 종합 인식 138
선험적 지식 171, 399, 404, 576
선험적 진리 84, 154
선형 집합 471
설계자 109, 118
섭동 113
세네카 177
세라피스 신전 58
세분화 492, 494~496, 501
셀레리에, 샤를 311
셰익스피어, 윌리엄 451, 513
소용돌이 이론 84, 96
소크라테스 35, 43~44, 46
소행성의 발견 127~128
쇼펜하우어, 아르투르 409, 544
수량화 87~88, 107
수렴 250, 253~254, 310
수렴 급수 308, 309
수렴성 255
수론 186
수리논리학 375, 381, 401, 444
수치 계산 216
수학 기초론 21, 354, 379, 429, 438, 479, 482, 537, 548, 580
수학적 귀납법 215, 390, 392~393, 406~407, 410, 431, 434, 437
수학화 20, 554
순간 속도 229, 307, 587
순서 집합 367
순서쌍 이론 311~313
순환 논법 430
순환 논증 363
순환 정의 390
술어 논리의 완비성 538
쉬케, 니콜라 204
슈뢰더, 에른스트 326, 332
슈뢰딩거, 에어빈 602
슈마허 351
슈미트, 에르하르트 368
슈바르츠, 로랑 518
슈바르츠, H. A. 310
슈티펠, 미카엘 201~203
스넬, 빌레브로르트 반 로이엔 84, 116, 118
스미스, 헨리 존 스티븐 186
스콜라 철학 84
스콜렘, 토랄프 472~473, 475, 478

스테빈, 시몬 201~203, 205~206
스톤, 마셜 514~515, 517~518
스틸티에스, 토마스 얀 338, 558
슬레이터, 존 523
시각화 288, 423
실베스터, 제임스 조지프 292
실수 체계 206, 289, 305~306, 309, 313, 349, 383, 389, 405, 417
실제 무한 350~351
실제 무한 집합 351, 369, 379, 410, 437
실진법 282
실질 모순 362
실질 함의 327~329, 386, 399, 436, 462
심진법 198
싱, 존 L. 502
쌍곡기하학 156, 289,316
쌍둥이 소수 415~416

아

아낙사고라스 28
아낙시만드로스 28
아낙시메네스 28
아다마르, 자크 살로몽 339~340, 368, 370, 423, 552, 559
아라비아 인 62~63, 534~535
아라비아의 수학 196, 199
아르강, 장로베르 160~161, 277
아르노, 앙투안 205
아르카디우스(동로마 제국 황제) 62
아르키메데스 46~48, 53, 55~57, 190, 195, 195, 236, 243, 291, 503, 534, 607
  광학 55~56
  무게 중심 이론 53
  아르키메데스 공리 477~478
  아르키메데스의 원리 57
  지렛대 이론 53
아르키타스 37
아르킬로코스 528
아리스타르코스 68
아리스토텔레스 33, 38~39, 42~44, 46, 53, 84, 87~90, 95~96 105, 183, 187, 247, 316, 319, 324, 333, 358, 374, 386, 412, 477, 561
  논리학 43~44, 321, 324~325, 417, 434, 439~440, 540
  수학 38~39, 42~44
  역학 53, 75, 596
아벨, 닐스 헨리크 297~298, 308, 512
아보가드로, 아메데오 166

아인슈타인, 알베르트 173, 423, 509, 512, 583,
  588, 598~599, 601~602
아커만, 빌헬름 436
아폴로니우스 46~51, 56, 190, 195, 507
알 비루니 198
알렉산드로스 58
알렉산드리아 문명 190~191, 193
앙페르, 앙드레 마리 283
애덤스, 존 카우치 115
애디슨, 조지프 122~123, 296
야코비, 카를 구스타프 야코프 159, 291, 498
엄밀성과 직관의 관계 339~340
에딩턴, 아서 스탠리 513, 549, 589, 597~598
에라토스테네스 56~57
에르미트, 샤를 338, 558, 596~597
에머슨, 랠프 월도 569, 599
에어리, 조지 115
에우독소스 37, 47, 50~52, 202, 210, 235
  천문학 50~51
엠페도클레스 54
역도함수 254
역미분 242
역법 26
역설 18, 355, 358, 362, 365, 387, 429, 432, 435,
  443, 445, 453, 547
  유형 이론 387~389
연결사 331
연산자 계산법 321
연속 법칙 244, 247
연속 변수 256
연속 함수 283, 309, 311, 337, 420, 550, 580
연속수 479
연속의 원리 267, 285~288
연속체 가설 372~373, 419, 429, 453~454,
  467~469, 471~472, 481, 537, 552
연역 43~45, 79, 82, 100~101, 108, 118, 137,
  321, 402~403, 432, 546
연역 과학 280
연역 체계 182, 334
연역적 기하학 190, 201, 221
연역적 논증 533
연역적 증명 16, 45~46, 169, 199~200, 294, 347,
  550
연역적 체계화 331
영, 토머스 116
오각수 30~31
오마르 62
오비디우스 23
오일러, 레온하르트 112~113 116~117,

120~121, 128, 133, 210, 212~214, 220, 250,
  253~255, 259~262, 266~267, 351, 422, 488,
  512
  대수학에 대한 입장 220
  절대 영 261~262
  천문학 113
  허수 214
올베르스, 빌헬름 128, 157, 489
와일더, 레이먼드 L. 545, 551
완비 공리 431
완비성 440, 447, 453, 456, 459, 536, 538
우나무노, 미겔 데 553
우드하우스 273
워즈워스, 윌리엄 179, 567, 574
원자론 34~35
원초적 직관 431
월리스, 존 203, 206 209, 219, 222, 228, 243,
  246, 306
유율 238~239
유체정역학 56~57
유추 43, 45
유클리드(에우클레이데스) 32, 46~49, 53~55, 58,
  122, 142~143, 147, 149, 170, 182~184,
  189~190, 195, 202, 210, 222, 289~290, 292,
  333, 347, 371, 492, 500, 503, 555, 575, 607
  광학 54
  자연수 186~187
유클리드 공간 139, 170
유클리드 기하학 139~155, 158, 171, 182,
  185~186, 256, 285, 288, 292, 299, 303, 305,
  315~316, 318, 336, 339, 342, 348~349, 383,
  404, 453, 488, 534, 540, 543, 554, 576,
  589~590, 594
유클리드 평면 423
유한 선분 143, 209
유한 집합의 정의 387
유형 계산 216
유형 이론 387~389, 391, 400, 430, 454
육각수 30~31
육십진법 198
육체 노동 45
음수 197, 207, 210~211, 215, 271~273, 274~275
의미론적 모순 362
의미론적 역설 364
이데아 36, 41
이발사의 역설 360~361, 364
이상 적분 310
이상적 요소 432~433, 439, 476
이성 진리 380~381, 558

이성의 시대 17, 21, 297
이성적 초자연주의 134
이슬람교 62~63
이신론 134
이오니아 인 25~26
이원성 개념 409
이율배반 358, 360, 400
이종적 역설 361~364, 388
이중타원기하학 155~156, 315~316
이중타원기하학 475
이집트 인 26, 40, 186, 533
이집트 인 수학 40
이항정리 49, 215, 248~249
인도의 수학 197~199
인도인 63, 534~535
인본주의 시대 66
인쇄술의 발명 65
1계 논리학 332
1계 술어 계산법 332
일대일 대응 204, 206, 352~353, 372, 390
일반 개념 183, 185
일반 원리 287, 368, 90
일반 정리 232, 433
일반화 492, 607
일상 언어 331
입체 사영법 57

자

자연수 186~187
　　정의 390
　　집합 350
자연의 수학화 107
잠재 무한 350, 406, 410, 437
잠재 무한 집합 351
재귀 465
재귀 서술 문장 365
재귀 서술 정의 363, 364~366, 373, 391~392, 437
재귀적 함수 465
적분의 일반화 354
전건긍정식 434
전제 44
절대 기하학 150
절대 무류 19, 43
절대 영 261~262
절대적 엄밀성 546
절대적 증명 436, 552
정다면체 70
정렬 429

정렬 가능 429
정렬 가능 정리 370
정렬 가능 증명 367~369
정렬 집합 342, 367
정리 45, 174, 182, 294, 381, 485, 554
정성적 기하학 171
정수 집합 473
정수론 127, 488, 493, 498, 512
적적분 228, 232~235, 309
제곱근 개념의 확대 207
제논 603
　　제논의 역설 603~604
제번스, 윌리엄 스탠리 323
제1원리 89
제임스, 윌리엄 122, 362
조건 명제 326
조르당, 카미유 510~511
존슨, 새뮤얼 106
존재 증명 374, 419, 437, 441, 480~481
존재성 개념 440~441
존재성 정리 487, 541, 607
종교 개혁 65
종교 재판 78
준경험적 이론 577
준수렴 급수(진동 급수) 310
준직관주의 406
증명 21, 37, 55, 85, 136, 182, 185, 220, 318, 369, 381, 416, 435, 453, 539~540, 542~544, 546, 549~555
증명 이론 436, 438, 456
증명의 기준 544
지동설 78
지라르, 알베르 206, 208, 215
지리학 56~57
직관 38, 43, 79, 138, 186, 288, 347, 375, 402~406, 410, 420, 432, 442, 454, 482, 542~543, 547, 549~553, 555, 589
직관적 이해 543
직관주의 402~425, 429, 430, 437, 454, 475, 480~482, 537, 540~541, 547, 561, 571, 575, 607
　　구성 개념 418
　　논리주의 비판 411~413
　　언어 문제 421~423
　　형식주의 비판 439~441
진스, 제임스 107, 585, 597, 601
질량 개념의 허구성 106
집합론 357, 362, 366, 373, 379, 390, 400, 414, 537, 556

집합론 학파 429, 442~447
집합론의 역설 436
집합론주의 442~447, 454, 457, 469

차

착출법 47, 235
처치, 알론조 400, 465~466, 472, 560
    귀납적 함수 466
    재귀 465
천동설 191
체르멜로, 에른스트 365 367~370, 410, 429, 443~445, 562, 577
체르멜로-프렝켈 공리 체계 431, 444~447, 458, 467~469, 472
초수 164, 281~282
초실수 479
초월 무리수 374, 405
초정수 478
초한 겐첸 논리학 464
초한 귀납법 437, 463~464
초한 기수 355~356, 371, 541
초한 모델 473
초한 서수 355~356, 471, 541
초한 서수 이론 371
초한 집합 354
초한수 341, 354, 357, 367, 372, 391, 406, 410, 416, 429, 453, 469, 478, 558, 581
초함수 519
최대 기수 443
최대 서수 443
최소 상계 문제 364~365
최소 시간의 원리 118
최소 작용의 원리 119~121, 133~134
추론 규칙 330
추론의 기호 계산 321
추론의 법칙 434
추론의 보편 과학 320
추상 개념 42
추상성 486
추상화 38~39, 41, 334, 409, 413, 420, 492, 506, 524, 607
충족 이유율 320
친화수 493

카

카르노, 라자르 니콜라 마르게리트 273, 282, 307~308

카르다노 제롤라모 201~202, 204, 207, 215, 221
카발리에리, 프란체스코 보나벤투라 228, 235~238
카시니, 자크 119
카시니, 장도미니크 119
칸토어, 게오르크 158, 313~314, 341, 350~358, 367~368, 370~374, 395, 405~406, 410, 416, 420, 442~443, 445, 467, 473, 487, 558, 581
    연속체 가설 372
    초한 서수 이론 355~356
칸트, 아미누엘 93, 137~141, 156~157, 321, 404~405, 409, 441, 553, 563, 589~591
    기하학 138~139
    논리학 321
    수학 138
    직관주의 404~405
칸트주의 563
칼레, 장 샤를 254
커리, 하스켈 브룩스 572
케스트너, 아브라함 G. 147
케일리, 아서 155, 163~164, 170, 172, 291~292, 557
케일리-해밀턴 정리 291
케플러, 요하네스 59, 67, 69~78, 84, 95, 98, 101, 131, 228, 236, 244, 507, 586,
    케플러의 3법칙 70~74, 100, 122
켈빈 경(윌리엄 톰슨) 498
코시, 오귀스탱루이 127, 129, 134, 273, 279, 284, 287, 306, 308~310, 477~479, 487, 550
    무한소 사용 금지 479
    미분 방정식 487
    수렴 판정법 309
코시 조건 309
코언, 폴 468~470, 472
    독립성 증명 468~470
코페르니쿠스, 니콜라우스 67~68, 71~78, 84, 95, 98, 131, 586, 594
콘링, 헤르만 244
콘스탄티누스(로마 제국 황제) 61
콰인, 윌러드 반 오먼 397, 400, 447, 572
쾨니히스베르거, 레오 596~597
쿠란트, 리하르트 501, 515~517
쿠튀라, 루이 408
크로네커, 레오폴트 357, 375, 405~406, 408, 431, 498, 575
    직관주의 405~406
크로네커, 레오폴트 357, 420, 489, 499~500, 511
클라크, 새뮤얼 132
클레로, 알렉시클로드 290
클뤼겔, 게오르크 146, 152

타

타르스키, 앨프리드 363
타우리누스, 프란츠 아돌프 148
탈레랑, 샤를모리스 드 528
탈레스 28
태양 중심설 75~76, 78, 131
테오도시우스(로마 황제) 61
테이트, 피터 거스리 498
테트락티스 32~33
통약 가능 비 187
통약 불가능 비 187~188
통일성 98
트루스델, 클리퍼드 522
트웨인, 마크 159

파

파슈, 모리츠 318, 334~335, 336, 348, 420
파스칼, 블레즈 78, 85, 95, 183, 185, 203, 219, 228, 237~238, 319, 333, 403~405, 488, 531, 544, 553, 561, 610
    기하학 정신 544
    섬세함의 정신 544
    직관주의 403~404
파치올리, 루카 201
퍼스, 찰스 샌더스 326, 332, 385, 602
    명제 함수 326
    한정사 326~327
페르마, 피에르 드 118~119, 215, 218, 228, 230~232, 235, 285, 488, 512, 544
    미적분학 체계 230~231
    음수 218
    최소 시간의 원리 118
    페르마의 마지막 정리 489
페아노, 주세페 314, 334, 335, 348, 368, 375, 382, 477, 577, 928
페아노 곡선 420
평행선 공리(유클리드 제5공준) 142~152, 289, 316, 336, 371, 466, 470, 472, 475, 500
포괄적 공리화 461
포퍼, 카를 548, 554
포프, 알렉산더 269
퐁슬레, 장 빅토르 285~288
    연속의 원리 285~288
퐁트넬, 베르나르 르 보비에 시외르 135
푸리에, 조제프 117, 127, 129, 284, 350, 497~498, 500
    푸리에 급수 129, 350, 487
    푸리에 변환 310

푸앵카레, 앙리 13, 301, 318~319, 329, 338, 340~341, 357, 363~365, 369, 377, 392, 397~398, 406~408, 431, 446, 476, 486, 499, 503, 548, 578, 581, 592~594
    무한 개념 407
    무한 집합에 대한 입장 357
    위장된 개념 정의 592
    재귀 서술 정의 363
    직관주의 406~408
    집합론주의 비판 446
    천문학 486
    환원 공리에 대한 비판 392
프레게, 고틀로프 327, 329~331, 334, 347~348, 359, 375, 381~382, 386, 390, 402, 447
    논리학의 수학화 327
    실질 함의 386
프레넬, 오귀스탱 장 116, 129
프랭켈, 아브라함 A. 444, 469
프링샤임, 앨프리드 349
프톨레마이오스, 클라우디스 32, 46, 48, 50, 57, 67~68, 71, 74, 116, 191~192, 195, 198
    지리학 57
    천문학 51~52, 67~74
프톨레마이오스 1세 58
프톨레마이오스 왕조 47
플라톤 33, 36~37, 41~47, 49~50, 52, 70, 188, 560
    기하학 37, 41~42
    상기론 42, 44
    아카데미 35, 47, 50
    천문학 37
플라톤주의 18, 560~561
플랑크, 막스 159
플레이페어, 존 144
플루타르코스 36~37
피아치, 주세페 127
피카르, 에밀 311, 338, 580
피콕, 조지 263, 279~282, 321
    동등 수식 불변의 원리 280~281
피타고라스 70, 556
피타고라스 정리 189
피타고라스 학파 187~188, 194, 29~39, 488, 493
필롤라오스 30

하

하느님의 존재 증명 121
하디, 고드프리 해럴드 339, 512~513, 544, 558
하우스도르프, 펠릭스 358

하위헌스, 크리스티안 90, 95, 97, 101~ 102, 116, 118~119, 228, 488
하이네-보렐 정리 414~415
하이팅, 아렌트 423, 481, 561
한스틴, 크리스토퍼 297
한정사 331~332
한켈, 헤르만 281, 561
함수 227~228
함의 327~331, 386, 460, 462
함의의 법칙 434
해리엇, 토머스 205. 215
해밀턴, 윌리엄 로언 121, 162~163, 133, 170, 276, 306, 311~313, 321, 409, 492, 503, 511, 527, 557
   무리수 이론 313
   쌍 이론 311~313
해석기하학 83, 218, 221~222, 342, 488
해석학 169, 240, 248, 256, 289~290, 305, 306, 430, 479, 577
   발전과 한계 227~267
   산술화 318~319
   엄밀화 308~311, 349~350
해왕성의 발견 115
핼리 혜성 113~114
핼리, 에드먼드 99, 114, 222, 256
행렬 163~164, 291~292, 490, 511
허근 204
허셜, 윌리엄 115, 263
허수 276, 278
헤라클레이토스 28
헤론 55, 57, 190, 192~195
헤르츠, 하인리히 584
헤비사이드, 올리버 521~522, 548, 605
헬레니즘 시대 46
헬름홀츠, 헤르만 폰 164~165, 498
헴펠, 칼 396
현상의 기술 88
형식 체계 435
형식 추론 290
형식 학문 432
형식논리학 332
형식적 접근 방식 310
형식주의 429~442, 457~458, 461, 464, 469, 480~481, 537, 541, 556, 574
   직관주의에 대한 비판 437
형식화 222, 348, 424
형이상학 267, 282, 357
호노리우스(서로마 제국 황제) 62
호펜슈타인, 사뮤엘 419

홉스, 토머스 96, 135, 219, 610
화이트헤드, 앨프리드 러셀 383~401, 430~431, 445, 540, 546, 572, 590, 611
확률론 601
확실성 15~16, 185, 399, 401, 431, 433, 554
환상 기하학 148
환원 32~33
환원 공리 389~393, 399~400, 431, 454, 537
회네브론스키, J. 290
휠름뵈 307
훅, 로버트 90
흄, 데이비드 135~137, 141, 156
히파르코스 48, 50~52, 57, 67, 191
히파소스 187
힐베르트, 다비트 318, 334, 337, 340~343, 347~349, 356~357, 360, 367, 383, 397, 417, 421, 427, 429~441, 447, 453~458, 461~465, 501, 538, 560, 562, 564, 570, 578, 595
   공리적 방법 335
   메타 수학 436~438, 441~442, 454~455, 461
   무모순성 증명 454~456
   힐베르트 문제 341~343, 367, 465~466
   바일 비판 441~442
   브라우베르 비판 441~442
   완비성 증명 비판 454~456
   이상적 요소 432~433
   증명 이론 436, 438, 456
   직관주의 비판 437, 441~442
   추상화 334

옮긴이 심재관

건국 대학교 영문학과와 고려 대학교 수학과를 졸업하고 미국 일리노이 주립 대학교에서 박사학위를 취득했다. 경북 대학교 위상 기하 연구소 연구원, 서울 대학교 BK21 연구원으로 있었으며 2006년 현재 고려 대학교 강사로 재직 중이다. 옮긴 책으로는 『그림 없는 그림책』, 『존재하는 무』, 『케플러의 추측』, 『열정을 기억하라』 등이 있다.

사이언스 클래식 7
수학의 확실성 : 불확실성 시대의 수학

1판 1쇄 펴냄 2007년 3월 30일
1판 13쇄 펴냄 2024년 11월 15일

지은이 모리스 클라인
옮긴이 심재관
펴낸이 박상준
펴낸곳 (주)사이언스북스

출판등록 1997. 3. 24.(제16-1444호)
(06027) 서울특별시 강남구 도산대로1길 62
대표전화 515-2000, 팩시밀리 515-2007
편집부 517-4263, 팩시밀리 514-2329
www.sciencebooks.co.kr

한국어판 ⓒ (주)사이언스북스, 2007. Printed in Seoul, Korea.

ISBN 978-89-8371-188-5 03400